天津市安装工程预算基价

第五册 静置设备与工艺金属结构制作安装工程

DBD 29-305-2020

天津市住房和城乡建设委员会
天津市建筑市场服务中心 主编

中国计划出版社

目　录

第六章　金属油罐制作、安装

第七章　球形罐组对安装

第十一章　综合辅助项目

附　　录

册　说　明

一、本册基价包括静置设备制作工程,静置设备安装工程,设备压力试验与设备清洗、钝化、脱脂,设备制作、安装其他项目,工业炉安装,金属油罐制作、安装,球形罐组对安装,气柜制作、安装,工艺金属结构制作、安装,铝制、铸铁、非金属设备安装,综合辅助项目11章,共2670条基价子目。

二、本册基价适用于新建、扩建项目中的静置设备与工艺金属结构的制作、安装工程。

三、本册基价以国家和有关工业部门发布现行的产品标准、设计规范、施工及验收技术规范、技术操作规程、质量评定标准和安全操作规程为依据。

四、设备、罐类和工业管道的界限划分应以设备、罐类外部法兰为界。

五、联合平台是指两台以上设备的平台互相连接组成的,便于检修、操作使用的平台。

六、本册基价第五章"工业炉安装"基价只包括安装费用。

七、下列项目按系数分别计取:

1.脚手架措施费按分部分项工程费中人工费的4%计取,其中人工费占35%。

2.安装与生产同时进行降效增加费按分部分项工程费中人工费的10%计取,全部为人工费。

3.在有害身体健康的环境中施工降效增加费按分部分项工程费中人工费的10%计取,全部为人工费。

八、本册基价应注意的问题:

1.本册基价涉及的电机接线、干燥、检查参照本基价第二册《电气设备安装工程》DBD 29-302-2020相应基价子目。

2.本册基价涉及的仪表系统参照本基价第十册《自动化控制仪表安装工程》DBD 29-310-2020相应基价子目。

3.本册基价涉及的设备保温、刷漆、防腐,参照本基价第十一册《刷油、防腐蚀、绝热工程》DBD 29-311-2020相应基价子目。

4.本册基价涉及的炉窑砌筑和金属结构大型框架的混凝土防火层,参照本基价第四册《炉窑砌筑工程》DBD 29-304-2020相应基价子目。

5.随设备整体吊装的管线安装,参照本基价第六册《工业管道工程》DBD 29-306-2020相应基价子目。

九、静置设备相关术语的定义:

1.静置设备是指不需动力带动,安装后处于静止状态的部分工艺设备。

2.设备类型是指设备构造形式及其用途的划分。

3.设备容积按设计图示尺寸计量,不扣除内部构件所占体积。

4.设备压力是指设计压力,以兆帕斯卡(MPa)为单位。

5.设备质量是指不同类型设备的金属质量。

6.设备直径是指设计图标注的设备内径尺寸。

7.设备安装高度是指以设计正负零为基准至设备底座安装标高点的高度。

8.设备到货状态是指设备运到施工现场的结构状态,分为整体设备、分段设备和分片设备。

9.设备安装形式是指卧式设备安装和立式设备安装。

10.设备焊接方式是指对设备施工的技术要求分为电弧焊与氩电联焊。

第一章　静置设备制作工程

说　明

一、本章适用范围:碳钢、低合金钢、不锈钢Ⅰ类和Ⅱ类金属容器、塔器、热交换器的整体、分段、分片制作,以及容器、塔器、热交换器的人孔、手孔、接管、鞍座、支座、地脚螺栓、设备法兰等的制作与装配。

二、本章基价是以施工企业所属的设备制造厂的加工条件为基础编制的。

三、本章基价内的容器、塔器、热交换器制作主体项目均不包括以下工作内容:

1.接管、人孔、手孔、鞍座、支座的制作与装配。

2.各种角钢圈、支承圈及加固圈的撷制。

3.地脚螺栓制作。

4.胎具的制作、安装与拆除。

5.设备附设的梯子、平台、栏杆、扶手的制作、安装。

6.压力试验与无损探伤检验。

7.预热、后热与整体热处理。

四、下述内容可按外购件另计:

1.平焊法兰、对焊法兰、弯头、异径管、标准紧固件、液面计、电动机、减速机等。

2.塔器浮阀、卡子。

3.未列入国家、省、市产品目录,以图纸委托加工的铸件、锻件及特殊机械加工件。

五、容器、塔器、热交换器各结构组成部件主材利用率规定如下表:

主材利用率表

部　件	筒体(常压)	筒体(压力)	伞形顶盖	圆形平底盖	椭圆封头	锥形封头	管板	折流板	管箱隔板	法兰 D≤500	法兰 D>500
利用率	94%	93%	75%	70%	60%	50%	30%	31%	88%	30%	55%
部　件	塔板组合件	基础模板	换热管束	拉杆	定距管	螺旋盘管	接管	裙座	鞍座	其他结构	—
利用率	72%	62%	86%	98%	98%	92%	90%	85%	84%	90%	—

注:1.金属容器按设计压力分常压容器与压力容器,分别执行"筒体(常压)"利用率,塔器、热交换器的筒体均按"筒体(压力)"的主材利用率计算。

2.外购件(外协件)价格另计,不再另外计算主材利用率。

3.塔板组合件是指塔盘、受液盘、支承板、降液板等及其连接件除外购件以外与塔盘组合的零配件。

4.换热管束是指列管式热交换器和U形管热交换器的管束。

5.人孔、手孔、接管补强板按筒体主材利用率计算。

6.短管按接管制作的利用率计算。

7.设备法兰制作按法兰外径的尺寸和金属净质量分别计算主材利用率。

8.其他结构是指随设备制作的内部梯子、挡板、支架等。不含设备外的梯子、平台和栏杆等。

9.各部件材料毛重＝各部件金属净质量/该部件主材利用率。

10.主材费＝Σ(各部件金属材料单价×该部件材料毛重)。

六、金属材质是分别以碳钢、低合金钢、不锈钢的制造工艺进行编制的,除超低碳不锈钢按不锈钢子目乘以系数1.35调整外,其余材质不得调整基价。如设计采用复合钢板时,按复合层的材质执行相应子目。

七、设计结构与基价取定的结构不同时,按下列规定计算:

1.金属容器制作:

(1)当碳钢、不锈钢平底平盖容器有折边时,执行椭圆形封头容器相应子目;当碳钢、不锈钢锥底平盖容器有折边时,执行锥底椭圆封头容器的相应子目。

(2)无折边球形双封头容器制作,执行同类材质的锥底椭圆封头容器的相应子目。

(3)蝶形封头容器制作,执行椭圆封头容器相应子目。

(4)矩形容器按平底平盖子目乘以系数1.10。

(5)金属容器的内件已按各类容器综合考虑了简单内件和复杂内件的含量。除带有内角钢圈、筛板、栅板等特殊形式的内件,执行填料塔相应子目外,其余不得调整基价。

(6)夹套式容器按内外容器的容积分别执行本基价相应子目并乘以系数1.10。

(7)当立式容器带有裙座时,应将裙座的金属质量并入到容器本体内计算。

(8)当碳钢椭圆双封头容器设计压力大于1.6MPa时,执行低合金钢容器相应子目。当不锈钢椭圆双封头容器设计压力大于1.6MPa时,执行相应子目乘以系数1.10。

2.塔器制作:

(1)塔器内件采用特殊材质时,其内件另行计算。

(2)碳钢塔的内件为不锈钢时,则内件价格另计,其余部分执行填料塔相应子目,子目乘以系数0.90。

(3)当塔器设计压力大于1.6MPa时,按相应子目乘以系数1.10。

(4)组合塔(两个以上封头组成的塔)应按多个塔计算,塔的个数按各组段计算,并按每个塔段质量分别执行相应子目。

3.热交换器制作:

(1)基价中热交换器的管径均按D25考虑,若管径不同时可按系数调整。当管径小于25mm时乘以系数1.10;当管径大于25mm时乘以系数0.95。

(2)热交换器如要求胀接加焊接再焊胀时,按胀接基价乘以系数1.15。

(3)当热交换器设计压力大于1.6MPa时,按相应基价乘以系数1.08。

八、质量监督部门的监造、检验费,按各地劳动管理部门的规定计取。

工程量计算规则

一、容器制作：依据设备质量以金属净质量计算。

注：容器的金属质量是指容器本体、容器内部固定件、开孔件、加强板、裙座（支座）的金属质量。其质量按设计图示的几何尺寸展开计算，不扣除容器孔洞面积。

二、塔器制作：依据设备质量以金属净质量计算。

注：塔器的金属质量是指塔器本体、塔器内部固定件、开孔件、加强板、裙座（支座）的金属质量，包括基础模块的质量。其质量按设计图示的几何尺寸展开计算，不扣除容器孔洞面积。

三、换热器制作：依据设备质量以金属净质量计算。

注：换热器的金属质量是指换热器本体的金属质量。

四、静置设备制作：

1.鞍座、支座制作，按制造图纸的金属净质量计算。

2.人孔、手孔、各种接管制作，按图纸规定的规格、设计压力计算。

3.设备法兰制作，按设计压力、公称直径按设计图示数量计算。

4.地脚螺栓制作，按螺栓直径按设计图示数量计算。

五、封头制作胎具，即每制作一个封头，计算一次胎具。

六、筒体卷弧胎具按设备筒体金属质量综合取定。

七、外购件和外协件的质量应从制造图的质量内扣除，其单价另行计算。

一、金属容器制作

1.整体设备制作
(1)碳钢平底平盖容器

工作内容：放样号料,切割,坡口,压头卷弧、找圆,组对、焊接,内部附件制作、组装,成品倒运堆放等。

单位：t

编 号			5-1	5-2	5-3	5-4	5-5	5-6	5-7	5-8	5-9
项 目			VN(m³以内)								
			1	2	4	6	8	10	15	20	30
预算基价	总 价(元)		**9361.03**	**7899.57**	**6435.93**	**5986.77**	**5306.66**	**5145.29**	**4959.71**	**4510.51**	**3433.26**
	人 工 费(元)		4133.70	3686.85	3028.05	2917.35	2635.20	2616.30	2567.70	2340.90	1800.90
	材 料 费(元)		721.72	652.78	583.78	546.54	523.29	506.89	487.06	444.38	388.61
	机 械 费(元)		4505.61	3559.94	2824.10	2522.88	2148.17	2022.10	1904.95	1725.23	1243.75
组 成 内 容	单位	单价	数 量								
人工 综合工	工日	135.00	30.62	27.31	22.43	21.61	19.52	19.38	19.02	17.34	13.34
材料 普碳钢板 $\delta 20$	t	3614.79	0.02132	0.02043	0.01864	0.01699	0.01407	0.01267	0.01264	0.01253	0.00741
木材 方木	m³	2716.33	0.05	0.05	0.04	0.04	0.04	0.04	0.04	0.03	0.03
电焊条 E4303 D3.2	kg	7.59	36.38	30.37	28.38	26.19	26.19	25.92	25.25	24.57	8.62
氧气	m³	2.88	9.52	9.00	8.49	8.03	7.78	7.18	6.37	5.84	4.78
乙炔气	kg	14.66	3.170	3.000	2.830	2.680	2.590	2.390	2.120	1.950	1.590
尼龙砂轮片 D100×16×3	片	3.92	10.15	8.62	7.80	7.12	5.39	5.37	5.32	5.20	4.95
尼龙砂轮片 D150	片	6.65	4.71	4.52	4.14	3.80	1.85	1.69	1.42	1.30	1.05
炭精棒 8~12	根	1.71	39.00	35.00	30.00	27.00	25.00	24.00	22.00	20.00	18.00
焊接钢管 D76	t	3813.69	—	—	—	—	0.00346	0.00312	0.00250	0.00250	0.00250
碳钢埋弧焊丝	kg	9.58	—	—	—	—	—	—	—	—	5.88
埋弧焊剂	kg	4.93	—	—	—	—	—	—	—	—	8.82

编　号			5-1	5-2	5-3	5-4	5-5	5-6	5-7	5-8	5-9
项　目			VN（m³以内）								
			1	2	4	6	8	10	15	20	30
组　成　内　容	单位	单价	数　　量								
材料	零星材料费	元	—	21.02	19.01	17.00	15.92	15.24	14.76	14.19	12.94	11.32
机械	电动双梁起重机 15t	台班	321.22	2.15	2.02	1.78	1.64	1.40	1.30	1.27	1.25	1.13
	载货汽车 5t	台班	443.55	1.19	0.89	0.76	0.62	0.42	0.37	0.34	0.27	0.08
	载货汽车 10t	台班	574.62	0.09	0.08	0.07	0.07	0.07	0.07	0.07	0.07	0.15
	直流弧焊机 30kW	台班	92.43	8.41	7.73	7.47	7.01	7.01	6.83	6.09	5.49	2.45
	电焊条烘干箱 800×800×1000	台班	51.03	0.841	0.770	0.750	0.700	0.700	0.680	0.610	0.550	0.250
	电焊条烘干箱 600×500×750	台班	27.16	0.841	0.770	0.750	0.700	0.700	0.680	0.610	0.550	0.250
	半自动切割机 100mm	台班	88.45	0.69	0.63	0.57	0.52	0.41	0.35	0.29	0.26	0.19
	剪板机 20×2500	台班	329.03	0.33	0.27	0.17	0.17	0.17	0.15	0.15	0.14	0.14
	卷板机 20×2500	台班	273.51	0.31	0.29	0.27	0.25	0.18	0.16	0.16	0.15	0.15
	刨边机 9000mm	台班	516.01	0.13	0.11	0.08	0.07	0.07	0.07	0.07	0.07	0.07
	立式钻床 D25	台班	6.78	0.26	0.23	0.22	0.21	0.20	0.19	0.19	0.19	0.18
	电动滚胎	台班	55.48	1.97	1.74	1.72	1.60	1.26	1.24	1.22	1.19	1.14
	电动空气压缩机 6m³	台班	217.48	1.11	0.87	0.75	0.70	0.70	0.68	0.61	0.55	0.25
	汽车式起重机 8t	台班	767.15	2.24	1.47	0.84	0.69	0.48	0.44	0.07	0.07	0.06
	汽车式起重机 10t	台班	838.68	—	—	—	—	—	—	0.34	0.27	0.08
	汽车式起重机 20t	台班	1043.80	—	—	—	—	—	—	—	—	0.08
	自动埋弧焊机 1500A	台班	261.86	—	—	—	—	—	—	—	—	0.22

9

(2)碳钢平底锥顶容器

工作内容：放样号料,切割,坡口,压头卷弧、找圆,伞形盖制作,组对(角钢圈与筒体组对)、焊接,内部附件制作、组装,底板真空试漏,成品倒运堆放等。

单位：t

编　号			5-10	5-11	5-12	5-13	5-14	5-15	5-16	5-17
项　目			VN(m³以内)							
			12	16	20	30	40	50	60	80
预算基价	总　价(元)		**7823.72**	**7318.84**	**6882.40**	**5972.67**	**5754.87**	**5567.63**	**5351.76**	**5140.53**
	人　工　费(元)		4095.90	3879.90	3663.90	3194.10	3095.55	2997.00	2898.45	2802.60
	材　料　费(元)		812.17	701.07	682.11	619.81	563.32	550.57	540.64	531.63
	机　械　费(元)		2915.65	2737.87	2536.39	2158.76	2096.00	2020.06	1912.67	1806.30
组成内容		单位	单价	数　量						
人工	综合工	工日	135.00	30.34	28.74	27.14	23.66	22.93	22.20	21.47	20.76
材料	普碳钢板 δ20	t	3614.79	0.03221	0.03061	0.02824	0.02171	0.02058	0.01945	0.01885	0.01826
	焊接钢管 D76	t	3813.69	0.00449	0.00422	0.00396	0.00355	0.00313	0.00277	0.00277	0.00245
	木材　方木	m³	2716.33	0.04	0.03	0.03	0.03	0.02	0.02	0.02	0.02
	道木	m³	3660.04	0.03	0.02	0.02	0.02	0.02	0.02	0.02	0.02
	钢轨　15kg/m	t	4008.13	0.00292	0.00282	0.00271	0.00158	0.00132	0.00132	0.00113	0.00110
	电焊条 E4303 D3.2	kg	7.59	32.51	28.69	28.24	27.68	27.13	26.61	26.47	26.33
	氧气	m³	2.88	9.01	8.98	8.94	6.89	5.70	5.70	5.20	4.95
	乙炔气	kg	14.66	3.000	2.990	2.980	2.300	1.900	1.890	1.730	1.650
	尼龙砂轮片 D100×16×3	片	3.92	7.70	6.75	6.39	5.28	5.03	5.03	4.97	4.91
	尼龙砂轮片 D150	片	6.65	4.14	3.92	3.78	3.44	3.06	2.92	2.78	2.58
	蝶形钢丝砂轮片 D100	片	6.27	1.22	1.10	0.99	0.89	0.80	0.77	0.66	0.54
	炭精棒 8～12	根	1.71	25.00	24.00	23.00	21.00	19.00	18.00	18.00	18.00

续前

编 号			5-10	5-11	5-12	5-13	5-14	5-15	5-16	5-17
项 目			VN（m³以内）							
			12	16	20	30	40	50	60	80
组 成 内 容	单位	单价	数 量							
材料	零星材料费	元	—	23.66	20.42	19.87	18.05	16.41	16.04	15.75	15.48
机械	电动双梁起重机 15t	台班	321.22	1.44	1.38	1.32	1.25	1.17	1.10	1.04	0.99
	门式起重机 20t	台班	644.36	0.45	0.42	0.42	0.41	0.40	0.38	0.38	0.37
	载货汽车 5t	台班	443.55	0.45	0.44	0.38	0.22	0.09	—	—	—
	载货汽车 10t	台班	574.62	0.07	0.07	0.07	0.07	0.17	0.24	0.21	0.18
	直流弧焊机 30kW	台班	92.43	8.32	7.61	7.32	6.77	6.41	6.20	5.99	5.79
	电焊条烘干箱 800×800×1000	台班	51.03	0.83	0.76	0.73	0.68	0.64	0.62	0.60	0.58
	电焊条烘干箱 600×500×750	台班	27.16	0.83	0.76	0.73	0.68	0.64	0.62	0.60	0.58
	半自动切割机 100mm	台班	88.45	0.24	0.23	0.22	0.15	0.15	0.14	0.13	0.12
	剪板机 20×2500	台班	329.03	0.18	0.15	0.15	0.01	0.14	0.14	0.13	0.13
	卷板机 20×2500	台班	273.51	0.27	0.26	0.25	0.21	0.17	0.15	0.14	0.12
	刨边机 12000mm	台班	566.55	0.46	0.37	0.24	0.22	0.20	0.19	0.18	0.17
	立式钻床 D25	台班	6.78	0.21	0.20	0.20	0.19	0.18	0.18	0.18	0.18
	电动滚胎	台班	55.48	1.58	1.58	1.58	1.52	1.50	1.48	1.45	1.42
	电动空气压缩机 6m³	台班	217.48	0.83	0.76	0.73	0.68	0.64	0.62	0.60	0.58
	真空泵 204m³/h	台班	59.76	0.1	0.1	0.1	0.1	0.1	0.1	0.1	0.1
	汽车式起重机 8t	台班	767.15	0.52	0.06	0.07	0.07	0.07	0.07	0.07	0.06
	汽车式起重机 10t	台班	838.68	—	0.44	0.38	0.22	0.09	—	—	—
	汽车式起重机 20t	台班	1043.80	—	—	—	—	0.10	0.17	0.14	0.12

（3）碳钢锥底平顶容器

工作内容： 放样号料,切割,坡口,压头卷弧、找圆,锥形封头制作,组对、焊接,内部附件制作、组装,成品倒运堆放等。

单位：t

	编　号			5-18	5-19	5-20	5-21	5-22	5-23	5-24	5-25	5-26
	项　目			VN(m³以内)								
				1	2	4	6	8	10	15	20	30
预算基价	总　　价(元)			**12348.36**	**10801.09**	**10114.70**	**9275.19**	**8630.08**	**7731.57**	**6992.18**	**6435.06**	**5600.56**
	人　工　费(元)			5946.75	5541.75	5292.00	4989.60	4711.50	4500.90	4077.00	3693.60	3223.80
	材　料　费(元)			898.96	823.45	770.08	720.41	663.27	604.69	549.15	529.75	520.83
	机　械　费(元)			5502.65	4435.89	4052.62	3565.18	3255.31	2625.98	2366.03	2211.71	1855.93
	组　成　内　容	单位	单价	数　　量								
人工	综合工	工日	135.00	44.05	41.05	39.20	36.96	34.90	33.34	30.20	27.36	23.88
材料	普碳钢板 δ20	t	3614.79	0.03230	0.02979	0.02550	0.02030	0.01845	0.01660	0.01486	0.01353	0.00998
	木材 方木	m³	2716.33	0.02	0.02	0.02	0.02	0.02	0.02	0.02	0.02	0.02
	电焊条 E4303 D3.2	kg	7.59	41.68	38.51	35.74	33.80	31.87	30.57	29.12	28.67	17.95
	氧气	m³	2.88	26.63	22.97	22.33	21.68	19.79	14.95	12.18	11.97	11.75
	乙炔气	kg	14.66	8.880	7.660	7.440	7.230	6.600	4.980	4.060	3.990	3.920
	尼龙砂轮片 D100×16×3	片	3.92	9.80	9.14	8.57	8.40	7.07	6.22	5.62	5.32	5.16
	尼龙砂轮片 D150	片	6.65	7.56	7.34	6.91	6.47	5.33	4.42	3.50	3.31	3.20
	炭精棒 8～12	根	1.71	52.50	48.00	45.00	41.40	37.50	33.00	30.00	27.00	25.00
	焊接钢管 D76	t	3813.69	—	—	—	—	—	0.00379	0.00338	0.00301	0.00220
	碳钢埋弧焊丝	kg	9.58	—	—	—	—	—	—	—	—	5.6
	埋弧焊剂	kg	4.93	—	—	—	—	—	—	—	—	8.4
	零星材料费	元	—	26.18	23.98	22.43	20.98	19.32	17.61	15.99	15.43	15.17
机械	电动双梁起重机 15t	台班	321.22	2.74	2.40	2.22	2.13	1.95	1.67	1.63	1.52	1.46

单位：t

编　　号			5-18	5-19	5-20	5-21	5-22	5-23	5-24	5-25	5-26
项　目			VN（m³以内）								
			1	2	4	6	8	10	15	20	30
组 成 内 容	单位	单价	数　　量								
机	载货汽车 5t	台班	443.55	1.34	0.97	0.80	0.63	0.54	0.33	0.29	0.24	0.17
	载货汽车 10t	台班	574.62	0.06	0.05	0.05	0.05	0.05	0.05	0.04	0.04	0.04
	直流弧焊机 30kW	台班	92.43	10.97	10.31	9.93	9.38	8.67	7.73	7.11	6.81	4.80
	电焊条烘干箱 800×800×1000	台班	51.03	1.10	1.03	0.99	0.94	0.87	0.70	0.71	0.68	0.48
	电焊条烘干箱 600×500×750	台班	27.16	1.10	1.03	0.99	0.94	0.87	0.70	0.71	0.68	0.48
	半自动切割机 100mm	台班	88.45	0.22	0.16	0.15	0.14	0.13	0.13	0.10	0.09	0.08
	剪板机 20×2500	台班	329.03	0.25	0.22	0.18	0.17	0.15	0.14	0.14	0.13	0.13
	刨边机 9000mm	台班	516.01	0.16	0.15	0.14	0.14	0.14	0.13	0.13	0.12	0.10
	立式钻床 D25	台班	6.78	0.22	0.21	0.20	0.20	0.19	0.18	0.17	0.17	0.17
	电动滚胎	台班	55.48	1.67	1.64	1.59	1.54	1.35	1.31	1.22	1.13	1.12
	汽车式起重机 8t	台班	767.15	1.40	1.02	0.85	0.68	0.59	0.42	0.20	0.06	0.06
	汽车式起重机 10t	台班	838.68	—	—	—	—	—	—	0.15	0.25	0.15
	电动空气压缩机 6m³	台班	217.48	1.32	1.25	1.40	1.13	1.00	0.85	0.78	0.74	0.48
	卷扬机 单筒慢速 30kN	台班	205.84	0.31	0.25	0.23	0.19	0.18	0.13	0.10	0.09	0.07
械	箱式加热炉 RJX-75-9	台班	130.77	0.71	0.47	0.42	0.35	0.34	0.24	0.18	0.17	0.17
	液压压接机 800t	台班	1407.15	0.71	0.47	0.42	0.35	0.34	0.24	0.18	0.17	0.17
	卷板机 20×2500	台班	273.51	0.36	0.32	0.28	0.22	0.19	0.16	0.15	0.14	0.13
	自动埋弧焊机 1500A	台班	261.86	—	—	—	—	—	—	—	—	0.21

(4)碳钢锥底椭圆封头容器

工作内容: 放样号料,切割,坡口,压头卷弧、找圆,封头制作,组对、焊接,内部附件制作、组装,成品倒运堆放等。

单位：t

编 号				5-27	5-28	5-29	5-30	5-31	5-32	5-33	5-34	5-35
项 目				VN（m³以内）								
				1	2	5	10	15	20	30	50	100
预算基价	总 价（元）			**15979.07**	**12713.80**	**9784.28**	**8919.79**	**8101.57**	**7685.77**	**6545.89**	**5918.59**	**5187.36**
	人 工 费（元）			6724.35	6183.00	5375.70	4909.95	4342.95	4072.95	3785.40	3530.25	3115.80
	材 料 费（元）			1362.97	1080.80	848.30	765.67	735.29	647.62	624.46	554.50	497.45
	机 械 费（元）			7891.75	5450.00	3560.28	3244.17	3023.33	2965.20	2136.03	1833.84	1574.11
组 成 内 容		单位	单价	数 量								
人工	综合工	工日	135.00	49.81	45.80	39.82	36.37	32.17	30.17	28.04	26.15	23.08
材料	普碳钢板 δ20	t	3614.79	0.03979	0.02976	0.02122	0.01660	0.01486	0.01315	0.01229	0.01055	0.00961
	木材 方木	m³	2716.33	0.05	0.04	0.03	0.03	0.03	0.02	0.02	0.02	0.02
	道木	m³	3660.04	0.06	0.04	0.02	0.02	0.02	0.02	0.02	0.02	0.02
	电焊条 E4303 D3.2	kg	7.59	41.60	37.67	35.30	33.34	31.39	20.14	18.88	15.26	12.43
	氧气	m³	2.88	37.77	29.24	22.97	18.57	17.53	12.35	11.66	10.10	7.46
	乙炔气	kg	14.66	12.590	9.740	7.660	6.190	5.840	4.120	3.890	3.370	2.490
	尼龙砂轮片 D100×16×3	片	3.92	12.44	9.60	8.41	7.99	7.57	6.79	6.68	5.84	5.60
	尼龙砂轮片 D150	片	6.65	9.72	7.06	6.23	5.14	4.91	3.95	3.62	3.42	2.37
	蝶形钢丝砂轮片 D100	片	6.27	1.78	1.45	1.07	0.95	0.88	0.81	0.75	0.70	0.57
	炭精棒 8~12	根	1.71	51.00	45.00	36.00	33.00	30.00	29.10	28.50	21.00	19.80
	石墨粉	kg	7.01	0.45	0.45	0.45	0.50	0.50	0.51	0.51	—	—
	焊接钢管 D76	t	3813.69	—	—	—	—	0.00222	0.00237	0.00265	0.00323	0.00384
	碳钢埋弧焊丝	kg	9.58	—	—	—	—	—	4.98	4.89	4.72	4.59
	埋弧焊剂	kg	4.93	—	—	—	—	—	7.47	7.34	7.08	6.89
	钢丝绳 D15	m	5.28	—	—	—	—	—	—	—	—	0.12
	零星材料费	元	—	39.70	31.48	24.71	22.30	21.42	18.86	18.19	16.15	14.49
机械	电动双梁起重机 15t	台班	321.22	3.44	2.67	1.91	1.83	1.78	3.54	1.67	1.59	1.40

编　号			5-27	5-28	5-29	5-30	5-31	5-32	5-33	5-34	5-35
项　目			VN（m³以内）								
			1	2	5	10	15	20	30	50	100
组 成 内 容	单位	单价	数　量								
载货汽车 5t	台班	443.55	1.64	0.95	0.47	0.32	0.28	0.23	0.14	0.07	—
载货汽车 10t	台班	574.62	0.08	0.06	0.06	0.06	0.06	0.05	0.08	0.06	0.09
载货汽车 15t	台班	809.06	—	—	—	—	—	—	—	0.04	0.02
直流弧焊机 30kW	台班	92.43	10.85	9.80	9.19	8.58	7.97	5.70	4.86	3.99	3.21
自动埋弧焊机 1500A	台班	261.86	—	—	—	—	—	0.18	0.18	0.17	0.17
电焊条烘干箱 800×800×1000	台班	51.03	1.08	0.98	0.92	0.86	0.80	0.57	0.49	0.40	0.32
电焊条烘干箱 600×500×750	台班	27.16	1.08	0.98	0.92	0.86	0.80	0.57	0.49	0.40	0.32
半自动切割机 100mm	台班	88.45	0.13	0.12	0.09	0.07	0.07	0.05	0.04	0.02	0.02
剪板机 20×2500	台班	329.03	0.20	0.20	0.18	0.14	0.11	0.11	0.10	0.10	0.09
卷板机 20×2500	台班	273.51	0.27	0.26	0.17	0.14	0.12	0.12	0.09	0.09	0.09
刨边机 9000mm	台班	516.01	0.12	0.11	0.09	0.09	0.08	0.07	0.07	0.07	0.06
立式钻床 D25	台班	6.78	0.41	0.35	0.34	0.33	0.33	0.31	0.31	0.30	0.29
电动滚胎	台班	55.48	2.55	2.36	1.98	1.81	1.65	1.53	1.51	1.45	1.39
卷扬机 单筒慢速 30kN	台班	205.84	0.72	0.54	0.28	0.27	0.26	0.16	0.15	0.11	0.05
电动空气压缩机 6m³	台班	217.48	1.60	1.31	0.92	0.86	0.80	0.57	0.49	0.40	0.32
箱式加热炉 RJX-75-9	台班	130.77	1.84	1.07	0.55	0.55	0.51	0.32	0.29	0.22	0.16
液压压接机 800t	台班	1407.15	1.84	1.07	0.55	0.55	0.51	0.32	0.29	0.22	0.16
汽车式起重机 8t	台班	767.15	1.62	1.01	0.53	0.38	0.19	0.14	0.09	0.09	0.09
汽车式起重机 10t	台班	838.68	—	—	—	—	0.15	0.15	0.07	—	—
汽车式起重机 20t	台班	1043.80	—	—	—	—	—	—	0.06	0.04	0.05
汽车式起重机 25t	台班	1098.98	—	—	—	—	—	—	—	0.04	0.02
平板拖车组 20t	台班	1101.26	—	—	—	—	—	—	—	—	0.05

机

械

（5）碳钢双椭圆封头容器

工作内容： 放样号料,切割,坡口,压头卷弧、找圆,封头制作,组对、焊接,内部附件制作、组装,成品倒运堆放等。

单位：t

	编　号			5-36	5-37	5-38	5-39	5-40	5-41
	项　目			VN（m³以内）					
				0.5	1	2	5	10	20
预算基价	总　　价（元）			**19359.76**	**15822.53**	**12618.04**	**10089.68**	**9308.64**	**7389.40**
	人　工　费（元）			7477.65	6664.95	6002.10	5255.55	4831.65	3935.25
	材　料　费（元）			1215.51	1127.65	1023.50	849.54	817.98	786.72
	机　械　费（元）			10666.60	8029.93	5592.44	3984.59	3659.01	2667.43
	组　成　内　容	单位	单价	数　量					
人工	综合工	工日	135.00	55.39	49.37	44.46	38.93	35.79	29.15
材料	普碳钢板 δ20	t	3614.79	0.02748	0.02582	0.02272	0.01596	0.01443	0.01229
	木材　方木	m³	2716.33	0.05	0.05	0.05	0.05	0.05	0.05
	道木	m³	3660.04	0.05	0.05	0.05	0.04	0.04	0.04
	电焊条 E4303 D3.2	kg	7.59	49.01	43.27	39.96	33.93	32.46	15.62
	氧气	m³	2.88	23.62	22.29	17.10	13.23	12.03	9.99
	乙炔气	kg	14.66	7.870	7.430	5.700	4.410	4.010	3.330
	尼龙砂轮片 D100×16×3	片	3.92	10.60	9.24	8.10	7.82	7.37	6.46
	尼龙砂轮片 D150	片	6.65	7.83	6.86	6.30	5.15	5.06	3.51
	蝶形钢丝砂轮片 D100	片	6.27	2.03	1.76	1.41	0.97	0.88	0.80
	炭精棒 8～12	根	1.71	55.00	48.00	40.00	28.00	27.00	25.00
	石墨粉	kg	7.01	0.88	0.88	0.82	0.82	0.82	0.82
	焊接钢管 D76	t	3813.69	—	—	—	—	—	0.00245
	碳钢埋弧焊丝	kg	9.58	—	—	—	—	—	7.63
	埋弧焊剂	kg	4.93	—	—	—	—	—	11.44
	零星材料费	元		—	35.40	32.84	29.81	24.74	23.82	22.91

续前

单位：t

编　号				5-36	5-37	5-38	5-39	5-40	5-41
项　目				VN（m³以内）					
				0.5	1	2	5	10	20
	组 成 内 容	单位	单价	数　　量					
机	电动双梁起重机 15t	台班	321.22	3.47	2.40	1.78	1.76	1.73	1.71
	门式起重机 20t	台班	644.36	1.04	0.84	0.68	0.46	0.36	0.31
	载货汽车 5t	台班	443.55	2.74	1.87	1.07	0.56	0.40	0.20
	载货汽车 10t	台班	574.62	0.12	0.11	0.08	0.09	0.14	0.13
	直流弧焊机 30kW	台班	92.43	11.56	10.25	9.47	8.31	7.98	4.21
	电焊条烘干箱 800×800×1000	台班	51.03	1.16	1.02	0.95	0.83	0.80	0.42
	电焊条烘干箱 600×500×750	台班	27.16	1.16	1.02	0.95	0.83	0.80	0.42
	半自动切割机 100mm	台班	88.45	0.26	0.24	0.23	0.20	0.17	0.17
	剪板机 20×2500	台班	329.03	0.31	0.23	0.22	0.15	0.15	0.14
	卷板机 20×2500	台班	273.51	0.34	0.27	0.27	0.19	0.17	0.14
	刨边机 9000mm	台班	516.01	0.47	0.47	0.47	0.43	0.41	0.37
	立式钻床 D25	台班	6.78	0.64	0.52	0.50	0.46	0.45	0.43
	电动滚胎	台班	55.48	2.98	2.76	2.42	2.32	2.20	2.08
	卷扬机 单筒慢速 30kN	台班	205.84	1.13	0.80	0.45	0.26	0.23	0.15
	电动空气压缩机 6m³	台班	217.48	1.26	1.02	0.95	0.83	0.80	0.42
械	液压压接机 800t	台班	1407.15	2.27	1.59	0.90	0.51	0.47	0.30
	箱式加热炉 RJX-75-9	台班	130.77	2.27	1.59	0.90	0.51	0.47	0.30
	汽车式起重机 8t	台班	767.15	2.36	1.82	1.15	0.65	0.32	0.13
	汽车式起重机 10t	台班	838.68	—	—	—	—	0.21	0.20
	自动埋弧焊机 1500A	台班	261.86	—	—	—	—	—	0.28

编　号			5-42	5-43	5-44	5-45	5-46	5-47
项　目			VN（m³以内）					
			40	60	80	100	150	200
预算基价	总　价（元）		**6640.70**	**5719.32**	**5576.04**	**5501.92**	**5579.57**	**5427.79**
	人　工　费（元）		3476.25	2940.30	2905.20	2871.45	2959.20	2872.80
	材　料　费（元）		711.98	646.66	627.50	578.96	618.77	599.21
	机　械　费（元）		2452.47	2132.36	2043.34	2051.51	2001.60	1955.78
组　成　内　容	单位	单价	数　　量					
人工 综合工	工日	135.00	25.75	21.78	21.52	21.27	21.92	21.28
材料 普碳钢板 δ20	t	3614.79	0.01150	0.01072	0.01032	0.00993	0.00919	0.00845
木材 方木	m³	2716.33	0.05	0.04	0.04	0.04	0.03	0.03
道木	m³	3660.04	0.03	0.03	0.03	0.02	0.02	0.02
焊接钢管 D76	t	3813.69	0.00245	0.00245	0.00248	0.00248	0.00419	0.00419
电焊条 E4303 D3.2	kg	7.59	14.37	13.11	11.72	11.30	12.78	11.89
氧气	m³	2.88	8.90	7.45	7.28	6.85	13.97	13.96
乙炔气	kg	14.66	2.970	2.480	2.430	2.280	4.660	4.650
尼龙砂轮片 D100×16×3	片	3.92	6.39	5.53	5.43	5.34	5.31	5.07
尼龙砂轮片 D150	片	6.65	3.37	2.58	2.49	2.34	2.85	2.75
蝶形钢丝砂轮片 D100	片	6.27	0.73	0.60	0.58	0.54	0.49	0.42
炭精棒 8～12	根	1.71	22.00	20.85	18.93	18.48	17.34	14.94
石墨粉	kg	7.01	0.53	0.47	0.41	0.37	—	—
碳钢埋弧焊丝	kg	9.58	7.25	7.21	7.17	7.13	6.94	6.75
埋弧焊剂	kg	4.93	10.88	10.82	10.76	10.70	10.41	10.12
钢丝绳 D15	m	5.28	—	—	—	0.16	0.05	—
钢丝绳 D17.5	m	6.84	—	—	—	—	0.11	0.15
零星材料费	元	—	20.74	18.83	18.28	16.86	18.02	17.45
机械 电动双梁起重机 15t	台班	321.22	1.64	1.54	1.47	1.46	1.44	1.42
门式起重机 20t	台班	644.36	0.30	0.29	0.28	0.28	0.25	0.23

续前

编　号			5-42	5-43	5-44	5-45	5-46	5-47
项　目			VN（m³以内）					
			40	60	80	100	150	200
组　成　内　容	单位	单价	数　量					
载货汽车 5t	台班	443.55	—	0.06	0.10	—	—	—
载货汽车 10t	台班	574.62	0.12	0.06	0.04	0.04	0.02	0.02
载货汽车 15t	台班	809.06	0.13	0.04	0.07	0.06	0.09	0.09
直流弧焊机 30kW	台班	92.43	3.68	3.33	3.13	3.05	3.50	3.26
电焊条烘干箱 800×800×1000	台班	51.03	0.37	0.33	0.31	0.31	0.35	0.33
电焊条烘干箱 600×500×750	台班	27.16	0.37	0.33	0.31	0.31	0.35	0.33
半自动切割机 100mm	台班	88.45	0.15	0.14	0.13	0.12	0.21	0.21
剪板机 20×2500	台班	329.03	0.14	0.13	0.13	0.13	0.01	0.01
刨边机 9000mm	台班	516.01	0.37	0.31	0.30	0.30	0.31	0.29
立式钻床 D25	台班	6.78	0.41	0.41	0.39	0.38	0.37	0.36
电动滚胎	台班	55.48	1.99	1.92	1.89	1.86	1.83	1.80
卷扬机 单筒慢速 30kN	台班	205.84	0.13	0.10	0.08	0.08	0.06	0.05
电动空气压缩机 6m³	台班	217.48	0.37	0.33	0.31	0.31	0.35	0.33
液压压接机 800t	台班	1407.15	0.25	0.21	0.17	0.15	0.12	0.09
箱式加热炉 RJX-75-9	台班	130.77	0.25	0.21	0.17	0.15	0.12	0.09
自动埋弧焊机 1500A	台班	261.86	0.27	0.27	0.26	0.26	0.25	0.25
汽车式起重机 8t	台班	767.15	0.12	0.12	0.12	0.11	0.11	0.11
汽车式起重机 20t	台班	1043.80	0.13	0.04	0.06	0.06	0.04	0.04
汽车式起重机 25t	台班	1098.98	—	0.04	0.03	0.03	0.05	0.07
平板拖车组 20t	台班	1101.26	—	—	—	0.07	0.04	0.04
平板拖车组 30t	台班	1263.97	—	—	—	0.03	0.05	0.07
卷板机 20×2500	台班	273.51	0.13	0.13	0.13	0.12	0.11	0.05
卷板机 40×3500	台班	516.54	—	—	—	—	—	0.06

机

械

(6) 低合金钢双椭圆封头容器

工作内容: 放样号料,切割,坡口,压头卷弧、找圆,封头制作,组对、焊接,内部附件制作、组装,成品倒运堆放等。 单位: t

编　号			5-48	5-49	5-50	5-51	5-52	5-53	5-54	5-55	5-56	5-57
项　目			VN(m³以内)									
			2	5	10	20	40	60	80	100	150	200
预算基价	总　价(元)		**13023.48**	**11050.59**	**9975.75**	**8830.92**	**7696.92**	**7048.61**	**6948.65**	**6347.48**	**7245.49**	**6869.04**
	人工费(元)		6357.15	5524.20	5020.65	4415.85	3790.80	3493.80	3489.75	3159.00	3678.75	3476.25
	材料费(元)		1870.15	1694.98	1563.57	1443.17	1269.59	1163.88	1113.20	983.46	1103.93	1022.60
	机械费(元)		4796.18	3831.41	3391.53	2971.90	2636.53	2390.93	2345.70	2205.02	2462.81	2370.19
组成内容	单位	单价	数　量									
人工 综合工	工日	135.00	47.09	40.92	37.19	32.71	28.08	25.88	25.85	23.40	27.25	25.75
材料 普碳钢板 δ20	t	3614.79	0.02311	0.02103	0.01965	0.01690	0.01627	0.01429	0.01376	0.01208	0.01335	0.01300
木材 方木	m³	2716.33	0.05	0.05	0.05	0.05	0.05	0.04	0.04	0.04	0.03	0.03
道木	m³	3660.04	0.05	0.04	0.04	0.04	0.03	0.03	0.03	0.02	0.02	0.02
合金钢电焊条	kg	26.56	25.87	24.75	21.53	18.21	14.07	12.51	11.18	10.06	11.46	10.77
合金钢埋弧焊丝	kg	16.53	13.50	13.21	12.94	12.65	12.37	11.99	11.88	10.13	12.40	11.14
埋弧焊剂	kg	4.93	20.24	19.82	19.41	18.98	18.56	17.99	17.83	15.20	18.60	16.71
氧气	m³	2.88	20.52	15.87	14.44	12.71	12.71	12.43	11.51	11.49	16.66	14.58
乙炔气	kg	14.66	6.840	5.290	4.810	4.240	4.240	4.140	3.840	3.830	5.550	4.860
尼龙砂轮片 $D100\times16\times3$	片	3.92	13.92	10.77	9.80	9.52	9.07	8.89	8.66	7.78	8.03	7.73
尼龙砂轮片 $D150$	片	6.65	8.74	7.88	7.58	6.97	6.47	5.40	5.37	5.34	5.48	4.30
蝶形钢丝砂轮片 $D100$	片	6.27	1.65	1.37	1.17	1.04	0.94	0.85	0.83	0.69	0.73	0.64
炭精棒 8～12	根	1.71	67.20	47.67	40.47	36.51	33.30	29.94	29.04	26.01	24.27	22.56
石墨粉	kg	7.01	0.85	0.85	0.84	0.84	0.65	0.33	0.27	0.27	—	—
焊接钢管 $D76$	t	3813.69	—	—	—	0.00373	0.00361	0.00360	0.00351	0.00316	0.00599	0.00585
钢丝绳 $D15$	m	5.28	—	—	—	—	—	0.17	0.17	0.12	—	—
钢丝绳 $D17.5$	m	6.84	—	—	—	—	—	—	0.18	0.16	0.10	—
钢丝绳 $D19.5$	m	8.29	—	—	—	—	—	—	—	—	0.11	0.08
钢丝绳 $D21.5$	m	9.57	—	—	—	—	—	—	—	—	—	0.09
零星材料费	元	—	54.47	49.37	45.54	42.03	36.98	33.90	32.42	28.64	32.15	29.78
机械 电动双梁起重机 15t	台班	321.22	2.43	2.01	1.99	1.97	1.88	1.82	1.78	1.59	1.82	1.78
门式起重机 20t	台班	644.36	0.54	0.50	0.36	0.30	0.28	0.25	0.24	0.22	0.25	0.25

编　号			5-48	5-49	5-50	5-51	5-52	5-53	5-54	5-55	5-56	5-57
项　目			VN（m³以内）									
			2	5	10	20	40	60	80	100	150	200
组 成 内 容	单位	单价	数　量									
机	载货汽车 5t	台班	443.55	0.71	0.36	0.32	0.14	—	—	—	—	—	—
	载货汽车 10t	台班	574.62	0.16	0.24	0.15	0.18	0.14	0.14	0.13	0.12	0.13	0.13
	直流弧焊机 30kW	台班	92.43	7.39	6.81	5.69	4.59	3.74	3.34	3.11	3.08	4.12	3.83
	自动埋弧焊机 1500A	台班	261.86	0.59	0.57	0.56	0.55	0.54	0.51	0.50	0.43	0.44	0.37
	电焊条烘干箱 800×800×1000	台班	51.03	0.74	0.68	0.57	0.46	0.37	0.33	0.31	0.31	0.41	0.38
	电焊条烘干箱 600×500×750	台班	27.16	0.74	0.68	0.57	0.46	0.37	0.33	0.31	0.31	0.41	0.38
	半自动切割机 100mm	台班	88.45	0.46	0.46	0.46	0.93	0.82	0.79	0.74	0.68	0.87	0.85
	剪板机 20×2500	台班	329.03	0.26	0.17	0.15	0.14	0.14	0.13	0.13	0.13	0.01	0.01
	刨边机 9000mm	台班	516.01	0.47	0.43	0.41	0.37	0.37	0.31	0.30	0.26	0.31	0.29
	立式钻床 D25	台班	6.78	0.52	0.51	0.51	0.48	0.47	0.46	0.45	0.41	0.45	0.45
	电动滚胎	台班	55.48	2.45	2.45	2.43	2.43	2.42	2.42	2.39	2.38	2.24	2.24
	卷扬机 单筒慢速 30kN	台班	205.84	0.18	0.18	0.18	0.15	0.15	0.10	0.10	0.10	0.06	0.04
	电动空气压缩机 6m³	台班	217.48	0.74	0.68	0.57	0.46	0.37	0.33	0.31	0.31	0.41	0.38
	箱式加热炉 RJX-75-9	台班	130.77	0.63	0.36	0.36	0.29	0.20	0.14	0.12	0.12	0.11	0.08
	液压压接机 800t	台班	1407.15	0.63	0.36	0.36	0.29	0.20	0.14	0.12	0.12	0.11	0.08
	汽车式起重机 8t	台班	767.15	0.80	0.36	0.32	0.14	0.14	0.14	0.13	0.12	0.13	0.13
	汽车式起重机 10t	台班	838.68	—	0.24	0.15	—	—	—	—	—	—	—
	汽车式起重机 20t	台班	1043.80	—	—	—	0.18	0.11	0.08	0.05	0.05	0.04	0.04
	汽车式起重机 30t	台班	1141.87	—	—	—	—	—	0.03	0.07	0.07	0.04	—
	汽车式起重机 40t	台班	1547.56	—	—	—	—	—	—	—	—	0.05	0.03
械	汽车式起重机 50t	台班	2492.74	—	—	—	—	—	—	—	—	—	0.04
	平板拖车组 20t	台班	1101.26	—	—	—	0.11	0.10	0.05	0.05	0.04	0.04
	平板拖车组 40t	台班	1468.34	—	—	—	—	—	—	0.07	0.07	0.07	0.06
	平板拖车组 50t	台班	1545.90	—	—	—	—	—	—	—	—	—	0.02
	卷板机 20×2500	台班	273.51	0.28	0.22	0.18	0.17	0.17	0.16	0.15	0.13	0.01	—
	卷板机 40×3500	台班	516.54	—	—	—	—	—	—	—	—	0.12	0.12

（7）不锈钢平底平盖容器

工作内容：放样号料,切割,坡口,压头卷弧、找圆,组对、焊接,焊缝酸洗钝化,内部附件制作、组装,成品倒运堆放等。

单位：t

编　　号				5-58	5-59	5-60	5-61	5-62	5-63	5-64	5-65	5-66
项　　目				VN（m³以内）								
				1	2	4	6	8	10	15	20	30
预算基价	总　　价（元）			18235.15	15877.63	12357.70	11408.19	10230.77	9898.05	9663.90	8927.97	7381.34
	人　工　费（元）			5404.05	4801.95	4124.25	3939.30	3558.60	3532.95	3466.80	3160.35	2555.55
	材　料　费（元）			3877.14	3277.96	2900.75	2740.04	2627.59	2556.97	2471.05	2352.08	2111.92
	机　械　费（元）			8953.96	7797.72	5332.70	4728.85	4044.58	3808.13	3726.05	3415.54	2713.87
组　成　内　容		单位	单价	数　　量								
人工	综合工	工日	135.00	40.03	35.57	30.55	29.18	26.36	26.17	25.68	23.41	18.93
材料	普碳钢板 δ20	t	3614.79	0.03884	0.03698	0.03263	0.02955	0.02716	0.02446	0.02440	0.02419	0.01634
	木材 方木	m³	2716.33	0.17	0.15	0.11	0.09	0.08	0.07	0.07	0.06	0.05
	道木	m³	3660.04	0.08	0.06	0.04	0.03	0.02	0.02	0.02	0.02	0.02
	酸洗膏	kg	9.60	11.21	10.22	7.42	6.76	5.64	5.25	4.82	4.38	3.51
	飞溅净	kg	3.96	12.80	11.66	8.47	7.72	6.44	6.00	5.82	5.64	4.00
	电焊条 E4303 D3.2	kg	7.59	5.67	3.11	2.02	1.94	1.94	1.72	1.72	1.53	1.53
	不锈钢电焊条	kg	66.08	35.95	30.31	29.20	28.81	28.81	28.62	27.66	26.69	24.63
	不锈钢氩弧焊丝 1Cr18Ni9Ti	kg	57.40	0.01	0.01	0.01	0.01	0.01	0.01	0.01	0.01	0.01
	氧气	m³	2.88	8.87	6.82	3.95	3.73	2.55	2.30	1.85	1.47	1.03
	乙炔气	kg	14.66	2.960	2.270	1.320	1.240	0.850	0.770	0.620	0.490	0.340
	氩气	m³	18.60	0.03	0.03	0.03	0.03	0.03	0.03	0.03	0.03	0.03
	尼龙砂轮片 D100×16×3	片	3.92	23.78	20.77	17.22	15.68	13.40	13.34	13.20	11.66	8.65
	尼龙砂轮片 D150	片	6.65	11.45	10.43	9.40	8.66	7.14	6.52	5.47	4.41	3.34
	炭精棒 8～12	根	1.71	41.93	34.89	34.44	31.11	26.10	23.64	22.86	22.05	20.46
	氢氟酸 45%	kg	7.27	0.72	0.65	0.47	0.43	0.36	0.34	0.33	0.32	0.22
	硝酸	kg	5.56	5.68	5.18	3.76	3.43	2.86	2.76	2.66	2.50	1.78

22

单位：t

编　号			5-58	5-59	5-60	5-61	5-62	5-63	5-64	5-65	5-66
项　目			VN（m³以内）								
			1	2	4	6	8	10	15	20	30
组成内容	单位	单价	数　量								
材料	焊接钢管 D76	t	3813.69	—	—	—	—	0.00468	0.00421	0.00338	0.00328	0.00321
	零星材料费	元	—	57.30	48.44	42.87	40.49	38.83	37.79	36.52	34.76	31.21
机械	电动双梁起重机 15t	台班	321.22	2.23	2.01	1.75	1.61	1.46	1.36	1.31	1.26	1.04
	门式起重机 20t	台班	644.36	1.28	1.98	0.69	0.64	0.59	0.53	0.55	0.53	0.40
	载货汽车 5t	台班	443.55	2.15	1.56	0.93	0.75	0.56	0.51	0.46	0.37	0.10
	载货汽车 10t	台班	574.62	0.04	0.03	0.03	0.03	0.02	0.02	0.02	0.02	0.13
	直流弧焊机 30kW	台班	92.43	16.30	14.61	12.33	11.01	9.74	9.67	9.49	9.30	7.37
	氩弧焊机 500A	台班	96.11	0.02	0.02	0.02	0.02	0.02	0.02	0.02	0.02	0.02
	等离子切割机 400A	台班	229.27	3.24	3.16	2.99	2.72	2.30	2.04	1.90	1.45	1.24
	电焊条烘干箱 800×800×1000	台班	51.03	1.73	1.46	1.23	1.10	0.97	0.97	0.95	0.93	0.74
	电焊条烘干箱 600×500×750	台班	27.16	1.73	1.46	1.23	1.10	0.97	0.97	0.95	0.93	0.74
	剪板机 20×2500	台班	329.03	0.49	0.37	0.31	0.26	0.22	0.21	0.21	0.19	0.07
	卷板机 20×2500	台班	273.51	0.43	0.30	0.29	0.28	0.28	0.27	0.26	0.25	0.22
	刨边机 9000mm	台班	516.01	0.26	0.22	0.13	0.12	0.12	0.12	0.16	0.16	0.12
	立式钻床 D35	台班	10.91	0.32	0.25	0.24	0.23	0.21	0.21	0.21	0.21	0.20
	电动滚胎	台班	55.48	17.07	14.42	10.26	9.26	7.77	7.42	7.29	7.17	7.04
	电动空气压缩机 1m³	台班	52.31	3.24	3.16	2.99	2.72	2.30	2.04	1.90	1.45	1.24
	电动空气压缩机 6m³	台班	217.48	1.73	1.46	1.23	1.10	0.97	0.97	0.95	0.93	0.74
	汽车式起重机 8t	台班	767.15	2.79	1.79	0.95	0.78	0.58	0.53	0.02	0.02	0.02
	汽车式起重机 10t	台班	838.68	—	—	—	—	—	—	0.46	0.37	0.10
	汽车式起重机 16t	台班	971.12	—	—	—	—	0.01	0.01	0.01	0.01	—
	汽车式起重机 20t	台班	1043.80	—	—	—	—	—	—	—	—	0.11

(8) 不锈钢平底锥顶容器

工作内容: 放样号料,切割,坡口,压头卷弧、找圆,伞形盖制作,组对(角钢圈与筒体组对)、焊接,焊缝酸洗钝化,内部附件制作、组装,底板真空试漏,成品倒运堆放等。

单位：t

编　　号			5-67	5-68	5-69	5-70	5-71	5-72	5-73	5-74
项　　目			VN(m³以内)							
			10	15	20	30	40	50	60	80
预算基价	总　　价(元)		**12264.79**	**11676.53**	**11336.03**	**10452.79**	**10071.39**	**9586.25**	**9125.14**	**8867.99**
	人　工　费(元)		5054.40	4757.40	4627.80	4311.90	4151.25	3896.10	3767.85	3643.65
	材　料　费(元)		2934.83	2772.45	2735.23	2602.99	2544.26	2523.82	2505.95	2478.43
	机　械　费(元)		4275.56	4146.68	3973.00	3537.90	3375.88	3166.33	2851.34	2745.91
组 成 内 容		单位	单价	数　　量						
人工	综合工	工日	135.00	37.44	35.24	34.28	31.94	30.75	28.86	27.91	26.99
材料	普碳钢板 $\delta20$	t	3614.79	0.03758	0.03624	0.03215	0.02806	0.02595	0.02208	0.01879	0.01598
	焊接钢管 D76	t	3813.69	0.00524	0.00500	0.00481	0.00323	0.00323	0.00323	0.00323	0.00323
	木材 方木	m³	2716.33	0.06	0.06	0.06	0.06	0.06	0.06	0.06	0.06
	道木	m³	3660.04	0.03	0.03	0.03	0.03	0.03	0.03	0.03	0.03
	钢轨 15kg/m	t	4008.13	0.00341	0.00335	0.00330	0.00204	0.00178	0.00172	0.00147	0.00125
	酸洗膏	kg	9.60	7.21	6.79	6.58	5.38	5.16	5.07	5.04	4.93
	飞溅净	kg	3.96	8.23	7.75	7.51	6.15	5.89	5.79	5.76	5.63
	电焊条 E4303 D3.2	kg	7.59	2.61	2.52	2.15	2.01	1.93	1.93	1.82	1.82
	不锈钢电焊条	kg	66.08	32.53	30.47	30.33	29.27	28.68	28.65	28.63	28.46
	不锈钢氩弧焊丝 1Cr18Ni9Ti	kg	57.40	0.01	0.01	0.01	0.01	0.01	0.01	0.01	0.01
	氧气	m³	2.88	2.38	2.06	1.88	1.49	1.26	1.10	1.00	0.85
	乙炔气	kg	14.66	0.800	0.690	0.630	0.500	0.420	0.370	0.340	0.280
	氩气	m³	18.60	0.03	0.03	0.03	0.03	0.03	0.03	0.03	0.03
	尼龙砂轮片 D150	片	6.65	3.56	3.41	3.35	3.16	2.83	2.70	2.56	2.38
	尼龙砂轮片 D100×16×3	片	3.92	15.69	14.81	14.36	12.53	12.10	12.02	11.91	11.80
	炭精棒 8~12	根	1.71	28.89	27.24	26.22	25.65	25.65	25.65	25.65	25.65

续前

编　号			5-67	5-68	5-69	5-70	5-71	5-72	5-73	5-74
项　目			VN（m³以内）							
			10	15	20	30	40	50	60	80
组　成　内　容	单位	单价	数　　量							
材料	氢氟酸 45％	kg	7.27	0.46	0.43	0.42	0.34	0.33	0.32	0.32	0.32
	硝酸	kg	5.56	3.66	3.44	3.34	2.73	2.61	2.57	2.56	2.50
	零星材料费	元	—	43.37	40.97	40.42	38.47	37.60	37.30	37.03	36.63
机械	电动双梁起重机 15t	台班	321.22	1.77	1.65	1.64	1.38	1.37	1.31	1.29	1.27
	门式起重机 20t	台班	644.36	0.70	0.68	0.67	0.65	0.55	0.48	0.42	0.36
	载货汽车 5t	台班	443.55	0.52	0.52	0.47	0.29	—	—	—	—
	载货汽车 10t	台班	574.62	0.03	0.03	0.02	0.03	0.28	0.28	0.19	0.18
	直流弧焊机 30kW	台班	92.43	12.27	11.85	11.74	11.50	10.96	10.51	10.25	10.00
	氩弧焊机 500A	台班	96.11	0.02	0.02	0.02	0.02	0.02	0.02	0.02	0.02
	等离子切割机 400A	台班	229.27	2.43	2.35	2.25	2.05	1.86	1.60	1.34	1.33
	电焊条烘干箱 800×800×1000	台班	51.03	1.23	1.19	1.17	1.15	1.10	1.05	1.03	1.00
	电焊条烘干箱 600×500×750	台班	27.16	1.23	1.19	1.17	1.15	1.10	1.05	1.03	1.00
	剪板机 20×2500	台班	329.03	0.21	0.18	0.17	0.16	0.14	0.12	0.11	0.09
	卷板机 20×2500	台班	273.51	0.31	0.30	0.29	0.20	0.19	0.18	0.13	0.12
	刨边机 9000mm	台班	516.01	0.22	0.18	0.11	0.10	0.10	0.09	0.08	0.08
	立式钻床 D35	台班	10.91	0.22	0.22	0.21	0.20	0.20	0.20	0.19	0.19
	电动滚胎	台班	55.48	2.14	2.13	2.13	2.05	2.02	2.00	1.96	1.92
	真空泵 204m³/h	台班	59.76	0.1	0.1	0.1	0.1	0.1	0.1	0.1	0.1
	电动空气压缩机 1m³	台班	52.31	2.43	2.35	2.25	2.05	1.86	1.60	1.34	1.33
	电动空气压缩机 6m³	台班	217.48	1.23	1.19	1.17	1.15	1.10	1.05	1.02	1.00
	汽车式起重机 8t	台班	767.15	0.56	0.03	0.02	0.02	0.02	0.02	—	—
	汽车式起重机 10t	台班	838.68	—	0.52	0.47	0.30	—	—	—	—
	汽车式起重机 20t	台班	1043.80	—	—	—	—	0.26	0.26	0.19	0.18

25

（9）不锈钢锥底平顶容器

工作内容：放样号料，切割，坡口，压头卷弧、找圆，锥形封头制作，组对、焊接，焊缝酸洗钝化，内部附件制作、组装，成品倒运堆放等。

单位：t

	编　　号			5-75	5-76	5-77	5-78	5-79	5-80	5-81	5-82	5-83
	项　　目			VN（m³以内）								
				1	2	4	6	8	10	15	20	30
预算基价	总　　价（元）			**25999.47**	**21890.58**	**17645.76**	**15938.91**	**14793.38**	**13566.71**	**12586.05**	**11862.83**	**10446.30**
	人　工　费（元）			8035.20	7528.95	6966.00	6490.80	6091.20	5529.60	5229.90	4986.90	4352.40
	材　料　费（元）			4966.91	4057.80	3593.53	3304.82	3050.85	2892.61	2852.88	2779.82	2587.97
	机　械　费（元）			12997.36	10303.83	7086.23	6143.29	5651.33	5144.50	4503.27	4096.11	3505.93
	组　成　内　容	单位	单价	数　　量								
人工	综合工	工日	135.00	59.52	55.77	51.60	48.08	45.12	40.96	38.74	36.94	32.24
材料	普碳钢板 δ20	t	3614.79	0.04013	0.03841	0.03363	0.02995	0.02844	0.02825	0.02817	0.02621	0.02056
	道木	m³	3660.04	0.13	0.05	0.03	0.03	0.02	0.02	0.02	0.02	0.01
	木材　方木	m³	2716.33	0.17	0.10	0.06	0.05	0.05	0.05	0.05	0.05	0.05
	酸洗膏	kg	9.60	15.49	10.41	8.90	7.58	4.96	4.89	4.88	4.08	3.28
	飞溅净	kg	3.96	17.68	11.88	10.16	8.65	5.66	5.58	5.57	4.66	3.75
	电焊条 E4303 D3.2	kg	7.59	2.25	1.83	1.48	1.14	0.93	0.70	0.57	0.44	0.34
	不锈钢电焊条	kg	66.08	46.10	44.03	41.23	38.34	36.33	34.02	33.67	33.30	31.73
	不锈钢氩弧焊丝 1Cr18Ni9Ti	kg	57.40	0.01	0.01	0.01	0.01	0.01	0.01	0.01	0.01	0.01
	氧气	m³	2.88	12.68	6.17	4.59	3.52	2.88	2.17	1.65	1.35	0.99
	乙炔气	kg	14.66	4.230	2.060	1.530	1.170	0.960	0.720	0.550	0.450	0.330
	氩气	m³	18.60	0.03	0.03	0.03	0.03	0.03	0.03	0.03	0.03	0.03
	尼龙砂轮片 D100×16×3	片	3.92	33.50	23.38	19.04	18.03	15.63	14.13	13.38	10.97	10.94
	尼龙砂轮片 D150	片	6.65	14.31	6.56	6.14	5.71	5.63	5.54	5.33	4.19	4.01
	炭精棒 8～12	根	1.71	88.77	67.47	60.36	53.22	45.42	41.46	38.94	36.30	33.66
	氢氟酸 45%	kg	7.27	0.99	0.67	0.57	0.48	0.32	0.31	0.31	0.26	0.21
	硝酸	kg	5.56	7.85	5.28	4.51	3.84	2.51	2.48	2.47	2.07	1.67

单位：t

编　号			5-75	5-76	5-77	5-78	5-79	5-80	5-81	5-82	5-83
项　目			VN（m³以内）								
			1	2	4	6	8	10	15	20	30
组成内容	单位	单价	数　量								
材料	焊接钢管 D76	t	3813.69	—	—	—	—	—	0.00504	0.00454	0.00409	0.00278
	零星材料费	元	—	73.40	59.97	53.11	48.84	45.09	42.75	42.16	41.08	38.25
机	电动双梁起重机 15t	台班	321.22	3.56	2.22	1.83	1.61	1.58	1.50	1.41	1.19	1.06
	门式起重机 20t	台班	644.36	1.33	1.02	0.92	0.64	0.62	0.59	0.54	0.53	0.43
	载货汽车 5t	台班	443.55	2.07	1.40	0.98	0.71	0.63	0.48	0.39	0.34	0.19
	载货汽车 10t	台班	574.62	0.02	0.02	0.02	0.02	0.02	0.02	0.02	0.02	0.02
	直流弧焊机 30kW	台班	92.43	20.02	18.85	16.26	15.83	14.17	12.94	12.16	11.62	10.54
	氩弧焊机 500A	台班	96.11	0.01	0.01	0.01	0.01	0.01	0.01	0.01	0.01	0.01
	电焊条烘干箱 800×800×1000	台班	51.03	2.20	19.49	1.65	1.63	1.42	1.29	1.22	1.16	1.06
	电焊条烘干箱 600×500×750	台班	27.16	2.20	19.49	1.65	1.63	1.42	1.29	1.22	1.16	1.06
	等离子切割机 400A	台班	229.27	8.52	4.32	3.56	3.00	2.90	2.80	2.33	1.97	1.85
	剪板机 20×2500	台班	329.03	0.42	0.33	0.24	0.23	0.21	0.19	0.19	0.18	0.14
	卷板机 20×2500	台班	273.51	0.63	0.48	0.43	0.30	0.28	0.27	0.26	0.26	0.17
	刨边机 9000mm	台班	516.01	0.29	0.29	0.24	0.18	0.16	0.16	0.16	0.16	0.14
	立式钻床 D35	台班	10.91	0.19	0.15	0.11	0.10	0.10	0.10	0.10	0.09	0.09
	液压压接机 1200t	台班	2858.73	0.85	0.53	0.42	0.39	0.36	0.33	0.25	0.22	0.19
	电动滚胎	台班	55.48	2.50	2.46	2.39	2.32	2.02	1.97	1.83	1.70	1.68
械	卷扬机 单筒慢速 30kN	台班	205.84	0.49	0.27	0.21	0.20	0.18	0.17	0.13	0.11	0.10
	电动空气压缩机 1m³	台班	52.31	6.52	4.32	3.56	3.00	2.90	2.80	2.33	1.97	1.85
	电动空气压缩机 6m³	台班	217.48	2.90	2.19	1.65	1.63	1.42	1.29	1.22	1.16	1.05
	汽车式起重机 8t	台班	767.15	2.59	1.62	1.00	0.73	0.65	0.50	0.39	0.34	0.19
	汽车式起重机 10t	台班	838.68	—	—	—	—	—	—	0.02	0.02	0.02

27

(10) 不锈钢锥底椭圆封头容器

工作内容: 放样号料,切割,坡口,压头卷弧、找圆,封头制作,组对、焊接,焊缝酸洗钝化,内部附件制作、组装,成品倒运堆放等。　　　　　　　　　　单位: t

编　　号			5-84	5-85	5-86	5-87	5-88	5-89	5-90	5-91	5-92
项　　目			VN(m³以内)								
			1	2	5	10	15	20	30	50	100
预算基价	总　　价(元)		28897.94	23069.95	19340.56	16894.56	15517.88	13029.89	11628.00	9805.74	8293.65
	人　工　费(元)		9637.65	8371.35	7605.90	6764.85	6322.05	5498.55	5109.75	4765.50	4264.65
	材　料　费(元)		3946.03	3491.33	3168.95	2965.72	2769.70	2621.48	2292.02	1787.63	1546.68
	机　械　费(元)		15314.26	11207.27	8565.71	7163.99	6426.13	4909.86	4226.23	3252.61	2482.32
组　成　内　容	单位	单价	数　　量								
人工 综合工	工日	135.00	71.39	62.01	56.34	50.11	46.83	40.73	37.85	35.30	31.59
材料　普碳钢板 δ20	t	3614.79	0.04080	0.03422	0.02565	0.02404	0.02253	0.01926	0.01555	0.01281	0.01168
道木	m³	3660.04	0.04	0.03	0.02	0.02	0.01	0.01	0.01	0.01	0.01
木材　方木	m³	2716.33	0.04	0.04	0.04	0.04	0.04	0.04	0.04	0.04	0.04
飞溅净	kg	3.96	11.21	8.59	5.90	5.81	5.73	4.00	3.80	3.06	2.31
酸洗膏	kg	9.60	9.82	7.53	5.17	4.19	3.76	3.51	3.33	2.68	2.02
电焊条 E4303 D3.2	kg	7.59	1.09	1.00	0.91	0.83	0.76	0.69	0.63	0.56	0.48
不锈钢电焊条	kg	66.08	44.91	40.53	37.92	35.74	33.77	32.42	28.03	16.24	13.20
不锈钢氩弧焊丝 1Cr18Ni9Ti	kg	57.40	0.01	0.01	0.01	0.01	0.01	0.01	0.01	0.01	0.01
氧气	m³	2.88	4.69	3.45	2.42	1.91	1.70	0.81	0.78	0.48	0.29
乙炔气	kg	14.66	1.560	1.150	0.810	0.640	0.570	0.270	0.260	0.160	0.100
氩气	m³	18.60	0.03	0.03	0.03	0.03	0.03	0.03	0.03	0.03	0.03
尼龙砂轮片 D100×16×3	片	3.92	22.27	18.56	16.74	13.67	10.86	9.98	9.60	9.21	8.93
尼龙砂轮片 D150	片	6.65	13.49	10.92	9.31	8.87	8.44	6.49	4.86	4.54	3.00
炭精棒 8～12	根	1.71	70.50	60.90	54.51	44.07	33.63	30.18	26.91	20.82	20.16
氢氟酸 45%	kg	7.27	0.63	0.48	0.33	0.27	0.25	0.23	0.21	0.17	0.13
料　硝酸	kg	5.56	4.97	3.82	2.62	2.12	3.00	1.78	1.69	1.36	1.02
石墨粉	kg	7.01	0.47	0.47	0.60	0.60	0.72	0.72	0.72	—	—
焊接钢管 D76	t	3813.69	—	—	—	—	0.00311	0.00337	0.00355	0.00392	0.00467
不锈钢埋弧焊丝	kg	55.02	—	—	—	—	—	—	—	5.19	5.04
埋弧焊剂	kg	4.93	—	—	—	—	—	—	—	7.78	7.57

续前

编　号			5-84	5-85	5-86	5-87	5-88	5-89	5-90	5-91	5-92
项　目			VN（m³以内）								
			1	2	5	10	15	20	30	50	100
组 成 内 容	单位	单价	数　　　量								
材料 零星材料费	元	—	58.32	51.60	46.83	43.83	40.93	38.74	33.87	26.42	22.86
机械 电动双梁起重机 15t	台班	321.22	4.25	3.35	2.79	2.11	1.93	1.74	1.57	1.47	1.37
门式起重机 20t	台班	644.36	1.31	0.92	0.60	0.59	0.51	0.43	0.35	0.34	0.33
载货汽车 5t	台班	443.55	2.06	1.15	0.62	0.42	0.40	0.20	0.08	—	—
载货汽车 10t	台班	574.62	0.03	0.02	0.02	0.02	0.02	0.02	0.10	0.06	0.02
载货汽车 15t	台班	809.06	—	—	—	—	—	—	—	0.05	0.05
直流弧焊机 30kW	台班	92.43	19.62	16.69	13.46	13.12	10.76	10.37	9.54	5.52	4.42
氩弧焊机 500A	台班	96.11	0.02	0.02	0.02	0.02	0.02	0.02	0.02	0.02	0.02
电焊条烘干箱 800×800×1000	台班	51.03	2.46	1.87	1.35	1.31	1.08	1.04	0.95	0.55	0.44
电焊条烘干箱 600×500×750	台班	27.16	2.46	1.87	1.35	1.31	1.08	1.04	0.95	0.55	0.44
等离子切割机 400A	台班	229.27	6.93	5.32	4.70	3.75	3.64	2.85	2.64	2.43	1.70
剪板机 20×2500	台班	329.03	0.26	0.24	0.23	0.19	0.15	0.11	0.10	0.10	0.10
卷板机 20×2500	台班	273.51	0.38	0.31	0.24	0.21	0.19	0.16	0.12	0.12	0.12
刨边机 9000mm	台班	516.01	0.20	0.17	0.13	0.13	0.13	0.11	0.09	0.09	0.09
立式钻床 D35	台班	10.91	0.26	0.25	0.23	0.22	0.20	0.20	0.18	0.18	0.17
液压压接机 1200t	台班	2858.73	1.92	1.41	1.09	0.89	0.80	0.50	0.38	0.25	0.14
电动滚胎	台班	55.48	3.44	3.19	2.67	2.45	2.23	2.07	2.03	1.96	1.88
卷扬机 单筒慢速 30kN	台班	205.84	0.45	0.30	0.30	0.21	0.18	0.18	0.08	0.06	0.02
电动空气压缩机 1m³	台班	52.31	7.93	5.32	4.70	3.75	3.64	2.85	2.64	2.43	1.70
电动空气压缩机 6m³	台班	217.48	2.26	1.87	1.35	1.31	1.08	1.04	0.95	0.55	0.44
汽车式起重机 8t	台班	767.15	2.09	1.17	0.64	0.44	0.20	0.02	0.02	0.02	0.02
汽车式起重机 10t	台班	838.68	—	—	—	—	0.21	0.20	0.08	—	—
汽车式起重机 20t	台班	1043.80	—	—	—	—	—	—	0.08	0.04	—
汽车式起重机 25t	台班	1098.98	—	—	—	—	—	—	—	0.05	0.05
自动埋弧焊机 1500A	台班	261.86	—	—	—	—	—	—	—	0.25	0.25

29

(11) 不锈钢双椭圆封头容器

工作内容: 放样号料,切割,坡口,压头卷弧、找圆,封头制作,组对、焊接,焊缝酸洗钝化,内部附件制作、组装,成品倒运堆放等。　　　　　　　　　　　　　　　　单位: t

编　号				5-93	5-94	5-95	5-96	5-97	5-98
项　目				VN(m³以内)					
				0.5	1	2	5	10	20
预算基价	总　　　　价(元)			**37717.94**	**30691.86**	**23856.43**	**19044.16**	**17152.82**	**13419.55**
	人　工　费(元)			10300.50	9031.50	7708.50	6841.80	6089.85	5356.80
	材　料　费(元)			4851.28	4115.51	3539.77	3062.98	2852.50	2617.42
	机　械　费(元)			22566.16	17544.85	12608.16	9139.38	8210.47	5445.33
组 成 内 容		单位	单价	数　　　量					
人工	综合工	工日	135.00	76.30	66.90	57.10	50.68	45.11	39.68
材料	普碳钢板 δ20	t	3614.79	0.03475	0.03268	0.02740	0.02156	0.01608	0.01451
	道木	m³	3660.04	0.10	0.07	0.04	0.04	0.03	0.02
	木材 方木	m³	2716.33	0.18	0.14	0.10	0.08	0.07	0.06
	飞溅净	kg	3.96	11.07	9.62	7.33	5.64	5.15	4.45
	酸洗膏	kg	9.60	9.70	8.43	6.42	4.95	4.51	3.90
	电焊条 E4303 D3.2	kg	7.59	7.42	6.13	4.89	3.77	2.72	1.76
	不锈钢电焊条	kg	66.08	48.39	42.07	38.57	34.10	32.99	31.12
	不锈钢氩弧焊丝 1Cr18Ni9Ti	kg	57.40	0.02	0.02	0.02	0.02	0.02	0.02
	氧气	m³	2.88	8.59	7.02	4.99	2.97	2.30	1.03
	乙炔气	kg	14.66	2.860	2.340	1.660	0.990	0.770	0.340
	氩气	m³	18.60	0.06	0.06	0.06	0.06	0.06	0.06
	尼龙砂轮片 D100×16×3	片	3.92	25.22	21.94	18.64	12.81	11.78	11.62
料	尼龙砂轮片 D150	片	6.65	12.25	11.57	10.38	9.20	7.44	4.77
	炭精棒 8~12	根	1.71	68.21	58.10	49.07	38.31	30.30	28.17
	氢氟酸 45%	kg	7.27	0.62	0.54	0.41	0.32	0.29	0.25
	硝酸	kg	5.56	4.91	4.27	3.26	2.51	2.29	1.98

续前

编　号			5-93	5-94	5-95	5-96	5-97	5-98
项　　目			VN（m³以内）					
			0.5	1	2	5	10	20
组 成 内 容	单位	单价	数　　量					
材料	石墨粉	kg	7.01	1.49	1.11	0.83	0.82	0.78	0.71
	焊接钢管 D76	t	3813.69	—	—	—	—	—	0.00310
	零星材料费	元	—	71.69	60.82	52.31	45.27	42.16	38.68
机械	电动双梁起重机 15t	台班	321.22	6.61	4.93	3.64	3.02	2.35	1.94
	门式起重机 20t	台班	644.36	1.54	1.29	1.10	1.04	0.94	0.85
	载货汽车 5t	台班	443.55	3.10	2.18	1.29	0.70	0.45	0.26
	载货汽车 10t	台班	574.62	0.04	0.04	0.03	0.03	0.29	0.02
	直流弧焊机 30kW	台班	92.43	25.61	20.74	16.90	12.39	10.81	10.38
	氩弧焊机 500A	台班	96.11	0.03	0.03	0.03	0.03	0.03	0.03
	电焊条烘干箱 600×500×750	台班	27.16	2.56	2.07	1.69	1.26	1.08	1.04
	电焊条烘干箱 800×800×1000	台班	51.03	2.56	2.07	1.69	1.26	1.08	1.04
	等离子切割机 400A	台班	229.27	6.35	5.84	4.43	4.00	3.18	2.12
	剪板机 20×2500	台班	329.03	0.37	0.30	0.22	0.17	0.15	0.14
	卷板机 20×2500	台班	273.51	0.52	0.40	0.38	0.27	0.26	0.24
	刨边机 9000mm	台班	516.01	0.29	0.26	0.26	0.25	0.25	0.23
	立式钻床 D35	台班	10.91	0.64	0.59	0.57	0.53	0.48	0.44
	液压压接机 1200t	台班	2858.73	3.49	2.65	1.83	1.22	1.14	0.58
	电动滚胎	台班	55.48	4.01	3.71	3.26	3.12	2.97	2.78
	电动空气压缩机 1m³	台班	52.31	6.35	5.84	4.43	4.00	3.18	2.12
	汽车式起重机 8t	台班	767.15	3.14	2.22	1.32	0.73	0.45	0.02
	汽车式起重机 10t	台班	838.68	—	—	—	—	0.29	0.26
	电动空气压缩机 6m³	台班	217.48	3.06	2.67	2.09	1.44	1.08	1.04

単位：t

编　号				5-99	5-100	5-101	5-102	5-103	5-104
项　目				VN（m³以内）					
				40	60	80	100	150	200
预算基价	总　　　价（元）			**12247.57**	**9522.48**	**9165.48**	**8874.32**	**8995.54**	**8534.95**
	人　工　费（元）			5061.15	4282.20	4229.55	4180.95	4307.85	4183.65
	材　料　费（元）			2487.33	1730.34	1675.53	1605.52	1674.70	1559.14
	机　械　费（元）			4699.09	3509.94	3260.40	3087.85	3012.99	2792.16
组 成 内 容		单位	单价	数　　　量					
人工	综合工	工日	135.00	37.49	31.72	31.33	30.97	31.91	30.99
材料	普碳钢板 δ20	t	3614.79	0.01408	0.01376	0.01343	0.01207	0.01187	0.00977
	焊接钢管 D76	t	3813.69	0.00310	0.00335	0.00335	0.00335	0.00414	0.00414
	道木	m³	3660.04	0.01	0.01	0.01	0.01	0.01	0.01
	木材 方木	m³	2716.33	0.06	0.05	0.05	0.04	0.04	0.04
	飞溅净	kg	3.96	3.80	3.46	3.10	3.03	2.23	1.81
	酸洗膏	kg	9.60	3.33	2.80	2.72	2.65	1.96	1.59
	电焊条 E4303 D3.2	kg	7.59	1.39	0.85	0.72	0.64	0.39	0.29
	不锈钢电焊条	kg	66.08	30.02	12.60	11.96	11.46	13.04	11.93
	不锈钢氩弧焊丝 1Cr18Ni9Ti	kg	57.40	0.02	0.01	0.01	0.01	0.01	0.01
	氧气	m³	2.88	0.80	0.51	0.43	0.39	0.24	0.16
	乙炔气	kg	14.66	0.270	0.170	0.140	0.130	0.080	0.050
	氩气	m³	18.60	0.06	0.03	0.03	0.03	0.03	0.03
	尼龙砂轮片 D100×16×3	片	3.92	11.53	11.24	11.23	11.23	10.84	10.84
	尼龙砂轮片 D150	片	6.65	4.54	4.30	4.30	4.29	4.28	4.26
	炭精棒 8～12	根	1.71	28.20	26.70	24.90	24.90	20.40	17.40
	氢氟酸 45%	kg	7.27	0.21	0.19	0.17	0.17	0.13	0.10
	硝酸	kg	5.56	1.69	1.53	1.38	1.34	0.99	0.80
	石墨粉	kg	7.01	0.56	0.36	0.35	0.32	—	—
	不锈钢埋弧焊丝	kg	55.02	—	7.28	7.24	7.20	7.00	6.69
	埋弧焊剂	kg	4.93	—	10.92	10.86	10.79	10.50	10.03
	钢丝绳 D15	m	5.28	—	—	—	0.19	0.12	—

续前

单位：t

编　号			5-99	5-100	5-101	5-102	5-103	5-104
项　目			VN（m³以内）					
			40	60	80	100	150	200
组 成 内 容	单位	单价	数　　量					
材料 钢丝绳 D17.5	m	6.84	—	—	—	—	0.13	0.17
零星材料费	元	—	36.76	25.57	24.76	23.73	24.75	23.04
机 汽车式起重机 8t	台班	767.15	0.02	0.02	0.02	0.02	0.02	0.02
汽车式起重机 10t	台班	838.68	0.09	—	—	—	—	—
汽车式起重机 20t	台班	1043.80	0.08	0.05	0.05	0.05	0.05	—
汽车式起重机 25t	台班	1098.98	—	0.05	0.04	0.04	0.04	0.08
电动双梁起重机 15t	台班	321.22	1.93	1.92	1.91	1.88	1.73	1.60
门式起重机 20t	台班	644.36	0.68	0.57	0.46	0.41	0.37	0.34
载货汽车 5t	台班	443.55	0.08	—	—	—	—	—
载货汽车 10t	台班	574.62	0.11	0.07	0.02	0.03	0.02	0.02
直流弧焊机 30kW	台班	92.43	9.98	4.85	4.51	4.30	4.64	4.02
氩弧焊机 500A	台班	96.11	0.03	0.03	0.03	0.03	0.03	0.03
电焊条烘干箱 800×800×1000	台班	51.03	1.00	0.49	0.45	0.43	0.46	0.40
电焊条烘干箱 600×500×750	台班	27.16	1.00	0.49	0.45	0.43	0.46	0.40
等离子切割机 400A	台班	229.27	1.99	1.87	1.75	1.64	2.34	2.71
剪板机 20×2500	台班	329.03	0.14	0.14	0.14	0.13	0.13	—
卷板机 20×2500	台班	273.51	0.20	0.19	0.17	0.17	0.16	0.14
刨边机 9000mm	台班	516.01	0.20	0.17	0.14	0.14	0.12	0.15
立式钻床 D35	台班	10.91	0.43	0.42	0.42	0.42	0.39	0.38
液压压接机 1200t	台班	2858.73	0.43	0.27	0.25	0.22	0.16	0.11
械 电动滚胎	台班	55.48	2.68	2.59	2.55	2.50	2.47	2.43
电动空气压缩机 1m³	台班	52.31	1.99	1.87	1.75	1.64	2.34	2.71
电动空气压缩机 6m³	台班	217.48	1.00	0.49	0.45	0.43	0.46	0.40
载货汽车 15t	台班	809.06	—	0.05	0.08	0.04	—	—
自动埋弧焊机 1500A	台班	261.86	—	0.36	0.35	0.35	0.34	0.33
平板拖车组 20t	台班	1101.26	—	—	—	0.04	0.03	0.03

33

2.分段设备制作
(1)碳钢锥底椭圆封头容器

工作内容：放样号料,切割,坡口,压头卷弧、找圆,封头制作,组对、焊接,内部附件制作、组装,成品倒运堆放等。

单位：t

编　号			5-105	5-106	5-107	5-108	5-109	5-110
项　目			VN（m³以内）					
			50	100	150	200	250	300
预算基价	总　　　价（元）		**5909.13**	**5664.52**	**5729.44**	**5730.22**	**5581.40**	**5242.73**
	人　工　费（元）		3491.10	3307.50	3257.55	3225.15	3091.50	2976.75
	材　料　费（元）		542.02	503.63	543.70	564.53	568.27	576.63
	机　械　费（元）		1876.01	1853.39	1928.19	1940.54	1921.63	1689.35
组　成　内　容	单位	单价	数　　　量					
人工　综合工	工日	135.00	25.86	24.50	24.13	23.89	22.90	22.05
材料　普碳钢板 δ20	t	3614.79	0.01032	0.00981	0.00897	0.00842	0.00721	0.00646
木材　方木	m³	2716.33	0.02	0.02	0.02	0.02	0.02	0.02
道木	m³	3660.04	0.03	0.02	0.02	0.02	0.02	0.02
电焊条 E4303 D3.2	kg	7.59	9.78	9.99	10.13	10.65	11.18	12.11
碳钢埋弧焊丝	kg	9.58	6.72	7.23	7.37	8.26	8.69	9.09
埋弧焊剂	kg	4.93	10.09	10.84	11.06	12.40	13.03	13.64
氧气	m³	2.88	8.03	5.88	11.04	11.88	11.91	11.94
乙炔气	kg	14.66	2.680	1.960	3.680	3.960	3.970	3.980
尼龙砂轮片 D100×16×3	片	3.92	5.18	5.14	5.11	4.85	4.76	4.67
尼龙砂轮片 D150	片	6.65	2.67	2.62	2.58	2.53	2.52	2.51
蝶形钢丝砂轮片 D100	片	6.27	0.53	0.50	0.48	0.42	0.36	0.32
炭精棒 8～12	根	1.71	18.60	17.70	16.80	14.10	12.60	11.10
石墨粉	kg	7.01	0.12	0.11	0.11	—	—	—
焊接钢管 D76	t	3813.69	—	0.00263	0.00263	0.00333	0.00333	0.00333
钢丝绳 D15	m	5.28	—	—	0.08	0.19	—	—
钢丝绳 D17.5	m	6.84	—	—	—	0.07	0.20	0.08
钢丝绳 D19.5	m	8.29	—	—	—	—	—	0.09
零星材料费	元	—	—	15.79	14.67	15.84	16.44	16.55	16.80

单位：t

编　号			5-105	5-106	5-107	5-108	5-109	5-110
项　目			VN（m³以内）					
			50	100	150	200	250	300
组　成　内　容	单位	单价	数　　量					
	汽车式起重机 8t	台班	767.15	0.11	0.11	0.11	0.11	0.11	0.11
	汽车式起重机 20t	台班	1043.80	0.13	0.07	0.04	—	—	—
	汽车式起重机 25t	台班	1098.98	—	0.02	0.05	0.08	0.07	0.04
	汽车式起重机 40t	台班	1547.56	—	—	—	—	—	0.03
	电动双梁起重机 15t	台班	321.22	1.52	1.52	1.52	1.52	1.51	1.50
机	门式起重机 20t	台班	644.36	0.23	0.23	0.22	0.19	0.19	0.18
	载货汽车 10t	台班	574.62	0.23	0.09	0.02	0.02	0.02	0.02
	载货汽车 15t	台班	809.06	—	0.11	0.05	—	—	—
	自动埋弧焊机 1500A	台班	261.86	0.25	0.27	0.27	0.30	0.32	0.33
	直流弧焊机 30kW	台班	92.43	2.83	2.86	2.88	2.88	2.89	2.91
	电焊条烘干箱 800×800×1000	台班	51.03	0.28	0.29	0.29	0.29	0.29	0.29
	电焊条烘干箱 600×500×750	台班	27.16	0.28	0.29	0.29	0.29	0.29	0.29
	剪板机 20×2500	台班	329.03	0.14	0.14	0.01	0.01	0.01	0.01
	立式钻床 D25	台班	6.78	0.36	0.35	0.35	0.35	0.35	0.35
	刨边机 9000mm	台班	516.01	0.10	0.11	0.22	0.22	0.23	0.23
	半自动切割机 100mm	台班	88.45	0.02	0.02	0.30	0.24	0.23	0.21
	液压压接机 800t	台班	1407.15	0.14	0.14	0.14	0.12	0.11	0.09
	电动滚胎	台班	55.48	1.89	1.87	1.84	1.81	1.79	1.76
	卷扬机 单筒慢速 30kN	台班	205.84	0.07	0.07	0.07	0.06	0.06	0.04
械	箱式加热炉 RJX-75-9	台班	130.77	0.14	0.14	0.14	0.12	0.11	0.09
	电动空气压缩机 6m³	台班	217.48	0.28	0.29	0.29	0.29	0.29	0.29
	卷板机 20×2500	台班	273.51	0.15	0.13	0.12	—	—	—
	卷板机 40×3500	台班	516.54	—	—	—	0.11	0.10	0.10
	平板拖车组 20t	台班	1101.26	—	—	0.12	0.04	—	—
	平板拖车组 30t	台班	1263.97	—	—	—	0.14	0.18	0.02

(2)碳钢双椭圆封头容器

工作内容: 放样号料,切割,坡口,压头卷弧、找圆,封头制作,组对、焊接,内部附件制作、组装,成品倒运堆放等。

单位:t

编 号			5-111	5-112	5-113	5-114	5-115	5-116
项 目			VN(m³以内)					
			80	100	150	200	250	300
预算基价	总 价(元)		**5138.79**	**4986.37**	**4803.75**	**4782.27**	**4612.11**	**4231.40**
	人 工 费(元)		2520.45	2492.10	2430.00	2462.40	2309.85	2143.80
	材 料 费(元)		608.74	581.55	539.79	553.02	540.89	535.71
	机 械 费(元)		2009.60	1912.72	1833.96	1766.85	1761.37	1551.89
组 成 内 容	单位	单价	数 量					
人工 综合工	工日	135.00	18.67	18.46	18.00	18.24	17.11	15.88
材料 普碳钢板 δ20	t	3614.79	0.01090	0.00980	0.00803	0.00797	0.00660	0.00636
焊接钢管 D76	t	3813.69	0.00273	0.00261	0.00221	0.00382	0.00316	0.00309
木材 方木	m³	2716.33	0.03	0.03	0.03	0.02	0.02	0.02
道木	m³	3660.04	0.03	0.03	0.02	0.02	0.02	0.02
电焊条 E4303 D3.2	kg	7.59	10.34	9.95	8.96	10.42	10.12	9.82
碳钢埋弧焊丝	kg	9.58	8.26	8.01	7.38	8.25	8.71	9.14
埋弧焊剂	kg	4.93	12.39	12.01	11.07	12.37	13.07	13.71
氧气	m³	2.88	6.15	5.22	9.12	10.92	10.38	9.83
乙炔气	kg	14.66	2.050	1.740	3.040	3.640	3.460	3.280
尼龙砂轮片 D100×16×3	片	3.92	6.23	5.94	5.20	4.92	4.47	4.29
尼龙砂轮片 D150	片	6.65	2.44	2.34	2.29	2.19	2.08	1.90
蝶形钢丝砂轮片 D100	片	6.27	0.60	0.47	0.44	0.41	0.35	0.32
炭精棒 8~12	根	1.71	21.60	18.90	16.20	14.40	12.60	11.10
石墨粉	kg	7.01	0.30	0.26	0.21	—	—	—
钢丝绳 D15	m	5.28	—	—	0.05	0.12	—	—
钢丝绳 D17.5	m	6.84	—	—	—	0.06	0.19	0.08
钢丝绳 D19.5	m	8.29	—	—	—	—	—	0.09
零星材料费	元	—	17.73	16.94	15.72	16.11	15.75	15.60
机械 电动双梁起重机 15t	台班	321.22	1.90	1.79	1.52	1.38	1.36	1.21

续前

编　　号			5-111	5-112	5-113	5-114	5-115	5-116
项　　目			VN（m³以内）					
			80	100	150	200	250	300
组 成 内 容	单位	单价	数　　量					
门式起重机 20t	台班	644.36	0.23	0.23	0.22	0.21	0.20	0.19
直流弧焊机 30kW	台班	92.43	2.97	2.94	2.58	2.72	2.60	2.55
自动埋弧焊机 1500A	台班	261.86	0.30	0.29	0.27	0.30	0.32	0.34
电焊条烘干箱 800×800×1000	台班	51.03	0.30	0.29	0.26	0.27	0.26	0.26
电焊条烘干箱 600×500×750	台班	27.16	0.30	0.29	0.26	0.27	0.26	0.26
半自动切割机 100mm	台班	88.45	0.04	0.04	0.33	0.22	0.22	0.19
剪板机 20×2500	台班	329.03	0.16	0.08	0.01	0.01	0.01	0.01
刨边机 9000mm	台班	516.01	0.12	0.15	0.22	0.22	0.23	0.23
立式钻床 D25	台班	6.78	0.53	0.41	0.40	0.35	0.35	0.30
电动滚胎	台班	55.48	2.33	2.22	1.94	1.81	1.78	1.60
液压压接机 800t	台班	1407.15	0.09	0.09	0.09	0.07	0.06	0.05
箱式加热炉 RJX-75-9	台班	130.77	0.09	0.09	0.09	0.07	0.06	0.05
电动空气压缩机 6m³	台班	217.48	0.30	0.29	0.26	0.27	0.26	0.26
卷扬机 单筒慢速 30kN	台班	205.84	0.05	0.05	0.04	0.04	0.03	0.03
载货汽车 10t	台班	574.62	0.25	0.09	0.02	0.02	0.02	0.02
载货汽车 15t	台班	809.06	—	0.12	0.09	0.08	—	—
卷板机 20×2500	台班	273.51	0.16	0.14	0.12	—	—	—
卷板机 40×3500	台班	516.54	—	—	—	0.10	0.10	0.10
平板拖车组 20t	台班	1101.26	—	—	0.10	0.10	—	—
平板拖车组 30t	台班	1263.97	—	—	—	0.01	0.17	0.07
汽车式起重机 8t	台班	767.15	0.14	0.12	0.12	0.10	0.10	0.09
汽车式起重机 20t	台班	1043.80	0.11	0.07	0.06	0.05	—	—
汽车式起重机 25t	台班	1098.98	—	0.02	0.03	0.04	0.09	0.04
汽车式起重机 40t	台班	1547.56	—	—	—	—	—	0.04

机　　　　　　　械

(3) 低合金钢双椭圆封头容器

工作内容： 放样号料,切割,坡口,压头卷弧、找圆,封头制作,组对、焊接,内部附件制作、组装,成品倒运堆放等。

单位：t

编 号				5-117	5-118	5-119	5-120	5-121	5-122
项 目				VN（m³以内）					
				80	100	150	200	250	300
预算基价	总 价（元）			**5663.24**	**5432.45**	**5353.58**	**5901.68**	**5848.96**	**5626.76**
	人 工 费（元）			3145.50	2992.95	2870.10	3226.50	3130.65	3079.35
	材 料 费（元）			806.91	787.81	771.91	907.46	838.00	845.08
	机 械 费（元）			1710.83	1651.69	1711.57	1767.72	1880.31	1702.33
组 成 内 容		单位	单价	数 量					
人工	综合工	工日	135.00	23.30	22.17	21.26	23.90	23.19	22.81
材料	普碳钢板 δ20	t	3614.79	0.00778	0.00672	0.00641	0.00609	0.00578	0.00518
	焊接钢管 D76	t	3813.69	0.00195	0.00195	0.00195	0.00283	0.00283	0.00283
	木材 方木	m³	2716.33	0.03	0.03	0.03	0.03	0.03	0.03
	道木	m³	3660.04	0.02	0.02	0.02	0.02	0.02	0.02
	合金钢电焊条	kg	26.56	8.20	8.36	8.63	11.28	8.87	8.92
	合金钢埋弧焊丝	kg	16.53	9.50	8.97	8.47	10.32	10.51	10.99
	埋弧焊剂	kg	4.93	14.26	13.46	12.71	15.49	15.76	16.49
	氧气	m³	2.88	8.84	8.46	8.17	10.87	10.71	10.56
	乙炔气	kg	14.66	2.950	2.820	2.720	3.620	3.570	3.520
	尼龙砂轮片 D100×16×3	片	3.92	6.78	6.51	6.48	6.45	6.01	5.83
	尼龙砂轮片 D150	片	6.65	3.35	3.35	2.68	2.01	1.95	1.90
	蝶形钢丝砂轮片 D100	片	6.27	0.43	0.39	0.35	0.34	0.28	0.26
	炭精棒 8～12	根	1.71	15.30	14.40	12.30	12.00	10.20	9.30
	石墨粉	kg	7.01	0.23	0.17	0.16	—	—	—
	钢丝绳 D15	m	5.28	—	—	0.24	—	—	—
	钢丝绳 D17.5	m	6.84	—	—	—	0.19	0.08	—
	钢丝绳 D19.5	m	8.29	—	—	—	—	0.09	0.07
	钢丝绳 D21.5	m	9.57	—	—	—	—	—	0.08
	零星材料费	元	—	23.50	22.95	22.48	26.43	24.41	24.61
机械	卷板机 20×2500	台班	273.51	0.13	0.12	—	—	—	—

续前

单位：t

编　号			5-117	5-118	5-119	5-120	5-121	5-122
项　目			VN（m³以内）					
			80	100	150	200	250	300
组 成 内 容	单位	单价	数　　量					
卷板机 40×3500	台班	516.54	—	—	0.11	0.10	0.09	0.08
电动双梁起重机 15t	台班	321.22	1.52	1.50	1.47	1.44	1.44	1.44
门式起重机 20t	台班	644.36	0.19	0.19	0.18	0.18	0.18	0.17
载货汽车 10t	台班	574.62	0.06	0.05	0.02	0.02	0.02	0.02
载货汽车 15t	台班	809.06	0.12	0.12	—	—	—	—
直流弧焊机 30kW	台班	92.43	2.33	2.32	2.32	2.81	2.45	2.41
自动埋弧焊机 1500A	台班	261.86	0.40	0.39	0.38	0.37	0.38	0.40
电焊条烘干箱 800×800×1000	台班	51.03	0.23	0.23	0.23	0.28	0.24	0.24
电焊条烘干箱 600×500×750	台班	27.16	0.23	0.23	0.23	0.28	0.24	0.24
半自动切割机 100mm	台班	88.45	0.30	0.30	0.29	0.27	0.25	0.23
剪板机 20×2500	台班	329.03	0.01	0.01	0.01	0.01	0.01	0.01
刨边机 9000mm	台班	516.01	0.24	0.24	0.25	0.26	0.51	0.53
电动滚胎	台班	55.48	2.03	1.93	1.92	1.89	1.85	1.84
立式钻床 D25	台班	6.78	0.35	0.35	0.35	0.35	0.35	0.34
卷扬机 单筒慢速 30kN	台班	205.84	0.03	0.03	0.03	0.03	0.02	0.02
液压压接机 800t	台班	1407.15	0.07	0.06	0.06	0.06	0.05	0.04
汽车式起重机 8t	台班	767.15	0.10	0.10	0.10	0.10	0.10	0.10
汽车式起重机 20t	台班	1043.80	0.04	—	—	—	—	—
汽车式起重机 25t	台班	1098.98	0.04	0.06	0.06	0.06	0.03	—
汽车式起重机 40t	台班	1547.56	—	—	—	—	0.03	0.02
汽车式起重机 50t	台班	2492.74	—	—	—	—	—	0.03
箱式加热炉 RJX-75-9	台班	130.77	0.07	0.06	0.06	0.06	0.05	0.04
电动空气压缩机 6m³	台班	217.48	0.23	0.23	0.23	0.28	0.24	0.24
平板拖车组 20t	台班	1101.26	—	—	0.15	—	—	—
平板拖车组 30t	台班	1263.97	—	—	—	0.14	0.02	—
平板拖车组 40t	台班	1468.34	—	—	—	—	0.13	0.02

39

（4）不锈钢锥底椭圆封头容器

工作内容： 放样号料,切割,坡口,压头卷弧、找圆,封头制作,组对、焊接,焊缝酸洗钝化,内部附件制作、组装,成品倒运堆放等。

单位：t

编 号			5-123	5-124	5-125	5-126	5-127	5-128
项 目			VN（m³以内）					
			50	100	150	200	250	300
预算基价	总 价（元）		**8344.28**	**8132.87**	**8061.05**	**8146.84**	**8017.74**	**7967.76**
	人 工 费（元）		3927.15	3720.60	3665.25	3628.80	3477.60	3349.35
	材 料 费（元）		1482.57	1550.79	1574.65	1669.56	1720.90	1820.83
	机 械 费（元）		2934.56	2861.48	2821.15	2848.48	2819.24	2797.58
组 成 内 容	单位	单价	数 量					
人工 综合工	工日	135.00	29.09	27.56	27.15	26.88	25.76	24.81
材料 普碳钢板 δ20	t	3614.79	0.01010	0.00999	0.00989	0.00978	0.00820	0.00726
木材 方木	m³	2716.33	0.04	0.04	0.04	0.04	0.04	0.04
道木	m³	3660.04	0.01	0.01	0.01	0.01	0.01	0.01
酸洗膏	kg	9.60	2.42	2.27	2.13	1.82	1.53	1.35
飞溅净	kg	3.96	2.77	2.60	2.43	2.07	1.75	1.54
电焊条 E4303 D3.2	kg	7.59	0.69	0.48	0.32	0.27	0.27	0.27
不锈钢电焊条	kg	66.08	10.07	10.47	10.82	11.45	12.03	13.30
不锈钢埋弧焊丝	kg	55.02	7.40	7.95	8.11	9.09	9.55	10.00
不锈钢氩弧焊丝 1Cr18Ni9Ti	kg	57.40	0.01	0.01	0.01	0.01	0.01	0.01
埋弧焊剂	kg	4.93	10.09	11.92	12.16	13.63	14.33	15.00
氧气	m³	2.88	0.41	0.29	0.19	0.15	0.13	0.12
乙炔气	kg	14.66	0.140	0.100	0.060	0.050	0.040	0.040
氩气	m³	18.60	0.03	0.03	0.03	0.03	0.03	0.03
尼龙砂轮片 D150	片	6.65	3.76	3.64	3.51	3.50	3.48	3.46
尼龙砂轮片 D100×16×3	片	3.92	10.19	9.76	9.32	9.32	8.90	8.06
炭精棒 8～12	根	1.71	22.80	21.30	19.80	17.10	14.40	12.60
石墨粉	kg	7.01	0.12	0.11	0.11	—	—	—
氢氟酸 45%	kg	7.27	0.16	0.15	0.14	0.12	0.10	0.09
硝酸	kg	5.56	1.23	1.15	1.08	0.92	0.78	0.68
焊接钢管 D76	t	3813.69	—	0.00319	0.00319	0.00380	0.00380	0.00380
钢丝绳 D15	m	5.28	—	—	0.09	0.15	—	—

续前

单位：t

编　号			5-123	5-124	5-125	5-126	5-127	5-128
项　目			VN（m³以内）					
			50	100	150	200	250	300
组　成　内　容	单位	单价	数　　量					
材料 钢丝绳 D17.5	m	6.84	—	—	—	—	0.23	0.17
材料 零星材料费	元	—	21.91	22.92	23.27	24.67	25.43	26.91
机 械 汽车式起重机 8t	台班	767.15	0.02	0.02	0.02	0.02	0.02	0.02
汽车式起重机 20t	台班	1043.80	0.16	0.10	0.08	0.07	—	—
汽车式起重机 25t	台班	1098.98	—	0.03	0.03	0.03	0.11	0.08
电动双梁起重机 15t	台班	321.22	1.81	1.78	1.76	1.73	1.64	1.61
门式起重机 20t	台班	644.36	0.33	0.33	0.32	0.28	0.27	0.27
直流弧焊机 30kW	台班	92.43	3.75	3.78	3.80	3.91	3.96	4.01
自动埋弧焊机 1500A	台班	261.86	0.33	0.33	0.34	0.35	0.39	0.44
氩弧焊机 500A	台班	96.11	0.03	0.03	0.03	0.03	0.03	0.03
电焊条烘干箱 800×800×1000	台班	51.03	0.38	0.38	0.38	0.39	0.40	0.40
电焊条烘干箱 600×500×750	台班	27.16	0.38	0.38	0.38	0.39	0.40	0.40
等离子切割机 400A	台班	229.27	1.43	1.49	1.49	1.65	1.81	2.05
剪板机 20×2500	台班	329.03	0.14	0.14	0.13	—	—	—
刨边机 9000mm	台班	516.01	0.14	0.14	0.14	0.28	0.28	0.29
立式钻床 D35	台班	10.91	0.38	0.37	0.37	0.37	0.37	0.36
电动滚胎	台班	55.48	3.79	3.73	3.68	3.62	3.57	3.52
卷扬机 单筒慢速 30kN	台班	205.84	0.05	0.05	0.04	0.04	0.04	0.04
液压压接机 1200t	台班	2858.73	0.18	0.17	0.16	0.16	0.12	0.11
电动空气压缩机 1m³	台班	52.31	1.43	1.49	1.49	1.65	1.76	2.05
电动空气压缩机 6m³	台班	217.48	0.38	0.38	0.38	0.39	0.40	0.40
载货汽车 10t	台班	574.62	0.17	0.10	0.02	0.02	0.02	0.02
载货汽车 15t	台班	809.06	—	0.03	0.03	0.03	—	—
平板拖车组 20t	台班	1101.26	—	—	0.07	0.06	—	—
平板拖车组 30t	台班	1263.97	—	—	—	—	0.10	0.07
卷板机 20×2500	台班	273.51	0.19	0.17	0.15	0.14	0.07	0.06
卷板机 40×3500	台班	516.54	—	—	—	—	0.06	0.06

(5) 不锈钢双椭圆封头容器

工作内容： 放样号料, 切割, 坡口, 压头卷弧、找圆, 封头制作, 组对、焊接, 焊缝酸洗钝化, 内部附件制作、组装, 成品倒运堆放等。

单位：t

编　号				5-129	5-130	5-131	5-132	5-133	5-134
项　　目				VN(m³以内)					
				80	100	150	200	250	300
预算基价	总　　价(元)			**7577.50**	**7307.38**	**6951.45**	**7621.68**	**7363.45**	**6768.45**
	人　工　费(元)			3403.35	3364.20	3281.85	3323.70	3118.50	2894.40
	材　料　费(元)			1596.09	1500.87	1402.10	1495.20	1550.37	1583.59
	机　械　费(元)			2578.06	2442.31	2267.50	2802.78	2694.58	2290.46
组　成　内　容		单位	单价	数　　　量					
人工	综合工	工日	135.00	25.21	24.92	24.31	24.62	23.10	21.44
材料	普碳钢板 δ20	t	3614.79	0.01274	0.01191	0.00932	0.00856	0.00781	0.00419
	焊接钢管 D76	t	3813.69	0.00301	0.00301	0.00443	0.00443	0.00646	0.00646
	木材　方木	m³	2716.33	0.04	0.04	0.04	0.04	0.04	0.04
	道木	m³	3660.04	0.01	0.01	0.01	0.01	0.01	0.01
	酸洗膏	kg	9.60	2.51	2.16	1.79	1.50	1.32	1.31
	飞溅净	kg	3.96	2.86	2.46	2.04	1.71	1.51	1.50
	电焊条 E4303 D3.2	kg	7.59	0.55	0.48	0.36	0.24	0.21	0.21
	不锈钢电焊条	kg	66.08	10.83	10.47	9.50	11.22	10.92	10.60
	不锈钢埋弧焊丝	kg	55.02	7.93	7.10	6.89	6.77	8.02	9.13
	不锈钢氩弧焊丝 1Cr18Ni9Ti	kg	57.40	0.01	0.01	0.01	0.01	0.01	0.01
	埋弧焊剂	kg	4.93	11.90	10.65	10.33	10.16	12.03	13.70
	氧气	m³	2.88	0.33	0.29	0.21	0.14	0.11	0.11
	乙炔气	kg	14.66	0.110	0.100	0.070	0.050	0.040	0.040
	氩气	m³	18.60	0.03	0.03	0.03	0.03	0.03	0.03
	尼龙砂轮片 D100×16×3	片	3.92	11.31	10.17	9.68	9.18	8.75	8.22
	尼龙砂轮片 D150	片	6.65	2.83	2.87	2.97	3.09	3.12	3.36
	炭精棒 8～12	根	1.71	25.20	22.80	18.60	16.50	14.10	13.20
	石墨粉	kg	7.01	0.19	0.19	0.19	—	—	—
	氢氟酸 45%	kg	7.27	0.16	0.14	0.11	0.10	0.08	0.08
	硝酸	kg	5.56	1.27	1.09	0.91	0.76	0.67	0.66
	钢丝绳 D15	m	5.28	—	—	0.06	0.20	0.05	—

单位：t

编　号			5-129	5-130	5-131	5-132	5-133	5-134
项　目			VN（m³以内）					
			80	100	150	200	250	300
组 成 内 容	单位	单价	数　量					
材料　钢丝绳 D17.5	m	6.84	—	—	—	—	0.17	0.19
零星材料费	元	—	23.59	22.18	20.72	22.10	22.91	23.40
电动双梁起重机 15t	台班	321.22	1.73	1.67	1.63	1.60	1.57	1.53
门式起重机 20t	台班	644.36	0.36	0.36	0.35	0.33	0.27	0.10
自动埋弧焊机 1500A	台班	261.86	0.39	0.35	0.34	0.33	0.39	0.45
直流弧焊机 30kW	台班	92.43	3.38	3.14	2.97	3.95	3.53	2.96
氩弧焊机 500A	台班	96.11	0.03	0.03	0.03	0.03	0.03	0.03
电焊条烘干箱 800×800×1000	台班	51.03	0.34	0.31	0.30	0.40	0.35	0.30
电焊条烘干箱 600×500×750	台班	27.16	0.34	0.31	0.30	0.40	0.35	0.30
等离子切割机 400A	台班	229.27	1.23	1.21	1.18	2.31	2.18	1.80
剪板机 20×2500	台班	329.03	0.14	0.13	0.13	—	—	—
刨边机 9000mm	台班	516.01	0.15	0.15	0.14	0.27	0.28	0.30
立式钻床 D35	台班	10.91	0.42	0.37	0.37	0.37	0.36	0.36
电动滚胎	台班	55.48	3.28	3.16	2.75	2.75	2.67	1.98
液压压接机 1200t	台班	2858.73	0.12	0.11	0.10	0.09	0.08	0.07
电动空气压缩机 1m³	台班	52.31	1.23	0.88	1.18	2.31	2.08	1.80
电动空气压缩机 6m³	台班	217.48	0.34	0.31	0.30	0.40	0.35	0.30
汽车式起重机 8t	台班	767.15	0.02	0.02	0.02	0.02	0.02	0.01
汽车式起重机 20t	台班	1043.80	0.12	0.08	0.04	0.03	0.02	—
汽车式起重机 25t	台班	1098.98	—	0.03	0.02	0.07	0.08	0.09
载货汽车 10t	台班	574.62	0.14	0.10	0.06	0.02	0.02	0.02
载货汽车 15t	台班	809.06	—	0.03	0.02	0.01	—	—
卷板机 20×2500	台班	273.51	0.19	0.17	0.16	0.13	—	—
卷板机 40×3500	台班	516.54	—	—	—	—	0.12	0.11
平板拖车组 20t	台班	1101.26	—	—	—	0.11	0.01	—
平板拖车组 30t	台班	1263.97	—	—	—	—	0.11	0.08

43

3.分片设备制作

(1)碳钢锥底椭圆封头容器

工作内容：放样号料,切割,坡口,压头卷弧、找圆,封头、内部附件制作,半成品倒运堆放等。

单位：t

编　号			5-135	5-136	5-137	5-138	5-139	5-140
项　目			VN（m³以内）					
			50	100	150	200	250	300
预算基价	总　　　价(元)		**3711.58**	**3242.58**	**3071.73**	**2721.93**	**2596.35**	**2378.21**
	人　工　费(元)		1726.65	1490.40	1428.30	1258.20	1175.85	1109.70
	材　料　费(元)		294.22	266.00	256.67	234.37	225.53	214.63
	机　械　费(元)		1690.71	1486.18	1386.76	1229.36	1194.97	1053.88
组 成 内 容		单位	单价	数　　　量				
人工	综合工	工日	135.00	12.79	11.04	10.58	9.32	8.71	8.22
材料	普碳钢板 δ20	t	3614.79	0.00338	0.00274	0.00228	0.00184	0.00145	0.00113
	木材 方木	m³	2716.33	0.02	0.02	0.02	0.02	0.02	0.02
	道木	m³	3660.04	0.01	0.01	0.01	0.01	0.01	0.01
	钢丝绳 D17.5	m	6.84	0.14	0.13	0.09	0.07	—	—
	电焊条 E4303 D3.2	kg	7.59	1.65	1.33	1.32	1.23	1.15	1.10
	氧气	m³	2.88	18.07	15.54	15.02	13.04	12.39	11.49
	乙炔气	kg	14.66	6.020	5.180	5.010	4.350	4.130	3.830
	尼龙砂轮片 D100×16×3	片	3.92	0.34	0.34	0.34	0.34	0.34	0.34
	尼龙砂轮片 D150	片	6.65	4.12	3.67	3.21	2.63	2.38	2.07
	钢丝绳 D21.5	m	9.57	—	—	—	—	0.07	—
	钢丝绳 D24	m	9.78	—	—	—	—	—	0.07
	零星材料费	元	—	8.57	7.75	7.48	6.83	6.57	6.25
机械	电动双梁起重机 15t	台班	321.22	0.78	0.73	0.72	0.70	0.68	0.63

单位：t

编　号			5-135	5-136	5-137	5-138	5-139	5-140
项　目			VN（m³以内）					
			50	100	150	200	250	300
组 成 内 容	单位	单价	数　　量					
载货汽车 10t	台班	574.62	0.05	0.05	0.05	0.05	0.05	0.05
载货汽车 15t	台班	809.06	0.04	0.04	—	—	—	—
直流弧焊机 30kW	台班	92.43	1.03	0.86	0.80	0.69	0.63	0.55
电焊条烘干箱 600×500×750	台班	27.16	0.10	0.09	0.08	0.07	0.06	0.06
电焊条烘干箱 800×800×1000	台班	51.03	0.10	0.09	0.08	0.07	0.06	0.06
半自动切割机 100mm	台班	88.45	0.21	0.21	0.21	0.21	0.21	0.21
剪板机 20×2500	台班	329.03	0.01	0.01	0.01	0.01	0.01	0.01
刨边机 9000mm	台班	516.01	0.24	0.24	0.24	0.24	0.24	0.24
卷板机 20×2500	台班	273.51	0.06	0.06	0.06	0.06	0.06	0.06
立式钻床 D25	台班	6.78	0.36	0.36	0.36	0.36	0.36	0.36
卷扬机 单筒慢速 30kN	台班	205.84	0.14	0.11	0.10	0.08	0.07	0.06
液压压接机 1200t	台班	2858.73	0.28	0.23	0.20	0.16	0.15	0.12
箱式加热炉 RJX-75-9	台班	130.77	0.28	0.23	0.20	0.16	0.15	0.12
汽车式起重机 8t	台班	767.15	0.05	0.05	0.05	0.05	0.05	0.05
汽车式起重机 25t	台班	1098.98	0.04	0.04	0.04	0.04	—	—
汽车式起重机 50t	台班	2492.74	—	—	—	—	0.03	—
汽车式起重机 75t	台班	3175.79	—	—	—	—	—	0.03
平板拖车组 30t	台班	1263.97	—	—	0.04	0.04	—	—
平板拖车组 50t	台班	1545.90	—	—	—	—	0.03	—
平板拖车组 60t	台班	1632.92	0.10	0.09	0.08	0.07	0.06	0.06

机

械

（2）碳钢双椭圆封头容器

工作内容： 放样号料,切割,坡口,压头卷弧、找圆,封头、内部附件制作,半成品倒运堆放等。

单位：t

编 号				5-141	5-142	5-143	5-144	5-145	5-146
项 目				VN（m³以内）					
				80	100	150	200	250	300
预算基价	总 价（元）			**2800.21**	**2721.73**	**2348.01**	**2147.40**	**1966.20**	**1808.49**
	人 工 费（元）			1413.45	1402.65	1193.40	1077.30	953.10	885.60
	材 料 费（元）			286.37	284.12	260.29	231.07	220.19	206.96
	机 械 费（元）			1100.39	1034.96	894.32	839.03	792.91	715.93
组 成 内 容		单位	单价	数 量					
人工	综合工	工日	135.00	10.47	10.39	8.84	7.98	7.06	6.56
材料	普碳钢板 δ20	t	3614.79	0.00338	0.00333	0.00239	0.00203	0.00147	0.00124
	木材 方木	m³	2716.33	0.02	0.02	0.02	0.02	0.02	0.02
	道木	m³	3660.04	0.01	0.01	0.01	0.01	0.01	0.01
	钢丝绳 D15	m	5.28	0.14	0.14	—	—	—	—
	电焊条 E4303 D3.2	kg	7.59	1.59	1.50	1.42	1.24	1.16	1.10
	氧气	m³	2.88	17.66	17.54	15.47	12.87	12.09	10.83
	乙炔气	kg	14.66	5.890	5.850	5.160	4.290	4.030	3.610
	尼龙砂轮片 D100×16×3	片	3.92	0.34	0.34	0.34	0.34	0.34	0.34
	尼龙砂轮片 D150	片	6.65	3.54	3.48	3.03	2.20	1.93	1.66
	钢丝绳 D17.5	m	6.84	—	—	0.10	—	—	—
	钢丝绳 D19.5	m	8.29	—	—	—	0.09	—	—
	钢丝绳 D21.5	m	9.57	—	—	—	—	0.07	—
	钢丝绳 D24	m	9.78	—	—	—	—	—	0.07
	零星材料费	元	—	8.34	8.28	7.58	6.73	6.41	6.03
机械	电动双梁起重机 15t	台班	321.22	0.67	0.64	0.61	0.58	0.56	0.52
	载货汽车 10t	台班	574.62	0.05	0.05	0.05	0.05	0.05	0.05

单位：t

编　号			5-141	5-142	5-143	5-144	5-145	5-146
项　目			VN（m³以内）					
			80	100	150	200	250	300
组　成　内　容	单位	单价	数　　量					
直流弧焊机 30kW	台班	92.43	0.76	0.74	0.61	0.54	0.46	0.42
电焊条烘干箱 800×800×1000	台班	51.03	0.08	0.07	0.06	0.05	0.05	0.04
电焊条烘干箱 600×500×750	台班	27.16	0.08	0.07	0.06	0.05	0.05	0.04
半自动切割机 100mm	台班	88.45	0.22	0.22	0.22	0.22	0.22	0.22
剪板机 20×2500	台班	329.03	0.01	0.01	0.01	0.01	0.01	0.01
刨边机 9000mm	台班	516.01	0.24	0.24	0.24	0.24	0.24	0.24
卷板机 20×2500	台班	273.51	0.06	0.06	0.06	0.06	0.06	0.06
立式钻床 D25	台班	6.78	0.36	0.36	0.36	0.36	0.36	0.36
卷扬机 单筒慢速 30kN	台班	205.84	0.09	0.09	0.06	0.05	0.04	0.03
液压压接机 800t	台班	1407.15	0.18	0.17	0.13	0.10	0.08	0.07
箱式加热炉 RJX-75-9	台班	130.77	0.18	0.17	0.13	0.10	0.08	0.07
汽车式起重机 8t	台班	767.15	0.05	0.05	0.05	0.05	0.05	0.05
汽车式起重机 20t	台班	1043.80	0.07	0.06	—	—	—	—
汽车式起重机 25t	台班	1098.98	—	—	0.04	—	—	—
汽车式起重机 40t	台班	1547.56	—	—	—	0.04	—	—
汽车式起重机 50t	台班	2492.74	—	—	—	—	0.03	—
汽车式起重机 75t	台班	3175.79	—	—	—	—	—	0.03
平板拖车组 20t	台班	1101.26	0.07	0.06	—	—	—	—
平板拖车组 30t	台班	1263.97	—	—	0.04	—	—	—
平板拖车组 40t	台班	1468.34	—	—	—	0.04	—	—
平板拖车组 50t	台班	1545.90	—	—	—	—	0.03	—
平板拖车组 60t	台班	1632.92	0.08	0.07	0.06	0.05	0.05	0.04

机械

(3) 低合金钢双椭圆封头容器

工作内容： 放样号料,切割,坡口,压头卷弧、找圆,封头、内部附件制作,半成品倒运堆放等。

单位：t

编　　号				5-147	5-148	5-149	5-150	5-151	5-152
项　　目				VN（m³以内）					
				80	100	150	200	250	300
预算基价	总　　价（元）			**3758.77**	**3437.24**	**3071.54**	**2736.79**	**2505.01**	**2280.59**
	人　工　费（元）			1811.70	1657.80	1489.05	1304.10	1188.00	1104.30
	材　料　费（元）			345.82	326.07	308.95	278.20	270.51	250.75
	机　械　费（元）			1601.25	1453.37	1273.54	1154.49	1046.50	925.54
组　成　内　容		单位	单价	数　　量					
人工	综合工	工日	135.00	13.42	12.28	11.03	9.66	8.80	8.18
材料	普碳钢板 δ20	t	3614.79	0.00366	0.00327	0.00242	0.00187	0.00142	0.00112
	木材　方木	m³	2716.33	0.02	0.02	0.02	0.02	0.02	0.02
	道木	m³	3660.04	0.01	0.01	0.01	0.01	0.01	0.01
	钢丝绳 D17.5	m	6.84	0.17	0.14	—	—	—	—
	合金钢电焊条	kg	26.56	1.81	1.70	1.57	1.42	1.36	1.27
	氧气	m³	2.88	19.97	18.41	17.43	14.90	14.46	12.80
	乙炔气	kg	14.66	6.660	6.140	5.810	4.970	4.820	4.260
	尼龙砂轮片 D150	片	6.65	3.85	3.47	3.11	2.46	2.34	1.90
	尼龙砂轮片 D100×16×3	片	3.92	0.41	0.41	0.41	0.41	0.41	0.41
	钢丝绳 D19.5	m	8.29	—	—	0.11	—	—	—
	钢丝绳 D21.5	m	9.57	—	—	—	0.10	—	—
	钢丝绳 D24	m	9.78	—	—	—	—	0.10	—
	钢丝绳 D26	m	11.81	—	—	—	—	—	0.10
	零星材料费	元	—	10.07	9.50	9.00	8.10	7.88	7.30
机械	电动双梁起重机 15t	台班	321.22	0.74	0.71	0.69	0.66	0.65	0.63
	载货汽车 10t	台班	574.62	0.06	0.06	0.06	0.06	0.06	0.06

48

单位：t

编　号			5-147	5-148	5-149	5-150	5-151	5-152
项　目			VN（m³以内）					
			80	100	150	200	250	300
组　成　内　容	单位	单价	数　量					
直流弧焊机 30kW	台班	92.43	0.85	0.81	0.66	0.56	0.49	0.45
电焊条烘干箱 800×800×1000	台班	51.03	0.09	0.08	0.07	0.06	0.05	0.05
电焊条烘干箱 600×500×750	台班	27.16	0.09	0.08	0.07	0.06	0.05	0.05
半自动切割机 100mm	台班	88.45	0.25	0.25	0.25	0.25	0.25	0.25
剪板机 20×2500	台班	329.03	0.01	0.01	0.01	0.01	0.01	0.01
刨边机 9000mm	台班	516.01	0.3	0.3	0.3	0.3	0.3	0.3
卷板机 40×3500	台班	516.54	0.08	0.08	0.08	0.08	0.08	0.08
立式钻床 D25	台班	6.78	0.42	0.42	0.42	0.42	0.42	0.42
卷扬机 单筒慢速 30kN	台班	205.84	0.10	0.09	0.06	0.05	0.04	0.03
液压压接机 1200t	台班	2858.73	0.20	0.17	0.13	0.10	0.08	0.06
箱式加热炉 RJX-75-9	台班	130.77	0.20	0.17	0.13	0.10	0.08	0.06
汽车式起重机 8t	台班	767.15	0.06	0.06	0.06	0.06	0.06	0.06
汽车式起重机 25t	台班	1098.98	0.08	0.07	—	—	—	—
汽车式起重机 40t	台班	1547.56	—	—	0.05	—	—	—
汽车式起重机 50t	台班	2492.74	—	—	—	0.04	—	—
汽车式起重机 75t	台班	3175.79	—	—	—	—	0.03	0.03
平板拖车组 30t	台班	1263.97	0.08	0.07	—	—	—	—
平板拖车组 40t	台班	1468.34	—	—	0.05	—	—	—
平板拖车组 50t	台班	1545.90	—	—	—	0.04	—	—
平板拖车组 60t	台班	1632.92	—	—	—	—	0.03	—
平板拖车组 80t	台班	1839.34	0.09	0.08	0.07	0.06	0.05	0.05

机　械

（4）不锈钢锥底椭圆封头容器

工作内容：放样号料,切割,坡口,压头卷弧、找圆,封头、内部附件制作,半成品倒运堆放等。

单位：t

编号			5-153	5-154	5-155	5-156	5-157	5-158
项目			VN（m³以内）					
			50	100	150	200	250	300
预算基价	总 价（元）		**5634.50**	**5051.95**	**4385.17**	**3935.97**	**3776.02**	**3409.43**
	人 工 费（元）		2330.10	2012.85	1929.15	1657.80	1586.25	1362.15
	材 料 费（元）		311.35	294.75	279.86	272.21	264.06	257.14
	机 械 费（元）		2993.05	2744.35	2176.16	2005.96	1925.71	1790.14
组 成 内 容	单位	单价	数 量					
人工 综合工	工日	135.00	17.26	14.91	14.29	12.28	11.75	10.09
材料 普碳钢板 δ20	t	3614.79	0.00394	0.00338	0.00228	0.00190	0.00162	0.00128
木材 方木	m³	2716.33	0.03	0.03	0.03	0.03	0.03	0.03
道木	m³	3660.04	0.03	0.03	0.03	0.03	0.03	0.03
电焊条 E4303 D3.2	kg	7.59	1.06	0.83	0.81	0.79	0.79	0.78
不锈钢电焊条	kg	66.08	0.75	0.64	0.63	0.57	0.48	0.43
不锈钢氩弧焊丝 1Cr18Ni9Ti	kg	57.40	0.01	0.01	0.01	0.01	0.01	0.01
氧气	m³	2.88	0.22	0.16	0.08	0.07	0.06	0.05
乙炔气	kg	14.66	0.070	0.050	0.030	0.020	0.020	0.020
氩气	m³	18.60	0.03	0.03	0.03	0.03	0.03	0.03
尼龙砂轮片 D100×16×3	片	3.92	0.49	0.49	0.49	0.49	0.49	0.49
尼龙砂轮片 D150	片	6.65	5.85	5.12	3.62	3.36	3.16	2.86
钢丝绳 D17.5	m	6.84	—	—	0.09	0.07	—	—
钢丝绳 D21.5	m	9.57	—	—	—	—	0.08	0.06
零星材料费	元	—	4.60	4.36	4.14	4.02	3.90	3.80

续前

单位：t

编 号			5-153	5-154	5-155	5-156	5-157	5-158
项 目			VN（m³以内）					
			50	100	150	200	250	300
组 成 内 容	单位	单价	数 量					
汽车式起重机 8t	台班	767.15	0.02	0.02	0.02	0.02	0.02	0.02
汽车式起重机 25t	台班	1098.98	0.05	0.05	0.04	0.03	—	—
汽车式起重机 50t	台班	2492.74	—	—	—	—	0.03	0.03
电动双梁起重机 15t	台班	321.22	1.09	1.06	0.86	0.86	0.84	0.83
载货汽车 10t	台班	574.62	0.02	0.02	0.02	0.02	0.02	0.02
载货汽车 15t	台班	809.06	0.04	0.04	—	—	—	—
平板拖车组 30t	台班	1263.97	—	—	0.04	0.03	—	—
平板拖车组 50t	台班	1545.90	0.14	0.12	0.10	0.09	0.08	0.08
直流弧焊机 30kW	台班	92.43	1.40	1.24	0.99	0.88	0.83	0.77
氩弧焊机 500A	台班	96.11	0.03	0.03	0.03	0.03	0.03	0.03
电焊条烘干箱 600×500×750	台班	27.16	0.14	0.12	0.10	0.09	0.08	0.08
电焊条烘干箱 800×800×1000	台班	51.03	0.14	0.12	0.10	0.09	0.08	0.08
等离子切割机 400A	台班	229.27	3.56	3.23	2.26	2.21	2.21	1.97
刨边机 9000mm	台班	516.01	0.19	0.22	0.23	0.25	0.30	0.31
立式钻床 D25	台班	6.78	0.37	0.37	0.37	0.37	0.37	0.37
卷扬机 单筒慢速 30kN	台班	205.84	0.10	0.10	0.09	0.08	0.07	0.06
液压压接机 1200t	台班	2858.73	0.36	0.32	0.25	0.21	0.18	0.16
电动空气压缩机 1m³	台班	52.31	3.56	3.23	2.26	2.21	2.21	1.97
卷板机 20×2500	台班	273.51	0.06	0.06	—	—	—	—
卷板机 40×3500	台班	516.54	—	—	0.06	0.06	0.07	0.06

51

（5）不锈钢双椭圆封头容器

工作内容： 放样号料，切割，坡口，压头卷弧、找圆，封头、内部附件制作，半成品倒运堆放等。

单位：t

编 号			5-159	5-160	5-161	5-162	5-163	5-164
项 目			VN（m³以内）					
			80	100	150	200	250	300
预算基价	总 价（元）		**4875.23**	**4715.50**	**3763.83**	**3542.70**	**3073.95**	**2829.07**
	人 工 费（元）		2022.30	1949.40	1586.25	1505.25	1287.90	1206.90
	材 料 费（元）		264.83	261.66	214.43	197.87	188.60	181.02
	机 械 费（元）		2588.10	2504.44	1963.15	1839.58	1597.45	1441.15
组 成 内 容	单位	单价	数 量					
人工 综合工	工日	135.00	14.98	14.44	11.75	11.15	9.54	8.94
材料 普碳钢板 δ20	t	3614.79	0.00394	0.00387	0.00271	0.00227	0.00165	0.00139
木材 方木	m³	2716.33	0.04	0.04	0.03	0.03	0.03	0.03
道木	m³	3660.04	0.01	0.01	0.01	0.01	0.01	0.01
钢丝绳 D15	m	5.28	0.17	0.16	—	—	—	—
电焊条 E4303 D3.2	kg	7.59	0.96	0.86	0.85	0.82	0.79	0.79
不锈钢电焊条	kg	66.08	0.80	0.78	0.71	0.55	0.49	0.43
不锈钢氩弧焊丝 1Cr18Ni9Ti	kg	57.40	0.01	0.01	0.01	0.01	0.01	0.01
氧气	m³	2.88	0.17	0.15	0.10	0.08	0.06	0.06
乙炔气	kg	14.66	0.060	0.050	0.030	0.030	0.020	0.020
氩气	m³	18.60	0.03	0.03	0.03	0.03	0.03	0.03
尼龙砂轮片 D100×16×3	片	3.92	0.50	0.50	0.49	0.49	0.49	0.49
尼龙砂轮片 D150	片	6.65	5.40	5.32	3.83	3.27	2.90	2.50
钢丝绳 D17.5	m	6.84	—	—	0.11	0.09	—	—
钢丝绳 D19.5	m	8.29	—	—	—	—	0.07	—
钢丝绳 D21.5	m	9.57	—	—	—	—	—	0.07
零星材料费	元	—	3.91	3.87	3.17	2.92	2.79	2.68

续前

单位：t

编　号			5-159	5-160	5-161	5-162	5-163	5-164
项　目			VN（m³以内）					
			80	100	150	200	250	300
组 成 内 容	单位	单价	数　量					
电动双梁起重机 15t	台班	321.22	0.93	0.89	0.79	0.75	0.70	0.69
载货汽车 10t	台班	574.62	0.03	0.02	0.02	0.02	0.02	0.02
直流弧焊机 30kW	台班	92.43	1.10	1.00	0.83	0.77	0.66	0.60
氩弧焊机 500A	台班	96.11	0.03	0.03	0.03	0.03	0.03	0.03
电焊条烘干箱 800×800×1000	台班	51.03	0.11	0.10	0.08	0.08	0.07	0.06
电焊条烘干箱 600×500×750	台班	27.16	0.11	0.10	0.08	0.08	0.07	0.06
等离子切割机 400A	台班	229.27	3.55	3.52	2.73	2.69	2.18	2.00
刨边机 9000mm	台班	516.01	0.21	0.22	0.23	0.26	0.27	0.27
立式钻床 D25	台班	6.78	0.37	0.37	0.37	0.37	0.37	0.36
液压压接机 1200t	台班	2858.73	0.24	0.23	0.15	0.12	0.10	0.08
电动空气压缩机 1m³	台班	52.31	3.55	3.52	2.73	2.69	2.18	2.00
卷板机 20×2500	台班	273.51	0.06	0.07	—	—	—	—
卷板机 40×3500	台班	516.54	—	—	0.07	0.07	0.07	0.07
平板拖车组 20t	台班	1101.26	0.07	0.07	—	—	—	—
平板拖车组 30t	台班	1263.97	—	—	0.05	0.04	—	—
平板拖车组 40t	台班	1468.34	—	—	—	—	0.03	—
平板拖车组 50t	台班	1545.90	0.11	0.10	0.08	0.08	0.07	0.06
汽车式起重机 8t	台班	767.15	0.02	0.02	0.02	0.02	0.02	0.01
汽车式起重机 25t	台班	1098.98	—	—	0.05	0.04	—	—
汽车式起重机 20t	台班	1043.80	0.08	0.07	—	—	—	—
汽车式起重机 40t	台班	1547.56	—	—	—	—	0.03	—
汽车式起重机 50t	台班	2492.74	—	—	—	—	—	0.03

机　械

二、塔器制作

1.整体设备制作

(1) 低合金钢(碳钢)填料塔

工作内容： 放样号料,切割,坡口,压头卷弧,椭圆封头、锥体、裙座制作,组对、焊接,分配盘、栅板、喷淋管、吊柱制作,塔体固定件的制作、组装,成品倒运堆放等。

单位：t

编　号			5-165	5-166	5-167	5-168	5-169	5-170
项　目			质量(t以内)					
			2	5	10	15	20	30
预算基价	总　　价(元)		**14182.80**	**12730.59**	**9635.45**	**7183.20**	**6646.06**	**6341.11**
	人　工　费(元)		7385.85	7094.25	5239.35	4098.60	3785.40	3630.15
	材　料　费(元)		2580.99	2452.79	2139.53	1417.78	1304.24	1206.60
	机　械　费(元)		4215.96	3183.55	2256.57	1666.82	1556.42	1504.36
组　成　内　容	单位	单价	数　　量					
人工 综合工	工日	135.00	54.71	52.55	38.81	30.36	28.04	26.89
材料 普碳钢板 $\delta20$	t	3614.79	0.02608	0.01961	0.01614	0.01144	0.01055	0.01048
木材　方木	m³	2716.33	0.45	0.45	0.43	0.25	0.22	0.19
道木	m³	3660.04	0.01	0.01	0.01	0.01	0.01	0.01
钢丝绳 $D15$	m	5.28	0.72	0.36	0.20	0.17	—	—
电焊条 E4303 $D3.2$	kg	7.59	20.94	20.14	19.09	11.78	11.21	10.82
合金钢电焊条	kg	26.56	23.70	21.58	12.25	3.90	3.78	3.55
氧气	m³	2.88	25.11	21.42	14.64	13.81	12.99	12.17
乙炔气	kg	14.66	8.370	7.140	4.880	4.600	4.330	4.060
尼龙砂轮片 $D100\times16\times3$	片	3.92	12.02	11.42	10.80	8.99	7.18	7.02
尼龙砂轮片 $D150$	片	6.65	5.32	5.16	5.06	5.01	4.91	4.81
尼龙砂轮片 $D500\times25\times4$	片	18.69	0.04	0.04	0.01	0.01	0.01	0.01
蝶形钢丝砂轮片 $D100$	片	6.27	1.45	1.40	1.02	0.77	0.62	0.61
炭精棒 8～12	根	1.71	30.90	28.32	23.46	19.55	18.27	16.98
石墨粉	kg	7.01	0.14	0.14	0.11	0.11	0.11	0.11
木柴	kg	1.03	1.42	1.42	1.42	1.42	1.23	1.23
焦炭	kg	1.25	14.20	14.20	14.20	14.20	12.28	12.28
合金钢埋弧焊丝	kg	16.53	—	—	3.39	7.59	7.60	7.67
碳钢埋弧焊丝	kg	9.58	—	—	0.32	0.56	0.65	0.67
埋弧焊剂	kg	4.93	—	—	5.57	12.28	12.38	12.52
焊接钢管 $D76$	t	3813.69	—	—	—	—	—	0.00101
钢丝绳 $D17.5$	m	6.84	—	—	—	—	0.17	0.05
钢丝绳 $D19.5$	m	8.29	—	—	—	—	—	0.1
零星材料费	元	—	75.17	71.44	62.32	41.29	37.99	35.14
机械 电动双梁起重机 15t	台班	321.22	1.93	1.70	1.34	0.94	0.84	0.82

续前

编　号			5-165	5-166	5-167	5-168	5-169	5-170
项　目			质量(t以内)					
			2	5	10	15	20	30
组　成　内　容	单位	单价	数　量					
门式起重机 20t	台班	644.36	0.46	0.29	0.27	0.23	0.22	0.20
直流弧焊机 30kW	台班	92.43	10.37	9.95	6.63	3.98	3.86	3.49
载货汽车 5t	台班	443.55	0.17	0.10	0.05	0.03	0.02	—
载货汽车 10t	台班	574.62	0.03	0.03	0.03	0.01	0.02	0.02
电焊条烘干箱 800×800×1000	台班	51.03	1.04	1.00	0.66	0.40	0.39	0.35
电焊条烘干箱 600×500×750	台班	27.16	1.04	1.00	0.66	0.40	0.39	0.35
半自动切割机 100mm	台班	88.45	0.21	0.21	0.21	0.23	0.23	0.23
剪板机 20×2500	台班	329.03	0.39	0.38	0.36	0.23	0.23	0.23
砂轮切割机 D500	台班	39.52	0.05	0.05	0.02	0.02	0.02	0.01
钢材电动撵弯机 500～1800mm	台班	81.16	0.06	0.04	0.03	0.02	0.01	0.01
卷板机 20×2500	台班	273.51	0.29	0.18	0.18	0.15	0.15	0.14
刨边机 9000mm	台班	516.01	0.05	0.05	0.05	0.09	0.09	0.09
中频撵管机 160kW	台班	72.47	0.08	0.08	0.07	0.07	0.06	0.04
普通车床 630×1400	台班	230.05	0.03	0.02	0.01	0.01	0.01	0.01
摇臂钻床 D63	台班	42.00	0.06	0.06	0.03	0.02	0.01	0.01
台式钻床 D16	台班	4.27	0.10	0.10	0.10	0.07	0.07	0.06
电动滚胎	台班	55.48	0.89	0.89	0.89	0.79	0.79	0.79
电动葫芦 单速 3t	台班	33.90	0.03	0.02	0.01	0.01	0.01	0.01
卷扬机 单筒慢速 30kN	台班	205.84	0.24	0.14	0.08	0.07	0.06	0.06
液压压接机 800t	台班	1407.15	0.48	0.29	0.16	0.13	0.11	0.09
箱式加热炉 RJX-75-9	台班	130.77	0.48	0.29	0.16	0.13	0.11	0.09
电动空气压缩机 6m³	台班	217.48	1.34	1.00	0.68	0.43	0.42	0.39
自动埋弧焊机 1500A	台班	261.86	—	—	0.15	0.35	0.35	0.35
摇臂钻床 D25	台班	8.81	—	—	—	—	0.01	0.01
汽车式起重机 8t	台班	767.15	0.20	0.03	0.02	0.01	0.02	0.02
汽车式起重机 10t	台班	838.68	—	0.10	0.05	0.03	0.02	—
汽车式起重机 16t	台班	971.12	0.41	0.21	0.11	—	—	—
汽车式起重机 20t	台班	1043.80	—	—	—	0.08	—	—
汽车式起重机 25t	台班	1098.98	—	—	—	—	0.06	0.04
汽车式起重机 40t	台班	1547.56	—	—	—	—	—	0.05
平板拖车组 15t	台班	1007.72	0.21	0.10	0.06	—	—	—
平板拖车组 20t	台班	1101.26	—	—	—	0.04	—	—
平板拖车组 30t	台班	1263.97	—	—	—	—	0.03	0.02
平板拖车组 40t	台班	1468.34	—	—	—	—	—	0.02

机械

编　号			5-171	5-172	5-173	5-174	5-175	5-176
项　目			质量(t以内)					
			40	50	60	80	100	150
预算基价	总　　　　价(元)		**5913.95**	**5585.92**	**5393.81**	**4989.35**	**5028.36**	**4805.06**
	人　工　费(元)		3391.20	3267.00	3073.95	2916.00	2866.05	2791.80
	材　料　费(元)		1096.40	1003.66	1007.24	779.58	769.94	720.28
	机　械　费(元)		1426.35	1315.26	1312.62	1293.77	1392.37	1292.98
组　成　内　容		单位	单价	数　　量				
人工	综合工	工日	135.00	25.12	24.20	22.77	21.60	21.23	20.68
材料	普碳钢板 δ20	t	3614.79	0.00926	0.00887	0.00846	0.00795	0.00744	0.00613
	焊接钢管 D76	t	3813.69	0.00101	0.00101	0.00101	0.00146	0.00146	0.00146
	木材 方木	m³	2716.33	0.16	0.14	0.14	0.06	0.06	0.05
	道木	m³	3660.04	0.01	0.01	0.01	0.01	0.01	0.01
	电焊条 E4303 D3.2	kg	7.59	9.22	7.63	7.52	7.47	7.33	7.03
	合金钢电焊条	kg	26.56	3.30	2.81	2.81	2.80	2.76	2.48
	合金钢埋弧焊丝	kg	16.53	7.75	7.82	7.99	8.07	8.15	8.32
	碳钢埋弧焊丝	kg	9.58	0.69	0.71	0.73	0.75	0.78	0.80
	氧气	m³	2.88	11.34	10.11	10.00	9.92	9.59	9.07
	埋弧焊剂	kg	4.93	12.67	12.80	13.98	13.23	13.39	13.68
	乙炔气	kg	14.66	3.780	3.370	3.330	3.310	3.200	3.020
	尼龙砂轮片 D100×16×3	片	3.92	6.57	6.59	6.46	6.32	6.17	5.98
	尼龙砂轮片 D150	片	6.65	4.67	4.57	4.48	4.39	4.26	4.18
	尼龙砂轮片 D500×25×4	片	18.69	0.01	0.01	0.01	0.01	0.01	0.01
	蝶形钢丝砂轮片 D100	片	6.27	0.53	0.51	0.49	0.42	0.36	0.22
	炭精棒 8～12	根	1.71	15.78	15.21	14.64	12.75	10.86	8.55
	石墨粉	kg	7.01	0.10	0.10	0.09	0.09	0.03	0.03
	木柴	kg	1.03	1.75	1.75	1.75	2.09	2.09	2.09
	焦炭	kg	1.25	17.58	17.59	17.53	20.89	20.89	20.89
	钢丝绳 D15	m	5.28	0.04	0.04	0.04	—	—	—

续前

编 号			5-171	5-172	5-173	5-174	5-175	5-176
项 目			质量（t以内）					
			40	50	60	80	100	150
组 成 内 容	单位	单价	数 量					
材料 钢丝绳 D17.5	m	6.84	—	—	—	0.03	0.03	—
钢丝绳 D21.5	m	9.57	0.11	—	—	—	—	0.02
钢丝绳 D24	m	9.78	—	0.11	—	—	—	—
钢丝绳 D26	m	11.81	—	—	0.11	—	—	—
钢丝绳 D28	m	14.79	—	—	—	0.09	—	—
钢丝绳 D30	m	15.78	—	—	—	—	0.10	—
料 钢丝绳 D32	m	16.11	—	—	—	—	—	0.05
零星材料费	元	—	31.93	29.23	29.34	22.71	22.43	20.98
机 电动双梁起重机 15t	台班	321.22	0.82	0.79	0.77	0.72	0.72	0.72
门式起重机 20t	台班	644.36	0.19	0.18	0.18	0.16	0.16	0.16
载货汽车 10t	台班	574.62	0.02	0.02	0.02	0.02	0.02	0.02
直流弧焊机 30kW	台班	92.43	3.28	2.74	2.76	2.74	2.73	2.66
自动埋弧焊机 1500A	台班	261.86	0.34	0.33	0.32	0.31	0.30	0.27
电焊条烘干箱 600×500×750	台班	27.16	0.33	0.27	0.28	0.27	0.27	0.27
电焊条烘干箱 800×800×1000	台班	51.03	0.33	0.27	0.28	0.27	0.27	0.27
半自动切割机 100mm	台班	88.45	0.28	0.28	0.28	0.25	0.25	0.25
砂轮切割机 D500	台班	39.52	0.01	0.01	0.01	0.01	0.01	0.01
钢材电动搣弯机 500～1800mm	台班	81.16	0.01	0.01	0.01	0.01	0.01	0.01
剪板机 20×2500	台班	329.03	0.14	0.14	0.14	0.13	0.13	0.13
卷板机 20×2500	台班	273.51	0.13	0.12	0.11	0.05	0.05	—
卷板机 40×3500	台班	516.54	—	—	—	0.05	0.05	0.08
械 刨边机 9000mm	台班	516.01	0.10	0.10	0.10	0.11	0.11	0.11
中频搣管机 160kW	台班	72.47	0.03	0.02	0.02	0.01	0.01	0.01
普通车床 630×1400	台班	230.05	0.01	0.01	0.01	0.01	0.01	0.01
摇臂钻床 D25	台班	8.81	0.01	0.01	0.01	0.01	0.01	0.01

续前

编　　号			5-171	5-172	5-173	5-174	5-175	5-176
项　　目			质量（t以内）					
			40	50	60	80	100	150
组 成 内 容	单位	单价	数　　量					
摇臂钻床 D63	台班	42.00	0.01	0.01	0.01	0.01	0.01	0.01
台式钻床 D16	台班	4.27	0.05	0.05	0.05	0.04	0.04	0.03
电动滚胎	台班	55.48	0.79	0.73	0.73	0.71	0.71	0.71
电动葫芦 单速 3t	台班	33.90	0.01	0.01	0.01	0.01	0.01	0.01
卷扬机 单筒慢速 30kN	台班	205.84	0.05	0.04	0.04	0.03	0.03	0.02
液压压接机 800t	台班	1407.15	0.09	0.08	0.08	0.06	0.06	0.04
箱式加热炉 RJX-75-9	台班	130.77	0.09	0.08	0.08	0.06	0.06	0.04
电动空气压缩机 6m³	台班	217.48	0.36	0.31	0.31	0.32	0.31	0.29
汽车式起重机 8t	台班	767.15	0.02	0.02	0.02	0.02	0.02	0.02
汽车式起重机 16t	台班	971.12	0.02	0.02	—	—	—	—
汽车式起重机 20t	台班	1043.80	—	—	0.02	—	—	—
汽车式起重机 25t	台班	1098.98	—	—	—	0.02	0.01	—
汽车式起重机 50t	台班	2492.74	0.04	—	—	—	—	0.01
汽车式起重机 75t	台班	3175.79	—	0.03	0.03	—	—	—
汽车式起重机 100t	台班	4689.49	—	—	—	0.03	—	—
汽车式起重机 125t	台班	8124.45	—	—	—	—	0.03	—
汽车式起重机 150t	台班	8419.54	—	—	—	—	—	0.02
平板拖车组 15t	台班	1007.72	0.01	0.01	—	—	—	—
平板拖车组 20t	台班	1101.26	—	—	0.01	—	—	—
平板拖车组 30t	台班	1263.97	—	—	—	0.01	0.01	—
平板拖车组 50t	台班	1545.90	0.02	—	—	—	—	0.01
平板拖车组 60t	台班	1632.92	—	0.02	—	—	—	—
平板拖车组 80t	台班	1839.34	—	—	0.02	—	—	—
平板拖车组 100t	台班	2787.79	—	—	—	0.01	—	—
平板拖车组 150t	台班	4013.62	—	—	—	—	0.01	—
平板拖车组 200t	台班	4903.98	—	—	—	—	—	0.01

机

械

(2) 低合金钢(碳钢)筛板塔

工作内容： 放样号料,切割,坡口,压头卷弧,椭圆封头、锥体、裙座、降液板、受液盘、支持板、塔器各部件制作,组对、焊接,塔盘制作,成品倒运堆放等。

单位：t

编 号				5-177	5-178	5-179	5-180	5-181	5-182
项 目				质量(t以内)					
				2	5	10	15	20	30
预算基价	总 价(元)			**12850.44**	**11727.29**	**8521.28**	**7140.20**	**6488.41**	**6125.75**
	人 工 费(元)			7831.35	7520.85	5555.25	4429.35	4077.00	3861.00
	材 料 费(元)			1602.00	1480.81	1040.15	989.54	890.88	857.75
	机 械 费(元)			3417.09	2725.63	1925.88	1721.31	1520.53	1407.00
组 成 内 容		单位	单价	数 量					
人工	综合工	工日	135.00	58.01	55.71	41.15	32.81	30.20	28.60
材料	普碳钢板 $\delta20$	t	3614.79	0.01780	0.01369	0.00975	0.00952	0.00826	0.00744
	木材 方木	m³	2716.33	0.12	0.11	0.11	0.11	0.11	0.11
	道木	m³	3660.04	0.01	0.01	0.01	0.01	0.01	0.01
	电焊条 E4303 D3.2	kg	7.59	26.85	26.13	24.95	22.68	20.92	19.16
	合金钢电焊条	kg	26.56	24.30	22.46	5.23	5.23	1.80	1.54
	氧气	m³	2.88	22.71	21.24	17.34	14.16	12.72	11.85
	乙炔气	kg	14.66	7.570	7.080	5.780	4.720	4.240	3.950
	尼龙砂轮片 D100×16×3	片	3.92	13.32	12.65	12.02	11.42	10.84	10.30
	尼龙砂轮片 D150	片	6.65	1.77	1.28	1.21	1.15	1.10	1.04
	尼龙砂轮片 D500×25×4	片	18.69	0.04	0.02	0.08	0.01	0.01	0.01
	蝶形钢丝砂轮片 D100	片	6.27	0.77	0.57	0.54	0.51	0.49	0.46
	炭精棒 8~12	根	1.71	19.02	17.67	16.44	15.30	14.25	13.26
	石墨粉	kg	7.01	0.11	0.10	0.10	0.09	0.08	0.07
	钢丝绳 D15	m	5.28	—	—	0.17	0.15	—	—
	碳钢埋弧焊丝	kg	9.58	—	—	0.36	0.36	0.35	0.47
	合金钢埋弧焊丝	kg	16.53	—	—	3.36	3.36	4.54	4.59
	埋弧焊剂	kg	4.93	—	—	5.58	5.58	7.52	7.60
	钢丝绳 D17.5	m	6.84	—	—	—	—	0.12	—
	钢丝绳 D19.5	m	8.29	—	—	—	—	—	0.09
	零星材料费	元	—	46.66	43.13	30.30	28.82	25.95	24.98
机械	卷板机 20×2500	台班	273.51	0.20	0.17	0.15	0.12	0.11	0.11
	电动双梁起重机 15t	台班	321.22	1.90	1.83	1.67	1.54	1.40	1.28

59

续前

编　号			5-177	5-178	5-179	5-180	5-181	5-182
项　目			质量（t以内）					
			2	5	10	15	20	30
组　成　内　容	单位	单价	数　　量					
门式起重机 20t	台班	644.36	0.27	0.23	0.22	0.21	0.18	0.16
载货汽车 5t	台班	443.55	0.39	0.21	0.05	0.03	0.02	0.01
载货汽车 10t	台班	574.62	0.01	0.02	0.02	0.02	0.02	0.01
直流弧焊机 30kW	台班	92.43	9.05	8.96	4.29	4.12	3.34	3.27
电焊条烘干箱 600×500×750	台班	27.16	0.91	0.90	0.43	0.41	0.33	0.33
电焊条烘干箱 800×800×1000	台班	51.03	0.91	0.90	0.43	0.41	0.33	0.33
半自动切割机 100mm	台班	88.45	0.39	0.26	0.25	0.24	0.23	0.22
剪板机 20×2500	台班	329.03	0.17	0.15	0.14	0.12	0.11	0.10
砂轮切割机 D500	台班	39.52	0.03	0.02	0.01	0.01	0.01	0.01
刨边机 9000mm	台班	516.01	0.05	0.06	0.06	0.06	0.06	0.07
中频揻管机 160kW	台班	72.47	0.05	0.02	0.08	0.01	0.01	0.01
摇臂钻床 D63	台班	42.00	0.07	0.03	0.03	0.02	0.01	0.01
电动滚胎	台班	55.48	1.22	1.13	1.05	0.97	0.91	0.85
电动葫芦 单速 3t	台班	33.90	0.04	0.02	0.01	0.01	0.01	0.01
卷扬机 单筒慢速 30kN	台班	205.84	0.23	0.14	0.06	0.04	0.04	0.03
箱式加热炉 RJX-75-9	台班	130.77	0.46	0.23	0.10	0.08	0.08	0.06
液压压接机 800t	台班	1407.15	0.46	0.23	0.10	0.08	0.08	0.06
电动空气压缩机 6m³	台班	217.48	1.09	0.90	0.77	0.74	0.60	0.58
自动埋弧焊机 1500A	台班	261.86	—	—	0.15	0.16	0.20	0.21
汽车式起重机 8t	台班	767.15	0.40	0.02	0.02	0.01	0.03	0.01
汽车式起重机 10t	台班	838.68	—	0.21	0.05	0.03	—	0.01
汽车式起重机 16t	台班	971.12	—	—	0.10	—	—	—
汽车式起重机 20t	台班	1043.80	—	—	—	0.07	—	—
汽车式起重机 25t	台班	1098.98	—	—	—	—	0.05	—
汽车式起重机 40t	台班	1547.56	—	—	—	—	—	0.04
平板拖车组 15t	台班	1007.72	—	—	0.05	—	—	—
平板拖车组 20t	台班	1101.26	—	—	—	0.03	—	—
平板拖车组 30t	台班	1263.97	—	—	—	—	0.03	—
平板拖车组 40t	台班	1468.34	—	—	—	—	—	0.02

编　号	5-183	5-184	5-185	5-186	5-187	5-188
项　目	质量(t以内)					
	40	50	60	80	100	150

预算基价							
总　　　价(元)			**6090.00**	**5755.29**	**5636.17**	**5376.15**	**5462.04**	**5211.79**
人　工　费(元)			3624.75	3341.25	3261.60	3092.85	3040.20	2961.90
材　料　费(元)			1074.73	1027.39	1010.71	964.49	976.69	883.68
机　械　费(元)			1390.52	1386.65	1363.86	1318.81	1445.15	1366.21

	组成内容	单位	单价	数　量					
人工	综合工	工日	135.00	26.85	24.75	24.16	22.91	22.52	21.94
材料	普碳钢板 δ20	t	3614.79	0.00669	0.00602	0.00542	0.00488	0.00439	0.00433
	焊接钢管 D76	t	3813.69	0.00132	0.00127	0.00123	0.00119	0.00111	0.00113
	木材　方木	m³	2716.33	0.07	0.06	0.06	0.05	0.05	0.02
	道木	m³	3660.04	0.10	0.10	0.10	0.10	0.10	0.10
	钢丝绳 D21.5	m	9.57	0.08	—	—	—	—	—
	电焊条 E4303 D3.2	kg	7.59	18.84	18.53	18.09	17.31	15.61	14.69
	合金钢电焊条	kg	26.56	1.54	1.45	1.45	1.45	1.65	1.65
	碳钢埋弧焊丝	kg	9.58	0.48	0.49	0.50	0.50	0.63	0.69
	合金钢埋弧焊丝	kg	16.53	4.61	4.63	4.66	4.69	5.87	6.43
	埋弧焊剂	kg	4.93	7.63	7.69	7.73	7.78	9.74	10.70
	氧气	m³	2.88	11.02	9.88	8.90	8.01	7.21	6.41
	乙炔气	kg	14.66	3.670	3.290	2.970	2.670	2.400	2.140
	尼龙砂轮片 D100×16×3	片	3.92	9.78	9.29	8.83	8.39	7.97	7.15
	尼龙砂轮片 D150	片	6.65	0.99	0.94	0.89	0.85	0.80	0.76
	尼龙砂轮片 D500×25×4	片	18.69	0.01	0.01	0.01	0.01	0.01	0.01
	蝶形钢丝砂轮片 D100	片	6.27	0.44	0.42	0.40	0.38	0.36	0.32
	炭精棒 8~12	根	1.71	12.33	11.46	10.68	9.93	9.21	6.21
	石墨粉	kg	7.01	0.07	0.06	0.06	0.05	0.05	0.02
	钢丝绳 D19.5	m	8.29	—	0.05	—	—	—	—
	钢丝绳 D24	m	9.78	—	0.10	—	—	0.06	—
	钢丝绳 D26	m	11.81	—	—	0.10	—	—	—
	钢丝绳 D28	m	14.79	—	—	—	0.08	—	—
	钢丝绳 D32	m	16.11	—	—	—	—	0.08	0.05
	零星材料费	元	—	31.30	29.92	29.44	28.09	28.45	25.74
机械	电动双梁起重机 15t	台班	321.22	1.26	1.24	1.24	1.23	1.15	1.05
	门式起重机 20t	台班	644.36	0.15	0.14	0.14	0.14	0.12	0.12
	载货汽车 5t	台班	443.55	0.01	—	0.01	0.01	—	0.01

单位：t

编　号			5-183	5-184	5-185	5-186	5-187	5-188
项　目			质量（t以内）					
			40	50	60	80	100	150
组成内容	单位	单价	数　量					
载货汽车 10t	台班	574.62	0.01	0.01	0.01	0.01	0.01	0.01
直流弧焊机 30kW	台班	92.43	3.20	3.14	3.07	3.01	2.95	2.89
自动埋弧焊机 1500A	台班	261.86	0.21	0.21	0.21	0.21	0.26	0.23
电焊条烘干箱 800×800×1000	台班	51.03	0.32	0.31	0.31	0.30	0.29	0.29
电焊条烘干箱 600×500×750	台班	27.16	0.32	0.31	0.31	0.30	0.29	0.29
半自动切割机 100mm	台班	88.45	0.21	0.20	0.19	0.19	0.16	0.18
刨边机 9000mm	台班	516.01	0.07	0.07	0.08	0.08	0.09	0.14
砂轮切割机 D500	台班	39.52	0.01	0.01	0.01	0.01	0.01	0.01
摇臂钻床 D63	台班	42.00	0.01	0.01	0.01	0.01	0.01	0.01
电动滚胎	台班	55.48	0.78	0.73	0.68	0.63	0.59	0.54
电动葫芦 单速 3t	台班	33.90	0.01	0.01	0.01	0.01	0.01	0.01
卷板机 20×2500	台班	273.51	0.10	0.10	0.10	0.09	0.08	—
卷板机 40×3500	台班	516.54	—	—	—	—	—	0.07
剪板机 20×2500	台班	329.03	0.09	0.09	0.08	0.08	0.08	0.07
中频揻管机 160kW	台班	72.47	0.01	0.01	0.01	0.01	0.01	0.01
卷扬机 单筒慢速 30kN	台班	205.84	0.03	0.03	0.03	0.02	0.02	0.02
液压压接机 800t	台班	1407.15	0.06	0.05	0.05	0.04	0.04	0.04
箱式加热炉 RJX-75-9	台班	130.77	0.06	0.05	0.05	0.04	0.04	0.04
汽车式起重机 8t	台班	767.15	0.01	0.01	0.01	0.01	0.01	0.01
汽车式起重机 10t	台班	838.68	0.01	—	0.01	0.01	—	0.01
汽车式起重机 40t	台班	1547.56	—	0.02	—	—	—	—
汽车式起重机 50t	台班	2492.74	0.03	—	—	—	—	—
汽车式起重机 75t	台班	3175.79	—	0.03	0.03	—	0.02	—
汽车式起重机 100t	台班	4689.49	—	—	—	0.02	—	—
汽车式起重机 150t	台班	8419.54	—	—	—	—	0.02	0.02
电动空气压缩机 6m³	台班	217.48	0.58	0.56	0.55	0.54	0.53	0.52
平板拖车组 40t	台班	1468.34	—	0.01	—	—	—	—
平板拖车组 50t	台班	1545.90	0.02	—	—	—	—	—
平板拖车组 60t	台班	1632.92	—	0.01	—	—	0.01	—
平板拖车组 80t	台班	1839.34	—	—	0.02	—	—	—
平板拖车组 100t	台班	2787.79	—	—	—	0.01	—	—
平板拖车组 200t	台班	4903.98	—	—	—	—	0.01	0.01

机械

(3) 低合金钢(碳钢)浮阀塔

工作内容： 放样号料,切割,坡口,压头卷弧,椭圆封头、锥体、裙座、降液板、受液盘、支持板、塔器各部件制作,组对、焊接,塔盘制作,成品倒运堆放等。

单位：t

编 号			5-189	5-190	5-191	5-192	5-193	5-194
项 目			质量(t以内)					
			2	5	10	15	20	30
预算基价	总 价(元)		**16572.24**	**14610.97**	**11800.95**	**10831.40**	**9735.92**	**9285.53**
	人 工 费(元)		9937.35	9405.45	7006.50	6372.00	5699.70	5540.40
	材 料 费(元)		1692.41	1404.07	1294.42	1223.40	1033.25	1005.64
	机 械 费(元)		4942.48	3801.45	3500.03	3236.00	3002.97	2739.49
组 成 内 容	单位	单价	数 量					
人工 综合工	工日	135.00	73.61	69.67	51.90	47.20	42.22	41.04
材料 普碳钢板 δ20	t	3614.79	0.01995	0.01838	0.01782	0.01728	0.01676	0.01625
木材 方木	m³	2716.33	0.17	0.17	0.16	0.16	0.13	0.13
道木	m³	3660.04	0.01	0.01	0.01	0.01	0.01	0.01
电焊条 E4303 D3.2	kg	7.59	40.57	36.26	34.94	28.93	26.94	25.09
合金钢电焊条	kg	26.56	15.05	10.37	5.23	5.23	1.80	1.54
氧气	m³	2.88	28.27	15.38	14.23	12.62	10.22	10.36
乙炔气	kg	14.66	9.430	5.030	4.650	4.110	3.410	3.340
尼龙砂轮片 D100×16×3	片	3.92	13.78	11.53	10.67	9.36	8.26	7.98
尼龙砂轮片 D150	片	6.65	5.96	5.84	5.78	5.66	5.43	5.21
尼龙砂轮片 D500×25×4	片	18.69	0.05	0.02	0.01	0.01	0.01	0.01
蝶形钢丝砂轮片 D100	片	6.27	2.78	2.29	1.80	1.66	1.61	1.56
炭精棒 8~12	根	1.71	19.02	17.67	16.44	15.30	14.25	13.26
石墨粉	kg	7.01	0.11	0.10	0.10	0.09	0.08	0.07
碳钢埋弧焊丝	kg	9.58	—	—	0.36	0.36	0.47	0.48
合金钢埋弧焊丝	kg	16.53	—	—	3.36	3.36	4.54	4.59
埋弧焊剂	kg	4.93	—	—	5.58	5.58	7.52	7.60
钢丝绳 D15	m	5.28	—	—	0.15	0.15	—	—
钢丝绳 D17.5	m	6.84	—	—	—	—	0.12	—
钢丝绳 D19.5	m	8.29	—	—	—	—	—	0.09
零星材料费	元	—	49.29	40.90	37.70	35.63	30.09	29.29
机械 电动双梁起重机 15t	台班	321.22	2.71	2.61	2.39	2.20	2.00	1.83
门式起重机 20t	台班	644.36	0.27	0.23	0.22	0.21	0.18	0.16
载货汽车 5t	台班	443.55	0.39	0.18	0.04	0.03	0.02	0.01

63

续前

编　号			5-189	5-190	5-191	5-192	5-193	5-194
项　目			质量（t以内）					
			2	5	10	15	20	30
组成内容	单位	单价	数　量					
载货汽车 10t	台班	574.62	0.02	0.02	0.02	0.02	0.02	0.02
直流弧焊机 30kW	台班	92.43	13.59	10.00	10.09	9.05	8.73	7.39
电焊条烘干箱 800×800×1000	台班	51.03	1.36	1.00	1.01	0.91	0.87	0.74
电焊条烘干箱 600×500×750	台班	27.16	1.36	1.00	1.01	0.91	0.87	0.74
半自动切割机 100mm	台班	88.45	0.33	0.37	0.41	0.46	0.51	0.57
剪板机 20×2500	台班	329.03	1.01	1.01	1.02	1.06	0.84	0.82
砂轮切割机 D500	台班	39.52	0.03	0.02	0.01	0.01	0.01	0.01
钢材电动揻弯机 500~1800mm	台班	81.16	0.12	0.11	0.09	0.09	0.09	0.09
刨边机 9000mm	台班	516.01	0.05	0.06	0.06	0.06	0.06	0.07
中频揻管机 160kW	台班	72.47	0.05	0.02	0.01	0.01	0.01	0.01
摇臂钻床 D25	台班	8.81	0.12	0.10	0.09	0.09	0.08	0.07
摇臂钻床 D63	台班	42.00	1.03	1.00	0.96	0.93	0.91	0.88
电动滚胎	台班	55.48	1.25	1.15	1.07	0.99	0.92	0.86
电动葫芦 单速 3t	台班	33.90	0.04	0.02	0.01	0.01	0.01	0.01
卷扬机 单筒慢速 30kN	台班	205.84	0.23	0.11	0.05	0.04	0.04	0.03
液压压接机 800t	台班	1407.15	0.77	0.49	0.36	0.33	0.33	0.31
箱式加热炉 RJX-75-9	台班	130.77	0.77	0.49	0.36	0.33	0.33	0.31
电动空气压缩机 6m³	台班	217.48	1.36	1.00	1.01	0.91	0.87	0.74
卷板机 20×2500	台班	273.51	—	0.17	0.13	0.12	0.11	0.11
自动埋弧焊机 1500A	台班	261.86	—	—	0.16	0.17	0.18	0.20
汽车式起重机 8t	台班	767.15	0.40	0.02	0.02	0.02	0.03	0.02
汽车式起重机 10t	台班	838.68	—	0.18	0.04	0.03	—	0.01
汽车式起重机 16t	台班	971.12	—	—	0.09	—	—	—
汽车式起重机 20t	台班	1043.80	—	—	—	0.07	—	—
汽车式起重机 25t	台班	1098.98	—	—	—	—	0.05	—
汽车式起重机 40t	台班	1547.56	—	—	—	—	—	0.04
平板拖车组 15t	台班	1007.72	—	—	0.04	—	—	—
平板拖车组 20t	台班	1101.26	—	—	—	0.03	—	—
平板拖车组 30t	台班	1263.97	—	—	—	—	0.03	—
平板拖车组 40t	台班	1468.34	—	—	—	—	—	0.02

编　号				5-195	5-196	5-197	5-198	5-199	5-200
项　　目				质量(t以内)					
				40	50	60	80	100	150
预算基价	总　　　价(元)			**9130.23**	**8975.99**	**8811.13**	**8416.41**	**8359.69**	**7208.61**
	人　工　费(元)			5436.45	5332.50	5290.65	5051.70	5013.90	4082.40
	材　料　费(元)			991.52	943.47	925.68	907.74	865.21	849.56
	机　械　费(元)			2702.26	2700.02	2594.80	2456.97	2480.58	2276.65
组　成　内　容		单位	单价	数　　　量					
人工	综合工	工日	135.00	40.27	39.50	39.19	37.42	37.14	30.24
材料	普碳钢板 δ20	t	3614.79	0.01576	0.01534	0.01487	0.01442	0.01399	0.01184
	焊接钢管 D76	t	3813.69	0.00132	0.00127	0.00123	0.00122	0.00122	0.00113
	木材　方木	m³	2716.33	0.13	0.12	0.12	0.12	0.10	0.10
	道木	m³	3660.04	0.01	0.01	0.01	0.01	0.01	0.01
	电焊条 E4303 D3.2	kg	7.59	23.36	21.76	20.27	18.87	16.94	15.81
	合金钢电焊条	kg	26.56	1.54	1.45	1.45	1.45	1.65	1.65
	碳钢埋弧焊丝	kg	9.58	0.48	0.49	0.50	0.50	0.63	0.69
	合金钢埋弧焊丝	kg	16.53	4.61	4.63	4.66	4.69	5.87	6.45
	埋弧焊剂	kg	4.93	7.63	7.69	7.73	7.78	9.74	10.70
	氧气	m³	2.88	10.12	10.17	10.25	10.40	10.51	10.63
	乙炔气	kg	14.66	3.370	3.390	3.420	3.470	3.500	3.540
	尼龙砂轮片 D100×16×3	片	3.92	7.96	7.59	7.49	6.69	6.40	5.28
	尼龙砂轮片 D150	片	6.65	4.95	4.75	4.28	3.98	3.70	3.33
	尼龙砂轮片 D500×25×4	片	18.69	0.01	0.01	0.01	0.01	0.01	0.01
	蝶形钢丝砂轮片 D100	片	6.27	1.45	1.34	1.26	1.17	0.58	0.41
	炭精棒 8~12	根	1.71	12.33	11.46	10.68	9.93	9.21	6.21
	石墨粉	kg	7.01	0.07	0.06	0.06	0.05	0.05	0.02
	钢丝绳 D19.5	m	8.29	—	0.05	—	—	—	—
	钢丝绳 D21.5	m	9.57	0.08	—	—	—	—	—
	钢丝绳 D24	m	9.78	—	0.10	—	—	0.06	—
	钢丝绳 D26	m	11.81	—	—	0.10	—	—	—
	钢丝绳 D28	m	14.79	—	—	—	0.08	—	—
	钢丝绳 D32	m	16.11	—	—	—	—	0.08	0.05
	零星材料费	元	—	28.88	27.48	26.96	26.44	25.20	24.74
机械	卷板机 20×2500	台班	273.51	0.10	0.10	0.10	0.09	0.08	—
	卷板机 40×3500	台班	516.54	—	—	—	—	—	0.07
	电动双梁起重机 15t	台班	321.22	1.80	1.77	1.77	1.76	1.64	1.50
	门式起重机 20t	台班	644.36	0.15	0.14	0.14	0.13	0.12	0.12

续前

编　号			5-195	5-196	5-197	5-198	5-199	5-200
项　目			质量（t以内）					
			40	50	60	80	100	150
组成内容	单位	单价	数　量					
载货汽车 5t	台班	443.55	0.01	—	0.01	0.01	—	0.01
载货汽车 10t	台班	574.62	0.02	0.02	0.02	0.02	0.02	0.02
直流弧焊机 30kW	台班	92.43	7.35	7.14	6.43	5.79	5.21	4.59
自动埋弧焊机 1500A	台班	261.86	0.20	0.21	0.22	0.23	0.26	0.23
电焊条烘干箱 600×500×750	台班	27.16	0.74	0.71	0.64	0.58	0.52	0.46
电焊条烘干箱 800×800×1000	台班	51.03	0.74	0.71	0.64	0.58	0.52	0.46
半自动切割机 100mm	台班	88.45	0.64	0.71	0.80	0.75	0.77	0.79
剪板机 20×2500	台班	329.03	0.82	0.82	0.81	0.77	0.72	0.65
砂轮切割机 D500	台班	39.52	0.01	0.01	0.01	0.01	0.01	0.01
钢材电动搬弯机 500～1800mm	台班	81.16	0.09	0.08	0.08	0.06	0.06	0.05
刨边机 9000mm	台班	516.01	0.07	0.07	0.08	0.08	0.09	0.14
中频搬管机 160kW	台班	72.47	0.01	0.01	0.01	0.01	0.01	0.01
摇臂钻床 D25	台班	8.81	0.07	0.07	0.07	0.06	0.06	0.05
摇臂钻床 D63	台班	42.00	0.85	0.82	0.80	0.77	0.75	0.71
电动滚胎	台班	55.48	0.80	0.74	0.69	0.64	0.60	0.56
电动葫芦 单速 3t	台班	33.90	0.01	0.01	0.01	0.01	0.01	0.01
卷扬机 单筒慢速 30kN	台班	205.84	0.03	0.03	0.03	0.02	0.02	0.02
液压压接机 800t	台班	1407.15	0.29	0.29	0.28	0.27	0.26	0.25
箱式加热炉 RJX-75-9	台班	130.77	0.29	0.29	0.28	0.27	0.26	0.25
电动空气压缩机 6m³	台班	217.48	0.74	0.71	0.64	0.58	0.52	0.46
平板拖车组 40t	台班	1468.34	—	0.01	—	—	—	—
平板拖车组 50t	台班	1545.90	0.02	—	—	—	—	—
平板拖车组 60t	台班	1632.92	—	0.01	—	—	0.01	—
平板拖车组 80t	台班	1839.34	—	—	0.02	—	—	—
平板拖车组 100t	台班	2787.79	—	—	—	0.01	—	—
平板拖车组 200t	台班	4903.98	—	—	—	—	0.01	0.01
汽车式起重机 8t	台班	767.15	0.02	0.02	0.02	0.02	0.02	0.01
汽车式起重机 10t	台班	838.68	0.01	—	0.01	0.01	—	0.01
汽车式起重机 40t	台班	1547.56	—	0.02	—	—	—	—
汽车式起重机 50t	台班	2492.74	0.03	—	—	—	—	—
汽车式起重机 75t	台班	3175.79	—	0.03	0.03	—	0.02	—
汽车式起重机 100t	台班	4689.49	—	—	—	0.02	—	—
汽车式起重机 150t	台班	8419.54	—	—	—	—	0.02	0.02

机械

（4）不锈钢填料塔

工作内容： 放样号料,切割,坡口,压头卷弧,椭圆封头、锥体、裙座制作,组对、焊接,焊缝酸洗钝化处理,分配盘、栅板、喷淋管、吊柱制作,塔体固定件的制作、组装,成品倒运堆放等。

单位：t

编　号				5-201	5-202	5-203	5-204	5-205	5-206
项　目				质量（t以内）					
				2	5	10	15	20	30
预算基价	总　价（元）			**21675.29**	**18560.51**	**14859.10**	**12150.02**	**11655.41**	**10706.90**
	人　工　费（元）			11044.35	9815.85	8865.45	7800.30	7384.50	6646.05
	材　料　费（元）			3545.75	3370.36	2639.19	1649.84	1624.15	1536.31
	机　械　费（元）			7085.19	5374.30	3354.46	2699.88	2646.76	2524.54
组　成　内　容		单位	单价	数　　量					
人工	综合工	工日	135.00	81.81	72.71	65.67	57.78	54.70	49.23
材料	普碳钢板 δ20	t	3614.79	0.03586	0.02748	0.02083	0.01537	0.01474	0.01411
	木材 方木	m³	2716.33	0.19	0.25	0.14	0.10	0.10	0.08
	道木	m³	3660.04	0.02	0.02	0.01	0.01	0.01	0.01
	耐酸橡胶石棉板	kg	27.73	0.19	0.17	0.09	0.05	0.05	0.03
	酸洗膏	kg	9.60	8.29	6.72	4.97	4.37	3.76	3.69
	飞溅净	kg	3.96	9.48	7.67	5.67	5.11	4.66	4.21
	电焊条 E4303 D3.2	kg	7.59	29.00	26.88	17.21	9.17	9.11	8.19
	不锈钢电焊条	kg	66.08	31.70	28.28	25.04	6.62	6.49	6.36
	氧气	m³	2.88	12.68	9.86	8.87	7.54	6.38	5.16
	乙炔气	kg	14.66	4.230	3.290	2.960	2.510	2.130	1.720
	尼龙砂轮片 D100×16×3	片	3.92	23.22	21.44	15.37	14.33	13.29	11.68
	尼龙砂轮片 D150	片	6.65	5.22	5.05	4.85	4.66	4.53	4.44
	尼龙砂轮片 D500×25×4	片	18.69	0.13	0.09	0.05	0.04	0.03	0.02
	蝶形钢丝砂轮片 D100	片	6.27	1.95	1.89	1.35	1.01	0.85	0.80
	炭精棒 8～12	根	1.71	39.00	34.00	26.00	23.00	22.00	20.00
	石墨粉	kg	7.01	0.14	0.13	0.12	0.12	0.12	0.10
	氢氟酸 45%	kg	7.27	0.62	0.58	0.32	0.23	0.24	0.24
	硝酸	kg	5.56	4.69	4.59	4.50	4.41	4.32	4.23
	碳钢埋弧焊丝	kg	9.58	—	—	0.32	0.57	0.65	0.67
	埋弧焊剂	kg	4.93	—	—	0.48	11.93	12.29	12.43
	不锈钢埋弧焊丝	kg	55.02	—	—	—	7.39	7.54	7.62
	焊接钢管 D76	t	3813.69	—	—	—	—	—	0.00103
	钢丝绳 D15	m	5.28	—	—	0.22	0.20	—	0.10
	钢丝绳 D17.5	m	6.84	—	—	—	—	0.16	—
	钢丝绳 D19.5	m	8.29	—	—	—	—	—	0.12
	零星材料费	元	—	52.40	49.81	39.00	24.38	24.00	22.70
机械	电动双梁起重机 15t	台班	321.22	4.35	2.72	1.47	1.46	1.44	1.41

续前

编　号			5-201	5-202	5-203	5-204	5-205	5-206
项　目			质量（t以内）					
			2	5	10	15	20	30
组 成 内 容	单位	单价	数　　量					
门式起重机 20t	台班	644.36	0.40	0.36	0.34	0.31	0.31	0.28
载货汽车 5t	台班	443.55	0.43	0.23	0.06	0.03	0.03	—
载货汽车 10t	台班	574.62	0.04	0.04	0.02	0.01	0.05	0.03
直流弧焊机 30kW	台班	92.43	17.48	14.63	8.21	4.03	4.04	3.77
电焊条烘干箱 600×500×750	台班	27.16	1.75	1.46	1.06	0.40	0.40	0.38
电焊条烘干箱 800×800×1000	台班	51.03	1.75	1.46	1.06	0.40	0.40	0.38
半自动切割机 100mm	台班	88.45	0.44	0.41	0.26	0.26	0.25	0.23
等离子切割机 400A	台班	229.27	4.17	3.71	2.16	2.13	2.09	2.01
剪板机 20×2500	台班	329.03	0.60	0.51	0.34	0.29	0.25	0.21
砂轮切割机 D500	台班	39.52	0.09	0.06	0.03	0.02	0.02	0.01
钢材电动揻弯机 500～1800mm	台班	81.16	0.11	0.10	0.06	0.03	0.03	0.03
刨边机 9000mm	台班	516.01	0.08	0.08	0.09	0.11	0.12	0.12
卷板机 20×2500	台班	273.51	0.34	0.22	0.21	0.18	0.18	0.18
中频揻管机 160kW	台班	72.47	0.09	0.08	0.08	0.07	0.07	0.05
普通车床 630×1400	台班	230.05	0.02	0.01	0.01	0.01	0.01	0.01
摇臂钻床 D25	台班	8.81	0.26	0.25	0.21	0.20	0.19	0.18
摇臂钻床 D63	台班	42.00	0.08	0.07	0.04	0.02	0.02	0.02
台式钻床 D16	台班	4.27	0.13	0.10	0.09	0.09	0.08	0.07
电动滚胎	台班	55.48	1.49	1.47	1.32	1.19	1.11	1.00
电动葫芦 单速 3t	台班	33.90	0.04	0.02	0.01	0.01	0.01	0.01
卷扬机 单筒慢速 30kN	台班	205.84	0.17	0.11	0.07	0.06	0.05	0.04
液压压接机 800t	台班	1407.15	0.76	0.48	0.22	0.21	0.18	0.15
电动空气压缩机 1m³	台班	52.31	4.17	3.71	2.15	2.01	1.88	1.59
电动空气压缩机 6m³	台班	217.48	1.60	1.41	1.08	0.70	0.37	0.60
自动埋弧焊机 1500A	台班	261.86	—	—	0.13	0.27	0.50	0.51
平板拖车组 15t	台班	1007.72	—	—	0.06	—	—	—
平板拖车组 20t	台班	1101.26	—	—	—	0.05	—	0.02
平板拖车组 30t	台班	1263.97	—	—	—	—	0.04	—
平板拖车组 40t	台班	1468.34	—	—	—	—	—	0.03
汽车式起重机 8t	台班	767.15	0.46	0.03	0.02	0.04	0.04	0.02
汽车式起重机 10t	台班	838.68	—	0.23	0.06	—	0.03	—
汽车式起重机 16t	台班	971.12	—	—	0.13	—	—	—
汽车式起重机 20t	台班	1043.80	—	—	—	0.09	—	0.04
汽车式起重机 25t	台班	1098.98	—	—	—	—	0.08	—
汽车式起重机 40t	台班	1547.56	—	—	—	—	—	0.05

机

械

编　号			5-207	5-208	5-209	5-210	5-211	5-212
项　目			质量（t以内）					
			40	50	60	80	100	150
预算基价	总　　价（元）		**9750.55**	**8415.22**	**7924.54**	**7650.54**	**7538.83**	**7281.88**
	人　工　费（元）		5981.85	4784.40	4282.20	4164.75	4051.35	3940.65
	材　料　费（元）		1475.17	1448.95	1438.05	1388.70	1359.50	1360.15
	机　械　费（元）		2293.53	2181.87	2204.29	2097.09	2127.98	1981.08
组　成　内　容	单位	单价	数　　量					
人工 综合工	工日	135.00	44.31	35.44	31.72	30.85	30.01	29.19
材　　料 普碳钢板 δ20	t	3614.79	0.01257	0.01242	0.01177	0.00976	0.00994	0.00870
焊接钢管 D76	t	3813.69	0.00101	0.00101	0.00114	0.00114	0.00212	0.00218
木材 方木	m³	2716.33	0.07	0.07	0.07	0.06	0.05	0.05
道木	m³	3660.04	0.01	0.01	0.01	0.01	0.01	0.01
耐酸橡胶石棉板	kg	27.73	0.02	0.02	0.01	0.01	0.01	0.01
酸洗膏	kg	9.60	3.58	3.47	3.40	3.28	3.12	3.00
飞溅净	kg	3.96	3.94	3.91	3.88	3.75	3.57	3.50
电焊条 E4303 D3.2	kg	7.59	7.70	5.49	5.31	5.15	4.90	4.70
不锈钢电焊条	kg	66.08	6.24	6.05	5.87	5.69	5.57	5.44
碳钢埋弧焊丝	kg	9.58	0.69	0.71	0.73	0.75	0.78	0.80
不锈钢埋弧焊丝	kg	55.02	7.69	7.85	8.01	8.17	8.34	8.69
埋弧焊剂	kg	4.93	12.58	12.84	13.16	13.39	13.67	14.23
氧气	m³	2.88	4.89	4.35	3.91	3.01	2.72	2.60
乙炔气	kg	14.66	1.630	1.450	1.300	1.000	0.910	0.870
尼龙砂轮片 D100×16×3	片	3.92	11.45	10.91	10.92	10.81	10.70	10.27
尼龙砂轮片 D150	片	6.65	4.35	4.26	4.25	4.28	4.11	4.38
尼龙砂轮片 D500×25×4	片	18.69	0.02	0.01	0.01	0.01	0.01	0.01
蝶形钢丝砂轮片 D100	片	6.27	0.69	0.65	0.57	0.48	0.46	0.34
炭精棒 8~12	根	1.71	12.57	14.19	13.44	12.60	12.15	10.29
石墨粉	kg	7.01	0.09	0.08	0.08	0.08	0.07	0.07
氢氟酸 45%	kg	7.27	0.19	0.18	0.22	0.22	0.22	0.22
硝酸	kg	5.56	4.15	4.07	3.98	3.91	3.83	3.77

单位：t

编　号			5-207	5-208	5-209	5-210	5-211	5-212
项　目			质量(t以内)					
			40	50	60	80	100	150
组 成 内 容	单位	单价	数　　量					
钢丝绳 *D*15	m	5.28	0.05	0.03	0.05	—	—	—
钢丝绳 *D*17.5	m	6.84	—	—	—	0.04	0.03	—
钢丝绳 *D*21.5	m	9.57	0.10	—	—	—	—	0.03
钢丝绳 *D*24	m	9.78	—	0.12	—	—	—	—
钢丝绳 *D*26	m	11.81	—	—	0.12	—	—	—
钢丝绳 *D*28	m	14.79	—	—	—	0.10	—	—
钢丝绳 *D*30	m	15.78	—	—	—	—	0.11	—
钢丝绳 *D*32	m	16.11	—	—	—	—	—	0.06
零星材料费	元	—	21.80	21.41	21.25	20.52	20.09	20.10
电动双梁起重机 15t	台班	321.22	1.39	1.33	1.30	1.28	1.23	1.20
门式起重机 20t	台班	644.36	0.25	0.23	0.24	0.24	0.23	0.22
载货汽车 10t	台班	574.62	0.03	0.02	0.04	0.03	0.03	0.03
直流弧焊机 30kW	台班	92.43	3.56	3.51	3.07	2.75	2.75	2.62
自动埋弧焊机 1500A	台班	261.86	0.49	0.45	0.45	0.44	0.42	0.39
电焊条烘干箱 600×500×750	台班	27.16	0.36	0.35	0.31	0.28	0.27	0.26
电焊条烘干箱 800×800×1000	台班	51.03	0.36	0.35	0.31	0.28	0.27	0.26
半自动切割机 100mm	台班	88.45	0.22	0.21	0.21	0.21	0.20	0.20
等离子切割机 400A	台班	229.27	1.71	1.68	1.73	1.56	1.49	1.39
剪板机 20×2500	台班	329.03	0.21	0.18	0.17	0.15	0.14	0.13
砂轮切割机 *D*500	台班	39.52	0.01	0.01	0.01	0.01	0.01	0.01
钢材电动撼弯机 500~1800mm	台班	81.16	0.03	0.03	0.02	0.02	0.02	0.02
刨边机 9000mm	台班	516.01	0.13	0.13	0.14	0.14	0.15	0.15
中频撼管机 160kW	台班	72.47	0.03	0.02	0.02	0.02	0.01	0.01
普通车床 630×1400	台班	230.05	0.01	0.01	0.01	0.01	0.01	0.01
摇臂钻床 *D*25	台班	8.81	0.16	0.16	0.15	0.14	0.14	0.13
摇臂钻床 *D*63	台班	42.00	0.01	0.01	0.01	0.01	0.01	0.01
台式钻床 *D*16	台班	4.27	0.06	0.06	0.05	0.05	0.04	0.03

续前

单位：t

编号				5-207	5-208	5-209	5-210	5-211	5-212
项目				质量(t以内)					
				40	50	60	80	100	150
组成内容		单位	单价	数量					
机械	电动滚胎	台班	55.48	0.95	0.90	0.86	0.83	0.79	0.74
	电动葫芦 单速 3t	台班	33.90	0.01	0.01	0.01	0.01	0.01	0.01
	卷扬机 单筒慢速 30kN	台班	205.84	0.03	0.03	0.03	0.03	0.03	0.02
	电动空气压缩机 $1m^3$	台班	52.31	1.55	1.50	1.44	1.38	1.33	1.24
	电动空气压缩机 $6m^3$	台班	217.48	0.34	0.33	0.33	0.32	0.30	0.29
	液压压接机 800t	台班	1407.15	0.13	0.12	0.12	0.12	0.10	0.08
	平板拖车组 15t	台班	1007.72	0.01	0.01	—	—	—	—
	平板拖车组 20t	台班	1101.26	—	—	0.01	—	—	—
	平板拖车组 30t	台班	1263.97	—	—	—	0.01	0.01	—
	平板拖车组 50t	台班	1545.90	0.02	—	—	—	—	0.01
	平板拖车组 60t	台班	1632.92	—	0.02	—	—	—	—
	平板拖车组 80t	台班	1839.34	—	—	0.02	—	—	—
	平板拖车组 100t	台班	2787.79	—	—	—	0.01	—	—
	平板拖车组 150t	台班	4013.62	—	—	—	—	0.01	—
	平板拖车组 200t	台班	4903.98	—	—	—	—	—	0.01
	汽车式起重机 8t	台班	767.15	0.02	0.02	0.04	0.02	0.02	0.02
	汽车式起重机 16t	台班	971.12	0.03	0.02	—	—	—	—
	汽车式起重机 20t	台班	1043.80	—	—	0.02	—	—	—
	汽车式起重机 25t	台班	1098.98	—	—	—	0.02	0.02	—
	汽车式起重机 50t	台班	2492.74	0.04	—	—	—	—	0.01
	汽车式起重机 75t	台班	3175.79	—	0.03	0.04	—	—	—
	汽车式起重机 100t	台班	4689.49	—	—	—	0.03	—	—
	汽车式起重机 125t	台班	8124.45	—	—	—	—	0.03	—
	汽车式起重机 150t	台班	8419.54	—	—	—	—	—	0.02
	卷板机 20×2500	台班	273.51	0.16	0.14	0.13	0.13	0.12	0.03
	卷板机 40×3500	台班	516.54	—	—	—	—	—	0.08

<h3 align="center">(5) 不锈钢筛板塔</h3>

工作内容: 放样号料,切割,坡口,压头卷弧,椭圆封头、锥体、裙座、降液板、受液盘、支持板、塔器各部件制作,组对、焊接,焊缝酸洗钝化处理,塔盘制作,成品倒运堆放等。

单位:t

编　号			5-213	5-214	5-215	5-216	5-217	5-218
项　目			质量(t以内)					
			2	5	10	15	20	30
预算基价	总　　价(元)		**22551.38**	**18550.72**	**16656.06**	**15401.68**	**13612.41**	**12596.79**
	人　工　费(元)		12316.05	11121.30	10008.90	9007.20	7658.55	6891.75
	材　料　费(元)		3683.95	3284.30	3070.69	3099.39	3003.36	2883.09
	机　械　费(元)		6551.38	4145.12	3576.47	3295.09	2950.50	2821.95
组　成　内　容	单位	单价	数　量					
人工 综合工	工日	135.00	91.23	82.38	74.14	66.72	56.73	51.05
材 料 普碳钢板 δ20	t	3614.79	0.03538	0.02539	0.02437	0.02419	0.02310	0.02276
木材 方木	m³	2716.33	0.30	0.27	0.26	0.25	0.24	0.23
道木	m³	3660.04	0.02	0.01	0.01	0.01	0.01	0.01
酸洗膏	kg	9.60	5.98	5.00	4.02	3.70	3.61	3.53
飞溅净	kg	3.96	6.86	5.73	4.59	4.22	3.74	3.44
电焊条 E4303 D3.2	kg	7.59	25.04	16.15	8.22	7.48	6.69	6.06
不锈钢电焊条	kg	66.08	28.97	28.27	27.14	25.24	24.05	23.08
氧气	m³	2.88	14.99	13.37	10.69	8.55	6.84	5.47
乙炔气	kg	14.66	5.000	4.460	3.560	2.850	2.280	1.820
尼龙砂轮片 D100×16×3	片	3.92	17.49	14.06	13.68	13.13	12.60	12.10
尼龙砂轮片 D150	片	6.65	3.88	2.84	2.66	2.55	2.45	2.35
蝶形钢丝砂轮片 D100	片	6.27	3.05	1.57	1.43	1.38	1.32	1.27
炭精棒 8～12	根	1.71	52.02	20.31	19.47	17.61	16.83	16.17
石墨粉	kg	7.01	0.12	0.08	0.08	0.06	0.06	0.06
氢氟酸 45%	kg	7.27	10.11	9.71	8.35	7.18	6.18	5.31
硝酸	kg	5.56	5.63	3.35	3.01	2.68	2.37	1.79
尼龙砂轮片 D500×25×4	片	18.69	—	0.02	0.01	0.01	0.01	0.01
钢丝绳 D15	m	5.28	—	—	0.18	0.16	—	—
碳钢埋弧焊丝	kg	9.58	—	—	0.36	0.36	0.47	0.48
埋弧焊剂	kg	4.93	—	—	0.54	5.96	7.30	7.42
不锈钢埋弧焊丝	kg	55.02	—	—	—	3.61	4.39	4.47
钢丝绳 D17.5	m	6.84	—	—	—	—	0.13	—
钢丝绳 D19.5	m	8.29	—	—	—	—	—	0.10
零星材料费	元	—	54.44	48.54	45.38	45.80	44.38	42.61
机 械 卷板机 20×2500	台班	273.51	0.28	0.17	0.16	0.14	0.14	0.13
电动双梁起重机 15t	台班	321.22	2.62	2.49	2.44	2.15	2.11	2.03

续前

编　　号			5-213	5-214	5-215	5-216	5-217	5-218
项　目			质量(t以内)					
			2	5	10	15	20	30
组　成　内　容	单位	单价	数　　量					
门式起重机 20t	台班	644.36	0.43	0.28	0.27	0.25	0.22	0.22
载货汽车 5t	台班	443.55	0.55	0.19	0.05	0.03	0.02	0.01
载货汽车 10t	台班	574.62	0.03	0.03	0.04	0.03	0.03	0.03
直流弧焊机 30kW	台班	92.43	14.51	11.60	7.73	7.68	5.73	5.44
电焊条烘干箱 600×500×750	台班	27.16	1.45	1.16	0.77	0.77	0.57	0.54
电焊条烘干箱 800×800×1000	台班	51.03	1.45	1.16	0.77	0.77	0.57	0.54
半自动切割机 100mm	台班	88.45	0.21	0.17	0.18	0.10	0.09	0.09
等离子切割机 400A	台班	229.27	4.13	3.15	2.69	2.68	2.49	2.46
剪板机 20×2500	台班	329.03	1.66	1.24	1.19	0.89	0.81	0.71
钢材电动揻弯机 500~1800mm	台班	81.16	0.18	0.14	0.14	0.12	0.12	0.10
刨边机 9000mm	台班	516.01	0.05	0.07	0.07	0.07	0.08	0.08
摇臂钻床 D25	台班	8.81	0.47	0.68	0.75	0.99	0.93	1.17
摇臂钻床 D63	台班	42.00	0.10	—	—	—	—	—
电动滚胎	台班	55.48	2.10	1.10	1.09	1.07	1.05	1.03
卷扬机 单筒慢速 30kN	台班	205.84	0.09	0.06	0.05	0.03	0.03	0.02
液压压接机 800t	台班	1407.15	0.70	—	—	—	—	—
电动空气压缩机 1m³	台班	52.31	4.13	2.69	2.68	2.68	2.49	2.46
电动空气压缩机 6m³	台班	217.48	1.41	1.16	0.93	0.92	0.88	0.87
砂轮切割机 D500	台班	39.52	—	0.02	0.01	0.01	0.01	0.01
中频揻管机 160kW	台班	72.47	—	0.02	0.01	0.01	0.01	0.01
电动葫芦 单速 3t	台班	33.90	—	0.02	0.01	0.01	0.01	0.01
钢筋弯曲机 D40	台班	26.22	—	0.43	0.29	0.23	0.21	0.18
自动埋弧焊机 1500A	台班	261.86	—	—	0.19	0.24	0.23	0.23
汽车式起重机 8t	台班	767.15	0.57	0.02	0.02	0.02	0.04	0.02
汽车式起重机 10t	台班	838.68	—	0.19	0.05	0.03	—	0.01
汽车式起重机 16t	台班	971.12	—	—	0.10	—	—	—
汽车式起重机 20t	台班	1043.80	—	—	—	0.07	—	—
汽车式起重机 25t	台班	1098.98	—	—	—	—	0.06	—
汽车式起重机 40t	台班	1547.56	—	—	—	—	—	0.04
平板拖车组 15t	台班	1007.72	—	—	0.05	—	—	—
平板拖车组 20t	台班	1101.26	—	—	—	0.04	—	—
平板拖车组 30t	台班	1263.97	—	—	—	—	0.03	—
平板拖车组 40t	台班	1468.34	—	—	—	—	—	0.02

（左侧竖排：机　械）

73

编　号				5-219	5-220	5-221	5-222	5-223	5-224
项　目				质量(t以内)					
				40	50	60	80	100	150
预算基价	总　价(元)			**12175.42**	**11021.78**	**10513.77**	**9919.56**	**9742.34**	**8989.70**
	人　工　费(元)			6616.35	5624.10	5381.10	5103.00	5015.25	4887.00
	材　料　费(元)			2783.61	2687.80	2619.73	2523.52	2383.41	2090.08
	机　械　费(元)			2775.46	2709.88	2512.94	2293.04	2343.68	2012.62
组 成 内 容		单位	单价	数　　量					
人工	综合工	工日	135.00	49.01	41.66	39.86	37.80	37.15	36.20
材料	普碳钢板 $\delta20$	t	3614.79	0.02185	0.01998	0.01870	0.01795	0.01723	0.01512
	焊接钢管 $D76$	t	3813.69	0.00132	0.00127	0.00123	0.00119	0.00111	0.00113
	木材　方木	m³	2716.33	0.23	0.22	0.21	0.20	0.17	0.12
	道木	m³	3660.04	0.01	0.01	0.01	0.01	0.01	0.01
	酸洗膏	kg	9.60	2.75	—	—	—	—	—
	飞溅净	kg	3.96	3.13	3.12	3.00	2.73	2.47	1.65
	电焊条 E4303 $D3.2$	kg	7.59	6.03	5.92	5.78	5.53	5.43	4.88
	不锈钢电焊条	kg	66.08	21.92	21.49	21.05	20.21	19.40	17.46
	碳钢埋弧焊丝	kg	9.58	0.48	0.49	0.50	0.50	0.63	0.69
	不锈钢埋弧焊丝	kg	55.02	4.58	4.62	4.80	4.90	5.03	5.07
	埋弧焊剂	kg	4.93	7.59	7.68	7.69	8.10	8.48	8.87
	氧气	m³	2.88	4.37	3.49	2.79	2.23	1.79	1.34
	乙炔气	kg	14.66	1.460	1.160	0.930	0.740	0.600	0.450
	尼龙砂轮片 $D100\times16\times3$	片	3.92	11.62	11.15	10.70	10.28	9.87	9.17
	尼龙砂轮片 $D150$	片	6.65	2.26	2.16	2.07	1.99	1.91	1.83
	尼龙砂轮片 $D500\times25\times4$	片	18.69	0.01	0.01	0.01	0.01	0.01	0.01
	蝶形钢丝砂轮片 $D100$	片	6.27	1.22	1.17	1.13	1.08	1.04	0.99
	炭精棒 8～12	根	1.71	15.00	15.00	14.00	13.00	13.00	12.00
	石墨粉	kg	7.01	0.05	0.05	0.05	0.05	0.05	0.04

续前

编　号			5-219	5-220	5-221	5-222	5-223	5-224
项　目			质量（t以内）					
			40	50	60	80	100	150
组　成　内　容	单位	单价	数　　量					
材料	氢氟酸 45%	kg	7.27	4.56	3.92	3.37	2.89	2.48	2.13
	硝酸	kg	5.56	1.39	1.39	1.33	1.21	1.10	0.99
	心形环	个	2.29	—	2.74	2.63	2.16	2.16	1.45
	钢丝绳 D19.5	m	8.29	—	0.06	—	—	—	—
	钢丝绳 D21.5	m	9.57	0.08	—	—	—	—	—
	钢丝绳 D24	m	9.78	—	0.11	—	—	0.06	—
	钢丝绳 D26	m	11.81	—	—	0.11	—	—	—
	钢丝绳 D28	m	14.79	—	—	—	0.09	—	—
	钢丝绳 D32	m	16.11	—	—	—	—	0.09	0.06
	零星材料费	元	—	41.14	39.72	38.72	37.29	35.22	30.89
机械	卷板机 20×2500	台班	273.51	0.12	0.12	0.11	0.11	0.09	—
	卷板机 40×3500	台班	516.54	—	—	—	—	—	0.07
	电动双梁起重机 15t	台班	321.22	1.95	1.91	1.88	1.66	1.60	1.31
	门式起重机 20t	台班	644.36	0.20	0.20	0.19	0.19	0.17	0.16
	载货汽车 5t	台班	443.55	0.01	—	0.01	0.01	—	0.01
	载货汽车 10t	台班	574.62	0.02	0.02	0.02	0.02	0.02	0.02
	直流弧焊机 30kW	台班	92.43	5.23	5.22	4.06	3.16	2.46	1.91
	自动埋弧焊机 1500A	台班	261.86	0.23	0.23	0.24	0.25	0.25	0.28
	电焊条烘干箱 800×800×1000	台班	51.03	0.52	0.52	0.41	0.32	0.25	0.19
	电焊条烘干箱 600×500×750	台班	27.16	0.52	0.52	0.41	0.32	0.25	0.09
	半自动切割机 100mm	台班	88.45	0.09	0.09	0.08	0.07	0.06	0.04
	等离子切割机 400A	台班	229.27	1.87	1.87	1.86	1.65	1.56	1.54
	剪板机 20×2500	台班	329.03	0.62	0.52	0.49	0.44	0.43	0.37
	砂轮切割机 D500	台班	39.52	0.01	0.01	0.01	0.01	0.01	0.01

单位：t

编　号			5-219	5-220	5-221	5-222	5-223	5-224
项　目			质量(t以内)					
			40	50	60	80	100	150
组 成 内 容	单位	单价	数　　量					
钢材电动搣弯机 500～1800mm	台班	81.16	0.09	0.09	0.08	0.07	0.07	0.05
刨边机 9000mm	台班	516.01	0.09	0.09	0.09	0.10	0.10	0.14
中频搣管机 160kW	台班	72.47	0.01	0.01	0.01	0.01	0.01	0.01
摇臂钻床 D25	台班	8.81	1.10	1.11	1.13	1.14	1.15	1.01
摇臂钻床 D63	台班	42.00	0.01	0.01	0.01	0.01	0.01	0.01
电动滚胎	台班	55.48	1.01	0.99	0.98	0.98	0.98	0.97
电动葫芦 单速 3t	台班	33.90	0.01	0.01	0.01	0.01	0.01	0.01
卷扬机 单筒慢速 30kN	台班	205.84	0.02	0.02	0.02	0.02	0.02	0.02
液压压接机 800t	台班	1407.15	0.15	0.12	0.12	0.12	0.12	0.11
电动空气压缩机 1m³	台班	52.31	1.87	1.86	1.86	1.65	1.58	1.54
电动空气压缩机 6m³	台班	217.48	0.84	0.63	0.60	0.48	0.46	0.42
汽车式起重机 8t	台班	767.15	0.02	0.02	0.02	0.02	0.02	0.01
汽车式起重机 10t	台班	838.68	0.01	—	0.01	0.01	—	0.01
汽车式起重机 40t	台班	1547.56	—	0.03	—	—	—	—
汽车式起重机 50t	台班	2492.74	0.03	—	—	—	—	—
汽车式起重机 75t	台班	3175.79	—	0.03	0.03	—	0.02	—
汽车式起重机 100t	台班	4689.49	—	—	—	0.03	—	—
汽车式起重机 150t	台班	8419.54	—	—	—	—	0.03	0.02
平板拖车组 40t	台班	1468.34	—	0.01	—	—	—	—
平板拖车组 50t	台班	1545.90	0.02	—	—	—	—	—
平板拖车组 60t	台班	1632.92	—	0.02	—	—	0.01	—
平板拖车组 80t	台班	1839.34	—	—	0.02	—	—	—
平板拖车组 100t	台班	2787.79	—	—	—	0.01	—	—
平板拖车组 150t	台班	4013.62	—	—	—	—	0.01	0.01

机　械

(6) 不锈钢浮阀塔

工作内容： 放样号料,切割,坡口,压头卷弧,椭圆封头、锥体、裙座、降液板、受液盘、支持板、塔器各部件制作,组对、焊接,焊缝酸洗钝化处理,塔盘制作,成品倒运堆放等。

单位：t

编　　　号				5-225	5-226	5-227	5-228	5-229	5-230
项　　　目				质量(t以内)					
				2	5	10	15	20	30
预算基价	总　　　价(元)			**28337.11**	**23086.42**	**20653.45**	**18968.03**	**17204.90**	**16534.49**
	人　工　费(元)			15186.15	12226.95	10449.00	9300.15	7943.40	7614.00
	材　料　费(元)			4672.14	3891.06	3469.28	3452.92	3324.97	3260.57
	机　械　费(元)			8478.82	6968.41	6735.17	6214.96	5936.53	5659.92
组　成　内　容		单位	单价	数　　　量					
人工	综合工	工日	135.00	112.49	90.57	77.40	68.89	58.84	56.40
材料	普碳钢板 δ20	t	3614.79	0.04087	0.02326	0.02233	0.02291	0.01876	0.01845
	木材 方木	m³	2716.33	0.41	0.39	0.38	0.34	0.29	0.28
	道木	m³	3660.04	0.02	0.01	0.01	0.01	0.01	0.01
	酸洗膏	kg	9.60	6.88	6.61	6.48	6.35	6.22	5.97
	飞溅净	kg	3.96	4.13	3.53	2.36	2.04	1.96	1.88
	电焊条 E4303 D3.2	kg	7.59	25.04	17.68	17.17	5.37	5.11	3.43
	不锈钢电焊条	kg	66.08	40.25	33.14	27.96	27.49	27.31	27.10
	氧气	m³	2.88	13.12	8.73	7.46	6.94	6.46	6.00
	乙炔气	kg	14.66	4.370	2.910	2.490	2.310	2.150	2.000
	尼龙砂轮片 D100×16×3	片	3.92	14.36	12.01	11.53	10.95	10.18	9.17
	尼龙砂轮片 D150	片	6.65	6.43	6.05	5.93	5.81	5.58	5.35
	蝶形钢丝砂轮片 D100	片	6.27	3.78	2.40	2.30	2.21	2.19	2.10
	炭精棒 8～12	根	1.71	52.00	35.00	20.00	18.00	17.00	13.00
	石墨粉	kg	7.01	0.12	0.10	0.08	0.07	0.07	0.07
	氢氟酸 45%	kg	7.27	0.43	0.39	0.36	0.35	0.33	0.31
	硝酸	kg	5.56	3.38	3.25	3.12	3.06	3.03	3.00
	尼龙砂轮片 D500×25×4	片	18.69	—	0.02	0.01	0.01	0.01	0.01
	碳钢埋弧焊丝	kg	9.58	—	—	0.36	0.36	0.47	0.48
	埋弧焊剂	kg	4.93	—	—	0.54	5.96	7.30	7.42
	不锈钢埋弧焊丝	kg	55.02	—	—	—	3.61	4.39	4.47
	焊接钢管 D76	t	3813.69	—	—	—	—	—	0.00154
	钢丝绳 D15	m	5.28	—	—	0.18	0.16	—	—
	钢丝绳 D17.5	m	6.84	—	—	—	—	0.13	—
	钢丝绳 D19.5	m	8.29	—	—	—	—	—	0.10
	零星材料费	元	—	69.05	57.50	51.27	51.03	49.14	48.19
机械	电动双梁起重机 15t	台班	321.22	7.48	7.13	6.98	6.14	6.04	5.79

单位：t

编　号			5-225	5-226	5-227	5-228	5-229	5-230
项　目			质量(t以内)					
			2	5	10	15	20	30
组 成 内 容	单位	单价	数　量					
门式起重机 20t	台班	644.36	0.43	0.28	0.27	0.27	0.27	0.27
载货汽车 5t	台班	443.55	0.55	0.19	0.05	0.03	0.02	0.01
载货汽车 10t	台班	574.62	0.02	0.02	0.03	0.02	0.02	0.02
直流弧焊机 30kW	台班	92.43	14.14	12.42	11.64	11.18	10.21	9.57
电焊条烘干箱 600×500×750	台班	27.16	1.41	1.24	1.16	1.12	1.02	0.96
电焊条烘干箱 800×800×1000	台班	51.03	1.41	1.24	1.16	1.12	1.02	0.96
半自动切割机 100mm	台班	88.45	0.56	0.17	0.11	0.10	0.10	0.09
等离子切割机 400A	台班	229.27	3.50	2.58	2.49	2.41	2.35	2.32
剪板机 20×2500	台班	329.03	1.67	1.32	1.28	1.25	1.21	1.12
钢材电动搋弯机 500～1800mm	台班	81.16	0.17	0.12	0.11	0.11	0.11	0.10
刨边机 9000mm	台班	516.01	0.35	0.30	0.27	0.24	0.22	0.19
卷板机 20×2500	台班	273.51	0.28	0.33	0.31	0.28	0.22	0.18
摇臂钻床 D25	台班	8.81	0.21	0.18	0.16	0.14	0.14	0.13
摇臂钻床 D63	台班	42.00	3.84	3.57	3.43	3.29	3.16	3.03
电动滚胎	台班	55.48	2.32	1.85	1.39	1.25	1.16	1.08
卷扬机 单筒慢速 30kN	台班	205.84	0.09	0.08	0.05	0.03	0.03	0.02
液压压接机 800t	台班	1407.15	0.87	0.72	0.72	0.67	0.65	0.64
电动空气压缩机 1m³	台班	52.31	3.50	2.49	2.37	2.25	2.16	2.07
电动空气压缩机 6m³	台班	217.48	1.41	1.24	1.16	1.12	1.02	0.96
砂轮切割机 D500	台班	39.52	—	0.02	0.01	0.01	0.01	0.01
中频搋管机 160kW	台班	72.47	—	0.02	0.01	0.01	0.01	0.01
电动葫芦 单速 3t	台班	33.90	—	0.02	0.01	0.01	0.01	0.01
自动埋弧焊机 1500A	台班	261.86	—	—	0.19	0.24	0.23	0.23
汽车式起重机 8t	台班	767.15	0.56	0.02	0.02	0.02	0.04	0.02
汽车式起重机 10t	台班	838.68	—	0.19	0.05	0.03	—	0.01
汽车式起重机 16t	台班	971.12	—	—	0.10	—	—	—
汽车式起重机 20t	台班	1043.80	—	—	—	0.07	—	—
汽车式起重机 25t	台班	1098.98	—	—	—	—	0.06	—
汽车式起重机 40t	台班	1547.56	—	—	—	—	—	0.04
平板拖车组 15t	台班	1007.72	—	—	0.05	—	—	—
平板拖车组 20t	台班	1101.26	—	—	—	0.04	—	—
平板拖车组 30t	台班	1263.97	—	—	—	—	0.03	—
平板拖车组 40t	台班	1468.34	—	—	—	—	—	0.02

机

械

单位：t

编　号					5-231	5-232	5-233	5-234	5-235	5-236
项　目					质量（t以内）					
					40	50	60	80	100	150
预算基价	总　　价(元)				**15875.06**	**15163.50**	**14735.53**	**13825.72**	**13344.91**	**11484.10**
	人　工　费(元)				7269.75	6956.55	6878.25	6718.95	6523.20	5540.40
	材　料　费(元)				3199.21	3139.78	3001.06	2766.35	2536.87	2363.23
	机　械　费(元)				5406.10	5067.17	4856.22	4340.42	4284.84	3580.47
组　成　内　容		单位	单价		数　　量					
人工	综合工	工日	135.00		53.85	51.53	50.95	49.77	48.32	41.04
材料	普碳钢板 δ20	t	3614.79		0.01753	0.01660	0.01608	0.01557	0.01524	0.01261
	焊接钢管 D76	t	3813.69		0.00148	0.00142	0.00136	0.00131	0.00131	0.00129
	木材　方木	m³	2716.33		0.27	0.26	0.25	0.21	0.18	0.14
	道木	m³	3660.04		0.01	0.01	0.01	0.01	0.01	0.01
	酸洗膏	kg	9.60		5.73	5.50	5.39	4.47	4.18	3.19
	飞溅净	kg	3.96		1.75	1.68	1.61	1.55	1.44	1.30
	电焊条 E4303 D3.2	kg	7.59		3.27	2.66	2.32	2.28	2.23	2.14
	不锈钢电焊条	kg	66.08		26.74	26.54	24.93	23.31	21.17	20.74
	碳钢埋弧焊丝	kg	9.58		0.48	0.49	0.50	0.50	0.63	0.69
	不锈钢埋弧焊丝	kg	55.02		4.58	4.62	4.80	4.90	5.03	5.07
	埋弧焊剂	kg	4.93		7.59	7.68	7.69	8.10	8.48	8.87
	氧气	m³	2.88		5.58	5.19	4.83	4.49	4.17	3.68
	乙炔气	kg	14.66		1.860	1.730	1.610	1.500	1.390	1.230
	尼龙砂轮片 D100×16×3	片	3.92		8.52	7.93	7.61	7.31	6.94	6.73
	尼龙砂轮片 D150	片	6.65		4.98	4.88	4.68	4.45	4.14	3.72
	尼龙砂轮片 D500×25×4	片	18.69		0.01	0.01	0.01	0.01	0.01	0.01
	蝶形钢丝砂轮片 D100	片	6.27		2.06	1.68	1.56	1.28	1.20	0.90
	炭精棒 8～12	根	1.71		13.00	12.00	12.00	11.00	10.00	7.00
	石墨粉	kg	7.01		0.07	0.06	0.06	0.06	0.03	0.02

单位：t

编　号			5-231	5-232	5-233	5-234	5-235	5-236
项　目			质量（t以内）					
			40	50	60	80	100	150
组 成 内 容	单位	单价	数　　量					
材料	氢氟酸 45%	kg	7.27	0.29	0.28	0.27	0.22	0.21	0.20
	硝酸	kg	5.56	2.97	2.85	2.73	2.27	2.12	1.62
	钢丝绳 $D19.5$	m	8.29	—	0.06	—	—	—	—
	钢丝绳 $D21.5$	m	9.57	0.09	—	—	—	—	—
	钢丝绳 $D24$	m	9.78	—	0.11	—	—	0.06	—
	钢丝绳 $D26$	m	11.81	—	—	0.11	—	—	—
	钢丝绳 $D28$	m	14.79	—	—	—	0.09	—	—
	钢丝绳 $D32$	m	16.11	—	—	—	—	0.09	0.06
	零星材料费	元	—	47.28	46.40	44.35	40.88	37.49	34.92
机械	电动双梁起重机 15t	台班	321.22	5.56	5.46	5.36	4.73	4.57	3.75
	门式起重机 20t	台班	644.36	0.25	0.23	0.19	0.19	0.17	0.16
	载货汽车 5t	台班	443.55	0.01	—	0.01	0.01	—	0.01
	载货汽车 10t	台班	574.62	0.02	0.02	0.02	0.02	0.02	0.02
	直流弧焊机 30kW	台班	92.43	9.17	7.43	7.23	5.56	5.34	4.64
	自动埋弧焊机 1500A	台班	261.86	0.23	0.23	0.24	0.25	0.25	0.28
	电焊条烘干箱 600×500×750	台班	27.16	0.92	0.74	0.72	0.56	0.53	0.46
	电焊条烘干箱 800×800×1000	台班	51.03	0.92	0.74	0.72	0.56	0.53	0.46
	半自动切割机 100mm	台班	88.45	0.09	0.09	0.08	0.06	0.05	0.04
	等离子切割机 400A	台班	229.27	2.30	2.17	2.15	2.10	1.89	1.78
	剪板机 20×2500	台班	329.03	1.04	1.01	0.99	0.84	0.69	0.54
	砂轮切割机 $D500$	台班	39.52	0.01	0.01	0.01	0.01	0.01	0.01
	钢材电动撼弯机 500～1800mm	台班	81.16	0.10	0.10	0.09	0.07	0.06	0.05
	刨边机 9000mm	台班	516.01	0.18	0.17	0.16	0.15	0.14	0.14
	中频撼管机 160kW	台班	72.47	0.01	0.01	0.01	0.01	0.01	0.01

续前

编　号			5-231	5-232	5-233	5-234	5-235	5-236
项　目			质量（t以内）					
			40	50	60	80	100	150
组　成　内　容	单位	单价	数　　量					
摇臂钻床 D25	台班	8.81	0.12	0.12	0.12	0.12	0.12	0.12
摇臂钻床 D63	台班	42.00	2.77	2.51	2.37	2.36	2.23	1.76
电动滚胎	台班	55.48	1.04	1.03	1.03	1.02	1.01	0.95
电动葫芦 单速 3t	台班	33.90	0.01	0.01	0.01	0.01	0.01	0.01
卷扬机 单筒慢速 30kN	台班	205.84	0.02	0.02	0.02	0.02	0.01	0.02
液压压接机 800t	台班	1407.15	0.59	0.53	0.49	0.44	0.40	0.32
汽车式起重机 8t	台班	767.15	0.02	0.02	0.02	0.02	0.02	0.02
汽车式起重机 10t	台班	838.68	0.01	—	0.01	0.01	—	0.01
汽车式起重机 40t	台班	1547.56	—	0.03	—	—	—	—
汽车式起重机 50t	台班	2492.74	0.03	—	—	—	—	—
汽车式起重机 75t	台班	3175.79	—	0.03	0.03	—	0.02	—
汽车式起重机 100t	台班	4689.49	—	—	—	0.03	—	—
汽车式起重机 150t	台班	8419.54	—	—	—	—	0.03	0.02
电动空气压缩机 1m³	台班	52.31	2.03	1.95	1.87	1.80	1.78	1.71
电动空气压缩机 6m³	台班	217.48	0.92	0.74	0.72	0.53	0.56	0.46
平板拖车组 40t	台班	1468.34	—	0.01	—	—	—	—
平板拖车组 50t	台班	1545.90	0.02	—	—	—	—	—
平板拖车组 60t	台班	1632.92	—	0.02	—	—	0.01	—
平板拖车组 80t	台班	1839.34	—	—	0.02	—	—	—
平板拖车组 100t	台班	2787.79	—	—	—	0.01	—	—
平板拖车组 200t	台班	4903.98	—	—	—	—	0.01	0.01
卷板机 20×2500	台班	273.51	0.14	0.12	0.11	0.11	0.09	0.01
卷板机 40×3500	台班	516.54	—	—	—	—	—	0.07

机械

2.分段设备制作
(1)低合金钢(碳钢)填料塔

工作内容: 放样号料,切割,坡口,压头卷弧,椭圆封头、锥体、裙座制作,组对、焊接,分配盘、栅板、喷淋管、吊柱制作,塔体固定件的制作、组装,成品倒运堆放等。

单位:t

编　号			5-237	5-238	5-239	5-240	5-241	5-242	5-243	5-244
项　目			质量(t以内)							
			30	50	80	100	150	200	250	300
预算基价	总　价(元)		**6045.17**	**5713.15**	**6352.43**	**5286.60**	**5083.24**	**4896.91**	**4660.90**	**4556.50**
	人　工　费(元)		3218.40	3134.70	2947.05	2851.20	2783.70	2717.55	2608.20	2504.25
	材　料　费(元)		1450.82	1295.79	1074.59	1074.56	1042.27	1020.30	957.60	959.35
	机　械　费(元)		1375.95	1282.66	2330.79	1360.84	1257.27	1159.06	1095.10	1092.90
组　成　内　容	单位	单价	数　　量							
人工 综合工	工日	135.00	23.84	23.22	21.83	21.12	20.62	20.13	19.32	18.55
材料 普碳钢板 δ20	t	3614.79	0.01199	0.01180	0.00896	0.00889	0.00773	0.00773	0.00725	0.00724
焊接钢管 D76	t	3813.69	0.00101	0.00101	0.00146	0.00146	0.00182	0.00189	0.00195	0.00194
木材 方木	m³	2716.33	0.19	0.15	0.07	0.07	0.06	0.05	0.03	0.03
道木	m³	3660.04	0.01	0.01	0.01	0.01	0.01	0.01	0.01	0.01
电焊条 E4303 D3.2	kg	7.59	10.82	7.63	7.47	7.33	7.03	6.75	6.55	6.42
合金钢电焊条	kg	26.56	3.55	2.81	2.80	2.76	2.48	2.41	2.36	2.31
不锈钢埋弧焊丝	kg	55.02	6.68	6.84	7.05	7.35	7.65	7.89	7.97	8.13
氧气	m³	2.88	12.17	10.11	9.92	9.59	9.07	8.71	8.36	8.02
乙炔气	kg	14.66	4.060	3.370	3.310	3.200	3.020	2.900	2.790	2.670
埋弧焊剂	kg	4.93	11.02	11.33	11.70	10.19	12.69	13.05	13.19	13.45
尼龙砂轮片 D100×16×3	片	3.92	7.02	6.51	6.32	6.17	5.98	5.74	5.51	5.29
碳钢埋弧焊丝	kg	9.58	0.67	0.71	0.75	0.78	0.80	0.81	0.83	0.83
尼龙砂轮片 D150	片	6.65	4.62	6.16	6.10	6.09	4.18	4.01	3.85	3.70
尼龙砂轮片 D500×25×4	片	18.69	0.01	0.01	0.01	0.01	0.01	0.01	0.01	0.01
蝶形钢丝砂轮片 D100	片	6.27	0.61	0.51	0.42	0.36	0.22	0.20	0.19	0.19
钢丝绳 D17.5	m	6.84	0.09	—	0.03	0.03	—	—	—	—
炭精棒 8~12	根	1.71	16.56	12.78	11.16	10.65	8.43	8.07	7.74	7.41
石墨粉	kg	7.01	0.11	0.10	0.09	0.03	0.03	0.03	0.03	0.03
木柴	kg	1.03	1.23	1.75	2.09	2.09	2.09	2.02	1.94	1.90

单位：t

编　号			5-237	5-238	5-239	5-240	5-241	5-242	5-243	5-244
项　目			质量（t以内）							
			30	50	80	100	150	200	250	300
组 成 内 容	单位	单价	数　量							
材 料	焦炭	kg	1.25	12.28	17.58	20.89	19.00	20.89	20.89	19.27	18.86
	钢丝绳 D15	m	5.28	—	0.03	—	—	—	—	—	—
	钢丝绳 D19.5	m	8.29	0.10	—	—	—	—	—	—	—
	钢丝绳 D21.5	m	9.57	—	—	—	—	0.02	—	—	—
	钢丝绳 D24	m	9.78	—	0.11	—	—	—	—	—	—
	钢丝绳 D26	m	11.81	—	—	—	—	—	0.03	0.03	0.02
	钢丝绳 D28	m	14.79	—	—	0.09	—	—	—	—	—
	钢丝绳 D30	m	15.78	—	—	—	0.10	—	—	—	—
	钢丝绳 D32	m	16.11	—	—	—	—	0.05	0.05	0.04	0.03
	零星材料费	元	—	42.26	37.74	31.30	31.30	30.36	29.72	27.89	27.94
机 械	电动双梁起重机 15t	台班	321.22	0.80	0.78	0.71	0.71	0.71	0.69	0.68	0.67
	门式起重机 20t	台班	644.36	0.20	0.17	0.17	0.15	0.15	0.15	0.14	0.14
	直流弧焊机 30kW	台班	92.43	2.65	2.50	2.42	2.31	2.26	2.17	2.08	2.00
	自动埋弧焊机 1500A	台班	261.86	0.27	0.26	0.32	0.33	0.31	0.30	0.29	0.27
	电焊条烘干箱 600×500×750	台班	27.16	0.27	0.25	0.25	0.23	0.23	0.22	0.21	0.27
	电焊条烘干箱 800×800×1000	台班	51.03	0.27	0.25	0.25	0.23	0.23	0.22	0.21	0.27
	半自动切割机 100mm	台班	88.45	0.22	0.28	0.25	0.25	0.25	0.24	0.24	0.23
	剪板机 20×2500	台班	329.03	0.23	0.14	0.14	0.13	0.13	0.12	0.12	0.12
	砂轮切割机 D500	台班	39.52	0.01	0.01	0.01	0.01	0.01	0.01	0.01	0.01
	钢材电动撳弯机 500～1800mm	台班	81.16	0.01	0.01	0.01	0.01	0.01	0.01	0.01	0.01
	刨边机 9000mm	台班	516.01	0.09	0.10	0.11	0.11	0.11	0.11	0.10	0.10
	卷板机 20×2500	台班	273.51	0.14	0.12	0.05	0.05	0.05	0.05	0.04	0.04
	卷板机 40×3500	台班	516.54	—	—	0.05	0.05	0.05	0.04	0.04	0.04
	中频撳管机 160kW	台班	72.47	0.04	0.02	0.01	0.01	0.01	0.01	0.01	0.01
	普通车床 630×1400	台班	230.05	0.01	0.01	0.01	0.01	0.01	0.01	0.01	0.01
	摇臂钻床 D25	台班	8.81	0.24	0.24	0.23	0.14	0.13	0.13	0.12	0.11

续前

编　号			5-237	5-238	5-239	5-240	5-241	5-242	5-243	5-244
项　目			质量(t以内)							
			30	50	80	100	150	200	250	300
组　成　内　容	单位	单价	数　量							
摇臂钻床 D63	台班	42.00	0.01	0.01	0.01	0.01	0.01	0.01	0.01	0.01
台式钻床 D16	台班	4.27	0.06	0.04	0.04	0.04	0.03	0.02	0.02	0.02
电动滚胎	台班	55.48	0.73	0.72	0.77	0.75	0.63	0.62	0.59	0.57
电动葫芦 单速 3t	台班	33.90	0.01	0.01	0.01	0.01	0.01	0.01	0.01	0.01
卷扬机 单筒慢速 30kN	台班	205.84	0.05	0.04	0.03	0.03	0.02	0.02	0.02	0.02
液压压接机 800t	台班	1407.15	0.10	0.10	0.08	0.07	0.06	0.06	0.04	0.05
箱式加热炉 RJX-75-9	台班	130.77	0.10	0.10	0.08	0.07	0.06	0.06	0.04	0.05
电动空气压缩机 6m³	台班	217.48	0.26	0.25	0.28	0.28	0.26	0.25	0.24	0.22
汽车式起重机 8t	台班	767.15	0.02	0.02	0.02	0.02	0.02	0.01	0.01	0.01
汽车式起重机 16t	台班	971.12	—	0.02	—	—	—	—	—	—
汽车式起重机 25t	台班	1098.98	0.04	—	0.02	0.01	—	—	—	—
汽车式起重机 40t	台班	1547.56	0.05	—	—	—	—	—	—	—
汽车式起重机 50t	台班	2492.74	—	—	—	—	0.01	—	—	—
汽车式起重机 75t	台班	3175.79	—	0.03	—	—	—	0.01	0.01	0.01
汽车式起重机 100t	台班	4689.49	—	—	0.25	—	—	—	—	—
汽车式起重机 125t	台班	8124.45	—	—	—	0.03	—	—	—	—
汽车式起重机 150t	台班	8419.54	—	—	—	—	0.02	0.01	0.01	0.01
平板拖车组 15t	台班	1007.72	—	0.01	—	—	—	—	—	—
平板拖车组 40t	台班	1468.34	0.02	—	—	—	—	—	—	—
平板拖车组 30t	台班	1263.97	0.02	—	0.01	0.01	—	—	—	—
平板拖车组 60t	台班	1632.92	—	0.02	—	—	—	—	—	—
平板拖车组 80t	台班	1839.34	—	—	—	—	—	0.01	0.01	0.01
平板拖车组 100t	台班	2787.79	—	—	0.01	—	—	—	—	—
平板拖车组 150t	台班	4013.62	—	—	—	0.01	—	—	—	—
平板拖车组 200t	台班	4903.98	—	—	—	—	0.01	0.01	0.01	0.01
载货汽车 5t	台班	443.55	—	—	—	—	—	0.01	0.01	0.01
载货汽车 10t	台班	574.62	0.02	0.02	0.02	0.02	0.02	0.01	0.01	0.01

84

（2）低合金钢（碳钢）筛板塔

工作内容： 放样号料,切割,坡口,压头卷弧,椭圆封头、锥体、裙座、降液板、受液盘、支持板、塔器各部件制作,组对、焊接,塔盘制作,成品倒运堆放等。

单位：t

编　号			5-245	5-246	5-247	5-248	5-249	5-250	5-251	5-252
项　目			质量(t以内)							
			30	50	80	100	150	200	250	300
预算基价	总　　　价(元)		**6019.75**	**5629.79**	**5409.61**	**5447.97**	**5162.36**	**4995.57**	**4894.27**	**4819.66**
	人　工　费(元)		3551.85	3196.80	3094.20	3024.00	2837.70	2722.95	2668.95	2614.95
	材　料　费(元)		1076.46	1040.30	937.09	981.62	956.66	952.16	951.28	952.14
	机　械　费(元)		1391.44	1392.69	1378.32	1442.35	1368.00	1320.46	1274.04	1252.57
组　成　内　容	单位	单价	数　　量							
人工 综合工	工日	135.00	26.31	23.68	22.92	22.40	21.02	20.17	19.77	19.37
材料 普碳钢板 δ20	t	3614.79	0.01602	0.01741	0.01569	0.01593	0.01353	0.01149	0.00976	0.00828
木材 方木	m³	2716.33	0.12	0.11	0.08	0.08	0.06	0.06	0.06	0.06
道木	m³	3660.04	0.01	0.01	0.01	0.01	0.01	0.01	0.01	0.01
电焊条 E4303 D3.2	kg	7.59	19.16	18.53	19.31	15.61	14.69	14.39	13.82	13.13
合金钢电焊条	kg	26.56	1.54	1.54	1.58	1.65	1.65	1.64	1.63	1.63
碳钢埋弧焊丝	kg	9.58	0.47	0.49	0.50	0.63	0.69	0.71	0.74	0.78
不锈钢埋弧焊丝	kg	55.02	4.40	4.47	4.52	5.69	6.65	6.92	7.21	7.51
埋弧焊剂	kg	4.93	7.71	7.44	7.52	9.48	11.00	11.46	11.93	12.43
氧气	m³	2.88	10.31	9.25	7.50	6.75	6.00	5.34	4.75	4.22
乙炔气	kg	14.66	3.440	3.080	2.500	2.250	2.000	1.780	1.580	1.410
尼龙砂轮片 D100×16×3	片	3.92	10.30	9.29	8.39	7.97	7.15	6.42	5.76	5.17
尼龙砂轮片 D150	片	6.65	1.04	0.94	0.85	0.80	0.76	0.68	0.61	0.55
尼龙砂轮片 D500×25×4	片	18.69	0.01	0.01	0.01	0.01	0.01	0.01	0.01	0.01
蝶形钢丝砂轮片 D100	片	6.27	0.46	0.42	0.37	0.36	0.32	0.29	0.25	0.23
炭精棒 8～12	根	1.71	12.90	11.04	8.61	9.00	6.42	4.56	4.35	3.93
石墨粉	kg	7.01	0.06	0.06	0.05	0.05	0.02	0.02	0.02	0.02
焊接钢管 D76	t	3813.69	—	0.00127	0.00119	0.00114	0.00113	0.00111	0.00108	0.00106
钢丝绳 D19.5	m	8.29	0.09	0.05	—	—	—	—	—	—
钢丝绳 D24	m	9.78	—	0.10	—	0.06	—	—	—	—
钢丝绳 D26	m	11.81	—	—	—	—	—	0.03	0.03	0.02
钢丝绳 D28	m	14.79	—	—	0.08	—	—	—	—	—
钢丝绳 D32	m	16.11	—	—	—	—	0.08	0.06	0.05	0.04	0.03
零星材料费	元	—	—	31.35	30.30	27.29	28.59	27.86	27.73	27.71	27.73
机械 电动双梁起重机 15t	台班	321.22	1.28	1.24	1.24	1.15	1.05	1.02	1.00	0.99
门式起重机 20t	台班	644.36	0.15	0.14	0.14	0.12	0.12	0.12	0.11	0.11

续前

单位：t

编　号			5-245	5-246	5-247	5-248	5-249	5-250	5-251	5-252
项　目			质量（t以内）							
			30	50	80	100	150	200	250	300
组　成　内　容	单位	单价	数　　　量							
载货汽车　5t	台班	443.55	0.01	—	0.01	—	0.01	0.01	0.01	0.01
载货汽车　10t	台班	574.62	0.02	0.02	0.02	0.02	0.02	0.01	0.01	0.01
直流弧焊机　30kW	台班	92.43	3.17	3.11	2.92	2.86	2.80	2.72	2.63	2.62
自动埋弧焊机　1500A	台班	261.86	0.20	0.21	0.21	0.25	0.25	0.26	0.26	0.27
电焊条烘干箱　600×500×750	台班	27.16	0.32	0.31	0.29	0.29	0.28	0.27	0.26	0.26
电焊条烘干箱　800×800×1000	台班	51.03	0.32	0.31	0.29	0.29	0.28	0.27	0.26	0.26
半自动切割机　100mm	台班	88.45	0.22	0.20	0.86	0.17	0.18	0.17	0.16	0.16
剪板机　20×2500	台班	329.03	0.10	0.09	0.08	0.08	0.07	0.07	0.07	0.07
砂轮切割机　D500	台班	39.52	0.01	0.01	0.01	0.01	0.01	0.01	0.01	0.01
钢材电动撖弯机　500～1800mm	台班	81.16	0.09	0.08	0.08	0.08	0.06	0.06	0.06	0.06
刨边机　9000mm	台班	516.01	0.07	0.07	0.08	0.09	0.14	0.15	0.15	0.16
中频撖管机　160kW	台班	72.47	0.01	0.01	0.01	0.01	0.01	0.01	0.01	—
摇臂钻床　D63	台班	42.00	0.01	0.01	0.01	0.01	0.01	0.01	0.01	0.01
电动滚胎	台班	55.48	0.54	0.53	0.52	0.50	0.48	0.46	0.43	0.40
电动葫芦　单速　3t	台班	33.90	0.01	0.01	0.01	0.01	0.01	0.01	0.01	0.01
卷扬机　单筒慢速　30kN	台班	205.84	0.03	0.03	0.02	0.02	0.02	0.02	0.02	0.02
液压压接机　800t	台班	1407.15	0.06	0.05	0.04	0.04	0.05	0.05	0.04	0.03
箱式加热炉　RJX-75-9	台班	130.77	0.06	0.05	0.04	0.04	0.05	0.05	0.04	0.03
电动空气压缩机　6m³	台班	217.48	0.58	0.56	0.54	0.53	0.52	0.50	0.47	0.46
卷板机　20×2500	台班	273.51	0.11	0.10	0.09	0.08	0.07	—	—	—
卷板机　40×3500	台班	516.54	—	—	—	—	—	0.07	0.07	0.06
汽车式起重机　8t	台班	767.15	0.02	0.02	0.01	0.01	0.01	0.01	0.01	0.01
汽车式起重机　10t	台班	838.68	0.01	—	0.01	—	0.01	—	—	—
汽车式起重机　40t	台班	1547.56	0.04	0.02	—	—	—	—	—	—
汽车式起重机　75t	台班	3175.79	—	0.03	—	0.02	—	0.01	0.01	0.01
汽车式起重机　100t	台班	4689.49	—	—	0.02	—	—	—	—	—
汽车式起重机　150t	台班	8419.54	—	—	—	0.02	0.02	0.01	0.01	0.01
平板拖车组　40t	台班	1468.34	0.02	0.01	—	—	—	—	—	—
平板拖车组　60t	台班	1632.92	—	0.01	—	0.01	—	—	—	—
平板拖车组　80t	台班	1839.34	—	—	—	—	—	0.01	0.01	0.01
平板拖车组　100t	台班	2787.79	—	—	0.01	—	—	—	—	—
平板拖车组　200t	台班	4903.98	—	—	—	0.01	0.01	0.01	0.01	0.01

(3) 低合金钢(碳钢)浮阀塔

工作内容: 放样号料,切割,坡口,压头卷弧,椭圆封头、锥体、裙座、降液板、受液盘、支持板、塔器各部件制作,组对、焊接,塔盘制作,成品倒运堆放等。

单位:t

编 号			5-253	5-254	5-255	5-256	5-257	5-258	5-259	5-260
项 目			质量(t以内)							
			30	50	80	100	150	200	250	300
预算基价	总 价(元)		**8898.60**	**8700.92**	**8145.45**	**8081.77**	**7099.14**	**6478.44**	**6252.72**	**6042.05**
	人 工 费(元)		5152.95	4958.55	4699.35	4662.90	3797.55	3227.85	3098.25	2974.05
	材 料 费(元)		1173.54	1141.37	1109.92	1119.00	1168.16	1143.86	1122.45	1102.32
	机 械 费(元)		2572.11	2601.00	2336.18	2299.87	2133.43	2106.73	2032.02	1965.68
组 成 内 容	单位	单价	数 量							
人工 综合工	工日	135.00	38.17	36.73	34.81	34.54	28.13	23.91	22.95	22.03
材料 普碳钢板 δ20	t	3614.79	0.01625	0.01534	0.01442	0.01431	0.01265	0.01214	0.01166	0.01119
木材 方木	m³	2716.33	0.13	0.12	0.12	0.10	0.10	0.09	0.08	0.07
道木	m³	3660.04	0.01	0.01	0.01	0.01	0.01	0.01	0.01	0.01
电焊条 E4303 D3.2	kg	7.59	25.09	21.76	18.87	16.94	15.81	15.50	15.34	15.19
合金钢电焊条	kg	26.56	1.42	1.44	1.45	1.65	1.79	1.72	1.65	1.58
碳钢埋弧焊丝	kg	9.58	0.48	0.49	0.50	0.63	0.69	0.71	0.74	0.78
不锈钢埋弧焊丝	kg	55.02	4.40	4.47	4.52	5.69	6.65	6.92	7.21	7.51
埋弧焊剂	kg	4.93	7.31	7.44	7.52	9.48	11.00	11.46	11.93	12.43
氧气	m³	2.88	10.36	10.36	10.38	10.51	11.54	11.01	10.57	10.15
乙炔气	kg	14.66	3.450	3.450	3.460	3.500	3.850	3.670	3.520	3.380
尼龙砂轮片 D100×16×3	片	3.92	7.98	7.72	6.61	6.33	5.23	5.03	4.82	4.63
尼龙砂轮片 D150	片	6.65	5.66	7.82	8.35	8.38	8.49	8.15	7.82	7.51
尼龙砂轮片 D500×25×4	片	18.69	0.01	0.01	0.01	0.01	0.01	0.01	0.01	0.01
蝶形钢丝砂轮片 D100	片	6.27	1.15	1.45	1.16	0.58	0.43	0.42	0.40	0.38
炭精棒 8~12	根	1.71	12.90	11.94	8.61	9.00	6.42	6.15	5.91	5.67
石墨粉	kg	7.01	0.07	0.06	0.05	0.05	0.02	0.02	0.02	0.02
焊接钢管 D76	t	3813.69	—	0.00132	0.00127	0.00122	0.00113	0.00109	0.00104	0.00100
钢丝绳 D19.5	m	8.29	0.09	0.06	—	—	—	—	—	—
钢丝绳 D24	m	9.78	—	0.11	—	0.06	—	—	—	—
钢丝绳 D26	m	11.81	—	—	—	—	—	0.03	0.03	0.02
钢丝绳 D28	m	14.79	—	—	0.08	—	—	—	—	—
钢丝绳 D32	m	16.11	—	—	—	0.08	0.06	0.05	0.04	0.03
零星材料费	元	—	34.18	33.24	32.33	32.59	34.02	33.32	32.69	32.11
机械 电动双梁起重机 15t	台班	321.22	1.83	1.77	1.76	1.64	1.50	1.39	1.34	1.28
门式起重机 20t	台班	644.36	0.15	0.14	0.13	0.12	0.12	0.11	0.11	0.10
载货汽车 5t	台班	443.55	0.01	—	0.01	—	0.01	0.01	0.01	0.01

续前

编　号			5-253	5-254	5-255	5-256	5-257	5-258	5-259	5-260
项　目			质量(t以内)							
			30	50	80	100	150	200	250	300
组 成 内 容	单位	单价	数　量							
载货汽车 10t	台班	574.62	0.02	0.02	0.02	0.02	0.02	0.01	0.01	0.01
直流弧焊机 30kW	台班	92.43	7.38	7.13	5.62	4.28	3.77	3.61	3.47	3.33
自动埋弧焊机 1500A	台班	261.86	0.20	0.21	0.23	0.23	0.23	0.24	0.25	0.26
电焊条烘干箱 600×500×750	台班	27.16	0.24	0.46	0.37	0.41	0.36	0.42	0.41	0.41
电焊条烘干箱 800×800×1000	台班	51.03	0.24	0.46	0.38	0.41	0.36	0.42	0.41	0.41
半自动切割机 100mm	台班	88.45	0.57	0.71	0.75	0.77	0.79	0.82	0.85	0.89
剪板机 20×2500	台班	329.03	0.84	0.82	0.77	0.72	0.65	0.63	0.60	0.58
剪板机 32×4000	台班	590.24	—	—	—	—	—	0.01	0.01	0.01
砂轮切割机 D500	台班	39.52	0.01	0.01	0.01	0.01	0.01	0.01	0.01	0.01
钢材电动揻弯机 500~1800mm	台班	81.16	0.11	0.08	0.06	0.06	0.05	0.05	0.04	0.04
刨边机 9000mm	台班	516.01	0.06	0.07	0.08	0.09	0.15	0.16	0.17	0.17
中频揻管机 160kW	台班	72.47	0.01	0.01	0.01	0.01	0.01	0.01	0.01	0.01
摇臂钻床 D25	台班	8.81	0.07	0.07	0.06	0.06	0.05	0.05	0.05	0.05
摇臂钻床 D63	台班	42.00	0.88	0.82	0.77	0.75	0.71	0.68	0.63	0.60
电动滚胎	台班	55.48	0.86	0.74	0.64	0.60	0.57	0.55	0.53	0.51
电动葫芦 单速 3t	台班	33.90	0.01	0.01	0.01	0.01	0.01	0.01	0.01	0.01
卷扬机 单筒慢速 30kN	台班	205.84	0.03	0.03	0.02	0.02	0.02	0.02	0.02	0.02
液压压接机 800t	台班	1407.15	0.31	0.29	0.27	0.26	0.25	0.24	0.23	0.22
箱式加热炉 RJX-75-9	台班	130.77	0.31	0.29	0.27	0.26	0.25	0.24	0.23	0.22
电动空气压缩机 6m³	台班	217.48	0.17	0.19	0.17	0.16	0.19	0.38	0.39	0.37
汽车式起重机 8t	台班	767.15	0.02	0.02	0.02	0.02	0.02	0.05	0.01	0.01
汽车式起重机 10t	台班	838.68	0.01	—	0.01	—	0.01	—	—	—
汽车式起重机 40t	台班	1547.56	0.04	0.03	—	—	—	—	—	—
汽车式起重机 75t	台班	3175.79	—	0.03	—	0.02	—	0.01	0.01	0.01
汽车式起重机 100t	台班	4689.49	—	—	0.02	—	—	—	—	—
汽车式起重机 150t	台班	8419.54	—	—	—	0.02	0.02	0.01	0.01	0.01
平板拖车组 40t	台班	1468.34	0.02	0.01	—	—	—	—	—	—
平板拖车组 60t	台班	1632.92	—	0.02	—	0.01	—	—	—	—
平板拖车组 80t	台班	1839.34	—	—	—	—	—	0.01	0.01	0.01
平板拖车组 100t	台班	2787.79	—	—	0.01	—	—	—	—	—
平板拖车组 200t	台班	4903.98	—	—	—	0.01	0.01	0.01	0.01	0.01
卷板机 20×2500	台班	273.51	0.11	0.11	0.09	0.08	0.08	0.01	—	—
卷板机 40×3500	台班	516.54	—	—	—	—	—	0.07	0.08	0.07

（4）不锈钢填料塔

工作内容： 放样号料,切割,坡口,压头卷弧,椭圆封头、锥体、裙座制作,组对、焊接,焊缝酸洗钝化处理,分配盘、栅板、喷淋管、吊柱制作,塔体固定件的制作、组装,成品倒运堆放等。

单位：t

编　号				5-261	5-262	5-263	5-264	5-265	5-266	5-267	5-268
项　目				质量(t以内)							
				30	50	80	100	150	200	250	300
预算基价	总　　　价(元)			**9260.28**	**8412.33**	**7776.40**	**7452.90**	**6766.94**	**7451.41**	**6374.89**	**6781.64**
	人　工　费(元)			5346.00	4777.65	4252.50	4149.90	3676.05	3565.35	3422.25	3285.90
	材　料　费(元)			1531.24	1507.29	1389.98	1358.14	1322.65	1312.81	1273.94	1234.22
	机　械　费(元)			2383.04	2127.39	2133.92	1944.86	1768.24	2573.25	1678.70	2261.52
组 成 内 容		单位	单价	数　　　量							
人工	综合工	工日	135.00	39.60	35.39	31.50	30.74	27.23	26.41	25.35	24.34
材料	普碳钢板 δ20	t	3614.79	0.01382	0.01241	0.00996	0.00980	0.00834	0.00800	0.00768	0.00738
	焊接钢管 D76	t	3813.69	0.00103	0.00101	0.00114	0.00212	0.00212	0.00203	0.00190	0.00187
	木材 方木	m³	2716.33	0.08	0.09	0.06	0.05	0.04	0.05	0.05	0.05
	道木	m³	3660.04	0.01	0.01	0.01	0.01	0.01	0.01	0.01	0.01
	酸洗膏	kg	9.60	3.64	3.42	3.26	3.10	2.90	2.78	2.67	2.56
	飞溅净	kg	3.96	4.15	3.90	3.72	3.54	3.31	3.18	3.05	2.93
	电焊条 E4303 D3.2	kg	7.59	8.19	5.49	5.15	4.90	4.70	4.10	3.93	3.45
	不锈钢电焊条	kg	66.08	6.36	6.05	5.69	5.57	5.44	5.22	4.93	4.54
	碳钢埋弧焊丝	kg	9.58	0.67	0.71	0.75	0.78	0.80	0.87	0.91	1.02
	不锈钢埋弧焊丝	kg	55.02	7.62	7.85	8.17	8.34	8.69	8.51	8.34	8.26
	埋弧焊剂	kg	4.93	12.43	12.84	13.39	13.67	14.23	14.08	13.87	13.92
	氧气	m³	2.88	5.16	4.35	3.01	2.72	2.60	2.50	2.40	2.30
	乙炔气	kg	14.66	1.720	1.450	1.000	0.910	0.870	0.830	0.800	0.770
	尼龙砂轮片 D100×16×3	片	3.92	11.52	11.32	10.76	10.59	9.57	9.18	8.82	8.46
	尼龙砂轮片 D150	片	6.65	4.44	4.26	4.28	4.11	4.38	4.25	4.16	4.12
	尼龙砂轮片 D500×25×4	片	18.69	0.02	0.01	0.01	0.01	0.01	0.01	0.01	0.01
	蝶形钢丝砂轮片 D100	片	6.27	0.78	0.65	0.48	0.46	0.34	0.33	0.31	0.30
	炭精棒 8~12	根	1.71	19.35	15.84	13.59	11.89	8.43	8.07	7.74	7.41
	石墨粉	kg	7.01	0.10	0.08	0.08	0.07	0.07	0.06	0.06	0.06
	氢氟酸 45%	kg	7.27	0.23	0.23	0.21	0.20	0.21	0.21	0.20	0.19
	硝酸	kg	5.56	4.23	4.07	3.91	3.83	3.77	3.62	3.47	3.33

89

续前

单位：t

编　号			5-261	5-262	5-263	5-264	5-265	5-266	5-267	5-268
项　　目			质量（t以内）							
			30	50	80	100	150	200	250	300
组　成　内　容	单位	单价	数　　量							
材　料	钢丝绳 D15	m	5.28	0.20	0.04	—	—	—	—	—	—
	钢丝绳 D17.5	m	6.84	—	—	0.04	0.03	—	—	—	—
	钢丝绳 D19.5	m	8.29	—	0.07	—	—	—	—	—	—
	钢丝绳 D21.5	m	9.57	—	—	—	—	0.02	—	—	—
	钢丝绳 D26	m	11.81	—	—	0.10	0.10	—	0.04	0.03	0.03
	钢丝绳 D28	m	14.79	—	—	—	0.09	—	—	—	—
	钢丝绳 D30	m	15.78	—	—	—	—	0.05	—	—	—
	钢丝绳 D32	m	16.11	—	—	—	—	—	0.05	0.04	0.04
	零星材料费	元	—	22.63	22.28	20.54	20.07	19.55	19.40	18.83	18.24
机　械	电动双梁起重机 15t	台班	321.22	1.16	1.33	1.28	1.23	1.20	1.16	1.13	1.11
	门式起重机 20t	台班	644.36	0.27	0.22	0.24	0.22	0.18	0.18	0.17	0.25
	直流弧焊机 30kW	台班	92.43	3.77	3.51	2.75	2.75	2.62	2.52	2.42	2.32
	电焊条烘干箱 600×500×750	台班	27.16	0.38	0.35	0.28	0.27	0.26	0.25	0.24	0.23
	电焊条烘干箱 800×800×1000	台班	51.03	0.38	0.35	0.28	0.27	0.26	0.25	0.24	0.23
	自动埋弧焊机 1500A	台班	261.86	0.50	0.37	0.27	0.27	0.26	0.25	0.24	0.23
	半自动切割机 100mm	台班	88.45	0.23	0.23	0.21	0.20	0.20	0.19	0.18	0.18
	等离子切割机 400A	台班	229.27	2.01	1.68	1.95	1.49	1.39	1.33	1.28	1.23
	剪板机 20×2500	台班	329.03	0.21	0.18	0.15	0.14	0.13	0.12	0.12	0.11
	钢材电动撬弯机 500～1800mm	台班	81.16	0.03	0.03	0.02	0.02	0.02	0.02	0.02	0.02
	砂轮切割机 D500	台班	39.52	0.01	0.01	0.01	0.01	0.01	0.01	0.01	0.01
	刨边机 9000mm	台班	516.01	0.12	0.13	0.14	0.14	0.14	0.13	0.13	1.24
	卷板机 20×2500	台班	273.51	0.17	0.15	0.08	0.06	0.06	0.01	—	—
	卷板机 40×3500	台班	516.54	—	—	—	—	—	0.06	0.06	0.06
	中频撬管机 160kW	台班	72.47	0.05	0.03	0.02	0.01	0.01	0.01	0.01	0.01
	普通车床 630×1400	台班	230.05	0.01	0.01	0.01	0.01	0.01	0.01	0.01	0.01
	摇臂钻床 D25	台班	8.81	0.18	0.16	0.14	0.14	0.13	0.12	0.12	0.11
	摇臂钻床 D63	台班	42.00	0.02	0.01	0.01	0.01	0.01	0.01	0.01	0.01
	载货汽车 5t	台班	443.55	—	—	—	—	—	0.01	0.01	0.01

续前

单位：t

编　号			5-261	5-262	5-263	5-264	5-265	5-266	5-267	5-268
项　目			质量（t以内）							
			30	50	80	100	150	200	250	300
组　成　内　容	单位	单价	数　　量							
载货汽车 10t	台班	574.62	0.03	0.03	0.03	0.03	0.02	0.01	0.01	0.01
台式钻床 D16	台班	4.27	0.07	0.06	0.05	0.04	0.03	0.02	0.02	0.02
电动滚胎	台班	55.48	0.97	0.90	0.83	0.79	0.74	0.71	0.68	0.65
电动葫芦 单速 3t	台班	33.90	0.01	0.01	0.01	0.01	0.01	0.01	0.01	0.01
卷扬机 单筒慢速 30kN	台班	205.84	0.04	0.03	0.03	0.03	0.02	0.02	0.02	0.02
液压压接机 800t	台班	1407.15	0.15	0.13	0.13	0.10	0.07	0.66	0.06	0.06
电动空气压缩机 1m³	台班	52.31	1.58	1.50	1.38	1.32	1.22	1.17	1.12	1.09
电动空气压缩机 6m³	台班	217.48	0.60	0.33	0.32	0.30	0.30	0.29	0.28	0.26
汽车式起重机 8t	台班	767.15	0.02	0.02	0.02	0.02	0.02	0.01	0.01	0.01
汽车式起重机 16t	台班	971.12	—	0.02	—	—	—	—	—	—
汽车式起重机 20t	台班	1043.80	0.09	—	—	—	—	—	—	—
汽车式起重机 25t	台班	1098.98	—	—	0.02	0.02	—	—	—	—
汽车式起重机 40t	台班	1547.56	—	0.03	0.03	—	—	—	—	—
汽车式起重机 50t	台班	2492.74	—	—	—	—	0.01	—	—	—
汽车式起重机 75t	台班	3175.79	—	—	0.03	—	—	0.01	0.01	0.01
汽车式起重机 100t	台班	4689.49	—	—	—	0.03	—	—	—	—
汽车式起重机 125t	台班	8124.45	—	—	—	—	0.01	—	—	—
汽车式起重机 150t	台班	8419.54	—	—	—	—	—	0.01	0.01	0.01
平板拖车组 15t	台班	1007.72	—	0.01	—	—	—	—	—	—
平板拖车组 20t	台班	1101.26	0.04	—	—	—	—	—	—	—
平板拖车组 30t	台班	1263.97	—	—	0.01	0.01	—	—	—	—
平板拖车组 40t	台班	1468.34	—	0.02	—	—	—	—	—	—
平板拖车组 50t	台班	1545.90	—	—	—	—	0.01	—	—	—
平板拖车组 80t	台班	1839.34	—	—	0.01	—	—	0.01	0.01	0.01
平板拖车组 100t	台班	2787.79	—	—	—	0.01	—	—	—	—
平板拖车组 150t	台班	4013.62	—	—	—	—	0.01	—	—	—
平板拖车组 200t	台班	4903.98	—	—	—	—	—	0.01	0.01	0.01

机

械

(5) 不锈钢筛板塔

工作内容: 放样号料,切割,坡口,压头卷弧,椭圆封头、锥体、裙座、降液板、受液盘、支持板、塔器各部件制作,组对、焊接,焊缝酸洗钝化处理,塔盘制作,成品倒运堆放等。

单位:t

编 号				5-269	5-270	5-271	5-272	5-273	5-274	5-275	5-276
项 目				质量(t以内)							
				30	50	80	100	150	200	250	300
预算基价	总 价(元)			**11168.28**	**10064.75**	**9343.62**	**8586.82**	**8071.57**	**8040.60**	**7790.58**	**7514.91**
	人 工 费(元)			5132.70	4780.35	4252.50	4180.95	4055.40	3933.90	3815.10	3700.35
	材 料 费(元)			2833.98	2662.73	2485.79	2360.39	2059.75	1948.94	1880.42	1763.24
	机 械 费(元)			3201.60	2621.67	2605.33	2045.48	1956.42	2157.76	2095.06	2051.32
组 成 内 容		单位	单价	数 量							
人工	综合工	工日	135.00	38.02	35.41	31.50	30.97	30.04	29.14	28.26	27.41
材料	普碳钢板 δ20	t	3614.79	0.02300	0.01907	0.01549	0.01594	0.01320	0.01268	0.01217	0.01168
	木材 方木	m³	2716.33	0.23	0.22	0.20	0.17	0.12	0.12	0.12	0.11
	道木	m³	3660.04	0.01	0.01	0.01	0.01	0.01	0.01	0.01	0.01
	酸洗膏	kg	9.60	3.47	2.80	2.13	2.11	1.57	1.50	1.44	1.39
	飞溅净	kg	3.96	3.43	3.11	2.72	2.47	1.63	1.46	1.31	1.32
	电焊条 E4303 D3.2	kg	7.59	6.06	5.92	5.53	5.43	5.34	5.23	5.08	5.03
	不锈钢电焊条	kg	66.08	23.08	21.49	20.21	19.40	17.46	15.72	14.62	13.16
	碳钢埋弧焊丝	kg	9.58	0.48	0.49	0.50	0.63	0.69	0.72	0.74	0.78
	不锈钢埋弧焊丝	kg	55.02	4.30	4.47	4.65	4.87	4.89	5.10	5.31	5.53
	埋弧焊剂	kg	4.93	7.16	7.45	7.72	8.24	8.37	8.72	9.08	9.46
	氧气	m³	2.88	5.47	3.49	2.23	1.79	1.34	1.30	1.20	1.09
	乙炔气	kg	14.66	1.820	1.160	0.740	0.600	0.450	0.430	0.400	0.360
	尼龙砂轮片 D100×16×3	片	3.92	12.10	11.15	10.28	9.87	9.17	8.80	8.45	8.11
	尼龙砂轮片 D150	片	6.65	2.35	2.16	1.99	1.91	1.83	1.76	1.69	1.62
	尼龙砂轮片 D500×25×4	片	18.69	0.01	0.01	0.01	0.01	0.01	0.01	0.01	0.01
	蝶形钢丝砂轮片 D100	片	6.27	1.27	1.17	1.08	1.04	0.99	0.78	0.69	0.66
	炭精棒 8～12	根	1.71	16.17	12.18	9.36	9.72	6.84	6.60	6.60	6.45
	石墨粉	kg	7.01	0.06	0.05	0.05	0.05	0.04	0.04	0.04	0.03
	氢氟酸 45%	kg	7.27	0.22	0.18	0.14	0.14	0.10	0.08	0.07	0.07
	硝酸	kg	5.56	1.76	1.37	1.08	1.07	0.79	0.65	0.55	0.52
	焊接钢管 D76	t	3813.69	—	0.00132	0.00123	0.00119	0.00111	0.00111	0.00107	0.00102
	钢丝绳 D19.5	m	8.29	—	0.11	—	—	—	—	—	—
	钢丝绳 D24	m	9.78	—	—	—	0.12	—	—	—	—
	钢丝绳 D26	m	11.81	—	—	—	—	—	0.04	0.03	0.03
	钢丝绳 D32	m	16.11	—	—	—	—	—	0.05	0.04	0.04
	零星材料费	元	—	41.88	39.35	36.74	34.88	30.44	28.80	27.79	26.06

续前

单位：t

编　号			5-269	5-270	5-271	5-272	5-273	5-274	5-275	5-276
项　目			质量（t以内）							
			30	50	80	100	150	200	250	300
组 成 内 容	单位	单价	数　量							
电动双梁起重机 15t	台班	321.22	2.03	1.91	1.66	1.60	1.31	1.29	1.27	1.25
门式起重机 20t	台班	644.36	0.21	0.18	0.18	0.16	0.16	0.16	0.15	0.14
载货汽车 5t	台班	443.55	0.01	—	0.01	—	0.01	0.01	0.01	0.01
载货汽车 10t	台班	574.62	0.03	0.02	0.02	0.02	0.02	0.01	0.01	0.01
直流弧焊机 30kW	台班	92.43	6.75	5.45	3.16	2.30	2.09	2.02	1.99	1.97
自动埋弧焊机 1500A	台班	261.86	0.21	0.21	0.22	0.23	0.25	0.25	0.25	0.26
电焊条烘干箱 600×500×750	台班	27.16	0.68	0.55	0.32	0.23	0.21	0.20	0.20	0.20
机　电焊条烘干箱 800×800×1000	台班	51.03	0.68	0.55	0.32	0.23	0.21	0.20	0.20	0.20
半自动切割机 100mm	台班	88.45	0.09	0.09	0.07	0.06	0.04	0.04	0.04	0.03
等离子切割机 400A	台班	229.27	2.64	1.77	1.55	1.51	1.51	1.45	1.39	1.36
剪板机 20×2500	台班	329.03	0.71	0.52	0.44	0.43	0.37	0.36	0.34	0.33
砂轮切割机 D500	台班	39.52	0.01	0.01	0.01	0.01	0.01	0.01	0.01	0.01
钢材电动撼弯机 500~1800mm	台班	81.16	0.10	0.10	0.07	0.07	0.06	0.06	0.05	0.05
刨边机 9000mm	台班	516.01	0.08	0.09	0.10	0.10	0.14	0.14	0.15	0.16
中频撼管机 160kW	台班	72.47	0.01	0.01	0.01	0.01	0.01	0.01	0.01	0.01
摇臂钻床 D25	台班	8.81	1.17	1.16	1.14	1.15	1.12	1.07	1.03	0.99
摇臂钻床 D63	台班	42.00	0.01	0.01	0.01	0.01	0.01	0.01	0.01	0.01
电动滚胎	台班	55.48	1.03	0.96	0.98	0.98	0.97	0.95	0.91	0.87
电动葫芦 单速 3t	台班	33.90	0.01	0.01	0.01	0.01	0.01	0.01	0.01	0.01
卷扬机 单筒慢速 30kN	台班	205.84	0.02	0.02	0.02	0.02	0.02	0.02	0.01	0.01
液压压接机 800t	台班	1407.15	0.18	0.12	0.12	0.11	0.13	0.11	0.11	0.11
电动空气压缩机 6m³	台班	217.48	0.87	0.63	0.48	0.46	0.42	0.41	0.40	0.39
电动空气压缩机 1m³	台班	52.31	2.46	1.86	1.65	1.58	1.54	1.30	1.24	1.19
汽车式起重机 8t	台班	767.15	0.02	0.02	0.01	0.02	0.01	0.01	0.01	0.01
汽车式起重机 10t	台班	838.68	0.01	—	0.01	—	0.01	—	—	—
汽车式起重机 40t	台班	1547.56	0.02	0.05	—	—	—	—	—	—
械　汽车式起重机 150t	台班	8419.54	—	—	0.03	—	0.01	0.01	0.01	0.01
平板拖车组 40t	台班	1468.34	0.02	0.03	—	0.02	—	—	—	—
平板拖车组 60t	台班	1632.92	—	—	—	0.02	—	—	—	—
汽车式起重机 75t	台班	3175.79	—	—	—	0.03	—	0.01	0.01	0.01
平板拖车组 80t	台班	1839.34	—	—	0.15	—	—	0.13	0.12	0.11
平板拖车组 200t	台班	4903.98	—	—	—	—	0.01	0.01	0.01	0.01
卷板机 20×2500	台班	273.51	0.13	0.11	0.10	0.09	0.07	0.01	—	—
卷板机 40×3500	台班	516.54	—	—	—	—	—	0.07	0.07	0.07

（6）不锈钢浮阀塔

工作内容：放样号料,切割,坡口,压头卷弧,椭圆封头、锥体、裙座、降液板、受液盘、支持板、塔器各部件制作,组对、焊接,焊缝酸洗钝化处理,塔盘制作,成品倒运堆放等。

单位：t

编　　号				5-277	5-278	5-279	5-280	5-281	5-282	5-283	5-284
项　　目				质量(t以内)							
				30	50	80	100	150	200	250	300
预算基价	总　　价(元)			**15912.29**	**14067.58**	**13002.29**	**12296.36**	**10617.91**	**10699.20**	**10734.72**	**10204.81**
	人　工　费(元)			7982.55	6748.65	6517.80	6485.40	5319.00	4946.40	4599.45	4279.50
	材　料　费(元)			3262.82	3131.15	2749.11	2526.49	2358.63	2287.84	2213.16	2162.25
	机　械　费(元)			4666.92	4187.78	3735.38	3284.47	2940.28	3464.96	3922.11	3763.06
组　成　内　容		单位	单价	数　　　量							
人工	综合工	工日	135.00	59.13	49.99	48.28	48.04	39.40	36.64	34.07	31.70
材料	普碳钢板 δ20	t	3614.79	0.01845	0.01660	0.01541	0.01512	0.01347	0.01294	0.01242	0.01192
	焊接钢管 D76	t	3813.69	0.00144	0.00145	0.00150	0.00131	0.00129	0.00123	0.00118	0.00114
	木材　方木	m³	2716.33	0.28	0.26	0.21	0.18	0.14	0.14	0.13	0.13
	道木	m³	3660.04	0.01	0.01	0.01	0.01	0.01	0.01	0.01	0.01
	酸洗膏	kg	9.60	5.97	5.50	4.44	4.16	3.42	3.29	3.15	3.03
	飞溅净	kg	3.96	1.88	1.68	1.55	1.44	1.30	1.24	1.19	1.15
	电焊条 E4303 D3.2	kg	7.59	3.40	2.61	2.28	2.23	2.14	1.93	1.85	1.78
	不锈钢电焊条	kg	66.08	27.31	26.54	23.31	21.17	20.74	19.64	18.85	18.10
	碳钢埋弧焊丝	kg	9.58	0.48	0.49	0.50	0.63	0.69	0.72	0.74	0.78
	不锈钢埋弧焊丝	kg	55.02	4.30	4.47	4.65	4.87	4.89	5.10	5.31	5.53
	埋弧焊剂	kg	4.93	7.16	7.45	7.72	8.24	8.37	8.72	9.08	9.46
	氧气	m³	2.88	6.00	5.19	4.49	4.18	4.01	3.55	3.39	2.19
	乙炔气	kg	14.66	2.000	1.730	1.500	1.390	1.340	1.180	1.130	0.730
	尼龙砂轮片 D100×16×3	片	3.92	9.17	7.93	7.31	6.94	6.73	6.53	6.40	6.27
	尼龙砂轮片 D150	片	6.65	5.35	4.88	4.45	4.14	3.72	3.57	3.50	3.47
	尼龙砂轮片 D500×25×4	片	18.69	0.01	0.01	0.01	0.08	0.01	0.01	0.01	0.01
	蝶形钢丝砂轮片 D100	片	6.27	2.08	1.79	1.27	1.20	0.96	0.92	0.89	0.85
	炭精棒 8~12	根	1.71	13.32	12.51	10.95	9.72	6.84	6.54	6.30	6.03
	石墨粉	kg	7.01	0.07	0.06	0.06	0.03	0.02	0.02	0.02	0.02
	氢氟酸 45%	kg	7.27	0.31	0.28	0.27	0.27	0.22	0.21	0.20	0.19
	硝酸	kg	5.56	3.00	2.85	2.25	2.11	1.74	1.67	1.60	1.54
	钢丝绳 D19.5	m	8.29	—	0.14	—	—	—	—	—	—
	钢丝绳 D24	m	9.78	—	—	—	0.12	—	—	—	—
	钢丝绳 D26	m	11.81	—	—	—	—	—	0.04	0.03	0.03
	钢丝绳 D32	m	16.11	—	—	—	—	—	0.05	0.04	0.04
	零星材料费	元	—	48.22	46.27	40.63	37.34	34.86	33.81	32.71	31.95

续前

单位：t

编号				5-277	5-278	5-279	5-280	5-281	5-282	5-283	5-284
项目				质量(t以内)							
				30	50	80	100	150	200	250	300
组成内容		单位	单价	数量							
机械	汽车式起重机 8t	台班	767.15	0.02	0.02	0.02	0.02	0.02	0.01	0.01	0.01
	汽车式起重机 10t	台班	838.68	0.01	—	0.01	—	0.01	—	—	—
	汽车式起重机 40t	台班	1547.56	0.02	0.06	—	—	—	—	—	—
	汽车式起重机 75t	台班	3175.79	—	—	—	0.03	—	0.01	0.01	0.01
	汽车式起重机 150t	台班	8419.54	—	—	0.03	—	0.01	0.01	0.01	0.01
	电动双梁起重机 15t	台班	321.22	2.90	2.78	2.36	2.28	1.88	1.80	1.73	1.66
	门式起重机 20t	台班	644.36	0.25	0.24	0.18	0.16	0.15	0.14	0.14	0.13
	载货汽车 5t	台班	443.55	0.01	—	0.01	—	0.01	0.01	0.01	0.01
	载货汽车 10t	台班	574.62	0.02	0.03	0.02	0.02	0.02	0.01	0.01	0.01
	直流弧焊机 30kW	台班	92.43	9.55	6.57	5.33	5.54	4.60	4.42	4.24	3.94
	自动埋弧焊机 1500A	台班	261.86	0.21	0.21	0.22	0.23	0.25	0.25	0.25	0.26
	电焊条烘干箱 600×500×750	台班	27.16	0.96	0.66	0.53	0.55	0.46	0.44	0.42	0.39
	电焊条烘干箱 800×800×1000	台班	51.03	0.96	0.66	0.53	0.55	0.46	0.44	0.42	0.39
	半自动切割机 100mm	台班	88.45	0.09	0.09	0.08	0.06	0.04	0.04	0.04	0.03
	等离子切割机 400A	台班	229.27	2.26	2.64	2.66	1.77	1.89	1.79	1.72	1.65
	剪板机 20×2500	台班	329.03	1.12	1.01	0.84	0.69	0.59	0.56	0.54	0.52
	砂轮切割机 *D*500	台班	39.52	0.01	0.01	0.01	0.01	0.01	0.01	0.01	0.01
	钢材电动摵弯机 500～1800mm	台班	81.16	0.10	0.09	0.07	0.06	0.06	0.05	0.05	0.05
	刨边机 9000mm	台班	516.01	0.19	0.17	0.15	0.14	0.14	0.14	1.30	1.24
	中频摵管机 160kW	台班	72.47	0.01	0.01	0.01	0.01	0.01	0.01	0.01	0.01
	摇臂钻床 *D*25	台班	8.81	0.13	0.12	0.12	0.12	0.12	0.11	0.11	0.10
	摇臂钻床 *D*63	台班	42.00	3.03	2.51	2.36	2.23	1.91	1.83	1.76	1.69
	电动滚胎	台班	55.48	1.08	1.03	1.02	1.01	1.00	0.96	0.92	0.88
	电动葫芦 单速 3t	台班	33.90	0.01	0.01	0.01	0.01	0.01	0.01	0.01	0.01
	卷扬机 单筒慢速 30kN	台班	205.84	0.02	0.02	0.02	0.01	0.02	0.02	0.02	0.02
	液压压接机 800t	台班	1407.15	0.64	0.53	0.41	0.41	0.34	0.33	0.31	0.30
	电动空气压缩机 $6m^3$	台班	217.48	0.96	0.74	0.56	0.53	0.46	0.44	0.42	0.41
	电动空气压缩机 $1m^3$	台班	52.31	2.07	1.95	1.80	1.77	1.71	1.64	1.57	1.51
	平板拖车组 40t	台班	1468.34	0.02	0.03	—	—	—	—	—	—
	平板拖车组 60t	台班	1632.92	—	—	—	0.02	—	—	—	—
	平板拖车组 80t	台班	1839.34	—	—	0.01	—	—	0.33	0.31	0.30
	平板拖车组 200t	台班	4903.98	—	—	—	—	0.01	0.01	0.01	0.01
	卷板机 20×2500	台班	273.51	0.18	0.14	0.10	0.09	0.08	—	—	—
	卷板机 40×3500	台班	516.54	—	—	—	—	—	0.08	0.08	0.07

3.分片设备制作
(1) 低合金钢(碳钢)填料塔

工作内容：放样号料,切割,坡口,压头卷弧成型,分瓣封头(锥体)压制,分配盘、喷淋管、栅板、吊柱、固定件的制作,半成品倒运堆放等。 单位：t

编　号			5-285	5-286	5-287	5-288	5-289	5-290	5-291
项　目			质量(t以内)						
			100	150	200	250	300	400	500
预算基价	总　　价(元)		**4547.80**	**4248.06**	**3897.93**	**3525.12**	**3378.77**	**3210.19**	**2902.43**
	人　工　费(元)		2566.35	2504.25	2419.20	2122.20	2003.40	1983.15	1838.70
	材　料　费(元)		544.87	453.93	396.62	359.52	357.97	314.01	267.59
	机　械　费(元)		1436.58	1289.88	1082.11	1043.40	1017.40	913.03	796.14
组　成　内　容	单位	单价	数　　量						
人工 综合工	工日	135.00	19.01	18.55	17.92	15.72	14.84	14.69	13.62
材料 普碳钢板 δ20	t	3614.79	0.00251	0.00168	0.00133	0.00101	0.00115	0.00059	0.00047
木材 方木	m³	2716.33	0.08	0.06	0.05	0.04	0.04	0.03	0.02
道木	m³	3660.04	0.01	0.01	0.01	0.01	0.01	0.01	0.01
钢丝绳 D28	m	14.79	0.08	0.07	0.07	0.07	0.07	0.07	0.06
电焊条 E4303 D3.2	kg	7.59	1.98	1.56	1.30	1.27	1.24	0.98	0.80
氧气	m³	2.88	17.52	15.31	13.01	12.94	12.87	11.69	9.95
乙炔气	kg	14.66	5.840	5.100	4.340	4.310	4.290	3.900	3.320
尼龙砂轮片 D100×16×3	片	3.92	0.12	0.08	0.06	0.05	0.04	0.03	0.02
尼龙砂轮片 D150	片	6.65	7.74	7.73	7.49	7.41	7.34	7.10	6.76
尼龙砂轮片 D500×25×4	片	18.69	0.01	0.01	0.01	0.01	0.01	0.01	0.01
蝶形钢丝砂轮片 D100	片	6.27	0.02	0.01	0.01	0.01	0.01	0.01	0.01
木柴	kg	1.03	4.55	3.80	3.37	2.91	2.85	2.79	2.78
焦炭	kg	1.25	45.44	37.95	33.67	29.04	28.46	27.89	27.79
零星材料费	元	—	15.87	13.22	11.55	10.47	10.43	9.15	7.79
机械 电动双梁起重机 15t	台班	321.22	1.47	1.24	1.11	1.09	1.07	0.90	0.72
载货汽车 5t	台班	443.55	0.01	0.01	0.01	0.01	0.01	0.01	0.01
载货汽车 10t	台班	574.62	0.01	0.01	0.01	0.01	0.01	0.01	0.01
直流弧焊机 30kW	台班	92.43	1.10	0.88	0.72	0.71	0.71	0.57	0.49
电焊条烘干箱 800×800×1000	台班	51.03	0.11	0.09	0.07	0.07	0.07	0.06	0.05

单位：t

编　号	5-285	5-286	5-287	5-288	5-289	5-290	5-291
项　目	质量(t以内)						
	100	150	200	250	300	400	500
组　成　内　容　　单位　单价	数　　量						
电焊条烘干箱 600×500×750　台班　27.16	0.11	0.09	0.07	0.07	0.07	0.06	0.05
半自动切割机 100mm　台班　88.45	0.32	0.31	0.29	0.28	0.27	0.26	0.25
剪板机 20×2500　台班　329.03	0.58	0.47	0.42	0.35	0.35	0.35	0.28
剪板机 32×4000　台班　590.24	0.08	0.06	0.06	0.05	0.05	0.03	0.03
砂轮切割机 D500　台班　39.52	0.01	0.01	0.01	0.01	0.01	0.01	0.01
机　刨边机 9000mm　台班　516.01	0.30	0.29	0.28	0.28	0.28	0.27	0.26
卷板机 40×3500　台班　516.54	0.06	0.04	0.04	0.04	0.04	0.04	0.03
中频揻管机 160kW　台班　72.47	0.02	0.01	0.01	0.01	0.01	0.01	0.01
普通车床 630×1400　台班　230.05	0.01	0.01	0.01	0.01	0.01	0.01	0.01
摇臂钻床 D25　台班　8.81	0.44	0.34	0.31	0.27	0.26	0.18	0.04
钢材电动揻弯机 500～1800mm　台班　81.16	0.03	0.02	0.02	0.01	0.01	0.01	0.01
电动葫芦 单速 3t　台班　33.90	0.01	0.01	0.01	—	—	—	—
卷扬机 单筒慢速 30kN　台班　205.84	0.06	0.04	0.03	0.03	0.03	0.02	0.02
台式钻床 D16　台班　4.27	0.12	0.08	0.07	0.06	0.05	0.04	0.03
摇臂钻床 D63　台班　42.00	0.01	0.01	0.01	0.01	0.01	0.01	0.01
液压压接机 800t　台班　1407.15	0.15	0.11	0.08	0.08	0.07	0.06	0.05
箱式加热炉 RJX-75-9　台班　130.77	0.15	0.11	0.08	0.08	0.07	0.06	0.05
汽车式起重机 8t　台班　767.15	0.02	0.01	0.01	0.01	0.01	0.01	0.01
汽车式起重机 10t　台班　838.68	—	0.01	—	—	0.01	0.01	0.01
械　汽车式起重机 100t　台班　4689.49	0.02	—	—	—	0.02	0.02	0.02
汽车式起重机 125t　台班　8124.45	—	0.02	—	—	—	—	—
汽车式起重机 150t　台班　8419.54	—	—	0.01	0.01	—	—	—
平板拖车组 100t　台班　2787.79	0.01	—	—	—	0.01	0.01	0.01
平板拖车组 150t　台班　4013.62	—	0.01	—	—	—	—	—
平板拖车组 200t　台班　4903.98	—	—	0.01	0.01	—	—	—

（2）低合金钢（碳钢）筛板塔

工作内容：放样号料，切割，坡口，压头卷弧成型，分瓣封头（锥体）压制，降液板、受液盘、支持板、塔盘及塔器各部件制作，半成品倒运堆放等。**单位：t**

编　号			5-292	5-293	5-294	5-295	5-296	5-297	5-298
项　目			质量（t以内）						
			100	150	200	250	300	400	500
预算基价	总　　价（元）		**5446.73**	**5049.09**	**4620.69**	**4443.18**	**4401.67**	**4051.62**	**3862.03**
	人　工　费（元）		2570.40	2554.20	2519.10	2403.00	2353.05	2181.60	2095.20
	材　料　费（元）		736.79	616.17	585.82	550.17	545.14	505.20	467.04
	机　械　费（元）		2139.54	1878.72	1515.77	1490.01	1503.48	1364.82	1299.79
组　成　内　容	单位	单价	数　　量						
人工 综合工	工日	135.00	19.04	18.92	18.66	17.80	17.43	16.16	15.52
材料 普碳钢板 $\delta 20$	t	3614.79	0.00375	0.00294	0.00069	0.00060	0.00055	0.00042	0.00043
木材　方木	m³	2716.33	0.16	0.13	0.13	0.12	0.12	0.11	0.10
道木	m³	3660.04	0.01	0.01	0.01	0.01	0.01	0.01	0.01
钢丝绳　D28	m	14.79	0.08	0.07	0.07	0.07	0.07	0.07	0.06
电焊条　E4303　D3.2	kg	7.59	2.23	1.80	1.34	0.88	0.81	0.63	0.46
氧气	m³	2.88	19.07	15.67	13.65	13.39	13.14	12.06	11.58
乙炔气	kg	14.66	6.360	5.220	4.550	4.460	4.380	4.020	3.860
尼龙砂轮片　D100×16×3	片	3.92	0.47	0.38	0.14	0.13	0.12	0.09	0.08
尼龙砂轮片　D150	片	6.65	8.75	8.49	8.32	8.11	7.79	7.62	6.92
尼龙砂轮片　D500×25×4	片	18.69	0.01	0.01	0.01	0.01	0.01	0.01	0.01
蝶形钢丝砂轮片　D100	片	6.27	0.65	0.54	0.52	0.50	0.48	0.46	0.45
零星材料费	元	—	21.46	17.95	17.06	16.02	15.88	14.71	13.60
机械 电动双梁起重机　15t	台班	321.22	1.93	1.59	1.56	1.54	1.52	1.39	1.33
载货汽车　5t	台班	443.55	0.01	0.01	0.01	0.01	0.01	0.01	0.01
载货汽车　10t	台班	574.62	0.01	0.01	0.01	0.01	0.01	0.01	0.01
直流弧焊机　30kW	台班	92.43	0.71	0.58	0.31	0.31	0.28	0.22	0.17
电焊条烘干箱　800×800×1000	台班	51.03	0.07	0.06	0.03	0.03	0.03	0.02	0.02

续前

编　号			5-292	5-293	5-294	5-295	5-296	5-297	5-298
项　目			质量(t以内)						
			100	150	200	250	300	400	500
组 成 内 容	单位	单价	数　量						
机 械	电焊条烘干箱 600×500×750	台班	27.16	0.07	0.06	0.03	0.03	0.03	0.02	0.02
	半自动切割机 100mm	台班	88.45	0.43	0.39	0.37	0.35	0.33	0.31	0.27
	剪板机 20×2500	台班	329.03	0.58	0.44	0.44	0.43	0.43	0.42	0.40
	剪板机 32×4000	台班	590.24	0.29	0.28	0.26	0.25	0.25	0.23	0.23
	砂轮切割机 D500	台班	39.52	0.01	0.01	0.01	0.01	0.01	0.01	0.01
	钢材电动揻弯机 500～1800mm	台班	81.16	0.09	0.09	0.09	0.07	0.07	0.05	0.05
	刨边机 9000mm	台班	516.01	0.13	0.13	0.12	0.11	0.10	0.10	0.10
	卷板机 40×3500	台班	516.54	0.06	0.04	0.04	0.04	0.04	0.03	0.03
	中频揻管机 160kW	台班	72.47	0.01	0.01	0.01	—	—	—	—
	摇臂钻床 D25	台班	8.81	1.75	1.58	1.52	1.46	1.36	1.31	1.28
	摇臂钻床 D63	台班	42.00	0.01	0.01	0.01	0.01	0.01	0.01	0.01
	电动葫芦 单速 3t	台班	33.90	0.01	0.01	0.01	—	—	—	—
	卷扬机 单筒慢速 30kN	台班	205.84	0.06	0.04	0.03	0.03	0.03	0.02	0.02
	汽车式起重机 8t	台班	767.15	0.01	0.01	0.01	0.01	0.01	0.01	0.01
	汽车式起重机 10t	台班	838.68	—	0.01	—	—	0.01	0.01	0.01
	汽车式起重机 100t	台班	4689.49	0.02	—	—	—	0.02	0.02	0.02
	汽车式起重机 125t	台班	8124.45	—	0.02	—	—	—	—	—
	汽车式起重机 150t	台班	8419.54	—	—	0.01	0.01	—	—	—
	平板拖车组 100t	台班	2787.79	0.01	—	—	—	0.01	0.01	0.01
	平板拖车组 150t	台班	4013.62	—	0.01	—	—	—	—	—
	平板拖车组 200t	台班	4903.98	0.07	0.06	0.03	0.03	0.03	0.02	0.02
	箱式加热炉 RJX-75-9	台班	130.77	0.28	0.21	0.19	0.19	0.18	0.17	0.15
	液压压接机 800t	台班	1407.15	0.28	0.21	0.19	0.19	0.18	0.17	0.15

(3)低合金钢(碳钢)浮阀塔

工作内容:放样号料,切割,坡口,压头卷弧成型,分瓣封头(锥体)压制,降液板、受液盘、支持板、塔盘及塔器各部件制作,半成品倒运堆放等。单位:t

编　号			5-299	5-300	5-301	5-302	5-303	5-304	5-305
项　目			质量(t以内)						
			100	150	200	250	300	400	500
预算基价	总　价(元)		**7600.92**	**6508.19**	**5593.47**	**5450.85**	**5211.80**	**4697.49**	**3995.66**
	人　工　费(元)		4195.80	3620.70	2905.20	2787.75	2677.05	2409.75	2168.10
	材　料　费(元)		789.31	620.27	602.73	599.65	592.40	517.90	493.16
	机　械　费(元)		2615.81	2267.22	2085.54	2063.45	1942.35	1769.84	1334.40
组　成　内　容	单位	单价	数　　量						
人工 综合工	工日	135.00	31.08	26.82	21.52	20.65	19.83	17.85	16.06
材料 普碳钢板 δ20	t	3614.79	0.00915	0.00681	0.00649	0.00638	0.00592	0.00527	0.00490
道木	m³	3660.04	0.01	0.01	0.01	0.01	0.01	0.01	0.01
木材 方木	m³	2716.33	0.15	0.11	0.11	0.11	0.11	0.09	0.09
钢丝绳 D28	m	14.79	0.08	0.07	0.07	0.07	0.07	0.07	0.06
电焊条 E4303 D3.2	kg	7.59	7.73	5.86	5.76	5.73	5.31	4.78	2.68
氧气	m³	2.88	18.17	14.93	13.30	13.22	13.15	12.15	11.66
乙炔气	kg	14.66	6.060	4.980	4.430	4.410	4.380	4.050	3.890
尼龙砂轮片 D100×16×3	片	3.92	2.89	2.54	2.19	2.18	2.02	1.83	1.75
尼龙砂轮片 D150	片	6.65	10.81	10.04	9.91	9.64	9.54	9.12	8.76
尼龙砂轮片 D500×25×4	片	18.69	0.01	0.01	0.01	0.01	0.01	0.01	0.01
蝶形钢丝砂轮片 D100	片	6.27	0.76	0.60	0.58	0.58	0.54	0.48	0.46
零星材料费	元	—	22.99	18.07	17.56	17.47	17.25	15.08	14.36
机械 电动双梁起重机 15t	台班	321.22	3.38	2.61	2.60	2.58	2.42	2.21	1.51
载货汽车 5t	台班	443.55	0.01	0.01	0.01	0.01	0.01	0.01	0.01
载货汽车 10t	台班	574.62	0.01	0.01	0.01	0.01	0.01	0.01	0.01
直流弧焊机 30kW	台班	92.43	3.20	2.44	2.36	2.35	2.17	1.94	0.17
电焊条烘干箱 800×800×1000	台班	51.03	0.32	0.24	0.24	0.24	0.22	0.19	0.02

单位：t

编　号			5-299	5-300	5-301	5-302	5-303	5-304	5-305
项　目			质量（t以内）						
			100	150	200	250	300	400	500
组 成 内 容	单位	单价	数　量						
电焊条烘干箱 600×500×750	台班	27.16	0.32	0.24	0.24	0.24	0.22	0.19	0.02
半自动切割机 100mm	台班	88.45	0.78	0.65	0.64	0.62	0.61	0.56	0.50
剪板机 20×2500	台班	329.03	0.61	0.54	0.46	0.46	0.43	0.39	0.37
剪板机 32×4000	台班	590.24	0.29	0.28	0.26	0.25	0.25	0.23	0.23
砂轮切割机 D500	台班	39.52	0.01	0.01	0.01	0.01	0.01	0.01	0.01
钢材电动揻弯机 500~1800mm	台班	81.16	0.06	0.05	0.05	0.05	0.04	0.04	0.04
刨边机 9000mm	台班	516.01	0.13	0.13	0.12	0.11	0.10	0.10	0.10
卷板机 40×3500	台班	516.54	0.06	0.04	0.04	0.04	0.04	0.04	0.03
中频揻管机 160kW	台班	72.47	0.01	0.01	0.01	—	—	—	—
摇臂钻床 D25	台班	8.81	0.09	0.08	0.07	0.07	0.07	0.06	0.06
摇臂钻床 D63	台班	42.00	1.19	0.90	0.88	0.86	0.84	0.75	0.72
电动葫芦 单速 3t	台班	33.90	0.01	0.01	0.01	—	—	—	—
卷扬机 单筒慢速 30kN	台班	205.84	0.06	0.04	0.03	0.03	0.03	0.02	0.02
液压压接机 800t	台班	1407.15	0.30	0.27	0.24	0.24	0.22	0.19	0.18
箱式加热炉 RJX-75-9	台班	130.77	0.30	0.27	0.24	0.24	0.22	0.19	0.18
平板拖车组 100t	台班	2787.79	0.01	—	—	—	0.01	0.01	0.01
平板拖车组 150t	台班	4013.62	—	0.01	—	—	—	—	—
平板拖车组 200t	台班	4903.98	—	—	0.01	0.01	—	—	—
汽车式起重机 8t	台班	767.15	0.01	0.01	0.01	0.01	0.01	0.01	0.01
汽车式起重机 10t	台班	838.68	—	0.01	—	—	0.01	0.01	0.01
汽车式起重机 100t	台班	4689.49	0.02	—	—	—	0.02	0.02	0.02
汽车式起重机 125t	台班	8124.45	—	0.02	—	—	—	—	—
汽车式起重机 150t	台班	8419.54	—	—	0.01	0.01	—	—	—

机　械

(4) 不锈钢填料塔

工作内容: 放样号料,切割,坡口,压头卷弧成型,分瓣封头(锥体)压制,分配盘、喷淋管、吊柱、固定件的制作,半成品倒运堆放等。

单位: t

编 号				5-306	5-307	5-308	5-309	5-310	5-311	5-312
项 目				质量(t以内)						
				100	150	200	250	300	400	500
预算基价	总 价(元)			**6182.12**	**5542.33**	**4893.42**	**4774.82**	**4620.45**	**4311.18**	**3983.75**
	人 工 费(元)			3572.10	3322.35	3088.80	2934.90	2863.35	2748.60	2525.85
	材 料 费(元)			558.35	453.22	379.65	364.78	326.24	310.43	302.12
	机 械 费(元)			2051.67	1766.76	1424.97	1475.14	1430.86	1252.15	1155.78
组 成 内 容		单位	单价	数 量						
人工	综合工	工日	135.00	26.46	24.61	22.88	21.74	21.21	20.36	18.71
材料	普碳钢板 $\delta20$	t	3614.79	0.00294	0.00185	0.00177	0.00124	0.00124	0.00092	0.00080
	木材 方木	m³	2716.33	0.12	0.09	0.07	0.07	0.06	0.06	0.06
	道木	m³	3660.04	0.01	0.01	0.01	0.01	0.01	0.01	0.01
	钢丝绳 $D28$	m	14.79	0.09	0.08	0.08	0.07	0.07	0.07	0.07
	耐酸橡胶石棉板	kg	27.73	0.03	0.02	0.01	0.01	0.01	0.01	0.01
	酸洗膏	kg	9.60	0.12	0.10	0.07	0.03	0.03	0.02	0.01
	飞溅净	kg	3.96	0.16	0.13	0.10	0.05	0.05	0.03	0.03
	电焊条 E4303 $D3.2$	kg	7.59	1.68	1.44	1.24	1.17	1.10	0.92	0.81
	不锈钢电焊条	kg	66.08	0.63	0.50	0.37	0.33	0.33	0.26	0.22
	氧气	m³	2.88	5.39	4.94	4.92	3.93	2.95	2.21	1.99
	乙炔气	kg	14.66	1.800	1.650	1.640	1.310	0.980	0.740	0.660
	尼龙砂轮片 $D100\times16\times3$	片	3.92	0.29	0.24	0.20	0.09	0.08	0.06	0.05
	尼龙砂轮片 $D150$	片	6.65	11.25	10.77	9.77	9.68	9.30	8.92	8.57
	尼龙砂轮片 $D500\times25\times4$	片	18.69	0.01	0.01	0.01	0.01	0.01	0.01	0.01
	蝶形钢丝砂轮片 $D100$	片	6.27	0.02	0.01	0.01	0.01	0.01	0.01	0.01
	氢氟酸 45%	kg	7.27	0.01	0.01	0.01	0.01	0.01	0.01	0.01
	硝酸	kg	5.56	0.06	0.05	0.04	0.02	0.01	0.01	0.01
	零星材料费	元	—	8.25	6.70	5.61	5.39	4.82	4.59	4.46
机械	电动双梁起重机 15t	台班	321.22	1.71	1.44	1.28	1.27	1.26	1.08	1.03
	载货汽车 5t	台班	443.55	0.01	0.01	0.01	0.01	0.01	0.01	0.01
	载货汽车 10t	台班	574.62	0.01	0.01	0.01	0.01	0.01	0.01	0.01
	直流弧焊机 30kW	台班	92.43	1.52	1.22	1.04	1.04	1.03	0.85	0.74

编　号			5-306	5-307	5-308	5-309	5-310	5-311	5-312
项　目			质量（t以内）						
			100	150	200	250	300	400	500
组 成 内 容	单位	单价	数　量						
等离子切割机 400A	台班	229.27	2.42	2.00	1.90	1.81	1.74	1.54	1.39
半自动切割机 100mm	台班	88.45	0.09	0.09	0.04	0.04	0.05	0.04	0.03
电焊条烘干箱 800×800×1000	台班	51.03	0.15	0.12	0.10	0.10	0.10	0.09	0.07
电焊条烘干箱 600×500×750	台班	27.16	0.15	0.12	0.10	0.10	0.10	0.09	0.07
剪板机 20×2500	台班	329.03	0.10	0.08	0.07	0.07	0.06	0.04	0.03
剪板机 32×4000	台班	590.24	0.10	0.08	0.06	0.05	0.05	0.04	0.03
砂轮切割机 D500	台班	39.52	0.01	0.01	0.01	0.01	0.01	0.01	0.01
钢材电动掀弯机 500~1800mm	台班	81.16	0.02	0.02	0.02	0.01	0.01	0.01	0.01
卷板机 40×3500	台班	516.54	0.06	0.04	0.04	0.04	0.04	0.04	0.04
刨边机 9000mm	台班	516.01	0.16	0.15	0.15	0.14	0.14	0.13	0.13
中频掀管机 160kW	台班	72.47	0.02	0.01	0.01	0.01	0.01	0.01	0.01
普通车床 630×1400	台班	230.05	0.01	0.01	0.01	0.01	0.01	0.01	0.01
摇臂钻床 D25	台班	8.81	0.71	0.57	0.46	0.39	0.34	0.29	0.28
摇臂钻床 D63	台班	42.00	0.02	0.02	0.01	0.01	0.01	0.01	0.01
台式钻床 D16	台班	4.27	0.14	0.09	0.07	0.06	0.06	0.05	0.04
电动葫芦 单速 3t	台班	33.90	0.01	0.01	0.01	0.01	—	—	—
卷扬机 单筒慢速 30kN	台班	205.84	0.06	0.04	0.04	0.02	0.02	0.02	0.01
液压压接机 800t	台班	1407.15	0.20	0.13	0.12	0.10	0.09	0.07	0.06
电动空气压缩机 1m³	台班	52.31	2.43	2.00	1.90	1.81	1.74	1.54	1.39
汽车式起重机 8t	台班	767.15	0.02	0.02	0.01	0.01	0.01	0.01	0.01
汽车式起重机 10t	台班	838.68	—	0.01	—	—	0.01	0.01	0.01
汽车式起重机 16t	台班	971.12	—	—	0.01	—	—	—	—
汽车式起重机 100t	台班	4689.49	0.02	—	—	—	0.02	0.02	0.02
汽车式起重机 125t	台班	8124.45	—	0.02	—	—	—	—	—
汽车式起重机 150t	台班	8419.54	—	—	—	0.01	—	—	—
平板拖车组 100t	台班	2787.79	0.01	—	—	—	0.01	0.01	0.01
平板拖车组 150t	台班	4013.62	—	0.01	—	—	—	—	—
平板拖车组 200t	台班	4903.98	—	—	—	0.01	—	—	—

（机械）

(5)不锈钢筛板塔

工作内容：放样号料,切割,坡口,压头卷弧成型,分瓣封头(锥体)压制,降液板、受液盘、支持板、塔盘及塔器各部件制作,半成品倒运堆放等。**单位：**t

编 号				5-313	5-314	5-315	5-316	5-317	5-318	5-319
项 目				质量(t以内)						
				100	150	200	250	300	400	500
预算基价	总 价(元)			**7744.62**	**7054.01**	**6370.89**	**6300.41**	**6171.50**	**5560.00**	**5274.20**
	人 工 费(元)			3758.40	3639.60	3354.75	3314.25	3273.75	2944.35	2849.85
	材 料 费(元)			1332.35	1107.55	1062.43	992.53	979.19	874.93	785.31
	机 械 费(元)			2653.87	2306.86	1953.71	1993.63	1918.56	1740.72	1639.04
组 成 内 容		单位	单价	数 量						
人工	综合工	工日	135.00	27.84	26.96	24.85	24.55	24.25	21.81	21.11
材料	普碳钢板 $\delta20$	t	3614.79	0.00394	0.00304	0.00273	0.00065	0.00059	0.00046	0.00036
	木材 方木	m³	2716.33	0.34	0.28	0.27	0.27	0.27	0.24	0.21
	道木	m³	3660.04	0.01	0.01	0.01	0.01	0.01	0.01	0.01
	钢丝绳 $D28$	m	14.79	0.09	0.08	0.08	0.07	0.07	0.07	0.07
	酸洗膏	kg	9.60	4.89	3.57	3.43	3.29	3.16	3.03	2.91
	飞溅净	kg	3.96	5.62	4.11	3.96	3.80	3.65	3.50	3.36
	电焊条 E4303 $D3.2$	kg	7.59	0.65	0.56	0.46	0.33	0.28	0.25	0.19
	不锈钢电焊条	kg	66.08	1.77	1.43	1.35	0.69	0.66	0.57	0.52
	氧气	m³	2.88	5.16	4.73	4.63	3.54	2.84	2.13	1.60
	乙炔气	kg	14.66	1.720	1.580	1.540	1.180	0.950	0.710	0.530
	尼龙砂轮片 $D100\times16\times3$	片	3.92	0.98	0.80	0.80	0.30	0.28	0.25	0.18
	尼龙砂轮片 $D150$	片	6.65	12.91	12.06	11.03	10.47	10.05	9.05	9.62
	尼龙砂轮片 $D500\times25\times4$	片	18.69	0.01	0.01	0.01	0.01	0.01	0.01	0.01
	蝶形钢丝砂轮片 $D100$	片	6.27	0.09	0.08	0.08	0.07	0.07	0.07	0.07
	氢氟酸 45%	kg	7.27	0.31	0.23	0.22	0.21	0.20	0.19	0.19
	硝酸	kg	5.56	2.35	1.81	1.74	1.67	1.60	1.54	1.48
	零星材料费	元	—	19.69	16.37	15.70	14.67	14.47	12.93	11.61
机械	电动双梁起重机 15t	台班	321.22	2.27	1.78	1.68	1.66	1.64	1.51	1.45
	载货汽车 5t	台班	443.55	0.01	0.01	0.01	0.01	0.01	0.01	0.01
	载货汽车 10t	台班	574.62	0.01	0.08	0.01	0.01	0.01	0.01	0.01
	直流弧焊机 30kW	台班	92.43	0.92	0.73	0.62	0.44	0.40	0.34	0.27

单位：t

编　号			5-313	5-314	5-315	5-316	5-317	5-318	5-319
项　　目			质量(t以内)						
			100	150	200	250	300	400	500
组成内容	单位	单价	数　量						
等离子切割机　400A	台班	229.27	2.45	2.11	2.03	1.95	1.85	1.62	1.43
半自动切割机　100mm	台班	88.45	0.09	0.08	0.05	0.04	0.04	0.04	0.03
电焊条烘干箱　600×500×750	台班	27.16	0.09	0.07	0.06	0.04	0.04	0.03	0.03
电焊条烘干箱　800×800×1000	台班	51.03	0.09	0.07	0.06	0.04	0.04	0.03	0.03
剪板机　20×2500	台班	329.03	0.45	0.35	0.34	0.31	0.29	0.26	0.25
剪板机　32×4000	台班	590.24	0.34	0.32	0.33	0.31	0.29	0.26	0.26
砂轮切割机　D500	台班	39.52	0.01	0.01	0.01	0.01	0.01	0.01	0.01
钢材电动揻弯机　500～1800mm	台班	81.16	0.10	0.08	0.07	0.07	0.07	0.06	0.05
卷板机　40×3500	台班	516.54	0.06	0.04	0.04	0.04	0.04	0.04	0.04
刨边机　9000mm	台班	516.01	0.16	0.15	0.15	0.14	0.14	0.13	0.13
中频揻管机　160kW	台班	72.47	0.01	0.01	0.01	0.01	—	—	—
摇臂钻床　D25	台班	8.81	2.84	2.15	2.06	2.03	2.02	1.94	1.79
摇臂钻床　D63	台班	42.00	0.05	0.04	0.04	0.04	0.04	0.03	0.03
电动葫芦　单速　3t	台班	33.90	0.01	0.01	0.01	0.01	—	—	—
卷扬机　单筒慢速　30kN	台班	205.84	0.06	0.04	0.04	0.02	0.02	0.02	0.01
液压压接机　800t	台班	1407.15	0.33	0.24	0.21	0.21	0.20	0.18	0.17
电动空气压缩机　1m³	台班	52.31	2.45	2.11	2.03	1.95	1.85	1.62	1.43
电动空气压缩机　6m³	台班	217.48	0.09	0.07	0.06	0.04	0.04	0.03	0.03
平板拖车组　100t	台班	2787.79	0.01	—	—	—	0.01	0.01	0.01
平板拖车组　150t	台班	4013.62	—	0.01	—	—	—	—	—
平板拖车组　200t	台班	4903.98	—	—	—	0.01	—	—	—
汽车式起重机　8t	台班	767.15	0.01	0.01	0.01	0.01	0.01	0.01	0.01
汽车式起重机　10t	台班	838.68	—	0.01	—	0.01	0.01	0.01	0.01
汽车式起重机　16t	台班	971.12	—	—	0.01	—	—	—	—
汽车式起重机　100t	台班	4689.49	0.02	—	—	—	0.02	0.02	0.02
汽车式起重机　125t	台班	8124.45	—	0.02	—	—	—	—	—
汽车式起重机　150t	台班	8419.54	—	—	—	0.01	—	—	—

（6）不锈钢浮阀塔

工作内容：放样号料,切割,坡口,压头卷弧成型,分瓣封头(锥体)压制,降液板、受液盘、支持板、塔盘及塔器各部件制作,半成品倒运堆放等。**单位：t**

	编　号			5-320	5-321	5-322	5-323	5-324	5-325	5-326
预算基价	项　目			质量(t以内)						
				100	150	200	250	300	400	500
	总　　价(元)			**11485.36**	**9256.90**	**8548.55**	**8219.40**	**7792.72**	**7533.41**	**6449.31**
	人　工　费(元)			6053.40	4958.55	4600.80	4278.15	3979.80	3700.35	3478.95
	材　料　费(元)			1675.50	1331.51	1256.30	1204.74	1182.23	1049.31	913.01
	机　械　费(元)			3756.46	2966.84	2691.45	2736.51	2630.69	2783.75	2057.35
	组　成　内　容	单位	单价	数　　量						
人工	综合工	工日	135.00	44.84	36.73	34.08	31.69	29.48	27.41	25.77
材料	普碳钢板 δ20	t	3614.79	0.01020	0.00734	0.00694	0.00694	0.00640	0.00572	0.00144
	木材 方木	m³	2716.33	0.31	0.23	0.23	0.22	0.22	0.19	0.19
	道木	m³	3660.04	0.01	0.01	0.01	0.01	0.01	0.01	0.01
	钢丝绳 D28	m	14.79	0.09	0.08	0.08	0.07	0.07	0.07	0.07
	酸洗膏	kg	9.60	5.02	3.69	3.66	3.55	3.43	3.12	2.99
	飞溅净	kg	3.96	5.73	4.21	4.18	4.05	3.92	3.56	3.42
	电焊条 E4303 D3.2	kg	7.59	0.65	0.56	0.46	0.33	0.28	0.25	0.19
	不锈钢电焊条	kg	66.08	6.97	5.98	4.99	4.91	4.83	4.35	2.79
	氧气	m³	2.88	6.19	5.83	5.47	3.83	2.87	2.30	2.07
	乙炔气	kg	14.66	2.060	1.940	1.820	1.280	0.960	0.770	0.690
	尼龙砂轮片 D100×16×3	片	3.92	6.13	4.50	4.46	4.53	4.19	3.79	1.79
	尼龙砂轮片 D150	片	6.65	15.55	13.86	13.41	12.96	12.45	11.95	11.47
	尼龙砂轮片 D500×25×4	片	18.69	0.01	0.01	0.01	0.01	0.01	0.01	0.01
	蝶形钢丝砂轮片 D100	片	6.27	0.85	0.62	0.62	0.63	0.58	0.53	0.50
	氢氟酸 45%	kg	7.27	0.32	0.24	0.23	0.23	0.22	0.20	0.19
	硝酸	kg	5.56	2.55	1.87	1.86	1.80	1.74	1.58	1.52
	零星材料费	元	—	24.76	19.68	18.57	17.80	17.47	15.51	13.49
机械	电动双梁起重机 15t	台班	321.22	4.20	3.15	3.07	3.00	2.93	2.68	2.41
	载货汽车 5t	台班	443.55	0.01	0.01	0.01	0.01	0.01	0.01	0.01
	载货汽车 10t	台班	574.62	0.01	0.01	0.01	0.01	0.01	0.01	0.01
	直流弧焊机 30kW	台班	92.43	4.32	3.19	3.15	3.13	2.89	2.59	1.09

续前

单位：t

编　号			5-320	5-321	5-322	5-323	5-324	5-325	5-326
项　目			质量（t以内）						
			100	150	200	250	300	400	500
组 成 内 容	单位	单价	数　　量						
电焊条烘干箱 800×800×1000	台班	51.03	0.43	0.32	0.32	0.31	0.29	0.26	0.11
电焊条烘干箱 600×500×750	台班	27.16	0.43	0.32	0.32	0.31	0.29	0.26	0.11
半自动切割机 100mm	台班	88.45	0.09	0.08	0.05	0.04	0.04	0.04	0.03
等离子切割机 400A	台班	229.27	2.56	2.17	2.09	2.00	1.90	1.67	1.61
剪板机 20×2500	台班	329.03	0.57	0.42	0.41	0.41	0.39	0.35	0.34
砂轮切割机 D500	台班	39.52	0.01	0.01	0.01	0.01	0.01	0.01	0.01
钢材电动揻弯机 500～1800mm	台班	81.16	0.06	0.05	0.04	0.04	0.04	0.04	0.03
刨边机 9000mm	台班	516.01	0.16	0.15	0.15	0.14	0.14	0.91	0.13
卷板机 40×3500	台班	516.54	0.06	0.04	0.04	0.04	0.04	0.04	0.04
中频揻管机 160kW	台班	72.47	0.01	0.01	0.01	0.01	—	—	—
摇臂钻床 D25	台班	8.81	0.16	0.12	0.11	0.12	0.11	0.10	0.10
摇臂钻床 D63	台班	42.00	2.39	1.75	1.72	1.68	1.63	1.46	1.41
电动葫芦 单速 3t	台班	33.90	0.01	0.01	0.01	0.01	—	—	—
卷扬机 单筒慢速 30kN	台班	205.84	0.06	0.04	0.04	0.02	0.02	0.02	0.01
液压压接机 800t	台班	1407.15	0.42	0.28	0.27	0.26	0.25	0.22	0.20
电动空气压缩机 1m³	台班	52.31	2.56	2.17	2.09	2.00	1.90	1.67	1.61
电动空气压缩机 6m³	台班	217.48	0.43	0.32	0.32	0.31	0.29	0.26	0.11
汽车式起重机 8t	台班	767.15	0.01	0.01	0.01	0.01	0.01	0.01	0.01
汽车式起重机 10t	台班	838.68	—	0.01	—	—	0.01	0.01	0.01
汽车式起重机 16t	台班	971.12	—	—	0.01	—	—	—	—
汽车式起重机 100t	台班	4689.49	0.02	—	—	—	0.02	0.02	0.02
汽车式起重机 125t	台班	8124.45	—	0.02	—	—	—	—	—
汽车式起重机 150t	台班	8419.54	—	—	—	0.01	—	—	—
平板拖车组 100t	台班	2787.79	0.01	—	—	—	0.01	0.01	0.01
平板拖车组 150t	台班	4013.62	—	0.01	—	—	—	—	—
平板拖车组 200t	台班	4903.98	—	—	—	0.01	—	—	—

三、换热器制作

1.固定管板式换热器
(1) 低合金钢(碳钢)固定管板式焊接

工作内容: 放样号料,切割,坡口,压头卷弧,找圆,封头制作,组对、焊接,管板、折流板、支撑板、防冲板、拉杆、定距管、换热管束的制作、装配、成品倒运堆放等。

单位:t

编 号				5-327	5-328	5-329	5-330	5-331	5-332
项 目				质量(t以内)					
				1	2	4	6	8	10
预算基价	总 价(元)			**17793.69**	**12868.51**	**10785.16**	**9772.65**	**9259.39**	**8656.94**
	人 工 费(元)			8880.30	6272.10	5458.05	5371.65	5150.25	5096.25
	材 料 费(元)			1633.14	1272.03	1014.46	808.99	773.55	736.53
	机 械 费(元)			7280.25	5324.38	4312.65	3592.01	3335.59	2824.16
组 成 内 容		单位	单价	数 量					
人工	综合工	工日	135.00	65.78	46.46	40.43	39.79	38.15	37.75
材料	普碳钢板 δ20	t	3614.79	0.00962	0.00719	0.00628	0.00455	0.00359	0.00352
	道木	m³	3660.04	0.03	0.01	0.01	0.01	0.01	0.01
	木材 方木	m³	2716.33	0.02	0.02	0.02	0.02	0.02	0.02
	白铅油	kg	8.16	1.02	0.57	0.24	—	—	—
	清油	kg	15.06	0.20	0.11	0.09	0.07	0.06	0.05
	合金钢电焊条	kg	26.56	26.12	23.21	15.69	7.81	7.66	7.14
	碳钢氩弧焊丝	kg	11.10	3.48	3.38	3.28	3.19	3.09	3.00
	氧气	m³	2.88	28.64	13.61	11.36	9.65	9.38	8.90
	乙炔气	kg	14.66	9.550	4.540	3.790	3.220	3.130	2.970
	氩气	m³	18.60	9.73	9.45	9.17	8.91	8.65	8.39
	尼龙砂轮片 D100×16×3	片	3.92	7.03	6.42	5.22	5.14	4.92	4.68
	尼龙砂轮片 D150	片	6.65	2.72	2.47	2.27	2.10	1.98	1.87
	尼龙砂轮片 D500×25×4	片	18.69	6.59	3.89	3.78	3.71	3.37	3.24
	蝶形钢丝砂轮片 D100	片	6.27	0.87	0.73	0.44	0.30	0.28	0.23
	炭精棒 8~12	根	1.71	16.26	14.31	10.44	7.95	6.72	5.82
	钍钨棒	kg	640.87	0.01946	0.01889	0.01834	0.01781	0.01729	0.01679
	石墨粉	kg	7.01	0.08	0.07	0.07	0.06	0.06	0.05
	砂布	张	0.93	26.22	21.85	18.21	17.76	17.42	17.11
	合金钢埋弧焊丝	kg	16.53	—	—	—	1.93	1.60	1.37
	埋弧焊剂	kg	4.93	—	—	—	2.89	2.40	2.05

单位：t

编　号			5-327	5-328	5-329	5-330	5-331	5-332
项　目			质量（t以内）					
			1	2	4	6	8	10
组　成　内　容	单位	单价	数　　量					
材料 黑铅粉	kg	0.44	—	—	—	0.02	0.02	0.02
零星材料费	元	—	47.57	37.05	29.55	23.56	22.53	21.45
机 门式起重机 20t	台班	644.36	0.45	0.25	0.19	0.14	0.12	0.11
电动双梁起重机 15t	台班	321.22	2.63	1.65	1.03	0.85	0.78	0.66
载货汽车 5t	台班	443.55	0.75	0.35	0.22	0.05	0.04	0.03
载货汽车 10t	台班	574.62	0.01	0.01	0.01	0.08	0.06	0.05
直流弧焊机 30kW	台班	92.43	7.25	6.31	4.50	2.53	2.48	2.30
氩弧焊机 500A	台班	96.11	5.10	4.95	4.81	4.67	4.53	4.40
电焊条烘干箱 800×800×1000	台班	51.03	0.73	0.63	0.45	0.25	0.25	0.23
电焊条烘干箱 600×500×750	台班	27.16	0.73	0.63	0.45	0.25	0.25	0.23
剪板机 20×2500	台班	329.03	1.15	0.76	0.44	0.29	0.23	0.19
卷板机 20×2500	台班	273.51	0.21	0.18	0.13	0.08	0.06	0.05
管子切断机 D150	台班	33.97	2.49	1.47	1.42	1.40	1.27	1.22
刨边机 9000mm	台班	516.01	0.09	0.07	0.04	0.04	0.03	0.03
普通车床 1000×5000	台班	330.46	3.61	1.74	1.22	1.18	1.06	—
摇臂钻床 D63	台班	42.00	9.03	8.73	8.44	8.17	7.90	7.89
坐标镗车 工作台＞800×1200	台班	445.13	2.78	2.58	2.50	2.29	2.21	2.14
卷扬机 单筒慢速 30kN	台班	205.84	0.10	0.09	0.08	0.05	0.04	0.03
液压压接机 800t	台班	1407.15	0.20	0.19	0.16	0.09	0.07	0.06
箱式加热炉 RJX-75-9	台班	130.77	0.20	0.19	0.16	0.09	0.07	0.06
电动空气压缩机 6m³	台班	217.48	0.73	0.63	0.45	0.25	0.25	0.23
电动滚胎	台班	55.48	1.66	1.60	1.49	1.38	1.35	1.34
械 试压泵 80MPa	台班	27.58	0.97	1.01	1.09	1.23	1.23	1.26
汽车式起重机 8t	台班	767.15	0.77	0.39	0.14	0.09	0.08	0.08
汽车式起重机 10t	台班	838.68	—	—	0.13	—	—	—
汽车式起重机 20t	台班	1043.80	—	—	—	0.08	0.06	0.05
平板拖车组 8t	台班	834.93	0.02	0.03	0.04	0.04	0.04	0.04
自动埋弧焊机 1500A	台班	261.86	—	—	—	0.08	0.07	0.06
立式钻床 D25	台班	6.78	—	—	—	—	—	1.25

编　号			5-333	5-334	5-335	5-336	5-337
项　目			质量(t以内)				
			15	20	30	40	50
预算基价	总　　价(元)		**8240.44**	**7679.03**	**7099.34**	**6772.46**	**6557.27**
	人　工　费(元)		4803.30	4482.00	4122.90	3882.60	3726.00
	材　料　费(元)		704.46	676.51	644.87	631.62	623.46
	机　械　费(元)		2732.68	2520.52	2331.57	2258.24	2207.81
组成内容		单位	单价	数　　量			
人工	综合工	工日	135.00	35.58	33.20	30.54	28.76	27.60
材料	普碳钢板 $\delta20$	t	3614.79	0.00304	0.00292	0.00187	0.00175	0.00164
	道木	m³	3660.04	0.01	0.01	0.01	0.01	0.01
	木材　方木	m³	2716.33	0.02	0.02	0.02	0.02	0.02
	清油	kg	15.06	0.05	0.04	0.03	0.03	0.02
	钢丝绳 D15	m	5.28	0.13	0.14	—	—	—
	合金钢电焊条	kg	26.56	6.99	6.59	6.47	6.28	5.98
	碳钢氩弧焊丝	kg	11.10	2.91	2.82	2.74	2.66	2.58
	合金钢埋弧焊丝	kg	16.53	1.20	1.17	0.99	1.12	1.47
	埋弧焊剂	kg	4.93	1.80	1.75	1.49	1.67	2.20
	氧气	m³	2.88	7.83	7.29	5.92	5.66	5.41
	乙炔气	kg	14.66	2.610	2.430	1.970	1.890	1.800
	氩气	m³	18.60	8.14	7.90	7.66	7.51	7.36
	尼龙砂轮片 D100×16×3	片	3.92	4.49	4.36	4.22	4.18	4.13
	尼龙砂轮片 D150	片	6.65	1.78	1.71	1.66	1.61	1.55
	尼龙砂轮片 D500×25×4	片	18.69	2.98	2.87	2.86	2.69	2.58
	蝶形钢丝砂轮片 D100	片	6.27	0.22	0.18	0.14	0.12	0.11
	炭精棒 8～12	根	1.71	5.13	4.17	3.30	2.85	2.85
	钍钨棒	kg	640.87	0.01628	0.01580	0.01532	0.01486	0.01456
	石墨粉	kg	7.01	0.05	0.04	0.04	0.04	0.04
	黑铅粉	kg	0.44	0.01	0.01	0.01	0.01	0.01
	砂布	张	0.93	16.80	16.51	16.46	16.44	16.00
	钢丝绳 D17.5	m	6.84	—	—	0.09	—	—
	钢丝绳 D19.5	m	8.29	—	—	—	0.08	—
	钢丝绳 D21.5	m	9.57	—	—	—	—	0.07
	焊接钢管 D76	t	3813.69	—	—	—	—	0.00032
	零星材料费	元	—	20.52	19.70	18.78	18.40	18.16
机械	门式起重机 20t	台班	644.36	0.10	0.08	0.06	0.06	0.06
	电动双梁起重机 15t	台班	321.22	0.60	0.50	0.42	0.37	0.35
	载货汽车 5t	台班	443.55	0.03	0.02	0.01	0.01	—

续前

编　号			5-333	5-334	5-335	5-336	5-337
项　目			质量（t以内）				
			15	20	30	40	50
组　成　内　容	单位	单价	数　量				
载货汽车 10t	台班	574.62	0.01	0.01	0.01	0.01	0.01
直流弧焊机 30kW	台班	92.43	2.26	2.13	2.09	2.05	1.92
自动埋弧焊机 1500A	台班	261.86	0.05	0.05	0.04	0.05	0.06
氩弧焊机 500A	台班	96.11	4.27	4.14	4.02	3.90	3.78
电焊条烘干箱 800×800×1000	台班	51.03	0.23	0.21	0.21	0.21	0.19
电焊条烘干箱 600×500×750	台班	27.16	0.23	0.21	0.21	0.21	0.19
剪板机 20×2500	台班	329.03	0.15	0.08	0.03	0.02	0.01
卷板机 20×2500	台班	273.51	0.05	0.05	0.04	0.02	0.01
卷板机 40×3500	台班	516.54	—	—	—	0.01	0.02
管子切断机 D150	台班	33.97	1.12	1.08	1.07	1.01	0.97
刨边机 9000mm	台班	516.01	0.02	0.02	0.02	0.02	0.03
立式钻床 D25	台班	6.78	1.01	0.84	0.58	0.43	0.37
摇臂钻床 D63	台班	42.00	7.69	6.50	5.02	3.98	3.71
坐标镗车 工作台>800×1200	台班	445.13	2.08	2.02	1.96	1.96	1.91
卷扬机 单筒慢速 30kN	台班	205.84	0.03	0.02	0.02	0.02	0.02
液压压接机 800t	台班	1407.15	0.05	0.04	0.04	0.04	0.04
箱式加热炉 RJX-75-9	台班	130.77	0.05	0.04	0.04	0.04	0.04
电动空气压缩机 6m³	台班	217.48	0.23	0.21	0.21	0.21	0.19
电动滚胎	台班	55.48	1.33	1.32	1.30	1.30	1.30
试压泵 80MPa	台班	27.58	1.30	1.32	1.40	1.40	1.36
半自动切割机 100mm	台班	88.45	0.01	0.01	0.07	0.06	0.07
汽车式起重机 8t	台班	767.15	0.07	0.07	0.04	0.04	0.04
汽车式起重机 10t	台班	838.68	—	—	0.02	0.02	—
汽车式起重机 16t	台班	971.12	0.07	—	—	—	—
汽车式起重机 20t	台班	1043.80	—	0.06	—	—	0.02
汽车式起重机 25t	台班	1098.98	—	—	0.04	—	—
汽车式起重机 40t	台班	1547.56	—	—	—	0.03	—
汽车式起重机 50t	台班	2492.74	—	—	—	—	0.03
平板拖车组 8t	台班	834.93	0.04	0.04	0.05	0.05	0.05
平板拖车组 15t	台班	1007.72	0.04	—	—	—	—
平板拖车组 20t	台班	1101.26	—	0.03	—	—	—
平板拖车组 30t	台班	1263.97	—	—	0.02	—	—
平板拖车组 40t	台班	1468.34	—	—	—	0.02	—
平板拖车组 50t	台班	1545.90	—	—	—	—	0.01

（2）低合金钢（碳钢）固定管板式胀接

工作内容： 放样号料，切割，坡口，压头卷弧，找圆，封头制作，组对、焊接，管板、折流板、支撑板、防冲板、拉杆、定距管、换热管束的制作、装配、成品倒运堆放等。

单位：t

编　号			5-338	5-339	5-340	5-341	5-342	5-343
项　目			质量（t以内）					
			1	2	4	6	8	10
预算基价	总　　价（元）		**19028.99**	**13195.21**	**11307.46**	**10414.30**	**9911.65**	**9664.23**
	人　工　费（元）		9607.95	6704.10	6002.10	5988.60	5765.85	5748.30
	材　料　费（元）		1814.08	1461.83	1283.53	1146.30	1118.26	1116.81
	机　械　费（元）		7606.96	5029.28	4021.83	3279.40	3027.54	2799.12
组　成　内　容	单位	单价	数　　量					
人工 综合工	工日	135.00	71.17	49.66	44.46	44.36	42.71	42.58
材料 普碳钢板 δ20	t	3614.79	0.00962	0.00719	0.00628	0.00455	0.00352	0.00359
道木	m³	3660.04	0.03	0.01	0.01	0.01	0.01	0.01
木材　方木	m³	2716.33	0.02	0.02	0.02	0.02	0.02	0.02
白铅油	kg	8.16	1.02	0.57	0.24	—	—	—
清油	kg	15.06	0.20	0.11	0.09	0.07	0.06	0.05
白灰	kg	0.30	95.24	84.50	106.22	120.42	120.30	127.51
青铅	kg	22.81	6.86	6.08	7.65	8.67	8.66	9.18
合金钢电焊条	kg	26.56	26.06	23.21	15.68	7.78	7.65	7.13
氧气	m³	2.88	28.64	13.61	11.36	9.65	9.38	8.90
乙炔气	kg	14.66	9.550	4.540	3.790	3.220	3.130	2.970
尼龙砂轮片 D100×16×3	片	3.92	5.46	4.63	2.96	2.58	2.37	1.97
尼龙砂轮片 D150	片	6.65	1.92	1.48	1.23	1.12	1.02	0.93
尼龙砂轮片 D500×25×4	片	18.69	6.59	3.89	3.78	3.71	3.37	3.24
蝶形钢丝砂轮片 D100	片	6.27	0.87	0.73	0.44	0.30	0.28	0.23
木柴	kg	1.03	14.49	16.33	18.21	20.64	20.82	21.86
焦炭	kg	1.25	144.85	163.27	182.09	206.44	208.22	218.59
汽油	kg	7.74	1.36	1.21	1.52	1.72	1.72	1.82
黄干油	kg	15.77	0.60	0.53	0.67	0.76	0.76	0.80
炭精棒 8～12	根	1.71	16.26	14.31	10.44	7.95	6.72	5.82
石墨粉	kg	7.01	0.08	0.07	0.07	0.06	0.06	0.05
砂布	张	0.93	47.51	43.99	40.73	38.06	35.91	33.88
合金钢埋弧焊丝	kg	16.53	—	—	—	1.93	1.60	1.40
埋弧焊剂	kg	4.93	—	—	—	2.89	2.40	2.05

单位：t

编　　号			5-338	5-339	5-340	5-341	5-342	5-343
项　　目			质量(t以内)					
			1	2	4	6	8	10
组 成 内 容	单位	单价	数　　量					
材料　黑铅粉	kg	0.44	—	—	—	0.02	0.02	0.02
零星材料费	元	—	52.84	42.58	37.38	33.39	32.57	32.53
机　电动双梁起重机 15t	台班	321.22	2.63	1.65	1.03	0.85	0.78	0.66
门式起重机 20t	台班	644.36	0.45	0.25	0.19	0.14	0.12	0.11
载货汽车 5t	台班	443.55	0.75	0.35	0.22	0.05	0.04	0.03
载货汽车 10t	台班	574.62	0.01	0.01	0.01	0.08	0.06	0.05
直流弧焊机 30kW	台班	92.43	6.71	5.73	3.78	1.72	1.67	1.44
氩弧焊机 500A	台班	96.11	0.94	—	—	—	—	—
电焊条烘干箱 800×800×1000	台班	51.03	0.67	0.57	0.38	0.17	0.17	0.14
电焊条烘干箱 600×500×750	台班	27.16	0.67	0.57	0.38	0.17	0.17	0.14
剪板机 20×2500	台班	329.03	1.15	0.76	0.44	0.29	0.23	0.19
卷板机 20×2500	台班	273.51	2.12	0.18	0.13	0.08	0.06	0.05
管子切断机 D150	台班	33.97	2.49	1.47	1.42	1.40	1.27	1.22
刨边机 9000mm	台班	516.01	0.09	0.07	0.04	0.04	0.03	0.03
普通车床 1000×5000	台班	330.46	3.61	1.74	1.22	1.18	1.06	0.85
摇臂钻床 D63	台班	42.00	9.03	8.73	8.44	8.17	7.90	7.89
坐标镗车 工作台>800×1200	台班	445.13	3.34	3.09	3.00	2.75	2.65	2.57
卷扬机 单筒慢速 30kN	台班	205.84	0.10	0.09	0.08	0.05	0.04	0.03
液压压接机 800t	台班	1407.15	0.20	0.19	0.16	0.09	0.07	0.06
箱式加热炉 RJX-75-9	台班	130.77	0.20	0.19	0.16	0.09	0.07	0.06
电动空气压缩机 6m³	台班	217.48	0.67	0.57	0.42	0.17	0.17	0.14
吹风机 4.0m³	台班	20.62	0.93	1.05	1.17	1.32	1.32	1.40
电动滚胎	台班	55.48	1.72	1.66	1.55	1.43	1.40	1.39
械　试压泵 80MPa	台班	27.58	0.97	1.01	1.09	1.23	1.23	1.26
汽车式起重机 8t	台班	767.15	0.77	0.39	0.14	0.09	0.08	0.08
汽车式起重机 10t	台班	838.68	—	—	0.13	—	—	—
汽车式起重机 20t	台班	1043.80	—	—	—	0.08	0.06	0.05
平板拖车组 8t	台班	834.93	0.02	0.03	0.04	0.04	0.04	0.04
自动埋弧焊机 1500A	台班	261.86	—	—	—	0.08	0.07	0.06
立式钻床 D25	台班	6.78	—	—	—	—	—	1.25

单位：t

编　号			5-344	5-345	5-346	5-347	5-348
项　目			质量（t以内）				
			15	20	30	40	50
预算基价	总　　价（元）		**9165.88**	**8586.96**	**8050.69**	**7633.99**	**7400.85**
	人　工　费（元）		5432.40	5140.80	4824.90	4583.25	4407.75
	材　料　费（元）		1069.86	1070.92	1086.50	1075.55	1054.71
	机　械　费（元）		2663.62	2375.24	2139.29	1975.19	1938.39
组　成　内　容	单位	单价	数　　量				
人工 综合工	工日	135.00	40.24	38.08	35.74	33.95	32.65
材料 普碳钢板 δ20	t	3614.79	0.00304	0.00292	0.00187	0.00175	0.00164
道木	m³	3660.04	0.01	0.01	0.01	0.01	0.01
木材　方木	m³	2716.33	0.02	0.02	0.02	0.02	0.02
清油	kg	15.06	0.05	0.04	0.03	0.03	0.02
白灰	kg	0.30	123.01	128.71	137.17	137.02	133.35
青铅	kg	22.81	8.86	9.27	9.88	9.87	9.60
合金钢电焊条	kg	26.56	6.99	6.51	6.46	6.27	5.98
合金钢埋弧焊丝	kg	16.53	1.20	1.17	0.99	1.12	1.47
埋弧焊剂	kg	4.93	1.80	1.75	1.49	1.67	2.20
氧气	m³	2.88	7.83	7.29	5.92	5.66	5.41
乙炔气	kg	14.66	2.610	2.430	1.970	1.890	1.800
尼龙砂轮片 D100×16×3	片	3.92	1.88	1.45	1.45	1.30	1.30
尼龙砂轮片 D150	片	6.65	0.89	0.86	0.83	0.81	0.78
尼龙砂轮片 D500×25×4	片	18.69	2.98	2.87	2.86	2.69	2.58
蝶形钢丝砂轮片 D100	片	6.27	0.22	0.18	0.14	0.12	0.11
木柴	kg	1.03	21.09	22.07	23.52	23.49	22.86
焦炭	kg	1.25	210.88	220.65	235.15	234.88	228.60
汽油	kg	7.74	1.76	1.84	1.96	1.96	1.91
黄干油	kg	15.77	0.77	0.81	0.86	0.86	0.84

114

单位：t

编　号			5-344	5-345	5-346	5-347	5-348
项　目			质量(t以内)				
			15	20	30	40	50
组　成　内　容	单位	单价	数　量				
材料	炭精棒 8～12	根	1.71	5.13	4.17	3.30	2.85	2.85
	石墨粉	kg	7.01	0.05	0.04	0.04	0.04	0.04
	黑铅粉	kg	0.44	0.01	0.01	0.01	0.01	0.01
	砂布	张	0.93	32.89	32.48	32.26	31.32	30.48
	钢丝绳 D15	m	5.28	0.13	0.14	—	—	—
	钢丝绳 D17.5	m	6.84	—	—	0.09	—	—
	钢丝绳 D19.5	m	8.29	—	—	—	0.08	—
	钢丝绳 D21.5	m	9.57	—	—	—	—	0.07
	焊接钢管 D76	t	3813.69	—	—	—	—	0.00032
	零星材料费	元	—	31.16	31.19	31.65	31.33	30.72
机械	电动双梁起重机 15t	台班	321.22	0.60	0.50	0.42	0.37	0.35
	门式起重机 20t	台班	644.36	0.10	0.08	0.06	0.06	0.06
	载货汽车 5t	台班	443.55	0.03	0.02	0.01	0.01	—
	载货汽车 10t	台班	574.62	0.01	0.01	0.01	0.01	0.01
	直流弧焊机 30kW	台班	92.43	1.42	1.17	1.16	1.12	1.02
	自动埋弧焊机 1500A	台班	261.86	0.05	0.05	0.04	0.05	0.06
	电焊条烘干箱 600×500×750	台班	27.16	0.14	0.12	0.12	0.11	0.10
	电焊条烘干箱 800×800×1000	台班	51.03	0.14	0.12	0.12	0.11	0.10
	剪板机 20×2500	台班	329.03	0.15	0.08	0.03	0.02	0.01
	管子切断机 D150	台班	33.97	1.12	1.08	1.07	1.01	0.97
	刨边机 9000mm	台班	516.01	0.02	0.02	0.02	0.02	0.03
	普通车床 1000×5000	台班	330.46	0.69	0.48	0.30	—	—
	立式钻床 D25	台班	6.78	1.01	0.84	0.58	0.43	0.37
	摇臂钻床 D63	台班	42.00	7.69	6.50	5.02	3.98	3.71

单位：t

编　号			5-344	5-345	5-346	5-347	5-348
项　目			质量（t以内）				
			15	20	30	40	50
组　成　内　容	单位	单价	数　量				
坐标镗车　工作台＞800×1200	台班	445.13	2.50	2.42	2.35	2.35	2.29
卷扬机　单筒慢速　30kN	台班	205.84	0.03	0.02	0.02	0.02	0.02
液压压接机　800t	台班	1407.15	0.05	0.04	0.04	0.04	0.04
箱式加热炉　RJX-75-9	台班	130.77	0.05	0.04	0.04	0.04	0.04
电动空气压缩机　6m³	台班	217.48	0.14	0.12	0.12	0.11	0.10
吹风机　4.0m³	台班	20.62	1.35	1.41	1.51	1.50	1.54
电动滚胎	台班	55.48	1.38	1.36	1.35	1.35	1.35
半自动切割机　100mm	台班	88.45	0.01	0.01	0.07	0.06	0.07
试压泵　80MPa	台班	27.58	1.30	1.32	1.40	1.40	1.36
汽车式起重机　8t	台班	767.15	0.07	0.07	0.04	0.04	0.04
汽车式起重机　10t	台班	838.68	—	—	0.02	0.02	—
汽车式起重机　16t	台班	971.12	0.07	—	—	—	—
汽车式起重机　20t	台班	1043.80	—	0.06	—	—	0.02
汽车式起重机　25t	台班	1098.98	—	—	0.04	—	—
汽车式起重机　40t	台班	1547.56	—	—	—	0.03	—
汽车式起重机　50t	台班	2492.74	—	—	—	—	0.03
卷板机　20×2500	台班	273.51	0.05	0.05	0.04	0.02	0.01
卷板机　40×3500	台班	516.54	—	—	—	0.01	0.02
平板拖车组　8t	台班	834.93	0.04	0.04	0.05	0.05	0.05
平板拖车组　15t	台班	1007.72	0.04	—	—	—	—
平板拖车组　20t	台班	1101.26	—	0.03	—	—	—
平板拖车组　30t	台班	1263.97	—	—	0.02	—	—
平板拖车组　40t	台班	1468.34	—	—	—	0.02	—
平板拖车组　50t	台班	1545.90	—	—	—	—	0.01

机械

（3）低合金钢（碳钢）固定管板式焊接加胀接

工作内容：放样号料,切割,坡口,压头卷弧,找圆,封头制作,组对、焊接,管板、折流板、支撑板、防冲板、拉杆、定距管、换热管束的制作、装配、成品倒运堆放等。

单位：t

编　号			5-349	5-350	5-351	5-352	5-353	5-354
项　目			质量（t以内）					
			1	2	4	6	8	10
预算基价	总　　　价（元）		**18387.99**	**13104.77**	**11071.26**	**10095.96**	**9581.77**	**8986.46**
	人　工　费（元）		9474.30	6508.35	5756.40	5709.15	5486.40	5452.65
	材　料　费（元）		1636.86	1274.90	1019.18	815.17	780.15	744.60
	机　械　费（元）		7276.83	5321.52	4295.68	3571.64	3315.22	2789.21
组 成 内 容		单位	单价	数　　量				
人工	综合工	工日	135.00	70.18	48.21	42.64	42.29	40.64	40.39
材料	普碳钢板 δ20	t	3614.79	0.00962	0.00719	0.00628	0.00455	0.00352	0.00359
	木材 方木	m³	2716.33	0.02	0.02	0.02	0.02	0.02	0.02
	道木	m³	3660.04	0.03	0.01	0.01	0.01	0.01	0.01
	白铅油	kg	8.16	1.02	0.57	0.24	—	—	—
	清油	kg	15.06	0.20	0.11	0.09	0.07	0.06	0.05
	合金钢电焊条	kg	26.56	26.06	23.21	15.68	7.78	7.65	7.13
	碳钢氩弧焊丝	kg	11.10	3.48	3.38	3.28	3.19	3.09	3.00
	氧气	m³	2.88	28.64	13.61	11.36	9.65	9.38	8.90
	乙炔气	kg	14.66	9.550	4.540	3.790	3.220	3.130	2.970
	氩气	m³	18.60	9.73	9.45	9.17	8.91	8.65	8.39
	尼龙砂轮片 D100×16×3	片	3.92	7.03	6.42	5.22	5.14	4.92	4.68
	尼龙砂轮片 D150	片	6.65	1.92	1.48	1.23	1.12	1.02	0.93
	尼龙砂轮片 D500×25×4	片	18.69	6.59	3.89	3.78	3.71	3.37	3.24
	蝶形钢丝砂轮片 D100	片	6.27	0.87	0.73	0.44	0.30	0.28	0.23
	汽油	kg	7.74	1.36	1.21	1.52	1.72	1.72	1.82
	炭精棒 8～12	根	1.71	16.26	14.31	10.44	7.95	6.72	5.82
	石墨粉	kg	7.01	0.08	0.07	0.07	0.06	0.06	0.05
	钍钨棒	kg	640.87	0.01946	0.01889	0.01834	0.01781	0.01729	0.01679
	砂布	张	0.93	26.22	21.85	18.21	17.76	17.42	17.11
	合金钢埋弧焊丝	kg	16.53	—	—	—	1.93	1.60	1.37
	埋弧焊剂	kg	4.93	—	—	—	2.89	2.40	2.05
	黑铅粉	kg	0.44	—	—	—	0.02	0.02	0.02

编　　号			5-349	5-350	5-351	5-352	5-353	5-354
项　　目			质量(t以内)					
			1	2	4	6	8	10
组　成　内　容	单位	单价	数　　量					
材料　零星材料费	元	—	47.68	37.13	29.68	23.74	22.72	21.69
机械　电动双梁起重机 15t	台班	321.22	2.63	1.65	1.03	0.85	0.78	0.66
门式起重机 20t	台班	644.36	0.45	0.25	0.19	0.14	0.12	0.11
载货汽车 5t	台班	443.55	0.75	0.35	0.22	0.05	0.04	0.03
载货汽车 10t	台班	574.62	0.01	0.01	0.01	0.08	0.06	0.05
直流弧焊机 30kW	台班	92.43	6.71	5.73	3.78	1.72	1.67	1.44
氩弧焊机 500A	台班	96.11	5.10	4.95	4.81	4.67	4.53	4.40
电焊条烘干箱 800×800×1000	台班	51.03	0.67	0.57	0.38	0.17	0.17	0.14
电焊条烘干箱 600×500×750	台班	27.16	0.67	0.57	0.38	0.17	0.17	0.14
剪板机 20×2500	台班	329.03	1.15	0.76	0.44	0.29	0.23	0.19
卷板机 20×2500	台班	273.51	0.21	0.18	0.13	0.08	0.06	0.05
管子切断机 $D150$	台班	33.97	2.49	1.47	1.42	1.40	1.27	1.22
电动管子胀接机 D2-B	台班	36.67	1.57	1.63	1.75	1.98	1.98	2.02
刨边机 9000mm	台班	516.01	0.09	0.07	0.04	0.04	0.03	0.03
普通车床 1000×5000	台班	330.46	3.61	1.74	1.22	1.18	1.06	—
摇臂钻床 $D63$	台班	42.00	9.03	8.73	8.44	8.17	7.90	7.89
坐标镗车 工作台＞800×1200	台班	445.13	2.78	2.58	2.50	2.29	2.21	2.14
卷扬机 单筒慢速 30kN	台班	205.84	0.10	0.10	0.08	0.05	0.04	0.03
电动空气压缩机 6m³	台班	217.48	0.67	0.57	0.38	0.17	0.17	0.14
液压压接机 800t	台班	1407.15	0.20	0.19	0.16	0.09	0.07	0.06
箱式加热炉 RJX-75-9	台班	130.77	0.20	0.19	0.16	0.09	0.07	0.06
电动滚胎	台班	55.48	1.78	1.72	1.60	1.48	1.45	1.44
试压泵 80MPa	台班	27.58	0.97	1.01	1.09	1.23	1.23	1.26
汽车式起重机 8t	台班	767.15	0.77	0.39	0.14	0.09	0.08	0.08
汽车式起重机 10t	台班	838.68	—	—	0.13	—	—	—
汽车式起重机 20t	台班	1043.80	—	—	—	0.08	0.06	0.05
平板拖车组 8t	台班	834.93	0.02	0.03	0.04	0.04	0.04	0.04
自动埋弧焊机 1500A	台班	261.86	—	—	—	0.08	0.07	0.06

编　号			5-355	5-356	5-357	5-358	5-359
项　目			质量(t以内)				
			15	20	30	40	50
预算基价	总　　　价(元)		**8563.08**	**7975.24**	**7468.30**	**7135.60**	**6901.64**
	人　工　费(元)		5147.55	4842.45	4507.65	4266.00	4099.95
	材　料　费(元)		711.95	683.62	654.54	641.08	633.82
	机　械　费(元)		2703.58	2449.17	2306.11	2228.52	2167.87
组　成　内　容	单位	单价	数　　量				
人工	综合工	工日	135.00	38.13	35.87	33.39	31.60	30.37
材料	普碳钢板 $\delta20$	t	3614.79	0.00292	0.00304	0.00187	0.00164	0.00175
	木材 方木	m³	2716.33	0.02	0.02	0.02	0.02	0.02
	道木	m³	3660.04	0.01	0.01	0.01	0.01	0.01
	清油	kg	15.06	0.05	0.04	0.03	0.03	0.02
	合金钢电焊条	kg	26.56	6.99	6.51	6.46	6.27	5.98
	合金钢埋弧焊丝	kg	16.53	1.20	1.17	0.99	1.12	1.47
	碳钢氩弧焊丝	kg	11.10	2.91	2.82	2.74	2.66	2.58
	埋弧焊剂	kg	4.93	1.80	1.75	1.49	1.67	2.20
	氧气	m³	2.88	7.83	7.29	5.92	5.66	5.41
	乙炔气	kg	14.66	2.610	2.430	1.970	1.890	1.800
	氩气	m³	18.60	8.14	7.90	7.66	7.51	7.36
	尼龙砂轮片 $D100\times16\times3$	片	3.92	4.49	4.36	4.22	4.18	4.13
	尼龙砂轮片 $D150$	片	6.65	0.89	0.86	0.83	0.81	0.78
	尼龙砂轮片 $D500\times25\times4$	片	18.69	2.98	2.87	2.86	2.69	2.58
	蝶形钢丝砂轮片 $D100$	片	6.27	0.22	0.18	0.14	0.12	0.11
	汽油	kg	7.74	1.76	1.84	1.96	1.96	1.91
	炭精棒 8～12	根	1.71	5.13	4.17	3.30	2.85	2.85
	石墨粉	kg	7.01	0.05	0.04	0.04	0.04	0.04
	钍钨棒	kg	640.87	0.01628	0.01580	0.01532	0.01486	0.01456
	黑铅粉	kg	0.44	0.01	0.01	0.01	0.01	0.01
	砂布	张	0.93	16.80	16.51	16.46	16.44	16.00
	钢丝绳 $D15$	m	5.28	0.13	0.14	—	—	—
	钢丝绳 $D17.5$	m	6.84	—	—	0.09	—	—
	钢丝绳 $D19.5$	m	8.29	—	—	—	0.08	—
	钢丝绳 $D21.5$	m	9.57	—	—	—	—	0.07
	焊接钢管 $D76$	t	3813.69	—	—	—	—	0.00032
	零星材料费	元	—	20.74	19.91	19.06	18.67	18.46
机械	电动双梁起重机 15t	台班	321.22	0.60	0.50	0.42	0.37	0.35
	门式起重机 20t	台班	644.36	0.10	0.08	0.06	0.06	0.06

续前

编　号			5-355	5-356	5-357	5-358	5-359
项　目			质量（t以内）				
			15	20	30	40	50
组　成　内　容	单位	单价	数　量				
载货汽车 5t	台班	443.55	0.03	0.02	0.01	0.01	—
载货汽车 10t	台班	574.62	0.01	0.01	0.01	0.01	0.01
直流弧焊机 30kW	台班	92.43	1.42	1.17	1.16	1.12	1.02
自动埋弧焊机 1500A	台班	261.86	0.05	0.05	0.05	0.04	0.02
氩弧焊机 500A	台班	96.11	4.27	4.14	4.02	3.90	3.78
电焊条烘干箱 600×500×750	台班	27.16	0.14	0.12	0.12	0.11	0.10
电焊条烘干箱 800×800×1000	台班	51.03	0.14	0.12	0.12	0.11	0.10
剪板机 20×2500	台班	329.03	0.15	0.08	0.03	0.02	0.01
卷板机 20×2500	台班	273.51	0.05	0.05	0.04	0.02	0.01
管子切断机 D150	台班	33.97	1.12	1.08	1.07	1.01	0.91
电动管子胀接机 D2-B	台班	36.67	2.10	2.12	2.26	2.26	2.26
刨边机 9000mm	台班	516.01	0.02	0.02	0.02	0.02	0.02
摇臂钻床 D63	台班	42.00	7.69	6.50	5.02	3.98	3.71
坐标镗车 工作台>800×1200	台班	445.13	2.08	2.02	1.96	1.96	1.91
卷扬机 单筒慢速 30kN	台班	205.84	0.03	0.02	0.02	0.02	0.02
电动空气压缩机 6m³	台班	217.48	0.14	0.12	0.12	0.11	0.10
液压压接机 800t	台班	1407.15	0.05	0.04	0.04	0.04	0.04
箱式加热炉 RJX-75-9	台班	130.77	0.05	0.04	0.04	0.04	0.04
电动滚胎	台班	55.48	1.42	1.41	1.40	1.40	1.40
试压泵 80MPa	台班	27.58	1.30	1.32	1.40	1.40	1.36
半自动切割机 100mm	台班	88.45	0.01	0.01	0.07	0.06	0.06
汽车式起重机 8t	台班	767.15	0.07	0.07	0.04	0.04	0.04
汽车式起重机 10t	台班	838.68	—	—	0.02	0.02	—
汽车式起重机 16t	台班	971.12	0.07	—	—	—	—
汽车式起重机 20t	台班	1043.80	—	0.06	—	—	0.02
汽车式起重机 25t	台班	1098.98	—	—	0.04	—	—
汽车式起重机 40t	台班	1547.56	—	—	—	0.03	—
汽车式起重机 50t	台班	2492.74	—	—	—	—	0.03
卷板机 40×3500	台班	516.54	—	—	—	0.01	0.02
立式钻床 D25	台班	6.78	—	—	—	0.43	0.37
平板拖车组 8t	台班	834.93	0.04	0.04	0.05	0.05	0.05
平板拖车组 15t	台班	1007.72	0.04	—	—	—	—
平板拖车组 30t	台班	1263.97	—	—	0.02	—	—
平板拖车组 40t	台班	1468.34	—	—	—	0.02	—
平板拖车组 50t	台班	1545.90	—	—	—	—	0.01

机 械

(4) 低合金钢(碳钢)壳体不锈钢固定管板式焊接

工作内容: 放样号料,切割,坡口,压头卷弧,找圆,封头制作,组对、焊接,管板、折流板、支撑板、防冲板、拉杆、定距管、换热管束的制作、装配、成品倒运堆放等。

单位: t

编 号				5-360	5-361	5-362	5-363	5-364	5-365
项 目				质量(t以内)					
				1	2	4	6	8	10
预算基价	总 价(元)			**23204.49**	**17369.89**	**15889.59**	**13984.11**	**13220.80**	**12481.00**
	人 工 费(元)			10600.20	7817.85	7704.45	7111.80	6791.85	6789.15
	材 料 费(元)			3080.24	2402.26	2057.03	1824.20	1741.23	1682.87
	机 械 费(元)			9524.05	7149.78	6128.11	5048.11	4687.72	4008.98
组 成 内 容		单位	单价	数 量					
人工	综合工	工日	135.00	78.52	57.91	57.07	52.68	50.31	50.29
材 料	普碳钢板 δ20	t	3614.79	0.00793	0.00775	0.00761	0.00519	0.00458	0.00398
	木材 方木	m³	2716.33	0.18	0.18	0.18	0.18	0.18	0.18
	道木	m³	3660.04	0.03	0.01	0.01	0.01	0.01	0.01
	酸洗膏	kg	9.60	2.39	1.50	0.98	0.83	0.67	0.64
	飞溅净	kg	3.96	2.92	1.85	1.26	1.07	0.88	0.74
	电焊条 E4303 D3.2	kg	7.59	2.52	1.88	1.50	1.28	1.05	0.94
	合金钢电焊条	kg	26.56	12.36	10.84	7.79	—	—	—
	不锈钢电焊条	kg	66.08	16.54	10.73	8.16	7.91	7.47	7.11
	不锈钢氩弧焊丝 1Cr18Ni9Ti	kg	57.40	4.47	4.14	3.87	3.65	3.48	3.34
	氧气	m³	2.88	17.22	7.48	6.97	6.67	6.35	6.07
	乙炔气	kg	14.66	5.740	2.490	2.320	2.220	2.120	2.020
	氩气	m³	18.60	12.52	11.60	10.84	10.22	9.74	9.36
	尼龙砂轮片 D100×16×3	片	3.92	9.29	9.48	9.39	8.89	8.52	8.38
	尼龙砂轮片 D150	片	6.65	0.62	0.57	0.53	0.50	0.48	0.47
	尼龙砂轮片 D500×25×4	片	18.69	7.17	6.41	4.88	4.55	4.12	4.00
	蝶形钢丝砂轮片 D100	片	6.27	0.90	0.78	0.54	0.35	0.32	0.26
	炭精棒 8～12	根	1.71	21.24	15.42	12.63	9.06	7.59	6.63
	石墨粉	kg	7.01	0.07	0.07	0.06	0.06	0.06	0.06
	钍钨棒	kg	640.87	0.02625	0.02408	0.02230	0.02084	0.01966	0.01872
	氢氟酸 45%	kg	7.27	0.15	0.10	0.06	0.05	0.04	0.03
	硝酸	kg	5.56	1.21	0.76	0.50	0.42	0.34	0.28
	砂布	张	0.93	25.16	23.08	21.37	19.97	18.84	19.10
	合金钢埋弧焊丝	kg	16.53	—	—	—	2.11	1.74	1.49

续前

单位：t

编 号			5-360	5-361	5-362	5-363	5-364	5-365
项 目			质量（t以内）					
			1	2	4	6	8	10
组 成 内 容	单位	单价	数 量					
材料 不锈钢埋弧焊丝	kg	55.02	—	—	—	0.07	0.06	0.06
埋弧焊剂	kg	4.93	—	—	—	3.27	2.69	2.31
零星材料费	元	—	89.72	69.97	59.91	53.13	50.72	49.02
机 电动双梁起重机 15t	台班	321.22	3.55	2.31	1.62	1.25	1.15	0.99
门式起重机 20t	台班	644.36	0.33	0.29	0.25	0.17	0.15	0.14
载货汽车 5t	台班	443.55	0.79	0.38	0.26	0.06	0.04	0.04
载货汽车 10t	台班	574.62	0.01	0.01	0.01	0.09	0.07	0.06
直流弧焊机 30kW	台班	92.43	9.18	8.15	6.48	3.52	3.44	3.20
氩弧焊机 500A	台班	96.11	7.70	7.13	6.66	6.29	5.99	5.76
电焊条烘干箱 800×800×1000	台班	51.03	0.92	0.82	0.65	0.35	0.34	0.32
电焊条烘干箱 600×500×750	台班	27.16	0.92	0.82	0.65	0.35	0.34	0.32
等离子切割机 400A	台班	229.27	1.51	0.70	0.70	0.49	0.41	0.40
剪板机 20×2500	台班	329.03	1.22	0.83	0.54	0.33	0.26	0.21
卷板机 20×2500	台班	273.51	0.21	0.19	0.16	0.09	0.07	0.06
管子切断机 D150	台班	33.97	3.04	2.78	2.25	2.16	1.99	1.98
刨边机 9000mm	台班	516.01	0.09	0.08	0.05	0.04	0.03	0.03
普通车床 1000×5000	台班	330.46	4.55	2.24	1.78	1.58	1.43	—
摇臂钻床 D63	台班	42.00	13.09	12.12	11.33	10.68	10.18	9.78
坐标镗车 工作台>800×1200	台班	445.13	3.54	3.43	3.37	3.27	3.20	3.11
电动空气压缩机 1m³	台班	52.31	1.51	0.70	0.70	0.49	0.41	0.40
电动空气压缩机 6m³	台班	217.48	0.92	0.82	0.65	0.35	0.34	0.32
液压压接机 800t	台班	1407.15	0.31	0.28	0.24	0.15	0.12	0.11
电动滚胎	台班	55.48	3.11	2.83	2.57	2.32	2.13	2.12
械 试压泵 80MPa	台班	27.58	1.34	1.21	1.71	1.83	1.81	1.93
汽车式起重机 8t	台班	767.15	0.82	0.42	0.16	0.11	0.09	0.09
汽车式起重机 10t	台班	838.68	—	—	0.15	—	—	—
汽车式起重机 20t	台班	1043.80	—	—	—	0.09	0.07	0.06
平板拖车组 8t	台班	834.93	0.02	0.03	0.04	0.05	0.05	0.05
自动埋弧焊机 1500A	台班	261.86	—	—	—	0.09	0.08	0.07
立式钻床 D25	台班	6.78	—	—	—	—	—	1.65

单位：t

编　号				5-366	5-367	5-368	5-369	5-370
项　目				质量(t以内)				
				15	20	30	40	50
预算基价	总　　价(元)			**11427.56**	**10917.64**	**10678.54**	**9750.77**	**9324.66**
	人　工　费(元)			6405.75	6146.55	5795.55	5509.35	5274.45
	材　料　费(元)			1179.11	1133.74	1086.41	1051.63	1033.48
	机　械　费(元)			3842.70	3637.35	3796.58	3189.79	3016.73
组 成 内 容		单位	单价	数　　　量				
人工	综合工	工日	135.00	47.45	45.53	42.93	40.81	39.07
材料	普碳钢板 δ20	t	3614.79	0.00366	0.00334	0.00214	0.00201	0.00189
	木材 方木	m³	2716.33	0.02	0.02	0.02	0.02	0.02
	道木	m³	3660.04	0.01	0.01	0.01	0.01	0.01
	酸洗膏	kg	9.60	0.54	0.46	0.37	0.33	0.29
	飞溅净	kg	3.96	0.71	0.64	0.53	0.48	0.42
	电焊条 E4303 D3.2	kg	7.59	0.91	0.89	0.86	0.77	0.71
	合金钢埋弧焊丝	kg	16.53	1.29	1.25	1.09	1.22	1.55
	不锈钢电焊条	kg	66.08	6.84	6.57	6.38	6.20	5.96
	不锈钢埋弧焊丝	kg	55.02	0.05	0.05	0.04	0.05	0.11
	不锈钢氩弧焊丝 1Cr18Ni9Ti	kg	57.40	3.22	3.12	2.99	2.87	2.82
	埋弧焊剂	kg	4.93	2.02	1.96	1.69	1.90	2.49
	氧气	m³	2.88	5.12	4.10	3.58	3.06	3.00
	乙炔气	kg	14.66	1.710	1.370	1.190	1.020	1.000
	氩气	m³	18.60	9.02	8.74	8.37	8.04	7.81
	尼龙砂轮片 D100×16×3	片	3.92	8.18	8.12	7.95	7.71	7.41
	尼龙砂轮片 D150	片	6.65	0.46	0.44	0.42	0.41	0.39
	尼龙砂轮片 D500×25×4	片	18.69	3.70	3.66	3.64	3.45	3.30
	蝶形钢丝砂轮片 D100	片	6.27	0.25	0.20	0.16	0.14	0.13
	炭精棒 8～12	根	1.71	5.82	4.74	3.78	3.27	3.24

续前

编　号			5-366	5-367	5-368	5-369	5-370
项　目			质量（t以内）				
			15	20	30	40	50
组　成　内　容	单位	单价	数　　量				
石墨粉	kg	7.01	0.05	0.05	0.05	0.05	0.04
钍钨棒	kg	640.87	0.01802	0.01766	0.01713	0.01644	0.01562
氢氟酸 45%	kg	7.27	0.04	0.03	0.02	0.02	0.02
硝酸	kg	5.56	0.26	0.23	0.19	0.17	0.15
砂布	张	0.93	18.39	17.98	17.26	16.39	15.57
钢丝绳 $D15$	m	5.28	0.14	0.16	—	—	—
钢丝绳 $D17.5$	m	6.84	—	—	0.10	—	—
钢丝绳 $D19.5$	m	8.29	—	—	—	0.09	—
钢丝绳 $D21.5$	m	9.57	—	—	—	—	0.08
焊接钢管 $D76$	t	3813.69	—	—	—	—	0.00036
零星材料费	元	—	34.34	33.02	31.64	30.63	30.10
电动双梁起重机 15t	台班	321.22	0.91	0.80	0.69	0.62	0.58
门式起重机 20t	台班	644.36	0.14	0.13	0.13	0.12	0.12
载货汽车 5t	台班	443.55	0.03	0.02	0.02	0.01	—
载货汽车 10t	台班	574.62	0.01	0.01	0.01	0.01	0.01
直流弧焊机 30kW	台班	92.43	3.19	3.17	3.05	3.03	2.84
自动埋弧焊机 1500A	台班	261.86	0.06	0.06	0.05	0.05	0.07
氩弧焊机 500A	台班	96.11	5.54	5.43	5.21	4.95	4.70
电焊条烘干箱 600×500×750	台班	27.16	0.32	0.32	0.31	0.30	0.28
电焊条烘干箱 800×800×1000	台班	51.03	0.32	0.32	0.31	0.30	0.28
等离子切割机 400A	台班	229.27	0.39	0.37	0.36	0.35	0.32
剪板机 20×2500	台班	329.03	0.17	0.09	0.03	0.02	0.01
管子切断机 $D150$	台班	33.97	1.84	1.81	1.77	1.72	1.65
刨边机 9000mm	台班	516.01	0.03	0.03	0.02	0.02	0.03

（材料、机械左侧分别标注"材""料""机""械"）

124

单位：t

编　号			5-366	5-367	5-368	5-369	5-370
项　目			质量（t以内）				
			15	20	30	40	50
组　成　内　容	单位	单价	数　　量				
立式钻床 D25	台班	6.78	1.35	1.17	0.99	0.68	0.58
摇臂钻床 D63	台班	42.00	9.20	8.03	6.46	5.39	5.04
坐标镗车 工作台＞800×1200	台班	445.13	2.99	2.90	2.79	2.65	2.49
电动空气压缩机 1m³	台班	52.31	0.39	0.42	0.40	0.35	0.34
电动空气压缩机 6m³	台班	217.48	0.32	0.32	0.31	0.30	0.28
液压压接机 800t	台班	1407.15	0.09	0.08	0.06	0.06	0.05
电动滚胎	台班	55.48	1.99	1.93	1.85	1.76	1.65
试压泵 80MPa	台班	27.58	1.85	1.95	2.10	2.09	2.03
半自动切割机 100mm	台班	88.45	—	—	0.05	0.04	0.05
汽车式起重机 8t	台班	767.15	0.09	0.08	0.05	0.05	0.05
汽车式起重机 10t	台班	838.68	—	—	0.03	0.03	—
汽车式起重机 16t	台班	971.12	0.08	—	—	—	—
汽车式起重机 20t	台班	1043.80	—	0.07	—	—	0.02
汽车式起重机 25t	台班	1098.98	—	—	0.45	—	—
汽车式起重机 40t	台班	1547.56	—	—	—	0.04	—
汽车式起重机 50t	台班	2492.74	—	—	—	—	0.03
卷板机 20×2500	台班	273.51	0.06	0.05	0.04	0.04	0.01
卷板机 40×3500	台班	516.54	—	—	—	0.02	0.02
平板拖车组 8t	台班	834.93	0.05	0.05	0.05	0.05	0.05
平板拖车组 15t	台班	1007.72	0.04	—	—	—	—
平板拖车组 20t	台班	1101.26	—	0.04	—	—	—
平板拖车组 30t	台班	1263.97	—	—	0.02	—	—
平板拖车组 40t	台班	1468.34	—	—	—	0.02	—
平板拖车组 50t	台班	1545.90	—	—	—	—	0.02

（机械）

（5）不锈钢固定管板式焊接

工作内容：放样号料,切割,坡口,压头卷弧,找圆,封头制作,组对、焊接,焊缝酸洗钝化处理,管板、折流板、支撑板、防冲板、拉杆、定距管、换热管束的制作、装配、成品倒运堆放等。

单位：t

编　号				5-371	5-372	5-373	5-374	5-375	5-376
项　目				质量（t以内）					
				1	2	4	6	8	10
预算基价	总　价（元）			**29624.18**	**22442.04**	**19789.19**	**17261.10**	**15968.26**	**14782.19**
	人　工　费（元）			13128.75	10015.65	9566.10	8862.75	8376.75	8291.70
	材　料　费（元）			2926.86	2539.49	2016.60	1675.16	1500.98	1361.64
	机　械　费（元）			13568.57	9886.90	8206.49	6723.19	6090.53	5128.85
组 成 内 容		单位	单价	数　量					
人工	综合工	工日	135.00	97.25	74.19	70.86	65.65	62.05	61.42
材料	普碳钢板 δ20	t	3614.79	0.00893	0.00851	0.00819	0.00546	0.00416	0.00414
	木材 方木	m³	2716.33	0.02	0.02	0.02	0.02	0.02	0.02
	道木	m³	3660.04	0.03	0.01	0.01	0.01	0.01	0.01
	酸洗膏	kg	9.60	3.57	3.25	2.19	1.38	1.25	1.01
	飞溅净	kg	3.96	4.24	3.86	2.65	1.69	1.54	1.27
	电焊条 E4303 D3.2	kg	7.59	2.00	1.06	0.76	0.70	0.63	0.56
	不锈钢电焊条	kg	66.08	27.25	24.04	17.62	13.72	11.77	10.10
	不锈钢氩弧焊丝 1Cr18Ni9Ti	kg	57.40	4.65	4.31	4.03	3.80	3.62	3.48
	氧气	m³	2.88	2.99	1.58	1.13	0.90	0.84	0.81
	乙炔气	kg	14.66	1.000	0.530	0.380	0.300	0.280	0.270
	氩气	m³	18.60	13.04	12.07	11.28	10.64	10.14	9.75
	尼龙砂轮片 D100×16×3	片	3.92	12.46	11.33	10.76	9.24	8.83	8.64
	尼龙砂轮片 D150	片	6.65	0.64	0.61	0.59	0.53	0.51	0.49
	尼龙砂轮片 D500×25×4	片	18.69	7.65	6.45	5.25	4.79	4.30	4.17
	蝶形钢丝砂轮片 D100	片	6.27	0.93	0.86	0.58	0.36	0.33	0.27
	炭精棒 8～12	根	1.71	18.66	16.95	13.62	8.49	7.08	6.09
	石墨粉	kg	7.01	0.08	0.07	0.07	0.06	0.06	0.06
	钍钨棒	kg	640.87	0.02607	0.02414	0.02256	0.02128	0.02027	0.01949
	氢氟酸 45%	kg	7.27	0.23	0.21	0.14	0.09	0.08	0.06
	硝酸	kg	5.56	1.81	1.65	1.11	0.70	0.63	0.51
	砂布	张	0.93	26.60	24.63	23.02	21.72	20.68	19.89

续前

单位：t

编　　号			5-371	5-372	5-373	5-374	5-375	5-376
项　　目			质量(t以内)					
			1	2	4	6	8	10
组　成　内　容	单位	单价	数　　量					
材料 零星材料费	元	—	43.25	37.53	29.80	24.76	22.18	20.12
电动双梁起重机 15t	台班	321.22	6.76	4.51	3.02	2.30	2.03	1.83
门式起重机 20t	台班	644.36	0.33	0.31	0.29	0.19	0.17	0.15
载货汽车 5t	台班	443.55	0.84	0.41	0.29	0.06	0.05	0.04
载货汽车 10t	台班	574.62	0.01	0.01	0.01	0.09	0.07	0.06
直流弧焊机 30kW	台班	92.43	10.50	9.55	7.38	5.23	4.85	4.37
机 氩弧焊机 500A	台班	96.11	8.02	7.42	6.94	6.54	6.23	5.99
电焊条烘干箱 800×800×1000	台班	51.03	1.05	0.96	0.74	0.52	0.49	0.44
电焊条烘干箱 600×500×750	台班	27.16	1.05	0.96	0.74	0.52	0.49	0.44
等离子切割机 400A	台班	229.27	4.61	2.32	2.19	1.77	1.46	1.42
剪板机 20×2500	台班	329.03	2.68	1.66	1.06	0.68	0.56	0.44
卷板机 20×2500	台班	273.51	0.21	0.20	0.17	0.10	0.08	0.07
管子切断机 D150	台班	33.97	3.24	2.83	2.43	2.27	2.08	2.06
刨边机 9000mm	台班	516.01	0.12	0.10	0.07	0.05	0.04	0.03
普通车床 1000×5000	台班	330.46	6.09	3.10	2.39	2.12	1.88	—
摇臂钻床 D63	台班	42.00	19.59	18.14	16.95	15.99	15.23	14.64
坐标镗车 工作台>800×1200	台班	445.13	4.33	4.01	3.75	3.54	3.37	3.24
电动空气压缩机 1m³	台班	52.31	4.61	2.32	2.19	1.77	1.46	1.42
电动空气压缩机 6m³	台班	217.48	1.05	0.96	0.74	0.52	0.49	0.44
液压压接机 800t	台班	1407.15	0.33	0.29	0.26	0.16	0.12	0.11
电动滚胎	台班	55.48	7.11	6.46	5.51	3.95	3.47	3.25
械 试压泵 80MPa	台班	27.58	1.43	1.64	1.85	1.93	1.89	1.91
汽车式起重机 8t	台班	767.15	0.87	0.46	0.17	0.11	0.10	0.09
汽车式起重机 10t	台班	838.68	—	—	0.18	—	—	—
汽车式起重机 20t	台班	1043.80	—	—	—	0.09	0.07	0.06
平板拖车组 8t	台班	834.93	0.02	0.04	0.05	0.05	0.05	0.05
立式钻床 D25	台班	6.78	—	—	—	—	—	2.20

编 号			5-377	5-378	5-379	5-380	5-381
项 目			质量（t以内）				
			15	20	30	40	50
预算基价	总 价（元）		**13753.53**	**12473.72**	**11453.92**	**10752.43**	**10259.57**
	人 工 费（元）		7688.25	7051.05	6424.65	5987.25	5680.80
	材 料 费（元）		1314.82	1134.48	1131.69	1118.55	1114.30
	机 械 费（元）		4750.46	4288.19	3897.58	3646.63	3464.47
组 成 内 容		单位	单价	数 量			
人工	综合工	工日	135.00	56.95	52.23	47.59	44.35	42.08
材料	普碳钢板 $\delta 20$	t	3614.79	0.00334	0.00285	0.00220	0.00193	0.00204
	木材 方木	m³	2716.33	0.02	0.02	0.02	0.02	0.02
	道木	m³	3660.04	0.01	0.01	0.01	0.01	0.01
	酸洗膏	kg	9.60	0.96	0.80	0.60	0.52	0.49
	飞溅净	kg	3.96	1.22	1.02	0.80	0.71	0.66
	电焊条 E4303 D3.2	kg	7.59	0.55	0.53	0.50	0.46	0.46
	不锈钢电焊条	kg	66.08	9.86	5.99	5.87	5.75	5.58
	不锈钢氩弧焊丝 1Cr18Ni9Ti	kg	57.40	3.33	3.48	3.73	3.71	3.59
	氧气	m³	2.88	0.78	0.74	0.64	0.66	0.52
	乙炔气	kg	14.66	0.260	0.250	0.210	0.220	0.170
	氩气	m³	18.60	9.32	9.74	10.44	10.39	10.05
	尼龙砂轮片 D100×16×3	片	3.92	8.42	8.64	8.60	8.52	8.41
	尼龙砂轮片 D150	片	6.65	0.40	0.38	0.36	0.34	0.32
	尼龙砂轮片 D500×25×4	片	18.69	3.83	3.71	3.62	3.52	3.37
	蝶形钢丝砂轮片 D100	片	6.27	0.26	0.21	0.16	0.13	0.13
	炭精棒 8～12	根	1.71	5.37	4.89	3.87	3.36	3.30
	石墨粉	kg	7.01	0.05	0.05	0.04	0.04	0.04
	钍钨棒	kg	640.87	0.01868	0.01952	0.02088	0.02079	0.02010
	氢氟酸 45%	kg	7.27	0.06	0.05	0.04	0.03	0.03
	硝酸	kg	5.56	0.49	0.40	0.30	0.27	0.25
	砂布	张	0.93	19.06	18.49	17.75	16.86	15.85
	不锈钢埋弧焊丝	kg	55.02	—	1.11	0.93	0.99	1.39
	埋弧焊剂	kg	4.93	—	1.67	1.40	1.48	2.09
	钢丝绳 D15	m	5.28	0.15	0.16	—	—	—
	钢丝绳 D17.5	m	6.84	—	—	0.10	—	—
	钢丝绳 D19.5	m	8.29	—	—	—	0.09	—
	钢丝绳 D21.5	m	9.57	—	—	—	—	0.08
	焊接钢管 D76	t	3813.69	—	—	—	—	0.00037
	零星材料费	元	—	19.43	16.77	16.72	16.53	16.47
机械	电动双梁起重机 15t	台班	321.22	1.54	1.23	1.00	0.78	0.72

续前

编　　号			5-377	5-378	5-379	5-380	5-381
项　　目			质量（t以内）				
			15	20	30	40	50
组　成　内　容	单位	单价	数　　量				
门式起重机 20t	台班	644.36	0.13	0.14	0.09	0.09	0.09
载货汽车 5t	台班	443.55	0.04	0.03	0.02	0.01	—
载货汽车 10t	台班	574.62	0.01	0.01	0.01	0.01	0.02
直流弧焊机 30kW	台班	92.43	4.21	3.32	3.12	3.02	2.92
电焊条烘干箱 600×500×750	台班	27.16	0.42	0.33	0.31	0.30	0.29
电焊条烘干箱 800×800×1000	台班	51.03	0.42	0.33	0.31	0.30	0.29
等离子切割机 400A	台班	229.27	1.19	1.00	0.82	0.73	0.63
剪板机 20×2500	台班	329.03	0.31	0.17	0.06	0.03	0.03
氩弧焊机 500A	台班	96.11	5.74	6.01	6.42	6.39	6.18
管子切断机 D150	台班	33.97	1.91	1.88	1.85	1.79	1.70
刨边机 9000mm	台班	516.01	0.03	0.03	0.03	0.03	0.03
立式钻床 D25	台班	6.78	1.78	1.47	1.07	0.81	0.68
摇臂钻床 D63	台班	42.00	13.70	11.54	8.95	7.05	6.53
坐标镗车 工作台>800×1200	台班	445.13	3.10	3.04	2.95	2.83	2.69
电动空气压缩机 1m³	台班	52.31	1.19	1.00	0.82	0.62	0.63
电动空气压缩机 6m³	台班	217.48	0.42	0.33	0.31	0.30	0.29
液压压接机 800t	台班	1407.15	0.09	0.08	0.06	0.06	0.05
电动滚胎	台班	55.48	2.96	2.20	2.16	2.09	2.01
自动埋弧焊机 1500A	台班	261.86	—	0.05	0.05	0.05	0.07
试压泵 80MPa	台班	27.58	1.92	2.01	2.15	2.14	2.07
汽车式起重机 8t	台班	767.15	0.09	0.08	0.05	0.05	0.05
汽车式起重机 10t	台班	838.68	—	—	0.03	0.03	—
汽车式起重机 16t	台班	971.12	0.09	—	—	—	—
汽车式起重机 20t	台班	1043.80	—	0.07	—	—	0.02
汽车式起重机 25t	台班	1098.98	—	—	0.05	—	—
汽车式起重机 40t	台班	1547.56	—	—	—	0.04	—
汽车式起重机 50t	台班	2492.74	—	—	—	—	0.03
卷板机 20×2500	台班	273.51	0.06	0.05	0.04	0.04	0.03
卷板机 40×3500	台班	516.54	—	—	—	0.02	0.01
平板拖车组 8t	台班	834.93	0.05	0.05	0.06	0.06	0.05
平板拖车组 15t	台班	1007.72	0.04	—	—	—	—
平板拖车组 20t	台班	1101.26	—	0.04	—	—	—
平板拖车组 30t	台班	1263.97	—	—	0.02	—	—
平板拖车组 40t	台班	1468.34	—	—	—	0.02	—
平板拖车组 50t	台班	1545.90	—	—	—	—	0.02

2.浮头式换热器

（1）低合金钢（碳钢）浮头式焊接

工作内容： 放样号料，切割，坡口，压头卷弧，找圆，封头制作，组对、焊接，焊缝酸洗钝化处理，管板、折流板、支撑板、防冲板、拉杆、定距管、换热管束的制作、装配、成品倒运堆放等。

单位：t

编　　　号			5-382	5-383	5-384	5-385	5-386	5-387
项　　　目			质量（t以内）					
			1	2	4	6	8	10
预算基价	总　　价（元）		**23259.63**	**17393.26**	**14401.48**	**11621.97**	**10931.34**	**10010.14**
	人　工　费（元）		10552.95	8789.85	7488.45	6272.10	6003.45	5817.15
	材　料　费（元）		2594.87	1993.75	1571.92	1200.66	1097.23	1048.70
	机　械　费（元）		10111.81	6609.66	5341.11	4149.21	3830.66	3144.29
组成内容	单位	单价	数　　　量					
人工 综合工	工日	135.00	78.17	65.11	55.47	46.46	44.47	43.09
材料 普碳钢板 δ20	t	3614.79	0.01932	0.01073	0.00986	0.00665	0.00525	0.00493
型钢	t	3699.72	0.00236	0.00157	0.00144	0.00133	0.00125	0.00118
木材　方木	m³	2716.33	0.02	0.02	0.02	0.02	0.02	0.02
道木	m³	3660.04	0.03	0.02	0.01	0.01	0.01	0.01
白铅油	kg	8.16	17.50	8.03	3.70	—	—	—
清油	kg	15.06	3.50	1.59	1.12	1.29	1.06	0.87
合金钢电焊条	kg	26.56	41.96	36.53	26.99	16.05	14.04	13.62
碳钢氩弧焊丝	kg	11.10	3.25	3.16	3.08	2.95	2.85	2.71
氧气	m³	2.88	29.20	19.47	17.62	12.33	12.10	11.69
乙炔气	kg	14.66	9.730	6.490	5.870	4.110	4.030	3.900
氩气	m³	18.60	9.10	8.95	8.61	8.24	7.97	7.59
尼龙砂轮片 D100×16×3	片	3.92	11.18	9.84	7.98	6.84	6.27	5.75
尼龙砂轮片 D150	片	6.65	2.25	2.06	1.91	1.78	1.68	1.60
尼龙砂轮片 D500×25×4	片	18.69	7.61	4.93	4.16	3.76	3.47	3.32
蝶形钢丝砂轮片 D100	片	6.27	1.02	0.88	0.66	0.42	0.38	0.30
柴油	kg	6.32	36.66	18.83	16.90	15.95	15.19	14.60
炭精棒 8～12	根	1.71	36.90	30.75	22.89	16.11	13.00	11.64
石墨粉	kg	7.01	0.17	0.14	0.13	0.12	0.11	0.08
钍钨棒	kg	640.87	0.02048	0.01879	0.01740	0.01657	0.01593	0.01517
砂布	张	0.93	19.39	17.79	16.47	15.39	14.52	13.83
合金钢埋弧焊丝	kg	16.53	—	—	—	2.20	1.77	1.49
埋弧焊剂	kg	4.93	—	—	—	3.30	2.66	2.24

单位：t

编　号			5-382	5-383	5-384	5-385	5-386	5-387
项　目			质量（t以内）					
			1	2	4	6	8	10
组　成　内　容	单位	单价	数　　量					
材料　零星材料费	元	—	75.58	58.07	45.78	34.97	31.96	30.54
电动双梁起重机 15t	台班	321.22	4.30	2.50	1.65	1.15	1.10	0.94
门式起重机 20t	台班	644.36	1.23	0.53	0.39	0.26	0.21	0.21
载货汽车 5t	台班	443.55	0.96	0.39	0.28	0.06	0.06	0.05
载货汽车 10t	台班	574.62	0.01	0.01	0.01	0.09	0.07	0.01
载货汽车 15t	台班	809.06	—	—	—	—	—	0.05
直流弧焊机 30kW	台班	92.43	13.68	9.96	7.34	4.50	4.16	3.83
电焊条烘干箱 600×500×750	台班	27.16	1.37	1.00	0.73	0.45	0.42	0.38
电焊条烘干箱 800×800×1000	台班	51.03	1.37	1.00	0.73	0.45	0.42	0.38
卷板机 20×2500	台班	273.51	0.29	0.26	0.20	0.12	0.09	0.08
管子切断机 D150	台班	33.97	2.88	1.86	1.57	1.43	1.30	1.25
刨边机 9000mm	台班	516.01	0.11	0.09	0.06	0.05	0.04	0.04
普通车床 1000×5000	台班	330.46	4.72	2.46	1.98	1.47	1.30	—
氩弧焊机 500A	台班	96.11	4.78	4.49	4.26	4.18	4.06	3.98
剪板机 20×2500	台班	329.03	1.57	1.06	0.70	0.36	0.28	0.22
摇臂钻床 D63	台班	42.00	9.84	9.11	8.59	8.18	8.02	7.79
坐标镗车 工作台＞800×1200	台班	445.13	2.41	2.34	2.23	2.12	2.02	1.96
卷扬机 单筒慢速 30kN	台班	205.84	0.21	0.12	0.10	0.07	0.07	0.04
电动空气压缩机 6m³	台班	217.48	1.37	1.00	0.73	0.45	0.42	0.38
液压压接机 800t	台班	1407.15	0.41	0.24	0.21	0.14	0.13	0.08
箱式加热炉 RJX-75-9	台班	130.77	0.41	0.24	0.21	0.14	0.13	0.08
电动滚胎	台班	55.48	1.90	1.74	1.62	1.59	1.42	1.37
试压泵 80MPa	台班	27.58	0.86	0.94	1.03	1.11	1.13	1.18
汽车式起重机 8t	台班	767.15	0.96	0.42	0.32	0.10	0.09	0.09
汽车式起重机 10t	台班	838.68	0.03	0.01	0.01	0.01	0.01	0.01
汽车式起重机 20t	台班	1043.80	—	—	—	0.09	0.07	—
汽车式起重机 25t	台班	1098.98	—	—	—	—	—	0.05
平板拖车组 8t	台班	834.93	0.02	0.03	0.04	0.04	0.04	0.04
自动埋弧焊机 1500A	台班	261.86	—	—	—	0.09	0.08	0.06
立式钻床 D25	台班	6.78	—	—	—	—	—	1.69

（机械）

131

编　　　号			5-388	5-389	5-390	5-391	5-392
项　　目			质量(t以内)				
			15	20	30	40	50
预算基价	总　　价(元)		**9487.92**	**10023.53**	**8360.47**	**7937.84**	**7598.51**
	人　工　费(元)		5545.80	5333.85	5015.25	4685.85	4452.30
	材　料　费(元)		988.30	921.52	853.55	827.89	801.10
	机　械　费(元)		2953.82	3768.16	2491.67	2424.10	2345.11
组　成　内　容	单位	单价	数　　量				
人工 综合工	工日	135.00	41.08	39.51	37.15	34.71	32.98
材料 普碳钢板 δ20	t	3614.79	0.00411	0.00394	0.00256	0.00245	0.00224
型钢	t	3699.72	0.00112	0.00098	0.00097	0.00095	0.00089
木材　方木	m³	2716.33	0.02	0.02	0.02	0.02	0.02
道木	m³	3660.04	0.01	0.01	0.01	0.01	0.01
清油	kg	15.06	0.83	0.68	0.49	0.41	0.38
合金钢电焊条	kg	26.56	12.47	11.48	10.50	10.18	9.67
合金钢埋弧焊丝	kg	16.53	1.29	1.25	1.03	1.34	1.82
碳钢氩弧焊丝	kg	11.10	2.60	2.47	2.35	2.25	2.10
埋弧焊剂	kg	4.93	1.94	1.87	1.55	2.01	2.72
氧气	m³	2.88	11.57	9.68	9.26	8.76	8.00
乙炔气	kg	14.66	3.860	3.230	3.090	2.920	2.670
氩气	m³	18.60	7.27	6.91	6.56	6.23	5.80
尼龙砂轮片 D100×16×3	片	3.92	5.62	5.28	4.88	4.67	4.43
尼龙砂轮片 D150	片	6.65	1.54	1.50	1.47	1.45	1.38
尼龙砂轮片 D500×25×4	片	18.69	3.08	2.68	2.67	2.49	2.38
蝶形钢丝砂轮片 D100	片	6.27	0.29	0.24	0.18	0.15	0.15
柴油	kg	6.32	14.18	13.25	13.08	12.43	11.81
炭精棒 8～12	根	1.71	10.23	8.46	6.15	5.25	5.34
石墨粉	kg	7.01	0.07	0.07	0.07	0.06	0.06
钍钨棒	kg	640.87	0.01454	0.01381	0.01312	0.01233	0.01159
砂布	张	0.93	13.25	12.59	12.08	11.48	10.79
黑铅粉	kg	0.44	0.24	0.19	0.12	0.10	0.09
钢丝绳 D15	m	5.28	—	1.53	—	—	—
钢丝绳 D17.5	m	6.84	—	—	0.09	—	—
钢丝绳 D19.5	m	8.29	—	—	—	0.08	—
钢丝绳 D21.5	m	9.57	—	—	—	—	0.08
焊接钢管 D76	t	3813.69	—	—	—	0.00008	0.00042
零星材料费	元	—	28.79	26.84	24.86	24.11	23.33
机械 电动双梁起重机 15t	台班	321.22	0.91	0.74	0.56	0.50	0.49

单位：t

编　号			5-388	5-389	5-390	5-391	5-392
项　目			质量（t以内）				
			15	20	30	40	50
组 成 内 容	单位	单价	数　　量				
机　　　　　　　　　　　　　　　　　械	门式起重机 20t	台班	644.36	0.19	0.18	0.11	0.10	0.10
	载货汽车 5t	台班	443.55	0.04	0.03	0.01	0.01	0.01
	载货汽车 10t	台班	574.62	0.01	0.01	0.02	0.02	0.01
	载货汽车 15t	台班	809.06	0.04	—	—	—	—
	直流弧焊机 30kW	台班	92.43	3.69	3.43	3.16	3.09	2.91
	自动埋弧焊机 1500A	台班	261.86	0.06	0.05	0.04	0.06	0.07
	氩弧焊机 500A	台班	96.11	3.81	3.66	3.48	3.30	3.10
	电焊条烘干箱 800×800×1000	台班	51.03	0.37	0.34	0.32	0.31	0.29
	电焊条烘干箱 600×500×750	台班	27.16	0.37	0.34	0.32	0.31	0.29
	剪板机 20×2500	台班	329.03	0.17	0.15	0.04	0.04	0.03
	管子切断机 D150	台班	33.97	1.16	1.01	1.00	0.96	0.94
	刨边机 9000mm	台班	516.01	0.03	0.03	0.03	0.04	0.04
	立式钻床 D25	台班	6.78	1.44	1.00	0.81	0.71	0.67
	摇臂钻床 D63	台班	42.00	7.29	6.53	6.42	6.22	6.01
	坐标镗车 工作台>800×1200	台班	445.13	1.88	1.81	1.76	1.70	1.62
	卷扬机 单筒慢速 30kN	台班	205.84	0.04	0.04	0.03	0.03	0.03
	电动空气压缩机 6m³	台班	217.48	0.37	0.34	0.32	0.31	0.29
	液压压接机 800t	台班	1407.15	0.07	0.07	0.05	0.05	0.05
	箱式加热炉 RJX-75-9	台班	130.77	0.07	0.07	0.05	0.05	0.05
	电动滚胎	台班	55.48	1.35	1.33	1.28	1.23	1.17
	试压泵 80MPa	台班	27.58	1.20	1.22	1.26	1.28	1.22
	半自动切割机 100mm	台班	88.45	0.03	0.04	0.08	0.08	0.09
	汽车式起重机 8t	台班	767.15	0.04	0.05	0.04	0.04	0.04
	汽车式起重机 10t	台班	838.68	0.04	0.03	0.01	0.01	0.01
	汽车式起重机 20t	台班	1043.80	—	0.68	0.02	0.02	0.01
	汽车式起重机 25t	台班	1098.98	0.04	—	0.04	—	—
	汽车式起重机 40t	台班	1547.56	—	—	—	0.03	—
	汽车式起重机 50t	台班	2492.74	—	—	—	—	0.03
	平板拖车组 8t	台班	834.93	0.04	0.04	0.04	0.04	0.04
	平板拖车组 20t	台班	1101.26	—	0.34	—	—	—
	平板拖车组 30t	台班	1263.97	—	—	0.02	—	—
	平板拖车组 40t	台班	1468.34	—	—	—	0.02	—
	平板拖车组 50t	台班	1545.90	—	—	—	—	0.02
	卷板机 20×2500	台班	273.51	0.07	0.07	0.05	0.02	0.01
	卷板机 40×3500	台班	516.54	—	—	—	0.03	0.04

(2) 低合金钢（碳钢）浮头式胀接

工作内容：放样号料,切割,坡口,压头卷弧,找圆,封头制作,组对、焊接,焊缝酸洗钝化处理,管板、折流板、支撑板、防冲板、拉杆、定距管、换热管束的制作、装配、成品倒运堆放等。

单位：t

编 号			5-393	5-394	5-395	5-396	5-397	5-398
项 目			质量(t以内)					
			1	2	4	6	8	10
预算基价	总 价（元）		**25446.58**	**19331.34**	**16519.06**	**13798.49**	**13106.55**	**12206.18**
	人 工 费（元）		11557.35	9632.25	8523.90	7403.40	7118.55	6998.40
	材 料 费（元）		2966.28	2333.33	1929.51	1556.49	1440.79	1394.91
	机 械 费（元）		10922.95	7365.76	6065.65	4838.60	4547.21	3812.87
组 成 内 容	单位	单价	数 量					
人工 综合工	工日	135.00	85.61	71.35	63.14	54.84	52.73	51.84
材料 普碳钢板 δ20	t	3614.79	0.01933	0.01073	0.00986	0.00665	0.00525	0.00493
型钢	t	3699.72	0.00236	0.00157	0.00144	0.00133	0.00125	0.00118
木材 方木	m³	2716.33	0.02	0.02	0.02	0.02	0.02	0.02
道木	m³	3660.04	0.03	0.02	0.01	0.01	0.01	0.01
白铅油	kg	8.16	17.52	8.03	3.70	—	—	—
清油	kg	15.06	3.50	1.59	1.29	1.12	1.06	0.87
青铅	kg	22.81	6.03	5.91	7.27	7.95	7.84	8.30
白灰	kg	0.30	83.76	82.07	100.93	110.35	108.83	115.23
合金钢电焊条	kg	26.56	41.87	36.53	26.98	16.04	14.04	13.51
氧气	m³	2.88	29.20	19.47	17.62	12.33	12.10	11.69
乙炔气	kg	14.66	9.730	6.490	5.870	4.110	4.030	3.900
尼龙砂轮片 $D100×16×3$	片	3.92	9.41	8.09	5.84	4.50	3.96	3.30
尼龙砂轮片 $D150$	片	6.65	2.25	2.06	1.91	1.78	1.68	1.60
尼龙砂轮片 $D500×25×4$	片	18.69	7.62	4.93	4.16	3.78	3.47	3.32
蝶形钢丝砂轮片 $D100$	片	6.27	1.02	0.88	0.66	0.42	0.38	0.30
木柴	kg	1.03	27.69	25.41	23.53	21.99	20.74	19.75
焦炭	kg	1.25	276.94	254.07	235.51	219.86	207.42	197.55
柴油	kg	6.32	36.66	18.83	16.90	15.95	15.19	14.60
料 汽油	kg	7.74	2.64	2.45	2.29	2.16	2.05	1.98
黄干油	kg	15.77	0.98	0.90	0.84	0.79	0.75	0.72
炭精棒 8～12	根	1.71	36.90	30.75	22.89	16.11	13.44	11.64
石墨粉	kg	7.01	0.17	0.14	0.13	0.12	0.11	0.08
砂布	张	0.93	35.23	32.62	30.49	28.76	27.39	26.34
合金钢埋弧焊丝	kg	16.53	—	—	—	2.20	1.77	1.49

续前

单位：t

编　号			5-393	5-394	5-395	5-396	5-397	5-398
项　目			质量(t以内)					
			1	2	4	6	8	10
组 成 内 容	单位	单价	数　量					
材料 埋弧焊剂	kg	4.93	—	—	—	3.30	2.66	2.24
黑铅粉	kg	0.44	—	—	—	0.44	0.37	0.29
零星材料费	元	—	86.40	67.96	56.20	45.33	41.96	40.63
汽车式起重机 8t	台班	767.15	0.96	0.42	0.32	0.10	0.09	0.09
汽车式起重机 10t	台班	838.68	0.03	0.01	0.01	0.01	0.01	0.01
电动双梁起重机 15t	台班	321.22	4.30	2.50	1.65	1.15	1.10	0.94
门式起重机 20t	台班	644.36	1.23	0.53	0.39	0.26	0.21	0.21
载货汽车 5t	台班	443.55	0.96	0.39	0.28	0.06	0.06	0.05
载货汽车 10t	台班	574.62	0.01	0.01	0.01	0.09	0.07	0.01
载货汽车 15t	台班	809.06	—	—	—	—	—	0.05
平板拖车组 8t	台班	834.93	0.02	0.03	0.04	0.04	0.04	0.04
直流弧焊机 30kW	台班	92.43	13.08	9.37	6.60	3.69	3.37	2.85
电焊条烘干箱 600×500×750	台班	27.16	1.31	0.94	0.66	0.37	0.34	0.29
电焊条烘干箱 800×800×1000	台班	51.03	1.31	0.94	0.66	0.37	0.34	0.29
剪板机 20×2500	台班	329.03	1.57	1.06	0.70	0.36	0.28	0.22
卷板机 20×2500	台班	273.51	0.29	0.26	0.20	0.12	0.09	0.08
管子切断机 D150	台班	33.97	2.88	1.86	1.57	1.43	1.30	1.25
刨边机 9000mm	台班	516.01	0.11	0.09	0.06	0.05	0.04	0.04
普通车床 1000×5000	台班	330.46	4.73	2.46	1.98	1.47	1.30	—
摇臂钻床 D63	台班	42.00	9.84	9.11	8.59	8.18	8.02	7.79
坐标镗车 工作台＞800×1200	台班	445.13	5.37	5.12	4.92	4.73	4.66	4.52
卷扬机 单筒慢速 30kN	台班	205.84	0.21	0.12	0.10	0.07	0.07	0.04
电动空气压缩机 6m³	台班	217.48	1.31	0.94	0.66	0.37	0.34	0.29
吹风机 4.0m³	台班	20.62	0.92	0.90	1.11	1.19	1.21	1.26
液压压接机 800t	台班	1407.15	0.41	0.24	0.21	0.14	0.13	0.08
箱式加热炉 RJX-75-9	台班	130.77	0.41	0.24	0.21	0.14	0.13	0.08
电动滚胎	台班	55.48	1.97	1.81	1.67	1.65	1.48	1.42
试压泵 80MPa	台班	27.58	0.86	0.94	1.03	1.11	1.13	1.18
自动埋弧焊机 1500A	台班	261.86	—	—	—	0.09	0.08	0.06
汽车式起重机 20t	台班	1043.80	—	—	—	0.09	0.07	—
汽车式起重机 25t	台班	1098.98	—	—	—	—	—	0.05
立式钻床 D25	台班	6.78	—	—	—	—	—	1.69

135

编　号			5-399	5-400	5-401	5-402	5-403
项　目			质量(t以内)				
			15	20	30	40	50
预算基价	总　　价(元)		**11588.06**	**12154.16**	**10233.96**	**9953.93**	**9491.28**
	人　工　费(元)		6678.45	6515.10	6007.50	5907.60	5611.95
	材　料　费(元)		1322.14	1262.29	1205.69	1166.43	1147.38
	机　械　费(元)		3587.47	4376.77	3020.77	2879.90	2731.95
组　成　内　容		单位	单价	数　　量			
人工	综合工	工日	135.00	49.47	48.26	44.50	43.76	41.57
材料	普碳钢板 $\delta20$	t	3614.79	0.00411	0.00394	0.00256	0.00245	0.00224
	型钢	t	3699.72	0.00112	0.00098	0.00097	0.00095	0.00089
	木材　方木	m³	2716.33	0.02	0.02	0.02	0.02	0.02
	道木	m³	3660.04	0.01	0.01	0.01	0.01	0.01
	清油	kg	15.06	0.83	0.68	0.49	0.41	0.38
	青铅	kg	22.81	7.95	8.30	8.86	8.58	9.01
	白灰	kg	0.30	110.40	115.27	123.11	119.14	125.07
	合金钢电焊条	kg	26.56	12.45	11.37	10.38	10.07	9.58
	合金钢埋弧焊丝	kg	16.53	1.29	1.25	1.03	1.34	1.82
	埋弧焊剂	kg	4.93	1.94	1.87	1.55	2.01	2.72
	氧气	m³	2.88	11.57	9.68	9.26	8.76	8.00
	乙炔气	kg	14.66	3.860	3.230	3.090	2.920	2.670
	尼龙砂轮片 $D100\times16\times3$	片	3.92	3.27	2.83	2.27	2.13	2.03
	尼龙砂轮片 $D150$	片	6.65	1.54	1.50	1.47	1.45	1.38
	尼龙砂轮片 $D500\times25\times4$	片	18.69	3.08	2.68	2.67	2.49	2.38
	蝶形钢丝砂轮片 $D100$	片	6.27	0.29	0.24	0.18	0.15	0.15
	木柴	kg	1.03	18.93	18.36	17.62	16.74	15.74
	焦炭	kg	1.25	189.26	183.58	176.24	167.43	157.39
	柴油	kg	6.32	14.18	13.25	13.08	12.43	11.81

单位：t

编　号			5-399	5-400	5-401	5-402	5-403
项　目			质量（t以内）				
			15	20	30	40	50
组成内容	单位	单价	数　量				
材 料	汽油	kg	7.74	1.89	1.84	1.76	1.68	1.57
	黄干油	kg	15.77	0.69	0.67	0.64	0.60	0.57
	炭精棒 8～12	根	1.71	10.23	8.46	6.15	5.25	5.34
	石墨粉	kg	7.01	0.08	0.07	0.07	0.06	0.06
	黑铅粉	kg	0.44	0.24	0.19	0.12	0.10	0.09
	砂布	张	0.93	25.24	24.48	23.50	22.09	20.98
	钢丝绳 D15	m	5.28	—	1.53	—	—	—
	钢丝绳 D17.5	m	6.84	—	—	0.09	—	—
	钢丝绳 D19.5	m	8.29	—	—	—	0.08	—
	钢丝绳 D21.5	m	9.57	—	—	—	—	0.08
	焊接钢管 D76	t	3813.69	—	—	—	0.00008	0.00042
	零星材料费	元	—	38.51	36.77	35.12	33.97	33.42
机 械	电动双梁起重机 15t	台班	321.22	0.91	0.74	0.56	0.50	0.49
	载货汽车 5t	台班	443.55	0.04	0.03	0.01	0.01	0.01
	载货汽车 10t	台班	574.62	0.01	0.01	0.02	0.02	0.01
	载货汽车 15t	台班	809.06	0.04	—	—	—	—
	门式起重机 20t	台班	644.36	0.19	0.18	0.11	0.10	0.10
	直流弧焊机 30kW	台班	92.43	2.68	2.59	2.25	2.22	2.03
	自动埋弧焊机 1500A	台班	261.86	0.06	0.05	0.04	0.06	0.07
	电焊条烘干箱 600×500×750	台班	27.16	0.27	0.26	0.23	0.22	0.20
	电焊条烘干箱 800×800×1000	台班	51.03	0.27	0.26	0.23	0.22	0.20
	剪板机 20×2500	台班	329.03	0.17	0.15	0.04	0.04	0.03
	管子切断机 D150	台班	33.97	1.16	1.01	1.00	0.96	0.94
	刨边机 9000mm	台班	516.01	0.03	0.03	0.03	0.04	0.04

续前

单位：t

编　号			5-399	5-400	5-401	5-402	5-403
项　目			质量（t以内）				
			15	20	30	40	50
组 成 内 容	单位	单价	数　量				
立式钻床 *D*25	台班	6.78	1.44	1.00	0.81	0.71	0.67
摇臂钻床 *D*63	台班	42.00	7.29	6.53	6.42	6.22	6.01
坐标镗车 工作台＞800×1200	台班	445.13	4.34	4.13	3.88	3.61	3.32
卷扬机 单筒慢速 30kN	台班	205.84	0.04	0.04	0.03	0.03	0.03
电动空气压缩机 6m³	台班	217.48	0.27	0.26	0.23	0.22	0.20
吹风机 4.0m³	台班	20.62	1.21	1.27	1.35	1.31	1.37
液压压接机 800t	台班	1407.15	0.07	0.07	0.05	0.05	0.05
箱式加热炉 RJX-75-9	台班	130.77	0.07	0.07	0.05	0.05	0.05
电动滚胎	台班	55.48	1.40	1.38	1.33	1.28	1.28
试压泵 80MPa	台班	27.58	1.20	1.22	1.26	1.28	1.28
半自动切割机 100mm	台班	88.45	0.03	0.04	0.08	0.08	0.09
汽车式起重机 8t	台班	767.15	0.04	0.05	0.04	0.04	0.04
汽车式起重机 10t	台班	838.68	0.04	0.03	0.01	0.01	0.01
汽车式起重机 20t	台班	1043.80	—	0.68	0.02	0.02	0.01
汽车式起重机 25t	台班	1098.98	0.04	—	0.04	—	—
汽车式起重机 40t	台班	1547.56	—	—	—	0.03	—
汽车式起重机 50t	台班	2492.74	—	—	—	—	0.03
平板拖车组 8t	台班	834.93	0.04	0.04	0.04	0.04	0.04
平板拖车组 20t	台班	1101.26	—	0.34	—	—	—
平板拖车组 30t	台班	1263.97	—	—	0.02	—	—
平板拖车组 40t	台班	1468.34	—	—	—	0.02	—
平板拖车组 50t	台班	1545.90	—	—	—	—	0.02
卷板机 20×2500	台班	273.51	0.07	0.07	0.05	0.02	0.01
卷板机 40×3500	台班	516.54	—	—	—	0.03	0.04

注：左侧纵向合并标注"机 械"。

138

(3) 低合金钢(碳钢)浮头式焊接加胀接

工作内容: 放样号料,切割,坡口,压头卷弧,找圆,封头制作,组对、焊接,焊缝酸洗钝化处理,管板、折流板、支撑板、防冲板、拉杆、定距管、换热管束的制作、装配、成品倒运堆放等。

单位:t

编 号				5-404	5-405	5-406	5-407	5-408	5-409
项 目				质量(t以内)					
				1	2	4	6	8	10
预算基价	总 价(元)			**22890.95**	**17605.53**	**14560.47**	**11910.42**	**11147.68**	**10238.26**
	人 工 费(元)			10864.80	9054.45	7812.45	6627.15	6296.40	6188.40
	材 料 费(元)			2497.72	2012.39	1596.56	1218.27	1116.27	1062.59
	机 械 费(元)			9528.43	6538.69	5151.46	4065.00	3735.01	2987.27
组 成 内 容		单位	单价	数 量					
人工	综合工	工日	135.00	80.48	67.07	57.87	49.09	46.64	45.84
材料	普碳钢板 δ20	t	3614.79	0.01933	0.01073	0.00986	0.00665	0.00525	0.00493
	型钢	t	3699.72	0.00236	0.00157	0.00144	0.00133	0.00125	0.00118
	木材 方木	m³	2716.33	0.02	0.02	0.02	0.02	0.02	0.02
	道木	m³	3660.04	0.03	0.02	0.01	0.01	0.01	0.01
	白铅油	kg	8.16	17.52	8.03	3.70	—	—	—
	清油	kg	15.06	2.08	1.59	1.29	1.12	1.06	0.87
	合金钢电焊条	kg	26.56	41.87	36.53	26.98	16.04	14.04	13.51
	碳钢氩弧焊丝	kg	11.10	3.26	3.16	3.08	2.95	2.85	2.71
	氧气	m³	2.88	29.20	19.47	17.62	12.33	12.10	11.69
	乙炔气	kg	14.66	9.730	6.490	5.870	4.110	4.030	3.900
	氩气	m³	18.60	9.10	8.95	8.61	8.24	7.97	7.59
	尼龙砂轮片 D100×16×3	片	3.92	11.19	9.84	7.98	6.84	6.27	5.75
	尼龙砂轮片 D150	片	6.65	2.25	2.06	1.91	1.78	1.68	1.60
	尼龙砂轮片 D500×25×4	片	18.69	7.62	4.93	4.16	3.78	3.47	3.32
	蝶形钢丝砂轮片 D100	片	6.27	1.02	0.88	0.66	0.42	0.38	0.30
	汽油	kg	7.74	2.60	2.49	2.31	2.16	2.05	1.98
	柴油	kg	6.32	22.59	18.83	17.56	16.41	15.48	14.75
	炭精棒 8~12	根	1.71	36.90	30.75	22.89	16.11	13.44	11.64
	石墨粉	kg	7.01	0.17	0.14	0.13	0.12	0.11	0.08
	钍钨棒	kg	640.87	0.01821	0.01792	0.01740	0.01657	0.01593	0.01517
	砂布	张	0.93	18.50	17.13	16.01	15.10	14.38	13.83
	合金钢埋弧焊丝	kg	16.53	—	—	—	2.20	1.77	1.49
	埋弧焊剂	kg	4.93	—	—	—	3.30	2.66	2.24
	黑铅粉	kg	0.44	—	—	—	0.44	0.37	0.29

单位：t

编　号			5-404	5-405	5-406	5-407	5-408	5-409
项　目			质量(t以内)					
			1	2	4	6	8	10
组　成　内　容	单位	单价	数　量					
材料 零星材料费	元	—	72.75	58.61	46.50	35.48	32.51	30.95
电动双梁起重机 15t	台班	321.22	4.30	2.50	1.65	1.15	1.10	0.94
门式起重机 20t	台班	644.36	0.64	0.53	0.39	0.26	0.21	0.21
载货汽车 5t	台班	443.55	0.96	0.39	0.28	0.06	0.06	0.05
载货汽车 10t	台班	574.62	0.01	0.01	0.01	0.09	0.07	0.01
载货汽车 15t	台班	809.06	—	—	—	—	—	0.05
直流弧焊机 30kW	台班	92.43	15.56	12.96	8.87	6.75	6.15	5.22
氩弧焊机 500A	台班	96.11	4.78	4.61	4.47	4.26	4.10	3.98
电焊条烘干箱 800×800×1000	台班	51.03	1.56	1.30	0.89	0.68	0.62	0.52
电焊条烘干箱 600×500×750	台班	27.16	1.56	1.30	0.89	0.68	0.62	0.52
剪板机 20×2500	台班	329.03	1.57	1.06	0.70	0.36	0.28	0.22
卷板机 20×2500	台班	273.51	0.29	0.26	0.20	0.12	0.09	0.08
管子切断机 D150	台班	33.97	2.88	1.86	1.57	1.43	1.25	1.20
刨边机 9000mm	台班	516.01	0.11	0.09	0.06	0.05	0.04	0.04
摇臂钻床 D63	台班	42.00	1.59	1.46	1.39	1.32	1.26	1.21
坐标镗车 工作台＞800×1200	台班	445.13	2.04	1.93	1.83	1.76	1.70	1.65
普通车床 1000×5000	台班	330.46	4.73	2.46	1.98	1.47	1.30	—
卷扬机 单筒慢速 30kN	台班	205.84	0.21	0.10	0.12	0.07	0.07	0.04
电动管子胀接机 D2-B	台班	36.67	1.66	1.62	2.00	2.15	2.18	2.28
电动空气压缩机 6m³	台班	217.48	1.56	1.30	0.89	0.68	0.62	0.52
液压压接机 800t	台班	1407.15	0.41	0.24	0.21	0.14	0.13	0.08
电动滚胎	台班	55.48	2.15	1.79	1.70	1.61	1.53	1.47
试压泵 80MPa	台班	27.58	0.86	0.84	1.03	1.13	1.11	1.18
自动埋弧焊机 1500A	台班	261.86	—	—	—	0.09	0.08	0.06
箱式加热炉 RJX-75-9	台班	130.77	0.41	0.24	0.21	0.14	0.13	0.08
立式钻床 D25	台班	6.78	—	—	—	—	—	1.69
汽车式起重机 8t	台班	767.15	0.96	0.42	0.32	0.10	0.09	0.09
汽车式起重机 10t	台班	838.68	0.03	0.01	0.01	0.01	0.01	0.01
汽车式起重机 20t	台班	1043.80	—	—	—	0.09	0.07	—
汽车式起重机 25t	台班	1098.98	—	—	—	—	—	0.05
平板拖车组 8t	台班	834.93	0.02	0.03	0.04	0.04	0.04	0.04

编　号				5-410	5-411	5-412	5-413	5-414
项　目				质量(t以内)				
				15	20	30	40	50
预算基价	总　　价(元)			**9692.82**	**10297.50**	**8368.45**	**8167.47**	**7899.40**
	人　工　费(元)			5900.85	5703.75	5140.80	5069.25	4866.75
	材　料　费(元)			1002.89	934.11	864.14	838.56	811.46
	机　械　费(元)			2789.08	3659.64	2363.51	2259.66	2221.19
组　成　内　容		单位	单价	数　　量				
人工	综合工	工日	135.00	43.71	42.25	38.08	37.55	36.05
材料	普碳钢板 $\delta 20$	t	3614.79	0.00411	0.00394	0.00256	0.00245	0.00224
	型钢	t	3699.72	0.00112	0.00098	0.00097	0.00114	0.00121
	木材 方木	m³	2716.33	0.02	0.02	0.02	0.02	0.02
	道木	m³	3660.04	0.01	0.01	0.01	0.01	0.01
	清油	kg	15.06	0.83	0.68	0.49	0.41	0.38
	合金钢电焊条	kg	26.56	12.45	11.37	10.38	10.07	9.58
	合金钢埋弧焊丝	kg	16.53	1.29	1.25	1.03	1.34	1.82
	碳钢氩弧焊丝	kg	11.10	2.60	2.47	2.35	2.25	2.10
	埋弧焊剂	kg	4.93	1.94	1.87	1.55	2.01	2.72
	氧气	m³	2.88	11.57	9.68	9.26	8.76	8.00
	乙炔气	kg	14.66	3.860	3.230	3.090	2.920	2.670
	氩气	m³	18.60	7.27	6.91	6.56	6.23	5.80
	尼龙砂轮片 $D100\times16\times3$	片	3.92	5.62	5.28	4.88	4.67	4.43
	尼龙砂轮片 $D150$	片	6.65	1.54	1.50	1.47	1.45	1.45
	尼龙砂轮片 $D500\times25\times4$	片	18.69	3.08	2.68	2.67	2.49	2.38
	蝶形钢丝砂轮片 $D100$	片	6.27	0.29	0.24	0.18	0.15	0.15
	汽油	kg	7.74	1.89	1.94	1.74	1.64	1.53
	柴油	kg	6.32	14.18	13.25	13.08	12.43	11.68
	炭精棒 8～12	根	1.71	10.23	8.46	6.15	5.25	5.34

续前

单位：t

编　号			5-410	5-411	5-412	5-413	5-414
项　目			质量（t以内）				
			15	20	30	40	50
组 成 内 容	单位	单价	数　　量				
材料 石墨粉	kg	7.01	0.08	0.07	0.07	0.06	0.06
黑铅粉	kg	0.44	0.24	0.19	0.12	0.10	0.09
钍钨棒	kg	640.87	0.01454	0.01381	0.01312	0.01233	0.01159
砂布	张	0.93	13.25	12.72	12.08	11.36	10.56
钢丝绳 D15	m	5.28	—	1.53	—	—	—
钢丝绳 D17.5	m	6.84	—	—	0.09	—	—
钢丝绳 D19.5	m	8.29	—	—	—	0.08	—
钢丝绳 D21.5	m	9.57	—	—	—	—	0.08
焊接钢管 D76	t	3813.69	—	—	—	0.00008	0.00042
零星材料费	元	—	29.21	27.21	25.17	24.42	23.63
机械 电动双梁起重机 15t	台班	321.22	0.91	0.74	0.56	0.50	0.49
门式起重机 20t	台班	644.36	0.19	0.18	0.11	0.10	0.10
载货汽车 5t	台班	443.55	0.04	0.03	0.01	0.01	0.01
载货汽车 10t	台班	574.62	0.01	0.01	0.02	0.02	0.01
载货汽车 15t	台班	809.06	0.04	—	—	—	—
直流弧焊机 30kW	台班	92.43	4.85	4.80	4.33	4.05	4.03
自动埋弧焊机 1500A	台班	261.86	0.06	0.05	0.04	0.06	0.07
氩弧焊机 500A	台班	96.11	3.81	3.62	3.48	3.30	3.10
电焊条烘干箱 600×500×750	台班	27.16	0.49	0.48	0.43	0.41	0.40
电焊条烘干箱 800×800×1000	台班	51.03	0.49	0.48	0.43	0.41	0.40
剪板机 20×2500	台班	329.03	0.17	0.15	0.04	0.04	0.03
刨边机 9000mm	台班	516.01	0.03	0.03	0.03	0.04	0.04
立式钻床 D25	台班	6.78	1.44	1.00	0.81	0.71	0.67
摇臂钻床 D63	台班	42.00	1.16	1.12	1.06	1.00	0.94

续前

单位：t

编 号			5-410	5-411	5-412	5-413	5-414
项　目			质量（t以内）				
			15	20	30	40	50
组 成 内 容	单位	单价	数　　量				
管子切断机 D150	台班	33.97	1.16	1.01	0.96	0.96	0.94
坐标镗车 工作台＞800×1200	台班	445.13	1.58	1.51	1.43	1.35	1.26
卷扬机 单筒慢速 30kN	台班	205.84	0.04	0.04	0.03	0.03	0.03
电动管子胀接机 D2-B	台班	36.67	2.18	2.28	2.43	2.35	2.47
电动空气压缩机 6m³	台班	217.48	0.49	0.48	0.43	0.41	0.40
液压压接机 800t	台班	1407.15	0.07	0.07	0.05	0.05	0.05
箱式加热炉 RJX-75-9	台班	130.77	0.07	0.07	0.05	0.05	0.05
半自动切割机 100mm	台班	88.45	0.03	0.04	0.08	0.08	0.09
电动滚胎	台班	55.48	1.45	1.43	1.42	1.42	1.41
试压泵 80MPa	台班	27.58	1.13	1.18	1.26	1.22	1.28
汽车式起重机 8t	台班	767.15	0.04	0.05	0.05	0.05	0.05
汽车式起重机 10t	台班	838.68	0.04	0.03	0.01	0.01	0.01
汽车式起重机 20t	台班	1043.80	—	0.68	0.02	0.01	0.01
汽车式起重机 25t	台班	1098.98	0.04	—	0.04	—	—
汽车式起重机 40t	台班	1547.56	—	—	—	0.03	—
汽车式起重机 50t	台班	2492.74	—	—	—	—	0.03
平板拖车组 8t	台班	834.93	0.04	0.04	0.04	0.04	0.04
平板拖车组 20t	台班	1101.26	—	0.34	—	—	—
平板拖车组 30t	台班	1263.97	—	—	0.02	—	—
平板拖车组 40t	台班	1468.34	—	—	—	0.02	—
平板拖车组 50t	台班	1545.90	—	—	—	—	0.02
卷板机 20×2500	台班	273.51	0.07	0.07	0.05	0.02	0.01
卷板机 40×3500	台班	516.54	—	—	—	0.03	0.04

机　械

143

（4）低合金钢（碳钢）壳体不锈钢浮头式焊接

工作内容：放样号料,切割,坡口,压头卷弧,找圆,封头制作,组对、焊接,焊缝酸洗钝化处理,管板、折流板、支撑板、防冲板、拉杆、定距管、换热管束的制作、装配、成品倒运堆放等。

单位：t

编　号			5-415	5-416	5-417	5-418	5-419	5-420
项　目			质量（t以内）					
			1	2	4	6	8	10
预算基价	总　　　价（元）		**29094.96**	**21996.46**	**18680.29**	**15473.29**	**14466.02**	**13461.81**
	人　工　费（元）		12943.80	10786.50	9393.30	8009.55	7589.70	7526.25
	材　料　费（元）		3671.24	2603.19	2232.84	1819.49	1676.63	1568.82
	机　械　费（元）		12479.92	8606.77	7054.15	5644.25	5199.69	4366.74
组　成　内　容	单位	单价	数　　量					
人工 综合工	工日	135.00	95.88	79.90	69.58	59.33	56.22	55.75
材料 普碳钢板 δ20	t	3614.79	0.02028	0.01169	0.01098	0.00748	0.00589	0.00557
型钢	t	3699.72	0.00304	0.00162	0.00158	0.00142	0.00137	0.00130
木材　方木	m³	2716.33	0.02	0.02	0.02	0.02	0.02	0.02
道木	m³	3660.04	0.03	0.02	0.02	0.01	0.01	0.01
白铅油	kg	8.16	7.17	3.50	1.71	—	—	—
清油	kg	15.06	1.43	0.68	0.78	0.74	0.60	0.50
酸洗膏	kg	9.60	2.07	1.10	0.73	0.57	0.53	0.45
飞溅净	kg	3.96	2.51	1.37	0.93	0.76	0.71	0.62
合金钢电焊条	kg	26.56	38.55	28.80	22.92	12.39	10.67	9.40
不锈钢电焊条	kg	66.08	14.43	9.61	8.04	7.51	7.02	6.63
不锈钢氩弧焊丝 1Cr18Ni9Ti	kg	57.40	4.05	3.72	3.48	3.28	3.12	3.00
氧气	m³	2.88	25.61	12.40	11.69	8.18	8.05	7.60
乙炔气	kg	14.66	8.540	4.130	3.900	2.730	2.680	2.530
氩气	m³	18.60	11.34	10.42	9.74	9.19	8.74	8.41
尼龙砂轮片 D100×16×3	片	3.92	15.49	12.85	10.96	10.61	9.94	9.44
尼龙砂轮片 D150	片	6.65	1.21	1.12	1.07	1.03	0.99	0.94
尼龙砂轮片 D500×25×4	片	18.69	8.19	5.58	4.89	4.53	4.21	4.00
蝶形钢丝砂轮片 D100	片	6.27	1.07	0.96	0.73	0.47	0.43	0.34
柴油	kg	6.32	38.46	20.53	19.76	18.14	17.28	16.46
炭精棒 8～12	根	1.71	40.20	33.51	24.06	18.12	15.09	13.11
石墨粉	kg	7.01	0.09	0.08	0.08	0.08	0.06	0.06
钍钨棒	kg	640.87	0.02251	0.02084	0.01948	0.01838	0.01750	0.01683
氢氟酸 45%	kg	7.27	0.13	0.07	0.05	0.04	0.03	0.03
硝酸	kg	5.56	1.05	0.56	0.37	0.29	0.27	0.23
砂布	张	0.93	25.60	22.08	20.45	19.11	18.03	17.17
合金钢埋弧焊丝	kg	16.53	—	—	—	2.37	1.91	1.61
不锈钢埋弧焊丝	kg	55.02	—	—	—	0.08	0.07	0.06

144

续前

编　号			5-415	5-416	5-417	5-418	5-419	5-420
项　目			质量(t以内)					
			1	2	4	6	8	10
组 成 内 容	单位	单价	数　量					
材料 埋弧焊剂	kg	4.93	—	—	—	3.68	2.96	2.50
黑铅粉	kg	0.44	—	—	—	0.25	0.21	0.17
零星材料费	元	—	106.93	75.82	65.03	52.99	48.83	45.69
机 电动双梁起重机 15t	台班	321.22	5.48	3.32	2.21	1.55	1.51	1.38
门式起重机 20t	台班	644.36	1.41	0.63	0.48	0.32	0.26	0.26
载货汽车 5t	台班	443.55	1.00	0.42	0.31	0.07	0.07	0.05
载货汽车 10t	台班	574.62	0.01	0.01	0.01	0.10	0.08	0.01
载货汽车 15t	台班	809.06	—	—	—	—	—	0.06
直流弧焊机 30kW	台班	92.43	13.36	11.13	8.08	5.53	5.19	4.68
氩弧焊机 500A	台班	96.11	6.92	6.41	5.99	5.65	5.38	5.17
电焊条烘干箱 800×800×1000	台班	51.03	1.34	1.11	0.81	0.55	0.52	0.47
电焊条烘干箱 600×500×750	台班	27.16	1.34	1.11	0.81	0.55	0.52	0.47
等离子切割机 400A	台班	229.27	2.07	0.96	0.84	0.73	0.68	0.64
剪板机 20×2500	台班	329.03	1.65	1.17	0.79	0.40	0.31	0.24
卷板机 20×2500	台班	273.51	0.31	0.28	0.23	0.13	0.10	0.09
管子切断机 D150	台班	33.97	3.38	2.39	2.21	2.11	2.01	1.91
刨边机 9000mm	台班	516.01	0.11	0.10	0.07	0.06	0.05	0.04
普通车床 1000×5000	台班	330.46	6.12	3.11	2.55	1.91	1.72	—
摇臂钻床 D63	台班	42.00	12.91	11.85	10.97	10.35	9.86	9.48
坐标镗车 工作台＞800×1200	台班	445.13	3.50	3.40	3.24	3.05	2.91	2.80
卷扬机 单筒慢速 30kN	台班	205.84	0.15	0.12	0.08	0.04	0.04	0.03
电动空气压缩机 1m³	台班	52.31	2.07	0.96	0.84	0.73	0.68	0.64
电动空气压缩机 6m³	台班	217.48	1.34	1.11	0.81	0.55	0.52	0.47
液压压接机 800t	台班	1407.15	0.32	0.29	0.25	0.18	0.14	0.12
箱式加热炉 RJX-75-9	台班	130.77	0.32	0.29	0.25	0.18	0.14	0.12
电动滚胎	台班	55.48	3.57	3.31	2.90	2.68	2.44	2.38
械 试压泵 80MPa	台班	27.58	1.17	1.19	1.50	1.65	1.63	1.73
自动埋弧焊机 1500A	台班	261.86	—	—	—	0.10	0.08	0.07
汽车式起重机 8t	台班	767.15	1.02	0.45	0.35	0.11	0.10	0.10
汽车式起重机 10t	台班	838.68	0.01	0.01	0.01	0.01	0.01	0.01
汽车式起重机 20t	台班	1043.80	—	—	—	0.10	0.08	—
汽车式起重机 25t	台班	1098.98	—	—	—	—	—	0.06
平板拖车组 8t	台班	834.93	0.02	0.03	0.04	0.04	0.04	0.05
立式钻床 D25	台班	6.78	—	—	—	—	—	2.30

145

単位：t

编　号			5-421	5-422	5-423	5-424	5-425
项　目			质量(t以内)				
			15	20	30	40	50
预算基价	总　　价(元)		**12769.86**	**11816.90**	**11256.41**	**10866.90**	**10454.51**
	人　工　费(元)		7199.55	6592.05	6453.00	6297.75	5981.85
	材　料　费(元)		1484.10	1414.69	1336.60	1289.98	1251.90
	机　械　费(元)		4086.21	3810.16	3466.81	3279.17	3220.76
组　成　内　容		单位	单价	数　　量			
人工	综合工	工日	135.00	53.33	48.83	47.80	46.65	44.31
材料	普碳钢板 δ20	t	3614.79	0.00459	0.00444	0.00291	0.00280	0.00254
	型钢	t	3699.72	0.00125	0.00111	0.00110	0.00130	0.00139
	木材　方木	m³	2716.33	0.02	0.02	0.02	0.02	0.02
	道木	m³	3660.04	0.01	0.01	0.01	0.01	0.01
	清油	kg	15.06	0.47	0.40	0.28	0.24	0.22
	酸洗膏	kg	9.60	0.39	0.38	0.30	0.27	0.25
	飞溅净	kg	3.96	0.55	0.54	0.45	0.40	0.39
	合金钢电焊条	kg	26.56	9.16	8.98	8.53	8.11	7.62
	合金钢埋弧焊丝	kg	16.53	1.36	1.32	1.12	1.45	1.93
	不锈钢电焊条	kg	66.08	6.25	5.95	5.67	5.45	5.24
	不锈钢埋弧焊丝	kg	55.02	0.06	0.06	0.04	0.05	0.12
	不锈钢氩弧焊丝 1Cr18Ni9Ti	kg	57.40	2.85	2.73	2.57	2.47	2.32
	埋弧焊剂	kg	4.93	2.14	2.08	1.74	2.27	3.07
	氧气	m³	2.88	6.71	5.76	5.00	4.75	4.51
	乙炔气	kg	14.66	2.240	1.920	1.670	1.580	1.500
	氩气	m³	18.60	7.97	7.57	7.12	6.69	6.36
	尼龙砂轮片 D100×16×3	片	3.92	8.99	8.83	8.56	8.18	7.95
	尼龙砂轮片 D150	片	6.65	0.84	0.80	0.75	0.70	0.66
	尼龙砂轮片 D500×25×4	片	18.69	3.72	3.32	3.36	3.24	3.14
	蝶形钢丝砂轮片 D100	片	6.27	0.33	0.27	0.20	0.17	0.17
	柴油	kg	6.32	15.82	14.93	14.88	14.14	13.29

146

单位：t

编号				5-421	5-422	5-423	5-424	5-425
项目				质量(t以内)				
				15	20	30	40	50
组成内容		单位	单价	数量				
材料	炭精棒 8～12	根	1.71	11.43	9.54	6.99	5.97	6.09
	石墨粉	kg	7.01	0.06	0.06	0.05	0.05	0.05
	钍钨棒	kg	640.87	0.01594	0.01514	0.01424	0.01338	0.01245
	氢氟酸 45%	kg	7.27	0.03	0.02	0.02	0.02	0.02
	硝酸	kg	5.56	0.20	0.19	0.15	0.14	0.13
	黑铅粉	kg	0.44	0.14	0.11	0.07	0.06	0.05
	砂布	张	0.93	16.27	15.78	15.15	14.39	13.53
	钢丝绳 *D*15	m	5.28	—	0.17	—	—	—
	钢丝绳 *D*17.5	m	6.84	—	—	0.11	—	—
	钢丝绳 *D*19.5	m	8.29	—	—	—	0.09	—
	钢丝绳 *D*21.5	m	9.57	—	—	—	—	0.09
	焊接钢管 *D*76	t	3813.69	—	—	—	0.00009	0.00048
	零星材料费	元	—	43.23	41.20	38.93	37.57	36.46
机械	电动双梁起重机 15t	台班	321.22	1.29	1.02	0.87	0.77	0.75
	门式起重机 20t	台班	644.36	0.23	0.23	0.19	0.14	0.13
	载货汽车 5t	台班	443.55	0.05	0.04	0.01	0.01	0.01
	载货汽车 10t	台班	574.62	0.01	0.01	0.02	0.02	0.02
	载货汽车 15t	台班	809.06	0.05	—	—	—	—
	直流弧焊机 30kW	台班	92.43	4.62	4.44	4.11	3.93	3.83
	自动埋弧焊机 1500A	台班	261.86	0.06	0.06	0.05	0.06	0.07
	氩弧焊机 500A	台班	96.11	4.90	4.75	4.52	4.29	4.11
	电焊条烘干箱 800×800×1000	台班	51.03	0.46	0.44	0.41	0.39	0.38
	电焊条烘干箱 600×500×750	台班	27.16	0.46	0.44	0.41	0.39	0.38
	等离子切割机 400A	台班	229.27	0.61	0.49	0.45	0.41	0.38
	剪板机 20×2500	台班	329.03	0.19	0.11	0.05	0.04	0.04
	卷板机 20×2500	台班	273.51	0.08	0.08	0.06	0.03	0.01

续前

编　号			5-421	5-422	5-423	5-424	5-425
项　目			质量（t以内）				
			15	20	30	40	50
组　成　内　容	单位	单价	数　　量				
卷板机 40×3500	台班	516.54	—	—	—	0.02	0.05
刨边机 9000mm	台班	516.01	0.04	0.04	0.03	0.03	0.03
管子切断机 $D150$	台班	33.97	1.80	1.72	1.68	1.67	1.62
立式钻床 $D25$	台班	6.78	1.98	1.38	1.18	1.03	0.93
摇臂钻床 $D63$	台班	42.00	8.79	7.46	7.24	6.95	6.60
机　坐标镗车 工作台＞800×1200	台班	445.13	2.65	2.52	2.41	2.29	2.20
卷扬机 单筒慢速 30kN	台班	205.84	0.03	0.03	0.02	0.02	0.02
电动空气压缩机 $1m^3$	台班	52.31	0.61	0.49	0.45	0.41	0.38
电动空气压缩机 $6m^3$	台班	217.48	0.46	0.44	0.41	0.39	0.38
液压压接机 800t	台班	1407.15	0.10	0.10	0.07	0.07	0.07
箱式加热炉 RJX-75-9	台班	130.77	0.10	0.10	0.07	0.07	0.07
电动滚胎	台班	55.48	2.34	2.29	2.24	2.23	2.12
试压泵 80MPa	台班	27.58	1.64	1.73	1.87	1.80	1.90
汽车式起重机 8t	台班	767.15	0.05	0.05	0.05	0.05	0.05
汽车式起重机 10t	台班	838.68	0.05	0.04	0.01	0.01	0.01
汽车式起重机 20t	台班	1043.80	—	0.08	0.02	0.01	0.01
汽车式起重机 25t	台班	1098.98	0.05	—	0.05	—	—
汽车式起重机 40t	台班	1547.56	—	—	—	0.04	—
汽车式起重机 50t	台班	2492.74	—	—	—	—	0.04
械　平板拖车组 8t	台班	834.93	0.04	0.05	0.05	0.05	0.05
平板拖车组 20t	台班	1101.26	—	0.04	—	—	—
平板拖车组 30t	台班	1263.97	—	—	0.02	—	—
平板拖车组 40t	台班	1468.34	—	—	—	0.02	—
平板拖车组 50t	台班	1545.90	—	—	—	—	0.02
半自动切割机 100mm	台班	88.45	0.02	0.03	0.07	0.07	0.08

（5）不锈钢浮头式焊接

工作内容： 放样号料,切割,坡口,压头卷弧,找圆,封头制作,组对、焊接,焊缝酸洗钝化处理,管板、折流板、支撑板、防冲板、拉杆、定距管、换热管束的制作、装配、成品倒运堆放等。

单位：t

	编　号			5-426	5-427	5-428	5-429	5-430	5-431
	项　目			质量(t以内)					
				1	2	4	6	8	10
预算基价	总　　价(元)			**37451.68**	**28526.37**	**22508.37**	**18407.86**	**16831.16**	**15156.96**
	人工费(元)			17062.65	14219.55	11666.70	10025.10	9451.35	9032.85
	材料费(元)			4560.52	3395.99	2532.20	2154.55	1900.82	1772.49
	机械费(元)			15828.51	10910.83	8309.47	6228.21	5478.99	4351.62
组成内容		单位	单价	数　量					
人工	综合工	工日	135.00	126.39	105.33	86.42	74.26	70.01	66.91
材料	普碳钢板 δ20	t	3614.79	0.01555	0.01296	0.01146	0.00794	0.00621	0.00583
	型钢	t	3699.72	0.00216	0.00180	0.00167	0.00155	0.00145	0.00137
	木材 方木	m³	2716.33	0.02	0.02	0.02	0.02	0.02	0.02
	道木	m³	3660.04	0.04	0.02	0.02	0.01	0.01	0.01
	酸洗膏	kg	9.60	4.30	4.02	2.84	1.91	1.70	1.35
	飞溅净	kg	3.96	5.65	4.71	3.35	2.29	2.06	1.66
	电焊条 E4303 D3.2	kg	7.59	1.41	1.17	0.85	0.75	0.72	0.65
	不锈钢电焊条	kg	66.08	47.45	33.71	22.61	18.98	16.03	14.66
	不锈钢氩弧焊丝 1Cr18Ni9Ti	kg	57.40	4.01	3.72	3.54	3.37	3.24	3.15
	氧气	m³	2.88	2.10	1.75	1.27	1.02	0.93	0.90
	乙炔气	kg	14.66	0.700	0.580	0.420	0.340	0.310	0.300
	氩气	m³	18.60	11.23	10.42	9.91	9.44	9.07	8.81
	尼龙砂轮片 D100×16×3	片	3.92	19.12	15.93	12.69	10.94	10.20	8.97
	尼龙砂轮片 D150	片	6.65	1.63	1.36	1.21	1.17	1.10	1.05
	尼龙砂轮片 D500×25×4	片	18.69	8.97	6.18	5.10	4.82	4.22	4.41
	蝶形钢丝砂轮片 D100	片	6.27	1.17	1.06	0.76	0.50	0.45	0.36
	柴油	kg	6.32	27.30	22.75	21.74	19.63	18.34	17.31
	炭精棒 8~12	根	1.71	44.58	37.14	25.08	15.78	13.02	8.85
	石墨粉	kg	7.01	0.12	0.11	0.11	0.10	0.10	0.07
	钍钨棒	kg	640.87	0.02472	0.02268	0.02100	0.01963	0.01852	0.01763
	硝酸	kg	5.56	2.18	2.04	1.44	0.97	0.86	0.69
	氢氟酸 45%	kg	7.27	0.28	0.26	0.18	0.12	0.11	0.09
	砂布	张	0.93	24.29	22.29	21.03	20.03	18.89	17.99

149

单位：t

编　号	5-426	5-427	5-428	5-429	5-430	5-431
项　目	质量（t以内）					
	1	2	4	6	8	10
组　成　内　容　单位　单价	数　量					

	组　成　内　容	单位	单价	5-426	5-427	5-428	5-429	5-430	5-431
材料	零星材料费	元	—	67.40	50.19	37.42	31.84	28.09	26.19
机	电动双梁起重机 15t	台班	321.22	9.94	6.63	4.30	2.86	2.60	2.31
	门式起重机 20t	台班	644.36	0.98	0.65	0.56	0.37	0.30	0.30
	载货汽车 5t	台班	443.55	1.10	0.47	0.32	0.08	0.07	0.05
	载货汽车 10t	台班	574.62	0.04	0.01	0.01	0.11	0.08	0.01
	载货汽车 15t	台班	809.06	—	—	—	—	—	0.06
	直流弧焊机 30kW	台班	92.43	15.56	12.96	8.87	6.75	6.15	5.22
	氩弧焊机 500A	台班	96.11	7.67	6.97	6.46	6.03	5.69	5.42
	电焊条烘干箱 800×800×1000	台班	51.03	1.56	1.30	0.89	0.68	0.62	0.55
	电焊条烘干箱 600×500×750	台班	27.16	1.56	1.30	0.89	0.68	0.62	0.55
	等离子切割机 400A	台班	229.27	5.66	3.77	3.31	2.28	1.89	1.87
	剪板机 20×2500	台班	329.03	3.81	2.38	1.53	0.80	0.65	0.50
	卷板机 20×2500	台班	273.51	0.30	0.30	0.25	0.14	0.11	0.10
	管子切断机 D150	台班	33.97	3.71	2.65	2.30	2.24	2.10	2.01
	刨边机 9000mm	台班	516.01	0.22	0.13	0.09	0.07	0.06	0.05
	普通车床 1000×5000	台班	330.46	7.29	4.40	3.38	2.57	1.98	—
	摇臂钻床 D63	台班	42.00	17.53	16.09	14.89	14.19	13.64	13.24
	弓锯床 D250	台班	24.53	3.91	3.56	3.29	3.14	3.02	2.93
	电动空气压缩机 1m³	台班	52.31	5.66	3.77	3.31	2.28	1.89	1.87
	电动空气压缩机 6m³	台班	217.48	1.56	1.30	0.89	0.68	0.62	0.52
	液压压接机 800t	台班	1407.15	0.48	0.32	0.29	0.22	0.22	0.15
	电动滚胎	台班	55.48	14.78	12.31	8.79	6.76	5.77	4.79
械	试压泵 80MPa	台班	27.58	1.28	1.32	1.56	1.75	1.72	1.82
	汽车式起重机 8t	台班	767.15	1.15	0.50	0.37	0.12	0.11	0.10
	汽车式起重机 10t	台班	838.68	0.02	0.01	0.01	0.01	0.01	0.01
	汽车式起重机 20t	台班	1043.80	—	—	—	0.11	0.08	—
	汽车式起重机 25t	台班	1098.98	—	—	—	—	—	0.06
	平板拖车组 8t	台班	834.93	0.02	0.04	0.04	0.05	0.05	0.05
	立式钻床 D25	台班	6.78	—	—	—	—	—	2.96

编　　号			5-432	5-433	5-434	5-435	5-436
项　　目			质量(t以内)				
			15	20	30	40	50
预算基价	总　　价(元)		**15424.71**	**15724.36**	**13088.24**	**12319.04**	**11775.67**
	人　工　费(元)		8657.55	8239.05	7453.35	7063.20	6639.30
	材　料　费(元)		1656.89	1625.82	1412.82	1375.90	1345.77
	机　械　费(元)		5110.27	5859.49	4222.07	3879.94	3790.60
组 成 内 容		单位	单价	数　　量			
人工	综合工	工日	135.00	64.13	61.03	55.21	52.32	49.18
材料	普碳钢板 δ20	t	3614.79	0.00478	0.00421	0.00300	0.00260	0.00287
	型钢	t	3699.72	0.00130	0.00115	0.00113	0.00109	0.00103
	木材 方木	m³	2716.33	0.02	0.02	0.02	0.02	0.02
	道木	m³	3660.04	0.01	0.01	0.01	0.01	0.01
	酸洗膏	kg	9.60	1.28	1.07	0.78	0.66	0.66
	飞溅净	kg	3.96	1.57	1.33	1.00	0.86	0.85
	电焊条 E4303 D3.2	kg	7.59	0.62	0.58	0.57	0.56	0.53
	不锈钢电焊条	kg	66.08	13.58	12.29	9.98	9.68	9.10
	不锈钢氩弧焊丝 1Cr18Ni9Ti	kg	57.40	2.96	2.87	2.73	2.57	2.39
	氧气	m³	2.88	0.86	0.81	0.68	0.67	0.57
	乙炔气	kg	14.66	0.290	0.270	0.230	0.220	0.190
	氩气	m³	18.60	8.30	8.04	7.64	7.19	6.69
	尼龙砂轮片 D100×16×3	片	3.92	9.04	9.80	9.05	8.83	9.39
	尼龙砂轮片 D150	片	6.65	0.91	0.89	0.85	0.80	0.76
	尼龙砂轮片 D500×25×4	片	18.69	3.87	3.44	3.45	3.21	3.31
	蝶形钢丝砂轮片 D100	片	6.27	0.34	0.28	0.21	0.18	0.17
	柴油	kg	6.32	16.48	15.49	15.30	14.53	13.52
	炭精棒 8~12	根	1.71	9.75	9.90	7.20	6.12	6.21
	石墨粉	kg	7.01	0.06	0.06	0.05	0.04	0.04

编 号			5-432	5-433	5-434	5-435	5-436
项 目			质量（t以内）				
			15	20	30	40	50
组 成 内 容	单位	单价	数 量				
材 料	钍钨棒	kg	640.87	0.01661	0.01744	0.01863	0.01790	0.01890
	硝酸	kg	5.56	0.65	0.54	0.40	0.34	0.33
	氢氟酸 45%	kg	7.27	0.08	0.07	0.05	0.04	0.04
	砂布	张	0.93	16.94	16.43	15.61	14.52	13.94
	不锈钢埋弧焊丝	kg	55.02	—	1.18	0.97	1.27	1.74
	埋弧焊剂	kg	4.93	—	1.78	1.45	1.90	2.61
	钢丝绳 D15	m	5.28	—	1.79	—	—	—
	钢丝绳 D17.5	m	6.84	—	—	0.11	—	—
	钢丝绳 D19.5	m	8.29	—	—	—	0.09	—
	钢丝绳 D21.5	m	9.57	—	—	—	—	0.09
	焊接钢管 D76	t	3813.69	—	—	—	0.00010	0.00049
	零星材料费	元	—	24.49	24.03	20.88	20.33	19.89
机 械	电动双梁起重机 15t	台班	321.22	2.20	1.73	1.42	1.14	1.09
	门式起重机 20t	台班	644.36	0.27	0.27	0.22	0.16	0.16
	载货汽车 5t	台班	443.55	0.05	0.04	0.01	0.01	0.01
	载货汽车 10t	台班	574.62	0.01	0.01	0.02	0.02	0.02
	载货汽车 15t	台班	809.06	0.05	—	—	—	—
	直流弧焊机 20kW	台班	75.06	4.85	4.80	4.33	4.05	4.03
	氩弧焊机 500A	台班	96.11	5.11	4.95	4.75	4.52	4.25
	电焊条烘干箱 600×500×750	台班	27.16	0.49	0.48	0.43	0.41	0.40
	电焊条烘干箱 800×800×1000	台班	51.03	0.49	0.48	0.43	0.41	0.40
	等离子切割机 400A	台班	229.27	1.69	1.39	1.23	1.12	1.03
	剪板机 20×2500	台班	329.03	0.41	0.37	0.10	0.08	0.07
	卷板机 20×2500	台班	273.51	0.08	0.08	0.06	0.06	0.02

单位：t

编　号			5-432	5-433	5-434	5-435	5-436
项　目			质量(t以内)				
			15	20	30	40	50
组　成　内　容	单位	单价	数　量				
机 械	卷板机 40×3500	台班	516.54	—	—	—	0.01	0.04
	管子切断机 D150	台班	33.97	1.88	1.77	1.73	1.72	1.66
	刨边机 9000mm	台班	516.01	0.04	0.04	0.04	0.05	0.06
	立式钻床 D25	台班	6.78	2.48	1.72	1.47	1.31	1.19
	摇臂钻床 D63	台班	42.00	12.85	10.65	10.23	9.72	9.13
	电动空气压缩机 1m³	台班	52.31	1.69	1.39	1.23	1.12	1.03
	电动空气压缩机 6m³	台班	217.48	0.49	0.48	0.43	0.41	0.40
	液压压接机 800t	台班	1407.15	0.13	0.11	0.10	0.08	0.08
	电动滚胎	台班	55.48	4.54	4.53	4.18	3.93	3.86
	试压泵 80MPa	台班	27.58	1.71	1.80	1.92	1.84	1.95
	坐标镗车 工作台>800×1200	台班	445.13	2.76	2.68	2.57	2.41	2.32
	自动埋弧焊机 1500A	台班	261.86	—	0.06	0.05	0.06	0.08
	汽车式起重机 8t	台班	767.15	0.05	0.05	0.05	0.05	0.05
	汽车式起重机 10t	台班	838.68	0.05	0.04	0.01	0.01	0.01
	汽车式起重机 20t	台班	1043.80	—	0.80	0.02	0.02	0.02
	汽车式起重机 25t	台班	1098.98	0.05	—	0.05	—	—
	汽车式起重机 40t	台班	1547.56	—	—	—	0.04	—
	汽车式起重机 50t	台班	2492.74	—	—	—	—	0.04
	平板拖车组 8t	台班	834.93	0.05	0.05	0.05	0.05	0.05
	平板拖车组 20t	台班	1101.26	—	0.40	—	—	—
	平板拖车组 30t	台班	1263.97	—	—	0.03	—	—
	平板拖车组 40t	台班	1468.34	—	—	—	0.02	—
	平板拖车组 50t	台班	1545.90	—	—	—	—	0.02

3.U形管式换热器
(1) 低合金钢(碳钢)U形管式

工作内容： 放样号料，切割，坡口，压头卷弧，找圆，封头制作，组对、焊接，管板、折流板、支撑板、防冲板、拉杆、定距管、换热管束的制作、装配、管箱消除应力热处理、成品倒运堆放等。

单位：t

编 号			5-437	5-438	5-439	5-440	5-441	5-442	5-443
项 目			质量(t以内)						
			2	4	6	8	10	15	20
预算基价	总 价(元)		**14453.05**	**11674.85**	**10841.88**	**9630.39**	**9345.26**	**8695.55**	**8166.87**
	人 工 费(元)		8071.65	7025.40	6913.35	6628.50	6558.30	6181.65	5768.55
	材 料 费(元)		1254.81	1066.75	890.27	780.78	747.48	706.33	664.39
	机 械 费(元)		5126.59	3582.70	3038.26	2221.11	2039.48	1807.57	1733.93
组 成 内 容	单位	单价	数 量						
人工 综合工	工日	135.00	59.79	52.04	51.21	49.10	48.58	45.79	42.73
材料 普碳钢板 δ20	t	3614.79	0.00570	0.00491	0.00462	0.00378	0.00350	0.00335	0.00297
型钢	t	3699.72	0.00120	0.00114	0.00111	0.00105	0.00098	0.00094	0.00090
木材 方木	m³	2716.33	0.02	0.02	0.02	0.02	0.02	0.02	0.02
道木	m³	3660.04	0.02	0.01	0.01	0.01	0.01	0.01	0.01
清油	kg	15.06	0.12	0.09	0.08	0.07	0.06	0.05	0.05
粗河砂	t	86.14	0.214	0.200	0.186	0.172	0.157	0.157	0.143
合金钢电焊条	kg	26.56	19.60	17.82	10.01	8.30	7.90	7.60	7.02
碳钢氩弧焊丝	kg	11.10	1.72	1.58	1.46	1.37	1.29	1.26	1.21
氧气	m³	2.88	21.87	12.54	11.65	10.91	10.85	9.97	9.01
乙炔气	kg	14.66	7.290	4.180	3.880	3.640	3.620	3.320	3.000
氩气	m³	18.60	4.81	4.41	4.09	3.82	3.60	3.49	3.36
尼龙砂轮片 D100×16×3	片	3.92	6.51	5.92	5.48	3.71	3.43	3.23	3.07
尼龙砂轮片 D150	片	6.65	0.71	0.60	0.56	0.52	0.49	0.34	0.29
尼龙砂轮片 D500×25×4	片	18.69	4.06	4.04	3.83	3.11	3.20	2.63	2.52
蝶形钢丝砂轮片 D100	片	6.27	0.67	0.61	0.57	0.29	0.26	0.20	0.18
柴油	kg	6.32	15.25	14.43	14.10	11.91	11.35	11.01	10.46
炭精棒 8~12	根	1.71	14.55	13.23	11.50	9.15	8.07	6.21	5.64
石墨粉	kg	7.01	0.08	0.07	0.07	0.06	0.06	0.06	0.05
钍钨棒	kg	640.87	0.00927	0.00858	0.00802	0.00757	0.00721	0.00699	0.00685
料 黑铅粉	kg	0.44	0.05	0.04	0.03	0.02	0.02	0.02	0.02
砂布	张	0.93	8.98	8.16	7.70	7.33	7.05	6.84	6.50
合金钢埋弧焊丝	kg	16.53	—	—	2.71	2.56	2.23	2.09	1.89
埋弧焊剂	kg	4.93	—	—	4.07	3.84	3.35	3.14	2.83
钢丝绳 D15	m	5.28	—	—	—	—	—	—	0.14
零星材料费	元		—	36.55	31.07	25.93	22.74	21.77	20.57	19.35

单位：t

编　号			5-437	5-438	5-439	5-440	5-441	5-442	5-443
项　目			质量（t以内）						
			2	4	6	8	10	15	20
组　成　内　容	单位	单价	数　量						
电动双梁起重机 15t	台班	321.22	1.81	1.26	1.11	0.85	0.78	0.57	0.51
门式起重机 20t	台班	644.36	0.35	0.20	0.16	0.15	0.14	0.14	0.13
载货汽车 5t	台班	443.55	0.48	0.20	0.06	0.05	0.04	0.03	0.03
载货汽车 10t	台班	574.62	0.01	0.01	0.09	0.07	0.06	0.01	0.01
载货汽车 15t	台班	809.06	—	—	—	—	—	0.03	—
直流弧焊机 30kW	台班	92.43	5.22	4.74	2.80	2.25	2.06	1.98	1.85
氩弧焊机 500A	台班	96.11	2.55	2.31	2.14	2.00	1.89	1.83	1.74
电焊条烘干箱 600×500×750	台班	27.16	0.52	0.47	0.28	0.23	0.21	0.20	0.19
电焊条烘干箱 800×800×1000	台班	51.03	0.52	0.47	0.28	0.23	0.21	0.20	0.19
剪板机 20×2500	台班	329.03	0.94	0.48	0.33	0.23	0.19	0.06	0.05
管子切断机 D150	台班	33.97	1.54	1.44	1.21	1.17	1.17	0.99	0.95
刨边机 9000mm	台班	516.01	0.06	0.05	0.05	0.05	0.04	0.04	0.04
普通车床 1000×5000	台班	330.46	2.35	1.28	1.22	—	—	—	—
摇臂钻床 D63	台班	42.00	6.60	6.32	6.03	5.99	5.69	5.40	5.08
坐标镗车 工作台＞800×1200	台班	445.13	1.30	1.09	1.01	0.95	0.89	0.85	0.82
电动空气压缩机 6m³	台班	217.48	0.52	0.47	0.28	0.23	0.21	0.20	0.19
液压压接机 800t	台班	1407.15	0.26	0.13	0.10	0.08	0.07	0.05	0.04
箱式加热炉 RJX-75-9	台班	130.77	0.26	0.13	0.10	0.08	0.07	0.05	0.04
弯管机 D108	台班	78.53	0.57	0.49	0.45	0.43	0.41	0.40	0.40
电动滚胎	台班	55.48	4.51	4.10	3.34	1.53	1.38	1.32	1.20
试压泵 80MPa	台班	27.58	0.65	0.65	0.66	0.68	0.72	0.72	0.71
自动埋弧焊机 1500A	台班	261.86	—	—	0.11	0.11	0.10	0.09	0.08
卷扬机 单筒慢速 30kN	台班	205.84	0.13	0.06	0.05	0.04	0.03	0.03	0.02
半自动切割机 100mm	台班	88.45	—	—	—	0.02	0.02	0.09	0.08
立式钻床 D25	台班	6.78	—	—	—	1.15	0.98	0.68	0.58
汽车式起重机 8t	台班	767.15	0.50	0.24	0.10	0.08	0.07	0.07	0.07
汽车式起重机 10t	台班	838.68	0.01	0.01	0.01	0.01	0.01	0.01	0.01
汽车式起重机 20t	台班	1043.80	—	—	0.09	0.07	0.06	—	0.06
汽车式起重机 25t	台班	1098.98	—	—	—	—	—	0.03	—
平板拖车组 8t	台班	834.93	0.02	0.03	0.04	0.04	0.04	0.04	0.04
平板拖车组 20t	台班	1101.26	—	—	—	—	—	—	0.03
卷板机 20×2500	台班	273.51	0.17	0.13	0.10	0.08	0.07	0.06	0.05
卷板机 40×3500	台班	516.54	—	—	—	—	—	0.01	0.01

机　械

（2）低合金钢（碳钢）壳体不锈钢 U 形管式

工作内容： 放样号料,切割,坡口,压头卷弧,找圆,封头制作,组对、焊接,管板、折流板、支撑板、防冲板、拉杆、定距管、换热管束的制作、装配、管箱消除应力热处理、成品倒运堆放等。

单位：t

编　号			5-444	5-445	5-446	5-447	5-448	5-449	5-450
项　目			质量（t以内）						
			2	4	6	8	10	15	20
预算基价	总　　价（元）		**16599.08**	**14739.80**	**13120.54**	**11581.35**	**11356.16**	**10573.13**	**10130.49**
	人　工　费（元）		8600.85	8475.30	7823.25	7470.90	7468.20	7045.65	6760.80
	材　料　费（元）		1671.04	1487.84	1217.93	1071.95	1006.28	978.32	925.65
	机　械　费（元）		6327.19	4776.66	4079.36	3038.50	2881.68	2549.16	2444.04
组　成　内　容	单位	单价	数　　　量						
人工 综合工	工日	135.00	63.71	62.78	57.95	55.34	55.32	52.19	50.08
材料 普碳钢板 δ20	t	3614.79	0.00702	0.00638	0.00516	0.00453	0.00423	0.00396	0.00333
型钢	t	3699.72	0.00140	0.00128	0.00125	0.00105	0.00101	0.00098	0.00093
木材　方木	m³	2716.33	0.03	0.03	0.03	0.03	0.03	0.03	0.03
道木	m³	3660.04	0.02	0.01	0.01	0.01	0.01	0.01	0.01
清油	kg	15.06	0.08	0.07	0.05	0.04	0.03	0.03	0.02
酸洗膏	kg	9.60	0.70	0.68	0.38	0.34	0.32	0.24	0.22
飞溅净	kg	3.96	0.93	0.83	0.49	0.44	0.41	0.33	0.31
粗河砂	t	86.14	0.229	0.214	0.200	0.186	0.172	0.172	0.157
合金钢电焊条	kg	26.56	16.42	14.93	4.79	4.73	4.18	4.10	3.81
不锈钢电焊条	kg	66.08	5.62	5.44	5.13	3.78	3.57	3.40	3.11
不锈钢氩弧焊丝　1Cr18Ni9Ti	kg	57.40	1.82	1.69	1.58	1.49	1.42	1.38	1.29
氧气	m³	2.88	14.31	7.63	7.02	6.75	6.20	5.65	5.00
乙炔气	kg	14.66	4.770	2.550	2.340	2.250	2.070	1.880	1.670
氩气	m³	18.60	5.11	4.73	4.42	4.17	3.97	3.85	3.61
尼龙砂轮片 D100×16×3	片	3.92	8.94	8.44	8.04	6.79	5.55	5.13	4.92
尼龙砂轮片 D150	片	6.65	0.73	0.60	0.47	0.45	0.44	0.42	0.36
尼龙砂轮片 D500×25×4	片	18.69	4.55	4.38	3.87	3.77	3.75	3.28	3.13

续前

编　号			5-444	5-445	5-446	5-447	5-448	5-449	5-450
项　目			质量（t以内）						
			2	4	6	8	10	15	20
组 成 内 容	单位	单价	数　量						
蝶形钢丝砂轮片 D100	片	6.27	0.73	0.66	0.63	0.33	0.33	0.23	0.20
柴油	kg	6.32	17.44	16.15	15.77	13.31	12.73	14.99	15.92
炭精棒 8～12	根	1.71	16.26	14.79	12.93	10.20	9.06	7.02	6.33
石墨粉	kg	7.01	0.08	0.07	0.07	0.06	0.06	0.06	0.05
钍钨棒	kg	640.87	0.01050	0.00955	0.00884	0.00834	0.00794	0.00770	0.00732
硝酸	kg	5.56	0.35	0.34	0.19	0.17	0.16	0.12	0.11
氢氟酸 45%	kg	7.27	0.05	0.04	0.02	0.02	0.02	0.02	0.02
黑铅粉	kg	0.44	0.03	0.02	0.02	0.01	0.01	0.01	0.01
砂布	张	0.93	11.29	10.45	9.77	9.22	8.78	8.70	8.55
合金钢埋弧焊丝	kg	16.53	—	—	2.94	2.77	2.43	2.25	2.01
不锈钢埋弧焊丝	kg	55.02	—	—	0.07	0.07	0.06	0.10	0.09
埋弧焊剂	kg	4.93	—	—	4.52	4.27	3.74	3.52	3.15
钢丝绳 D15	m	5.28	—	—	—	—	—	—	0.16
零星材料费	元	—	48.67	43.34	35.47	31.22	29.31	28.49	26.96
电动双梁起重机 15t	台班	321.22	2.25	1.77	1.57	1.21	1.18	0.90	0.81
门式起重机 20t	台班	644.36	0.40	0.24	0.19	0.17	0.17	0.17	0.16
载货汽车 5t	台班	443.55	0.50	0.23	0.07	0.05	0.04	0.04	0.03
载货汽车 10t	台班	574.62	0.01	0.01	0.01	0.07	0.06	—	0.01
载货汽车 15t	台班	809.06	—	—	—	—	—	0.04	—
直流弧焊机 30kW	台班	92.43	6.09	5.53	3.56	2.78	2.67	2.50	2.34
氩弧焊机 500A	台班	96.11	3.23	2.99	2.74	2.56	2.44	2.37	2.25
电焊条烘干箱 800×800×1000	台班	51.03	0.61	0.55	0.36	0.28	0.27	0.25	0.23
电焊条烘干箱 600×500×750	台班	27.16	0.61	0.55	0.36	0.28	0.27	0.25	0.23
剪板机 20×2500	台班	329.03	0.98	0.54	0.37	0.26	0.25	0.07	0.06

左侧材料行合并单元格标注"材料"，机械行合并单元格标注"机械"。

续前

编 号			5-444	5-445	5-446	5-447	5-448	5-449	5-450
项 目			质量（t以内）						
			2	4	6	8	10	15	20
组 成 内 容	单位	单价	数 量						
机 / 械	卷板机 20×2500	台班	273.51	0.16	0.15	0.11	0.10	0.08	0.07	0.07
	等离子切割机 400A	台班	229.27	0.91	0.55	0.52	0.49	0.46	0.35	0.30
	管子切断机 D150	台班	33.97	2.50	2.27	2.10	1.94	1.85	1.67	1.60
	刨边机 9000mm	台班	516.01	0.07	0.06	0.06	0.05	0.04	0.05	0.04
	普通车床 1000×5000	台班	330.46	2.70	1.65	1.54	—	—	—	—
	摇臂钻床 D63	台班	42.00	7.96	7.65	7.29	7.01	6.80	5.44	5.27
	坐标镗车 工作台>800×1200	台班	445.13	1.90	1.76	1.65	1.55	1.48	1.42	1.38
	弯管机 D108	台班	78.53	0.28	0.60	0.58	0.59	0.64	0.65	0.63
	卷扬机 单筒慢速 30kN	台班	205.84	0.07	0.03	0.03	0.02	0.02	0.01	0.01
	电动空气压缩机 1m³	台班	52.31	0.91	0.69	0.55	0.50	0.46	0.35	0.30
	电动空气压缩机 6m³	台班	217.48	0.61	0.55	0.36	0.28	0.27	0.25	0.23
	液压压接机 800t	台班	1407.15	0.33	0.17	0.14	0.11	0.09	0.08	0.07
	箱式加热炉 RJX-75-9	台班	130.77	0.33	0.17	0.14	0.11	0.09	0.08	0.07
	电动滚胎	台班	55.48	4.85	4.59	3.74	1.71	1.55	1.49	1.35
	试压泵 80MPa	台班	27.58	0.46	0.99	0.95	0.96	1.06	1.06	1.04
	自动埋弧焊机 1500A	台班	261.86	—	—	0.13	0.12	0.11	0.10	0.09
	立式钻床 D25	台班	6.78	—	—	—	1.23	1.07	0.91	0.76
	汽车式起重机 8t	台班	767.15	0.52	0.27	0.11	0.09	0.08	0.08	0.08
	汽车式起重机 10t	台班	838.68	0.01	0.01	0.01	0.01	0.01	0.01	0.01
	汽车式起重机 20t	台班	1043.80	—	—	0.10	0.07	0.06	—	0.07
	汽车式起重机 25t	台班	1098.98	—	—	—	—	—	0.04	—
	平板拖车组 8t	台班	834.93	0.02	0.04	0.04	0.04	0.05	0.05	0.05
	平板拖车组 20t	台班	1101.26	—	—	—	—	—	—	0.04
	半自动切割机 100mm	台班	88.45	—	—	—	—	—	0.09	0.08

（3）不锈钢U形管式

工作内容： 放样号料，切割，坡口，压头卷弧，找圆，封头制作，组对、焊接，焊缝酸洗钝化处理，管板、折流板、支撑板、防冲板、拉杆、定距管、换热管束的制作、装配、管箱消除应力热处理、成品倒运堆放等。

单位：t

编 号				5-451	5-452	5-453	5-454	5-455	5-456	5-457
项 目				质量（t以内）						
				2	4	6	8	10	15	20
预算基价		总 价（元）		**22621.01**	**19516.17**	**17405.30**	**14455.64**	**14009.85**	**12646.49**	**11726.22**
		人 工 费（元）		10956.60	10521.90	9748.35	9215.10	9120.60	8457.75	7755.75
		材 料 费（元）		2196.54	2575.10	1904.11	1257.00	1155.84	1118.30	1080.33
		机 械 费（元）		9467.87	6419.17	5752.84	3983.54	3733.41	3070.44	2890.14
组 成 内 容		单位	单价	数 量						
人工	综合工	工日	135.00	81.16	77.94	72.21	68.26	67.56	62.65	57.45
材料	普碳钢板 δ20	t	3614.79	0.00758	0.00689	0.00551	0.00446	0.00395	0.00354	0.00297
	型钢	t	3699.72	0.00139	0.00138	0.00133	0.00111	0.00106	0.00116	0.00123
	木材 方木	m³	2716.33	0.03	0.03	0.03	0.03	0.03	0.03	0.03
	道木	m³	3660.04	0.02	0.16	0.01	0.01	0.01	0.01	0.01
	酸洗膏	kg	9.60	2.56	2.33	1.62	1.31	1.15	0.89	0.80
	飞溅净	kg	3.96	3.00	2.73	1.91	1.55	1.36	1.06	0.97
	粗河砂	t	86.14	0.257	0.229	0.214	0.200	0.186	0.186	0.186
	电焊条 E4303 D3.2	kg	7.59	1.41	0.77	0.72	0.68	0.60	0.58	0.55
	不锈钢电焊条	kg	66.08	20.76	19.59	18.65	7.51	6.75	6.70	6.66
	不锈钢氩弧焊丝 1Cr18Ni9Ti	kg	57.40	1.92	1.77	1.66	1.56	1.49	1.46	1.39
	氧气	m³	2.88	2.10	0.95	0.76	0.77	0.77	0.69	0.62
	乙炔气	kg	14.66	0.700	0.320	0.250	0.260	0.260	0.230	0.210
	氩气	m³	18.60	5.38	4.96	4.64	4.38	4.18	4.09	3.88
	尼龙砂轮片 D100×16×3	片	3.92	10.07	9.15	8.47	6.52	6.12	5.57	5.31
	尼龙砂轮片 D150	片	6.65	0.93	0.66	0.61	0.57	0.53	0.47	0.40
	尼龙砂轮片 D500×25×4	片	18.69	4.82	4.18	4.07	3.96	3.62	3.42	3.25
	蝶形钢丝砂轮片 D100	片	6.27	0.80	0.73	0.67	0.35	0.30	0.24	0.21
	柴油	kg	6.32	17.55	17.43	16.83	14.05	13.39	12.98	12.33
	炭精棒 8～12	根	1.71	17.58	15.96	12.27	10.77	9.51	7.29	6.57
	石墨粉	kg	7.01	0.08	0.08	0.07	0.07	0.06	0.06	0.06
	钍钨棒	kg	640.87	0.01125	0.01023	0.00947	0.00885	0.00835	0.00810	0.00769
	硝酸	kg	5.56	1.30	1.18	0.82	0.66	0.58	0.45	0.41
	氢氟酸 45%	kg	7.27	0.16	0.15	0.10	0.08	0.07	0.06	0.05
	砂布	张	0.93	12.09	10.99	10.18	9.60	9.15	9.02	8.89
	不锈钢埋弧焊丝	kg	55.02	—	—	—	2.46	2.15	1.98	1.77
	埋弧焊剂	kg	4.93	—	—	—	3.70	3.22	2.98	2.66

159

续前
单位：t

编　　号			5-451	5-452	5-453	5-454	5-455	5-456	5-457
项　目			质量（t以内）						
			2	4	6	8	10	15	20
组 成 内 容	单位	单价	数　　量						
材料 钢丝绳 D15	m	5.28	—	—	—	—	—	—	0.17
零星材料费	元	—	32.46	38.06	28.14	18.58	17.08	16.53	15.97
机械 电动双梁起重机 15t	台班	321.22	5.10	3.28	2.77	2.10	2.04	1.35	1.18
门式起重机 20t	台班	644.36	0.47	0.29	0.23	0.20	0.20	0.20	0.19
载货汽车 5t	台班	443.55	0.56	0.23	0.08	0.05	0.04	0.04	0.03
载货汽车 10t	台班	574.62	0.01	0.01	0.11	0.07	0.06	0.01	0.01
载货汽车 15t	台班	809.06	—	—	—	—	—	0.04	—
直流弧焊机 30kW	台班	92.43	7.20	6.54	5.85	3.03	2.79	2.66	2.47
氩弧焊机 500A	台班	96.11	3.46	3.14	3.88	2.70	2.57	2.49	2.34
电焊条烘干箱 600×500×750	台班	27.16	0.72	0.65	0.59	0.30	0.28	0.27	0.25
电焊条烘干箱 800×800×1000	台班	51.03	0.72	0.65	0.59	0.30	0.28	0.27	0.25
等离子切割机 400A	台班	229.27	3.82	2.06	1.84	1.68	1.53	1.20	1.02
刨边机 9000mm	台班	516.01	0.09	0.08	0.07	0.06	0.06	0.05	0.05
剪板机 20×2500	台班	329.03	2.27	1.06	0.74	0.53	0.45	0.13	0.11
管子切断机 D150	台班	33.97	2.61	2.38	2.24	2.09	1.94	1.74	1.66
卷板机 20×2500	台班	273.51	0.18	0.17	0.12	0.11	0.08	0.08	0.07
普通车床 1000×5000	台班	330.46	3.99	2.26	2.11	—	—	—	—
摇臂钻床 D63	台班	42.00	12.15	11.04	10.92	10.71	10.17	6.94	6.99
坐标镗车 工作台＞800×1200	台班	445.13	1.82	1.67	1.54	1.45	1.39	1.35	1.28
弯管机 D108	台班	78.53	0.31	0.65	0.62	0.62	0.67	0.67	0.65
电动空气压缩机 1m³	台班	52.31	3.82	2.06	1.84	1.68	1.53	1.20	1.02
电动空气压缩机 6m³	台班	217.48	0.72	0.65	0.59	0.30	0.28	0.27	0.25
液压压接机 800t	台班	1407.15	0.44	0.22	0.16	0.13	0.12	0.10	0.09
电动滚胎	台班	55.48	5.34	4.95	3.99	1.81	1.62	1.55	1.40
试压泵 80MPa	台班	27.58	0.50	0.76	1.01	1.02	1.11	1.11	1.08
汽车式起重机 8t	台班	767.15	0.57	0.28	0.12	0.10	0.09	0.09	0.08
汽车式起重机 10t	台班	838.68	0.01	0.01	0.01	0.01	0.01	0.01	0.01
汽车式起重机 20t	台班	1043.80	—	—	0.11	0.07	0.06	—	0.08
汽车式起重机 25t	台班	1098.98	—	—	—	—	—	0.04	—
平板拖车组 8t	台班	834.93	0.02	0.05	0.05	0.05	0.05	0.05	0.05
平板拖车组 10t	台班	909.28	—	—	—	0.01	—	—	—
平板拖车组 20t	台班	1101.26	—	—	—	—	—	—	0.04
自动埋弧焊机 1500A	台班	261.86	—	—	—	0.12	0.11	0.10	0.09
立式钻床 D25	台班	6.78	—	—	—	2.08	1.96	1.17	0.98

160

4.螺旋盘管制作

工作内容: 下料,切割,对管、焊接,灌砂,机械搬弯,倒砂,成品倒运等。

单位: t

编 号				5-458	5-459	5-460	5-461	5-462	5-463	5-464	5-465
项 目				盘管(直径×厚度)							
				D25×2.5	D32×2.5	D38×3	D48×3	D57×3.5	D63×3.5	D76×3.5	D89×4
预算基价	总 价(元)			**42593.57**	**23758.90**	**17254.61**	**15159.61**	**10783.70**	**11737.46**	**8728.21**	**7481.51**
	人 工 费(元)			30628.80	16389.00	12027.15	10284.30	7449.30	7765.20	5568.75	4581.90
	材 料 费(元)			1987.20	1908.17	1647.81	1819.56	1067.15	1619.36	1356.93	1365.00
	机 械 费(元)			9977.57	5461.73	3579.65	3055.75	2267.25	2352.90	1802.53	1534.61
组 成 内 容		单位	单价	数 量							
人工	综合工	工日	135.00	226.88	121.40	89.09	76.18	55.18	57.52	41.25	33.94
材料	木材 方木	m³	2716.33	0.05	0.02	0.01	0.01	0.01	0.01	0.01	0.01
	石棉编绳 D3	kg	19.22	27.52	38.53	37.71	44.01	—	—	—	—
	电焊条 E4303 D3.2	kg	7.59	0.09	0.09	0.06	0.06	0.06	0.07	0.05	0.05
	碳钢氩弧焊丝	kg	11.10	0.96	0.93	0.78	0.77	0.77	0.83	0.82	0.96
	氧气	m³	2.88	86.42	47.29	27.15	22.73	16.39	16.21	11.47	8.96
	乙炔气	kg	14.66	28.810	15.760	9.050	7.580	5.460	5.400	3.820	2.990
	氩气	m³	18.60	2.66	2.59	2.17	2.14	2.14	2.31	2.29	2.68
	尼龙砂轮片 D100×16×3	片	3.92	0.87	0.84	0.70	0.68	0.60	0.65	0.65	0.59
	尼龙砂轮片 D500×25×4	片	18.69	5.96	3.68	2.38	2.17	2.26	2.48	2.71	2.03
	焦炭	kg	1.25	275.23	385.29	377.05	440.05	520.69	880.62	729.43	752.09
	钍钨棒	kg	640.87	0.00528	0.00518	0.00434	0.00429	0.00428	0.00461	0.00458	0.00536
	粗河砂	t	86.14	0.400	0.558	0.543	0.629	0.744	1.258	1.044	1.072
	砂布	张	0.93	38.53	28.20	20.90	19.26	18.21	15.88	17.37	14.99
	木柴	kg	1.03	—	—	—	—	52.07	88.06	72.94	75.21
	零星材料费	元	—	—	57.88	55.58	47.99	53.00	31.08	47.17	39.52	39.76
机械	电动双梁起重机 15t	台班	321.22	19.59	10.39	6.39	5.62	3.96	4.16	2.96	2.42
	载货汽车 5t	台班	443.55	0.20	0.20	0.20	0.20	0.20	0.20	0.20	0.20
	直流弧焊机 30kW	台班	92.43	2.16	1.00	0.49	0.38	0.23	0.22	0.15	0.12
	氩弧焊机 500A	台班	96.11	1.38	1.37	1.14	1.12	0.97	1.04	1.04	1.11
	汽车式起重机 10t	台班	838.68	0.22	0.22	0.22	0.22	0.20	0.20	0.20	0.20
	电焊条烘干箱 600×500×750	台班	27.16	0.23	0.11	0.05	0.04	0.02	0.02	0.02	0.01
	电焊条烘干箱 800×800×1000	台班	51.03	0.23	0.11	0.05	0.04	0.02	0.02	0.02	0.01
	管子切断机 D150	台班	33.97	2.20	1.51	0.94	0.86	0.64	0.60	0.65	0.49
	弯管机 D108	台班	78.53	36.42	19.34	13.25	9.99	7.53	7.76	5.77	4.61
	试压泵 80MPa	台班	27.58	4.59	1.75	0.82	0.64	0.35	0.31	0.17	0.13

四、静止设备附件制作
1.鞍座、支座制作
(1)鞍 式 支 座

工作内容:放样号料,切割,调直,卷弧,钻孔,剖豁,拼接,滚圆,找圆,组对、焊接等。

单位:t

编　号			5-466	5-467	5-468	5-469	5-470	5-471	5-472
项　目			鞍座每件质量(kg以内)						
			50	100	300	500	600	800	800以外
预算基价	总　价(元)		**13298.02**	**9987.21**	**7490.57**	**6468.84**	**5177.07**	**4606.43**	**4236.77**
	人工费(元)		7867.80	6386.85	5274.45	4626.45	3792.15	3368.25	3052.35
	材料费(元)		681.04	595.44	506.05	458.83	382.57	340.94	324.68
	机械费(元)		4749.18	3004.92	1710.07	1383.56	1002.35	897.24	859.74
组 成 内 容		单位	单价	数　量					
人工	综合工	工日	135.00	58.28	47.31	39.07	34.27	28.09	24.95	22.61
材料	电焊条 E4303 D3.2	kg	7.59	50.26	46.58	43.16	39.99	33.72	29.59	28.43
	氧气	m³	2.88	20.88	18.77	14.55	13.27	11.45	10.54	9.82
	乙炔气	kg	14.66	6.960	6.260	4.850	4.420	3.820	3.510	3.270
	尼龙砂轮片 D100×16×3	片	3.92	17.58	13.88	10.04	7.56	5.18	4.88	4.67
	尼龙砂轮片 D150	片	6.65	5.00	2.50	1.37	1.12	0.78	0.70	0.63
	炭精棒 8~12	根	1.71	9.00	4.50	1.32	1.08	0.60	0.48	0.42
	零星材料费	元	—	19.84	17.34	14.74	13.36	11.14	9.93	9.46
机械	汽车式起重机 8t	台班	767.15	0.03	0.02	0.02	0.02	0.01	0.01	0.01
	电动双梁起重机 15t	台班	321.22	6.25	3.29	1.30	1.03	0.71	0.59	0.54
	载货汽车 10t	台班	574.62	0.03	0.02	0.02	0.02	0.01	0.01	0.01
	直流弧焊机 30kW	台班	92.43	22.73	16.91	11.55	9.40	7.02	6.48	6.29
	电焊条烘干箱 800×800×1000	台班	51.03	2.25	1.68	1.15	0.94	0.70	0.65	0.63
	电焊条烘干箱 600×500×750	台班	27.16	2.25	1.68	1.15	0.94	0.70	0.65	0.63
	剪板机 20×2500	台班	329.03	1.00	0.50	0.21	0.16	0.11	0.08	0.08
	卷板机 20×2500	台班	273.51	0.18	0.10	0.08	0.06	0.05	0.04	0.04
	立式钻床 D25	台班	6.78	2.00	1.00	0.29	0.21	0.13	0.11	0.09
	电动空气压缩机 6m³	台班	217.48	0.15	0.13	0.07	0.06	0.03	0.03	0.02

(2) 支　　座

工作内容: 放样号料,切割,调直,卷弧,钻孔,剖豁,拼接,滚圆,找圆,组对、焊接等。

单位：t

编　号			5-473	5-474
项　目			支座每件质量(kg以内)	
			20	80
预算基价	总　　　价(元)		**12241.56**	**11132.73**
	人　工　费(元)		7815.15	7272.45
	材　料　费(元)		1056.90	673.43
	机　械　费(元)		3369.51	3186.85
组　成　内　容		单位	单价	数　　量
人工	综合工	工日	135.00	57.89	53.87
材料	电焊条 E4303 D3.2	kg	7.59	107.00	69.86
	氧气	m³	2.88	11.84	6.56
	乙炔气	kg	14.66	3.940	2.170
	尼龙砂轮片 D100×16×3	片	3.92	27.39	11.67
	尼龙砂轮片 D150	片	6.65	2.22	4.08
	零星材料费	元	—	30.78	19.61
机械	汽车式起重机 8t	台班	767.15	0.06	0.02
	电动双梁起重机 15t	台班	321.22	2.61	4.25
	载货汽车 10t	台班	574.62	0.11	0.04
	直流弧焊机 30kW	台班	92.43	22.83	16.82
	电焊条烘干箱 800×800×1000	台班	51.03	2.33	1.69
	电焊条烘干箱 600×500×750	台班	27.16	2.33	1.69
	剪板机 20×2500	台班	329.03	0.33	0.25
	卷板机 20×2500	台班	273.51	0.06	0.04
	立式钻床 D25	台班	6.78	0.67	0.49

2.设备接管制作、安装
(1)碳钢（低合金钢）

工作内容： 放样号料,切割,调直,弯曲,套栓,加强圈制作,组对、焊接,设备开孔,紧固螺栓等。　　　　　　　　　　　　　　　　单位：个

编　号			5-475	5-476	5-477	5-478	5-479	5-480	5-481	5-482	5-483	5-484
项　目			设计压力PN≤1.6MPa									
			DN25	DN50	DN80	DN100	DN125	DN150	DN200	DN250	DN300	DN350
预算基价	总　　价（元）		**81.78**	**102.61**	**128.61**	**356.82**	**382.83**	**429.21**	**557.44**	**686.87**	**784.64**	**872.52**
	人　工　费（元）		63.45	78.30	95.85	252.45	268.65	298.35	380.70	467.10	527.85	583.20
	材　料　费（元）		2.69	4.78	10.28	43.16	49.20	56.97	79.10	100.60	118.46	140.23
	机　械　费（元）		15.64	19.53	22.48	61.21	64.98	73.89	97.64	119.17	138.33	149.09
组　成　内　容	单位	单价	数　　量									
人工 综合工	工日	135.00	0.47	0.58	0.71	1.87	1.99	2.21	2.82	3.46	3.91	4.32
材料 电焊条 E4303 D3.2	kg	7.59	0.07	0.13	0.24	2.06	2.26	2.45	3.52	4.72	5.56	6.83
氧气	m³	2.88	0.20	0.35	0.56	1.94	2.27	2.72	3.73	4.64	5.49	6.37
乙炔气	kg	14.66	0.070	0.120	0.190	0.650	0.760	0.910	1.240	1.550	1.830	2.120
尼龙砂轮片 D100×16×3	片	3.92	0.02	0.04	0.67	0.24	0.24	0.30	0.41	0.55	0.65	0.83
尼龙砂轮片 D150	片	6.65	0.06	0.11	0.17	0.91	1.07	1.28	1.75	2.12	2.49	2.86
普碳钢板 δ20	t	3614.79	—	—	—	0.00115	0.00135	0.00162	0.00219	0.00263	0.00306	0.00349
零星材料费	元	—	0.08	0.14	0.30	1.26	1.43	1.66	2.30	2.93	3.45	4.08
机械 电动双梁起重机 15t	台班	321.22	0.01	0.01	0.01	0.01	0.02	0.02	0.02	0.02	0.03	0.03
直流弧焊机 30kW	台班	92.43	0.06	0.09	0.11	0.42	0.42	0.49	0.70	0.88	1.02	1.11
电焊条烘干箱 800×800×1000	台班	51.03	0.01	0.01	0.01	0.04	0.04	0.05	0.07	0.09	0.10	0.11
电焊条烘干箱 600×500×750	台班	27.16	0.01	0.01	0.01	0.04	0.04	0.05	0.07	0.09	0.10	0.11
电动滚胎	台班	55.48	0.11	0.13	0.15	0.24	0.25	0.28	0.33	0.39	0.43	0.46
卷板机 20×2500	台班	273.51	—	—	—	0.01	0.01	0.01	0.01	0.01	0.01	0.01

编　　号				5-485	5-486	5-487	5-488	5-489	5-490	5-491	5-492	5-493	5-494
项　　目				设计压力PN≤1.6MPa				设计压力PN≤4MPa					
				DN400	DN450	DN500	DN600	DN25	DN50	DN80	DN100	DN125	DN150
预算基价	总　　价（元）			**988.42**	**1126.02**	**1255.67**	**1641.13**	**106.80**	**133.50**	**185.89**	**460.74**	**529.67**	**578.51**
	人　工　费（元）			646.65	737.10	823.50	1119.15	82.35	99.90	136.35	310.50	348.30	384.75
	材　料　费（元）			157.28	176.84	195.17	236.57	4.37	7.79	14.81	63.53	77.20	92.13
	机　械　费（元）			184.49	212.08	237.00	285.41	20.08	25.81	34.73	86.71	104.17	101.63
组　成　内　容		单位	单价	数　　　量									
人工	综合工	工日	135.00	4.79	5.46	6.10	8.29	0.61	0.74	1.01	2.30	2.58	2.85
材料	普碳钢板 δ20	t	3614.79	0.00391	0.00438	0.00484	0.00569	—	—	—	0.00115	0.00135	0.00162
	电焊条 E4303 D3.2	kg	7.59	7.60	8.55	9.43	11.72	0.10	0.24	0.67	3.93	4.93	5.87
	氧气	m³	2.88	7.19	8.10	8.93	10.71	0.32	0.52	0.84	2.50	2.93	3.50
	乙炔气	kg	14.66	2.400	2.700	2.980	3.570	0.110	0.170	0.280	0.830	0.980	1.170
	尼龙砂轮片 D100×16×3	片	3.92	0.93	1.05	1.16	1.46	0.02	0.04	0.08	0.24	0.29	0.35
	尼龙砂轮片 D150	片	6.65	3.21	3.60	3.98	4.70	0.13	0.24	0.37	1.11	1.31	1.57
	零星材料费	元	—	4.58	5.15	5.68	6.89	0.13	0.23	0.43	1.85	2.25	2.68
机械	电动双梁起重机 15t	台班	321.22	0.09	0.11	0.12	0.15	0.01	0.01	0.01	0.02	0.02	0.02
	直流弧焊机 30kW	台班	92.43	1.24	1.41	1.58	1.89	0.09	0.14	0.21	0.63	0.76	0.70
	电焊条烘干箱 800×800×1000	台班	51.03	0.12	0.14	0.16	0.19	0.01	0.01	0.02	0.06	0.08	0.09
	电焊条烘干箱 600×500×750	台班	27.16	0.12	0.14	0.16	0.19	0.01	0.01	0.02	0.06	0.08	0.09
	卷板机 20×2500	台班	273.51	0.01	0.01	0.01	0.01	—	—	—	—	—	—
	卷板机 30×2000	台班	349.25	—	—	—	—	—	—	—	0.01	0.01	0.01
	电动滚胎	台班	55.48	0.52	0.59	0.67	0.81	0.14	0.16	0.19	0.25	0.32	0.36

编　号			5-495	5-496	5-497	5-498	5-499	5-500	5-501	5-502
项　目			设计压力PN≤4MPa							
			DN200	DN250	DN300	DN350	DN400	DN450	DN500	DN600
预算基价	总　价(元)		**761.80**	**901.97**	**1024.47**	**1136.34**	**1289.22**	**1476.64**	**1647.18**	**1974.67**
	人　工　费(元)		477.90	565.65	635.85	702.00	783.00	891.00	996.30	1190.70
	材　料　费(元)		134.45	153.62	181.25	205.19	231.02	264.44	287.45	347.09
	机　械　费(元)		149.45	182.70	207.37	229.15	275.20	321.20	363.43	436.88
组 成 内 容		单位	单价	数　　量						
人工	综合工	工日	135.00	3.54	4.19	4.71	5.20	5.80	6.60	7.38	8.82
材料	普碳钢板 δ20	t	3614.79	0.00480	0.00263	0.00306	0.00349	0.00391	0.00548	0.00484	0.00569
	电焊条 E4303 D3.2	kg	7.59	7.90	9.72	11.46	12.72	14.32	16.15	17.85	21.81
	氧气	m³	2.88	4.80	5.98	7.07	8.21	9.26	10.43	11.51	13.79
	乙炔气	kg	14.66	1.600	1.990	2.360	2.740	3.090	3.480	3.840	4.600
	尼龙砂轮片 D100×16×3	片	3.92	0.47	0.59	0.72	0.79	0.91	1.03	1.14	1.45
	尼龙砂轮片 D150	片	6.65	2.12	2.58	3.03	3.48	3.90	4.40	4.84	5.72
	零星材料费	元	—	3.92	4.47	5.28	5.98	6.73	7.70	8.37	10.11
机械	电动双梁起重机 15t	台班	321.22	0.02	0.03	0.03	0.04	0.11	0.14	0.16	0.19
	直流弧焊机 30kW	台班	92.43	1.15	1.41	1.63	1.79	1.98	2.30	2.59	3.13
	电焊条烘干箱 800×800×1000	台班	51.03	0.12	0.14	0.16	0.18	0.20	0.23	0.26	0.31
	电焊条烘干箱 600×500×750	台班	27.16	0.12	0.14	0.16	0.18	0.20	0.23	0.26	0.31
	电动滚胎	台班	55.48	0.43	0.51	0.56	0.60	0.68	0.76	0.88	1.06
	卷板机 30×2000	台班	349.25	0.01	0.01	0.01	0.01	0.01	0.01	0.01	0.01

(2) 不 锈 钢

工作内容: 放样号料,切割,调直,弯曲,套栓,加强圈制作,组对、焊接,设备开孔,紧固螺栓等。

单位:个

编 号			5-503	5-504	5-505	5-506	5-507	5-508	5-509	5-510	5-511	5-512
项 目			设计压力 PN≤1.6MPa									
			DN25	DN50	DN80	DN100	DN125	DN150	DN200	DN250	DN300	DN350
预算基价	总 价(元)		**151.94**	**196.15**	**257.22**	**636.29**	**730.12**	**808.60**	**1072.61**	**1332.68**	**1523.58**	**1735.99**
	人 工 费(元)		117.45	141.75	178.20	365.85	391.50	437.40	558.90	670.95	758.70	838.35
	材 料 费(元)		6.17	11.35	20.13	138.92	151.06	164.89	237.81	320.92	378.68	467.82
	机 械 费(元)		28.32	43.05	58.89	131.52	187.56	206.31	275.90	340.81	386.20	429.82
组 成 内 容	单位	单价	数 量									
人工 综合工	工日	135.00	0.87	1.05	1.32	2.71	2.90	3.24	4.14	4.97	5.62	6.21
材料 飞溅净	kg	3.96	0.05	0.09	0.14	0.31	0.37	0.44	0.60	0.75	0.88	1.01
酸洗膏	kg	9.60	0.04	0.08	0.12	0.27	0.32	0.39	0.53	0.65	0.77	0.89
不锈钢电焊条	kg	66.08	0.07	0.13	0.24	1.78	1.93	2.07	3.02	4.14	4.89	6.10
尼龙砂轮片 D100×16×3	片	3.92	0.04	0.06	0.10	0.62	0.39	0.48	0.65	0.87	1.02	1.29
尼龙砂轮片 D150	片	6.65	0.08	0.14	0.22	1.19	1.40	1.67	2.27	2.76	3.23	3.71
氢氟酸 45%	kg	7.27	0.01	0.01	0.01	0.02	0.02	0.03	0.03	0.04	0.05	0.06
硝酸	kg	5.56	0.02	0.04	0.06	0.14	0.16	0.20	0.27	0.33	0.39	0.45
普碳钢板 δ20	t	3614.79	—	—	—	0.00115	0.00135	0.00162	0.00219	0.00263	0.00306	0.00349
零星材料费	元	—	0.09	0.17	0.30	2.05	2.23	2.44	3.51	4.74	5.60	6.91
机械 直流弧焊机 30kW	台班	92.43	0.08	0.13	0.16	0.53	0.57	0.60	0.86	1.09	1.26	1.36
电焊条烘干箱 800×800×1000	台班	51.03	0.01	0.01	0.02	0.05	0.05	0.06	0.09	0.11	0.13	0.14
电焊条烘干箱 600×500×750	台班	27.16	0.01	0.01	0.02	0.05	0.05	0.06	0.09	0.11	0.13	0.14
等离子切割机 400A	台班	229.27	0.04	0.07	0.10	0.17	0.35	0.40	0.53	0.66	0.75	0.85
电动滚胎	台班	55.48	0.16	0.19	0.22	0.35	0.38	0.40	0.48	0.56	0.61	0.65
电动空气压缩机 1m³	台班	52.31	0.04	0.07	0.10	0.17	0.35	0.40	0.51	0.66	0.75	0.85
电动空气压缩机 6m³	台班	217.48	—	—	0.01	0.01	0.01	0.01	0.01	0.01	0.01	0.01
电动双梁起重机 15t	台班	321.22	—	—	—	0.02	0.02	0.02	0.03	0.03	0.03	0.04
卷板机 20×2500	台班	273.51	—	—	—	0.01	0.01	0.01	0.01	0.01	0.01	0.01

编　号				5-513	5-514	5-515	5-516	5-517	5-518	5-519	5-520	5-521	5-522
项　目				设计压力PN≤1.6MPa				设计压力PN≤4MPa					
				DN400	DN450	DN500	DN600	DN25	DN50	DN80	DN100	DN125	DN150
预算基价	总　　　价(元)			**1959.34**	**2230.53**	**2486.12**	**3140.23**	**182.10**	**230.79**	**301.51**	**703.66**	**796.80**	**900.87**
	人　工　费(元)			928.80	1061.10	1186.65	1549.80	135.00	163.35	199.80	394.20	434.70	476.55
	材　料　费(元)			521.76	586.96	640.89	795.94	7.79	15.99	30.94	116.56	141.96	169.38
	机　械　费(元)			508.78	582.47	658.58	794.49	39.31	51.45	70.77	192.90	220.14	254.94
	组 成 内 容	单位	单价	数　量									
人工	综合工	工日	135.00	6.88	7.86	8.79	11.48	1.00	1.21	1.48	2.92	3.22	3.53
材料	普碳钢板 δ20	t	3614.79	0.00391	0.00437	0.00484	0.00569	—	—	—	0.00115	0.00135	0.00162
	飞溅净	kg	3.96	1.13	1.27	1.40	1.66	0.05	0.09	0.22	0.27	0.33	0.38
	酸洗膏	kg	9.60	0.99	1.12	1.23	1.45	0.04	0.08	0.19	0.23	0.29	0.33
	不锈钢电焊条	kg	66.08	6.80	7.65	8.34	10.43	0.06	0.13	0.28	1.11	1.38	1.65
	尼龙砂轮片 D100×16×3	片	3.92	1.44	1.63	1.80	2.17	0.04	0.08	0.13	0.34	0.41	0.49
	尼龙砂轮片 D150	片	6.65	4.17	4.69	5.17	6.11	0.17	0.32	0.48	1.49	1.70	2.03
	氢氟酸 45%	kg	7.27	0.06	0.07	0.08	0.09	0.01	0.01	0.01	0.02	0.02	0.02
	硝酸	kg	5.56	0.50	0.56	0.62	0.74	0.02	0.04	0.10	0.12	0.14	0.17
	不锈钢焊丝 1Cr18Ni9Ti	kg	55.02	—	—	—	—	0.03	0.06	0.09	0.40	0.47	0.56
	零星材料费	元	—	7.71	8.67	9.47	11.76	0.12	0.24	0.46	1.72	2.10	2.50
机械	电动双梁起重机 15t	台班	321.22	0.13	0.16	0.18	0.23	—	—	—	0.02	0.02	0.03
	直流弧焊机 30kW	台班	92.43	1.51	1.73	1.96	2.32	0.12	0.17	0.24	0.54	0.62	0.71
	电焊条烘干箱 800×800×1000	台班	51.03	0.15	0.17	0.20	0.23	0.01	0.02	0.02	0.05	0.06	0.07
	电焊条烘干箱 600×500×750	台班	27.16	0.15	0.17	0.20	0.23	0.01	0.02	0.02	0.05	0.06	0.07
	等离子切割机 400A	台班	229.27	0.96	1.09	1.23	1.48	0.06	0.08	0.11	0.38	0.43	0.50
	卷板机 20×2500	台班	273.51	0.01	0.01	0.01	0.02	—	—	—	—	—	—
	电动滚胎	台班	55.48	0.73	0.83	0.95	1.15	0.19	0.21	0.25	0.33	0.42	0.47
	电动空气压缩机 1m³	台班	52.31	0.96	1.09	1.23	1.48	0.06	0.08	0.11	0.38	0.43	0.50
	电动空气压缩机 6m³	台班	217.48	0.01	0.01	0.01	0.01	—	—	0.01	0.01	0.01	0.01
	卷板机 40×3500	台班	516.54	—	—	—	—	—	—	—	0.01	0.01	0.01

编　　号			5-523	5-524	5-525	5-526	5-527	5-528	5-529	5-530
项　　目			设计压力 PN≤4MPa							
			DN200	DN250	DN300	DN350	DN400	DN450	DN500	DN600
预算基价	总　　　　价(元)		**1133.17**	**1355.12**	**1564.25**	**1757.36**	**2020.11**	**2291.00**	**2566.59**	**3100.02**
	人　工　费(元)		584.55	687.15	774.90	862.65	972.00	1098.90	1228.50	1449.90
	材　料　费(元)		227.32	276.39	337.51	386.62	444.77	502.33	556.90	712.98
	机　械　费(元)		321.30	391.58	451.84	508.09	603.34	689.77	781.19	937.14
组 成 内 容		单位	单价	数　　量						
人工	综合工	工日	135.00	4.33	5.09	5.74	6.39	7.20	8.14	9.10	10.74
材料	普碳钢板 δ20	t	3614.79	0.00219	0.00263	0.00306	0.00349	0.00391	0.00437	0.00484	0.00569
	飞溅净	kg	3.96	0.52	0.64	0.75	0.86	0.97	1.09	1.20	1.42
	酸洗膏	kg	9.60	0.45	0.56	0.66	0.75	0.85	0.95	1.05	1.24
	不锈钢焊丝 1Cr18Ni9Ti	kg	55.02	0.76	0.94	1.10	1.30	1.46	1.69	1.91	2.26
	不锈钢电焊条	kg	66.08	2.20	2.66	3.32	3.77	4.39	4.93	5.44	7.26
	尼龙砂轮片 D100×16×3	片	3.92	0.67	0.82	1.00	1.15	1.32	1.49	1.64	1.71
	尼龙砂轮片 D150	片	6.65	2.76	3.36	3.94	4.52	5.07	5.71	6.30	7.44
	氢氟酸 45%	kg	7.27	0.03	0.04	0.04	0.05	0.05	0.06	0.07	0.08
	硝酸	kg	5.56	0.23	0.28	0.33	0.38	0.43	0.48	0.53	0.63
	零星材料费	元	—	3.36	4.08	4.99	5.71	6.57	7.42	8.23	10.54
机械	电动双梁起重机 15t	台班	321.22	0.03	0.03	0.04	0.05	0.15	0.18	0.21	0.25
	直流弧焊机 30kW	台班	92.43	0.90	1.09	1.30	1.45	1.66	1.89	2.15	2.52
	电焊条烘干箱 800×800×1000	台班	51.03	0.09	0.11	0.13	0.15	0.17	0.19	0.21	0.25
	电焊条烘干箱 600×500×750	台班	27.16	0.09	0.11	0.13	0.15	0.17	0.19	0.21	0.25
	等离子切割机 400A	台班	229.27	0.65	0.81	0.93	1.05	1.18	1.35	1.52	1.83
	电动滚胎	台班	55.48	0.56	0.67	0.73	0.78	0.88	0.99	1.14	1.38
	电动空气压缩机 1m³	台班	52.31	0.65	0.81	0.91	1.05	1.18	1.35	1.52	1.83
	电动空气压缩机 6m³	台班	217.48	0.01	0.01	0.01	0.01	0.01	0.01	0.01	0.01
	卷板机 40×3500	台班	516.54	0.01	0.01	0.01	0.01	0.01	0.01	0.01	0.02

3.设备人孔制作、安装
(1)平吊人孔

工作内容：放样号料,切割,坡口,压头滚圆,加强圈制作,组对、焊接,设备开孔,紧固螺栓等。   单位：个

编 号			5-531	5-532	5-533	5-534	5-535	5-536	5-537	5-538	5-539
项 目			碳钢、低合金钢								
			设计压力 $PN \leqslant 0.6$MPa			设计压力 $PN \leqslant 1.6$MPa			设计压力 $PN \leqslant 4$MPa		
			DN450	DN500	DN600	DN450	DN500	DN600	DN450	DN500	DN600
预算基价	总 价(元)		**1022.82**	**1097.10**	**1283.02**	**1379.71**	**1511.47**	**1770.39**	**2362.78**	**2578.99**	**3035.28**
	人 工 费(元)		687.15	730.35	850.50	892.35	965.25	1127.25	1254.15	1354.05	1588.95
	材 料 费(元)		137.27	148.83	179.64	222.79	244.64	290.60	683.18	753.01	887.19
	机 械 费(元)		198.40	217.92	252.88	264.57	301.58	352.54	425.45	471.93	559.14
组 成 内 容	单位	单价	数 量								
人工 综合工	工日	135.00	5.09	5.41	6.30	6.61	7.15	8.35	9.29	10.03	11.77
材料 普碳钢板 $\delta 20$	t	3614.79	0.00495	0.00505	0.00584	0.00468	0.00514	0.00545	0.00477	0.00523	0.00616
电焊条 E4303 $D3.2$	kg	7.59	7.06	7.76	9.65	13.13	14.49	17.55	1.98	2.28	2.70
氧气	m³	2.88	5.59	6.07	7.19	8.89	9.66	11.45	14.24	15.42	18.32
乙炔气	kg	14.66	1.860	2.030	2.400	2.960	3.220	3.820	4.750	5.140	6.110
尼龙砂轮片 $D100 \times 16 \times 3$	片	3.92	1.16	1.27	1.58	1.33	1.47	1.80	2.01	2.21	2.58
尼龙砂轮片 $D150$	片	6.65	1.86	2.02	2.41	3.61	3.98	4.70	4.51	4.97	5.87
蝶形钢丝砂轮片 $D100$	片	6.27	0.24	0.27	0.31	0.24	0.27	0.31	0.24	0.27	0.31
合金钢电焊条	kg	26.56	—	—	—	—	—	—	17.73	19.59	23.03
合金钢氩弧焊丝	kg	16.53	—	—	—	—	—	—	0.14	0.16	0.19
氩气	m³	18.60	—	—	—	—	—	—	0.39	0.44	0.52
钍钨棒	kg	640.87	—	—	—	—	—	—	0.00079	0.00087	0.00105
零星材料费	元	—	4.00	4.33	5.23	6.49	7.13	8.46	19.90	21.93	25.84
机械 电动双梁起重机 15t	台班	321.22	0.09	0.10	0.11	0.11	0.13	0.15	0.17	0.18	0.21
直流弧焊机 30kW	台班	92.43	1.38	1.53	1.80	1.90	2.13	2.53	3.00	3.35	3.97
电焊条烘干箱 $800 \times 800 \times 1000$	台班	51.03	0.14	0.15	0.18	0.19	0.21	0.25	0.30	0.33	0.40
电焊条烘干箱 $600 \times 500 \times 750$	台班	27.16	0.14	0.15	0.18	0.19	0.21	0.25	0.30	0.33	0.40
剪板机 20×2500	台班	329.03	0.01	0.01	0.01	0.01	0.01	0.01	0.01	0.01	0.01
电动滚胎	台班	55.48	0.45	0.48	0.56	0.59	0.73	0.81	0.76	0.88	1.06
氩弧焊机 500A	台班	96.11	—	—	—	—	—	—	0.22	0.24	0.29
卷板机 20×2500	台班	273.51	0.01	0.01	0.01	0.01	0.01	0.01	—	—	—
卷板机 30×2000	台班	349.25	—	—	—	—	—	—	0.01	0.01	0.01

工作内容： 放样号料,切割,坡口,压头滚圆,找圆,加强圈制作,组对、焊接,设备开孔,紧固螺栓等。　　　　　　　　　　　　　　　　　**单位：** 个

编　号				5-540	5-541	5-542	5-543	5-544	5-545	5-546	5-547	5-548
项　目				不锈钢								
				设计压力$PN{\leqslant}0.6$MPa			设计压力$PN{\leqslant}1.6$MPa			设计压力$PN{\leqslant}4$MPa		
				DN450	DN500	DN600	DN450	DN500	DN600	DN450	DN500	DN600
预算基价	总　价(元)			**2052.00**	**2255.31**	**2657.71**	**3347.24**	**3616.23**	**4269.38**	**3988.03**	**4510.90**	**5897.73**
	人　工　费(元)			1102.95	1212.30	1395.90	1526.85	1651.05	1927.80	1575.45	1860.30	2242.35
	材　料　费(元)			457.03	500.18	623.54	962.86	1056.04	1277.23	1223.06	1344.76	2070.07
	机　械　费(元)			492.02	542.83	638.27	857.53	909.14	1064.35	1189.52	1305.84	1585.31
组成内容		单位	单价	数　量								
人工	综合工	工日	135.00	8.17	8.98	10.34	11.31	12.23	14.28	11.67	13.78	16.61
材料	普碳钢板 $\delta20$	t	3614.79	0.00319	0.00327	0.00376	0.00323	0.00327	0.00382	0.00477	0.00523	0.00616
	飞溅净	kg	3.96	1.05	1.16	1.35	1.05	1.16	1.35	1.05	1.16	1.35
	酸洗膏	kg	9.60	0.92	1.01	1.18	0.92	1.01	1.18	0.92	1.01	1.18
	不锈钢电焊条	kg	66.08	5.81	6.39	8.06	13.12	14.43	17.51	16.85	18.51	29.03
	氧气	m³	2.88	1.01	1.01	1.01	1.01	1.01	1.01	—	—	—
	乙炔气	kg	14.66	0.340	0.340	0.340	0.340	0.340	0.340	—	—	—
	尼龙砂轮片 $D100{\times}16{\times}3$	片	3.92	1.79	1.97	2.43	2.30	2.53	3.09	2.42	2.66	3.60
	尼龙砂轮片 $D150$	片	6.65	3.59	3.83	4.53	5.57	5.96	7.05	4.96	5.57	6.46
	氢氟酸 45%	kg	7.27	0.06	0.07	0.08	0.06	0.07	0.08	0.06	0.07	0.08
	硝酸	kg	5.56	0.47	0.51	0.60	0.47	0.51	0.60	0.47	0.51	0.60
	不锈钢氩弧焊丝 1Cr18Ni9Ti	kg	57.40	—	—	—	—	—	—	0.14	0.16	0.19
	氩气	m³	18.60	—	—	—	—	—	—	0.39	0.43	0.52
	钍钨棒	kg	640.87	—	—	—	—	—	—	0.00078	0.00087	0.00104
	零星材料费	元	—	6.75	7.39	9.21	14.23	15.61	18.88	18.07	19.87	30.59
机械	电动双梁起重机 15t	台班	321.22	0.12	0.13	0.15	0.14	0.15	0.18	0.17	0.18	0.21
	直流弧焊机 30kW	台班	92.43	1.54	1.70	2.01	2.57	2.84	3.34	3.17	3.55	4.63
	电焊条烘干箱 800×800×1000	台班	51.03	0.15	0.17	0.20	0.26	0.29	0.34	0.32	0.36	0.47
	电焊条烘干箱 600×500×750	台班	27.16	0.15	0.17	0.20	0.26	0.29	0.34	0.32	0.36	0.47
	等离子切割机 400A	台班	229.27	0.55	0.61	0.72	1.13	1.15	1.35	1.64	1.78	2.11
	剪板机 20×2500	台班	329.03	0.01	0.01	0.01	0.01	0.01	0.01	0.01	0.01	0.01
	电动滚胎	台班	55.48	0.82	0.90	1.06	0.79	0.97	1.08	0.98	1.15	1.35
	电动空气压缩机 6m³	台班	217.48	0.56	0.62	0.73	1.13	1.16	1.36	1.64	1.78	2.11
	氩弧焊机 500A	台班	96.11	—	—	—	—	—	—	0.24	0.27	0.30
	卷板机 20×2500	台班	273.51	0.01	0.01	0.01	0.01	0.01	0.01	—	—	—
	卷板机 30×2000	台班	349.25	—	—	—	—	—	—	0.01	0.01	0.01

(2) 垂 吊 人 孔

工作内容: 放样号料,切割,坡口,压头滚圆,找圆,加强圈制作,组对、焊接,设备开孔,紧固螺栓等。　　　　　　　　　　　　**单位:** 个

编　号			5-549	5-550	5-551	5-552	5-553	5-554	5-555	5-556	5-557
项　目			碳钢、低合金钢								
			设计压力 PN≤0.6MPa			设计压力 PN≤1.6MPa			设计压力 PN≤4MPa		
			DN450	DN500	DN600	DN450	DN500	DN600	DN450	DN500	DN600
预算基价	总　　　价(元)		**1009.32**	**1097.10**	**1283.02**	**1381.98**	**1511.47**	**1773.38**	**2373.99**	**2590.69**	**3179.39**
	人　工　费(元)		673.65	730.35	850.50	893.70	965.25	1128.60	1262.25	1362.15	1688.85
	材　料　费(元)		137.27	148.83	179.64	222.79	244.64	292.24	684.81	754.90	910.32
	机　械　费(元)		198.40	217.92	252.88	265.49	301.58	352.54	426.93	473.64	580.22
组 成 内 容		单位	单价	数　　量								
人工	综合工	工日	135.00	4.99	5.41	6.30	6.62	7.15	8.36	9.35	10.09	12.51
材料	普碳钢板 δ20	t	3614.79	0.00495	0.00505	0.00584	0.00468	0.00514	0.00589	0.00482	0.00528	0.00678
	电焊条 E4303 D3.2	kg	7.59	7.06	7.76	9.65	13.13	14.49	17.55	2.00	2.30	2.97
	氧气	m³	2.88	5.59	6.07	7.19	8.89	9.66	11.45	14.38	15.57	20.16
	乙炔气	kg	14.66	1.860	2.030	2.400	2.960	3.220	3.820	4.790	5.190	6.720
	尼龙砂轮片 D100×16×3	片	3.92	1.16	1.27	1.58	1.33	1.47	1.80	2.01	2.21	2.58
	尼龙砂轮片 D150	片	6.65	1.86	2.02	2.41	3.61	3.98	4.70	4.55	5.02	6.46
	蝶形钢丝砂轮片 D100	片	6.27	0.24	0.27	0.31	0.24	0.27	0.31	0.24	0.27	0.31
	合金钢电焊条	kg	26.56	—	—	—	—	—	—	17.73	19.59	23.03
	合金钢氩弧焊丝	kg	16.53	—	—	—	—	—	—	0.14	0.16	0.19
	氩气	m³	18.60	—	—	—	—	—	—	0.39	0.44	0.52
	钍钨棒	kg	640.87	—	—	—	—	—	—	0.00079	0.00087	0.00105
	零星材料费	元	—	4.00	4.33	5.23	6.49	7.13	8.51	19.95	21.99	26.51
机械	电动双梁起重机 15t	台班	321.22	0.09	0.10	0.11	0.11	0.13	0.15	0.17	0.18	0.23
	直流弧焊机 30kW	台班	92.43	1.38	1.53	1.80	1.91	2.13	2.53	3.01	3.36	4.06
	电焊条烘干箱 800×800×1000	台班	51.03	0.14	0.15	0.18	0.19	0.21	0.25	0.30	0.34	0.41
	电焊条烘干箱 600×500×750	台班	27.16	0.14	0.15	0.18	0.19	0.21	0.25	0.30	0.34	0.41
	剪板机 20×2500	台班	329.03	0.01	0.01	0.01	0.01	0.01	0.01	0.01	0.01	0.01
	卷板机 20×2500	台班	273.51	0.01	0.01	0.01	0.01	0.01	0.01	—	—	—
	电动滚胎	台班	55.48	0.45	0.48	0.56	0.59	0.73	0.81	0.77	0.88	1.16
	氩弧焊机 500A	台班	96.11	—	—	—	—	—	—	0.22	0.24	0.29
	卷板机 30×2000	台班	349.25	—	—	—	—	—	—	0.01	0.01	0.01

172

工作内容： 放样号料，切割，坡口，压头滚圆，找圆，加强圈制作，组对、焊接，设备开孔，紧固螺栓等。

单位：个

编　号				5-558	5-559	5-560	5-561	5-562	5-563	5-564	5-565	5-566
项　目				不锈钢								
				设计压力 PN≤0.6MPa			设计压力 PN≤1.6MPa			设计压力 PN≤4MPa		
				DN450	DN500	DN600	DN450	DN500	DN600	DN450	DN500	DN600
预算基价	总　　　价（元）			**2056.61**	**2270.72**	**2663.67**	**3348.59**	**3634.95**	**4270.73**	**4018.01**	**4544.51**	**5514.98**
	人　工　费（元）			1107.00	1227.15	1401.30	1528.20	1663.20	1929.15	1590.30	1879.20	2272.05
	材　料　费（元）			457.03	500.18	623.54	962.86	1057.22	1277.23	1225.60	1345.95	1607.26
	机　械　费（元）			492.58	543.39	638.83	857.53	914.53	1064.35	1202.11	1319.36	1635.67
组 成 内 容		单位	单价	数　　量								
人工	综合工	工日	135.00	8.20	9.09	10.38	11.32	12.32	14.29	11.78	13.92	16.83
材料	普碳钢板 δ20	t	3614.79	0.00319	0.00327	0.00376	0.00323	0.00330	0.00382	0.00482	0.00528	0.00678
	飞溅净	kg	3.96	1.05	1.16	1.35	1.05	1.16	1.35	1.05	1.16	1.35
	酸洗膏	kg	9.60	0.92	1.01	1.18	0.92	1.01	1.18	0.92	1.01	1.18
	不锈钢电焊条	kg	66.08	5.81	6.39	8.06	13.12	14.44	17.51	16.88	18.53	22.06
	氧气	m³	2.88	1.01	1.01	1.01	1.01	1.01	1.01	—	—	—
	乙炔气	kg	14.66	0.340	0.340	0.340	0.340	0.340	0.340	—	—	—
	尼龙砂轮片 D100×16×3	片	3.92	1.79	1.97	2.43	2.30	2.53	3.09	2.42	2.66	3.12
	尼龙砂轮片 D150	片	6.65	3.59	3.83	4.53	5.57	6.02	7.05	5.01	5.52	7.10
	氢氟酸 45%	kg	7.27	0.06	0.07	0.08	0.06	0.07	0.08	0.06	0.07	0.08
	硝酸	kg	5.56	0.47	0.51	0.60	0.47	0.51	0.60	0.47	0.51	0.60
	不锈钢氩弧焊丝 1Cr18Ni9Ti	kg	57.40	—	—	—	—	—	—	0.14	0.16	0.19
	氩气	m³	18.60	—	—	—	—	—	—	0.39	0.43	0.52
	钍钨棒	kg	640.87	—	—	—	—	—	—	0.00078	0.00087	0.00104
	零星材料费	元	—	6.75	7.39	9.21	14.23	15.62	18.88	18.11	19.89	23.75
机械	电动双梁起重机 15t	台班	321.22	0.12	0.13	0.15	0.14	0.15	0.18	0.17	0.18	0.23
	直流弧焊机 30kW	台班	92.43	1.54	1.70	2.01	2.57	2.85	3.34	3.18	3.57	4.01
	电焊条烘干箱 800×800×1000	台班	51.03	0.15	0.17	0.20	0.26	0.29	0.34	0.32	0.36	0.41
	电焊条烘干箱 600×500×750	台班	27.16	0.15	0.17	0.20	0.26	0.29	0.34	0.32	0.36	0.41
	等离子切割机 400A	台班	229.27	0.55	0.61	0.72	1.13	1.16	1.35	1.66	1.80	2.32
	剪板机 20×2500	台班	329.03	0.01	0.01	0.01	0.01	0.01	0.01	0.01	0.01	0.01
	电动滚胎	台班	55.48	0.83	0.91	1.07	0.79	0.97	1.08	0.99	1.16	1.49
	电动空气压缩机 6m³	台班	217.48	0.56	0.62	0.73	1.13	1.17	1.36	1.67	1.81	2.34
	氩弧焊机 500A	台班	96.11	—	—	—	—	—	—	0.24	0.27	0.30
	卷板机 20×2500	台班	273.51	0.01	0.01	0.01	0.01	0.01	0.01	—	—	—
	卷板机 30×2000	台班	349.25	—	—	—	—	—	—	0.01	0.01	0.01

4.设备手孔制作、安装

(1)碳钢（低合金钢）

工作内容：放样号料,切割,坡口,压头滚圆,找圆,加强圈制作,组对、焊接,设备开孔,紧固螺栓等。

单位：个

编　　号			5-567	5-568	5-569	5-570	5-571	5-572
项　　目			设计压力PN≤0.6MPa		设计压力PN≤1.6MPa		设计压力PN≤4MPa	
			DN150	DN250	DN150	DN250	DN150	DN250
预算基价	总　　价(元)		**360.17**	**580.41**	**622.74**	**758.48**	**835.70**	**1238.66**
	人　工　费(元)		255.15	379.35	319.95	473.85	479.25	665.55
	材　料　费(元)		45.05	78.89	66.99	116.16	221.08	354.22
	机　械　费(元)		59.97	122.17	235.80	168.47	135.37	218.89
组　成　内　容		单位	单价			数　　量		
人工	综合工	工日	135.00	1.89	2.81	2.37	3.51	3.55	4.93
材料	普碳钢板 δ20	t	3614.79	0.00162	0.00217	0.00162	0.00263	0.00162	0.00263
	电焊条 E4303 D3.2	kg	7.59	1.81	3.72	3.99	7.31	0.64	1.05
	氧气	m³	2.88	1.92	3.12	2.38	3.90	4.71	6.80
	乙炔气	kg	14.66	0.640	1.040	0.790	1.300	1.570	2.270
	尼龙砂轮片 D100×16×3	片	3.92	0.31	0.57	0.37	0.66	0.60	0.99
	尼龙砂轮片 D150	片	6.65	1.13	1.99	1.28	2.12	1.63	2.35
	蝶形钢丝砂轮片 D100	片	6.27	0.08	0.13	0.08	0.13	0.08	0.13
	合金钢电焊条	kg	26.56	—	—	—	—	5.62	9.32
	合金钢氩弧焊丝	kg	16.53	—	—	—	—	0.06	0.08
	氩气	m³	18.60	—	—	—	—	0.17	0.22
	钍钨棒	kg	640.87	—	—	—	—	0.00036	0.00045
	零星材料费	元	—	1.31	2.30	1.95	3.38	6.44	10.32
机械	电动双梁起重机 15t	台班	321.22	0.04	0.08	0.51	0.10	0.02	0.02
	直流弧焊机 30kW	台班	92.43	0.38	0.79	0.59	1.13	1.03	1.70
	电焊条烘干箱 800×800×1000	台班	51.03	0.04	0.08	0.06	0.11	0.11	0.17
	电焊条烘干箱 600×500×750	台班	27.16	0.06	0.11	0.08	0.11	0.11	0.17
	电动滚胎	台班	55.48	0.15	0.31	0.22	0.42	0.28	0.55
	氩弧焊机 500A	台班	96.11	—	—	—	—	0.10	0.12

(2)不 锈 钢

工作内容：放样号料,切割,坡口,压头滚圆,找圆,加强圈制作,组对、焊接,设备开孔,紧固螺栓等。　　　　　　　　　　　　　**单位**：个

编　号			5-573	5-574	5-575	5-576	5-577	5-578
项　目			设计压力 $PN \leqslant 0.6MPa$		设计压力 $PN \leqslant 1.6MPa$		设计压力 $PN \leqslant 4MPa$	
			DN150	DN250	DN150	DN250	DN150	DN250
预算基价	总　　　价(元)		**781.28**	**1240.89**	**1127.42**	**1863.45**	**1355.80**	**2165.11**
	人　工　费(元)		423.90	565.65	513.00	766.80	639.90	924.75
	材　料　费(元)		109.24	226.84	241.82	438.04	378.90	630.90
	机　械　费(元)		248.14	448.40	372.60	658.61	337.00	609.46
组 成 内 容	单位	单价			数　量			
人工 综合工	工日	135.00	3.14	4.19	3.80	5.68	4.74	6.85
材料 普碳钢板 $\delta 20$	t	3614.79	0.00124	0.00166	0.00124	0.00166	0.00162	0.00212
飞溅净	kg	3.96	0.34	0.56	0.34	0.56	0.34	0.56
酸洗膏	kg	9.60	0.30	0.49	0.30	0.49	0.30	0.49
不锈钢电焊条	kg	66.08	1.35	2.95	3.26	6.05	5.18	8.68
尼龙砂轮片 D150	片	6.65	1.03	1.59	1.61	1.94	1.79	2.74
尼龙砂轮片 D100×16×3	片	3.92	0.48	0.88	0.62	1.11	0.66	1.18
氢氟酸 45%	kg	7.27	0.02	0.03	0.02	0.03	0.02	0.03
硝酸	kg	5.56	0.15	0.25	0.15	0.25	0.15	0.25
不锈钢氩弧焊丝 1Cr18Ni9Ti	kg	57.40	—	—	—	—	0.05	0.08
氩气	m³	18.60	—	—	—	—	0.13	0.22
钍钨棒	kg	640.87	—	—	—	—	0.00026	0.00044
零星材料费	元	—	1.61	3.35	3.57	6.47	5.60	9.32
机械 电动双梁起重机 15t	台班	321.22	0.04	0.07	0.05	0.09	0.05	0.10
直流弧焊机 30kW	台班	92.43	0.41	0.89	0.77	1.48	1.01	1.70
电焊条烘干箱 800×800×1000	台班	51.03	0.04	0.09	0.08	0.15	0.10	0.17
电焊条烘干箱 600×500×750	台班	27.16	0.04	0.09	0.08	0.15	0.10	0.17
等离子切割机 400A	台班	229.27	0.41	0.71	0.59	1.01	0.43	0.80
电动滚胎	台班	55.48	0.20	0.35	0.28	0.54	0.36	0.65
电动空气压缩机 6m³	台班	217.48	0.41	0.71	0.59	1.01	0.43	0.80
氩弧焊机 500A	台班	96.11	—	—	—	—	0.08	0.14

5.设 备 法 兰
(1)甲 型 法 兰

工作内容:放样号料、切割、坡口、打磨、拼板、焊接、车削、画线、钻孔等。

单位:个

编　号			5-579	5-580	5-581	5-582	5-583	5-584
项　目			公称压力0.6MPa以内				公称压力1.0MPa以内	
			DN1000	DN1200	DN1400	DN1600	DN300	DN350
预算基价	总　　　价(元)		**1639.52**	**2157.76**	**2644.95**	**2957.44**	**317.16**	**349.45**
	人　工　费(元)		784.35	1027.35	1227.15	1371.60	178.20	202.50
	材　料　费(元)		90.29	120.71	146.80	156.84	30.31	38.30
	机　械　费(元)		764.88	1009.70	1271.00	1429.00	108.65	108.65
组 成 内 容		单位	单价	数　　量				
人工	综合工	工日	135.00	5.81	7.61	9.09	10.16	1.32	1.50
材料	电焊条 E4303 D3.2	kg	7.59	8.27	9.96	12.37	13.17	—	—
	尼龙砂轮片 D150	片	6.65	3.20	5.60	6.50	7.00	0.47	0.51
	尼龙砂轮片 D100×16×3	片	3.92	0.92	1.11	1.38	1.47	—	—
	氧气	m³	2.88	—	—	—	—	3.38	4.35
	乙炔气	kg	14.66	—	—	—	—	1.130	1.450
	零星材料费	元	—	2.63	3.52	4.28	4.57	0.88	1.12
机械	电动双梁起重机 15t	台班	321.22	0.10	0.10	0.13	0.13	0.05	0.05
	直流弧焊机 30kW	台班	92.43	0.92	1.11	1.37	1.46	—	—
	电焊条烘干箱 800×800×1000	台班	51.03	0.09	0.11	0.14	0.15	—	—
	电焊条烘干箱 600×500×750	台班	27.16	0.09	0.11	0.14	0.15	—	—
	等离子切割机 400A	台班	229.27	2.21	3.00	3.79	4.31	—	—
	立式钻床 D25	台班	6.78	1.04	1.21	1.38	1.56	—	—
	摇臂钻床 D63	台班	42.00	0.27	0.32	0.36	0.39	0.08	0.08
	电动空气压缩机 1m³	台班	52.31	2.21	3.00	3.79	4.31	—	—
	普通车床 1000×5000	台班	330.46	—	—	—	—	0.27	0.27

编　　号			5-585	5-586	5-587	5-588	5-589	5-590
项　　目			公称压力1.0MPa以内					
			DN400	DN500	DN600	DN700	DN800	DN900
预算基价	总　　价(元)		**458.11**	**653.54**	**827.20**	**1189.81**	**1380.90**	**1419.33**
	人　工　费(元)		229.50	310.50	405.00	472.50	550.80	681.75
	材　料　费(元)		78.60	109.43	148.38	57.54	68.69	80.54
	机　械　费(元)		150.01	233.61	273.82	659.77	761.41	657.04
组　成　内　容	单位	单价	数　　量					
人工 综合工	工日	135.00	1.70	2.30	3.00	3.50	4.08	5.05
材料 氧气	m³	2.88	6.30	8.95	12.60	—	—	—
乙炔气	kg	14.66	2.100	2.980	4.200	—	—	—
尼龙砂轮片 D150	片	6.65	1.15	1.30	1.50	1.70	2.10	2.80
电焊条 E4303 D3.2	kg	7.59	2.46	3.50	4.54	5.55	6.57	7.42
尼龙砂轮片 D100×16×3	片	3.92	0.27	0.40	0.45	0.62	0.73	0.83
零星材料费	元	—	2.29	3.19	4.32	1.68	2.00	2.35
机械 电动双梁起重机 15t	台班	321.22	0.05	0.07	0.07	0.07	0.07	0.10
普通车床 1000×5000	台班	330.46	0.31	0.50	0.60	0.71	0.82	—
摇臂钻床 D63	台班	42.00	0.10	0.16	0.18	0.20	0.22	0.24
直流弧焊机 30kW	台班	92.43	0.27	0.39	0.45	0.62	0.73	0.82
电焊条烘干箱 800×800×1000	台班	51.03	0.03	0.04	0.05	0.06	0.07	0.08
电焊条烘干箱 600×500×750	台班	27.16	0.03	0.04	0.05	0.06	0.07	0.08
等离子切割机 400A	台班	229.27	—	—	—	1.18	1.37	1.87
电动空气压缩机 1m³	台班	52.31	—	—	—	1.18	1.37	1.87
立式钻床 D25	台班	6.78	—	—	—	—	—	0.92

(2)乙 型 法 兰

工作内容： 放样号料、切割、坡口、打磨、拼板、焊接、车削、画线、钻孔等。

单位：个

编　号			5-591	5-592	5-593	5-594	5-595	5-596	5-597
项　目			公称压力1.6MPa以内						
			DN300	DN350	DN400	DN500	DN600	DN700	DN800
预算基价	总　　价(元)		**358.57**	**397.57**	**529.34**	**750.93**	**947.66**	**1366.97**	**1581.50**
	人　工　费(元)		205.20	233.55	264.60	357.75	465.75	544.05	634.50
	材　料　费(元)		34.87	45.52	90.46	125.96	170.61	66.17	78.25
	机　械　费(元)		118.50	118.50	174.28	267.22	311.30	756.75	868.75
组 成 内 容		单位	单价	数　　　量					
人工	综合工	工日	135.00	1.52	1.73	1.96	2.65	3.45	4.03	4.70
材料	氧气	m³	2.88	3.89	5.43	7.25	10.29	14.49	—	—
	乙炔气	kg	14.66	1.300	1.680	2.420	3.430	4.830	—	—
	尼龙砂轮片 D150	片	6.65	0.54	0.59	1.32	1.49	1.72	1.96	2.30
	尼龙砂轮片 D100×16×3	片	3.92	—	—	0.31	0.46	0.52	0.71	0.84
	电焊条 E4303 D3.2	kg	7.59	—	—	2.83	4.04	5.22	6.38	7.56
	零星材料费	元	—	1.02	1.33	2.63	3.67	4.97	1.93	2.28
机械	电动双梁起重机 15t	台班	321.22	0.05	0.05	0.06	0.07	0.07	0.07	0.07
	普通车床 1000×5000	台班	330.46	0.31	0.31	0.36	0.58	0.69	0.82	0.94
	直流弧焊机 30kW	台班	92.43	—	—	0.31	0.45	0.52	0.71	0.84
	电焊条烘干箱 800×800×1000	台班	51.03	—	—	0.03	0.05	0.05	0.07	0.08
	电焊条烘干箱 600×500×750	台班	27.16	—	—	0.03	0.05	0.05	0.07	0.08
	摇臂钻床 D63	台班	42.00	—	—	0.12	0.18	0.21	0.22	0.23
	等离子切割机 400A	台班	229.27	—	—	—	—	—	1.36	1.57
	电动空气压缩机 1m³	台班	52.31	—	—	—	—	—	1.36	1.57

178

编　　号			5-598	5-599	5-600	5-601	5-602	5-603	5-604
项　　目			公称压力2.5MPa以内						
			*DN*300	*DN*350	*DN*400	*DN*500	*DN*600	*DN*700	*DN*800
预算基价	总　　价(元)		**417.46**	**582.05**	**826.66**	**1298.71**	**1600.69**	**1920.20**	**2295.68**
	人　工　费(元)		245.70	274.05	319.95	481.95	588.60	708.75	858.60
	材　料　费(元)		78.72	100.11	168.63	120.86	152.53	179.66	208.19
	机　械　费(元)		93.04	207.89	338.08	695.90	859.56	1031.79	1228.89
组　成　内　容	单位	单价	数　　量						
人工	综合工	工日	135.00	1.82	2.03	2.37	3.57	4.36	5.25	6.36
材料	电焊条 E4303 *D*3.2	kg	7.59	4.71	5.51	11.06	13.12	16.62	19.66	22.71
	氧气	m³	2.88	4.12	5.85	8.36	—	—	—	—
	乙炔气	kg	14.66	1.370	1.920	2.790	—	—	—	—
	尼龙砂轮片 *D*100×16×3	片	3.92	0.53	0.61	1.23	1.46	1.85	2.19	2.52
	尼龙砂轮片 *D*150	片	6.65	1.00	1.20	1.50	1.81	2.21	2.50	2.99
	零星材料费	元	—	2.29	2.92	4.91	3.52	4.44	5.23	6.06
机械	电动双梁起重机 15t	台班	321.22	0.08	0.08	0.08	0.13	0.13	0.13	0.13
	直流弧焊机 30kW	台班	92.43	0.52	0.61	1.23	1.46	1.85	2.18	2.52
	电焊条烘干箱 800×800×1000	台班	51.03	0.05	0.06	0.12	0.15	0.19	0.22	0.25
	电焊条烘干箱 600×500×750	台班	27.16	0.05	0.06	0.12	0.15	0.19	0.22	0.25
	普通车床 1000×5000	台班	330.46	0.03	0.35	0.55	0.68	0.79	0.91	1.04
	摇臂钻床 *D*63	台班	42.00	0.13	0.13	0.18	0.30	0.32	0.35	0.40
	等离子切割机 400A	台班	229.27	—	—	—	0.94	1.25	1.59	2.01
	卷板机 20×2500	台班	273.51	—	—	—	0.02	0.02	0.03	0.03
	电动空气压缩机 1m³	台班	52.31	—	—	—	0.94	1.25	1.59	2.01

6.地脚螺栓制作

工作内容: 放样号料、切割、搣制、车丝、焊接、除锈、涂油、保护等。

单位:10个

编　号			5-605	5-606	5-607	5-608	5-609	5-610	5-611
项　目			直径(mm)						
			20	24	30	36	42	48	56
预算基价	总　价(元)		**622.89**	**770.41**	**1052.33**	**1403.28**	**2251.54**	**3093.15**	**4541.29**
	人　工　费(元)		369.90	399.60	476.55	545.40	731.70	832.95	972.00
	材　料　费(元)		108.02	200.27	367.45	617.10	1129.57	1835.69	3079.93
	机　械　费(元)		144.97	170.54	208.33	240.78	390.27	424.51	489.36
组　成　内　容	单位	单价	数　　量						
人工 综合工	工日	135.00	2.74	2.96	3.53	4.04	5.42	6.17	7.20
材料 圆钢	t	3875.42	0.0272	0.0497	0.0888	0.1438	0.2174	0.3126	0.5026
钠基酯	kg	12.16	0.04	0.05	0.07	0.08	0.09	0.01	0.12
普碳钢板 $\delta20$	t	3614.79	—	—	—	—	0.0308	0.0628	0.0628
电焊条 E4303 $D3.2$	kg	7.59	—	—	—	—	0.07	0.08	0.09
零星材料费	元	—	2.12	7.05	22.46	58.84	174.09	396.50	902.99
机械 电动双梁起重机 5t	台班	190.91	0.12	0.12	0.17	0.17	0.34	0.34	0.44
普通车床 400×2000	台班	218.36	0.28	0.33	0.39	0.47	0.56	0.64	0.75
普通车床 630×2000	台班	242.35	0.22	0.28	0.33	0.39	0.44	0.50	0.57
立式钻床 $D35$	台班	10.91	0.18	0.19	0.22	0.26	0.33	0.40	0.50
弓锯床 $D250$	台班	24.53	0.23	0.23	0.34	0.34	0.39	0.45	0.60
直流弧焊机 12kW	台班	44.34	—	—	—	—	0.13	0.13	0.13
电焊条烘干箱 800×800×1000	台班	51.03	—	—	—	—	0.01	0.01	0.01
电焊条烘干箱 600×500×750	台班	27.16	—	—	—	—	0.01	0.01	0.01
剪板机 32×4000	台班	590.24	—	—	—	—	0.13	0.13	0.13

编　　号			5-612	5-613	5-614	5-615
项　　目			直径（mm）			
			64	72	80	90
预算基价	总　　　价（元）		**7125.87**	**11466.38**	**18921.31**	**29390.93**
	人　工　费（元）		1050.30	1842.75	2111.40	2245.05
	材　料　费（元）		5467.37	8874.80	15907.55	26196.56
	机　械　费（元）		608.20	748.83	902.36	949.32
组　成　内　容		单位	单价	数　　　量		
人工	综合工	工日	135.00	7.78	13.65	15.64	16.63
材料	圆钢	t	3875.42	0.7555	0.7985	1.1049	1.5481
	普碳钢板 Q195～Q235 δ25	t	3614.76	0.1130	—	—	—
	电焊条 E4303 D3.2	kg	7.59	0.16	0.18	2.25	2.56
	钠基酯	kg	12.16	0.14	0.16	0.18	0.20
	普碳钢板 Q195～Q235 δ30	t	3614.76	—	0.4318	—	—
	普碳钢板 Q195～Q235 δ40	t	4013.67	—	—	0.6538	0.8551
	零星材料费	元	—	2128.11	4216.11	8982.19	16743.07
机械	电动双梁起重机 5t	台班	190.91	0.83	1.21	1.22	1.29
	直流弧焊机 12kW	台班	44.34	0.13	0.34	0.34	0.34
	电焊条烘干箱 800×800×1000	台班	51.03	0.01	0.03	0.03	0.03
	电焊条烘干箱 600×500×750	台班	27.16	0.01	0.03	0.03	0.03
	普通车床 400×2000	台班	218.36	0.86	0.97	1.08	1.22
	普通车床 630×2000	台班	242.35	0.65	0.72	—	—
	普通车床 1000×5000	台班	330.46	—	—	0.80	0.80
	立式钻床 D35	台班	10.91	0.59	0.68	0.77	0.89
	弓锯床 D250	台班	24.53	0.60	0.74	0.74	0.81
	剪板机 32×4000	台班	590.24	0.13	0.15	—	—
	剪板机 40×3100	台班	626.38	—	—	0.20	0.20

第二章　静置设备安装工程

说　　明

一、本章适用范围：材质为碳钢、合金钢、不锈钢等静置设备安装工程,包括容器、反应器、热交换器、塔器以及电解槽、除雾器、除尘器、污水处理等设备安装。

二、根据设备到货状态及现场施工的工作内容,基价项目划分如下：

1.分片、分段设备组装。

2.整体设备安装。

3.塔盘安装。

4.塔内衬合金板。

5.塔内固定件安装。

6.设备填充。

三、本章基价包括范围如下：

1.容器类：各种形状的空体、内带夹套立式、卧式容器,内有冷却、加热及其他装置的容器、带搅拌装置的容器以及独立搅拌装置设备。

2.反应器类：各种形状的内有复杂装置,能进行聚合、分离、蒸发、结晶等化学反应的设备。

3.热交换器类：各种结构的换热器、冷凝器、蒸发器、加热器和冷却器。

4.塔器类：包括各种结构、类型的板式塔、填料塔及其他结构与塔体组合整体吊装设备。

5.立式隔膜电解槽、电除雾器及电除尘器。

6.污水处理设备。

四、本章基价不包括以下工作内容：

1.金属抱杆安装、拆除、移位及其台次使用费。

2.设备的水压、气密试验。

3.无损探伤检验。

4.预热、后热及整体热处理。

5.吊耳的制作、安装。

6.各类胎具及加固件的制作、安装与拆除。

7.设备的除锈、刷油、防腐、衬里、保温、保冷及砌筑工程。

8.组装平台的铺设与拆除。

9.设备的冲洗、钝化与脱脂。

10.设备本体法兰外的管道安装。

11.安装在设备外表面的平台、梯子、栏杆的制作、安装。

12.电解槽隔膜的吸附处理。

13.电除雾器玻璃钢接缝的处理。

14.管式除雾器壳体的衬铅、木栅板的制作。

15.F.R.P壳体的接缝玻璃钢积层的施工及内部衬铅。

16.电机抽芯检查、减速器的解体检查。

五、有关基价项目的说明：

1.分片、分段设备组装：

(1)不适用于散装供货螺栓组对的设备组装。

(2)项目中不包括组装成整体后的就位吊装,该部分工作内容应执行一次整体安装子目。

(3)分段设备组装的有关调整系数如下：

①分段容器按两段一道口取定,每增加一道口,基价子目乘以系数1.35。

②分段塔器按三段两道口取定,若分两段到货一道口时,子目乘以系数0.75,三段以上每增加一段,基价子目乘以系数1.35。

(4)不同材质的分段、分片设备组装按下表中系数调整：

调整系数表

材　　质	合　金　钢	低　温　钢	复　合　板	
			碳　钢	不　锈　钢
人工费	1.15	1.20	1.15	1.20
材料费	1.02	1.12	1.02	1.10
机械费	1.12	1.20	1.12	1.20

注：1.合金钢、低温钢设备以碳钢设备为基数。

　　2.复合板设备只计算复合板部分。

2.整体设备安装：

(1)立式容器与卧式容器应分别执行相应的子目。

(2)热交换器安装不包括抽芯检验,如需抽芯检验时,应执行热交换器抽芯检查的相应子目。

(3)容器抽芯检查时,其人工、机械乘以系数1.30。

(4)容器若为壳体与内芯分别安装时,其人工、机械乘以系数1.50。

(5)热交换器抽芯检查所用垫片,基价中是按耐油石棉橡胶垫取定,如采用金属缠绕式垫片,可按实调整。

（6）塔盘安装是综合测算取定的,不论采用立式安装或卧式安装,除另有规定外,基价不得调整。

（7）设备填充材料与基价内容不同时,可按实际另行计算。

（8）整体设备吊装的质量包括本体、附件、吊耳、绝缘、内衬及随主体吊装的管线、平台、梯子和吊装加固件的全部质量,但不包括立式安装的塔盘和填充物的质量。

（9）基价按立式和卧式设备的质量综合取定其形体尺寸。以设计正负零为基准,至设备底座安装标高点为吊装高度范围,分别执行基价子目,不得计取超高费。如实际施工采用的吊装方法和吊装机具与基价取定不同时,不得调整基价。

工程量计算规则

一、分片、分段容器：依据到货状态、材质、立式、卧式、安装高度、焊接方式、直径、质量及内部构件,按设备金属质量计算。

注：容器的金属质量是指容器本体、容器内部固定件、开孔件、加强板、裙座(支座)的金属质量。其质量按设计图示的几何尺寸展开计算,不扣除容器孔洞面积。

二、整体容器：依据立式、卧式、安装高度及质量,按设计图示数量计算。

注：容器整体安装质量是指容器本体、配件、内部构件、吊耳、绝缘、内衬以及随容器一次吊装的管线、梯子、平台、栏杆、扶手和吊装加固件的全部质量。

三、分片、分段塔器：依据到货状态、材质、直径、安装高度、焊接方式、质量及塔盘结构类型,按设备金属质量计算。

注：塔器的金属质量是指设备本体、裙座、内部固定件、开孔件、加强板等的全部质量,但不包括填充和内部可拆件以及外部平台、梯子、栏杆、扶手的质量。其质量按设计图示几何尺寸展开计算,不扣除孔洞面积。

四、整体塔器：依据安装高度、质量及结构类型,按设计图示数量计算。

注：塔器整体安装质量是指塔器本体、裙座、内部固定件、开孔件、吊耳、绝缘内衬以及随塔器一次吊装就位的附塔管线、平台、梯子、栏杆、扶手和吊装加固件的全部质量。

五、换热器：依据构造形式、质量及安装高度,按设计图示数量计算。

六、空气冷却器：依据管束质量,按设计图示数量计算。空冷器构架安装按其质量计算。风机安装依据设备质量按设计图示数量计算。

七、反应器：依据内有复杂装置的反应器、内有填料的反应器、安装高度及质量,按设计图示数量计算。

八、催化裂化再生器、催化裂化沉降器、催化裂化旋风分离器：依据安装高度、质量及龟甲网材料,按设计图示数量计算。钉头及端板安装、龟甲网安装按设计图示尺寸以面积计算。

九、空气分馏塔：空气分馏塔整体安装依据安装高度、质量及保冷材料,按设计图示数量计算。空气分馏塔组对安装依据设备质量计算。

十、电解槽：依据构造形式,按设计图示质量计算。

十一、箱式玻璃钢电除雾器：依据壳体材料,按设计图示数量计算。

十二、电除尘器：依据壳体质量、内部结构和除尘面积,按设计图示质量计算。

十三、污水处理设备：依据名称和规格,按设计图示数量计算。

十四、热交换器安装项目内不包括抽芯检验,如需要抽芯检验,可按设备质量执行热交换器地面抽芯检查基价。

十五、塔盘安装,按塔盘形式和设备直径计算。

十六、塔内固定件安装,按设备直径计算。

十七、塔内衬合金板,区分不同的构造部位,按合金板的质量计算。

十八、设备填充,按填充物的种类、材质、排列形式和规格,按填充物质量计算。

十九、设备容积是以设计图纸的标准为依据,如图纸无标注时,则按图示尺寸以立方米计算,不扣除设备内部附件所占体积。

一、分片设备组装
1.容器分片组装
（1）碳钢椭圆双封头容器分片组装

工作内容： 分片分段组对、点焊、清根、焊接、开孔件、组合件安装。　　　　　　　　　　　　　　　　　　　　　　　　　　　　　　　　　单位：t

编　号			5-616	5-617	5-618	5-619	5-620	5-621
项　目			碳钢电弧焊					
			设备直径(mm)					
			3500	4000	4500	5000	6000	6000以外
预算基价	总　价(元)		**3487.18**	**3389.76**	**3250.30**	**3026.85**	**2654.05**	**2363.54**
	人　工费(元)		2331.45	2263.95	2150.55	1992.60	1742.85	1539.00
	材　料费(元)		351.68	343.61	330.37	311.59	282.43	258.26
	机　械费(元)		804.05	782.20	769.38	722.66	628.77	566.28
组　成　内　容	单位	单价	数　　量					
人工 综合工	工日	135.00	17.27	16.77	15.93	14.76	12.91	11.40
材料 道木	m³	3660.04	0.02	0.02	0.02	0.02	0.02	0.02
电焊条 E4303 D3.2	kg	7.59	22.76	22.10	21.00	19.45	17.02	15.03
氧气	m³	2.88	5.17	5.02	4.77	4.42	3.87	3.41
乙炔气	kg	14.66	1.720	1.670	1.590	1.470	1.290	1.140
尼龙砂轮片 D100×16×3	片	3.92	1.79	1.74	1.65	1.53	1.34	1.18
尼龙砂轮片 D150	片	6.65	4.16	4.04	3.84	3.56	3.11	2.75
炭精棒 8~12	根	1.71	8.30	8.00	7.60	7.00	6.20	5.40
零星材料费	元	—	16.75	16.36	15.73	14.84	13.45	12.30
机械 履带式起重机 15t	台班	759.77	0.34	0.33	0.31	0.29	0.25	0.22
载货汽车 8t	台班	521.59	0.04	0.04	0.04	0.04	0.04	0.04
直流弧焊机 30kW	台班	92.43	4.13	4.02	3.82	3.54	3.09	2.73
电焊条烘干箱 800×800×1000	台班	51.03	0.41	0.40	0.38	0.35	0.31	0.27
电焊条烘干箱 600×500×750	台班	27.16	0.41	0.40	0.38	0.35	0.31	0.27
内燃空气压缩机 6m³	台班	330.12	0.17	0.16	0.16	0.15	0.14	0.13
汽车式起重机 25t	台班	1098.98	0.05	0.05	—	—	—	—
汽车式起重机 40t	台班	1547.56	—	—	0.05	0.05	0.04	0.04

（2）不锈钢椭圆双封头容器分片组装

单位：t

编　号			5-622	5-623	5-624	5-625	5-626	5-627
项　目			不锈钢电弧焊					
			设备直径(mm)					
			3500	4000	4500	5000	6000	6000以外
预算基价	总　　价(元)		**5699.25**	**5536.96**	**5286.21**	**4912.83**	**4303.08**	**3818.15**
	人　工　费(元)		3086.10	2995.65	2845.80	2636.55	2307.15	2037.15
	材　料　费(元)		1711.90	1664.60	1585.13	1474.11	1299.30	1156.81
	机　械　费(元)		901.25	876.71	855.28	802.17	696.63	624.19
组　成　内　容		单位	单价	数　　量				
人工	综合工	工日	135.00	22.86	22.19	21.08	19.53	17.09	15.09
材料	道木	m³	3660.04	0.02	0.02	0.02	0.02	0.02	0.02
	不锈钢电焊条	kg	66.08	22.46	21.81	20.72	19.19	16.79	14.83
	尼龙砂轮片 D100×16×3	片	3.92	2.14	2.08	1.98	1.83	1.60	1.41
	尼龙砂轮片 D150	片	6.65	5.00	4.85	4.61	4.27	3.73	3.30
	钍钨棒	kg	640.87	0.037	0.036	0.034	0.032	0.028	0.025
	硝酸	kg	5.56	1.38	1.34	1.27	1.18	1.03	0.91
	零星材料费	元	—	81.52	79.27	75.48	70.20	61.87	55.09
机械	履带式起重机 15t	台班	759.77	0.34	0.33	0.31	0.29	0.25	0.22
	载货汽车 8t	台班	521.59	0.04	0.04	0.04	0.04	0.04	0.04
	直流弧焊机 30kW	台班	92.43	5.34	5.19	4.93	4.57	4.00	3.53
	电焊条烘干箱 800×800×1000	台班	51.03	0.53	0.52	0.49	0.46	0.40	0.35
	电焊条烘干箱 600×500×750	台班	27.16	0.53	0.52	0.49	0.46	0.40	0.35
	等离子切割机 400A	台班	229.27	0.14	0.13	0.12	0.11	0.10	0.09
	汽车式起重机 25t	台班	1098.98	0.05	0.05	—	—	—	—
	汽车式起重机 40t	台班	1547.56	—	—	0.05	0.05	0.04	0.04

编　　　号			5-628	5-629	5-630	5-631	5-632	5-633
项　　目			不锈钢氩电联焊					
			设备直径（mm）					
			3500	4000	4500	5000	6000	6000以外
预算基价	总　　价（元）		**6300.53**	**6142.84**	**5823.22**	**5447.97**	**4828.28**	**4283.85**
	人　工　费（元）		3248.10	3153.60	2957.85	2775.60	2488.05	2197.80
	材　料　费（元）		2047.31	2005.77	1909.11	1776.90	1561.83	1388.78
	机　械　费（元）		1005.12	983.47	956.26	895.47	778.40	697.27
组 成 内 容	单位	单价	数　　　　　量					
人工 综合工	工日	135.00	24.06	23.36	21.91	20.56	18.43	16.28
材料 道木	m³	3660.04	0.02	0.02	0.02	0.02	0.02	0.02
不锈钢电焊条	kg	66.08	22.17	21.74	20.65	19.17	16.74	14.78
不锈钢氩弧焊丝 1Cr18Ni9Ti	kg	57.40	2.19	2.14	2.03	1.88	1.65	1.46
氩气	m³	18.60	6.14	5.98	5.68	5.26	4.60	4.07
尼龙砂轮片 $D100 \times 16 \times 3$	片	3.92	2.14	2.08	1.98	1.83	1.60	1.41
尼龙砂轮片 $D150$	片	6.65	5.00	4.85	4.61	4.27	3.73	3.30
钍钨棒	kg	640.87	0.191	0.185	0.176	0.163	0.142	0.126
硝酸	kg	5.56	1.38	1.34	1.27	1.18	1.03	0.91
零星材料费	元	—	97.49	95.51	90.91	84.61	74.37	66.13
机械 履带式起重机 15t	台班	759.77	0.34	0.33	0.31	0.29	0.25	0.22
载货汽车 8t	台班	521.59	0.04	0.04	0.04	0.04	0.04	0.04
直流弧焊机 30kW	台班	92.43	5.32	5.17	4.91	4.55	3.98	3.52
氩弧焊机 500A	台班	96.11	1.10	1.13	1.07	0.99	0.87	0.77
电焊条烘干箱 $800 \times 800 \times 1000$	台班	51.03	0.53	0.52	0.49	0.46	0.40	0.35
电焊条烘干箱 $600 \times 500 \times 750$	台班	27.16	0.53	0.52	0.49	0.46	0.40	0.35
等离子切割机 400A	台班	229.27	0.14	0.13	0.12	0.11	0.10	0.09
汽车式起重机 25t	台班	1098.98	0.05	0.05	—	—	—	—
汽车式起重机 40t	台班	1547.56	—	—	0.05	0.05	0.04	0.04

2.塔类设备分片组装
(1)碳钢塔类设备分片组装

工作内容: 分片分段组对、点焊、清根、焊接、开孔件、组合件安装。　　　　　　　　　　　　　　　单位:t

编　号			5-634	5-635	5-636	5-637	5-638	5-639	5-640
项　目			碳钢电弧焊						
			设备直径(mm)						
			4000	4500	5000	6000	8000	10000	10000以外
预算基价	总　　价(元)		**5123.65**	**4990.51**	**4846.34**	**4715.83**	**4264.96**	**3898.22**	**3587.94**
	人　工　费(元)		3168.45	3100.95	3049.65	2964.60	2625.75	2412.45	2203.20
	材　料　费(元)		498.32	485.99	471.86	465.50	424.59	396.04	367.42
	机　械　费(元)		1456.88	1403.57	1324.83	1285.73	1214.62	1089.73	1017.32
组 成 内 容		单位	单价	数　　量					
人工	综合工	工日	135.00	23.47	22.97	22.59	21.96	19.45	17.87	16.32
材料	道木	m³	3660.04	0.02	0.02	0.02	0.02	0.02	0.02	0.02
	电焊条 E4303 D3.2	kg	7.59	36.57	35.50	34.05	33.73	30.17	27.69	25.21
	氧气	m³	2.88	7.17	6.96	6.82	6.61	5.92	5.43	4.94
	乙炔气	kg	14.66	2.390	2.320	2.270	2.200	1.970	1.810	1.650
	尼龙砂轮片 D100×16×3	片	3.92	2.49	2.42	2.37	2.30	2.06	1.89	1.72
	尼龙砂轮片 D150	片	6.65	5.78	5.61	5.50	5.33	4.77	4.38	3.98
	炭精棒 8~12	根	1.71	11.66	11.32	11.09	10.74	9.62	8.83	8.04
	零星材料费	元	—	23.73	23.14	22.47	22.17	20.22	18.86	17.50
机械	汽车式起重机 40t	台班	1547.56	0.16	0.15	0.14	0.14	0.13	0.12	0.11
	汽车式起重机 75t	台班	3175.79	0.05	0.05	0.04	0.04	0.04	0.03	0.03
	履带式起重机 15t	台班	759.77	0.35	0.34	0.33	0.31	0.29	0.27	0.25
	载货汽车 15t	台班	809.06	0.02	0.02	0.02	0.02	0.02	0.02	0.02
	直流弧焊机 30kW	台班	92.43	6.76	6.50	6.30	6.10	5.75	5.20	4.83
	电焊条烘干箱 800×800×1000	台班	51.03	0.68	0.65	0.63	0.61	0.57	0.52	0.48
	电焊条烘干箱 600×500×750	台班	27.16	0.68	0.65	0.63	0.61	0.57	0.52	0.48
	电动滚胎	台班	55.48	0.32	0.31	0.30	0.29	0.26	0.24	0.22
	内燃空气压缩机 6m³	台班	330.12	0.22	0.21	0.20	0.19	0.18	0.16	0.15

编　　号			5-641	5-642	5-643	5-644	5-645	5-646	5-647
项　　目			碳钢氩电联焊						
			设备直径(mm)						
			4000	4500	5000	6000	8000	10000	10000以外
预算基价	总　　　　价(元)		**5633.34**	**5470.18**	**5303.34**	**5114.36**	**4658.71**	**4251.42**	**3911.67**
	人　工　费(元)		3393.90	3295.35	3229.20	3090.15	2795.85	2552.85	2339.55
	材　料　费(元)		768.06	749.09	722.35	710.21	648.11	600.77	554.04
	机　械　费(元)		1471.38	1425.74	1351.79	1314.00	1214.75	1097.80	1018.08
组 成 内 容		单位	单价	数　　量					
人工	综合工	工日	135.00	25.14	24.41	23.92	22.89	20.71	18.91	17.33
材料	道木	m³	3660.04	0.02	0.02	0.02	0.02	0.02	0.02	0.02
	电焊条 E4303 D3.2	kg	7.59	36.42	35.40	33.95	33.62	30.08	27.55	25.13
	气焊条 D<2	kg	7.96	3.04	2.96	2.83	2.76	2.52	2.31	2.10
	氧气	m³	2.88	7.17	6.96	6.82	6.61	5.92	5.43	4.94
	乙炔气	kg	14.66	2.390	2.320	2.270	2.200	1.970	1.810	1.650
	氩气	m³	18.60	8.51	8.29	7.92	7.73	7.05	6.47	5.88
	尼龙砂轮片 D100×16×3	片	3.92	2.49	2.42	2.37	2.30	2.06	1.89	1.72
	尼龙砂轮片 D150	片	6.65	5.78	5.61	5.50	5.33	4.77	4.38	3.98
	钍钨棒	kg	640.87	0.149	0.145	0.138	0.135	0.123	0.113	0.103
	零星材料费	元	—	36.57	35.67	34.40	33.82	30.86	28.61	26.38
机械	汽车式起重机 40t	台班	1547.56	0.16	0.15	0.14	0.14	0.13	0.12	0.11
	汽车式起重机 75t	台班	3175.79	0.05	0.05	0.04	0.04	0.04	0.03	0.03
	履带式起重机 15t	台班	759.77	0.35	0.34	0.33	0.31	0.29	0.27	0.25
	载货汽车 15t	台班	809.06	0.02	0.02	0.02	0.02	0.02	0.02	0.02
	直流弧焊机 30kW	台班	92.43	6.31	6.12	5.99	5.81	5.22	4.78	4.42
	氩弧焊机 500A	台班	96.11	1.38	1.35	1.29	1.25	1.17	1.07	0.95
	电焊条烘干箱 800×800×1000	台班	51.03	0.63	0.61	0.60	0.58	0.52	0.48	0.44
	电焊条烘干箱 600×500×750	台班	27.16	0.63	0.61	0.60	0.58	0.52	0.48	0.44
	电动滚胎	台班	55.48	0.32	0.31	0.30	0.29	0.26	0.24	0.22

（2）不锈钢塔类设备分片组装

工作内容：分片分段组对、点焊、清根、焊接、开孔件、组合件安装。　　　　　　　　　　　　　　　　单位：t

编　号			5-648	5-649	5-650	5-651	5-652	5-653	5-654
项　目			不锈钢电弧焊						
			设备直径（mm）						
			4000	4500	5000	6000	8000	10000	10000以外
预算基价	总　　　价（元）		**8548.40**	**8294.67**	**8095.29**	**7837.09**	**7073.42**	**6478.73**	**5929.85**
	人　工　费（元）		3790.80	3678.75	3605.85	3493.80	3126.60	2870.10	2612.25
	材　料　费（元）		2816.86	2733.56	2679.30	2599.12	2337.72	2152.47	1968.51
	机　械　费（元）		1940.74	1882.36	1810.14	1744.17	1609.10	1456.16	1349.09
组　成　内　容		单位	单价	数　　　量					
人工	综合工	工日	135.00	28.08	27.25	26.71	25.88	23.16	21.26	19.35
材料	道木	m³	3660.04	0.02	0.02	0.02	0.02	0.02	0.02	0.02
	不锈钢电焊条	kg	66.08	37.26	36.17	35.45	34.36	30.75	28.21	25.68
	尼龙砂轮片 D100×16×3	片	3.92	4.39	3.74	3.71	3.55	3.33	3.17	3.01
	尼龙砂轮片 D150	片	6.65	7.52	7.20	6.87	6.59	6.22	5.96	5.62
	炭精棒 8～12	根	1.71	11.40	11.30	11.10	10.90	10.00	9.00	8.00
	钍钨棒	kg	640.87	0.078	0.076	0.074	0.072	0.065	0.059	0.054
	硝酸	kg	5.56	1.92	1.71	1.68	1.64	1.45	1.33	1.29
	零星材料费	元	—	134.14	130.17	127.59	123.77	111.32	102.50	93.74
机械	汽车式起重机 40t	台班	1547.56	0.19	0.18	0.18	0.17	0.16	0.15	0.14
	汽车式起重机 75t	台班	3175.79	0.05	0.05	0.04	0.04	0.04	0.03	0.03
	履带式起重机 15t	台班	759.77	0.42	0.41	0.39	0.37	0.35	0.32	0.30
	载货汽车 15t	台班	809.06	0.02	0.02	0.02	0.02	0.02	0.02	0.02
	直流弧焊机 30kW	台班	92.43	9.88	9.59	9.40	9.11	8.16	7.48	6.81
	电焊条烘干箱 800×800×1000	台班	51.03	0.99	0.96	0.94	0.91	0.82	0.75	0.68
	电焊条烘干箱 600×500×750	台班	27.16	0.99	0.96	0.94	0.91	0.82	0.75	0.68
	等离子切割机 400A	台班	229.27	0.31	0.30	0.29	0.28	0.26	0.23	0.21
	电动滚胎	台班	55.48	0.33	0.32	0.31	0.30	0.27	0.25	0.23
	内燃空气压缩机 6m³	台班	330.12	0.22	0.21	0.20	0.19	0.18	0.16	0.15

编　号			5-655	5-656	5-657	5-658	5-659	5-660	5-661
项　目			不锈钢氩电联焊						
			设备直径(mm)						
			4000	4500	5000	6000	8000	10000	10000以外
预算基价	总　　价(元)		**9193.69**	**8922.50**	**8711.28**	**8438.87**	**7686.41**	**6970.11**	**6375.24**
	人　工　费(元)		4156.65	4035.15	3954.15	3834.00	3510.00	3146.85	2864.70
	材　料　费(元)		3252.80	3156.51	3093.66	3000.66	2697.45	2483.01	2269.06
	机　械　费(元)		1784.24	1730.84	1663.47	1604.21	1478.96	1340.25	1241.48
组　成　内　容		单位	单价	数　　量					
人工	综合工	工日	135.00	30.79	29.89	29.29	28.40	26.00	23.31	21.22
材料	道木	m³	3660.04	0.02	0.02	0.02	0.02	0.02	0.02	0.02
	不锈钢电焊条	kg	66.08	37.14	36.06	35.34	34.26	30.65	28.13	25.60
	不锈钢氩弧焊丝 1Cr18Ni9Ti	kg	57.40	3.14	3.05	2.99	2.90	2.60	2.38	2.17
	氩气	m³	18.60	8.80	8.54	8.37	8.11	7.26	6.66	6.06
	尼龙砂轮片 D100×16×3	片	3.92	4.39	3.74	3.71	3.55	3.33	3.17	3.01
	尼龙砂轮片 D150	片	6.65	7.52	7.20	6.87	6.59	6.22	5.96	5.62
	钍钨棒	kg	640.87	0.232	0.225	0.220	0.213	0.193	0.176	0.160
	硝酸	kg	5.56	1.92	1.71	1.68	1.64	1.45	1.33	1.29
	零星材料费	元	—	154.90	150.31	147.32	142.89	128.45	118.24	108.05
机械	汽车式起重机 40t	台班	1547.56	0.19	0.18	0.18	0.17	0.16	0.15	0.14
	汽车式起重机 75t	台班	3175.79	0.05	0.05	0.04	0.04	0.04	0.03	0.03
	履带式起重机 15t	台班	759.77	0.42	0.41	0.39	0.37	0.35	0.32	0.30
	载货汽车 15t	台班	809.06	0.02	0.02	0.02	0.02	0.02	0.02	0.02
	直流弧焊机 30kW	台班	92.43	7.46	7.24	7.10	6.88	6.15	5.65	5.14
	氩弧焊机 500A	台班	96.11	1.65	1.60	1.56	1.52	1.36	1.25	1.14
	电焊条烘干箱 800×800×1000	台班	51.03	0.75	0.72	0.71	0.69	0.62	0.57	0.51
	电焊条烘干箱 600×500×750	台班	27.16	0.75	0.72	0.71	0.69	0.62	0.57	0.51
	等离子切割机 400A	台班	229.27	0.31	0.30	0.29	0.28	0.26	0.23	0.21
	电动滚胎	台班	55.48	0.33	0.32	0.31	0.30	0.27	0.25	0.23

二、分段设备组对

1.容器分段组对

(1)碳钢容器分段组对

工作内容：分段组对、点焊、清根、组合件安装。

单位：t

编　号			5-662	5-663	5-664	5-665	5-666
项　目			碳钢电弧焊				
			设备直径(mm)				
			1800	2400	2800	3200	3800
预算基价	总　　　价(元)		**1225.47**	**1027.72**	**935.90**	**967.76**	**912.35**
	人　工　费(元)		835.65	696.60	641.25	592.65	556.20
	材　料　费(元)		80.09	73.25	70.46	68.01	66.09
	机　械　费(元)		309.73	257.87	224.19	307.10	290.06
组成内容		单位	单价	数　　量			
人工	综合工	工日	135.00	6.19	5.16	4.75	4.39	4.12
材料	道木	m³	3660.04	0.01	0.01	0.01	0.01	0.01
	电焊条 E4303 D3.2	kg	7.59	1.82	1.52	1.41	1.29	1.22
	氧气	m³	2.88	2.04	1.70	1.56	1.45	1.34
	乙炔气	kg	14.66	0.680	0.570	0.520	0.480	0.450
	尼龙砂轮片 D150	片	6.65	1.15	0.96	0.88	0.82	0.76
	炭精棒 8～12	根	1.71	1.39	1.16	1.07	1.00	0.92
	零星材料费	元	—	3.81	3.49	3.36	3.24	3.15
机械	履带式起重机 15t	台班	759.77	0.18	0.14	0.10	0.07	0.05
	直流弧焊机 30kW	台班	92.43	0.55	0.46	0.43	0.39	0.37
	电焊条烘干箱 800×800×1000	台班	51.03	0.06	0.05	0.04	0.04	0.04
	汽车式起重机 30t	台班	1141.87	0.06	0.06	0.06	—	—
	汽车式起重机 75t	台班	3175.79	—	—	—	0.06	0.06
	平板拖车组 30t	台班	1263.97	0.04	0.03	0.03	0.02	0.02

(2)不锈钢容器分段组对

工作内容： 分段组对、点焊、清根、组合件安装。

单位：t

编　号				5-667	5-668	5-669	5-670	5-671	5-672	5-673	5-674	5-675	5-676
项　目				不锈钢电弧焊					不锈钢氩电联焊				
				设备直径(mm)									
				1800	2400	2800	3200	3800	1800	2400	2800	3200	3800
预算基价	总　　价(元)			**1648.95**	**1282.09**	**1169.92**	**1087.82**	**1009.98**	**1820.47**	**1524.18**	**1402.45**	**1294.07**	**1198.93**
	人　工　费(元)			1144.80	954.45	878.85	811.35	754.65	1251.45	1043.55	970.65	886.95	824.85
	材　料　费(元)			178.20	56.32	54.76	53.61	52.29	226.66	194.82	182.51	173.62	161.36
	机　械　费(元)			325.95	271.32	236.31	222.86	203.04	342.36	285.81	249.29	233.50	212.72
组　成　内　容		单位	单价	数　　量									
人工	综合工	工日	135.00	8.48	7.07	6.51	6.01	5.59	9.27	7.73	7.19	6.57	6.11
材料	道木	m³	3660.04	0.01	0.01	0.01	0.01	0.01	0.01	0.01	0.01	0.01	0.01
	不锈钢电焊条	kg	66.08	1.80	—	—	—	—	1.76	1.46	1.34	1.28	1.14
	尼龙砂轮片 D150	片	6.65	1.61	1.32	1.22	1.13	1.04	1.61	1.32	1.22	1.13	1.04
	炭精棒 8~12	根	1.71	1.57	1.31	1.21	1.11	1.03	—	—	—	—	—
	硝酸	kg	5.56	0.14	0.12	0.08	0.06	0.05	0.14	0.12	0.08	0.06	0.05
	细白布	m	3.57	—	1.50	1.38	1.32	1.19	—	—	—	—	—
	不锈钢氩弧焊丝 1Cr18Ni9Ti	kg	57.40	—	—	—	—	—	0.37	0.31	0.29	0.26	0.25
	氩气	m³	18.60	—	—	—	—	—	1.03	0.86	0.80	0.73	0.69
	钍钨棒	kg	640.87	—	—	—	—	—	0.0173	0.0144	0.0134	0.0122	0.0115
	零星材料费	元	—	8.49	2.68	2.61	2.55	2.49	10.79	9.28	8.69	8.27	7.68
机械	履带式起重机 15t	台班	759.77	0.18	0.14	0.10	0.07	0.05	0.18	0.14	0.10	0.07	0.05
	平板拖车组 30t	台班	1263.97	0.04	0.03	0.03	0.02	0.02	0.04	0.03	0.03	0.02	0.02
	直流弧焊机 30kW	台班	92.43	0.72	0.60	0.55	0.53	0.48	0.70	0.58	0.54	0.51	0.46
	电焊条烘干箱 800×800×1000	台班	51.03	0.07	0.06	0.06	0.05	0.05	0.07	0.06	0.05	0.05	0.05
	汽车式起重机 30t	台班	1141.87	0.06	0.06	0.06	—	—	0.06	0.06	0.06	—	—
	汽车式起重机 40t	台班	1547.56	—	—	—	0.06	0.06	—	—	—	0.06	0.06
	氩弧焊机 500A	台班	96.11	—	—	—	—	—	0.19	0.17	0.15	0.13	0.12

2.塔类设备分段组对
(1)碳钢塔类设备分段组对

工作内容：分段组对、点焊、焊接、组合件安装。

单位：t

编　号			5-677	5-678	5-679	5-680	5-681	5-682	5-683	5-684	5-685	5-686
项　目			碳钢电弧焊					碳钢氩电联焊				
			设备直径(mm)									
			1800	2400	2800	3200	3800	1800	2400	2800	3200	3800
预算基价	总　　价(元)		**1300.07**	**1072.47**	**959.36**	**940.78**	**879.98**	**1357.37**	**1120.44**	**1001.37**	**1002.95**	**937.44**
	人　工　费(元)		776.25	646.65	595.35	549.45	510.30	801.90	668.25	614.25	568.35	527.85
	材　料　费(元)		128.88	120.30	116.71	113.81	111.05	158.00	146.60	139.37	134.54	129.42
	机　械　费(元)		394.94	305.52	247.30	277.52	258.63	397.47	305.59	247.75	300.06	280.17
组　成　内　容	单位	单价	数　　量									
人工 综合工	工日	135.00	5.75	4.79	4.41	4.07	3.78	5.94	4.95	4.55	4.21	3.91
材料 道木	m³	3660.04	0.02	0.02	0.02	0.02	0.02	0.02	0.02	0.02	0.02	0.02
电焊条 E4303 D3.2	kg	7.59	3.01	2.51	2.31	2.13	1.98	2.38	1.98	1.82	1.68	1.56
氧气	m³	2.88	1.93	1.61	1.48	1.37	1.27	1.93	1.61	1.48	1.37	1.27
乙炔气	kg	14.66	0.640	0.540	0.490	0.460	0.420	0.640	0.540	0.490	0.460	0.420
尼龙砂轮片 D150	片	6.65	1.60	1.33	1.22	1.13	1.05	1.60	1.33	1.22	1.13	1.05
炭精棒 8~12	根	1.71	0.65	0.54	0.50	0.48	0.43	—	—	—	—	—
气焊条 D<2	kg	7.96	—	—	—	—	—	0.37	0.33	0.29	0.27	0.24
氩气	m³	18.60	—	—	—	—	—	1.03	0.92	0.80	0.76	0.67
钍钨棒	kg	640.87	—	—	—	—	—	0.018	0.016	0.014	0.012	0.011
零星材料费	元	—	6.14	5.73	5.56	5.42	5.29	7.52	6.98	6.64	6.41	6.16
机械 履带式起重机 15t	台班	759.77	0.23	0.15	0.10	0.08	0.06	0.23	0.15	0.10	0.08	0.06
直流弧焊机 30kW	台班	92.43	0.86	0.72	0.66	0.61	0.57	0.68	0.56	0.52	0.48	0.45
电焊条烘干箱 800×800×1000	台班	51.03	0.09	0.07	0.07	0.06	0.06	0.07	0.06	0.05	0.05	0.05
氩弧焊机 500A	台班	96.11	—	—	—	—	—	0.21	0.16	0.15	0.13	0.11
平板拖车组 40t	台班	1468.34	0.04	0.03	0.02	—	—	0.04	0.03	0.02	—	—
平板拖车组 60t	台班	1632.92	—	—	—	0.02	0.02	—	—	—	0.02	0.02
汽车式起重机 40t	台班	1547.56	0.05	0.05	0.05	—	—	0.05	0.05	0.05	—	—
汽车式起重机 50t	台班	2492.74	—	—	—	0.05	0.05	—	—	—	—	—
汽车式起重机 60t	台班	2944.21	—	—	—	—	—	—	—	—	0.05	0.05

单位：t

编　号			5-687	5-688	5-689	5-690	5-691	5-692	5-693	5-694	5-695	5-696
项　目			不锈钢电弧焊					不锈钢氩电联焊				
			设备直径（mm）									
			1800	2400	2800	3200	3800	1800	2400	2800	3200	3800
预算基价	总　　　价（元）		**1707.12**	**1447.47**	**1316.47**	**1291.13**	**1203.90**	**1791.22**	**1489.57**	**1354.48**	**1323.65**	**1228.17**
	人　工　费（元）		907.20	758.70	706.05	645.30	599.40	1011.15	847.80	787.05	719.55	668.25
	材　料　费（元）		328.00	306.90	288.20	272.24	258.33	366.48	317.14	290.61	278.57	262.80
	机　械　费（元）		471.92	381.87	322.22	373.59	346.17	413.59	324.63	276.82	325.53	297.12
组 成 内 容		单位	单价	数　　量								
人工	综合工	工日	135.00	6.72	5.62	5.23	4.78	4.44	7.49	6.28	5.83	5.33	4.95
材料	道木	m³	3660.04	0.02	0.02	0.02	0.02	0.02	0.02	0.02	0.02	0.02	0.02
	不锈钢电焊条	kg	66.08	3.42	3.15	2.90	2.68	2.49	3.20	2.60	2.32	2.21	2.05
	尼龙砂轮片 D150	片	6.65	1.60	1.33	1.22	1.13	1.05	1.60	1.33	1.22	1.13	1.05
	炭精棒 8～12	根	1.71	1.10	0.90	0.70	0.70	0.60	—	—	—	—	—
	硝酸	kg	5.56	0.12	0.10	0.06	0.05	0.05	0.12	0.10	0.06	0.05	0.04
	不锈钢氩弧焊丝 1Cr18Ni9Ti	kg	57.40	—	—	—	—	—	0.38	0.34	0.30	0.28	0.25
	氩气	m³	18.60	—	—	—	—	—	1.06	0.96	0.84	0.78	0.70
	钍钨棒	kg	640.87	—	—	—	—	—	0.018	0.016	0.014	0.012	0.011
	零星材料费	元	—	15.62	14.61	13.72	12.96	12.30	17.45	15.10	13.84	13.27	12.51
机械	履带式起重机 15t	台班	759.77	0.28	0.19	0.14	0.10	0.07	0.28	0.19	0.14	0.10	0.07
	直流弧焊机 30kW	台班	92.43	0.95	0.88	0.81	0.74	0.69	0.89	0.72	0.64	0.61	0.57
	电焊条烘干箱 800×800×1000	台班	51.03	0.10	0.09	0.08	0.07	0.07	0.09	0.07	0.06	0.06	0.06
	汽车式起重机 40t	台班	1547.56	0.06	0.06	0.06	—	—	0.06	0.06	0.06	—	—
	汽车式起重机 60t	台班	2944.21	—	—	—	0.06	0.06	—	—	—	0.06	0.06
	平板拖车组 40t	台班	1468.34	0.05	0.04	0.03	—	—	—	—	—	—	—
	平板拖车组 60t	台班	1632.92	—	—	—	0.03	0.03	—	—	—	—	—
	氩弧焊机 500A	台班	96.11	—	—	—	—	—	0.22	0.18	0.16	0.14	0.12

3.塔类固定件安装

工作内容：施工准备、场内运输、安装找正。

单位：层

编 号				5-697	5-698	5-699	5-700	5-701	5-702	5-703	5-704
项 目				设备直径（mm）							
				2500	3000	3500	4000	5000	6000	7000	8000
预算基价	总 价（元）			**1415.30**	**1565.55**	**1635.65**	**1909.45**	**2539.89**	**3206.00**	**4053.15**	**5147.43**
	人 工 费（元）			897.75	1001.70	1039.50	1275.75	1786.05	2322.00	3018.60	3924.45
	材 料 费（元）			37.32	44.61	52.97	61.26	70.99	85.42	106.05	135.31
	机 械 费（元）			480.23	519.24	543.18	572.44	682.85	798.58	928.50	1087.67
组 成 内 容		单位	单价	数 量							
人工	综合工	工日	135.00	6.65	7.42	7.70	9.45	13.23	17.20	22.36	29.07
材料	电焊条 E4303 D3.2	kg	7.59	1.73	1.96	2.75	3.12	3.51	4.40	5.24	6.76
	氧气	m³	2.88	2.25	2.80	3.01	3.58	4.30	5.10	6.65	8.60
	乙炔气	kg	14.66	0.750	0.930	1.000	1.190	1.430	1.700	2.220	2.870
	尼龙砂轮片 D150	片	6.65	0.50	0.60	0.65	0.70	0.76	0.82	0.95	1.08
	二硫化钼	kg	32.13	0.05	0.06	0.06	0.07	0.08	0.09	0.10	0.11
	零星材料费	元	—	1.78	2.12	2.52	2.92	3.38	4.07	5.05	6.44
机械	汽车式起重机 8t	台班	767.15	0.50	0.50	0.50	0.50	0.60	0.70	0.80	0.90
	载货汽车 5t	台班	443.55	0.02	0.02	0.03	0.03	0.04	0.04	0.05	0.06
	直流弧焊机 30kW	台班	92.43	0.90	1.30	1.50	1.80	2.10	2.50	3.00	3.80
	电焊条烘干箱 800×800×1000	台班	51.03	0.09	0.13	0.15	0.18	0.21	0.25	0.30	0.38

4.塔内衬合金板安装

工作内容：施工准备、场内运输、安装找正。

单位：t

编　号			5-705	5-706
项　目			头盖	筒体
预算基价	总　价(元)		**33706.98**	**21459.07**
	人 工 费(元)		24003.00	15120.00
	材 料 费(元)		2965.12	2271.32
	机 械 费(元)		6738.86	4067.75
组 成 内 容		单位	单价	数　量	
人工	综合工	工日	135.00	177.80	112.00
材料	主材	t	—	(1.12)	(1.08)
	不锈钢电焊条 奥102 *D*3.2	kg	40.67	67	—
	氮气	m³	3.68	26.91	6.72
	电焊条 奥102 *D*3.2	kg	40.67	—	52.58
	零星材料费	元	—	141.20	108.16
机械	载货汽车 5t	台班	443.55	0.70	0.50
	直流弧焊机 30kW	台班	92.43	33.50	21.03
	电焊条烘干箱 800×800×1000	台班	51.03	3.35	2.10
	等离子切割机 400A	台班	229.27	8.97	2.24
	剪板机 20×2500	台班	329.03	0.10	0.50
	卷板机 20×2500	台班	273.51	0.14	0.68
	内燃空气压缩机 6m³	台班	330.12	3.13	2.82

三、整体设备安装

1. 卧式容器类设备安装

(1) 碳钢、不锈钢容器安装

工作内容：基础铲麻面、放置垫铁、吊装就位、安装找正。

单位：台

编　号			5-707	5-708	5-709	5-710	5-711	5-712	5-713	5-714
项　目			基础标高10m以内							
			设备质量（t以内）							
			2	5	10	15	20	30	40	50
预算基价	总　价（元）		**2477.76**	**4491.34**	**6204.45**	**8669.21**	**10803.58**	**15466.68**	**21421.47**	**25902.65**
	人　工　费（元）		1447.20	2845.80	3801.60	4942.35	6274.80	8847.90	12048.75	14404.50
	材　料　费（元）		462.19	781.37	1255.68	1917.27	2345.75	2892.99	3983.63	5657.25
	机　械　费（元）		568.37	864.17	1147.17	1809.59	2183.03	3725.79	5389.09	5840.90
组　成　内　容	单位	单价	数　量							
人工	综合工	工日	135.00	10.72	21.08	28.16	36.61	46.48	65.54	89.25	106.70
材料	平垫铁（综合）	kg	7.42	8.60	13.65	25.93	43.22	46.08	60.00	83.60	102.38
	斜垫铁（综合）	kg	10.34	13.02	21.00	39.90	66.50	71.05	90.50	125.40	157.50
	道木	m³	3660.04	0.06	0.11	0.15	0.21	0.24	0.29	0.42	0.68
	电焊条 E4303 D3.2	kg	7.59	1.71	2.15	2.77	3.09	3.42	6.79	7.66	8.41
	氧气	m³	2.88	0.33	0.47	1.57	2.39	3.18	4.04	4.40	4.95
	乙炔气	kg	14.66	0.110	0.160	0.520	0.800	1.060	1.350	1.470	1.650
	尼龙砂轮片 D150	片	6.65	0.40	0.50	1.00	1.13	1.30	1.50	1.60	1.80
	镀锌钢丝 D4.0	kg	7.08	1.00	1.00	2.00	3.00	4.00	5.00	5.72	6.00
	二硫化钼	kg	32.13	0.08	0.10	0.20	0.23	0.30	0.35	0.40	0.44
	黄干油	kg	15.77	0.18	0.25	0.30	0.40	0.50	0.60	0.80	0.90

续前

单位：台

编　号			5-707	5-708	5-709	5-710	5-711	5-712	5-713	5-714
项　目			基础标高10m以内							
			设备质量（t以内）							
			2	5	10	15	20	30	40	50
组　成　内　容	单位	单价	数　　量							
材料 木材　方木	m³	2716.33	－	－	－	－	0.08	0.08	0.09	0.09
滚杠	kg	4.21	－	－	－	－	－	－	－	44.16
零星材料费	元	－	13.46	22.76	36.57	55.84	68.32	84.26	116.03	164.77
机械 直流弧焊机　20kW	台班	75.06	0.56	0.82	1.06	1.22	1.36	3.12	3.50	3.80
电焊条烘干箱　800×800×1000	台班	51.03	0.06	0.08	0.11	0.12	0.14	0.31	0.35	0.38
载货汽车　5t	台班	443.55	0.20	0.34	－	－	－	－	－	－
载货汽车　10t	台班	574.62	－	－	0.36	－	－	－	－	－
载货汽车　15t	台班	809.06	－	－	－	0.37	－	－	－	－
汽车式起重机　8t	台班	767.15	0.25	0.30	－	－	－	－	－	－
汽车式起重机　16t	台班	971.12	0.25	0.43	0.36	－	－	－	－	－
汽车式起重机　25t	台班	1098.98	－	－	0.46	0.37	0.40	0.48	－	－
汽车式起重机　40t	台班	1547.56	－	－	－	0.65	0.75	－	－	0.88
汽车式起重机　50t	台班	2492.74	－	－	－	－	－	0.90	0.52	－
汽车式起重机　75t	台班	3175.79	－	－	－	－	－	－	0.96	1.04
平板拖车组　20t	台班	1101.26	－	－	－	－	0.43	－	－	－
平板拖车组　40t	台班	1468.34	－	－	－	－	－	0.48	0.52	－
卷扬机　单筒慢速　50kN	台班	211.29	－	－	－	－	－	－	－	2.80
卷扬机　单筒慢速　80kN	台班	254.54	－	－	－	－	－	－	－	1.10

编 号			5-715	5-716	5-717	5-718	5-719	5-720	5-721	5-722
项 目			基础标高10m以内			基础标高10～20m				
			设备质量（t以内）							
			60	80	100	2	5	10	15	20
预算基价	总 价（元）		**30671.15**	**34355.13**	**39705.00**	**2850.93**	**5080.34**	**7073.56**	**9420.70**	**13129.00**
	人 工 费（元）		16818.30	20437.65	23718.15	1657.80	3248.10	4241.70	5540.40	7796.25
	材 料 费（元）		6992.63	8161.81	9358.44	462.19	781.37	1255.68	1917.27	2345.75
	机 械 费（元）		6860.22	5755.67	6628.41	730.94	1050.87	1576.18	1963.03	2987.00
组 成 内 容		单位	单价	数 量						
人工	综合工	工日	135.00	124.58	151.39	175.69	12.28	24.06	31.42	41.04	57.75
材料	平垫铁（综合）	kg	7.42	113.75	127.40	138.45	8.60	13.65	25.93	43.22	46.08
	斜垫铁（综合）	kg	10.34	175.00	196.00	213.50	13.02	21.00	39.90	66.50	71.05
	道木	m³	3660.04	0.92	1.10	1.30	0.06	0.11	0.15	0.21	0.24
	木材 方木	m³	2716.33	0.11	0.13	0.14	—	—	—	—	0.08
	电焊条 E4303 *D*3.2	kg	7.59	9.28	10.11	13.60	1.71	2.15	2.77	3.09	3.42
	氧气	m³	2.88	5.04	5.52	6.90	0.33	0.47	1.57	2.39	3.18
	乙炔气	kg	14.66	1.680	1.840	2.300	0.110	0.160	0.520	0.800	1.060
	尼龙砂轮片 *D*150	片	6.65	1.98	2.32	2.90	0.40	0.50	1.00	1.13	1.30
	镀锌钢丝 *D*4.0	kg	7.08	7.00	8.00	10.00	1.00	1.00	2.00	3.00	4.00
	二硫化钼	kg	32.13	0.48	0.56	0.70	0.08	0.10	0.20	0.23	0.30
	黄干油	kg	15.77	1.00	1.12	1.40	0.18	0.25	0.30	0.40	0.50
	滚杠	kg	4.21	63.16	82.10	100.04	—	—	—	—	—

单位：台

编　号			5-715	5-716	5-717	5-718	5-719	5-720	5-721	5-722
项　目			基础标高10m以内			基础标高10～20m				
			设备质量（t以内）							
			60	80	100	2	5	10	15	20
组 成 内 容	单位	单价	数　量							
材料 零星材料费	元	—	203.67	237.72	272.58	13.46	22.76	36.57	55.84	68.32
机 直流弧焊机 20kW	台班	75.06	4.14	5.12	6.80	0.56	0.82	1.06	1.22	1.36
电焊条烘干箱 800×800×1000	台班	51.03	0.41	0.51	0.68	0.06	0.08	0.11	0.12	0.14
卷扬机 单筒慢速 50kN	台班	211.29	3.30	3.80	4.15	0.08	0.15	0.25	0.36	0.45
卷扬机 单筒慢速 80kN	台班	254.54	1.35	4.87	5.25	—	—	—	—	—
卷扬机 单筒慢速 100kN	台班	284.75	—	—	1.10	—	—	—	—	—
汽车式起重机 8t	台班	767.15	—	—	—	0.25	—	—	—	—
汽车式起重机 16t	台班	971.12	—	—	—	0.40	0.34	—	—	—
汽车式起重机 25t	台班	1098.98	—	—	—	—	0.43	0.36	0.37	0.40
汽车式起重机 40t	台班	1547.56	0.94	—	—	—	—	0.54	0.70	—
汽车式起重机 50t	台班	2492.74	—	—	—	—	—	—	—	0.75
汽车式起重机 75t	台班	3175.79	—	1.04	1.12	—	—	—	—	—
汽车式起重机 100t	台班	4689.49	0.86	—	—	—	—	—	—	—
械 载货汽车 5t	台班	443.55	—	—	—	0.20	0.34	—	—	—
载货汽车 10t	台班	574.62	—	—	—	—	—	0.36	—	—
载货汽车 15t	台班	809.06	—	—	—	—	—	—	0.37	—
平板拖车组 20t	台班	1101.26	—	—	—	—	—	—	—	0.43

单位：台

编　号			5-723	5-724	5-725	5-726	5-727	5-728	5-729	5-730
项　目			基础标高10～20m						基础标高20m以外	
			设备质量(t以内)							
			30	40	50	60	80	100	2	5
预算基价	总　　价(元)		**17662.64**	**23629.47**	**31286.68**	**29613.48**	**36210.62**	**41991.00**	**3157.01**	**5740.81**
	人　工　费(元)		11021.40	14108.85	16780.50	19619.55	22408.65	25994.25	1804.95	3530.25
	材　料　费(元)		2892.99	3983.63	5657.25	6992.63	8161.81	9358.44	462.19	781.37
	机　械　费(元)		3748.25	5536.99	8848.93	3001.30	5640.16	6638.31	889.87	1429.19
组　成　内　容	单位	单价	数　　量							
人工 综合工	工日	135.00	81.64	104.51	124.30	145.33	165.99	192.55	13.37	26.15
材料 平垫铁（综合）	kg	7.42	60.00	83.60	102.38	113.75	127.40	138.45	8.60	13.65
斜垫铁（综合）	kg	10.34	90.50	125.40	157.50	175.00	196.00	213.50	13.02	21.00
道木	m³	3660.04	0.29	0.42	0.68	0.92	1.10	1.30	0.06	0.11
木材　方木	m³	2716.33	0.08	0.09	0.09	0.11	0.13	0.14	—	—
电焊条 E4303 D3.2	kg	7.59	6.79	7.66	8.41	9.28	10.11	13.60	1.71	2.15
氧气	m³	2.88	4.04	4.40	4.95	5.04	5.52	6.90	0.33	0.47
乙炔气	kg	14.66	1.350	1.470	1.650	1.680	1.840	2.300	0.110	0.160
尼龙砂轮片 D150	片	6.65	1.50	1.60	1.80	1.98	2.32	2.90	0.40	0.50
镀锌钢丝 D4.0	kg	7.08	5.00	5.72	6.00	7.00	8.00	10.00	1.00	1.00
二硫化钼	kg	32.13	0.35	0.40	0.44	0.48	0.56	0.70	0.08	0.10
黄干油	kg	15.77	0.60	0.80	0.90	1.00	1.12	1.40	0.18	0.25

206

续前

单位：台

编 号			5-723	5-724	5-725	5-726	5-727	5-728	5-729	5-730
项 目			基础标高10~20m						基础标高20m以外	
			设备质量（t以内）							
			30	40	50	60	80	100	2	5
组 成 内 容	单位	单价	数　　　量							
材料 滚杠	kg	4.21	—	—	44.16	63.16	82.10	100.04	—	—
零星材料费	元	—	84.26	116.03	164.77	203.67	237.72	272.58	13.46	22.76
机械 直流弧焊机 20kW	台班	75.06	3.12	3.50	3.80	4.14	5.12	6.80	0.56	0.82
电焊条烘干箱 800×800×1000	台班	51.03	0.31	0.35	0.38	0.41	0.51	0.68	0.06	0.08
卷扬机 单筒慢速 50kN	台班	211.29	0.56	0.70	3.10	3.65	5.23	5.90	0.07	0.13
卷扬机 单筒慢速 80kN	台班	254.54	—	—	1.25	1.50	6.02	6.45	—	—
卷扬机 单筒慢速 100kN	台班	284.75	—	—	—	—	—	1.10	—	—
汽车式起重机 8t	台班	767.15	—	—	—	—	—	—	0.25	—
汽车式起重机 16t	台班	971.12	—	—	—	—	—	—	—	0.36
汽车式起重机 25t	台班	1098.98	—	—	—	—	—	—	0.50	—
汽车式起重机 40t	台班	1547.56	0.44	—	0.92	0.98	—	—	—	0.54
汽车式起重机 50t	台班	2492.74	0.80	0.52	—	—	1.04	1.16	—	—
汽车式起重机 75t	台班	3175.79	—	0.96	0.40	—	—	—	—	—
汽车式起重机 100t	台班	4689.49	—	—	1.04	—	—	—	—	—
载货汽车 5t	台班	443.55	—	—	—	—	—	—	0.20	0.34
平板拖车组 40t	台班	1468.34	0.48	0.52	—	—	—	—	—	—

单位：台

编　号				5-731	5-732	5-733	5-734	5-735	5-736	5-737
项　目				基础标高20m以外						
				设备质量(t以内)						
				10	15	20	30	40	50	60
预算基价	总　　价(元)			**8182.02**	**11223.60**	**14762.12**	**21068.77**	**21971.96**	**27448.76**	**32406.75**
	人　工　费(元)			4549.50	5958.90	8708.85	12325.50	15345.45	18206.10	21300.30
	材　料　费(元)			1255.68	1917.27	2345.75	2888.20	3983.63	5657.25	6992.63
	机　械　费(元)			2376.84	3347.43	3707.52	5855.07	2642.88	3585.41	4113.82
组　成　内　容		单位	单价	数　　量						
人工	综合工	工日	135.00	33.70	44.14	64.51	91.30	113.67	134.86	157.78
材料	道木	m³	3660.04	0.15	0.21	0.24	0.29	0.42	0.68	0.92
	平垫铁（综合）	kg	7.42	25.93	43.22	46.08	60.00	83.60	102.38	113.75
	斜垫铁（综合）	kg	10.34	39.90	66.50	71.05	90.05	125.40	157.50	175.00
	电焊条 E4303 D3.2	kg	7.59	2.77	3.09	3.42	6.79	7.66	8.41	9.28
	氧气	m³	2.88	1.57	2.39	3.18	4.04	4.40	4.95	5.04
	乙炔气	kg	14.66	0.520	0.800	1.060	1.350	1.470	1.650	1.680
	尼龙砂轮片 D150	片	6.65	1.00	1.13	1.30	1.50	1.60	1.80	1.98
	镀锌钢丝 D4.0	kg	7.08	2.00	3.00	4.00	5.00	5.72	6.00	7.00
	二硫化钼	kg	32.13	0.20	0.23	0.30	0.35	0.40	0.44	0.48
	黄干油	kg	15.77	0.30	0.40	0.50	0.60	0.80	0.90	1.00
	木材　方木	m³	2716.33	—	—	0.08	0.08	0.09	0.09	0.11

208

编　号			5-731	5-732	5-733	5-734	5-735	5-736	5-737
项　目			基础标高20m以外						
			设备质量（t以内）						
			10	15	20	30	40	50	60
组　成　内　容	单位	单价	数　量						
材料	滚杠	kg	4.21	—	—	—	—	—	44.16	63.16
	零星材料费	元	—	36.57	55.84	68.32	84.12	116.03	164.77	203.67
机械	载货汽车 15t	台班	809.06	—	0.37	—	—	—	—	—
	载货汽车 10t	台班	574.62	0.36	—	—	—	—	—	—
	直流弧焊机 20kW	台班	75.06	1.06	1.22	1.36	3.12	3.50	3.80	4.14
	电焊条烘干箱 800×800×1000	台班	51.03	0.11	0.12	0.14	0.31	0.35	0.38	0.41
	卷扬机 单筒慢速 50kN	台班	211.29	0.34	0.46	0.58	0.74	0.96	4.10	4.60
	卷扬机 单筒慢速 80kN	台班	254.54	—	—	—	—	—	2.80	3.20
	汽车式起重机 8t	台班	767.15	—	—	—	—	—	0.08	0.10
	汽车式起重机 25t	台班	1098.98	0.38	0.40	0.42	—	—	—	—
	汽车式起重机 40t	台班	1547.56	—	—	—	0.52	—	1.06	1.24
	汽车式起重机 50t	台班	2492.74	0.64	—	—	—	0.56	—	—
	汽车式起重机 75t	台班	3175.79	—	0.76	0.80	—	—	—	—
	汽车式起重机 100t	台班	4689.49	—	—	—	0.84	—	—	—
	平板拖车组 20t	台班	1101.26	—	—	0.43	—	—	—	—
	平板拖车组 40t	台班	1468.34	—	—	—	0.48	0.52	—	—

(2) 内有冷却、加热及其他装置的容器安装

单位：台

编　号			5-738	5-739	5-740	5-741	5-742	5-743	5-744	5-745
项　目			基础标高10m以内							
			设备质量(t以内)							
			2	5	10	15	20	30	40	50
预算基价	总　　价(元)		**2587.11**	**4782.85**	**6567.03**	**9185.06**	**11459.94**	**16351.39**	**22414.61**	**26992.60**
	人　工　费(元)		1556.55	3111.75	4153.95	5347.35	6851.25	9659.25	13167.90	15722.10
	材　料　费(元)		462.19	781.37	1255.68	1917.27	2345.75	2892.99	3983.63	5657.25
	机　械　费(元)		568.37	889.73	1157.40	1920.44	2262.94	3799.15	5263.08	5613.25
组 成 内 容		单位	单价	数　　量						
人工	综合工	工日	135.00	11.53	23.05	30.77	39.61	50.75	71.55	97.54	116.46
材料	道木	m³	3660.04	0.06	0.11	0.15	0.21	0.24	0.29	0.42	0.68
	平垫铁（综合）	kg	7.42	8.60	13.65	25.93	43.22	46.08	60.00	83.60	102.38
	斜垫铁（综合）	kg	10.34	13.02	21.00	39.90	66.50	71.05	90.50	125.40	157.50
	电焊条 E4303 D3.2	kg	7.59	1.71	2.15	2.77	3.09	3.42	6.79	7.66	8.41
	氧气	m³	2.88	0.33	0.47	1.57	2.39	3.18	4.04	4.40	4.95
	乙炔气	kg	14.66	0.110	0.160	0.520	0.800	1.060	1.350	1.470	1.650
	尼龙砂轮片 D150	片	6.65	0.40	0.50	1.00	1.13	1.30	1.50	1.60	1.80
	镀锌钢丝 D4.0	kg	7.08	1.00	1.00	2.00	3.00	4.00	5.00	5.72	6.00
	二硫化钼	kg	32.13	0.08	0.10	0.20	0.23	0.30	0.35	0.40	0.44
	黄干油	kg	15.77	0.18	0.25	0.30	0.40	0.50	0.60	0.80	0.90
	木材　方木	m³	2716.33	—	—	—	—	0.08	0.08	0.09	0.09

210

续前

编　　号			5-738	5-739	5-740	5-741	5-742	5-743	5-744	5-745
项　　目			基础标高10m以内							
			设备质量（t以内）							
			2	5	10	15	20	30	40	50
组　成　内　容	单位	单价	数　　量							
材料	滚杠	kg	4.21	—	—	—	—	—	—	—	44.16
	零星材料费	元	—	13.46	22.76	36.57	55.84	68.32	84.26	116.03	164.77
机械	直流弧焊机 20kW	台班	75.06	0.56	0.82	1.06	1.22	1.36	3.12	3.50	3.80
	电焊条烘干箱 800×800×1000	台班	51.03	0.06	0.09	0.12	0.13	0.15	0.34	0.37	0.40
	载货汽车 5t	台班	443.55	0.20	0.34	—	—	—	—	—	—
	载货汽车 10t	台班	574.62	—	—	0.36	—	—	—	—	—
	载货汽车 15t	台班	809.06	—	—	—	0.37	—	—	—	—
	汽车式起重机 8t	台班	767.15	0.25	0.32	—	—	—	—	—	—
	汽车式起重机 16t	台班	971.12	0.25	0.44	0.37	—	—	—	—	—
	汽车式起重机 25t	台班	1098.98	—	—	0.46	0.40	0.43	0.50	—	—
	汽车式起重机 50t	台班	2492.74	—	—	—	—	—	0.92	0.52	—
	汽车式起重机 75t	台班	3175.79	—	—	—	—	—	—	0.92	0.95
	汽车式起重机 40t	台班	1547.56	—	—	—	0.70	0.78	—	—	0.88
	平板拖车组 20t	台班	1101.26	—	—	—	—	0.43	—	—	—
	平板拖车组 40t	台班	1468.34	—	—	—	—	—	0.48	0.52	—
	卷扬机 单筒慢速 50kN	台班	211.29	—	—	—	—	—	—	—	2.95
	卷扬机 单筒慢速 80kN	台班	254.54	—	—	—	—	—	—	—	1.20

编　号	5-746	5-747	5-748	5-749	5-750	5-751	5-752	5-753
项　目	基础标高10m以内			基础标高10～20m				
	设备质量（t以内）							
	60	80	100	2	5	10	15	20
预算基价 总　价(元)	32262.62	35435.68	41009.01	2974.71	5553.05	7606.09	9952.90	13845.04
人　工　费(元)	18353.25	22195.35	25753.95	1773.90	3427.65	4710.15	5967.00	8394.30
材　料　费(元)	6992.63	8161.81	9358.44	462.19	781.37	1255.68	1917.27	2345.75
机　械　费(元)	6916.74	5078.52	5896.62	738.62	1344.03	1640.26	2068.63	3104.99

组　成　内　容	单位	单价	数　量							
人工 综合工	工日	135.00	135.95	164.41	190.77	13.14	25.39	34.89	44.20	62.18
材料 道木	m³	3660.04	0.92	1.10	1.30	0.06	0.11	0.15	0.21	0.24
木材 方木	m³	2716.33	0.11	0.13	0.14	—	—	—	—	0.08
平垫铁（综合）	kg	7.42	113.75	127.40	138.45	8.60	13.65	25.93	43.22	46.08
斜垫铁（综合）	kg	10.34	175.00	196.00	213.50	13.02	21.00	39.90	66.50	71.05
电焊条 E4303 D3.2	kg	7.59	9.28	10.11	13.60	1.71	2.15	2.77	3.09	3.42
氧气	m³	2.88	5.04	5.52	6.90	0.33	0.47	1.57	2.39	3.18
乙炔气	kg	14.66	1.680	1.840	2.300	0.110	0.160	0.520	0.800	1.060
尼龙砂轮片 D150	片	6.65	1.98	2.32	2.90	0.40	0.50	1.00	1.13	1.30
镀锌钢丝 D4.0	kg	7.08	7.00	8.00	10.00	1.00	1.00	2.00	3.00	4.00
二硫化钼	kg	32.13	0.48	0.56	0.70	0.08	0.10	0.20	0.23	0.30
黄干油	kg	15.77	1.00	1.12	1.40	0.18	0.25	0.30	0.40	0.50

编　号			5-746	5-747	5-748	5-749	5-750	5-751	5-752	5-753
项　目			基础标高10m以内			基础标高10～20m				
			设备质量（t以内）							
			60	80	100	2	5	10	15	20
组成内容	单位	单价	数　量							
材料　滚杠	kg	4.21	63.16	82.10	100.04	—	—	—	—	—
零星材料费	元	—	203.67	237.72	272.58	13.46	22.76	36.57	55.84	68.32
直流弧焊机 20kW	台班	75.06	4.14	5.12	6.80	0.56	0.82	1.06	1.22	1.36
电焊条烘干箱 800×800×1000	台班	51.03	0.44	0.54	0.71	0.06	0.09	0.12	0.13	0.15
卷扬机 单筒慢速 50kN	台班	211.29	3.50	3.95	4.30	0.08	0.22	0.35	0.44	0.60
卷扬机 单筒慢速 80kN	台班	254.54	1.40	4.87	5.25	—	—	—	—	—
卷扬机 单筒慢速 100kN	台班	284.75	—	—	1.1	—	—	—	—	—
汽车式起重机 8t	台班	767.15	—	—	—	0.26	0.36	—	—	—
汽车式起重机 16t	台班	971.12	—	—	—	0.40	0.36	—	—	—
汽车式起重机 25t	台班	1098.98	—	—	—	—	0.43	0.36	0.40	0.40
汽车式起重机 40t	台班	1547.56	0.94	—	—	—	—	0.56	0.72	—
汽车式起重机 50t	台班	2492.74	—	1.04	1.12	—	—	—	—	0.78
汽车式起重机 100t	台班	4689.49	0.86	—	—	—	—	—	—	—
载货汽车 5t	台班	443.55	—	—	—	0.20	0.30	—	—	—
载货汽车 10t	台班	574.62	—	—	—	—	—	0.38	—	—
载货汽车 15t	台班	809.06	—	—	—	—	—	—	0.40	—
平板拖车组 20t	台班	1101.26	—	—	—	—	—	—	—	0.44

编　号			5-754	5-755	5-756	5-757	5-758	5-759	5-760	5-761
项　目			基础标高10～20m						基础标高20m以外	
			设备质量（t以内）							
			30	40	50	60	80	100	2	5
预算基价	总　价（元）		**18633.10**	**24936.32**	**31546.91**	**31303.53**	**38147.33**	**44240.01**	**3303.93**	**5856.95**
	人　工　费（元）		11877.30	15290.10	18169.65	21238.20	24260.85	28142.10	1926.45	3649.05
	材　料　费（元）		2892.99	3983.63	5657.25	6992.63	8161.81	9358.44	462.19	781.37
	机　械　费（元）		3862.81	5662.59	7720.01	3072.70	5724.67	6739.47	915.29	1426.53
组　成　内　容		单位	单价	数　量						
人工	综合工	工日	135.00	87.98	113.26	134.59	157.32	179.71	208.46	14.27	27.03
材料	道木	m³	3660.04	0.29	0.42	0.68	0.92	1.10	1.30	0.06	0.11
	平垫铁（综合）	kg	7.42	60.00	83.60	102.38	113.75	127.40	138.45	8.60	13.65
	斜垫铁（综合）	kg	10.34	90.50	125.40	157.50	175.00	196.00	213.50	13.02	21.00
	木材　方木	m³	2716.33	0.08	0.09	0.09	0.11	0.13	0.14	—	—
	电焊条　E4303 D3.2	kg	7.59	6.79	7.66	8.41	9.28	10.11	13.60	1.71	2.15
	氧气	m³	2.88	4.04	4.40	4.95	5.04	5.52	6.90	0.33	0.47
	乙炔气	kg	14.66	1.350	1.470	1.650	1.680	1.840	2.300	0.110	0.160
	尼龙砂轮片 D150	片	6.65	1.50	1.60	1.80	1.98	2.32	2.90	0.40	0.50
	镀锌钢丝 D4.0	kg	7.08	5.00	5.72	6.00	7.00	8.00	10.00	1.00	1.00
	二硫化钼	kg	32.13	0.35	0.40	0.44	0.48	0.56	0.70	0.08	0.10
	黄干油	kg	15.77	0.60	0.80	0.90	1.00	1.12	1.40	0.18	0.25

单位：台

编　　号			5-754	5-755	5-756	5-757	5-758	5-759	5-760	5-761
项　　目			基础标高10～20m						基础标高20m以外	
			设备质量(t以内)							
			30	40	50	60	80	100	2	5
组 成 内 容	单位	单价	数　　量							
材料 滚杠	kg	4.21	—	—	44.16	63.16	82.10	100.04	—	—
零星材料费	元	—	84.26	116.03	164.77	203.67	237.72	272.58	13.46	22.76
机械 直流弧焊机 20kW	台班	75.06	3.12	3.50	3.80	4.14	5.12	6.80	0.56	0.82
电焊条烘干箱 800×800×1000	台班	51.03	0.34	0.37	0.40	0.44	0.54	0.71	0.06	0.08
卷扬机 单筒慢速 50kN	台班	211.29	0.72	0.85	3.20	3.80	5.43	6.11	0.07	0.13
卷扬机 单筒慢速 80kN	台班	254.54	—	—	1.35	1.65	6.18	6.60	—	—
卷扬机 单筒慢速 100kN	台班	284.75	—	—	—	—	—	1.16	—	—
载货汽车 5t	台班	443.55	—	—	—	—	—	—	0.24	0.36
汽车式起重机 8t	台班	767.15	—	—	—	—	—	—	0.26	—
汽车式起重机 16t	台班	971.12	—	—	—	—	—	—	—	0.38
汽车式起重机 25t	台班	1098.98	—	—	—	—	—	—	0.50	—
汽车式起重机 40t	台班	1547.56	0.44	—	0.92	0.98	—	—	—	0.52
汽车式起重机 50t	台班	2492.74	0.82	0.52	—	—	1.04	1.16	—	—
汽车式起重机 75t	台班	3175.79	—	0.98	—	—	—	—	—	—
汽车式起重机 100t	台班	4689.49	—	—	1.06	—	—	—	—	—
平板拖车组 40t	台班	1468.34	0.50	0.54	—	—	—	—	—	—

编　　号			5-762	5-763	5-764	5-765	5-766	5-767	5-768
项　　目			基础标高20m以外						
			设备质量（t以内）						
			10	15	20	30	40	50	60
预算基价	总　　价（元）		8770.69	11727.49	15428.66	22056.04	23298.25	28940.95	34144.04
	人　工　费（元）		5098.95	6400.35	9320.40	13208.40	16563.15	19638.45	22968.90
	材　料　费（元）		1255.68	1917.27	2345.75	2888.20	3983.63	5657.25	6992.63
	机　械　费（元）		2416.06	3409.87	3762.51	5959.44	2751.47	3645.25	4182.51
组　成　内　容		单位	单价	数　　量					
人工	综合工	工日	135.00	37.77	47.41	69.04	97.84	122.69	145.47	170.14
材料	道木	m³	3660.04	0.15	0.21	0.24	0.29	0.42	0.68	0.92
	平垫铁（综合）	kg	7.42	25.93	43.22	46.08	60.00	83.60	102.38	113.75
	斜垫铁（综合）	kg	10.34	39.90	66.50	71.05	90.05	125.40	157.50	175.00
	电焊条 E4303 D3.2	kg	7.59	2.77	3.09	3.42	6.79	7.66	8.41	9.28
	氧气	m³	2.88	1.57	2.39	3.18	4.04	4.40	4.95	5.04
	乙炔气	kg	14.66	0.520	0.800	1.060	1.350	1.470	1.650	1.680
	尼龙砂轮片 D150	片	6.65	1.00	1.13	1.30	1.50	1.60	1.80	1.98
	镀锌钢丝 D4.0	kg	7.08	2.00	3.00	4.00	5.00	5.72	6.00	7.00
	二硫化钼	kg	32.13	0.20	0.23	0.30	0.35	0.40	0.44	0.48
	黄干油	kg	15.77	0.30	0.40	0.50	0.60	0.80	0.90	1.00
	木材 方木	m³	2716.33	—	—	0.08	0.08	0.09	0.09	0.11
	滚杠	kg	4.21	—	—	—	—	—	44.16	63.16
	零星材料费	元	—	36.57	55.84	68.32	84.12	116.03	164.77	203.67
机械	载货汽车 10t	台班	574.62	0.39	—	—	—	—	—	—
	载货汽车 15t	台班	809.06	—	0.42	—	—	—	—	—
	直流弧焊机 20kW	台班	75.06	1.06	1.22	1.36	3.12	3.50	3.80	4.14
	电焊条烘干箱 800×800×1000	台班	51.03	0.11	0.12	0.14	0.31	0.35	0.38	0.47
	卷扬机 单筒慢速 50kN	台班	211.29	0.34	0.46	0.58	0.74	0.96	4.20	4.80
	卷扬机 单筒慢速 80kN	台班	254.54	—	—	—	—	—	2.95	3.35
	汽车式起重机 25t	台班	1098.98	0.40	0.42	0.45	—	—	—	—
	汽车式起重机 40t	台班	1547.56	—	—	—	0.54	—	1.10	1.28
	汽车式起重机 50t	台班	2492.74	0.64	—	—	—	0.58	—	—
	汽车式起重机 75t	台班	3175.79	—	0.76	0.80	—	—	—	—
	汽车式起重机 100t	台班	4689.49	—	—	—	0.84	—	—	—
	平板拖车组 20t	台班	1101.26	—	—	0.45	—	—	—	—
	平板拖车组 40t	台班	1468.34	—	—	—	0.53	0.56	—	—

（3）碳钢、不锈钢带搅拌装置卧式容器安装

单位：台

编 号				5-769	5-770	5-771	5-772	5-773	5-774	5-775	5-776	5-777
项 目				基础标高10m以内								
				设备质量（t以内）								
				2	5	10	15	20	30	40	50	60
预算基价	总 价（元）			**3478.41**	**6342.50**	**10187.67**	**12701.10**	**15246.79**	**22148.72**	**28535.99**	**34807.07**	**41942.18**
	人 工 费（元）			2436.75	4693.95	7657.20	8723.70	10401.75	15163.20	18662.40	22670.55	27338.85
	材 料 费（元）			471.04	823.42	1322.03	2002.71	2444.32	2989.80	4101.90	5806.98	7177.40
	机 械 费（元）			570.62	825.13	1208.44	1974.69	2400.72	3995.72	5771.69	6329.54	7425.93
组 成 内 容		单位	单价	数 量								
人工	综合工	工日	135.00	18.05	34.77	56.72	64.62	77.05	112.32	138.24	167.93	202.51
材料	道木	m³	3660.04	0.06	0.11	0.15	0.21	0.24	0.29	0.42	0.68	0.92
	平垫铁（综合）	kg	7.42	8.60	13.65	25.93	43.22	46.08	60.00	83.60	102.38	113.75
	斜垫铁（综合）	kg	10.34	13.02	21.00	39.90	66.50	71.05	90.50	125.40	157.50	175.00
	电焊条 E4303 D3.2	kg	7.59	1.43	2.00	3.80	5.10	7.00	8.50	10.77	12.86	15.58
	氧气	m³	2.88	1.63	2.87	3.60	4.05	5.40	7.11	8.56	9.45	11.34
	乙炔气	kg	14.66	0.540	0.960	1.200	1.350	1.800	2.370	2.850	3.150	3.780
	尼龙砂轮片 D150	片	6.65	0.50	1.25	1.50	2.00	2.40	2.75	3.50	4.75	5.00
	镀锌钢丝 D4.0	kg	7.08	1.00	3.50	7.29	9.84	10.12	11.68	12.04	13.55	15.06
	二硫化钼	kg	32.13	0.08	0.12	0.20	0.25	0.32	0.40	0.50	0.60	0.70
	黄干油	kg	15.77	0.18	0.25	0.30	0.40	0.50	0.60	0.70	0.80	0.90
	木材 方木	m³	2716.33	—	—	—	—	0.08	0.08	0.09	0.09	0.11
	滚杠	kg	4.21	—	—	—	—	—	—	—	44.16	63.16
	零星材料费	元	—	13.72	23.98	38.51	58.33	71.19	87.08	119.47	169.14	209.05

217

单位：台

编　　号			5-769	5-770	5-771	5-772	5-773	5-774	5-775	5-776	5-777
项　　目			基础标高10m以内								
			设备质量(t以内)								
			2	5	10	15	20	30	40	50	60
组　成　内　容	单位	单价	数　　量								
机 械	直流弧焊机 20kW	台班	75.06	0.59	0.94	1.89	2.32	3.06	3.80	4.68	5.85	7.02
	电焊条烘干箱 600×500×750	台班	27.16	—	—	—	—	—	—	0.47	0.59	0.70
	电焊条烘干箱 800×800×1000	台班	51.03	0.06	0.09	0.19	0.23	0.31	0.38	—	—	—
	载货汽车 5t	台班	443.55	0.20	0.34	—	—	—	—	—	—	—
	载货汽车 10t	台班	574.62	—	—	0.36	—	—	—	—	—	—
	载货汽车 15t	台班	809.06	—	—	—	0.37	—	—	—	—	—
	汽车式起重机 8t	台班	767.15	0.25	0.30	—	—	—	—	—	0.03	0.03
	汽车式起重机 16t	台班	971.12	0.25	0.38	0.40	—	—	—	—	—	—
	汽车式起重机 25t	台班	1098.98	—	—	0.42	0.44	0.46	—	—	—	—
	汽车式起重机 40t	台班	1547.56	—	—	—	0.65	0.76	0.48	—	0.88	0.98
	汽车式起重机 50t	台班	2492.74	—	—	—	—	—	0.90	0.64	—	—
	汽车式起重机 75t	台班	3175.79	—	—	—	—	—	—	0.96	1.04	—
	汽车式起重机 100t	台班	4689.49	—	—	—	—	—	—	—	—	0.86
	卷扬机 单筒慢速 50kN	台班	211.29	—	—	—	—	—	—	—	3.93	4.20
	卷扬机 单筒慢速 80kN	台班	254.54	—	—	—	—	—	—	—	1.40	1.65
	平板拖车组 20t	台班	1101.26	—	—	—	—	0.43	—	—	—	—
	平板拖车组 40t	台班	1468.34	—	—	—	—	—	0.48	0.52	—	—

编　号			5-778	5-779	5-780	5-781	5-782	5-783	5-784	5-785	5-786
项　目			基础标高10～20m								
			设备质量(t以内)								
			2	5	10	15	20	30	40	50	60
预算基价	总　价(元)		**3920.03**	**7065.01**	**11312.41**	**13794.89**	**17964.89**	**25598.78**	**31456.73**	**39100.08**	**42335.48**
	人工费(元)		2702.70	5096.25	8309.25	9529.65	12148.65	17683.65	21085.65	25500.15	30719.25
	材料费(元)		471.04	823.42	1323.16	2002.71	2449.12	2989.80	4101.90	5806.98	7177.40
	机械费(元)		746.29	1145.34	1680.00	2262.53	3367.12	4925.33	6269.18	7792.95	4438.83
组成内容		单位	单价	数　量							
人工	综合工	工日	135.00	20.02	37.75	61.55	70.59	89.99	130.99	156.19	188.89	227.55
材料	道木	m³	3660.04	0.06	0.11	0.15	0.21	0.24	0.29	0.42	0.68	0.92
	平垫铁（综合）	kg	7.42	8.60	13.65	25.93	43.22	46.08	60.00	83.60	102.38	113.75
	斜垫铁（综合）	kg	10.34	13.02	21.00	39.90	66.50	71.50	90.50	125.40	157.50	175.00
	电焊条 E4303 D3.2	kg	7.59	1.43	2.00	3.80	5.10	7.00	8.50	10.77	12.86	15.58
	氧气	m³	2.88	1.63	2.87	3.60	4.05	5.40	7.11	8.56	9.45	11.34
	乙炔气	kg	14.66	0.540	0.960	1.200	1.350	1.800	2.370	2.850	3.150	3.780
	尼龙砂轮片 D150	片	6.65	0.50	1.25	1.50	2.00	2.40	2.75	3.50	4.75	5.00
	镀锌钢丝 D4.0	kg	7.08	1.00	3.50	7.29	9.84	10.12	11.68	12.04	13.55	15.06
	二硫化钼	kg	32.13	0.08	0.12	0.20	0.25	0.32	0.40	0.50	0.60	0.70
	黄干油	kg	15.77	0.18	0.25	0.37	0.40	0.50	0.60	0.70	0.80	0.90
	木材　方木	m³	2716.33	—	—	—	—	0.08	0.08	0.09	0.09	0.11
	滚杠	kg	4.21	—	—	—	—	—	—	—	44.16	63.16

单位：台

编　　　号			5-778	5-779	5-780	5-781	5-782	5-783	5-784	5-785	5-786
项　　　目			基础标高10～20m								
			设备质量(t以内)								
			2	5	10	15	20	30	40	50	60
组　成　内　容	单位	单价	数　　　　量								
材料	零星材料费	元	—	13.72	23.98	38.54	58.33	71.33	87.08	119.47	169.14	209.05
机械	直流弧焊机 20kW	台班	75.06	0.59	0.94	1.89	2.32	3.06	3.80	4.68	5.85	7.02
	电焊条烘干箱 800×800×1000	台班	51.03	0.06	0.09	0.19	0.23	0.31	0.38	0.47	0.59	0.70
	卷扬机 单筒慢速 50kN	台班	211.29	0.10	0.25	0.40	0.48	0.65	0.75	0.96	4.10	4.60
	卷扬机 单筒慢速 80kN	台班	254.54	—	—	—	—	—	—	—	—	5.33
	汽车式起重机 8t	台班	767.15	0.25	—	—	—	—	—	—	—	—
	汽车式起重机 16t	台班	971.12	0.40	0.34	—	—	—	—	—	—	—
	汽车式起重机 25t	台班	1098.98	—	0.48	0.36	0.44	0.46	—	—	—	—
	汽车式起重机 40t	台班	1547.56	—	—	0.54	0.76	—	0.48	—	0.90	1.00
	汽车式起重机 50t	台班	2492.74	—	—	—	—	0.80	—	0.64	—	—
	汽车式起重机 75t	台班	3175.79	—	—	—	—	—	0.94	1.04	—	—
	汽车式起重机 100t	台班	4689.49	—	—	—	—	—	—	—	1.08	—
	载货汽车 5t	台班	443.55	0.22	0.36	—	—	—	—	—	—	—
	载货汽车 10t	台班	574.62	—	—	0.37	—	—	—	—	—	—
	载货汽车 15t	台班	809.06	—	—	—	0.39	—	—	—	—	—
	平板拖车组 20t	台班	1101.26	—	—	—	—	0.44	—	—	—	—
	平板拖车组 40t	台班	1468.34	—	—	—	—	—	0.50	0.54	—	—

编　号			5-787	5-788	5-789	5-790	5-791	5-792	5-793	5-794	5-795
项　目			基础标高20m以外								
			设备质量（t以内）								
			2	5	10	15	20	30	40	50	60
预算基价	总　　　价（元）		**4233.07**	**7730.73**	**12619.88**	**15691.19**	**19646.86**	**28273.81**	**29487.66**	**36861.85**	**44360.22**
	人　工　费（元）		2889.00	5378.40	8765.55	10093.95	13196.25	19195.65	22539.60	27198.45	32746.95
	材　料　费（元）		471.04	823.42	1322.03	2002.71	2444.32	2985.01	4101.90	5806.98	7177.40
	机　械　费（元）		873.03	1528.91	2532.30	3594.53	4006.29	6093.15	2846.16	3856.42	4435.87
组　成　内　容		单位	单价	数　　　量							
人工	综合工	工日	135.00	21.40	39.84	64.93	74.77	97.75	142.19	166.96	201.47	242.57
材料	道木	m³	3660.04	0.06	0.11	0.15	0.21	0.24	0.29	0.42	0.68	0.92
	平垫铁（综合）	kg	7.42	8.60	13.65	25.93	43.22	46.08	60.00	83.60	102.38	113.75
	斜垫铁（综合）	kg	10.34	13.02	21.00	39.90	66.50	71.05	90.05	125.40	157.50	175.00
	电焊条 E4303 D3.2	kg	7.59	1.43	2.00	3.80	5.10	7.00	8.50	10.77	12.86	15.58
	氧气	m³	2.88	1.63	2.87	3.60	4.05	5.40	7.11	8.56	9.45	11.34
	乙炔气	kg	14.66	0.540	0.960	1.200	1.350	1.800	2.370	2.850	3.150	3.780
	尼龙砂轮片 D150	片	6.65	0.50	1.25	1.50	2.00	2.40	2.75	3.50	4.75	5.00
	镀锌钢丝 D4.0	kg	7.08	1.00	3.50	7.29	9.84	10.12	11.68	12.04	13.55	15.06
	二硫化钼	kg	32.13	0.08	0.12	0.20	0.25	0.32	0.40	0.50	0.60	0.70
	黄干油	kg	15.77	0.18	0.25	0.30	0.40	0.50	0.60	0.70	0.80	0.90
	木材 方木	m³	2716.33	—	—	—	—	0.08	0.08	0.09	0.09	0.11
	滚杠	kg	4.21	—	—	—	—	—	—	—	44.16	63.16

单位：台

编　号			5-787	5-788	5-789	5-790	5-791	5-792	5-793	5-794	5-795
项　目			基础标高20m以外								
			设备质量（t以内）								
			2	5	10	15	20	30	40	50	60
组　成　内　容	单位	单价	数　量								
材料	零星材料费	元	—	13.72	23.98	38.51	58.33	71.19	86.94	119.47	169.14	209.05
机械	载货汽车 5t	台班	443.55	0.24	0.36	—	—	—	—	—	—	—
	载货汽车 10t	台班	574.62	—	—	0.39	—	—	—	—	—	—
	载货汽车 15t	台班	809.06	—	—	—	0.42	—	—	—	—	—
	直流弧焊机 20kW	台班	75.06	0.59	0.94	1.89	2.32	3.06	3.80	4.68	5.85	7.02
	电焊条烘干箱 800×800×1000	台班	51.03	0.06	0.09	0.19	0.23	0.31	0.38	0.47	0.59	0.70
	汽车式起重机 8t	台班	767.15	0.26	—	—	—	—	—	—	—	—
	汽车式起重机 16t	台班	971.12	0.52	0.38	—	—	—	—	—	—	—
	汽车式起重机 25t	台班	1098.98	—	—	0.40	0.45	0.48	—	—	—	—
	汽车式起重机 40t	台班	1547.56	—	0.58	—	—	—	0.54	—	1.10	1.28
	汽车式起重机 50t	台班	2492.74	—	—	0.66	—	—	0.58	—	—	—
	汽车式起重机 75t	台班	3175.79	—	—	—	0.78	0.82	—	—	—	--
	汽车式起重机 100t	台班	4689.49	—	—	—	—	—	0.86	—	—	—
	平板拖车组 20t	台班	1101.26	—	—	—	—	0.46	—	—	—	—
	平板拖车组 40t	台班	1468.34	—	—	—	—	—	0.52	0.56	—	—
	卷扬机 单筒慢速 50kN	台班	211.29	0.07	0.13	0.34	0.46	0.58	0.74	0.96	4.30	4.80
	卷扬机 单筒慢速 80kN	台班	254.54	—	—	—	—	—	—	—	3.05	3.45

(4)独立搅拌装置容器安装

单位：台

编　号			5-796	5-797	5-798	5-799	5-800	5-801	5-802	5-803	5-804
项　目			基础标高10m以内					基础标高10～20m			
			设备质量（t以内）								
			2	3	5	10	15	2	3	5	10
预算基价	总　　　　价（元）		**4123.02**	**6200.94**	**8219.02**	**11236.01**	**14495.90**	**4727.30**	**6948.86**	**9057.45**	**12371.26**
	人　工　费（元）		3334.50	5201.55	6933.60	9501.30	12224.25	3649.05	5622.75	7458.75	10255.95
	材　料　费（元）		266.51	358.33	452.06	593.22	698.90	266.51	358.33	452.06	593.22
	机　械　费（元）		522.01	641.06	833.36	1141.49	1572.75	811.74	967.78	1146.64	1522.09
组　成　内　容	单位	单价	数　　量								
人工	综合工	工日	135.00	24.70	38.53	51.36	70.38	90.55	27.03	41.65	55.25	75.97
材料	道木	m³	3660.04	0.02	0.03	0.04	0.06	0.07	0.02	0.03	0.04	0.06
	平垫铁（综合）	kg	7.42	5.50	6.48	7.45	8.25	8.93	5.50	6.48	7.45	8.25
	斜垫铁（综合）	kg	10.34	8.16	9.72	11.20	12.33	13.40	8.16	9.72	11.20	12.33
	电焊条 E4303 D3.2	kg	7.59	1.33	1.85	2.72	4.75	6.09	1.33	1.85	2.72	4.75
	氧气	m³	2.88	0.47	0.68	1.11	2.07	3.11	0.47	0.68	1.11	2.07
	乙炔气	kg	14.66	0.160	0.230	0.370	0.690	1.040	0.160	0.230	0.370	0.690
	镀锌钢丝 D4.0	kg	7.08	2.00	3.00	3.45	4.00	6.00	2.00	3.00	3.45	4.00
	二硫化钼	kg	32.13	0.41	0.54	0.63	0.75	0.90	0.41	0.54	0.63	0.75
	黄干油	kg	15.77	1.22	2.00	3.01	4.00	4.80	1.22	2.00	3.01	4.00
	零星材料费	元	—	7.76	10.44	13.17	17.28	20.36	7.76	10.44	13.17	17.28
机械	直流弧焊机 20kW	台班	75.06	0.54	0.82	1.26	2.36	3.09	0.54	0.82	1.26	2.36
	电焊条烘干箱 800×800×1000	台班	51.03	0.05	0.08	0.13	0.24	0.31	0.05	0.08	0.13	0.24
	汽车式起重机 8t	台班	767.15	0.25	0.28	0.32	—	—	0.25	0.28	0.32	—
	汽车式起重机 16t	台班	971.12	0.25	0.28	0.34	0.36	—	—	—	—	—
	汽车式起重机 25t	台班	1098.98	—	—	—	0.36	0.37	—	—	—	0.36
	汽车式起重机 40t	台班	1547.56	—	—	—	—	0.40	0.34	0.38	0.42	0.45
	载货汽车 5t	台班	443.55	0.10	0.20	—	—	—	0.10	0.20	0.30	—
	载货汽车 8t	台班	521.59	—	—	0.30	—	—	—	—	—	—
	载货汽车 10t	台班	574.62	—	—	—	0.36	—	—	—	—	0.36
	载货汽车 15t	台班	809.06	—	—	—	—	0.37	—	—	—	—
	卷扬机 单筒慢速 50kN	台班	211.29	—	—	—	—	—	0.03	0.05	0.08	0.16

编　　号			5-805	5-806	5-807	5-808	5-809	5-810
项　　目			基础标高10～20m	基础标高20m以外				
			设备质量(t以内)					
			15	2	3	5	10	15
预算基价	总　　价(元)		**16172.96**	**5040.20**	**7336.01**	**9994.60**	**13949.40**	**17531.36**
	人　工　费(元)		13223.25	3869.10	5917.05	7825.95	10783.80	13922.55
	材　料　费(元)		698.90	266.51	358.33	452.06	593.22	698.90
	机　械　费(元)		2250.81	904.59	1060.63	1716.59	2572.38	2909.91
组　成　内　容		单位	单价	数　　　量				
人工	综合工	工日	135.00	97.95	28.66	43.83	57.97	79.88	103.13
材料	道木	m³	3660.04	0.07	0.02	0.03	0.04	0.06	0.07
	平垫铁（综合）	kg	7.42	8.93	5.50	6.48	7.45	8.25	8.93
	斜垫铁（综合）	kg	10.34	13.40	8.16	9.72	11.20	12.33	13.40
	电焊条 E4303 D3.2	kg	7.59	6.09	1.33	1.85	2.72	4.75	6.09
	氧气	m³	2.88	3.11	0.47	0.68	1.11	2.07	3.11
	乙炔气	kg	14.66	1.040	0.160	0.230	0.370	0.690	1.040
	镀锌钢丝 D4.0	kg	7.08	6.00	2.00	3.00	3.45	4.00	6.00
	二硫化钼	kg	32.13	0.90	0.41	0.54	0.63	0.75	0.90
	黄干油	kg	15.77	4.80	1.22	2.00	3.01	4.00	4.80
	零星材料费	元	—	20.36	7.76	10.44	13.17	17.28	20.36
机械	直流弧焊机 20kW	台班	75.06	3.09	0.54	0.82	1.26	2.36	3.09
	电焊条烘干箱 800×800×1000	台班	51.03	0.31	0.05	0.08	0.13	0.24	0.31
	卷扬机 单筒慢速 50kN	台班	211.29	0.24	0.03	0.05	0.08	0.16	0.24
	载货汽车 5t	台班	443.55	—	0.10	0.20	—	—	—
	载货汽车 8t	台班	521.59	—	—	—	0.30	—	—
	载货汽车 10t	台班	574.62	—	—	—	—	0.36	—
	载货汽车 15t	台班	809.06	0.37	—	—	—	—	0.37
	汽车式起重机 8t	台班	767.15	—	0.25	0.28	0.32	—	—
	汽车式起重机 25t	台班	1098.98	0.37	—	—	—	0.36	0.37
	汽车式起重机 40t	台班	1547.56	—	0.40	0.44	—	—	—
	汽车式起重机 50t	台班	2492.74	0.50	—	—	0.48	—	—
	汽车式起重机 75t	台班	3175.79	—	—	—	—	0.55	0.60

224

2.反应器类设备安装
（1）内有填料反应器安装

工作内容：基础铲麻面、放置垫铁、吊装就位、安装找正。

单位：台

编　号			5-811	5-812	5-813	5-814	5-815	5-816	5-817
项　目			基础标高10m以内						
			设备质量（t以内）						
			2	5	10	20	30	40	50
预算基价	总　价（元）		**3166.72**	**5222.48**	**8076.96**	**14436.62**	**18103.93**	**26297.96**	**30748.47**
	人　工费（元）		1921.05	3242.70	5435.10	7875.90	10382.85	12509.10	15298.20
	材料费（元）		592.95	980.68	1314.92	2645.57	3406.76	5142.12	8082.44
	机械费（元）		652.72	999.10	1326.94	3915.15	4314.32	8646.74	7367.83
组成内容	单位	单价	数　量						
人工 综合工	工日	135.00	14.23	24.02	40.26	58.34	76.91	92.66	113.32
材料 道木	m³	3660.04	0.07	0.12	0.15	0.25	0.29	0.44	0.70
平垫铁（综合）	kg	7.42	10.35	16.32	23.63	52.78	76.70	123.87	197.45
斜垫铁（综合）	kg	10.34	15.53	24.48	35.44	79.18	115.05	185.80	296.18
电焊条 E4303 D3.2	kg	7.59	1.21	1.51	2.23	4.32	6.38	7.32	8.47
氧气	m³	2.88	1.73	2.30	3.36	4.36	6.54	7.20	8.01
乙炔气	kg	14.66	0.580	0.770	1.120	1.450	2.180	2.400	2.670
尼龙砂轮片 D150	片	6.65	1.10	1.20	1.30	1.40	1.60	1.80	2.00
镀锌钢丝 D4.0	kg	7.08	6.00	12.00	16.00	18.00	19.00	20.00	21.00
二硫化钼	kg	32.13	0.30	0.51	0.65	0.70	0.80	1.00	1.20
木材 方木	m³	2716.33	—	—	—	0.08	0.08	0.09	0.09
滚杠	kg	4.21	—	—	—	—	—	—	44.16
零星材料费	元	—	17.27	28.56	38.30	77.06	99.23	149.77	235.41
机械 载货汽车 10t	台班	574.62	0.2	0.2	0.3	—	—	—	—
直流弧焊机 20kW	台班	75.06	0.49	0.63	0.92	1.76	2.58	2.96	3.42
电焊条烘干箱 800×800×1000	台班	51.03	0.05	0.06	0.09	0.18	0.26	0.30	0.34
汽车式起重机 8t	台班	767.15	0.22	0.28	0.36	—	—	—	0.14
汽车式起重机 25t	台班	1098.98	0.30	—	—	1.01	1.16	0.58	0.63
汽车式起重机 40t	台班	1547.56	—	0.40	0.52	—	—	1.04	—
汽车式起重机 75t	台班	3175.79	—	—	—	0.64	0.67	1.70	1.92
平板拖车组 40t	台班	1468.34	—	—	—	0.43	0.48	0.52	—
卷扬机 单筒慢速 50kN	台班	211.29	—	—	—	—	—	—	0.93

225

单位：台

编　　号			5-818	5-819	5-820	5-821	5-822	5-823	5-824
项　　目			基础标高10m以内					基础标高10～20m	
			设备质量(t以内)						
			60	80	100	150	200	2	5
预算基价	总　　价(元)		34420.10	38654.24	44904.59	55615.28	71452.65	4307.86	6147.16
	人　工　费(元)		18724.50	22331.70	25011.45	34065.90	44694.45	2505.60	4229.55
	材　料　费(元)		9683.41	10893.60	12489.85	15490.83	19390.35	592.95	980.68
	机　械　费(元)		6012.19	5428.94	7403.29	6058.55	7367.85	1209.31	936.93
组　成　内　容	单位	单价	数　　量						
人工 综合工	工日	135.00	138.70	165.42	185.27	252.34	331.07	18.56	31.33
材料 道木	m³	3660.04	0.94	1.11	1.33	1.72	2.10	0.07	0.12
木材 方木	m³	2716.33	0.11	0.13	0.14	0.18	0.21	—	—
平垫铁（综合）	kg	7.42	219.39	231.16	258.36	314.03	369.18	10.35	16.32
斜垫铁（综合）	kg	10.34	329.09	346.76	387.54	471.05	553.77	15.53	24.48
电焊条 E4303 D3.2	kg	7.59	9.35	10.68	11.82	14.26	16.40	1.21	1.51
氧气	m³	2.88	9.24	10.32	11.10	12.60	13.80	1.73	2.30
乙炔气	kg	14.66	3.080	3.440	3.700	4.200	4.600	0.580	0.770
尼龙砂轮片 D150	片	6.65	2.20	2.40	3.20	3.50	4.20	1.10	1.20
镀锌钢丝 D4.0	kg	7.08	22.00	24.00	28.00	33.00	44.00	6.00	12.00
二硫化钼	kg	32.13	1.47	1.54	1.60	1.80	2.20	0.30	0.51
料 滚杠	kg	4.21	64.40	110.04	120.40	126.80	160.57	—	—
热轧工字钢 400×142×10.5	t	3869.06	—	—	—	—	0.17864	—	—
铁件	kg	9.49	—	—	—	—	9.99	—	—
零星材料费	元	—	282.04	317.29	363.78	451.19	564.77	17.27	28.56
机 汽车式起重机 8t	台班	767.15	0.15	0.20	0.51	0.85	1.20	0.30	0.32
汽车式起重机 25t	台班	1098.98	0.63	—	0.11	0.18	0.25	0.30	—
汽车式起重机 40t	台班	1547.56	0.70	—	—	—	—	0.32	0.34
汽车式起重机 75t	台班	3175.79	0.43	0.80	0.91	—	—	—	—
汽车式起重机 100t	台班	4689.49	0.47	—	—	—	—	—	—
直流弧焊机 20kW	台班	75.06	3.77	4.30	4.73	5.71	7.50	0.49	0.63
电焊条烘干箱 800×800×1000	台班	51.03	0.38	0.43	0.47	0.57	0.75	0.05	0.06
卷扬机 单筒慢速 50kN	台班	211.29	—	5.59	10.27	14.13	16.53	—	—
械 卷扬机 单筒慢速 80kN	台班	254.54	0.98	4.75	—	—	—	—	—
卷扬机 单筒慢速 100kN	台班	284.75	—	—	5.10	6.20	7.30	—	—
载货汽车 10t	台班	574.62	—	—	—	—	—	0.2	0.2

编 号			5-825	5-826	5-827	5-828	5-829	5-830	5-831
项 目			基础标高10～20m						
			设备质量（t以内）						
			10	20	30	40	50	60	80
预算基价	总 价（元）		**9206.93**	**15937.59**	**24696.64**	**34362.79**	**33154.78**	**40546.20**	**47889.65**
	人 工 费（元）		7088.85	10272.15	13543.20	16316.10	19954.35	24422.85	29081.70
	材 料 费（元）		1314.92	2645.57	3406.76	5142.12	8082.44	9684.01	10847.77
	机 械 费（元）		803.16	3019.87	7746.68	12904.57	5117.99	6439.34	7960.18
组 成 内 容		单位	单价	数 量					
人工	综合工	工日	135.00	52.51	76.09	100.32	120.86	147.81	180.91	215.42
材料	道木	m³	3660.04	0.15	0.25	0.29	0.44	0.70	0.94	1.11
	平垫铁（综合）	kg	7.42	23.63	52.78	76.70	123.87	197.45	219.39	231.16
	斜垫铁（综合）	kg	10.34	35.44	79.18	115.05	185.80	296.18	329.09	346.76
	电焊条 E4303 D3.2	kg	7.59	2.23	4.32	6.38	7.32	8.47	9.35	10.68
	氧气	m³	2.88	3.36	4.36	6.54	7.20	8.01	9.24	10.32
	乙炔气	kg	14.66	1.120	1.450	2.180	2.400	2.670	3.080	3.440
	尼龙砂轮片 D150	片	6.65	1.30	1.40	1.60	1.80	2.00	2.20	2.04
	镀锌钢丝 D4.0	kg	7.08	16.00	18.00	19.00	20.00	21.00	22.00	24.00
	二硫化钼	kg	32.13	0.65	0.70	0.80	1.00	1.20	1.48	1.54
	木材 方木	m³	2716.33	—	0.08	0.08	0.09	0.09	0.11	0.13
	滚杠	kg	4.21	—	—	—	—	44.16	64.46	100.04
	零星材料费	元	—	38.30	77.06	99.23	149.77	235.41	282.06	315.95
机械	载货汽车 10t	台班	574.62	0.3	—	—	—	—	—	—
	直流弧焊机 20kW	台班	75.06	0.92	1.76	2.58	2.96	3.42	3.77	4.30
	电焊条烘干箱 800×800×1000	台班	51.03	0.09	0.18	0.26	0.30	0.34	0.38	0.43
	汽车式起重机 25t	台班	1098.98	—	0.86	0.96	—	—	—	—
	汽车式起重机 40t	台班	1547.56	0.36	—	—	—	0.40	—	—
	汽车式起重机 75t	台班	3175.79	—	0.41	1.82	0.34	—	0.40	0.80
	汽车式起重机 100t	台班	4689.49	—	—	—	1.92	—	—	—
	平板拖车组 40t	台班	1468.34	—	0.43	0.48	0.52	—	—	—
	卷扬机 单筒慢速 50kN	台班	211.29	—	—	—	—	8.25	9.42	9.55
	卷扬机 单筒慢速 80kN	台班	254.54	—	—	—	7.15	9.75	11.30	12.01

(2)内有复杂装置反应器安装

工作内容：基础铲麻面、放置垫铁、吊装就位、安装找正。

单位：台

编　　号			5-832	5-833	5-834	5-835	5-836	5-837
项　　目			基础标高10m以内					
			设备质量(t以内)					
			2	5	10	20	30	40
预算基价	总　　价(元)		**3949.89**	**6939.30**	**9859.46**	**16437.39**	**22475.52**	**29549.12**
	人　工　费(元)		2636.55	4801.95	6970.05	9501.30	14195.25	15136.20
	材　料　费(元)		653.11	1138.25	1562.47	3021.45	3965.95	5766.69
	机　械　费(元)		660.23	999.10	1326.94	3914.64	4314.32	8646.23
组　成　内　容	单位	单价	数　　　　量					
人工	综合工	工日	135.00	19.53	35.57	51.63	70.38	105.15	112.12
材料	道木	m³	3660.04	0.07	0.12	0.15	0.25	0.29	0.44
	平垫铁（综合）	kg	7.42	10.35	16.32	23.63	52.78	76.70	123.87
	斜垫铁（综合）	kg	10.34	15.53	24.48	35.44	79.18	115.05	185.80
	耐油橡胶板 δ3～6	kg	17.69	3.12	6.25	9.99	15.98	23.97	25.56
	电焊条 E4303 D3.2	kg	7.59	1.21	1.51	2.23	4.32	6.38	7.32
	氧气	m³	2.88	1.73	2.30	3.36	4.36	6.54	7.20
	乙炔气	kg	14.66	0.580	0.770	1.120	1.450	2.180	2.400
	尼龙砂轮片 D150	片	6.65	1.10	1.20	1.30	1.40	1.60	1.80
	镀锌钢丝 D4.0	kg	7.08	6.00	12.00	16.00	18.00	19.00	20.00
	二硫化钼	kg	32.13	0.40	1.83	2.63	3.26	4.50	5.80
	木材 方木	m³	2716.33	—	—	—	0.08	0.08	0.09
	零星材料费	元	—	19.02	33.15	45.51	88.00	115.51	167.96
机械	载货汽车 10t	台班	574.62	0.2	0.2	0.3	—	—	—
	直流弧焊机 20kW	台班	75.06	0.59	0.63	0.92	1.76	2.58	2.96
	电焊条烘干箱 800×800×1000	台班	51.03	0.05	0.06	0.09	0.17	0.26	0.29
	汽车式起重机 8t	台班	767.15	0.22	0.28	0.36	—	—	—
	汽车式起重机 25t	台班	1098.98	0.30	—	—	1.01	1.16	0.58
	汽车式起重机 40t	台班	1547.56	—	0.40	0.52	—	—	1.04
	汽车式起重机 75t	台班	3175.79	—	—	—	0.64	0.67	1.70
	平板拖车组 40t	台班	1468.34	—	—	—	0.43	0.48	0.52

228

编 号				5-838	5-839	5-840	5-841	5-842	5-843
项 目				基础标高10m以内					
				设备质量（t以内）					
				50	60	80	100	150	200
预算基价	总 价(元)			**35608.60**	**36448.82**	**44237.09**	**50830.78**	**62470.61**	**80364.91**
	人 工 费(元)			19430.55	20664.45	27032.40	29961.90	39661.65	52087.05
	材 料 费(元)			8810.22	10465.05	11775.75	13465.59	16750.41	20910.01
	机 械 费(元)			7367.83	5319.32	5428.94	7403.29	6058.55	7367.85
组 成 内 容		单位	单价	数 量					
人工	综合工	工日	135.00	143.93	153.07	200.24	221.94	293.79	385.83
材料	道木	m³	3660.04	0.70	0.94	1.11	1.33	1.72	2.10
	木材 方木	m³	2716.33	0.09	0.11	0.13	0.14	0.18	0.21
	平垫铁（综合）	kg	7.42	197.45	219.39	231.16	258.36	314.03	369.18
	斜垫铁（综合）	kg	10.34	296.18	329.09	346.76	387.54	471.05	553.77
	耐油橡胶板 δ3～6	kg	17.69	28.50	30.66	36.70	40.90	49.05	65.40
	电焊条 E4303 D3.2	kg	7.59	8.47	9.35	10.68	11.82	14.26	16.40
	氧气	m³	2.88	8.01	9.24	10.32	11.10	12.60	13.80
	乙炔气	kg	14.66	2.670	3.080	3.440	3.700	4.200	4.600
	尼龙砂轮片 D150	片	6.65	2.00	2.20	2.40	2.60	2.80	3.00
	镀锌钢丝 D4.0	kg	7.08	21.00	22.00	24.00	28.00	33.00	44.00
	二硫化钼	kg	32.13	7.50	8.20	9.30	10.00	13.00	15.00
	滚杠	kg	4.21	44.16	64.46	100.04	110.40	126.80	160.57
	热轧工字钢 360×136×10	t	3593.46	—	—	—	—	—	0.16874
	铁件	kg	9.49	—	—	—	—	—	9.99
	零星材料费	元	—	256.61	304.81	342.98	392.20	487.88	609.03
机械	直流弧焊机 20kW	台班	75.06	3.42	3.77	4.30	4.73	5.71	7.50
	电焊条烘干箱 800×800×1000	台班	51.03	0.34	0.37	0.43	0.47	0.57	0.75
	汽车式起重机 8t	台班	767.15	0.14	0.15	0.20	0.51	0.85	1.20
	汽车式起重机 25t	台班	1098.98	0.63	—	—	0.11	0.18	0.25
	汽车式起重机 40t	台班	1547.56	—	0.70	—	—	—	—
	汽车式起重机 75t	台班	3175.79	1.92	0.43	0.80	0.91	—	—
	汽车式起重机 100t	台班	4689.49	—	0.47	—	—	—	—
	卷扬机 单筒慢速 50kN	台班	211.29	0.93	—	5.59	10.27	14.13	16.53
	卷扬机 单筒慢速 80kN	台班	254.54	—	0.98	4.75	—	—	—
	卷扬机 单筒慢速 100kN	台班	284.75	—	—	—	5.10	6.20	7.30

単位：台

编　号			5-844	5-845	5-846	5-847	5-848	5-849	5-850	5-851	5-852
项　目			基础标高10～20m								
			设备质量(t以内)								
			2	5	10	20	30	40	50	60	80
预算基价	总　　价(元)		**4967.25**	**7582.51**	**13549.43**	**17210.50**	**27708.00**	**38667.18**	**35624.06**	**43353.59**	**50937.13**
	人　工　费(元)		3015.90	5397.30	7828.65	11206.35	16025.85	16973.55	21695.85	26449.20	31201.20
	材　料　费(元)		655.43	1138.25	1562.47	3021.45	3965.95	5766.69	8810.22	10465.05	11775.75
	机　械　费(元)		1295.92	1046.96	4158.31	2982.70	7716.20	15926.94	5117.99	6439.34	7960.18
组　成　内　容	单位	单价	数　　量								
人工 综合工	工日	135.00	22.34	39.98	57.99	83.01	118.71	125.73	160.71	195.92	231.12
材料 道木	m³	3660.04	0.07	0.12	0.15	0.25	0.29	0.44	0.70	0.94	1.11
平垫铁（综合）	kg	7.42	10.35	16.32	23.63	52.78	76.70	123.87	197.45	219.39	231.16
斜垫铁（综合）	kg	10.34	15.53	24.48	35.44	79.18	115.05	185.80	296.18	329.09	346.76
耐油橡胶板 δ3～6	kg	17.69	3.12	6.25	9.99	15.98	23.97	25.56	28.50	30.66	36.70
电焊条 E4303 D3.2	kg	7.59	1.21	1.51	2.23	4.32	6.38	7.32	8.47	9.35	10.68
氧气	m³	2.88	1.73	2.30	3.36	4.36	6.54	7.20	8.01	9.24	10.32
乙炔气	kg	14.66	0.580	0.770	1.120	1.450	2.180	2.400	2.670	3.080	3.440
尼龙砂轮片 D150	片	6.65	1.10	1.20	1.30	1.40	1.60	1.80	2.00	2.20	2.40
镀锌钢丝 D4.0	kg	7.08	6.00	12.00	16.00	18.00	19.00	20.00	21.00	22.00	24.00
二硫化钼	kg	32.13	0.47	1.83	2.63	3.26	4.50	5.80	7.50	8.20	9.30
木材 方木	m³	2716.33	—	—	—	0.08	0.08	0.09	0.09	0.11	0.13
滚杠	kg	4.21	—	—	—	—	—	—	44.16	64.46	100.04
零星材料费	元	—	19.09	33.15	45.51	88.00	115.51	167.96	256.61	304.81	342.98
机械 载货汽车 10t	台班	574.62	0.30	0.34	0.36	—	—	—	—	—	—
直流弧焊机 20kW	台班	75.06	0.59	0.63	0.92	1.76	2.58	2.96	3.42	3.77	4.30
电焊条烘干箱 800×800×1000	台班	51.03	0.06	0.06	0.09	0.18	0.26	0.30	0.34	0.38	0.43
汽车式起重机 8t	台班	767.15	0.30	0.32	—	—	—	—	—	—	—
汽车式起重机 25t	台班	1098.98	0.30	—	—	0.86	0.96	—	—	—	—
汽车式起重机 40t	台班	1547.56	0.32	0.34	0.36	—	—	1.04	0.40	—	—
汽车式起重机 75t	台班	3175.79	—	—	—	0.41	1.82	0.34	—	0.40	0.80
汽车式起重机 100t	台班	4689.49	—	—	0.70	—	—	1.92	—	—	—
平板拖车组 30t	台班	1263.97	—	—	—	0.43	0.48	0.52	—	—	—
卷扬机 单筒慢速 50kN	台班	211.29	0.10	0.14	0.18	0.24	0.32	7.19	8.25	9.42	9.55
卷扬机 单筒慢速 80kN	台班	254.54	—	—	—	—	—	7.15	9.75	11.30	12.01

3.热交换器类设备安装
(1)固定管板式热交换器安装

工作内容：基础铲麻面、放置垫铁、吊装找正。　　　　　　　　　　　　　　　　　　　　　　　　　单位：台

编　　号			5-853	5-854	5-855	5-856	5-857	5-858	5-859	5-860	5-861
项　　目			基础标高10m以内								
			设备质量（t以内）								
			2	5	10	20	30	40	50	60	80
预算基价	总　　价(元)		**2912.12**	**4820.56**	**7620.26**	**11549.96**	**15969.90**	**21925.03**	**29814.08**	**34698.34**	**36177.65**
	人　工　费(元)		1378.35	2814.75	4495.50	6439.50	8630.55	11412.90	16217.55	17980.65	18978.30
	材　料　费(元)		969.66	1237.27	1988.60	3107.23	3709.77	5183.62	7294.92	9111.22	10992.01
	机　械　费(元)		564.11	768.54	1136.16	2003.23	3629.58	5328.51	6301.61	7606.47	6207.34
组　成　内　容		单位	单价	数　　　　量							
人工	综合工	工日	135.00	10.21	20.85	33.30	47.70	63.93	84.54	120.13	133.19	140.58
材料	道木	m³	3660.04	0.09	0.12	0.18	0.30	0.40	0.55	0.82	1.11	1.33
	斜垫铁（综合）	kg	10.34	40.61	47.19	80.94	124.62	137.34	184.75	215.54	246.33	277.12
	平垫铁（综合）	kg	7.42	17.40	20.22	34.69	53.41	58.86	105.58	122.66	140.75	158.36
	电焊条 E4303 $D3.2$	kg	7.59	0.86	1.65	2.50	3.22	4.20	5.66	7.52	7.88	9.28
	氧气	m³	2.88	0.24	0.57	0.66	1.14	2.34	2.91	4.95	5.94	6.96
	乙炔气	kg	14.66	0.080	0.190	0.220	0.380	0.780	0.970	1.650	1.980	2.320
	尼龙砂轮片 $D150$	片	6.65	0.16	0.29	0.38	0.54	0.83	0.92	1.40	1.83	2.11
	镀锌钢丝 $D4.0$	kg	7.08	6.00	12.00	16.00	18.00	19.00	20.00	21.00	22.00	24.00
	二硫化钼	kg	32.13	0.32	0.57	1.00	1.82	2.31	2.72	3.10	3.48	4.00
	黄干油	kg	15.77	0.05	0.12	0.35	0.70	1.05	1.60	2.00	2.40	4.00

编 号			5-853	5-854	5-855	5-856	5-857	5-858	5-859	5-860	5-861
项 目			基础标高10m以内								
			设备质量(t以内)								
			2	5	10	20	30	40	50	60	80
组 成 内 容	单位	单价	数 量								
材料	滚杠	kg	4.21	—	—	—	—	—	—	132.48	182.48	300.12
	零星材料费	元	—	28.24	36.04	57.92	90.50	108.05	150.98	212.47	265.38	320.16
机械	直流弧焊机 20kW	台班	75.06	0.51	0.94	1.44	1.85	2.65	3.48	4.20	4.46	5.76
	电焊条烘干箱 800×800×1000	台班	51.03	0.05	0.09	0.14	0.19	0.27	0.35	0.42	0.45	0.58
	载货汽车 5t	台班	443.55	0.20	0.30	—	—	—	—	—	—	—
	载货汽车 8t	台班	521.59	—	—	0.36	—	—	—	—	—	—
	汽车式起重机 8t	台班	767.15	0.25	0.30	—	—	—	—	—	—	—
	汽车式起重机 16t	台班	971.12	0.25	0.34	0.36	—	—	—	—	—	—
	汽车式起重机 25t	台班	1098.98	—	—	0.44	0.44	—	—	—	—	—
	汽车式起重机 40t	台班	1547.56	—	—	—	0.58	0.48	—	0.96	1.18	—
	汽车式起重机 50t	台班	2492.74	—	—	—	—	0.79	0.56	—	—	1.46
	汽车式起重机 75t	台班	3175.79	—	—	—	—	—	0.91	1.10	—	—
	汽车式起重机 100t	台班	4689.49	—	—	—	—	—	—	—	0.91	—
	平板拖车组 20t	台班	1101.26	—	—	—	0.43	—	—	—	—	—
	平板拖车组 40t	台班	1468.34	—	—	—	—	0.48	0.52	—	—	—
	卷扬机 单筒慢速 50kN	台班	211.29	—	—	—	—	—	—	3.10	3.60	3.98
	卷扬机 单筒慢速 80kN	台班	254.54	—	—	—	—	—	—	1.30	1.55	4.97

编　号			5-862	5-863	5-864	5-865	5-866	5-867	5-868	5-869	5-870
项　目			基础标高10～20m								
			设备质量（t以内）								
			2	5	10	20	30	40	50	60	80
预算基价	总　　价（元）		3365.19	5595.39	8504.83	14129.33	21597.80	24265.17	33962.83	33055.87	38769.22
	人　工　费（元）		1599.75	3105.00	4951.80	7970.40	10793.25	13437.90	18693.45	20406.60	20866.95
	材　料　费（元）		969.66	1237.27	1988.60	3107.23	3709.77	5183.62	7294.92	9098.07	10992.01
	机　械　费（元）		795.78	1253.12	1564.43	3051.70	7094.78	5643.65	7974.46	3551.20	6910.26
组 成 内 容	单位	单价	数　　　量								
人工	综合工	工日	135.00	11.85	23.00	36.68	59.04	79.95	99.54	138.47	151.16	154.57
材料	道木	m³	3660.04	0.09	0.12	0.18	0.30	0.40	0.55	0.82	1.11	1.33
	斜垫铁（综合）	kg	10.34	40.61	47.19	80.94	124.62	137.34	184.75	215.54	246.33	277.12
	平垫铁（综合）	kg	7.42	17.40	20.22	34.69	53.41	58.86	105.58	122.66	140.75	158.36
	电焊条 E4303 D3.2	kg	7.59	0.86	1.65	2.50	3.22	4.20	5.66	7.52	7.88	9.28
	氧气	m³	2.88	0.24	0.57	0.66	1.14	2.34	2.91	4.95	5.94	6.96
	乙炔气	kg	14.66	0.080	0.190	0.220	0.380	0.780	0.970	1.650	1.110	2.320
	尼龙砂轮片 D150	片	6.65	0.16	0.29	0.38	0.54	0.83	0.92	1.40	1.83	2.11
	镀锌钢丝 D4.0	kg	7.08	6.00	12.00	16.00	18.00	19.00	20.00	21.00	22.00	24.00
	二硫化钼	kg	32.13	0.32	0.57	1.00	1.82	2.31	2.72	3.10	3.48	4.00
	黄干油	kg	15.77	0.05	0.12	0.35	0.70	1.05	1.60	2.00	2.40	4.00
	滚杠	kg	4.21	—	—	—	—	—	132.48	182.48	300.12

单位：台

编 号			5-862	5-863	5-864	5-865	5-866	5-867	5-868	5-869	5-870
项 目			基础标高10～20m								
			设备质量（t以内）								
			2	5	10	20	30	40	50	60	80
组 成 内 容	单位	单价	数 量								
材料	零星材料费	元	—	28.24	36.04	57.92	90.50	108.05	150.98	212.47	264.99	320.16
机械	载货汽车 5t	台班	443.55	0.25	0.34	—	—	—	—	—	—	—
	载货汽车 10t	台班	574.62	—	—	0.36	—	—	—	—	—	—
	直流弧焊机 20kW	台班	75.06	0.51	0.94	1.44	1.85	2.65	3.48	4.20	4.46	5.76
	电焊条烘干箱 800×800×1000	台班	51.03	0.05	0.09	0.14	0.19	0.27	0.35	0.42	0.45	0.58
	汽车式起重机 8t	台班	767.15	0.25	0.30	—	—	—	—	—	—	—
	汽车式起重机 16t	台班	971.12	—	—	0.36	—	—	—	—	—	—
	汽车式起重机 25t	台班	1098.98	0.40	—	—	0.44	—	—	—	—	—
	汽车式起重机 40t	台班	1547.56	—	0.50	0.54	—	0.48	—	0.96	1.18	—
	汽车式起重机 50t	台班	2492.74	—	—	—	0.74	—	0.56	—	—	1.46
	汽车式起重机 75t	台班	3175.79	—	—	—	—	0.84	0.96	—	—	—
	汽车式起重机 100t	台班	4689.49	—	—	—	—	0.59	—	1.08	—	—
	平板拖车组 20t	台班	1101.26	—	—	—	0.43	—	—	—	—	—
	平板拖车组 40t	台班	1468.34	—	—	—	—	0.48	0.52	—	—	—
	卷扬机 单筒慢速 50kN	台班	211.29	0.06	0.11	0.27	0.48	—	0.74	3.40	4.05	5.56
	卷扬机 单筒慢速 80kN	台班	254.54	—	—	—	—	—	—	1.45	2.01	6.42

编　号				5-871	5-872	5-873	5-874	5-875	5-876	5-877	5-878
项　目				基础标高20m以外							
				设备质量（t以内）							
				2	5	10	20	30	40	50	60
预算基价	总　　　价（元）			**3066.87**	**5042.19**	**9620.79**	**16008.69**	**22043.22**	**22275.40**	**30927.51**	**35011.74**
	人　工　费（元）			1756.35	3308.85	5271.75	9042.30	12306.60	14450.40	19931.40	21618.90
	材　料　费（元）			952.22	1249.77	2010.15	3134.04	3746.30	5183.62	7291.86	9111.22
	机　械　费（元）			358.30	483.57	2338.89	3832.35	5990.32	2641.38	3704.25	4281.62
组　成　内　容		单位	单价	数　　量							
人工	综合工	工日	135.00	13.01	24.51	39.05	66.98	91.16	107.04	147.64	160.14
材料	道木	m³	3660.04	0.09	0.12	0.18	0.30	0.40	0.55	0.82	1.11
	平垫铁（综合）	kg	7.42	23.20	25.48	43.71	67.30	74.16	105.58	122.26	140.75
	斜垫铁（综合）	kg	10.34	34.81	44.59	76.49	117.17	129.79	184.75	215.54	246.33
	电焊条 E4303 D3.2	kg	7.59	0.86	1.65	2.50	3.22	4.20	5.66	7.52	7.88
	氧气	m³	2.88	0.24	0.57	0.66	1.14	2.34	2.91	4.95	5.94
	乙炔气	kg	14.66	0.080	0.190	0.220	0.380	0.780	0.970	1.650	1.980
	尼龙砂轮片 D150	片	6.65	0.16	0.29	0.38	0.54	0.83	0.92	1.40	1.83
	镀锌钢丝 D4.0	kg	7.08	6.00	12.00	16.00	18.00	19.00	20.00	21.00	22.00
	二硫化钼	kg	32.13	0.32	0.57	1.00	1.82	2.31	2.72	3.10	3.48
	黄干油	kg	15.77	0.05	0.12	0.35	0.70	1.05	1.60	2.00	2.40
	滚杠	kg	4.21	—	—	—	—	—	—	132.48	182.48

编　号			5-871	5-872	5-873	5-874	5-875	5-876	5-877	5-878
项　目			基础标高20m以外							
			设备质量（t以内）							
			2	5	10	20	30	40	50	60
组 成 内 容	单位	单价	数　量							
材料 零星材料费	元	—	27.73	36.40	58.55	91.28	109.12	150.98	212.38	265.38
机 直流弧焊机 20kW	台班	75.06	0.51	0.94	1.44	1.85	2.65	3.48	4.20	4.46
电焊条烘干箱 800×800×1000	台班	51.03	0.05	0.09	0.14	0.19	0.27	0.35	0.42	0.45
载货汽车 5t	台班	443.55	0.25	0.34	—	—	—	—	—	—
载货汽车 10t	台班	574.62	—	—	0.36	—	—	—	—	—
汽车式起重机 8t	台班	767.15	0.25	0.30	—	—	—	—	—	—
汽车式起重机 16t	台班	971.12	—	—	0.36	—	—	—	—	—
汽车式起重机 25t	台班	1098.98	—	—	—	0.44	—	—	—	—
汽车式起重机 40t	台班	1547.56	—	—	—	—	0.48	—	1.06	1.28
汽车式起重机 50t	台班	2492.74	—	—	0.64	—	—	0.56	—	—
汽车式起重机 75t	台班	3175.79	—	—	—	0.82	—	—	—	—
汽车式起重机 100t	台班	4689.49	—	—	—	—	0.89	—	—	—
平板拖车组 20t	台班	1101.26	—	—	—	0.43	—	—	—	—
械 平板拖车组 40t	台班	1468.34	—	—	—	—	0.48	0.52	—	—
卷扬机 单筒慢速 50kN	台班	211.29	0.07	0.13	0.34	0.58	0.74	0.96	4.50	5.10
卷扬机 单筒慢速 80kN	台班	254.54	—	—	—	—	—	—	3.05	3.40

(2)蛇形管式热交换器安装

单位：台

编 号				5-879	5-880	5-881	5-882	5-883	5-884	5-885	5-886	5-887
项 目				基础标高10m以内						基础标高10～20m		
				设备质量（t以内）								
				2	5	10	20	30	40	2	5	10
预算基价	总 价(元)			**2901.11**	**5089.81**	**7567.67**	**11528.21**	**16225.58**	**21997.92**	**3342.03**	**5876.80**	**8439.14**
	人 工 费(元)			1417.50	3053.70	4631.85	6725.70	8973.45	11967.75	1626.75	3356.10	5096.25
	材 料 费(元)			907.97	1250.28	1774.81	2774.48	3569.94	4694.39	907.97	1250.28	1774.81
	机 械 费(元)			575.64	785.83	1161.01	2028.03	3682.19	5335.78	807.31	1270.42	1568.08
组 成 内 容		单位	单价	数 量								
人工	综合工	工日	135.00	10.50	22.62	34.31	49.82	66.47	88.65	12.05	24.86	37.75
材料	道木	m³	3660.04	0.09	0.12	0.18	0.30	0.40	0.55	0.09	0.12	0.18
	平垫铁（综合）	kg	7.42	19.11	25.48	34.97	53.84	67.30	87.97	19.11	25.48	34.97
	斜垫铁（综合）	kg	10.34	33.44	44.59	61.19	94.21	117.77	153.96	33.44	44.59	61.19
	电焊条 E4303 D3.2	kg	7.59	1.21	2.17	2.86	4.10	6.41	6.85	1.21	2.17	2.86
	氧气	m³	2.88	0.45	0.60	0.78	1.53	2.58	2.70	0.45	0.60	0.78
	乙炔气	kg	14.66	0.150	0.200	0.260	0.510	0.860	0.900	0.150	0.200	0.260
	尼龙砂轮片 D150	片	6.65	0.16	0.29	0.38	0.54	0.83	0.89	0.16	0.29	0.38
	二硫化钼	kg	32.13	0.21	0.46	0.83	1.43	2.30	2.40	0.21	0.46	0.83
	镀锌钢丝 D4.0	kg	7.08	6.00	12.00	16.00	18.00	19.00	20.00	6.00	12.00	16.00
	黄干油	kg	15.77	0.10	0.11	0.12	0.13	0.14	0.15	0.10	0.11	0.12
	零星材料费	元	—	26.45	36.42	51.69	80.81	103.98	136.73	26.45	36.42	51.69
机械	载货汽车 5t	台班	443.55	0.20	0.30	—	—	—	—	0.25	0.34	—
	载货汽车 10t	台班	574.62	—	—	0.36	—	—	—	—	—	0.36
	电焊条烘干箱 800×800×1000	台班	51.03	0.07	0.12	0.15	0.22	0.33	0.36	0.07	0.12	0.15
	直流弧焊机 20kW	台班	75.06	0.65	1.15	1.51	2.16	3.31	3.57	0.65	1.15	1.51
	汽车式起重机 8t	台班	767.15	0.25	0.30	—	—	—	—	0.25	0.30	—
	汽车式起重机 16t	台班	971.12	0.25	0.34	0.36	—	—	—	—	—	0.36
	汽车式起重机 25t	台班	1098.98	—	—	0.44	0.44	—	—	0.40	—	—
	汽车式起重机 40t	台班	1547.56	—	—	—	0.58	0.48	—	—	0.50	0.54
	汽车式起重机 50t	台班	2492.74	—	—	—	—	0.79	0.56	—	—	—
	汽车式起重机 75t	台班	3175.79	—	—	—	—	—	0.91	—	—	—
	平板拖车组 20t	台班	1101.26	—	—	—	0.43	—	—	—	—	—
	平板拖车组 40t	台班	1468.34	—	—	—	—	0.48	0.52	—	—	—
	卷扬机 单筒慢速 50kN	台班	211.29	—	—	—	—	—	—	0.06	0.11	0.26

编　号			5-888	5-889	5-890	5-891	5-892	5-893	5-894	5-895	5-896
项　目			基础标高10～20m			基础标高20m以外					
			设备质量（t以内）								
			20	30	40	2	5	10	20	30	40
预算基价	总　　　　价（元）		**14121.66**	**19228.12**	**24364.88**	**3599.07**	**6214.66**	**9538.95**	**15985.01**	**22292.65**	**23295.47**
	人　工　费（元）		8272.80	11155.05	14023.80	1773.90	3568.05	5421.60	9355.50	12681.90	15051.15
	材　料　费（元）		2774.48	3569.94	4694.39	907.97	1250.28	1774.81	2774.48	3569.94	4694.39
	机　械　费（元）		3074.38	4503.13	5646.69	917.20	1396.33	2342.54	3855.03	6040.81	3549.93
组　成　内　容	单位	单价	数　　　量								
人工 综合工	工日	135.00	61.28	82.63	103.88	13.14	26.43	40.16	69.30	93.94	111.49
材料 道木	m³	3660.04	0.30	0.40	0.55	0.09	0.12	0.18	0.30	0.40	0.55
平垫铁（综合）	kg	7.42	53.84	67.30	87.97	19.11	25.48	34.97	53.84	67.30	87.97
斜垫铁（综合）	kg	10.34	94.21	117.77	153.96	33.44	44.59	61.19	94.21	117.77	153.96
电焊条 E4303 D3.2	kg	7.59	4.10	6.41	6.85	1.21	2.17	2.86	4.10	6.41	6.85
氧气	m³	2.88	1.53	2.58	2.70	0.45	0.60	0.78	1.53	2.58	2.70
乙炔气	kg	14.66	0.510	0.860	0.900	0.150	0.200	0.260	0.510	0.860	0.900
尼龙砂轮片 D150	片	6.65	0.54	0.83	0.89	0.16	0.29	0.38	0.54	0.83	0.89
镀锌钢丝 D4.0	kg	7.08	18.00	19.00	20.00	6.00	12.00	16.00	18.00	19.00	20.00
二硫化钼	kg	32.13	1.43	2.30	2.40	0.21	0.46	0.83	1.43	2.30	2.40
黄干油	kg	15.77	0.13	0.14	0.15	0.10	0.11	0.12	0.13	0.14	0.15
零星材料费	元	—	80.81	103.98	136.73	26.45	36.42	51.69	80.81	103.98	136.73
机械 直流弧焊机 20kW	台班	75.06	2.16	3.31	3.57	0.65	1.15	1.51	2.16	3.31	3.57
电焊条烘干箱 800×800×1000	台班	51.03	0.22	0.33	0.36	0.07	0.12	0.15	0.22	0.33	0.36
卷扬机 单筒慢速 50kN	台班	211.29	0.47	0.58	0.72	0.06	0.12	0.33	0.57	0.73	0.94
汽车式起重机 8t	台班	767.15	—	—	—	0.25	0.30	—	—	—	3.00
汽车式起重机 16t	台班	971.12	—	—	—	—	—	0.36	—	—	—
汽车式起重机 25t	台班	1098.98	0.44	—	—	0.50	—	—	0.44	—	—
汽车式起重机 40t	台班	1547.56	—	0.48	—	—	0.58	—	—	0.48	—
汽车式起重机 50t	台班	2492.74	0.74	—	0.56	—	—	0.64	—	—	—
汽车式起重机 75t	台班	3175.79	—	0.84	0.96	—	—	—	0.82	—	—
汽车式起重机 100t	台班	4689.49	—	—	—	—	—	—	—	0.89	—
平板拖车组 20t	台班	1101.26	0.43	—	—	—	—	—	0.43	—	—
平板拖车组 40t	台班	1468.34	—	0.48	0.52	—	—	—	—	0.48	0.52
载货汽车 5t	台班	443.55	—	—	—	0.25	0.34	—	—	—	—
载货汽车 10t	台班	574.62	—	—	—	—	—	0.36	—	—	—

(3)浮头式热交换器安装

单位：台

编 号				5-897	5-898	5-899	5-900	5-901	5-902	5-903	5-904	5-905
项 目				基础标高10m以内								
				设备质量（t以内）								
				2	5	10	20	30	40	50	60	80
预算基价	总 价(元)			2648.95	4422.22	7558.88	10958.45	15272.73	20572.33	29024.44	32940.65	34528.19
	人 工 费(元)			1344.60	2681.10	4611.60	6197.85	8066.25	10872.90	16339.05	17135.55	17736.30
	材 料 费(元)			716.56	969.07	1787.77	2752.11	3568.88	4360.65	6370.75	8185.36	10530.34
	机 械 费(元)			587.79	772.05	1159.51	2008.49	3637.60	5338.78	6314.64	7619.74	6261.55
组 成 内 容		单位	单价	数 量								
人工	综合工	工日	135.00	9.96	19.86	34.16	45.91	59.75	80.54	121.03	126.93	131.38
材料	道木	m^3	3660.04	0.09	0.12	0.18	0.30	0.40	0.55	0.82	1.11	1.33
	斜垫铁（综合）	kg	10.34	20.81	26.01	61.71	91.79	117.77	129.79	153.96	184.75	246.33
	平垫铁（综合）	kg	7.42	11.89	14.84	35.25	52.45	67.30	74.16	87.97	105.58	140.75
	电焊条 E4303 D3.2	kg	7.59	0.84	1.47	2.43	3.48	4.71	6.15	7.35	8.28	9.90
	氧气	m^3	2.88	0.27	0.60	0.69	1.17	2.34	2.94	4.98	5.97	6.99
	乙炔气	kg	14.66	0.090	0.200	0.230	0.390	0.780	0.980	1.660	1.990	2.330
	尼龙砂轮片 D150	片	6.65	0.13	0.24	0.38	0.48	0.69	0.69	1.09	1.16	1.49
	镀锌钢丝 D4.0	kg	7.08	6.00	12.00	16.00	18.00	19.00	20.00	21.00	22.00	24.00
	二硫化钼	kg	32.13	0.32	0.57	1.00	1.82	2.31	2.72	3.10	3.48	4.00
	黄干油	kg	15.77	0.05	0.12	0.35	0.70	1.05	1.60	2.00	2.40	4.00
	滚杠	kg	4.21	—	—	—	—	—	—	132.48	182.48	300.12

续前

单位：台

编　号			5-897	5-898	5-899	5-900	5-901	5-902	5-903	5-904	5-905
项　　目			基础标高10m以内								
			设备质量(t以内)								
			2	5	10	20	30	40	50	60	80
组 成 内 容	单位	单价	数　　量								
材料 零星材料费	元	—	20.87	28.23	52.07	80.16	103.95	127.01	185.56	238.41	306.71
机　　　　　械 直流弧焊机 20kW	台班	75.06	0.53	0.98	1.49	1.92	2.75	3.61	4.36	4.63	5.99
电焊条烘干箱 800×800×1000	台班	51.03	0.05	0.10	0.15	0.19	0.28	0.36	0.44	0.46	0.60
载货汽车 5t	台班	443.55	0.25	0.30	—	—	—	—	—	—	—
载货汽车 10t	台班	574.62	—	—	0.36	—	—	—	—	—	—
汽车式起重机 8t	台班	767.15	0.25	0.30	—	—	—	—	—	—	—
汽车式起重机 16t	台班	971.12	0.25	0.34	0.36	—	—	—	—	—	—
汽车式起重机 25t	台班	1098.98	—	—	0.44	0.44	—	—	—	—	—
汽车式起重机 40t	台班	1547.56	—	—	—	0.58	0.48	—	0.96	1.18	—
汽车式起重机 50t	台班	2492.74	—	—	—	—	0.79	0.56	—	—	1.46
汽车式起重机 75t	台班	3175.79	—	—	—	—	—	0.91	1.10	—	—
汽车式起重机 100t	台班	4689.49	—	—	—	—	—	—	—	0.91	—
平板拖车组 20t	台班	1101.26	—	—	—	0.43	—	—	—	—	—
平板拖车组 40t	台班	1468.34	—	—	—	—	0.48	0.52	—	—	—
卷扬机 单筒慢速 50kN	台班	211.29	—	—	—	—	—	—	3.10	3.60	4.15
卷扬机 单筒慢速 80kN	台班	254.54	—	—	—	—	—	—	1.30	1.55	4.97

240

编　号				5-906	5-907	5-908	5-909	5-910	5-911	5-912	5-913	5-914
项　目				基础标高10～20m								
				设备质量（t以内）								
				2	5	10	20	30	40	50	60	80
预算基价	总　　价（元）			**3063.64**	**4964.67**	**8431.11**	**14355.61**	**18227.44**	**22354.84**	**31829.94**	**30393.84**	**37135.49**
	人　工　费（元）			1549.80	2963.25	5074.65	7716.60	10197.90	12868.20	17471.70	18674.55	19557.45
	材　料　费（元）			716.56	969.07	1787.77	2752.11	3568.88	4362.02	6370.75	8185.36	10530.34
	机　械　费（元）			797.28	1032.35	1568.69	3886.90	4460.66	5124.62	7987.49	3533.93	7047.70
组　成　内　容		单位	单价	数　　量								
人工	综合工	工日	135.00	11.48	21.95	37.59	57.16	75.54	95.32	129.42	138.33	144.87
材料	道木	m³	3660.04	0.09	0.12	0.18	0.30	0.40	0.55	0.82	1.11	1.33
	斜垫铁（综合）	kg	10.34	20.81	26.01	61.71	91.79	117.77	129.79	153.96	184.75	246.33
	平垫铁（综合）	kg	7.42	11.89	14.84	35.25	52.45	67.30	74.16	87.97	105.58	140.75
	电焊条 E4303 D3.2	kg	7.59	0.84	1.47	2.43	3.48	4.71	6.15	7.35	8.28	9.90
	氧气	m³	2.88	0.27	0.60	0.69	1.17	2.34	2.94	4.98	5.97	6.99
	乙炔气	kg	14.66	0.090	0.200	0.230	0.390	0.780	0.980	1.660	1.990	2.330
	尼龙砂轮片 D150	片	6.65	0.13	0.24	0.38	0.48	0.69	0.89	1.09	1.16	1.49
	镀锌钢丝 D4.0	kg	7.08	6.00	12.00	16.00	18.00	19.00	20.00	21.00	22.00	24.00
	二硫化钼	kg	32.13	0.32	0.57	1.00	1.82	2.31	2.72	3.10	3.48	4.00
	黄干油	kg	15.77	0.05	0.12	0.35	0.70	1.05	1.60	2.00	2.40	4.00
	滚杠	kg	4.21	—	—	—	—	—	—	132.48	182.48	300.12

续前

编　号			5-906	5-907	5-908	5-909	5-910	5-911	5-912	5-913	5-914
项　目			基础标高10～20m								
			设备质量（t以内）								
			2	5	10	20	30	40	50	60	80
组　成　内　容	单位	单价	数　量								
材料	零星材料费	元	—	20.87	28.23	52.07	80.16	103.95	127.05	185.56	238.41	306.71
机械	直流弧焊机 20kW	台班	75.06	0.53	0.98	1.49	1.92	2.75	3.61	4.36	4.63	5.99
	电焊条烘干箱 800×800×1000	台班	51.03	0.05	0.10	0.15	0.19	0.28	0.36	0.44	0.46	0.60
	载货汽车 5t	台班	443.55	0.25	0.34	—	—	—	—	—	—	—
	载货汽车 10t	台班	574.62	—	—	0.36	—	—	—	—	—	—
	汽车式起重机 8t	台班	767.15	0.25	0.30	—	—	—	—	—	—	—
	汽车式起重机 16t	台班	971.12	—	—	0.36	—	—	—	—	—	—
	汽车式起重机 25t	台班	1098.98	0.40	0.50	—	0.44	—	—	—	—	—
	汽车式起重机 40t	台班	1547.56	—	—	0.54	—	0.48	0.56	0.96	1.18	—
	汽车式起重机 50t	台班	2492.74	—	—	—	0.74	—	—	—	—	1.46
	汽车式起重机 70t	台班	3031.38	—	—	—	0.43	—	—	—	—	—
	汽车式起重机 75t	台班	3175.79	—	—	—	—	0.84	0.96	—	—	—
	汽车式起重机 100t	台班	4689.49	—	—	—	—	—	—	1.08	—	—
	平板拖车组 40t	台班	1468.34	—	—	—	—	0.48	0.52	—	—	—
	卷扬机 单筒慢速 50kN	台班	211.29	0.06	0.11	0.27	0.48	0.59	0.74	3.40	4.05	5.63
	卷扬机 单筒慢速 80kN	台班	254.54	—	—	—	—	—	—	1.45	1.89	6.83

编　号			5-915	5-916	5-917	5-918	5-919	5-920	5-921	5-922
项　　目			基础标高20m以外							
			设备质量（t以内）							
			2	5	10	20	30	40	50	60
预算基价	总　　价（元）		**3316.64**	**5511.97**	**9525.35**	**15368.00**	**21250.53**	**21075.10**	**27978.58**	**32172.75**
	人　工　费（元）		1692.90	3160.35	5398.65	8780.40	11689.65	14000.85	18038.70	19849.05
	材　料　费（元）		716.56	969.07	1787.77	2752.11	3568.88	4362.02	6370.75	8185.36
	机　械　费（元）		907.18	1382.55	2338.93	3835.49	5992.00	2712.23	3569.13	4138.34
组 成 内 容		单位	单价	数　　量						
人工	综合工	工日	135.00	12.54	23.41	39.99	65.04	86.59	103.71	133.62	147.03
材料	道木	m³	3660.04	0.09	0.12	0.18	0.30	0.40	0.55	0.82	1.11
	平垫铁（综合）	kg	7.42	11.89	14.84	35.25	52.45	67.30	74.16	87.97	105.58
	斜垫铁（综合）	kg	10.34	20.81	26.01	61.71	91.79	117.77	129.79	153.96	184.75
	电焊条 E4303 D3.2	kg	7.59	0.84	1.47	2.43	3.48	4.71	6.15	7.35	8.28
	氧气	m³	2.88	0.27	0.60	0.69	1.17	2.34	2.94	4.98	5.97
	乙炔气	kg	14.66	0.090	0.200	0.230	0.390	0.780	0.980	1.660	1.990
	尼龙砂轮片 D150	片	6.65	0.13	0.24	0.38	0.48	0.69	0.89	1.09	1.16
	镀锌钢丝 D4.0	kg	7.08	6.00	12.00	16.00	18.00	19.00	20.00	21.00	22.00
	二硫化钼	kg	32.13	0.32	0.57	1.00	1.82	2.31	2.72	3.10	3.48
	黄干油	kg	15.77	0.05	0.12	0.35	0.70	1.05	1.60	2.00	2.40
	滚杠	kg	4.21	—	—	—	—	—	—	132.48	182.48

续前

编　号			5-915	5-916	5-917	5-918	5-919	5-920	5-921	5-922
项　目			基础标高20m以外							
			设备质量（t以内）							
			2	5	10	20	30	40	50	60
组　成　内　容	单位	单价	数　量							
材料　零星材料费	元	—	20.87	28.23	52.07	80.16	103.95	127.05	185.56	238.41
载货汽车　5t	台班	443.55	0.25	0.34	—	—	—	—	—	—
载货汽车　10t	台班	574.62	—	—	0.36	—	—	—	—	—
直流弧焊机　20kW	台班	75.06	0.53	0.98	1.49	1.92	2.75	3.61	4.36	4.63
电焊条烘干箱　800×800×1000	台班	51.03	0.05	0.10	0.15	0.19	0.28	—	0.44	0.46
汽车式起重机　8t	台班	767.15	0.25	0.30	—	—	—	0.36	—	—
汽车式起重机　16t	台班	971.12	—	—	0.36	—	—	—	—	—
汽车式起重机　25t	台班	1098.98	0.50	—	—	0.44	—	—	—	—
汽车式起重机　40t	台班	1547.56	—	0.58	—	—	0.48	—	1.06	1.28
汽车式起重机　50t	台班	2492.74	—	—	0.64	—	—	0.56	—	—
汽车式起重机　75t	台班	3175.79	—	—	—	0.82	—	—	—	—
汽车式起重机　100t	台班	4689.49	—	—	—	—	0.89	—	—	—
平板拖车组　20t	台班	1101.26	—	—	—	0.43	—	0.52	—	—
平板拖车组　40t	台班	1468.34	—	—	—	—	0.48	—	—	—
卷扬机　单筒慢速　50kN	台班	211.29	0.06	0.12	0.32	0.57	0.71	0.93	4.10	4.60
卷扬机　单筒慢速　80kN	台班	254.54	—	—	—	—	—	—	2.8	3.2

244

（4）U形管式热交换器安装

单位：台

编　号				5-923	5-924	5-925	5-926	5-927	5-928	5-929	5-930
项　目				基础标高10m以内							
				设备质量（t以内）							
				2	5	10	20	30	40	50	60
预算基价		总　　价（元）		**2480.99**	**4401.59**	**7343.63**	**10438.76**	**15572.38**	**20387.38**	**28377.19**	**32332.75**
		人　工　费（元）		1277.10	2571.75	4418.55	5937.30	8418.60	10513.80	15218.55	15886.80
		材　料　费（元）		639.78	1062.80	1787.37	2519.27	3517.68	4542.07	6367.59	8177.14
		机　械　费（元）		564.11	767.04	1137.71	1982.19	3636.10	5331.51	6791.05	8268.81
组　成　内　容		单位	单价	数　　　量							
人工	综合工	工日	135.00	9.46	19.05	32.73	43.98	62.36	77.88	112.73	117.68
材料	道木	m³	3660.04	0.09	0.12	0.18	0.30	0.40	0.55	0.82	1.11
	平垫铁（综合）	kg	7.42	8.92	9.32	35.25	43.71	64.88	80.75	87.97	105.57
	斜垫铁（综合）	kg	10.34	15.60	38.38	61.71	76.49	113.54	141.32	153.96	184.75
	电焊条 E4303 D3.2	kg	7.59	1.02	1.82	2.44	3.18	5.46	7.04	7.24	7.44
	氧气	m³	2.88	0.27	0.60	0.69	1.17	2.01	2.94	4.86	5.97
	乙炔气	kg	14.66	0.090	0.300	0.230	0.390	0.670	0.980	1.620	1.990
	尼龙砂轮片 D150	片	6.65	0.13	0.23	0.31	0.37	0.65	0.88	0.90	0.93
	镀锌钢丝 D4.0	kg	7.08	6.00	12.00	16.00	18.00	19.00	20.00	21.00	22.00
	二硫化钼	kg	32.13	0.32	0.57	1.00	1.82	2.53	2.72	3.05	3.48
	黄干油	kg	15.77	0.05	0.12	0.35	0.70	1.18	1.60	2.10	2.40
	滚杠	kg	4.21	—	—	—	—	—	—	132.48	182.48

245

单位：台

编　号			5-923	5-924	5-925	5-926	5-927	5-928	5-929	5-930
项　目			基础标高10m以内							
			设备质量（t以内）							
			2	5	10	20	30	40	50	60
组 成 内 容	单位	单价	数　量							
材料	零星材料费	元	—	18.63	30.96	52.06	73.38	102.46	132.29	185.46	238.17
机械	直流弧焊机 20kW	台班	75.06	0.51	0.92	1.22	1.59	2.73	3.52	3.62	3.72
	电焊条烘干箱 800×800×1000	台班	51.03	0.05	0.09	0.12	0.16	0.28	0.35	0.36	0.37
	载货汽车 5t	台班	443.55	0.20	0.30	—	—	—	—	2.80	3.40
	载货汽车 10t	台班	574.62	—	—	0.36	—	—	—	—	—
	汽车式起重机 8t	台班	767.15	0.25	0.30	—	—	—	—	—	—
	汽车式起重机 16t	台班	971.12	0.25	0.34	0.36	—	—	—	—	—
	汽车式起重机 25t	台班	1098.98	—	—	0.44	0.44	—	—	—	—
	汽车式起重机 40t	台班	1547.56	—	—	—	0.58	0.48	—	0.96	1.18
	汽车式起重机 50t	台班	2492.74	—	—	—	—	0.79	0.56	—	—
	汽车式起重机 75t	台班	3175.79	—	—	—	—	—	0.91	1.10	—
	汽车式起重机 100t	台班	4689.49	—	—	—	—	—	—	—	0.91
	卷扬机 单筒慢速 80kN	台班	254.54	—	—	—	—	—	—	1.10	1.45
	平板拖车组 20t	台班	1101.26	—	—	—	0.43	—	—	—	—
	平板拖车组 40t	台班	1468.34	—	—	—	—	0.48	0.52	—	—

单位：台

编　号			5-931	5-932	5-933	5-934	5-935	5-936	5-937	5-938
项　目			基础标高10～20m							
			设备质量（t以内）							
			2	5	10	20	30	40	50	60
预算基价	总　　价(元)		**2517.36**	**5159.62**	**8199.37**	**11135.12**	**16143.20**	**22580.13**	**28781.23**	**31134.90**
	人　工　费(元)		1478.25	2848.50	4870.80	7441.20	10551.60	12488.85	17655.30	18481.50
	材　料　费(元)		638.97	1059.50	1781.68	2507.90	3800.10	4448.85	3244.65	8138.15
	机　械　费(元)		400.14	1251.62	1546.89	1186.02	1791.50	5642.43	7881.28	4515.25
组　成　内　容		单位	单价	数　　量						
人工	综合工	工日	135.00	10.95	21.10	36.08	55.12	78.16	92.51	130.78	136.90
材料	道木	m³	3660.04	0.09	0.12	0.18	0.30	0.48	0.55	—	1.11
	平垫铁（综合）	kg	7.42	8.92	9.32	35.25	43.71	64.88	80.75	87.97	105.57
	斜垫铁（综合）	kg	10.34	15.60	38.38	61.71	76.49	113.54	141.32	153.96	184.75
	电焊条 E4303 D3.2	kg	7.59	1.02	1.84	2.44	3.18	5.46	7.04	7.24	7.44
	氧气	m³	2.88	0.27	0.60	0.69	1.17	2.01	2.94	5.68	5.97
	乙炔气	kg	14.66	0.090	0.200	0.230	0.390	0.670	0.980	1.620	1.990
	尼龙砂轮片 D150	片	6.65	0.13	0.23	0.31	0.37	0.65	0.88	0.90	0.93
	镀锌钢丝 D4.0	kg	7.08	6.00	12.00	16.00	18.00	19.00	20.00	21.00	22.00
	二硫化钼	kg	32.13	0.32	0.57	1.00	1.82	2.53	—	3.05	3.48
	钢丝 D0.1～0.5	kg	8.13	—	—	—	—	—	2.72	—	—
	滚杠	kg	4.21	—	—	—	—	—	—	132.48	182.48

续前

单位：台

编　号			5-931	5-932	5-933	5-934	5-935	5-936	5-937	5-938
项　目			基础标高10～20m							
			设备质量(t以内)							
			2	5	10	20	30	40	50	60
组 成 内 容	单位	单价	数　量							
材料	零星材料费	元	—	18.61	30.86	51.89	73.05	110.68	129.58	94.50	237.03
机 械	直流弧焊机 20kW	台班	75.06	0.51	0.92	1.22	1.59	2.73	3.52	3.62	3.72
	电焊条烘干箱 800×800×1000	台班	51.03	0.05	0.09	0.12	0.16	0.28	0.35	0.36	0.37
	汽车式起重机 8t	台班	767.15	0.25	0.30	—	—	—	—	—	—
	汽车式起重机 16t	台班	971.12	—	—	0.36	—	—	—	—	—
	汽车式起重机 25t	台班	1098.98	0.04	—	—	0.44	—	—	—	—
	汽车式起重机 40t	台班	1547.56	—	0.50	0.54	—	0.48	—	0.96	—
	汽车式起重机 50t	台班	2492.74	—	—	—	—	—	0.56	—	1.18
	汽车式起重机 75t	台班	3175.79	—	—	—	—	—	0.96	—	—
	汽车式起重机 100t	台班	4689.49	—	—	—	—	—	—	1.08	—
	载货汽车 5t	台班	443.55	0.25	0.34	—	—	—	—	—	—
	载货汽车 10t	台班	574.62	—	—	0.36	—	—	—	—	—
	平板拖车组 20t	台班	1101.26	—	—	—	0.43	—	—	—	—
	平板拖车组 40t	台班	1468.34	—	—	—	—	0.48	0.52	—	—
	卷扬机 单筒慢速 50kN	台班	211.29	0.06	0.11	0.27	0.48	0.59	0.72	3.30	4.05
	卷扬机 单筒慢速 80kN	台班	254.54	—	—	—	—	—	—	1.35	1.65

248

编　号			5-939	5-940	5-941	5-942	5-943	5-944
项　目			基础标高20m以外					
			设备质量（t以内）					
			2	5	10	20	30	40
预算基价	总　　　价（元）		**3164.10**	**5479.78**	**9288.32**	**14816.32**	**21548.65**	**20595.79**
	人　工　费（元）		1618.65	3042.90	5188.05	8494.20	12044.70	13477.05
	材　料　费（元）		639.78	1061.45	1787.37	2519.27	3517.68	4487.04
	机　械　费（元）		905.67	1375.43	2312.90	3802.85	5986.27	2631.70
组 成 内 容		单位	单价	数　量				
人工	综合工	工日	135.00	11.99	22.54	38.43	62.92	89.22	99.83
材料	道木	m³	3660.04	0.09	0.12	0.18	0.30	0.40	0.55
	平垫铁（综合）	kg	7.42	8.92	9.32	35.25	43.71	64.88	80.75
	斜垫铁（综合）	kg	10.34	15.60	38.38	61.71	76.49	113.54	141.32
	电焊条 E4303 D3.2	kg	7.59	1.02	1.84	2.44	3.18	5.46	—
	氧气	m³	2.88	0.27	0.60	0.69	1.17	2.01	2.94
	乙炔气	kg	14.66	0.090	0.200	0.230	0.390	0.670	0.980
	尼龙砂轮片 D150	片	6.65	0.13	0.23	0.31	0.37	0.65	0.88
	镀锌钢丝 D4.0	kg	7.08	6.00	12.00	16.00	18.00	19.00	20.00
	二硫化钼	kg	32.13	0.32	0.57	1.00	1.82	2.53	2.72
	黄干油	kg	15.77	0.05	0.12	0.35	0.70	1.18	1.60
	零星材料费	元	—	18.63	30.92	52.06	73.38	102.46	130.69
机械	直流弧焊机 20kW	台班	75.06	0.51	0.92	1.22	1.59	2.73	3.52
	电焊条烘干箱 800×800×1000	台班	51.03	0.05	0.09	0.12	0.16	0.28	0.35
	汽车式起重机 8t	台班	767.15	0.25	0.30	—	—	—	—
	汽车式起重机 16t	台班	971.12	—	—	0.36	—	—	—
	汽车式起重机 25t	台班	1098.98	0.50	—	—	0.44	—	—
	汽车式起重机 40t	台班	1547.56	—	0.58	—	—	0.48	—
	汽车式起重机 50t	台班	2492.74	—	—	0.64	—	—	0.56
	汽车式起重机 75t	台班	3175.79	—	—	—	0.82	—	—
	汽车式起重机 100t	台班	4689.49	—	—	—	—	0.89	—
	卷扬机 单筒慢速 50kN	台班	211.29	0.06	0.11	0.30	0.54	0.69	0.90
	载货汽车 5t	台班	443.55	0.25	0.34	—	—	—	—
	载货汽车 10t	台班	574.62	—	—	0.36	—	—	—
	平板拖车组 20t	台班	1101.26	—	—	—	0.43	—	—
	平板拖车组 40t	台班	1468.34	—	—	—	—	0.48	0.52

编　号			5-945	5-946	5-947	5-948	5-949	5-950	5-951	5-952
项　　目			基础标高10m以内							
			设备质量（t以内）							
			2	5	10	20	30	40	50	60
预算基价	总　　价（元）		**2641.93**	**4443.92**	**7160.37**	**10444.10**	**16578.63**	**19702.03**	**25651.10**	**30312.34**
	人　工　费（元）		1297.35	2651.40	4226.85	6112.80	7836.75	10269.45	13022.10	14769.00
	材　料　费（元）		772.45	1005.07	1791.54	2344.10	3242.40	4171.71	6492.80	8078.15
	机　械　费（元）		572.13	787.45	1141.98	1987.20	5499.48	5260.87	6136.20	7465.19
组 成 内 容	单位	单价	数　　量							
人工 综合工	工日	135.00	9.61	19.64	31.31	45.28	58.05	76.07	96.46	109.40
材料 道木	m³	3660.04	0.09	0.12	0.18	0.30	0.40	0.55	0.82	1.11
斜垫铁（综合）	kg	10.34	22.90	26.01	47.97	57.56	86.38	107.09	152.98	168.28
平垫铁（综合）	kg	7.42	13.08	14.86	27.41	32.89	49.37	61.19	87.42	96.16
石棉扭绳 *D*4～5	kg	18.59	1.33	2.08	16.00	7.52	10.40	11.83	13.04	14.38
电焊条 E4303 *D*3.2	kg	7.59	1.10	1.87	2.39	3.12	4.20	5.01	5.56	6.11
氧气	m³	2.88	0.36	0.51	0.66	1.14	1.62	1.92	2.01	2.22
乙炔气	kg	14.66	0.120	0.170	0.220	0.380	0.540	0.640	0.670	0.740
尼龙砂轮片 *D*150	片	6.65	0.15	0.25	0.32	0.41	0.55	0.66	0.75	0.82
镀锌钢丝 *D*4.0	kg	7.08	6.00	12.00	4.84	18.00	19.00	20.00	21.00	22.00
二硫化钼	kg	32.13	0.18	0.38	0.69	1.06	1.44	1.70	1.80	1.98
黄干油	kg	15.77	0.10	0.11	0.12	0.13	0.14	0.15	0.16	0.17

续前

编　号			5-945	5-946	5-947	5-948	5-949	5-950	5-951	5-952
项　目			基础标高10m以内							
			设备质量（t以内）							
			2	5	10	20	30	40	50	60
组　成　内　容	单位	单价	数　　量							
材料	滚杠	kg	4.21	—	—	—	—	—	—	132.48	182.48
	零星材料费	元	—	22.50	29.27	52.18	68.27	94.44	121.51	189.11	235.29
机械	直流弧焊机 20kW	台班	75.06	0.61	1.01	1.27	1.65	2.21	2.64	2.98	3.28
	电焊条烘干箱 800×800×1000	台班	51.03	0.06	0.01	0.13	0.17	0.22	0.26	0.30	0.33
	载货汽车 5t	台班	443.55	0.20	0.34	—	—	—	—	—	—
	载货汽车 10t	台班	574.62	—	—	0.36	—	—	—	—	—
	汽车式起重机 8t	台班	767.15	0.25	0.30	—	—	—	—	—	—
	汽车式起重机 16t	台班	971.12	0.25	0.34	0.36	—	—	—	—	—
	汽车式起重机 25t	台班	1098.98	—	—	0.44	0.44	—	—	—	—
	汽车式起重机 40t	台班	1547.56	—	—	—	0.58	0.48	—	0.96	1.18
	汽车式起重机 50t	台班	2492.74	—	—	—	—	0.79	0.56	—	—
	汽车式起重机 75t	台班	3175.79	—	—	—	—	0.60	0.91	1.10	—
	汽车式起重机 100t	台班	4689.49	—	—	—	—	—	—	—	0.91
	平板拖车组 20t	台班	1101.26	—	—	—	0.43	—	—	—	—
	平板拖车组 40t	台班	1468.34	—	—	—	—	0.48	0.52	—	—
	卷扬机 单筒慢速 50kN	台班	211.29	—	—	—	—	—	—	2.9	3.5
	卷扬机 单筒慢速 80kN	台班	254.54	—	—	—	—	—	—	1.20	1.45

编　　号			5-953	5-954	5-955	5-956	5-957	5-958	5-959	5-960
项　　目			基础标高10～20m							
			设备质量（t以内）							
			2	5	10	20	30	40	50	60
预算基价	总　　价（元）		**3073.98**	**5194.04**	**7874.47**	**12999.58**	**17610.89**	**21972.89**	**29666.61**	**28628.33**
	人　工　费（元）		1499.85	2932.20	4668.30	7626.15	9954.90	12231.00	15322.50	17159.85
	材　料　费（元）		772.45	1005.07	1659.24	2344.10	3242.40	4171.71	6492.80	8078.15
	机　械　费（元）		801.68	1256.77	1546.93	3029.33	4413.59	5570.18	7851.31	3390.33
组 成 内 容		单位	单价	数　　　量						
人工	综合工	工日	135.00	11.11	21.72	34.58	56.49	73.74	90.60	113.50	127.11
材料	道木	m³	3660.04	0.09	0.12	0.18	0.30	0.40	0.55	0.82	1.11
	斜垫铁（综合）	kg	10.34	22.90	26.01	47.97	57.56	86.38	107.09	152.98	168.28
	平垫铁（综合）	kg	7.42	13.08	14.86	27.41	32.89	49.37	61.19	87.42	96.16
	石棉扭绳 D4～5	kg	18.59	1.33	2.08	4.84	7.52	10.40	11.83	13.04	14.38
	电焊条 E4303 D3.2	kg	7.59	1.10	1.87	2.39	3.12	4.20	5.01	5.56	6.11
	氧气	m³	2.88	0.36	0.51	0.66	1.14	1.62	1.92	2.01	2.22
	乙炔气	kg	14.66	0.120	0.170	0.220	0.380	0.540	0.640	0.670	0.740
	尼龙砂轮片 D150	片	6.65	0.15	0.25	0.32	0.41	0.55	0.66	0.75	0.82
	镀锌钢丝 D4.0	kg	7.08	6.00	12.00	16.00	18.00	19.00	20.00	21.00	22.00
	二硫化钼	kg	32.13	0.18	0.38	0.69	1.06	1.44	1.70	1.80	1.98
	黄干油	kg	15.77	0.10	0.11	0.12	0.13	0.14	0.15	0.16	0.17

续前

单位：台

编　号			5-953	5-954	5-955	5-956	5-957	5-958	5-959	5-960
项　目			基础标高10～20m							
			设备质量（t以内）							
			2	5	10	20	30	40	50	60
组　成　内　容	单位	单价	数　　　量							
材料 滚杠	kg	4.21	—	—	—	—	—	—	132.48	182.48
零星材料费	元	—	22.50	29.27	48.33	68.27	94.44	121.51	189.11	235.29
机械 载货汽车 5t	台班	443.55	0.25	0.34	—	—	—	—	—	—
载货汽车 10t	台班	574.62	—	—	0.36	—	—	—	—	—
直流弧焊机 20kW	台班	75.06	0.61	1.01	1.27	1.65	2.22	2.64	2.98	3.28
电焊条烘干箱 800×800×1000	台班	51.03	0.06	0.10	0.13	0.17	0.22	0.27	0.30	0.33
汽车式起重机 8t	台班	767.15	0.25	0.30	—	—	—	—	—	—
汽车式起重机 16t	台班	971.12	—	—	0.36	—	—	—	—	—
汽车式起重机 25t	台班	1098.98	0.40	—	—	0.44	—	—	—	—
汽车式起重机 40t	台班	1547.56	—	0.50	0.54	—	0.48	—	0.96	1.18
汽车式起重机 50t	台班	2492.74	—	—	—	0.74	—	0.56	—	—
汽车式起重机 75t	台班	3175.79	—	—	—	—	0.84	0.96	—	—
汽车式起重机 100t	台班	4689.49	—	—	—	—	—	—	1.08	—
平板拖车组 20t	台班	1101.26	—	—	—	0.43	—	—	—	—
平板拖车组 40t	台班	1468.34	—	—	—	—	0.48	0.52	—	—
卷扬机 单筒慢速 50kN	台班	211.29	0.05	0.10	0.25	0.45	0.57	0.71	3.40	4.05
卷扬机 单筒慢速 80kN	台班	254.54	—	—	—	—	—	—	1.35	1.75

単位：台

编　号			5-961	5-962	5-963	5-964	5-965	5-966	5-967	5-968
项　目			基础标高20m以外							
			设备质量（t以内）							
			2	5	10	20	30	40	50	60
预算基价	总　　价（元）		**2776.65**	**5514.80**	**8950.92**	**14830.69**	**20613.81**	**20196.62**	**26984.83**	**30587.91**
	人　工　费（元）		1641.60	3129.30	4977.45	8685.90	11437.20	13482.45	17095.05	18594.90
	材　料　费（元）		770.85	1002.81	1656.30	2339.04	3233.79	4163.17	6483.87	8068.28
	机　械　费（元）		364.20	1382.69	2317.17	3805.75	5942.82	2551.00	3405.91	3924.73
组　成　内　容	单位	单价	数　　量							
人工 综合工	工日	135.00	12.16	23.18	36.87	64.34	84.72	99.87	126.63	137.74
材料 道木	m³	3660.04	0.09	0.12	0.18	0.30	0.40	0.55	0.82	1.11
平垫铁（综合）	kg	7.42	13.08	14.86	27.41	32.89	49.37	61.19	87.42	96.16
斜垫铁（综合）	kg	10.34	22.90	26.01	47.97	57.56	86.38	107.09	152.98	168.28
石棉扭绳 D4~5	kg	18.59	1.33	2.08	4.84	7.52	10.40	11.83	13.04	14.38
电焊条 E4303 D3.2	kg	7.59	1.10	1.87	2.39	3.12	4.02	5.01	5.56	6.11
氧气	m³	2.88	0.36	0.51	0.66	1.14	1.62	1.92	2.01	2.22
炭精棒 8~12	根	1.71	0.12	0.17	0.22	0.38	0.54	0.64	0.67	0.74
尼龙砂轮片 D150	片	6.65	0.15	0.25	0.32	0.41	0.55	0.66	0.75	0.82
镀锌钢丝 D4.0	kg	7.08	6.00	12.00	16.00	18.00	19.00	20.00	21.00	22.00
二硫化钼	kg	32.13	0.18	0.38	0.69	1.06	1.44	1.70	1.80	1.98
黄干油	kg	15.77	0.10	0.11	0.12	0.13	0.14	0.15	0.16	0.17

254

单位：台

编　号			5-961	5-962	5-963	5-964	5-965	5-966	5-967	5-968
项　目			基础标高20m以外							
			设备质量（t以内）							
			2	5	10	20	30	40	50	60
组成内容	单位	单价	数　量							
材料	滚杠	kg	4.21	—	—	—	—	—	—	132.48	182.48
	零星材料费	元	—	22.45	29.21	48.24	68.13	94.19	121.26	188.85	235.00
机械	直流弧焊机 20kW	台班	75.06	0.61	1.01	1.27	1.65	2.22	2.64	2.98	3.28
	电焊条烘干箱 800×800×1000	台班	51.03	0.06	0.10	0.13	0.17	0.22	0.27	0.30	0.33
	载货汽车 5t	台班	443.55	0.25	0.34	—	—	—	—	—	—
	载货汽车 10t	台班	574.62	—	—	0.36	—	—	—	—	—
	汽车式起重机 8t	台班	767.15	0.25	0.30	—	—	—	—	—	—
	汽车式起重机 16t	台班	971.12	—	—	0.36	—	—	—	—	—
	汽车式起重机 25t	台班	1098.98	—	—	—	0.44	—	—	—	—
	汽车式起重机 40t	台班	1547.56	—	0.58	—	—	0.48	—	1.06	1.28
	汽车式起重机 50t	台班	2492.74	—	—	0.64	—	—	0.56	—	—
	汽车式起重机 75t	台班	3175.79	—	—	—	0.82	—	—	—	—
	汽车式起重机 100t	台班	4689.49	—	—	—	—	0.89	—	—	—
	平板拖车组 20t	台班	1101.26	—	—	—	0.43	—	—	—	—
	平板拖车组 40t	台班	1468.34	—	—	—	—	0.48	0.52	—	—
	卷扬机 单筒慢速 50kN	台班	211.29	0.06	0.11	0.30	0.53	0.68	0.85	3.96	4.10
	卷扬机 单筒慢速 80kN	台班	254.54	—	—	—	—	—	—	2.71	3.20

(6) 螺旋板式热交换器安装

单位：台

编　号			5-969	5-970	5-971	5-972	5-973	5-974	5-975	5-976	5-977
项　目			基础标高10m以内			基础标高10～20m			基础标高20m以外		
			设备质量（t以内）								
			2	5	10	2	5	10	2	5	10
预算基价	总　价（元）		**2633.18**	**4723.47**	**7230.41**	**3024.99**	**5461.43**	**8070.06**	**3269.94**	**5787.44**	**9154.06**
	人　工　费（元）		1058.40	2635.20	4089.15	1247.40	2914.65	4523.85	1379.70	3110.40	4827.60
	材　料　费（元）		978.16	1293.76	1995.53	978.16	1293.76	1995.53	976.69	1291.76	1992.86
	机　械　费（元）		596.62	794.51	1145.73	799.43	1253.02	1550.68	913.55	1385.28	2333.60
组　成　内　容	单位	单价	数　量								
人工 综合工	工日	135.00	7.84	19.52	30.29	9.24	21.59	33.51	10.22	23.04	35.76
材料 道木	m³	3660.04	0.09	0.12	0.18	0.09	0.12	0.18	0.09	0.12	0.18
斜垫铁（综合）	kg	10.34	38.38	47.97	76.49	38.38	47.97	76.49	38.38	47.97	76.49
平垫铁（综合）	kg	7.42	21.92	27.41	43.71	21.92	27.41	43.71	21.92	27.41	43.71
电焊条 E4303 D3.2	kg	7.59	1.03	1.76	2.43	1.03	1.76	2.43	1.03	1.76	2.43
氧气	m³	2.88	0.33	0.45	0.60	0.33	0.45	0.60	0.33	0.45	0.60
乙炔气	kg	14.66	0.110	0.150	0.200	0.110	0.150	0.200	—	—	—
尼龙砂轮片 D150	片	6.65	0.25	0.50	0.68	0.25	0.50	0.68	0.25	0.50	0.68
镀锌钢丝 D4.0	kg	7.08	6.00	12.00	16.00	6.00	12.00	16.00	6.00	12.00	16.00
二硫化钼	kg	32.13	0.16	0.34	0.65	0.16	0.34	0.65	0.16	0.34	0.65
黄干油	kg	15.77	0.07	0.09	0.10	0.07	0.09	0.10	0.07	0.09	0.10
炭精棒 8～12	根	1.71	—	—	—	—	—	—	0.11	0.15	0.20
零星材料费	元	—	28.49	37.68	58.12	28.49	37.68	58.12	28.45	37.62	58.04
机械 直流弧焊机 20kW	台班	75.06	0.58	0.96	1.32	0.58	0.96	1.32	0.58	0.96	1.32
电焊条烘干箱 800×800×1000	台班	51.03	0.06	0.10	0.13	0.06	0.10	0.13	0.06	0.10	0.13
载货汽车 5t	台班	443.55	—	—	—	0.25	0.34	—	0.25	0.34	—
载货汽车 6t	台班	461.82	0.25	0.34	—	—	—	—	—	—	—
载货汽车 10t	台班	574.62	—	—	0.36	—	—	0.36	—	—	0.36
卷扬机 单筒慢速 50kN	台班	211.29	—	—	—	0.05	0.10	0.25	0.07	0.14	0.36
汽车式起重机 8t	台班	767.15	0.25	0.30	—	0.25	0.30	—	0.25	0.30	—
汽车式起重机 16t	台班	971.12	0.25	0.34	0.36	—	—	0.36	—	—	0.36
汽车式起重机 25t	台班	1098.98	—	—	0.44	0.40	—	—	0.50	—	—
汽车式起重机 40t	台班	1547.56	—	—	—	—	0.50	0.54	—	0.58	—
汽车式起重机 50t	台班	2492.74	—	—	—	—	—	—	—	—	0.64

256

（7）排管式热交换器安装

单位：台

编　号				5-978	5-979	5-980	5-981	5-982	5-983	5-984	5-985	5-986
项　目				基础标高10m以内						基础标高10～20m		
				设备质量（t以内）								
				2	5	10	20	30	40	2	5	10
预算基价		总　　　　　价（元）		**2414.61**	**4592.57**	**6792.24**	**10208.76**	**14752.45**	**26704.77**	**2814.45**	**5351.01**	**8034.42**
		人　工　费（元）		1073.25	2844.45	4199.85	6166.80	8303.85	10810.80	1263.60	3136.05	4639.95
		材　料　费（元）		750.06	964.09	1454.68	2059.02	2859.10	10556.69	750.06	964.09	1849.69
		机　械　费（元）		591.30	784.03	1137.71	1982.94	3589.50	5337.28	800.79	1250.87	1544.78
组　成　内　容		单位	单价	数　　　量								
人工	综合工	工日	135.00	7.95	21.07	31.11	45.68	61.51	80.08	9.36	23.23	34.37
材料	道木	m³	3660.04	0.09	0.12	0.18	0.30	0.40	0.55	0.09	0.12	0.18
	斜垫铁（综合）	kg	10.34	22.02	24.65	40.36	47.97	74.04	91.79	22.02	24.65	40.36
	平垫铁（综合）	kg	7.42	14.68	16.43	23.06	27.41	42.31	52.45	14.68	16.43	23.06
	电焊条 E4303 D3.2	kg	7.59	1.04	1.80	2.32	3.04	4.11	6.92	1.04	1.80	2.32
	氧气	m³	2.88	0.36	0.51	0.66	1.14	1.62	4.68	0.36	0.51	0.66
	乙炔气	kg	14.66	0.120	0.170	0.220	0.380	0.540	1.560	0.120	0.170	0.220
	尼龙砂轮片 D150	片	6.65	0.25	0.50	0.68	0.81	1.10	1.52	0.25	0.50	0.68
	镀锌钢丝 D4.0	kg	7.08	6.00	12.00	16.00	18.00	19.00	—	6.00	12.00	0.69
	二硫化钼	kg	32.13	0.18	0.38	0.69	1.06	1.35	1.40	0.18	0.38	16.00
	黄干油	kg	15.77	0.10	0.12	0.15	0.18	0.21	0.25	0.10	0.12	0.15
	板式散热器 600×1000	组	337.50	—	—	—	—	—	20	—	—	—
	零星材料费	元	—	21.85	28.08	42.37	59.97	83.27	307.48	21.85	28.08	53.87
机械	直流弧焊机 20kW	台班	75.06	0.57	0.91	1.22	1.60	2.15	3.59	0.57	0.91	1.22
	电焊条烘干箱 800×800×1000	台班	51.03	0.06	0.09	0.12	0.16	0.22	0.36	0.06	0.09	0.12
	载货汽车 5t	台班	443.55	0.25	0.34	—	—	—	—	0.25	0.34	—
	载货汽车 10t	台班	574.62	—	—	0.36	—	—	—	—	—	0.36
	汽车式起重机 8t	台班	767.15	0.25	0.30	—	—	—	—	0.25	0.30	—
	汽车式起重机 16t	台班	971.12	0.25	0.34	0.36	—	—	—	—	—	0.36
	汽车式起重机 25t	台班	1098.98	—	—	0.44	0.44	—	—	0.40	—	—
	汽车式起重机 40t	台班	1547.56	—	—	—	0.58	0.48	—	—	0.50	0.54
	汽车式起重机 50t	台班	2492.74	—	—	—	—	0.79	0.56	—	—	—
	汽车式起重机 75t	台班	3175.79	—	—	—	—	—	0.91	—	—	—
	平板拖车组 20t	台班	1101.26	—	—	—	0.43	—	—	—	—	—
	平板拖车组 40t	台班	1468.34	—	—	—	—	0.48	0.52	—	—	—
	卷扬机 单筒慢速 50kN	台班	211.29	—	—	—	—	—	—	0.06	0.11	0.26

编　号			5-987	5-988	5-989	5-990	5-991	5-992	5-993	5-994	5-995
项　目			基础标高10～20m			基础标高20m以外					
			设备质量(t以内)								
			20	30	40	2	5	10	20	30	40
预算基价	总　　价(元)		**15334.47**	**20267.66**	**25377.68**	**3056.39**	**5676.39**	**8714.51**	**14597.27**	**20736.21**	**20148.91**
	人　工　费(元)		7682.85	10447.65	12802.05	1397.25	3339.90	4947.75	8743.95	11948.85	13797.00
	材　料　费(元)		2059.02	2859.10	3750.03	748.45	961.81	1451.74	2053.95	2851.91	3729.23
	机　械　费(元)		5592.60	6960.91	8825.60	910.69	1374.68	2315.02	3799.37	5935.45	2622.68
组　成　内　容		单位	单价	数　　量							
人工	综合工	工日	135.00	56.91	77.39	94.83	10.35	24.74	36.65	64.77	88.51	102.20
材料	道木	m³	3660.04	0.30	0.40	0.55	0.09	0.12	0.18	0.30	0.40	0.55
	斜垫铁（综合）	kg	10.34	47.97	74.04	91.79	22.02	24.65	40.36	47.97	74.04	91.79
	平垫铁（综合）	kg	7.42	27.41	42.31	52.45	14.68	16.43	23.06	27.41	42.31	52.45
	电焊条 E4303 D3.2	kg	7.59	3.04	4.11	6.92	1.04	1.80	2.32	3.04	4.11	6.92
	氧气	m³	2.88	1.14	1.62	4.68	0.36	0.51	0.66	1.14	1.62	4.68
	乙炔气	kg	14.66	0.380	0.540	1.560	—	—	—	—	—	—
	尼龙砂轮片 D150	片	6.65	0.81	1.10	1.52	0.25	0.50	0.68	0.81	1.10	1.52
	镀锌钢丝 D4.0	kg	7.08	18.00	19.00	20.00	6.00	12.00	16.00	18.00	19.00	20.00
	二硫化钼	kg	32.13	1.06	1.35	1.40	0.18	0.38	0.69	1.06	1.35	1.40
	黄干油	kg	15.77	0.18	0.21	0.25	0.10	0.12	0.15	0.18	0.21	0.25
	炭精棒 8～12	根	1.71	—	—	—	0.12	0.17	0.22	0.38	0.54	1.56

续前

单位：台

编　　号			5-987	5-988	5-989	5-990	5-991	5-992	5-993	5-994	5-995
项　目			基础标高10～20m			基础标高20m以外					
			设备质量（t以内）								
			20	30	40	2	5	10	20	30	40
组成内容	单位	单价	数　　量								
材料	零星材料费	元	—	59.97	83.27	109.22	21.80	28.01	42.28	59.82	83.07	108.62
机	直流弧焊机 20kW	台班	75.06	1.60	2.15	3.59	0.57	0.91	1.22	1.60	2.15	3.59
	电焊条烘干箱 800×800×1000	台班	51.03	0.16	0.22	0.36	0.06	0.09	0.12	0.16	0.22	0.36
	汽车式起重机 8t	台班	767.15	—	—	—	0.25	0.30	—	—	—	—
	汽车式起重机 16t	台班	971.12	—	—	—	—	—	0.36	—	—	—
	汽车式起重机 25t	台班	1098.98	0.44	—	—	0.50	—	—	0.44	—	—
	汽车式起重机 40t	台班	1547.56	—	0.48	—	—	0.58	—	—	0.48	—
	汽车式起重机 50t	台班	2492.74	—	—	0.56	—	—	0.64	—	—	0.56
	汽车式起重机 75t	台班	3175.79	0.74	0.84	0.96	—	—	—	0.82	—	—
	汽车式起重机 100t	台班	4689.49	0.46	0.57	0.71	—	—	—	—	0.89	—
	载货汽车 5t	台班	443.55	—	—	—	0.25	0.34	—	—	—	—
	载货汽车 10t	台班	574.62	—	—	—	—	—	0.36	—	—	—
械	平板拖车组 20t	台班	1101.26	0.43	—	—	—	—	—	0.43	—	—
	平板拖车组 40t	台班	1468.34	—	0.48	0.52	—	—	—	—	0.48	0.52
	卷扬机 单筒慢速 50kN	台班	211.29	—	—	—	0.06	0.11	0.31	0.52	0.67	0.83

（8）热交换器类设备地面抽芯检查

工作内容：地面上抽芯检查。

单位：台

编　号			5-996	5-997	5-998	5-999	5-1000	5-1001	5-1002	5-1003	5-1004
项　目			设备质量（t以内）								
			2	5	10	20	30	40	50	60	80
预算基价	总　　价（元）		**1710.43**	**3276.94**	**4939.13**	**7611.79**	**9395.18**	**10866.75**	**11898.30**	**12447.52**	**13538.23**
	人　工　费（元）		1188.00	2251.80	3549.15	5691.60	6840.45	7171.20	7627.50	8027.10	8769.60
	材　料　费（元）		189.94	441.43	592.15	815.34	1015.89	1330.00	1472.98	1628.65	1911.42
	机　械　费（元）		332.49	583.71	797.83	1104.85	1538.84	2365.55	2797.82	2791.77	2857.21
组　成　内　容		单价	数　　量								
单位											
人工	综合工	工日	135.00	8.80	16.68	26.29	42.16	50.67	53.12	56.50	59.46	64.96
材料	道木	m³	3660.04	0.04	0.10	0.13	0.18	0.22	0.29	0.32	0.35	0.41
	耐油橡胶板 $\delta3\sim6$	kg	17.69	1.00	1.86	2.86	3.47	5.08	6.79	7.63	8.76	11.24
	电焊条 E4303 D3.2	kg	7.59	0.22	0.39	0.63	1.04	1.21	1.30	1.35	1.62	1.94
	氧气	m³	2.88	0.54	1.08	1.74	2.55	2.91	3.84	4.29	4.83	5.28
	乙炔气	kg	14.66	0.180	0.360	0.580	0.850	0.970	1.280	1.430	1.610	1.760
	二硫化钼	kg	32.13	0.45	0.57	0.94	1.36	1.85	2.18	2.50	2.97	3.13
	零星材料费	元	—	5.53	12.86	17.25	23.75	29.59	38.74	42.90	47.44	55.67
机械	直流弧焊机 20kW	台班	75.06	0.14	0.25	0.40	0.66	0.90	0.96	1.00	1.20	1.44
	电焊条烘干箱 800×800×1000	台班	51.03	0.01	0.03	0.04	0.07	0.09	0.10	0.10	0.12	0.14
	汽车式起重机 8t	台班	767.15	0.25	0.34	—	—	—	—	—	—	—
	汽车式起重机 16t	台班	971.12	—	—	0.46	—	—	—	—	—	—
	汽车式起重机 25t	台班	1098.98	—	—	—	0.50	—	—	—	—	0.42
	汽车式起重机 40t	台班	1547.56	—	—	—	—	0.56	—	—	—	—
	汽车式起重机 50t	台班	2492.74	—	—	—	—	—	0.64	0.78	—	—
	汽车式起重机 75t	台班	3175.79	—	—	—	—	—	—	—	0.58	0.42
	卷扬机 单筒慢速 30kN	台班	205.84	0.63	1.47	1.55	2.44	—	—	—	—	—
	卷扬机 单筒慢速 50kN	台班	211.29	—	—	—	—	2.84	3.28	3.66	4.04	4.48

(9) 空气冷却器安装

工作内容： 管束水压试验、空气吹扫、吊装就位、找正、找水平、紧固固定螺栓、百叶窗调试及试运转。

单位：片

编　号			5-1005	5-1006	5-1007	5-1008	5-1009	5-1010
项　　目			设备质量(t以内)					
			3	5	7	9	11	15
预算基价	总　　价(元)		**5800.39**	**7161.35**	**8014.19**	**9356.66**	**10738.76**	**13466.25**
	人　工　费(元)		4114.80	4865.40	5336.55	6065.55	6759.45	8241.75
	材　料　费(元)		535.80	694.54	850.13	991.07	1204.61	1575.56
	机　械　费(元)		1149.79	1601.41	1827.51	2300.04	2774.70	3648.94
组　成　内　容	单位	单价	数　　量					
人工	综合工	工日	135.00	30.48	36.04	39.53	44.93	50.07	61.05
材料	道木	m³	3660.04	0.03	0.05	0.07	0.09	0.11	0.15
	平垫铁（综合）	kg	7.42	22.26	28.26	34.02	35.52	45.54	54.82
	中低压盲板	kg	7.81	4.16	4.32	4.64	5.28	5.60	8.32
	精制六角带帽螺栓	kg	8.64	1.40	1.56	1.76	1.96	2.28	2.57
	耐油石棉橡胶板 中压	kg	27.73	5.0	5.5	5.8	6.5	7.2	9.9
	水	m³	7.62	2.68	3.64	4.64	6.56	9.00	12.00
	电焊条 E4303 D3.2	kg	7.59	0.36	0.44	0.46	0.48	0.56	0.65
	氧气	m³	2.88	0.36	0.45	0.51	0.54	0.60	0.64
	乙炔气	kg	14.66	0.120	0.150	0.170	0.180	0.200	0.210
	尼龙砂轮片 D100×16×3	片	3.92	0.56	0.85	1.15	1.45	1.70	2.50
	二硫化钼	kg	32.13	0.05	0.10	0.25	0.30	0.45	0.61
	煤油	kg	7.49	2.50	3.20	3.90	4.60	5.30	6.21
	机油	kg	7.21	0.50	0.55	0.58	0.68	0.74	0.81
	零星材料费	元	—	25.51	33.07	40.48	47.19	57.36	75.03
机械	汽车式起重机 8t	台班	767.15	0.25	0.34	—	—	—	—
	汽车式起重机 16t	台班	971.12	—	—	0.35	0.37	0.38	0.39
	汽车式起重机 40t	台班	1547.56	0.35	0.50	0.51	0.65	0.72	1.07
	直流弧焊机 20kW	台班	75.06	0.26	0.31	0.33	0.34	0.40	0.46
	电焊条烘干箱 800×800×1000	台班	51.03	0.03	0.03	0.03	0.03	0.04	0.05
	试压泵 60MPa	台班	24.94	0.5	0.6	0.7	0.8	0.9	1.0
	电动单级离心清水泵 D100	台班	34.80	0.05	0.07	0.09	0.12	0.18	0.21
	内燃空气压缩机 9m³	台班	450.35	0.60	0.83	1.00	1.49	2.05	2.73
	载货汽车 5t	台班	443.55	0.25	0.34	—	—	—	—
	载货汽车 10t	台班	574.62	—	—	0.35	0.37	—	—
	载货汽车 15t	台班	809.06	—	—	—	—	0.38	0.39

工作内容: 构架组对、焊接、吊装、找正、风机安装、调试、试运转。

编　号			5-1011	5-1012	5-1013	5-1014
项　目			空冷器构架安装 （t）	风机安装		
				设备质量（t以内）		
				1 （台）	2 （台）	3 （台）
预算基价	总　　价（元）		**3697.69**	**3087.11**	**4817.51**	**6723.14**
	人　工　费（元）		2359.80	2191.05	3681.45	5130.00
	材　料　费（元）		131.27	434.70	556.36	800.74
	机　械　费（元）		1206.62	461.36	579.70	792.40
组 成 内 容	单位	单价	数　　量			
人工 综合工	工日	135.00	17.48	16.23	27.27	38.00
材料 道木	m³	3660.04	0.02	—	—	—
平垫铁（综合）	kg	7.42	4.50	47.10	59.20	84.96
电焊条 E4303 D3.2	kg	7.59	1.20	0.28	0.34	0.48
氧气	m³	2.88	1.20	—	—	—
乙炔气	kg	14.66	0.400	—	—	—
石棉橡胶板 低压 δ0.8~6.0	kg	19.35	—	0.60	0.86	1.24
煤油	kg	7.49	—	3.10	4.20	5.88
机油	kg	7.21	—	1.20	1.80	2.76
镀锌钢丝 D4.0	kg	7.08	—	0.80	1.00	1.44
黄干油	kg	15.77	—	0.84	1.26	1.93
零星材料费	元	—	6.25	20.70	26.49	38.13
机械 直流弧焊机 20kW	台班	75.06	—	0.20	0.30	0.42
直流弧焊机 30kW	台班	92.43	0.40	—	—	—
汽车式起重机 8t	台班	767.15	0.25	0.24	0.28	0.32
汽车式起重机 40t	台班	1547.56	0.58	0.10	0.14	0.24
电焊条烘干箱 800×800×1000	台班	51.03	0.04	0.02	0.03	0.04
载货汽车 5t	台班	443.55	—	0.24	0.28	0.32
载货汽车 8t	台班	521.59	0.15	—	—	—

4.塔类设备与立式容器安装
(1)碳钢、不锈钢塔(立式容器)安装

工作内容:基础铲麻面、放置垫铁、吊装就位、安装找正。

单位:台

编 号				5-1015	5-1016	5-1017	5-1018	5-1019	5-1020	5-1021
项 目				基础标高10m以内						
				设备质量(t以内)						
				2	5	10	20	40	60	80
预算基价	总 价(元)			**4002.06**	**7711.65**	**10640.22**	**16886.17**	**30969.54**	**43793.69**	**45739.02**
	人 工 费(元)			2803.95	5779.35	7612.65	10366.65	18477.45	24615.90	29313.90
	材 料 费(元)			694.16	1231.93	1706.49	2572.67	3747.74	6354.55	10022.90
	机 械 费(元)			503.95	700.37	1321.08	3946.85	8744.35	12823.24	6402.22
组 成 内 容		单位	单价	数 量						
人工	综合工	工日	135.00	20.77	42.81	56.39	76.79	136.87	182.34	217.14
材料	道木	m³	3660.04	0.07	0.13	0.20	0.31	0.47	0.83	1.03
	木材 方木	m³	2716.33	0.05	0.08	0.12	0.15	0.19	0.25	0.28
	平垫铁(综合)	kg	7.42	9.31	16.24	18.86	33.10	49.92	86.28	194.88
	斜垫铁(综合)	kg	10.34	13.90	24.36	27.67	48.43	73.21	126.54	285.86
	电焊条 E4303 D3.2	kg	7.59	1.21	1.83	2.66	4.28	7.12	9.33	12.53
	氧气	m³	2.88	0.67	1.50	1.90	2.60	5.52	6.51	7.48
	尼龙砂轮片 D150	片	6.65	0.40	0.60	0.80	1.00	1.60	1.80	2.40
	乙炔气	kg	14.66	0.220	0.500	0.630	0.870	1.840	2.170	2.490
	镀锌钢丝 D4.0	kg	7.08	6.00	12.00	16.00	18.00	20.00	22.00	24.00
	二硫化钼	kg	32.13	0.30	0.50	0.60	0.70	0.80	0.90	1.20
	滚杠	kg	4.21	—	—	—	—	—	44.16	100.04
	零星材料费	元	—	20.22	35.88	49.70	74.93	109.16	185.08	291.93
机械	载货汽车 10t	台班	574.62	0.10	0.20	0.30	—	—	—	—
	直流弧焊机 20kW	台班	75.06	0.50	0.73	1.08	1.73	2.87	3.75	5.02
	电焊条烘干箱 800×800×1000	台班	51.03	0.05	0.07	0.11	0.17	0.29	0.37	0.50
	汽车式起重机 8t	台班	767.15	0.10	0.20	0.30	0.40	0.52	0.60	0.73
	汽车式起重机 25t	台班	1098.98	0.30	0.34	0.25	0.45	0.58	—	—
	汽车式起重机 40t	台班	1547.56	—	—	0.36	0.55	0.85	0.70	—
	汽车式起重机 75t	台班	3175.79	—	—	—	0.48	1.70	0.50	0.80
	汽车式起重机 100t	台班	4689.49	—	—	—	—	—	1.95	—
	平板拖车组 40t	台班	1468.34	—	—	—	0.43	0.52	—	—
	卷扬机 单筒慢速 50kN	台班	211.29	—	—	—	—	—	—	5.59
	卷扬机 单筒慢速 80kN	台班	254.54	—	—	—	—	—	0.97	6.75

263

编　　号			5-1022	5-1023	5-1024	5-1025	5-1026	5-1027	5-1028
项　　目			基础标高10m以内						
			设备质量（t以内）						
			100	150	200	300	400	500	600
预算基价	总　　价（元）		**54115.68**	**64206.54**	**85243.50**	**99290.83**	**128905.09**	**151637.35**	**199260.19**
	人　工　费（元）		31536.00	39966.75	50467.05	57234.60	74191.95	80951.40	103118.40
	材　料　费（元）		13760.95	16709.45	25386.39	31968.02	42922.25	56690.20	80156.46
	机　械　费（元）		8818.73	7530.34	9390.06	10088.21	11790.89	13995.75	15985.33
组　成　内　容		单位	单价	数　　量					
人工	综合工	工日	135.00	233.60	296.05	373.83	423.96	549.57	599.64	763.84
材料	道木	m³	3660.04	1.49	1.81	2.40	3.12	3.99	4.79	5.70
	木材　方木	m³	2716.33	0.32	0.38	0.45	0.69	0.91	1.25	1.48
	平垫铁（综合）	kg	7.42	269.17	329.62	549.36	672.40	949.30	1325.04	2101.68
	斜垫铁（综合）	kg	10.34	394.78	483.44	805.73	986.20	1393.36	1942.78	3082.46
	普碳钢板 δ4	t	3839.09	0.00710	0.00790	0.00850	0.00950	0.01164	0.01426	0.01748
	电焊条 E4303 D3.2	kg	7.59	13.63	15.55	17.10	20.50	24.35	28.20	33.60
	氧气	m³	2.88	8.20	9.00	27.18	31.25	39.58	46.90	57.02
	尼龙砂轮片 D150	片	6.65	2.60	3.00	4.00	5.40	6.20	7.50	8.30
	乙炔气	kg	14.66	2.730	3.000	9.060	10.420	13.190	15.630	19.010
	滚杠	kg	4.21	110.40	126.80	160.57	176.10	227.90	336.84	497.96
	镀锌钢丝 D4.0	kg	7.08	28.00	33.00	44.00	46.00	48.00	75.00	92.00
	二硫化钼	kg	32.13	2.60	3.60	4.80	5.70	7.60	9.50	11.40
	热轧工字钢 400×142×10.5	t	3869.06	—	—	0.17864	0.01947	0.02385	0.02923	0.03583
	热轧工字钢 400×142×12.5	t	3906.21	—	—	0.19470	0.19470	0.23851	0.29225	0.35825
	零星材料费	元	—	400.80	486.68	739.41	931.11	1250.16	1651.17	2334.65
机械	汽车式起重机 8t	台班	767.15	0.85	1.20	1.22	1.44	1.60	2.37	3.50
	汽车式起重机 25t	台班	1098.98	0.04	0.14	0.11	0.16	0.16	0.20	0.24
	汽车式起重机 40t	台班	1547.56	0.07	0.87	1.29	0.19	0.22	0.23	0.26
	汽车式起重机 75t	台班	3175.79	0.91	—	—	—	—	—	—
	直流弧焊机 20kW	台班	75.06	5.45	6.22	7.60	8.90	11.50	12.80	14.00
	电焊条烘干箱 800×800×1000	台班	51.03	0.55	0.62	0.76	0.89	1.15	1.28	1.40
	卷扬机 单筒慢速 50kN	台班	211.29	6.80	14.95	17.27	—	—	—	—
	卷扬机 单筒慢速 80kN	台班	254.54	12.77	—	—	—	—	—	—
	卷扬机 单筒慢速 100kN	台班	284.75	—	5.10	7.30	15.04	16.56	18.40	19.94
	卷扬机 单筒慢速 200kN	台班	428.97	—	—	—	8.20	10.28	12.44	13.60

编　号			5-1029	5-1030	5-1031	5-1032	5-1033	5-1034	5-1035
项　目			基础标高10～20m						
			设备质量（t以内）						
			2	5	10	20	40	60	80
预算基价	总　价（元）		**4966.80**	**9342.25**	**12136.84**	**22108.70**	**38071.06**	**40842.89**	**50768.51**
	人　工　费（元）		3096.90	6563.70	8425.35	12583.35	21394.80	29230.20	33970.05
	材　料　费（元）		694.16	1231.93	1706.49	2572.67	3747.74	6354.55	10022.90
	机　械　费（元）		1175.74	1546.62	2005.00	6952.68	12928.52	5258.14	6775.56
组　成　内　容	单位	单价	数　　量						
人工 综合工	工日	135.00	22.94	48.62	62.41	93.21	158.48	216.52	251.63
材料 道木	m³	3660.04	0.07	0.13	0.20	0.31	0.47	0.83	1.03
木材　方木	m³	2716.33	0.05	0.08	0.12	0.15	0.19	0.25	0.28
平垫铁（综合）	kg	7.42	9.31	16.24	18.86	33.10	49.92	86.28	194.88
斜垫铁（综合）	kg	10.34	13.90	24.36	27.67	48.43	73.21	126.54	285.86
电焊条　E4303 D3.2	kg	7.59	1.21	1.83	2.66	4.28	7.12	9.33	12.53
氧气	m³	2.88	0.67	1.50	1.90	2.60	5.52	6.51	7.48
乙炔气	kg	14.66	0.220	0.500	0.630	0.870	1.840	2.170	2.490
尼龙砂轮片 D150	片	6.65	0.40	0.60	0.80	1.00	1.60	1.80	2.40
镀锌钢丝 D4.0	kg	7.08	6.00	12.00	16.00	18.00	20.00	22.00	24.00
二硫化钼	kg	32.13	0.30	0.50	0.60	0.70	0.80	0.90	1.20
滚杠	kg	4.21	—	—	—	—	—	44.16	100.04
零星材料费	元	—	20.22	35.88	49.70	74.93	109.16	185.08	291.93
机械 直流弧焊机 20kW	台班	75.06	0.50	0.73	1.08	1.73	2.87	3.75	5.02
电焊条烘干箱 800×800×1000	台班	51.03	0.05	0.07	0.11	0.17	0.29	0.38	0.50
载货汽车 10t	台班	574.62	0.1	0.2	0.3	—	—	—	—
汽车式起重机 8t	台班	767.15	0.10	0.20	0.30	0.40	0.50	0.60	0.73
汽车式起重机 25t	台班	1098.98	0.30	0.34	0.35	0.70	0.78	—	—
汽车式起重机 40t	台班	1547.56	0.43	0.54	0.72	—	1.04	—	—
汽车式起重机 75t	台班	3175.79	—	—	—	1.60	—	0.64	0.80
汽车式起重机 100t	台班	4689.49	—	—	—	—	1.93	—	—
平板拖车组 40t	台班	1468.34	—	—	—	0.43	0.52	—	—
卷扬机 单筒慢速 50kN	台班	211.29	0.03	0.05	0.08	0.12	0.16	5.52	8.14
卷扬机 单筒慢速 80kN	台班	254.54	—	—	—	—	—	5.1	6.1

编　号			5-1036	5-1037	5-1038	5-1039	5-1040	5-1041	5-1042
项　目			基础标高20m以外						
			设备质量（t以内）						
			2	5	10	20	40	60	80
预算基价	总　　　价（元）		**5446.56**	**11249.03**	**17468.11**	**25679.83**	**36336.11**	**48239.23**	**60586.34**
	人　工　费（元）		3464.10	7334.55	10355.85	15144.30	26563.95	35683.20	43011.00
	材　料　费（元）		694.16	1231.93	1706.49	2572.67	3747.74	6354.55	10022.90
	机　械　费（元）		1288.30	2682.55	5405.77	7962.86	6024.42	6201.48	7552.44
组　成　内　容	单位	单价	数　　量						
人工 综合工	工日	135.00	25.66	54.33	76.71	112.18	196.77	264.32	318.60
材料 道木	m³	3660.04	0.07	0.13	0.20	0.31	0.47	0.83	1.03
木材　方木	m³	2716.33	0.05	0.08	0.12	0.15	0.19	0.25	0.28
平垫铁（综合）	kg	7.42	9.31	16.24	18.86	33.10	49.92	86.28	194.88
斜垫铁（综合）	kg	10.34	13.90	24.36	27.67	48.43	73.21	126.54	285.86
电焊条 E4303 D3.2	kg	7.59	1.21	1.83	2.66	4.28	7.12	9.33	12.53
氧气	m³	2.88	0.67	1.50	1.90	2.60	5.52	6.51	7.48
乙炔气	kg	14.66	0.220	0.500	0.630	0.870	1.840	2.170	2.490
尼龙砂轮片 D150	片	6.65	0.40	0.60	0.80	1.00	1.60	1.80	2.40
镀锌钢丝 D4.0	kg	7.08	6.00	12.00	16.00	18.00	20.00	22.00	24.00
二硫化钼	kg	32.13	0.30	0.50	0.60	0.70	0.80	0.90	1.20
滚杠	kg	4.21	—	—	—	—	—	44.16	100.04
零星材料费	元	—	20.22	35.88	49.70	74.93	109.16	185.08	291.93
机械 直流弧焊机 20kW	台班	75.06	0.50	0.73	1.08	1.73	2.87	3.75	5.02
载货汽车 10t	台班	574.62	0.1	0.2	0.3	—	—	—	—
电焊条烘干箱 800×800×1000	台班	51.03	0.05	0.08	0.11	0.18	0.29	0.38	0.50
汽车式起重机 8t	台班	767.15	0.10	0.20	0.30	0.40	0.52	0.60	0.73
汽车式起重机 25t	台班	1098.98	0.30	0.34	0.36	0.86	—	—	—
汽车式起重机 40t	台班	1547.56	0.50	—	—	—	1.04	—	—
汽车式起重机 75t	台班	3175.79	—	0.62	—	—	—	0.64	0.84
汽车式起重机 100t	台班	4689.49	—	—	0.96	1.26	—	—	—
平板拖车组 40t	台班	1468.34	—	—	—	0.43	0.52	—	—
卷扬机　单筒慢速 50kN	台班	211.29	0.05	0.06	0.09	0.15	8.16	8.78	9.77
卷扬机　单筒慢速 80kN	台班	254.54	—	—	—	—	5.1	6.1	7.3

(2) 塔 盘 安 装

工作内容： 清点、矫正、编号、装配、调整、连接紧固。 单位：层

编　号			5-1043	5-1044	5-1045	5-1046	5-1047	5-1048	5-1049	5-1050	5-1051
项　目			筛板塔盘安装								
			设备直径(mm)								
			1400	1800	2400	2800	3200	3800	4500	5200	5800
预算基价	总　价(元)		**800.53**	**854.04**	**1069.81**	**1247.92**	**1346.91**	**1677.08**	**2152.99**	**2372.77**	**2725.71**
	人工费(元)		594.00	684.45	847.80	984.15	1059.75	1324.35	1705.05	1875.15	2162.70
	材料费(元)		69.60	74.57	113.06	133.84	142.80	182.02	215.05	233.04	248.25
	机械费(元)		136.93	95.02	108.95	129.93	144.36	170.71	232.89	264.58	314.76
组成内容		单位	单价	数　量								
人工	综合工	工日	135.00	4.40	5.07	6.28	7.29	7.85	9.81	12.63	13.89	16.02
材料	石棉编织带 2×(10～5)	kg	19.75	1.96	2.00	3.50	4.25	4.50	5.88	6.80	7.30	7.60
	电焊条 E4303 D3.2	kg	7.59	1.00	1.16	1.44	1.66	1.78	2.19	2.80	3.10	3.56
	氧气	m³	2.88	0.90	1.05	1.26	1.45	1.59	1.98	2.54	2.82	3.24
	乙炔气	kg	14.66	0.300	0.350	0.420	0.480	0.530	0.660	0.850	0.940	1.080
	二硫化钼	kg	32.13	0.23	0.25	0.30	0.33	0.37	0.44	0.52	0.58	0.61
	铅油	kg	11.17	0.16	0.19	0.20	0.21	0.22	0.28	0.30	0.33	0.36
	煤油	kg	7.49	0.26	0.30	0.45	0.51	0.52	0.59	0.70	0.73	0.76
	机油	kg	7.21	0.26	0.30	0.36	0.41	0.42	0.49	0.58	0.63	0.67
	零星材料费	元	—	3.31	3.55	5.38	6.37	6.80	8.67	10.24	11.10	11.82
机械	汽车式起重机 8t	台班	767.15	0.11	0.02	0.02	0.02	0.02	0.03	0.05	0.06	0.08
	载货汽车 6t	台班	461.82	0.01	0.02	0.02	0.02	0.02	0.03	0.05	0.06	0.08
	直流弧焊机 20kW	台班	75.06	0.50	0.58	0.71	0.83	0.89	1.00	1.38	1.55	1.78
	卷扬机 单筒慢速 30kN	台班	205.84	0.03	0.10	0.11	0.16	0.20	0.22	0.26	0.28	0.30
	轴流风机 7.5kW	台班	42.17	0.10	0.15	0.20	0.24	0.28	0.32	0.34	0.40	0.50

单位：层

编　　号			5-1052	5-1053	5-1054	5-1055	5-1056	5-1057	5-1058	5-1059	5-1060	5-1061
项　　目			筛板塔盘安装					浮阀塔盘安装				
			设备直径(mm)									
			6400	8000	9200	10000	10000以外	1400	1800	2400	2800	3200
预算基价	总　　价(元)		**3104.59**	**3505.27**	**4039.01**	**4607.20**	**5276.38**	**919.34**	**1088.64**	**1353.92**	**1561.22**	**1767.80**
	人 工 费(元)		2485.35	2820.15	3285.90	3778.65	4345.65	766.80	881.55	1096.20	1260.90	1439.10
	材 料 费(元)		273.87	299.00	321.13	344.00	375.89	73.38	99.29	135.58	160.56	174.51
	机 械 费(元)		345.37	386.12	431.98	484.55	554.84	79.16	107.80	122.14	139.76	154.19
组 成 内 容	单位	单价	数　　量									
人工	综合工	工日	135.00	18.41	20.89	24.34	27.99	32.19	5.68	6.53	8.12	9.34	10.66
材料	石棉编织带 2×(10~5)	kg	19.75	8.00	8.56	9.00	9.45	10.12	2.20	3.20	4.55	5.50	6.00
	电焊条 E4303 D3.2	kg	7.59	4.10	4.75	5.40	5.87	6.80	1.00	1.16	1.41	1.68	1.80
	氧气	m³	2.88	3.72	4.32	4.92	5.41	6.22	0.90	1.05	1.35	1.50	1.65
	乙炔气	kg	14.66	1.240	1.440	1.640	1.800	2.070	0.300	0.350	0.450	0.500	0.550
	二硫化钼	kg	32.13	0.85	0.90	0.95	1.06	1.12	0.20	0.24	0.30	0.33	0.35
	铅油	kg	11.17	0.40	0.45	0.47	0.52	0.56	0.17	0.19	0.24	0.27	0.30
	煤油	kg	7.49	0.80	0.90	1.00	1.15	1.30	0.26	0.35	0.44	0.48	0.50
	机油	kg	7.21	0.70	0.75	0.78	0.83	0.87	0.22	0.27	0.34	0.37	0.40
	零星材料费	元	—	13.04	14.24	15.29	16.38	17.90	3.49	4.73	6.46	7.65	8.31
机械	汽车式起重机 8t	台班	767.15	0.08	0.09	0.10	0.12	0.14	0.01	0.02	0.02	0.02	0.02
	载货汽车 6t	台班	461.82	0.08	0.09	0.10	0.12	0.14	0.01	0.02	0.02	0.02	0.02
	直流弧焊机 20kW	台班	75.06	2.05	2.33	2.70	2.94	3.40	0.50	0.58	0.71	0.84	0.90
	卷扬机 单筒慢速 30kN	台班	205.84	0.34	0.37	0.39	0.42	0.46	0.12	0.16	0.17	0.20	0.24
	轴流风机 7.5kW	台班	42.17	0.55	0.58	0.62	0.71	0.78	0.11	0.16	0.22	0.26	0.30

编　号			5-1062	5-1063	5-1064	5-1065	5-1066	5-1067	5-1068	5-1069	5-1070
项　目			浮阀塔盘安装								
			设备直径（mm）								
			3800	4500	5200	5800	6400	8000	9200	10000	10000以外
预算基价	总　价（元）		**2061.95**	**2546.16**	**2918.77**	**3315.79**	**3824.98**	**4392.38**	**5027.91**	**5853.96**	**6440.62**
	人　工　费（元）		1671.30	2052.00	2363.85	2702.70	3149.55	3626.10	4170.15	4795.20	5402.70
	材　料　费（元）		199.80	246.02	269.60	289.46	314.75	343.22	371.91	411.90	456.76
	机　械　费（元）		190.85	248.14	285.32	323.63	360.68	423.06	485.85	646.86	581.16
组 成 内 容		单位	单价	数　量							
人工	综合工	工日	135.00	12.38	15.20	17.51	20.02	23.33	26.86	30.89	35.52	40.02
材料	铅油	kg	11.17	0.36	0.42	0.53	0.56	0.60	0.65	0.70	0.95	1.10
	石棉编织带 2×（10～5）	kg	19.75	6.90	8.40	8.90	9.40	10.00	10.50	11.00	12.10	13.36
	电焊条 E4303 D3.2	kg	7.59	2.24	2.65	3.18	3.64	4.20	5.37	6.54	7.19	8.01
	氧气	m³	2.88	2.04	2.42	2.91	3.36	3.90	4.55	5.19	5.71	6.28
	乙炔气	kg	14.66	0.380	0.810	0.970	1.120	1.300	1.520	1.730	1.900	2.090
	二硫化钼	kg	32.13	0.43	0.50	0.57	0.61	0.65	0.70	0.78	0.86	0.94
	煤油	kg	7.49	0.58	0.64	0.73	0.76	0.90	0.95	1.00	1.20	1.40
	机油	kg	7.21	0.47	0.54	0.63	0.66	0.80	0.90	0.92	1.00	1.20
	零星材料费	元	—	9.51	11.72	12.84	13.78	14.99	16.34	17.71	19.61	21.75
机械	汽车式起重机 8t	台班	767.15	0.03	0.05	0.06	0.07	0.08	0.09	0.10	0.14	0.18
	载货汽车 6t	台班	461.82	0.03	0.05	0.06	0.07	0.08	0.09	0.10	0.14	0.18
	直流弧焊机 20kW	台班	75.06	1.12	1.38	1.59	1.82	2.10	2.69	2.78	3.60	4.01
	卷扬机 单筒慢速 30kN	台班	205.84	0.27	0.33	0.36	0.38	0.39	0.41	0.60	0.83	0.10
	轴流风机 7.5kW	台班	42.17	0.34	0.36	0.43	0.54	0.58	0.62	0.73	0.80	0.91

工作内容: 清点、矫正、编号、装配、紧固、鼓泡试验。

单位:层

编　号			5-1071	5-1072	5-1073	5-1074	5-1075	5-1076	5-1077
项　目			泡罩塔盘安装						
			设备直径(mm)						
			1400	1800	2400	2800	3200	3800	4500
预算基价	总　　价(元)		**1385.67**	**1603.79**	**1994.98**	**2309.39**	**2483.84**	**3064.41**	**3747.90**
	人　工　费(元)		1219.05	1401.30	1732.05	1991.25	2128.95	2631.15	3204.90
	材　料　费(元)		64.35	75.44	93.97	104.09	110.78	134.03	162.70
	机　械　费(元)		102.27	127.05	168.96	214.05	244.11	299.23	380.30
组　成　内　容	单位	单价	数　量						
人工 综合工	工日	135.00	9.03	10.38	12.83	14.75	15.77	19.49	23.74
材料 石棉扭绳 D4~5	kg	18.59	0.75	0.85	0.97	1.02	1.05	1.25	1.40
铅油	kg	11.17	0.13	0.15	0.18	0.21	0.22	0.28	0.35
石棉编织带 2×(10~5)	kg	19.75	0.70	0.80	0.93	0.98	1.00	1.15	1.36
水	m³	7.62	0.02	0.03	0.54	0.74	0.96	1.36	1.91
电焊条 E4303 D3.2	kg	7.59	1.40	1.62	1.97	2.23	2.50	3.03	3.52
氧气	m³	2.88	1.20	1.38	1.73	1.97	2.10	2.63	3.20
乙炔气	kg	14.66	0.400	0.460	0.580	0.660	0.700	0.880	1.070
二硫化钼	kg	32.13	0.16	0.20	0.27	0.31	0.32	0.38	0.45
煤油	kg	7.49	0.70	0.90	0.97	1.02	1.05	1.21	1.80
机油	kg	7.21	0.22	0.30	0.36	0.41	0.42	0.48	0.56
零星材料费	元	—	3.06	3.59	4.47	4.96	5.28	6.38	7.75
机械 汽车式起重机 8t	台班	767.15	0.01	0.01	0.02	0.04	0.05	0.06	0.10
载货汽车 6t	台班	461.82	0.01	0.01	0.02	0.04	0.05	0.06	0.10
直流弧焊机 20kW	台班	75.06	0.70	0.81	0.99	1.12	1.23	1.52	1.76
卷扬机 单筒慢速 30kN	台班	205.84	0.14	0.20	0.25	0.27	0.29	0.33	0.35
轴流风机 7.5kW	台班	42.17	0.10	0.15	0.20	0.24	0.28	0.32	0.34
电动单级离心清水泵 D50	台班	28.19	0.01	0.01	0.01	0.01	0.01	0.01	0.02
鼓风机 18m³	台班	41.24	0.10	0.15	0.24	0.36	0.45	0.72	0.93

270

单位：层

编　号			5-1078	5-1079	5-1080	5-1081	5-1082	5-1083	5-1084
项　目			泡罩塔盘安装						
			设备直径（mm）						
			5200	5800	6400	8000	9200	10000	10000以外
预算基价	总　　价（元）		**4376.41**	**4995.32**	**5555.34**	**6003.18**	**6955.69**	**7811.38**	**8970.24**
	人　工　费（元）		3720.60	4276.80	4704.75	4941.00	5697.00	6265.35	7206.30
	材　料　费（元）		194.81	223.11	253.17	311.88	361.90	426.17	497.25
	机　械　费（元）		461.00	495.41	597.42	750.30	896.79	1119.86	1266.69
组　成　内　容	单位	单价	数　　量						
人工　综合工	工日	135.00	27.56	31.68	34.85	36.60	42.20	46.41	53.38
材料　石棉扭绳 D4~5	kg	18.59	1.80	2.20	2.50	3.20	4.00	5.11	6.20
铅油	kg	11.17	0.43	0.46	0.50	0.56	0.60	0.73	0.86
石棉编织带 2×（10~5）	kg	19.75	1.50	1.60	2.00	2.67	3.00	3.52	4.31
水	m³	7.62	2.54	3.17	3.86	6.03	7.97	9.42	11.13
电焊条 E4303 D3.2	kg	7.59	4.28	4.96	5.41	6.02	6.56	7.12	7.68
氧气	m³	2.88	3.69	4.23	4.65	5.12	5.64	6.24	7.04
乙炔气	kg	14.66	1.230	1.410	1.550	1.710	1.880	2.080	2.350
二硫化钼	kg	32.13	0.53	0.60	0.64	0.70	0.75	0.93	1.02
煤油	kg	7.49	2.05	2.10	2.22	2.40	2.50	2.80	3.21
机油	kg	7.21	0.66	0.72	0.80	0.92	1.00	1.12	1.24
零星材料费	元	—	9.28	10.62	12.06	14.85	17.23	20.29	23.68
机械　汽车式起重机 8t	台班	767.15	0.13	0.17	0.22	0.31	0.38	0.52	0.61
载货汽车 6t	台班	461.82	0.13	0.17	0.22	0.31	0.38	0.52	0.61
直流弧焊机 20kW	台班	75.06	2.14	2.46	2.70	3.01	3.28	3.56	3.84
卷扬机 单筒慢速 30kN	台班	205.84	0.37	0.38	0.48	0.56	0.73	0.86	0.91
轴流风机 7.5kW	台班	42.17	0.40	0.54	0.58	0.62	0.73	0.80	0.91
电动单级离心清水泵 D50	台班	28.19	0.02	0.03	0.04	0.07	0.09	0.10	0.11
鼓风机 18m³	台班	41.24	1.14	—	—	—	—	—	—

工作内容：清点、矫正、编号、装配、调整、连接紧固。

单位：层

编　号			5-1085	5-1086	5-1087	5-1088	5-1089	5-1090	5-1091
项　目			舌形塔盘安装						
			设备直径（mm）						
			1400	1800	2400	2800	3200	3800	4500
预算基价	总　　价（元）		**797.18**	**944.33**	**1183.77**	**1373.07**	**1507.53**	**2229.98**	**2222.93**
	人　工　费（元）		677.70	780.30	965.25	1109.70	1220.40	1466.10	1787.40
	材　料　费（元）		44.50	79.62	105.84	129.51	142.60	162.24	205.67
	机　械　费（元）		74.98	84.41	112.68	133.86	144.53	601.64	229.86
组 成 内 容		单位	单价	数　　量					
人工	综合工	工日	135.00	5.02	5.78	7.15	8.22	9.04	10.86	13.24
材料	铅油	kg	11.17	0.14	0.20	0.20	0.20	0.20	0.20	0.20
	石棉编织带 2×（10～5）	kg	19.75	1.00	1.80	3.19	4.07	4.50	5.08	6.50
	电焊条 E4303 D3.2	kg	7.59	0.90	1.04	1.30	1.59	1.82	2.00	2.46
	氧气	m³	2.88	0.90	1.05	1.29	1.48	1.59	1.97	2.42
	乙炔气	kg	14.66	0.300	0.350	0.430	0.490	0.530	0.660	0.810
	二硫化钼	kg	32.13	0.12	0.20	0.30	0.32	0.35	0.41	0.47
	煤油	kg	7.49	0.25	1.79	0.45	0.52	0.54	0.60	0.66
	机油	kg	7.21	0.21	0.30	0.37	0.42	0.45	0.52	1.07
	零星材料费	元	—	2.12	3.79	5.04	6.17	6.79	7.73	9.79
机械	汽车式起重机 8t	台班	767.15	0.01	0.01	0.02	0.02	0.02	0.25	0.05
	载货汽车 6t	台班	461.82	0.01	0.01	0.02	0.02	0.02	0.25	0.05
	直流弧焊机 20kW	台班	75.06	0.45	0.52	0.65	0.80	0.81	1.00	1.23
	卷扬机 单筒慢速 30kN	台班	205.84	0.12	0.13	0.15	0.19	0.23	1.00	0.30
	轴流风机 7.5kW	台班	42.17	0.10	0.15	0.20	0.24	0.28	0.32	0.34

编　号			5-1092	5-1093	5-1094	5-1095	5-1096	5-1097	5-1098
项　目			舌形塔盘安装						
			设备直径（mm）						
			5200	5800	6400	8000	9200	10000	10000以外
预算基价	总　　　价（元）		**2567.08**	**2921.50**	**3342.64**	**3722.57**	**4397.64**	**4927.71**	**5662.47**
	人　工　费（元）		2073.60	2377.35	2743.20	3059.10	3627.45	3990.60	4588.65
	材　料　费（元）		227.05	243.40	262.16	282.85	308.88	374.37	417.97
	机　械　费（元）		266.43	300.75	337.28	380.62	461.31	562.74	655.85
组　成　内　容	单位	单价	数　　　量						
人工	综合工	工日	135.00	15.36	17.61	20.32	22.66	26.87	29.56	33.99
材料	铅油	kg	11.17	0.30	0.30	0.40	0.45	0.50	0.60	0.70
	石棉编织带 2×（10～5）	kg	19.75	7.30	7.60	8.00	8.60	9.00	11.20	12.10
	电焊条 E4303 D3.2	kg	7.59	2.82	3.24	3.72	4.02	4.92	5.65	6.43
	氧气	m³	2.88	2.79	3.21	3.69	3.98	4.86	5.74	6.84
	乙炔气	kg	14.66	0.930	1.070	1.230	1.330	1.620	1.910	2.280
	二硫化钼	kg	32.13	0.50	0.57	0.60	0.65	0.70	0.82	1.00
	煤油	kg	7.49	0.74	0.76	0.80	0.90	1.00	1.12	1.24
	机油	kg	7.21	0.56	0.67	0.70	0.75	0.80	0.90	1.10
	零星材料费	元	—	10.81	11.59	12.48	13.47	14.71	17.83	19.90
机械	汽车式起重机 8t	台班	767.15	0.06	0.07	0.08	0.09	0.10	0.12	0.14
	载货汽车 6t	台班	461.82	0.06	0.07	0.08	0.09	0.10	0.12	0.14
	直流弧焊机 20kW	台班	75.06	1.41	1.62	1.86	2.01	2.46	2.83	3.21
	卷扬机 单筒慢速 30kN	台班	205.84	0.34	0.35	0.37	0.46	0.62	0.84	1.02
	轴流风机 7.5kW	台班	42.17	0.40	0.50	0.55	0.58	0.62	0.71	0.78

编　　　号			5-1099	5-1100	5-1101	5-1102	5-1103	5-1104	5-1105	5-1106
项　　　目			S形塔盘安装							
			设备直径(mm)							
			1400	1800	2800	3800	4800	6400	8600	10000
预算基价	总　　价(元)		**1294.44**	**1769.06**	**2165.33**	**2744.10**	**3709.82**	**4437.86**	**5432.13**	**6694.55**
	人　工　费(元)		1139.40	1548.45	1869.75	2343.60	3191.40	3829.95	4703.40	5798.25
	材　料　费(元)		57.90	91.06	146.47	204.16	246.66	283.90	328.09	409.92
	机　械　费(元)		97.14	129.55	149.11	196.34	271.76	324.01	400.64	486.38
组　成　内　容	单位	单价	数　　量							
人工　综合工	工日	135.00	8.44	11.47	13.85	17.36	23.64	28.37	34.84	42.95
材料　铅油	kg	11.17	0.20	0.20	0.20	0.20	0.20	0.30	0.40	0.50
石棉编织带 2×(10~5)	kg	19.75	1.00	2.00	4.00	6.00	7.00	8.00	9.00	10.00
电焊条 E4303 D3.2	kg	7.59	1.60	2.08	2.50	3.12	4.22	5.06	5.82	6.12
氧气	m³	2.88	1.50	1.95	2.55	3.33	4.32	5.19	6.48	—
乙炔气	kg	14.66	0.500	0.650	0.850	1.110	1.440	1.730	2.160	3.070
二硫化钼	kg	32.13	0.20	0.30	0.40	0.50	0.60	0.60	0.70	0.80
煤油	kg	7.49	0.20	0.30	0.50	0.60	0.70	0.80	1.00	1.20
机油	kg	7.21	0.20	0.30	0.40	0.50	0.60	0.70	0.80	0.90
硅酸铝毡	kg	5.93	—	—	—	—	—	—	—	9.22
零星材料费	元	—	2.76	4.34	6.97	9.72	11.75	13.52	15.62	19.52
机械　汽车式起重机 8t	台班	767.15	0.01	0.02	0.02	0.02	0.03	0.04	0.06	0.08
载货汽车 6t	台班	461.82	0.01	0.02	0.02	0.02	0.03	0.04	0.06	0.08
直流弧焊机 20kW	台班	75.06	0.80	1.04	1.25	1.56	2.11	2.53	2.91	3.40
卷扬机 单筒慢速 30kN	台班	205.84	0.1	0.1	0.1	0.2	0.3	0.3	0.4	0.5
轴流风机 7.5kW	台班	42.17	0.10	0.15	0.24	0.32	0.35	0.55	0.62	0.71

编　　　号			5-1107	5-1108	5-1109	5-1110	5-1111	5-1112	5-1113	5-1114
项　　目			混合型塔盘安装							
			设备直径(mm)							
			1400	1800	2800	3800	4800	6400	8600	10000
预算基价	总　　　价(元)		**899.28**	**1127.19**	**1435.20**	**2068.59**	**2548.51**	**3272.05**	**4228.18**	**5194.95**
	人　工　费(元)		768.15	923.40	1155.60	1675.35	2093.85	2718.90	3558.60	4403.70
	材　料　费(元)		55.78	73.56	123.83	178.68	207.89	246.14	286.34	329.75
	机　械　费(元)		75.35	130.23	155.77	214.56	246.77	307.01	383.24	461.50
组成内容		单位	单价	数　　量						
人工	综合工	工日	135.00	5.69	6.84	8.56	12.41	15.51	20.14	26.36	32.62
材料	铅油	kg	11.17	0.20	0.20	0.20	0.20	0.20	0.20	0.30	0.40
	石棉编织带 2×(10~5)	kg	19.75	1.50	2.00	4.00	6.00	7.00	8.00	9.00	10.00
	电焊条 E4303 D3.2	kg	7.59	0.80	0.96	1.20	1.74	2.18	3.02	4.04	5.04
	氧气	m³	2.88	0.75	0.90	1.14	1.65	2.07	2.79	3.75	4.71
	乙炔气	kg	14.66	0.250	0.300	0.380	0.550	0.690	0.930	1.250	1.570
	二硫化钼	kg	32.13	0.20	0.30	0.40	0.50	0.50	0.60	0.60	0.70
	煤油	kg	7.49	0.20	0.30	0.40	0.50	0.60	0.80	1.00	1.20
	机油	kg	7.21	0.20	0.30	0.40	0.50	0.60	0.60	0.70	0.80
	零星材料费	元	—	2.66	3.50	5.90	8.51	9.90	11.72	13.64	15.70
机械	汽车式起重机 8t	台班	767.15	0.01	0.02	0.02	0.03	0.03	0.04	0.06	0.08
	载货汽车 6t	台班	461.82	0.01	0.02	0.02	0.03	0.03	0.04	0.06	0.08
	直流弧焊机 20kW	台班	75.06	0.40	0.72	0.90	1.31	1.64	1.81	2.02	2.52
	卷扬机 单筒慢速 30kN	台班	205.84	0.14	0.22	0.26	0.32	0.35	0.48	0.64	0.70
	轴流风机 7.5kW	台班	42.17	0.10	0.15	0.24	0.32	0.35	0.55	0.62	0.71

(3) 设 备 填 充

工作内容：施工准备、场内运输、挑选冲洗填充。

单位：t

			编 号			5-1115	5-1116	5-1117	5-1118	5-1119
			项 目			瓷环乱堆		瓷环排列		
						D50	D150	D25	D80	D150
预算基价		总 价(元)				**1420.67**	**1035.66**	**2549.43**	**1921.99**	**1542.48**
		人 工 费(元)				1217.70	853.20	2319.30	1707.75	1355.40
		材 料 费(元)				45.56	45.56	45.56	45.56	45.56
		机 械 费(元)				157.41	136.90	184.57	168.68	141.52
组 成 内 容				单位	单价	数 量				
人工	综合工			工日	135.00	9.02	6.32	17.18	12.65	10.04
材料	主材			t	—	(1.05)	(1.05)	(1.05)	(1.05)	(1.05)
	木板			m³	1672.03	0.01	0.01	0.01	0.01	0.01
	水			m³	7.62	3.5	3.5	3.5	3.5	3.5
	零星材料费			元	—	2.17	2.17	2.17	2.17	2.17
机械	载货汽车 6t			台班	461.82	0.17	0.15	0.18	0.17	0.16
	卷扬机 单筒快速 20kN			台班	225.43	0.35	0.30	0.45	0.40	0.30

编　号			5-1120	5-1121	5-1122	5-1123	5-1124	5-1125
项　目			碳钢环	不锈钢环	铝环	塑料环	磁环乱堆	
			乱堆				50×50×4.5	100×100×10
预算基价	总　价(元)		**973.56**	**871.74**	**1118.08**	**1547.94**	**1332.45**	**963.90**
	人工费(元)		791.10	693.90	901.80	1327.05	1140.75	772.20
	材料费(元)		45.56	45.56	45.56	45.56	45.56	45.56
	机械费(元)		136.90	132.28	170.72	175.33	146.14	146.14
组 成 内 容	单位	单价	数　量					
人工　综合工	工日	135.00	5.86	5.14	6.68	9.83	8.45	5.72
材料　主材	t	—	(1.01)	(1.01)	(1.01)	(1.01)	(1.04)	(1.04)
木板	m³	1672.03	0.01	0.01	0.01	0.01	0.01	0.01
水	m³	7.62	3.5	3.5	3.5	3.5	3.5	3.5
零星材料费	元	—	2.17	2.17	2.17	2.17	2.17	2.17
机械　载货汽车 6t	台班	461.82	0.15	0.14	0.15	0.16	0.17	0.17
卷扬机 单筒快速 20kN	台班	225.43	0.30	0.30	0.45	0.45	0.30	0.30

四、电解槽、除雾器、除尘器安装

1.立式隔膜电解槽安装

工作内容：绝缘子安装、阴极板、阳极板清点、组对、底框槽架、槽盖、滴流管及其他附件安装、找正、固定及组装、夹具的制作、安装、拆除、气密试验、密封充氮。

单位：t

编　号				5-1126	5-1127	5-1128	5-1129	5-1130	5-1131	5-1132	5-1133	5-1134	5-1135
项　目				钢框架底座、玻璃钢盖					混凝土槽底、盖				
				设备质量（t以内）									
				2	3	5	7	10	2	3	5	7	10
预算基价	总　　价（元）			**2930.88**	**4084.09**	**5518.73**	**7067.24**	**9103.62**	**2464.42**	**3461.13**	**4690.85**	**6033.30**	**7809.93**
	人　工　费（元）			1877.85	2693.25	3742.20	4787.10	6354.45	1502.55	2154.60	2994.30	3829.95	5082.75
	材　料　费（元）			672.17	846.95	1069.61	1300.70	1539.76	581.01	762.64	989.63	1223.91	1517.77
	机　械　费（元）			380.86	543.89	706.92	979.44	1209.41	380.86	543.89	706.92	979.44	1209.41
组　成　内　容		单位	单价	数　　量									
人工	综合工	工日	135.00	13.91	19.95	27.72	35.46	47.07	11.13	15.96	22.18	28.37	37.65
材料	型钢	t	3699.72	0.01701	0.01891	0.02103	0.02357	0.02583	0.01021	0.01135	0.01262	0.01414	0.01556
	钢板垫板	t	4954.18	0.01715	0.01905	0.02117	0.02352	0.02587	0.01715	0.01905	0.02109	0.02117	0.02587
	道木	m³	3660.04	0.01	0.01	0.02	0.03	0.04	0.01	0.01	0.02	0.03	0.04
	密封垫	m²	14.67	0.13	0.14	0.15	0.16	0.19	8.00	12.00	16.00	20.00	24.00
	橡胶板	kg	11.26	11.25	13.13	15.00	16.87	18.75	11.25	13.13	15.00	16.87	18.75
	橡胶塞	kg	14.69	4.00	6.00	8.00	10.00	12.00	4.00	5.00	6.00	8.00	12.00
	聚氯乙烯薄膜	kg	12.44	5.00	10.00	15.00	20.00	25.00	5.00	10.00	15.00	20.00	25.00
	石棉布	kg	27.24	0.70	0.70	0.80	0.90	1.00	—	—	—	—	—
	乙丙烯橡胶黑带	kg	16.68	5.60	6.60	7.30	8.10	9.30	—	—	—	—	—
	PVC带 50	卷	10.82	5.60	6.60	7.30	8.10	9.30	—	—	—	—	—
	电焊条 E4303 D3.2	kg	7.59	1.00	1.20	1.50	2.10	3.00	1.00	1.20	1.50	2.10	3.00
	氧气	m³	2.88	0.60	0.60	0.90	1.20	1.50	0.60	0.60	0.90	0.90	1.50
	乙炔气	kg	14.66	0.200	0.200	0.300	0.400	0.500	0.200	0.200	0.300	0.300	0.500
	氮气	m³	3.82	4.00	6.00	10.00	14.00	17.00	2.50	2.70	3.00	3.50	4.00
	硅酸钠	kg	2.10	0.41	0.45	0.50	0.55	0.61	0.41	0.45	0.50	0.55	0.61
	凡士林	kg	11.12	0.50	0.50	0.50	0.80	1.00	0.50	0.50	0.50	0.80	1.00
	机油	kg	7.21	1.60	2.10	3.00	3.50	4.00	1.60	2.10	3.00	3.50	4.00
	零星材料费	元	—	19.58	24.67	31.15	37.88	44.85	16.92	22.21	28.82	35.65	44.21
机械	载货汽车 15t	台班	809.06	0.13	0.18	0.23	0.28	0.35	0.13	0.18	0.23	0.28	0.35
	直流弧焊机 20kW	台班	75.06	0.30	0.40	0.50	0.70	1.00	0.30	0.40	0.50	0.70	1.00
	汽车式起重机 8t	台班	767.15	0.33	0.48	0.63	0.28	0.35	0.33	0.48	0.63	0.28	0.35
	汽车式起重机 16t	台班	971.12	—	—	—	0.50	0.60	—	—	—	0.50	0.60

2．箱式玻璃钢电除雾器安装

工作内容：金属构架地面组对安装、找正、紧固螺栓、固定焊接,玻璃钢本体废气出口、漏斗地面组对、外构架与本体连接、固定找正、内集酸板、栅板及其他内件安装、找正,配合玻璃接缝积层施工、气密试验、系统调试。

单位：套

编　号			5-1136	5-1137
项　目			壳体金属结构	玻璃钢本体
预算基价	总　价(元)		**1868.54**	**8037.10**
	人　工　费(元)		1252.80	4808.70
	材　料　费(元)		87.30	551.69
	机　械　费(元)		528.44	2676.71
组成内容		单位	单价	数　量
人工	综合工	工日	135.00	9.28	35.62
材料	钢板垫板	t	4954.18	0.00224	—
	道木	m³	3660.04	0.01	0.01
	电焊条 E4303 D3.2	kg	7.59	3.44	3.56
	氧气	m³	2.88	1.41	6.04
	乙炔气	kg	14.66	0.470	2.010
	型钢	t	3699.72	—	0.04657
	胶合板 2000×1000×6	张	89.96	—	0.7
	铜接线端子 DT-16mm²	个	10.05	—	6.66
	精制六角带帽螺栓	kg	8.64	—	1.90
	石棉橡胶板 低压 δ0.8～6.0	kg	19.35	—	0.3
	镀锌钢丝网 D2×22目	m²	12.55	—	5.24
	毛毡 δ5	m²	23.94	—	1.46
	零星材料费	元	—	2.54	16.07
机械	汽车式起重机 12t	台班	864.36	0.06	0.35
	汽车式起重机 40t	台班	1547.56	0.22	1.34
	载货汽车 15t	台班	809.06	0.03	—
	直流弧焊机 30kW	台班	92.43	1.21	2.13
	内燃空气压缩机 9m³	台班	450.35	—	0.23

279

3.电除雾器安装

工作内容：壳体安装、沉淀板、电晕板、上下分布板、内框架绝缘箱安装、找正、焊接内框架梁、衬铝、焊缝严密性试验、试压。 **单位**：t

	编　　号			5-1138
	项　　目			M146管式
预算基价	总　　价(元)			**6025.96**
	人　工　费(元)			4297.05
	材　料　费(元)			617.63
	机　械　费(元)			1111.28
	组 成 内 容	**单位**	**单价**	**数　　量**
人工	综合工	工日	135.00	31.83
材料	道木	m³	3660.04	0.02
	钢板垫板	t	4954.18	0.00120
	铜接线端子 DT-16mm²	个	10.05	1.98
	精制六角带帽螺栓	kg	8.64	0.71
	石棉橡胶板 低压 δ0.8～6.0	kg	19.35	0.50
	电焊条 E4303 D3.2	kg	7.59	2.13
	氧气	m³	2.88	12.36
	乙炔气	kg	14.66	4.120
	铅焊丝	kg	15.06	18.90
	氩气	m³	3.82	22.17
	煤油	kg	7.49	0.44
	零星材料费	元	—	17.99
机械	汽车式起重机 8t	台班	767.15	0.32
	汽车式起重机 16t	台班	971.12	0.52
	汽车式起重机 40t	台班	1547.56	0.04
	载货汽车 5t	台班	443.55	0.26
	平板拖车组 40t	台班	1468.34	0.02
	直流弧焊机 30kW	台班	92.43	1.23
	内燃空气压缩机 9m³	台班	450.35	0.09

4.电除尘器安装

工作内容：壳体结构分片组对安装、灰斗拼装、保温箱安装、进口喇叭组装、阴阳极板及振打装置调校、安装、内架固定、气密性试验。

单位：t

编 号				5-1139	5-1140
项 目				壳体安装（70m²以内）	内件安装（方形、卧型）
预算基价	总 价(元)			**4334.31**	**5761.04**
	人 工 费(元)			2875.50	4037.85
	材 料 费(元)			234.78	522.48
	机 械 费(元)			1224.03	1200.71
组 成 内 容		单位	单价	数 量	
人工	综合工	工日	135.00	21.30	29.91
材料	道木	m³	3660.04	0.02	0.11
	钢板垫板	t	4954.18	0.00173	—
	电焊条 E4303 D3.2	kg	7.59	16.13	3.74
	氧气	m³	2.88	3.05	2.76
	乙炔气	kg	14.66	1.020	0.920
	白调和漆	kg	19.26	—	2.00
	铁砂布	张	1.56	—	0.47
	煤油	kg	7.49	—	0.67
	机油	kg	7.21	—	0.27
	黄干油	kg	15.77	—	0.20
	二硫化钼	kg	32.13	—	0.17
	零星材料费	元	—	6.84	15.22
机械	载货汽车 8t	台班	521.59	0.03	0.04
	直流弧焊机 20kW	台班	75.06	3.26	—
	内燃空气压缩机 9m³	台班	450.35	0.07	—
	汽车式起重机 12t	台班	864.36	0.04	—
	汽车式起重机 20t	台班	1043.80	—	0.04
	汽车式起重机 40t	台班	1547.56	0.58	0.47
	汽车式起重机 75t	台班	3175.79	—	0.09
	交流弧焊机 32kV·A	台班	87.97	—	1.42

5.污水处理设备安装

工作内容： 设备及附件的清洗、安装、调试和电机安装。

单位：台

编　号			5-1141	5-1142	5-1143	5-1144	5-1145	5-1146	5-1147
项　目			曝气机		调节堰板		刮沫机	刮泥机	
			(叶轮直径)					8.5t	24t
			D1500	D1930	3000	4500		D20m	D37m
预算基价	总　　价(元)		**5319.67**	**6882.28**	**1877.04**	**2300.76**	**12096.75**	**46068.84**	**67027.50**
	人　工　费(元)		3244.05	4349.70	1296.00	1566.00	10154.70	30920.40	44675.55
	材　料　费(元)		1182.22	1288.75	187.40	203.82	653.31	2598.24	3127.09
	机　械　费(元)		893.40	1243.83	393.64	530.94	1288.74	12550.20	19224.86
组成内容	单位	单价	数　　　量						
人工 综合工	工日	135.00	24.03	32.22	9.60	11.60	75.22	229.04	330.93
材料 斜垫铁（综合）	kg	10.34	31.03	32.38	—	—	18.53	20.71	26.51
平垫铁（综合）	kg	7.42	59.40	61.98	—	—	36.69	51.81	57.76
道木	m³	3660.04	0.03	0.03	0.01	0.01	0.01	0.31	0.31
木板	m³	1672.03	0.06	0.07	—	—	0.01	—	—
橡胶石棉盘根 D6～10 250℃编制	kg	25.04	0.95	1.10	—	—	—	—	—
电焊条 E4303 D3.2	kg	7.59	2.24	2.51	1.71	1.72	3.78	50.00	50.00
镀锌钢丝 D4.0	kg	7.08	1.60	2.00	3.00	3.00	1.80	5.00	12.00
黄干油	kg	15.77	1.40	1.80	2.50	3.00	1.50	2.70	4.80
机油 5#～7#	kg	7.21	2.00	2.80	—	—	1.50	3.40	9.60
煤油	kg	7.49	2.70	3.00	6.00	7.00	3.00	12.00	24.00
汽油 60#～70#	kg	6.67	6.80	11.10	—	—	1.00	4.00	6.00
氧气	m³	2.88	—	—	3.00	3.01	—	6.00	6.01
乙炔气	kg	14.66	—	—	1.000	1.010	—	2.600	2.610
普碳钢板 Q195～Q235 δ1.0～1.5	t	3992.69	—	—	—	—	—	0.0025	0.0060
石棉橡胶板 低压 δ0.8～6.0	kg	19.35	—	—	—	—	—	4.00	12.00
零星材料费	元	—	56.30	61.37	8.92	9.71	31.11	123.73	148.91
机械 汽车式起重机 8t	台班	767.15	0.40	0.60	0.16	0.27	1.00	2.00	4.00
载货汽车 8t	台班	521.59	0.40	0.60	0.41	0.51	1.00	2.00	2.00
直流弧焊机 20kW	台班	75.06	1.32	1.39	0.76	0.77	—	20.00	20.01
卷扬机 双筒慢速 50kN	台班	236.29	1.18	1.55	—	—	—	3.32	3.67
载货汽车 5t	台班	443.55	—	—	—	—	—	2.00	2.01
履带式起重机 15t	台班	759.77	—	—	—	—	—	8.95	15.60

五、催化裂化再生器、沉降器与空气分馏塔

1.催化裂化再生器、催化裂化沉降器

工作内容：清点、检查、画线、定距、放样、下料、滚圆、铺衬、接口处理、焊接、冲击试验等。

编　号				5-1148	5-1149	5-1150	5-1151	5-1152	5-1153	5-1154
项　目				再生器沉降器						
				旋风分离器整体吊装设备质量(t以内)				钉头及端板安装	碳钢龟甲网安装	合金钢龟甲网安装
				250 （台）	350 （台）	450 （台）	500 （台）	（m²）	（m²）	（m²）
预算基价	总　　　价(元)			**46530.29**	**56501.45**	**65185.78**	**77902.81**	**40.53**	**602.22**	**889.49**
	人　工　费(元)			29673.00	35749.35	42568.20	51081.30	13.50	311.85	345.60
	材　料　费(元)			10045.68	12131.88	13612.63	16307.97	23.29	219.98	471.63
	机　械　费(元)			6811.61	8620.22	9004.95	10513.54	3.74	70.39	72.26
组 成 内 容		单位	单价	数　　量						
人工	综合工	工日	135.00	219.80	264.81	315.32	378.38	0.10	2.31	2.56
材料	钢板垫板	t	4954.18	0.416	0.494	0.572	0.687	—	—	—
	型钢	t	3699.72	1.191	1.516	1.697	2.031	—	—	—
	道木	m³	3660.04	0.71	0.78	0.85	1.02	—	—	—
	铁件	kg	9.49	5.22	5.22	5.22	5.22	—	—	—
	电焊条 E4303 D3.2	kg	7.59	59.80	75.40	84.50	101.40	0.20	0.50	—
	氧气	m³	2.88	39.00	49.40	58.00	69.60	—	0.50	0.60
	乙炔气	m³	16.13	16.960	21.480	25.220	30.260	—	0.220	0.260
	钉头	kg	5.30	—	—	—	—	1.07	—	—
	端板	kg	7.82	—	—	—	—	2.04	—	—
	碳钢龟甲网	kg	11.79	—	—	—	—	—	17.60	—
	不锈钢龟甲网	kg	23.26	—	—	—	—	—	—	18.40
	炭精棒 8～12	根	1.71	—	—	—	—	—	—	2.00
	不锈钢电焊条 奥102 D3.2	kg	40.67	—	—	—	—	—	—	0.55
	零星材料费	元	—	90.44	110.34	124.65	149.37	0.15	3.69	11.94
机械	履带式起重机 15t	台班	759.77	1.50	1.50	2.00	2.00	—	—	—
	履带式拖拉机 60kW	台班	668.89	5.50	8.00	8.00	9.60	—	—	—
	直流弧焊机 30kW	台班	92.43	6.50	7.80	7.80	9.36	0.04	0.70	0.72
	卷扬机 单筒慢速 80kN	台班	254.54	5.20	5.20	5.20	6.30	—	—	—
	卷板机 19×2000	台班	245.57	—	—	—	—	—	0.02	0.02
	综合机械	元	—	68.66	84.88	89.73	103.91	0.04	0.78	0.80

2.空气分馏塔

工作内容：冷箱结构架、壳体、平台、栏杆、梯子安装、焊接；冷箱内设备分段组对、焊接、安装；阀门阀件及支架安装；冷箱内管道、管件脱脂、下料、坡口、焊接安装；系统吹扫、气密泄漏试验,配合二次灌浆。

单位：台

编 号				5-1155	5-1156	5-1157
项 目				整体安装		
				规格型号		
				FON50/200	140/660	FL-300/300
预算基价	总 价(元)			**12608.69**	**16460.87**	**23857.65**
	人 工 费(元)			9112.50	11605.95	16985.70
	材 料 费(元)			2419.32	3232.31	4887.02
	机 械 费(元)			1076.87	1622.61	1984.93
组 成 内 容		单位	单价	数 量		
人工	综合工	工日	135.00	67.50	85.97	125.82
材料	钢板垫板	t	4954.18	0.00936	0.01248	0.01404
	型钢	t	3699.72	0.05200	0.10300	0.17000
	四氯化碳 95%	kg	14.71	15.00	20.00	45.00
	石棉橡胶板 高压 $\delta 0.5 \sim 8.0$	kg	21.45	3.10	3.60	9.20
	白布	m	3.68	2.50	3.50	4.00
	石棉编绳 $D11 \sim 25$	kg	17.84	0.50	0.60	1.20
	道木	m³	3660.04	0.40	0.50	0.63
	乙炔气	m³	16.13	5.220	6.520	13.040
	氧气	m³	2.88	12.00	15.00	30.00
	电焊条 E4303 $D3.2$	kg	7.59	3.00	4.00	5.00
	气焊条 $D<2$	kg	7.96	2.0	2.5	4.0
	铜焊条 铜107 $D3.2$	kg	51.27	0.4	0.6	1.0
	焊锡	kg	59.85	1.1	1.6	2.7

编　号			5-1155	5-1156	5-1157
项　目			整体安装		
			规格型号		
			FON50/200	140/660	FL-300/300
组 成 内 容	单位	单价	数　量		
材 料	锌 99.99%	kg	23.32	0.22	0.32	0.55
	煤油	kg	7.49	3.50	4.50	6.00
	镀锌钢丝（综合）	kg	7.16	3	5	10
	工业酒精 99.5%	kg	7.42	10	14	25
	破布	kg	5.07	2.00	3.00	5.00
	肥皂	块	1.34	5.00	8.00	12.00
	锯条	根	0.42	6.00	8.00	15.00
	铁砂布 0#～2#	张	1.15	5.00	7.00	12.00
	黄干油	kg	15.77	0.30	0.40	0.60
	甘油	kg	14.22	0.5	0.7	1.0
	零星材料费	元	—	3.51	4.79	7.80
机 械	交流弧焊机 32kV·A	台班	87.97	1.50	2.00	2.50
	卷扬机 单筒快速 30kN	台班	243.50	1.36	2.45	2.72
	卷扬机 单筒慢速 50kN	台班	211.29	1.07	1.64	2.14
	载货汽车 8t	台班	521.59	0.30	—	—
	载货汽车 15t	台班	809.06	—	0.30	0.35
	汽车式起重机 8t	台班	767.15	0.30	—	—
	汽车式起重机 12t	台班	864.36	—	0.30	—
	汽车式起重机 20t	台班	1043.80	—	—	0.35
	综合机械	元	—	1.05	1.55	2.02

单位：t

编　号			5-1158	5-1159	5-1160	5-1161	5-1162	5-1163	5-1164	5-1165
项　目			组对安装							
			规格型号							
			FON1000/110	FON1500/150	FON3200/320	FON6000/660	FON10000/11	日立14000/1	液空20000/3	林德28000/3
预算基价	总　价(元)		**11299.17**	**10353.86**	**9478.42**	**8693.71**	**7849.75**	**7407.49**	**7126.69**	**6548.69**
	人　工　费(元)		8037.90	7433.10	6740.55	6129.00	5524.20	5134.05	4974.75	4580.55
	材　料　费(元)		901.25	827.47	766.24	716.84	676.32	668.42	598.57	563.10
	机　械　费(元)		2360.02	2093.29	1971.63	1847.87	1649.23	1605.02	1553.37	1405.04
组　成　内　容	单位	单价	数　　量							
人工 综合工	工日	135.00	59.54	55.06	49.93	45.40	40.92	38.03	36.85	33.93
材料 钢板垫板	t	4954.18	0.00811	0.00773	0.00734	0.00695	0.00657	0.01720	0.00650	0.00565
型钢	t	3699.72	0.03054	0.02608	0.01926	0.01875	0.01960	0.01600	0.01950	0.01210
焊接钢管 DN25	m	9.32	0.040	0.040	0.040	0.030	0.030	0.024	0.034	0.020
焊接钢管 DN50	m	18.68	0.040	0.040	0.040	0.030	0.030	0.024	0.034	0.020
螺纹截止阀门 J11T-16 DN25	个	15.91	0.040	0.040	0.040	0.030	0.030	0.024	0.034	0.020
螺纹截止阀门 J11T-16 DN50	个	35.90	0.040	0.040	0.040	0.030	0.030	0.024	0.034	0.020
四氯化碳 95%	kg	14.71	6.62	6.43	6.26	6.25	5.88	4.80	4.80	4.01
石棉橡胶板 高压 $\delta 0.5\sim 8.0$	kg	21.45	0.48	0.44	0.40	0.35	0.31	0.29	0.30	0.22
白布	m	3.68	0.61	0.45	0.39	0.28	0.25	0.20	0.20	0.16
石棉编绳 D11~25	kg	17.84	0.01	0.01	0.02	0.02	0.02	0.02	0.03	0.03
中低压盲板	kg	7.81	1.43	1.19	0.96	0.71	0.60	0.40	0.30	0.30
道木	m³	3660.04	0.01	0.01	0.01	0.01	0.01	0.01	0.01	0.01
编织胶管	m	18.87	0.66	0.55	0.50	0.45	0.39	0.34	0.42	0.27
橡胶板 $\delta 1\sim 3$	kg	11.26	0.12	0.12	0.11	0.10	0.10	0.09	0.13	0.08
聚氯乙烯薄膜	kg	12.44	0.16	0.14	0.13	0.12	0.11	0.10	0.10	0.06
医用胶管	m	4.04	0.31	0.25	0.21	0.15	0.10	0.08	0.10	0.08
六角带帽螺栓	kg	8.31	0.02	0.02	0.02	0.02	0.03	0.02	0.03	0.02
乙炔气	m³	16.13	4.265	3.830	3.391	2.952	2.513	2.074	2.100	1.848
氧气	m³	2.88	9.81	8.81	7.80	6.79	5.78	4.77	4.83	4.25
电焊条 E4303 D3.2	kg	7.59	11.99	10.81	9.62	8.44	7.25	7.06	6.16	5.59

单位：t

编　号			5-1158	5-1159	5-1160	5-1161	5-1162	5-1163	5-1164	5-1165
项　目			组对安装							
			规格型号							
			FON1000/110	FON1500/150	FON3200/320	FON6000/660	FON10000/11	日立14000/1	液空20000/3	林德28000/3
组　成　内　容	单位	单价	数　量							
材 料	煤油	kg	7.49	0.61	0.56	0.50	0.45	0.39	0.33	0.42	0.27
	破布	kg	5.07	1.06	0.94	0.84	0.63	0.57	0.48	0.48	0.48
	肥皂	块	1.34	0.36	0.34	0.32	0.28	0.28	0.28	0.28	0.28
	锯条	根	0.42	4.07	4.04	3.94	2.81	2.45	2.00	1.95	1.47
	铁砂布 0#~2#	张	1.15	0.41	0.41	0.40	0.40	0.34	0.32	0.32	0.27
	黄干油	kg	15.77	0.02	0.02	0.02	0.02	0.02	0.02	0.02	0.02
	氩气	m³	18.60	6.30	6.03	5.85	5.73	5.58	5.43	4.73	6.06
	铝合金焊丝 丝331 D1~6	kg	48.89	2.10	2.01	1.95	1.91	1.86	1.81	0.78	1.54
	不锈钢电焊条 奥102 D3.2	kg	40.67	0.68	0.65	0.63	0.60	0.58	0.48	0.50	0.47
	低温钢电焊条 E5003 D2.5~4.0	kg	9.78	0.11	0.12	0.13	0.14	0.14	0.14	0.20	0.15
	钍钨棒	kg	640.87	0.040	0.040	0.060	0.060	0.060	0.050	0.049	0.040
	机油 5#~7#	kg	7.21	0.08	0.08	0.08	0.08	0.08	0.33	0.42	0.27
	硝酸	kg	5.56	0.86	0.77	0.68	0.56	0.49	0.44	0.44	0.44
	烧碱	kg	8.63	0.15	0.15	0.17	0.19	0.20	0.18	0.18	0.23
	尼龙砂轮片 D150	片	6.65	3.36	2.74	2.31	1.88	1.57	1.32	1.07	1.10
	尼龙砂轮片 D400	片	15.64	3.27	2.61	2.02	1.44	1.18	1.00	0.98	0.75
	石蜡	盒	11.42	0.06	0.05	0.05	0.03	0.03	0.02	0.02	0.02
	红丹粉	kg	12.42	0.02	0.02	0.02	0.02	0.02	0.02	0.02	0.02
	棉纱	kg	16.11	0.04	0.04	0.04	0.04	0.04	0.04	0.04	0.03
	不锈钢氩弧焊丝 D3	kg	53.22	—	—	—	—	—	0.08	0.79	0.35
	零星材料费	元	—	12.90	11.67	10.79	9.89	9.23	9.11	8.53	7.96
机 械	载货汽车 4t	台班	417.41	0.13	0.12	0.10	0.09	0.08	0.07	0.07	0.06
	载货汽车 8t	台班	521.59	0.06	0.06	0.05	0.04	0.03	0.03	0.04	0.03
	载货汽车 15t	台班	809.06	0.04	0.04	0.05	0.06	0.06	0.05	0.05	0.05
	卷扬机 单筒快速 30kN	台班	243.50	0.41	0.41	—	—	—	—	—	—

单位：t

编　号			5-1158	5-1159	5-1160	5-1161	5-1162	5-1163	5-1164	5-1165
项　目			组对安装							
			规格型号							
			FON1000/110	FON1500/150	FON3200/320	FON6000/660	FON10000/11	日立14000/1	液空20000/3	林德28000/3
组 成 内 容	单位	单价	数　量							
	卷扬机 单筒慢速 50kN	台班	211.29	—	—	0.50	0.48	0.42	0.38	0.37	0.35
	直流弧焊机 20kW	台班	75.06	4.94	4.53	4.15	3.57	3.22	3.12	3.19	2.72
	直流弧焊机 30kW	台班	92.43	0.58	0.56	0.52	0.49	0.45	0.42	0.35	0.38
	氩弧焊机 500A	台班	96.11	4.57	4.20	3.82	3.50	3.06	2.86	2.81	2.74
	管子切断机 D250	台班	43.71	1.97	1.28	0.96	0.63	0.51	0.50	0.44	0.35
机	摇臂钻床 D50	台班	21.45	0.47	0.38	0.26	0.20	0.20	0.18	0.15	0.12
	履带式起重机 15t	台班	759.77	0.24	0.23	0.22	0.21	0.20	0.22	0.22	0.23
	管车床	台班	203.92	0.51	0.37	0.29	0.19	0.15	0.14	0.14	0.11
	手提圆锯	台班	3.51	0.75	0.52	0.42	0.38	0.37	0.36	0.34	0.32
	台式砂轮机 D200	台班	19.99	0.35	0.28	0.22	0.20	0.18	0.17	0.16	0.14
	电动空气压缩机 9m³	台班	335.36	0.32	0.28	0.24	0.20	0.17	0.16	0.15	0.12
	手提砂轮机 D150	台班	5.55	1.86	1.61	1.36	1.11	0.90	0.80	0.80	0.70
	电焊条烘干箱 800×800×1000	台班	51.03	0.44	0.37	0.29	0.22	0.19	0.16	0.16	0.13
	吸尘器	台班	2.97	0.35	0.32	0.30	0.27	0.25	0.24	0.23	0.19
	汽车式起重机 8t	台班	767.15	0.30	0.27	0.21	0.18	0.14	0.12	0.14	0.12
	汽车式起重机 16t	台班	971.12	0.35	0.29	0.19	0.13	0.10	0.08	0.08	0.07
	汽车式起重机 20t	台班	1043.80	0.08	0.08	0.08	—	—	—	—	—
	汽车式起重机 40t	台班	1547.56	—	—	0.08	0.09	0.10	0.09	0.09	0.09
	汽车式起重机 75t	台班	3175.79	—	—	—	0.05	0.05	0.04	0.02	0.01
械	汽车式起重机 125t	台班	8124.45	—	—	—	—	—	0.01	0.01	0.01
	平板拖车组 10t	台班	909.28	—	—	—	0.03	0.02	0.02	0.02	0.02
	平板拖车组 20t	台班	1101.26	—	—	0.03	0.03	0.02	—	—	—
	平板拖车组 30t	台班	1263.97	—	—	—	—	—	0.02	0.02	0.01
	坡口机 2.2kW	台班	31.74	2.01	1.37	1.23	0.81	0.70	—	—	—
	坡口机 2.8kW	台班	32.84	—	—	—	—	—	0.60	0.80	0.55
	综合机械	元	—	28.00	24.13	22.59	20.69	18.57	18.00	17.80	15.81

第三章　设备压力试验与设备清洗、钝化、脱脂

说　明

一、本章适用范围：设备水压试验、气密试验、清洗、钝化、脱脂。

二、本章基价除各个项目标注的工作内容外，均包括施工准备、场内运输及清理现场等。

三、本章基价包括压力试验的临时水管线的安装、拆除。

四、水压试验基价内包括的临时水管线安装、拆除与材料摊销量是综合测算取定的，不得调整。

五、试压用水是指按正常情况考虑，不包括对水质、水温有特殊要求时的措施费用。

六、常压设备注水试漏：如在基础上试漏，按设计压力1MPa的基价乘以系数0.60，在道木堆上试漏乘以系数0.85。

七、容器、热交换器水压试验是按一般容器、固定管板式测算的；其他结构形式的容器、热交换器按下表中系数调整。

调整系数表

设 备 名 称	调 整 系 数	设 备 名 称	调 整 系 数
带搅拌装置的容器	0.90	蛇管式热交换器	
内有冷却加热及其他装置的容器	1.10	U形管式热交换器	
浮头式热交换器	1.30	套管式热交换器	0.95
螺旋板式热交换器	0.85	排管式热交换器	

八、设备水压试验，基价是按设备吊装就位后进行取定的，如必须在道木堆上进行水压试验时，则基价乘以系数1.35。

九、设备清洗、钝化、脱脂需用的手段措施消耗量，按不同项目以次数摊销计算，基价内的消耗量是指每次摊销后的数量，是综合测算取定的，不得调整。

十、脱脂项目包括了通风设备的安装与拆除。

十一、设备清洗基价选定水冲洗、气体冲洗与蒸汽吹洗三种方法，如施工中采用与基价不同的方法时，可按实计算。

十二、设备脱脂基价选定四种方法，如施工中采用与基价不同的方法时，也可按实计算。

工程量计算规则

一、容器、反应器、塔器、热交换器设备水压试验和气密试验,根据设备容积和压力按设计图示数量计算。设备水压试验项目内已包括水压试验临时水管线(含阀门、管件)的敷设与拆除。基价内已列入管材、阀门、管件的材料摊销量,不得再计算水压试验的措施工程量及材料摊销量。

二、设备水冲洗、压缩空气吹洗、蒸汽吹洗,根据设备类型和容积按设计图示数量计算。设备压缩空气吹洗和蒸汽吹洗措施用消耗材料摊销应不分设备数量计算。

三、设备酸洗钝化,根据设备材质和容积。设备酸洗钝化措施用消耗量摊销,按容积另行计算。

四、焊缝酸洗钝化,区分不同材质计算。

五、设备脱脂,根据设备类型、脱脂材料和设备直径计算。

六、钢结构脱脂,根据脱脂材料按钢结构净质量计算。

七、设备压力试验与设备清洗、钝化、脱脂项目内所有临时措施的摊销次数及每次(或每台)的摊销量均为综合取定,不得调整。

一、设备水压试验
1.容器、反应器类设备水压试验

工作内容:临时输水管线、阀门、盲板及压力表安装与拆除、充水升压、稳压检查、记录、放水、压缩空气吹扫。 单位:台

编　号				5-1166	5-1167	5-1168	5-1169	5-1170	5-1171	5-1172	5-1173	5-1174
项　目				设计压力1MPa以内								
				设备容积(m³以内)								
				5	10	30	50	100	200	300	400	500
预算基价	总　　　价(元)			**733.21**	**935.64**	**1794.12**	**2684.77**	**3517.66**	**5023.64**	**7314.36**	**9509.94**	**11842.82**
	人　工　费(元)			452.25	587.25	1067.85	1692.90	1931.85	2465.10	3770.55	4828.95	5873.85
	材　料　费(元)			229.37	292.57	628.10	852.24	1370.70	2281.50	3158.71	4179.97	5314.14
	机　械　费(元)			51.59	55.82	98.17	139.63	215.11	277.04	385.10	501.02	654.83
组 成 内 容		单位	单价	数　　量								
人工	综合工	工日	135.00	3.35	4.35	7.91	12.54	14.31	18.26	27.93	35.77	43.51
材料	热轧一般无缝钢管 D57×3.5	m	25.64	4	4	—	—	—	—	—	—	—
	热轧一般无缝钢管 D108×4	m	46.95	—	—	4	4	4	4	4	4	4
	闸阀 Z41H-16 DN50	个	133.91	0.05	0.05	—	—	—	—	—	—	—
	平焊法兰 1.6MPa DN50	个	22.98	0.2	0.2	—	—	—	—	—	—	—
	压制弯头 90° DN50	个	8.36	0.1	0.1	—	—	—	—	—	—	—
	中低压盲板	kg	7.81	2.49	3.56	6.82	11.61	21.55	29.42	35.17	48.96	76.34
	水	m³	7.62	5.1	10.2	30.6	51.0	101.5	201.5	301.5	402.0	502.0
	石棉橡胶板 低压 δ0.8~6.0	kg	19.35	1.49	1.74	3.08	3.33	4.20	6.03	6.64	8.76	10.72
	精制六角带帽螺栓	kg	8.64	1.55	2.21	3.66	4.52	6.32	8.57	9.52	15.68	21.27
	电焊条 E4303 D3.2	kg	7.59	0.50	0.72	1.30	2.06	2.76	3.52	5.24	6.98	9.56
	氧气	m³	2.88	0.76	1.08	1.95	3.09	4.14	5.28	7.86	10.47	14.37
	乙炔气	kg	14.66	0.250	0.360	0.650	1.030	1.380	1.760	2.620	3.490	4.790
	闸阀 Z41H-16 DN100	个	268.42	—	—	0.05	0.05	0.05	0.05	0.05	0.05	0.05
	平焊法兰 1.6MPa DN100	个	48.19	—	—	0.2	0.2	0.2	0.2	0.2	0.2	0.2
	压制弯头 90° DN100	个	22.53	—	—	0.1	0.1	0.1	0.1	0.1	0.1	0.1
	零星材料费	元	—	4.50	5.74	12.32	16.71	26.88	44.74	61.94	81.96	104.20
机械	直流弧焊机 20kW	台班	75.06	0.25	0.36	0.65	1.03	1.38	1.76	2.62	3.49	4.78
	试压泵 60MPa	台班	24.94	0.39	0.50	0.66	0.79	1.04	1.49	2.15	3.29	4.31
	内燃空气压缩机 9m³	台班	450.35	0.02	0.03	0.07	0.09	0.18	0.22	0.27	0.31	0.37
	电动单级离心清水泵 D50	台班	28.19	0.50	0.10	—	—	—	—	—	—	—
	电动单级离心清水泵 D100	台班	34.80	—	—	0.04	0.06	0.13	0.25	0.38	0.50	0.63

编　号	5-1175	5-1176	5-1177	5-1178	5-1179	5-1180	5-1181	5-1182	5-1183
项　目	设计压力2.5MPa以内								
	设备容积（m³以内）								
	5	10	30	50	100	200	300	400	500

预算基价				总　　　价(元)	825.95	1059.37	2048.04	3000.57	4245.29	5956.11	7932.20	9911.88	13037.73
				人 工 费(元)	508.95	646.65	1115.10	1723.95	2245.05	2849.85	3788.10	4502.25	6021.00
				材 料 费(元)	275.34	351.90	825.78	1126.49	1774.62	2810.22	3766.79	4948.66	6452.52
				机 械 费(元)	41.66	60.82	107.16	150.13	225.62	296.04	377.31	460.97	564.21

	组 成 内 容	单位	单价	数　　　量								
人工	综合工	工日	135.00	3.77	4.79	8.26	12.77	16.63	21.11	28.06	33.35	44.60
材料	热轧一般无缝钢管 D57×4	m	26.23	4	4	—	—	—	—	—	—	—
	热轧一般无缝钢管 D108×6	m	69.07	—	—	4	4	4	4	4	4	4
	闸阀 Z41H-40 DN50	个	135.79	0.05	0.05	—	—	—	—	—	—	—
	对焊法兰 4.0MPa DN50	个	105.57	0.2	0.2	—	—	—	—	—	—	—
	压制弯头 90° DN50	个	8.36	0.1	0.1	—	—	—	—	—	—	—
	中低压盲板	kg	7.81	4.33	6.19	12.64	21.77	42.70	58.35	70.77	96.71	151.38
	水	m³	7.62	5.1	10.2	30.6	51.0	101.5	201.5	301.5	402.0	502.0
	石棉橡胶板 中压 δ0.8~6.0	kg	20.02	1.56	1.95	3.66	4.70	5.89	8.35	9.61	12.09	17.34
	精制六角带帽螺栓	kg	8.64	2.50	3.57	6.76	10.40	15.98	23.58	25.64	38.22	54.28
	电焊条 E4303 D3.2	kg	7.59	0.56	0.80	1.43	2.25	3.04	3.88	5.74	7.66	9.56
	氧气	m³	2.88	0.84	1.20	2.15	3.38	4.56	5.82	8.61	11.49	14.34
	乙炔气	kg	14.66	0.280	0.400	0.720	1.130	1.520	1.940	2.870	3.490	4.780
	闸阀 Z41H-40 DN100	个	237.22	—	—	0.05	0.05	0.05	0.05	0.05	0.05	0.05
	对焊法兰 4.0MPa DN100	个	140.15	—	—	0.2	0.2	0.2	0.2	0.2	0.2	0.2
	压制弯头 90° DN100	个	22.53	—	—	0.1	0.1	0.1	0.1	0.1	0.1	0.1
	零星材料费	元	—	5.40	6.90	16.19	22.09	34.80	55.10	73.86	97.03	126.52
机械	直流弧焊机 20kW	台班	75.06	0.28	0.40	0.72	1.13	1.52	1.94	2.41	2.87	3.36
	试压泵 60MPa	台班	24.94	0.41	0.58	0.81	0.91	1.04	1.71	2.47	3.55	4.95
	内燃空气压缩机 9m³	台班	450.35	0.02	0.03	0.07	0.09	0.18	0.22	0.27	0.31	0.37
	电动单级离心清水泵 D50	台班	28.19	0.05	0.10	—	—	—	—	—	—	—
	电动单级离心清水泵 D100	台班	34.80	—	—	0.04	0.06	0.13	0.25	0.38	0.50	0.63

编　号			5-1184	5-1185	5-1186	5-1187	5-1188	5-1189	5-1190	5-1191	5-1192
项　目			设计压力4MPa以内								
			设备容积（m³以内）								
			5	10	30	50	100	200	300	400	500
预算基价	总　　价(元)		**922.36**	**1236.45**	**2326.61**	**3448.90**	**4815.21**	**6694.73**	**8981.55**	**11132.27**	**14700.56**
	人　工　费(元)		546.75	743.85	1217.70	1885.95	2385.45	3011.85	4137.75	4720.95	6227.55
	材　料　费(元)		330.45	426.78	993.50	1401.07	2184.41	3366.09	4400.96	5835.55	7747.73
	机　械　费(元)		45.16	65.82	115.41	161.88	245.35	316.79	442.84	575.77	725.28
组 成 内 容	单位	单价	数　　量								
人工　综合工	工日	135.00	4.05	5.51	9.02	13.97	17.67	22.31	30.65	34.97	46.13
材料　热轧一般无缝钢管 $D57 \times 4$	m	26.23	4	4	—	—	—	—	—	—	—
热轧一般无缝钢管 $D108 \times 6$	m	69.07	—	—	4	4	4	4	4	4	4
闸阀 Z41H-64 DN50	个	135.42	0.05	0.05	—	—	—	—	—	—	—
对焊法兰 6.4MPa DN50	个	158.37	0.2	0.2	—	—	—	—	—	—	—
压制弯头 90° DN50	个	8.36	0.1	0.1	—	—	—	—	—	—	—
中低压盲板	kg	7.81	6.68	9.54	21.84	38.38	58.42	82.63	100.79	139.82	200.28
水	m³	7.62	5.1	10.2	30.6	51.0	101.5	201.5	301.5	402.0	502.0
石棉橡胶板 中压 $\delta 0.8 \sim 6.0$	kg	20.02	1.84	2.39	4.27	5.19	6.98	9.66	10.61	13.44	18.72
精制六角带帽螺栓	kg	8.64	4.63	6.62	13.83	22.97	43.14	58.89	68.08	92.51	149.62
电焊条 E4303 D3.2	kg	7.59	0.62	0.88	1.57	2.48	3.34	4.26	6.32	8.44	10.52
氧气	m³	2.88	0.92	1.32	2.36	3.72	5.01	6.39	—	12.66	15.78
乙炔气	kg	14.66	0.310	0.440	0.780	1.240	1.670	2.130	3.160	4.220	5.260
闸阀 Z41H-64 DN100	个	241.76	—	—	0.05	0.05	0.05	0.05	0.05	0.05	—
对焊法兰 6.4MPa DN100	个	222.68	—	—	0.2	0.2	0.2	0.2	0.2	0.2	0.2
压制弯头 90° DN100	个	22.53	—	—	0.1	0.1	0.1	0.1	0.1	0.1	0.1
闸阀 Z41H-16 DN100	个	268.42	—	—	—	—	—	—	—	—	0.05
零星材料费	元	—	6.48	8.37	19.48	27.47	42.83	66.00	86.29	114.42	151.92
机械　直流弧焊机 20kW	台班	75.06	0.31	0.44	0.79	1.24	1.67	2.13	3.16	4.22	5.26
试压泵 60MPa	台班	24.94	0.46	0.66	0.93	1.05	1.38	1.97	2.84	4.09	5.69
内燃空气压缩机 9m³	台班	450.35	0.02	0.03	0.07	0.09	0.18	0.22	0.27	0.31	0.37
电动单级离心清水泵 D50	台班	28.19	0.05	0.10	—	—	—	—	—	—	—
电动单级离心清水泵 D100	台班	34.80	—	—	0.04	0.06	0.13	0.25	0.38	0.50	0.63

单位：台

编 号	5-1193	5-1194	5-1195	5-1196	5-1197	5-1198	5-1199	5-1200	5-1201
项 目	设计压力10MPa以内								
	设备容积（m³以内）								
	5	10	30	50	100	200	300	400	500
预算基价 总 价(元)	1049.59	1284.39	2644.81	3625.49	5343.13	6832.42	8592.50	10491.24	13820.51
人 工 费(元)	575.10	662.85	1321.65	2045.25	2560.95	3353.40	4494.15	5166.45	6289.65
材 料 费(元)	425.33	550.23	1199.75	1404.61	2519.08	3139.99	3621.52	4702.29	6744.35
机 械 费(元)	49.16	71.31	123.41	175.63	263.10	339.03	476.83	622.50	786.51

组 成 内 容	单位	单价	数 量								
人工 综合工	工日	135.00	4.26	4.91	9.79	15.15	18.97	24.84	33.29	38.27	46.59
热轧一般无缝钢管 D57×6	m	37.31	4	4	—	—	—	—	—	—	—
热轧一般无缝钢管 D108×8	m	90.30	—	—	4	4	4	4	4	4	4
闸阀 Z41H-160 DN50	个	137.70	0.05	0.05	—	—	—	—	—	—	—
对焊法兰 1.6MPa DN50	个	38.34	0.2	0.2	—	—	—	—	—	—	—
压制弯头 90° DN50	个	8.36	0.1	0.1	—	—	—	—	—	—	—
中低压盲板	kg	7.81	11.22	16.03	27.26	—	74.96	107.89	126.51	167.23	247.05
水	m³	7.62	5.10	10.20	30.60	51.00	101.50	107.89	126.51	167.23	247.05
石棉橡胶板 中压 δ0.8~6.0	kg	20.02	2.10	2.61	5.16	5.99	7.33	10.66	11.24	16.02	21.58
精制六角带帽螺栓	kg	8.64	8.20	11.71	23.49	32.31	58.20	83.31	98.66	131.44	203.11
电焊条 E4303 D3.2	kg	7.59	0.67	0.96	1.74	2.73	3.68	4.68	6.94	9.28	11.58
氧气	m³	2.88	1.01	1.44	2.61	3.60	5.52	7.02	10.41	13.92	17.37
乙炔气	kg	14.66	0.340	0.480	0.870	1.200	1.840	2.340	3.270	4.940	5.790
闸阀 Z41H-160 DN100	个	248.13	—	—	0.05	0.05	0.05	0.05	0.05	0.05	0.05
对焊法兰 1.6MPa DN100	个	72.82	—	—	0.2	0.2	0.2	0.2	0.2	0.2	0.2
压制弯头 90° DN100	个	22.53	—	—	0.1	0.1	0.1	0.1	0.1	0.1	0.1
普碳钢板 δ20	t	3614.79	—	—	—	0.04157	—	—	—	—	—
零星材料费	元	—	8.34	10.79	23.52	27.54	49.39	61.57	71.01	92.20	132.24
直流弧焊机 20kW	台班	75.06	0.34	0.48	0.87	1.37	1.84	2.34	3.47	4.64	5.79
试压泵 60MPa	台班	24.94	0.53	0.76	1.01	1.21	1.58	2.23	3.27	4.70	6.55
内燃空气压缩机 9m³	台班	450.35	0.02	0.03	0.07	0.09	0.18	0.22	0.27	0.31	0.37
电动单级离心清水泵 D50	台班	28.19	0.05	0.10	—	—	—	—	—	—	—
电动单级离心清水泵 D100	台班	34.80	—	—	0.04	0.06	0.13	0.25	0.38	0.50	0.63

296

2.热交换器类设备水压试验

工作内容： 临时输水管线、阀门、盲板及压力表安装与拆除，充水升压、稳压检查、记录、放水、压缩空气吹扫。　　　　　　　　　　　　**单位：** 台

编　　号			5-1202	5-1203	5-1204	5-1205	5-1206	5-1207	5-1208	5-1209	5-1210	5-1211
项　　目			设计压力1MPa以内									
			设备容积（m³以内）									
			5	10	15	20	30	40	50	60	80	100
预算基价	总　　价（元）		**1045.43**	**1288.25**	**1873.53**	**2241.22**	**2841.53**	**3827.12**	**4456.94**	**4996.48**	**5820.07**	**6523.74**
	人　工　费（元）		695.25	838.35	1348.65	1553.85	1966.95	2729.70	3203.55	3595.05	4137.75	4556.25
	材　料　费（元）		274.27	357.07	414.38	522.43	675.56	852.82	983.71	1097.71	1322.94	1527.30
	机　械　费（元）		75.91	92.83	110.50	164.94	199.02	244.60	269.68	303.72	359.38	440.19
组　成　内　容	单位	单价	数　　量									
人工 综合工	工日	135.00	5.15	6.21	9.99	11.51	14.57	20.22	23.73	26.63	30.65	33.75
材料 热轧一般无缝钢管 D57×3.5	m	25.64	4	4	4	4	4	4	4	4	4	4
闸阀 Z41H-16 DN50	个	133.91	0.05	0.05	0.05	0.05	0.05	0.05	0.05	0.05	0.05	0.05
平焊法兰 1.6MPa DN50	个	22.98	0.2	0.2	0.2	0.2	0.2	0.2	0.2	0.2	0.2	0.2
压制弯头 90° DN50	个	8.36	0.1	0.1	0.1	0.1	0.1	0.1	0.1	0.1	0.1	0.1
中低压盲板	kg	7.81	3.76	5.53	6.17	8.94	13.55	18.09	21.55	23.84	29.58	31.23
水	m³	7.62	5.1	10.2	15.3	20.4	30.6	40.8	51.0	61.0	81.0	101.5
石棉橡胶板 中压 δ0.8～6.0	kg	20.02	2.44	3.61	3.91	4.97	5.92	7.89	8.45	8.86	9.12	10.20
精制六角带帽螺栓	kg	8.64	2.48	2.80	3.21	3.51	4.72	6.11	7.22	8.05	9.18	9.52
电焊条 E4303 D3.2	kg	7.59	0.81	0.93	1.08	2.21	2.57	3.07	3.22	3.34	3.80	4.16
氧气	m³	2.88	1.23	1.41	1.62	3.30	3.84	4.53	4.74	4.92	5.58	6.09
乙炔气	kg	14.66	0.410	0.470	0.540	1.100	1.280	1.510	1.580	1.640	1.860	2.030
零星材料费	元	—	5.38	7.00	8.13	10.24	13.25	16.72	19.29	21.52	25.94	29.95
机械 直流弧焊机 20kW	台班	75.06	0.41	0.47	0.54	1.10	1.28	1.52	1.59	1.66	1.89	2.06
电动单级离心清水泵 D50	台班	28.19	0.05	0.10	0.15	0.20	0.30	0.40	0.50	0.60	0.80	1.30
试压泵 60MPa	台班	24.94	0.67	0.75	0.83	0.91	1.08	1.35	1.49	2.17	2.40	3.48
内燃空气压缩机 9m³	台班	450.35	0.06	0.08	0.10	0.12	0.15	0.19	0.22	0.24	0.30	0.36

编　号	5-1212	5-1213	5-1214	5-1215	5-1216	5-1217	5-1218	5-1219	5-1220	5-1221
项　目	设计压力2.5MPa以内									
	设备容积（m³以内）									
	5	10	15	20	30	40	50	60	80	100

预算基价		总　　价(元)			1189.34	1502.32	2138.93	2572.96	3329.78	4278.21	4967.49	5612.64	6475.48	7313.34
		人　工　费(元)			760.05	943.65	1501.20	1734.75	2224.80	2909.25	3406.05	3869.10	4364.55	4830.30
		材　料　费(元)			347.88	461.35	518.75	661.78	897.22	1115.61	1283.02	1428.83	1739.06	2048.31
		机　械　费(元)			81.41	97.32	118.98	176.43	207.76	253.35	278.42	314.71	371.87	434.73

	组　成　内　容	单位	单价	数　　量									
人工	综合工	工日	135.00	5.63	6.99	11.12	12.85	16.48	21.55	25.23	28.66	32.33	35.78
材料	热轧一般无缝钢管 D57×4	m	26.23	4	4	4	4	4	4	4	4	4	4
	闸阀 Z41H-40 DN50	个	135.79	0.05	0.05	0.05	0.05	0.05	0.05	0.05	0.05	0.05	0.05
	对焊法兰 4.0MPa DN50	个	105.57	0.2	0.2	0.2	0.2	0.2	0.2	0.2	0.2	0.2	0.2
	压制弯头 90° DN50	个	8.36	0.1	0.1	0.1	0.1	0.1	0.1	0.1	0.1	0.1	0.1
	中低压盲板	kg	7.81	6.70	10.33	11.36	16.81	26.34	34.46	41.81	46.12	58.58	67.54
	水	m³	7.62	5.1	10.2	15.3	20.4	30.6	40.8	51.0	61.0	81.0	101.5
	石棉橡胶板 中压 δ0.8～6.0	kg	20.02	2.80	4.73	4.81	5.78	7.20	9.45	10.37	10.93	11.46	13.28
	精制六角带帽螺栓	kg	8.64	5.04	5.44	6.01	7.93	12.90	15.01	15.94	18.16	22.12	26.04
	电焊条 E4303 D3.2	kg	7.59	0.88	0.97	1.13	2.32	2.70	3.21	3.36	3.50	4.00	4.36
	氧气	m³	2.88	1.26	1.44	1.65	3.42	3.99	4.74	4.92	5.13	5.88	6.39
	乙炔气	kg	14.66	0.430	0.480	0.550	1.140	1.330	1.580	1.640	1.710	1.960	2.130
	零星材料费	元	—	6.82	9.05	10.17	12.98	17.59	21.87	25.16	28.02	34.10	40.16
机械	直流弧焊机 20kW	台班	75.06	0.44	0.49	0.56	1.15	1.34	1.59	1.66	1.73	1.98	2.16
	电动单级离心清水泵 D50	台班	28.19	0.05	0.10	0.15	0.20	0.30	0.40	0.50	0.60	0.80	1.30
	试压泵 60MPa	台班	24.94	0.80	0.87	1.11	1.22	1.25	1.49	1.63	2.40	2.63	2.96
	内燃空气压缩机 9m³	台班	450.35	0.06	0.08	0.10	0.12	0.15	0.19	0.22	0.24	0.30	0.36

编　号	5-1222	5-1223	5-1224	5-1225	5-1226	5-1227	5-1228	5-1229	5-1230	5-1231
项　目	设计压力4MPa以内									
	设备容积（m³以内）									
	5	10	15	20	30	40	50	60	80	100
预算基价 总　价（元）	1423.60	1821.23	2451.79	3012.97	3740.52	4922.74	5687.16	6404.45	7259.25	8287.04
人　工　费（元）	916.65	1119.15	1659.15	1912.95	2390.85	3142.80	3646.35	4105.35	4598.10	5085.45
材　料　费（元）	419.29	600.83	666.91	914.34	1129.91	1512.59	1747.89	1967.15	2270.79	2754.60
机　械　费（元）	87.66	101.25	125.73	185.68	219.76	267.35	292.92	331.95	390.36	446.99

组成内容	单位	单价	数　量									
人工 综合工	工日	135.00	6.79	8.29	12.29	14.17	17.71	23.28	27.01	30.41	34.06	37.67
材料 热轧一般无缝钢管 D57×4	m	26.23	4	4	4	4	4	4	4	4	4	4
闸阀 Z41H-64 DN50	个	135.42	0.05	0.05	0.05	0.05	0.05	0.05	0.05	0.05	0.05	0.05
对焊法兰 6.4MPa DN50	个	158.37	0.2	0.2	0.2	0.2	0.2	0.2	0.2	0.2	0.2	0.2
压制弯头 90° DN50	个	8.36	0.1	0.1	0.1	0.1	0.1	0.1	0.1	0.1	0.1	0.1
中低压盲板	kg	7.81	10.54	17.57	18.37	32.10	40.10	57.62	65.06	75.73	81.57	103.80
水	m³	7.62	5.1	10.2	15.3	20.4	30.6	40.8	51.0	61.0	81.0	101.5
石棉橡胶板 中压 δ0.8~6.0	kg	20.02	3.41	5.50	5.94	6.77	7.03	10.43	11.66	11.90	12.46	14.64
精制六角带帽螺栓	kg	8.64	6.85	11.54	12.38	18.89	25.63	35.06	42.86	48.39	57.47	68.28
电焊条 E4303 D3.2	kg	7.59	0.96	1.05	1.28	2.52	2.92	3.52	3.68	3.84	4.36	4.76
氧气	m³	2.88	1.41	1.56	1.80	3.63	4.23	5.07	5.28	5.49	6.27	6.84
乙炔气	kg	14.66	0.470	0.520	0.600	1.210	1.410	1.690	1.760	1.830	2.090	2.280
零星材料费	元	—	8.22	11.78	13.08	17.93	22.16	29.66	34.27	38.57	44.53	54.01
机械 直流弧焊机 20kW	台班	75.06	0.49	0.54	0.62	1.24	1.44	1.73	1.80	1.88	2.14	2.34
电动单级离心清水泵 D50	台班	28.19	0.05	—	0.15	0.20	0.30	0.40	0.50	0.60	0.80	1.30
试压泵 60MPa	台班	24.94	0.90	0.99	1.20	1.32	1.43	1.63	1.79	2.64	2.89	2.91
内燃空气压缩机 9m³	台班	450.35	0.06	0.08	0.10	0.12	0.15	0.19	0.22	0.24	0.30	0.36

编　　　号			5-1232	5-1233	5-1234	5-1235	5-1236	5-1237	5-1238	5-1239	5-1240	5-1241
项　　　目			设计压力10MPa以内									
			设备容积（m³以内）									
			5	10	15	20	30	40	50	60	80	100
预算基价	总　　　价(元)		**1766.21**	**2174.31**	**2652.10**	**3452.85**	**4264.43**	**5362.09**	**6254.85**	**7032.69**	**7979.69**	**9102.84**
	人　工　费(元)		1119.15	1327.05	1680.75	2169.45	2644.65	3353.40	3875.85	4352.40	4934.25	5485.05
	材　料　费(元)		553.66	735.70	837.38	1085.98	1384.78	1728.09	2070.83	2326.09	2636.84	3154.05
	机　械　费(元)		93.40	111.56	133.97	197.42	235.00	280.60	308.17	354.20	408.60	463.74
组　成　内　容		单位	单价	数　　　量								
人工	综合工	工日	135.00	8.29	9.83	12.45	16.07	19.59	24.84	28.71	32.24	36.55	40.63
材料	热轧一般无缝钢管 D57×6	m	37.31	4	4	4	4	4	4	4	4	4	4
	闸阀 Z41H-160 DN50	个	137.70	0.05	0.05	0.05	0.05	0.05	0.05	0.05	0.05	0.05	0.05
	对焊法兰 1.6MPa DN50	个	38.34	0.2	0.2	0.2	0.2	0.2	0.2	0.2	0.2	0.2	0.2
	压制弯头 90° DN50	个	8.36	0.1	0.1	0.1	0.1	0.1	0.1	0.1	0.1	0.1	0.1
	中低压盲板	kg	7.81	17.44	27.08	29.69	38.80	50.91	67.31	80.36	91.21	98.33	119.97
	水	m³	7.62	5.1	10.2	15.3	20.4	30.6	40.8	51.0	61.0	81.0	101.5
	石棉橡胶板 中压 δ0.8~6.0	kg	20.02	3.68	4.10	5.05	7.10	8.69	9.43	11.52	12.85	14.33	15.82
	精制六角带帽螺栓	kg	8.64	12.78	18.94	20.94	28.74	38.00	50.20	64.91	69.95	76.51	93.17
	电焊条 E4303 D3.2	kg	7.59	1.00	1.14	1.44	2.75	3.23	3.79	4.00	4.35	4.70	5.12
	氧气	m³	2.88	1.47	1.68	1.92	3.89	4.56	5.37	—	5.67	6.66	7.29
	乙炔气	kg	14.66	0.490	0.560	0.640	1.300	1.520	1.790	1.880	1.890	2.220	2.430
	零星材料费	元	—	10.86	14.43	16.42	21.29	27.15	33.88	40.60	45.61	51.70	61.84
机械	直流弧焊机 20kW	台班	75.06	0.52	0.59	0.68	1.34	1.57	1.85	1.94	2.09	2.29	2.50
	电动单级离心清水泵 D50	台班	28.19	0.05	0.10	0.15	0.20	0.30	0.40	0.50	0.60	0.80	1.30
	试压泵 60MPa	台班	24.94	1.04	1.14	1.35	1.49	1.65	1.80	1.98	2.90	3.17	3.10
	内燃空气压缩机 9m³	台班	450.35	0.06	0.08	0.10	0.12	0.15	0.19	0.22	0.24	0.30	0.36

编　号			5-1242	5-1243	5-1244	5-1245	5-1246	5-1247	5-1248	5-1249	5-1250
项　目			设计压力16MPa以内								
			设备容积（m³以内）								
			5	10	15	20	30	40	50	60	80
预算基价	总　价（元）		**2455.09**	**2832.42**	**3766.29**	**4442.62**	**5457.39**	**6158.21**	**6970.80**	**7763.53**	**8621.16**
	人工费（元）		1491.75	1725.30	2442.15	2930.85	3715.20	4152.60	4710.15	5297.40	5884.65
	材料费（元）		856.42	973.79	1134.22	1291.78	1487.87	1709.23	1928.97	2066.58	2281.84
	机械费（元）		106.92	133.33	189.92	219.99	254.32	296.38	331.68	399.55	454.67
组　成　内　容		单位	单价	数　　量							
人工	综合工	工日	135.00	11.05	12.78	18.09	21.71	27.52	30.76	34.89	39.24	43.59
材料	热轧一般无缝钢管 D57×6	m	37.31	4	4	4	4	4	4	4	4	4
	闸阀 Z41H-250 DN50	个	138.61	0.05	0.05	0.05	0.05	0.05	0.05	0.05	0.05	0.05
	梯形槽面法兰 6.4MPa DN50	个	104.52	0.2	0.2	0.2	0.2	0.2	0.2	0.2	0.2	0.2
	压制弯头 90° DN50	个	8.36	0.1	0.1	0.1	0.1	0.1	0.1	0.1	0.1	0.1
	高压盲板	kg	9.92	19.29	21.60	24.50	28.95	33.39	39.39	45.37	46.82	48.27
	水	m³	7.62	5.1	10.2	15.3	20.4	30.6	40.8	51.0	61.0	81.0
	透镜垫	kg	11.76	9.10	10.01	11.23	15.06	18.80	22.15	25.51	27.01	28.51
	高压不锈钢垫	kg	52.35	1.61	1.74	2.15	2.42	2.69	3.03	3.36	3.36	3.36
	精制六角带帽螺栓	kg	8.64	24.65	28.14	32.68	33.55	34.42	36.34	38.26	40.53	42.80
	电焊条 E4303 D3.2	kg	7.59	1.43	1.72	2.54	2.80	3.07	3.40	3.66	4.04	4.41
	氧气	m³	2.88	2.07	2.55	3.63	3.99	4.35	4.80	5.19	5.73	6.27
	乙炔气	kg	14.66	0.710	0.850	1.210	1.330	1.450	1.600	1.730	1.910	2.090
	零星材料费	元	—	16.79	19.09	22.24	25.33	29.17	33.51	37.82	40.52	44.74
机械	直流弧焊机 20kW	台班	75.06	0.73	0.88	1.24	1.37	1.50	1.66	1.79	1.97	2.15
	电动单级离心清水泵 D50	台班	28.19	0.05	0.10	0.20	0.30	0.40	0.50	0.60	0.80	1.30
	试压泵 60MPa	台班	24.94	0.95	1.14	1.49	1.65	1.80	2.35	2.90	3.77	3.79
	内燃空气压缩机 9m³	台班	450.35	0.06	0.08	0.12	0.15	0.19	0.22	0.24	0.30	0.36

3.塔类设备水压试验

工作内容：临时输水管线、阀门、盲板及压力表安装与拆除，充水升压、稳压检查、记录、放水、压缩空气吹扫。

编　号			5-1251	5-1252	5-1253	5-1254	5-1255	5-1256	5-1257	5-1258	5-1259	5-1260
项　目			设计压力1MPa以内									
			设备容积（m³以内）									
			10	20	40	60	100	200	300	400	500	600
预算基价	总　　价(元)		**1737.05**	**2527.59**	**3543.00**	**4483.47**	**5431.98**	**7199.16**	**8758.76**	**10389.41**	**12233.28**	**13862.87**
	人　工　费(元)		1229.85	1696.95	2408.40	3071.25	3483.00	4099.95	4676.40	5339.25	6250.50	7018.65
	材　料　费(元)		433.37	717.81	957.28	1176.32	1657.31	2740.35	3650.73	4540.62	5389.75	6208.53
	机　械　费(元)		73.83	112.83	177.32	235.90	291.67	358.86	431.63	509.54	593.03	635.69
组 成 内 容	单位	单价	数　　量									
人工　综合工	工日	135.00	9.11	12.57	17.84	22.75	25.80	30.37	34.64	39.55	46.30	51.99
材料　热轧一般无缝钢管 D57×3.5	m	25.64	4	—	—	—	—	—	—	—	—	—
热轧一般无缝钢管 D108×4	m	46.95	—	4	4	4	4	4	4	4	4	4
闸阀 Z41H-16 DN50	个	133.91	0.05	—	—	—	—	—	—	—	—	—
平焊法兰 1.6MPa DN50	个	22.98	0.2	—	—	—	—	—	—	—	—	—
压制弯头 90° DN50	个	8.36	0.1	—	—	—	—	—	—	—	—	—
中低压盲板	kg	7.81	9.63	13.15	16.08	20.07	30.99	56.67	61.27	65.50	70.00	73.04
水	m³	7.62	10.1	20.2	40.8	61.0	101.5	201.5	301.5	402.0	502.0	602.0
石棉橡胶板 低压 δ0.8~6.0	kg	19.35	5.59	8.79	9.89	10.32	12.40	13.53	17.28	19.32	20.03	20.12
精制六角带帽螺栓	kg	8.64	3.80	4.61	6.24	6.83	10.35	17.32	18.42	19.91	20.70	21.52
电焊条 E4303 D3.2	kg	7.59	0.89	1.27	2.28	3.13	3.50	4.41	5.08	6.19	6.97	7.40
氧气	m³	2.88	1.32	1.86	3.39	4.65	5.19	6.51	7.47	9.12	10.26	10.89
乙炔气	kg	14.66	0.440	0.620	1.130	1.550	1.730	2.170	2.490	3.040	3.420	3.630
闸阀 Z41H-16 DN100	个	268.42	—	0.05	0.05	0.05	0.05	0.05	0.05	0.05	0.05	0.05
平焊法兰 1.6MPa DN100	个	48.19	—	0.2	0.2	0.2	0.2	0.2	0.2	0.2	0.2	0.2
压制弯头 90° DN100	个	22.53	—	0.1	0.1	0.1	0.1	0.1	0.1	0.1	0.1	0.1
零星材料费	元	—	8.50	14.07	18.77	23.07	32.50	53.73	71.58	89.03	105.68	121.74
机械　直流弧焊机 20kW	台班	75.06	0.45	0.63	1.14	1.56	1.74	2.19	2.52	3.07	3.46	3.67
试压泵 60MPa	台班	24.94	0.50	0.60	0.72	0.86	1.04	1.49	2.15	3.09	4.36	4.91
内燃空气压缩机 9m³	台班	450.35	0.06	0.11	0.16	0.21	0.29	0.33	0.39	0.41	0.45	0.47
电动单级离心清水泵 D50	台班	28.19	0.02	—	—	—	—	—	—	—	—	—
电动单级离心清水泵 D100	台班	34.80	—	0.03	0.05	0.08	0.13	0.25	0.38	0.50	0.63	0.75

编 号				5-1261	5-1262	5-1263	5-1264	5-1265	5-1266	5-1267
项 目				设计压力1MPa以内						
				设备容积（m³以内）						
				800	1000	1200	1400	1600	1800	2000
预算基价	总 价（元）			**16899.22**	**19196.77**	**21822.26**	**24405.73**	**26871.95**	**29521.38**	**32095.61**
	人 工 费（元）			8376.75	8965.35	9826.65	10660.95	11352.15	12181.05	12895.20
	材 料 费（元）			7827.83	9476.08	11172.07	12871.31	14585.15	16311.22	18105.63
	机 械 费（元）			694.64	755.34	823.54	873.47	934.65	1029.11	1094.78
组 成 内 容		单位	单价	数 量						
人工	综合工	工日	135.00	62.05	66.41	72.79	78.97	84.09	90.23	95.52
材料	热轧一般无缝钢管 D108×4	m	46.95	4	4	4	4	4	4	4
	闸阀 Z41H-16 DN100	个	268.42	0.05	0.05	0.05	0.05	0.05	0.05	0.05
	平焊法兰 1.6MPa DN100	个	48.19	0.2	0.2	0.2	0.2	0.2	0.2	0.2
	压制弯头 90° DN100	个	22.53	0.1	0.1	0.1	0.1	0.1	0.1	0.1
	中低压盲板	kg	7.81	77.38	81.99	87.97	96.74	107.53	120.55	135.74
	水	m³	7.62	802.0	1002.0	1203.0	1403.0	1603.0	1803.0	2003.0
	石棉橡胶板 低压 δ0.8～6.0	kg	19.35	21.03	22.65	25.51	27.70	29.85	31.38	34.78
	精制六角带帽螺栓	kg	8.64	21.97	23.87	25.41	28.28	31.12	34.70	39.85
	电焊条 E4303 D3.2	kg	7.59	7.83	8.26	9.11	9.42	9.75	10.08	10.42
	氧气	m³	2.88	11.52	12.15	13.35	13.89	14.28	14.73	15.21
	乙炔气	kg	14.66	3.840	4.050	4.450	4.610	4.760	4.910	5.070
	零星材料费	元	—	153.49	185.81	219.06	252.38	285.98	319.83	355.01
机械	电动单级离心清水泵 D100	台班	34.80	1.00	1.25	1.50	1.75	2.00	2.25	2.50
	直流弧焊机 20kW	台班	75.06	3.88	4.09	4.51	4.66	4.82	4.98	5.15
	试压泵 60MPa	台班	24.94	5.39	5.94	6.52	7.18	7.90	8.69	9.56
	内燃空气压缩机 9m³	台班	450.35	0.52	0.57	0.60	0.63	0.68	0.80	0.85

编　　　号			5-1268	5-1269	5-1270	5-1271	5-1272	5-1273	5-1274	5-1275	5-1276
项　　目			设计压力2.5MPa以内								
			设备容积（m³以内）								
			10	20	40	60	100	200	300	400	500
预算基价	总　　　价(元)		**2084.72**	**2975.93**	**4006.50**	**5169.20**	**6198.35**	**8178.41**	**9852.93**	**11548.21**	**13418.78**
	人　工　费(元)		1447.20	1861.65	2574.45	3396.60	3709.80	4197.15	4899.15	5556.60	6458.40
	材　料　费(元)		563.94	998.45	1251.99	1532.71	2192.14	3616.17	4513.42	5469.84	6351.89
	机　械　费(元)		73.58	115.83	180.06	239.89	296.41	365.09	440.36	521.77	608.49
组　成　内　容		单位	单价	数　　量							
人工	综合工	工日	135.00	10.72	13.79	19.07	25.16	27.48	31.09	36.29	41.16	47.84
材料	热轧一般无缝钢管 D57×4	m	26.23	4	—	—	—	—	—	—	—	—
	热轧一般无缝钢管 D108×6	m	69.07	—	4	4	4	4	4	4	4	4
	闸阀 Z41H-40 DN50	个	135.79	0.05	—	—	—	—	—	—	—	—
	对焊法兰 4.0MPa DN50	个	105.57	0.2	—	—	—	—	—	—	—	—
	压制弯头 90° DN50	个	8.36	0.1	—	—	—	—	—	—	—	—
	中低压盲板	kg	7.81	16.83	23.18	29.89	38.16	61.76	108.30	116.37	125.37	133.81
	水	m³	7.62	10.1	20.2	40.8	61.0	101.5	201.5	301.5	402.5	502.0
	石棉橡胶板 中压 δ0.8～6.0	kg	20.02	6.06	10.09	10.66	11.41	14.23	19.07	19.76	21.96	22.32
	精制六角带帽螺栓	kg	8.64	8.39	11.46	12.44	15.35	25.78	43.91	47.21	50.96	53.06
	电焊条 E4303 D3.2	kg	7.59	0.89	1.29	2.30	3.16	3.53	4.43	5.10	6.22	7.00
	氧气	m³	2.88	1.32	1.89	3.39	4.68	5.22	6.54	7.47	9.12	10.39
	乙炔气	kg	14.66	0.440	0.630	1.130	1.560	1.740	2.180	2.490	3.040	3.430
	对焊法兰 4.0MPa DN100	个	140.15	—	0.2	0.2	0.2	0.2	0.2	0.2	0.2	0.2
	压制弯头 90° DN100	个	22.53	—	0.1	0.1	0.1	0.1	0.1	0.1	0.1	0.1
	闸阀 Z41H-40 DN100	个	237.22	—	0.05	0.05	0.05	0.05	0.05	0.05	0.05	0.05
	零星材料费	元	—	11.06	19.58	24.55	30.05	42.98	70.91	88.50	107.25	124.55
机械	直流弧焊机 20kW	台班	75.06	0.42	0.64	1.14	1.57	1.75	2.20	2.53	3.08	3.47
	试压泵 60MPa	台班	24.94	0.58	0.69	0.83	0.99	1.20	1.71	2.47	3.55	4.95
	电动单级离心清水泵 D50	台班	28.19	0.02	—	—	—	—	—	—	—	—
	电动单级离心清水泵 D100	台班	34.80	—	0.03	0.05	0.08	0.13	0.25	0.38	0.50	0.63
	内燃空气压缩机 9m³	台班	450.35	0.06	0.11	0.16	0.21	0.29	0.33	0.39	0.41	0.45

编　号				5-1277	5-1278	5-1279	5-1280	5-1281	5-1282	5-1283	5-1284
项　目				设计压力2.5MPa以内							
				设备容积（m³以内）							
				600	800	1000	1200	1400	1600	1800	2000
预算基价	总　　价(元)			**15268.69**	**18273.09**	**20583.39**	**23484.99**	**26097.89**	**28634.25**	**31479.59**	**34068.85**
	人　工　费(元)			7369.65	8603.55	9186.75	10188.45	10949.85	11608.65	12455.10	13173.30
	材　料　费(元)			7242.89	8934.68	10628.32	12446.56	14249.89	16059.27	17965.21	19763.35
	机　械　费(元)			656.15	734.86	768.32	849.98	898.15	966.33	1059.28	1132.20
组　成　内　容		单位	单价	数　　量							
人工	综合工	工日	135.00	54.59	63.73	68.05	75.47	81.11	85.99	92.26	97.58
材料	热轧一般无缝钢管 D108×6	m	69.07	4	4	4	4	4	4	4	4
	对焊法兰 4.0MPa DN100	个	140.15	0.2	0.2	—	0.2	0.2	0.2	0.2	0.2
	压制弯头 90° DN100	个	22.53	0.1	0.1	0.1	0.1	0.1	0.1	0.1	0.1
	中低压盲板	kg	7.81	139.88	148.34	157.74	171.46	186.66	204.60	233.70	245.60
	水	m³	7.62	602.0	802.0	1002.0	1203.0	1403.0	1603.0	1803.0	2003.0
	石棉橡胶板 中压 δ0.8~6.0	kg	20.02	24.08	25.76	27.77	31.09	34.16	37.12	40.10	45.00
	精制六角带帽螺栓	kg	8.64	55.43	58.51	60.61	67.27	74.18	79.18	85.23	90.00
	闸阀 Z41H-40 DN100	个	237.22	0.05	0.05	0.05	0.05	0.05	0.05	0.05	0.05
	电焊条 E4303 D3.2	kg	7.59	7.47	7.92	8.38	9.21	9.50	9.82	10.16	10.48
	氧气	m³	2.88	10.95	11.58	12.24	13.46	13.71	14.34	14.70	15.24
	乙炔气	kg	14.66	3.650	3.860	4.280	4.490	4.570	4.780	4.900	5.080
	对焊法兰 4.0MPa DN50	个	105.57	—	—	0.2	—	—	—	—	—
	零星材料费	元	—	142.02	175.19	208.40	244.05	279.41	314.89	352.26	387.52
机械	电动单级离心清水泵 D100	台班	34.80	0.75	1.00	1.25	1.50	1.75	2.00	2.25	2.50
	直流弧焊机 20kW	台班	75.06	3.70	3.91	4.14	4.54	4.69	4.85	5.01	5.17
	试压泵 60MPa	台班	24.94	5.64	6.19	6.31	7.49	8.26	9.08	9.99	11.00
	内燃空气压缩机 9m³	台班	450.35	0.47	0.56	0.57	0.60	0.62	0.68	0.79	0.85

编　号			5-1285	5-1286	5-1287	5-1288	5-1289	5-1290	5-1291	5-1292	5-1293
项　目			设计压力4MPa以内								
			设备容积（m³以内）								
			10	20	40	60	100	200	300	400	500
预算基价	总　价（元）		**2646.75**	**3170.82**	**4327.33**	**5465.29**	**6650.69**	**8712.24**	**10488.16**	**12203.50**	**14088.96**
	人　工　费（元）		1825.20	1910.25	2735.10	3562.65	3863.70	4388.85	5080.05	5763.15	6619.05
	材　料　费（元）		736.22	1131.74	1390.41	1634.24	2458.32	3915.78	4918.74	5855.58	6786.67
	机　械　费（元）		85.33	128.83	201.82	268.40	328.67	407.61	489.37	584.77	683.24
组　成　内　容		单位	单价	数　　量								
人工	综合工	工日	135.00	13.52	14.15	20.26	26.39	28.62	32.51	37.63	42.69	49.03
材料	热轧一般无缝钢管 D57×4	m	26.23	4	—	—	—	—	—	—	—	—
	闸阀 Z41H-64 DN50	个	135.42	0.05	—	—	—	—	—	—	—	—
	对焊法兰 6.4MPa DN50	个	158.37	0.2	—	—	—	—	—	—	—	—
	压制弯头 90° DN50	个	8.36	0.1	—	—	—	—	—	—	—	—
	水	m³	7.62	10.2	20.4	40.8	61.0	101.5	201.5	301.5	402.0	502.0
	石棉橡胶板 中压 δ0.8～6.0	kg	20.02	9.33	11.51	11.99	12.38	15.73	20.33	21.81	23.15	24.61
	精制六角带帽螺栓	kg	8.64	18.29	24.01	28.29	32.28	62.83	101.80	111.81	118.84	129.13
	滚杠	kg	4.21	31.80	35.90	41.95	48.05	86.07	137.56	159.07	168.37	171.79
	电焊条 E4303 D3.2	kg	7.59	1.10	1.58	2.80	3.84	4.28	5.40	6.19	7.55	8.52
	氧气	m³	2.88	1.65	2.31	5.10	5.67	6.30	7.95	9.06	11.07	12.48
	乙炔气	kg	14.66	0.550	0.770	1.370	1.890	2.100	2.650	3.020	3.690	4.160
	热轧一般无缝钢管 D108×6	m	69.07	—	4	4	4	4	4	4	4	4
	闸阀 Z41H-64 DN100	个	241.76	—	0.05	0.05	0.05	0.05	0.05	0.05	0.05	0.05
	对焊法兰 6.4MPa DN100	个	222.68	—	0.2	0.2	0.2	0.2	0.2	0.2	0.2	0.2
	压制弯头 90° DN100	个	22.53	—	0.1	0.1	0.1	0.1	0.1	0.1	0.1	0.1
	零星材料费	元	—	14.44	22.19	27.26	32.04	48.20	76.78	96.45	114.82	133.07
机械	直流弧焊机 20kW	台班	75.06	0.55	0.78	1.39	1.90	2.12	2.68	3.06	3.74	4.22
	试压泵 60MPa	台班	24.94	0.66	0.79	0.95	1.14	1.38	1.97	2.84	4.09	5.69
	内燃空气压缩机 9m³	台班	450.35	0.06	0.11	0.16	0.21	0.29	0.33	0.39	0.41	0.45
	电动单级离心清水泵 D50	台班	28.19	0.02	—	—	—	—	—	—	—	—
	电动单级离心清水泵 D100	台班	34.80	—	0.03	0.05	0.08	0.13	0.25	0.38	0.50	0.63

编 号				5-1294	5-1295	5-1296	5-1297	5-1298	5-1299	5-1300	5-1301
项 目				设计压力4MPa以内							
				设备容积(m³以内)							
				600	800	1000	1200	1400	1600	1800	2000
预算基价	总 价(元)			16040.12	19195.64	20869.37	24358.62	27091.63	30040.82	32687.74	35512.10
	人 工 费(元)			7573.50	8787.15	8854.65	10370.70	11159.10	11813.85	12681.90	13423.05
	材 料 费(元)			7729.98	9587.14	11158.16	13036.95	14923.39	17150.91	18828.84	20833.38
	机 械 费(元)			736.64	821.35	856.56	950.97	1009.14	1076.06	1177.00	1255.67
组 成 内 容		单位	单价	数 量							
人工	综合工	工日	135.00	56.10	65.09	65.59	76.82	82.66	87.51	93.94	99.43
材料	热轧一般无缝钢管 D108×6	m	69.07	4	4	4	4	4	—	4	4
	闸阀 Z41H-64 DN100	个	241.76	0.05	0.05	0.05	0.05	0.05	0.05	0.05	0.05
	水	m³	7.62	602.0	802.0	1002.0	1203.0	1403.0	1603.0	1803.0	2003.0
	石棉橡胶板 中压 δ0.8~6.0	kg	20.02	26.72	28.62	30.84	33.73	36.38	39.80	44.20	48.96
	精制六角带帽螺栓	kg	8.64	134.66	160.64	151.58	166.42	181.75	204.31	224.35	250.73
	对焊法兰 6.4MPa DN100	个	222.68	0.2	0.2	0.2	0.2	0.2	0.2	0.2	0.2
	压制弯头 90° DN100	个	22.53	0.1	0.1	0.1	0.1	0.1	0.1	0.1	0.1
	滚杠	kg	4.21	186.63	192.37	202.01	226.90	258.46	288.80	315.80	342.15
	电焊条 E4303 D3.2	kg	7.59	9.08	9.61	10.12	11.15	11.53	11.60	12.32	12.70
	氧气	m³	2.88	13.26	14.04	14.76	16.26	16.80	17.16	17.94	18.48
	乙炔气	kg	14.66	4.420	4.680	4.920	5.420	5.600	5.720	5.980	6.160
	闸阀 Z41H-64 DN50	个	135.42	—	—	—	—	—	4	—	—
	零星材料费	元	—	151.57	187.98	218.79	255.63	292.62	336.29	369.19	408.50
机械	电动单级离心清水泵 D100	台班	34.80	0.75	1.00	1.25	1.50	1.75	2.00	2.25	2.50
	直流弧焊机 20kW	台班	75.06	4.49	4.75	5.00	5.51	5.70	5.86	6.08	6.27
	试压泵 60MPa	台班	24.94	6.49	7.13	7.26	8.62	9.49	10.44	11.49	12.64
	内燃空气压缩机 9m³	台班	450.35	0.47	0.56	0.57	0.60	0.63	0.68	0.79	0.85

二、设备气密试验
1.容器、反应器类设备气密试验

工作内容：盲板及压力表安装与拆除、充气升压、稳压检查、放空清理。

单位：台

编　号			5-1302	5-1303	5-1304	5-1305	5-1306	5-1307	5-1308	5-1309	5-1310
项　目			设计压力1MPa以内								
			设备容积（m³以内）								
			10	20	40	60	100	200	300	400	500
预算基价	总　价（元）		**455.99**	**656.28**	**944.59**	**1270.07**	**1557.22**	**2070.84**	**2568.51**	**3401.14**	**4125.27**
	人　工　费（元）		321.30	481.95	687.15	939.60	1102.95	1391.85	1696.95	2011.50	2312.55
	材　料　费（元）		86.67	108.90	169.04	206.62	274.13	376.80	434.62	583.62	820.39
	机　械　费（元）		48.02	65.43	88.40	123.85	180.14	302.19	436.94	806.02	992.33
组　成　内　容		单位	单价	数　　量							
人工	综合工	工日	135.00	2.38	3.57	5.09	6.96	8.17	10.31	12.57	14.90	17.13
材料	精制六角带帽螺栓	kg	8.64	2.21	2.84	4.48	4.55	6.32	8.57	9.52	14.00	21.27
	石棉橡胶板 低压 δ0.8～6.0	kg	19.35	1.74	2.04	3.27	3.32	4.20	6.03	6.64	8.76	10.72
	电焊条 E4303 D3.2	kg	7.59	0.40	0.60	0.86	1.14	1.32	1.66	1.98	2.28	2.60
	氧气	m³	2.88	0.60	0.90	1.29	1.71	1.98	2.49	2.97	3.42	3.90
	乙炔气	kg	14.66	0.200	0.300	0.430	0.570	0.660	0.830	0.990	1.140	1.300
	滚杠	kg	4.21	3.56	5.05	8.58	14.63	21.55	29.42	35.17	48.89	76.34
	破布	kg	5.07	0.5	0.5	0.5	0.7	0.7	1.0	1.5	1.5	2.0
	肥皂	块	1.34	4	4	4	6	6	8	10	10	12
	零星材料费	元	—	3.33	4.19	6.50	7.95	10.54	14.49	16.72	22.45	31.55
机械	内燃空气压缩机 6m³	台班	330.12	0.10	0.13	0.17	—	—	—	—	—	—
	直流弧焊机 20kW	台班	75.06	0.20	0.30	0.43	0.57	0.66	0.83	0.99	1.14	1.30
	内燃空气压缩机 9m³	台班	450.35	—	—	—	0.18	0.29	—	—	—	—
	内燃空气压缩机 12m³	台班	557.89	—	—	—	—	—	0.43	0.65	—	—
	内燃空气压缩机 17m³	台班	1162.02	—	—	—	—	—	—	—	0.62	0.77

编　　号				5-1311	5-1312	5-1313	5-1314	5-1315	5-1316	5-1317	5-1318	5-1319
项　　目				设计压力2.5MPa以内								
				设备容积（m³以内）								
				10	20	40	60	100	200	300	400	500
预算基价	总　　价（元）			**582.79**	**844.29**	**1230.60**	**1654.94**	**2089.68**	**2873.25**	**3603.92**	**5089.43**	**6291.45**
	人　工　费（元）			378.00	567.00	804.60	1055.70	1223.10	1512.00	1818.45	2116.80	2381.40
	材　料　费（元）			116.40	154.99	250.27	361.30	492.04	690.85	801.80	1107.67	1591.51
	机　械　费（元）			88.39	122.30	175.73	237.94	374.54	670.40	983.67	1864.96	2318.54
	组 成 内 容	单位	单价	数　　量								
人工	综合工	工日	135.00	2.80	4.20	5.96	7.82	9.06	11.20	13.47	15.68	17.64
材料	精制六角带帽螺栓	kg	8.64	3.57	5.11	8.40	12.40	15.98	23.58	25.64	38.22	54.28
	石棉橡胶板 中压 δ0.8～6.0	kg	20.02	1.95	2.32	3.75	4.52	5.89	8.35	9.61	13.09	17.34
	电焊条 E4303 D3.2	kg	7.59	0.42	0.62	0.90	1.18	1.34	1.66	1.98	2.32	2.64
	氧气	m³	2.88	0.63	0.93	1.35	1.77	2.01	2.49	2.97	3.48	3.96
	乙炔气	kg	14.66	0.210	0.310	0.450	0.590	0.670	0.830	0.990	1.160	1.310
	滚杠	kg	4.21	6.19	9.17	16.10	27.43	42.70	58.35	70.77	96.71	151.38
	破布	kg	5.07	0.5	0.5	0.5	0.7	0.7	1.0	1.5	1.5	2.0
	肥皂	块	1.34	4	4	4	6	6	8	10	10	12
	零星材料费	元	—	4.48	5.96	9.63	13.90	18.92	26.57	30.84	42.60	61.21
机械	内燃空气压缩机 6m³	台班	330.12	0.22	0.30	0.43	—	—	—	—	—	—
	直流弧焊机 20kW	台班	75.06	0.21	0.31	0.45	0.59	0.67	0.83	0.99	1.16	1.32
	内燃空气压缩机 9m³	台班	450.35	—	—	—	0.43	0.72	—	—	—	—
	内燃空气压缩机 12m³	台班	557.89	—	—	—	—	—	1.09	1.63	—	—
	内燃空气压缩机 17m³	台班	1162.02	—	—	—	—	—	—	—	1.53	1.91

编　号			5-1320	5-1321	5-1322	5-1323	5-1324	5-1325	5-1326	5-1327	5-1328
项　目			设计压力4MPa以内								
			设备容积（m³以内）								
			10	20	40	60	100	200	300	400	500
预算基价	总　　　　价(元)		**698.34**	**1034.90**	**1544.88**	**2092.92**	**2658.12**	**3737.73**	**4718.23**	**7023.28**	**8795.57**
	人　工　费(元)		398.25	596.70	850.50	1109.70	1255.50	1555.20	1850.85	2289.60	2442.15
	材　料　费(元)		168.03	248.37	431.32	626.69	828.42	1148.00	1341.06	1798.91	2697.81
	机　械　费(元)		132.06	189.83	263.06	356.53	574.20	1034.53	1526.32	2934.77	3655.61
组　成　内　容		单位	单价	数　　量							
人工	综合工	工日	135.00	2.95	4.42	6.30	8.22	9.30	11.52	13.71	16.96	18.09
材料	精制六角带帽螺栓	kg	8.64	6.62	9.81	17.84	28.10	43.14	58.89	68.08	92.51	149.62
	石棉橡胶板 中压 δ0.8～6.0	kg	20.02	2.39	3.59	5.61	6.19	6.98	9.66	10.61	13.44	18.72
	电焊条 E4303 D3.2	kg	7.59	0.44	0.66	0.94	1.22	1.38	1.70	2.02	2.34	2.66
	氧气	m³	2.88	0.66	0.99	1.41	1.83	2.07	2.55	3.03	3.51	3.99
	乙炔气	kg	14.66	0.220	0.330	0.470	0.610	0.690	0.850	1.010	1.170	1.330
	滚杠	kg	4.21	9.54	14.63	29.05	47.70	58.42	82.63	100.79	139.82	200.28
	破布	kg	5.07	0.50	0.50	0.50	0.70	0.70	2.04	2.42	2.82	3.18
	肥皂	块	1.34	4	4	4	6	6	8	10	10	12
	零星材料费	元	—	6.46	9.55	16.59	24.10	31.86	44.15	51.58	69.19	103.76
机械	内燃空气压缩机 6m³	台班	330.12	0.35	0.50	0.69	—	—	—	—	—	—
	直流弧焊机 20kW	台班	75.06	0.22	0.33	0.47	0.61	0.69	0.85	1.01	1.17	1.33
	内燃空气压缩机 9m³	台班	450.35	—	—	—	0.69	1.16	—	—	—	—
	内燃空气压缩机 12m³	台班	557.89	—	—	—	—	—	1.74	2.60	—	—
	内燃空气压缩机 17m³	台班	1162.02	—	—	—	—	—	—	—	2.45	3.06

编 号			5-1329	5-1330	5-1331	5-1332	5-1333	5-1334	5-1335	5-1336	5-1337
项 目			设计压力10MPa以内								
			设备容积（m³以内）								
			10	20	40	60	100	200	300	400	500
预算基价	总 价(元)		**902.11**	**1264.95**	**1805.97**	**2477.05**	**3343.63**	**4890.30**	**6244.84**	**9394.86**	**12048.85**
	人 工 费(元)		417.15	621.00	877.50	1135.35	1285.20	1584.90	1884.60	2164.05	2478.60
	材 料 费(元)		245.29	344.70	539.16	697.68	1033.85	1478.96	1720.04	2293.58	3407.16
	机 械 费(元)		239.67	299.25	389.31	644.02	1024.58	1826.44	2640.20	4937.23	6163.09
组 成 内 容	单位	单价	数 量								
人工 综合工	工日	135.00	3.09	4.60	6.50	8.41	9.52	11.74	13.96	16.03	18.36
材料 精制六角带帽螺栓	kg	8.64	11.71	17.07	29.90	34.72	58.20	83.31	98.66	131.44	203.11
石棉橡胶板 中压 δ0.8～6.0	kg	20.02	2.52	3.14	5.21	5.63	6.85	9.93	10.40	14.93	20.13
电焊条 E4303 D3.2	kg	7.59	0.46	0.68	0.96	1.24	1.40	1.74	2.06	2.38	2.70
氧气	m³	2.88	0.69	1.02	1.44	1.86	2.10	2.61	3.09	3.57	4.05
乙炔气	kg	14.66	0.230	0.340	0.480	0.620	0.700	0.870	1.030	1.190	1.350
滚杠	kg	4.21	16.03	23.78	30.74	52.90	74.96	107.89	126.51	167.23	247.05
破布	kg	5.07	0.5	0.5	0.5	0.7	0.7	1.0	1.5	1.5	2.0
肥皂	块	1.34	4	4	4	6	6	8	10	10	12
零星材料费	元	—		9.43	13.26	20.74	26.83	39.76	56.88	66.16	88.21	131.04
机械 内燃空气压缩机 6m³	台班	330.12	0.56	0.67	0.82	—	—	—	—	—	—
直流弧焊机 20kW	台班	75.06	0.23	0.34	0.48	0.62	0.70	0.87	1.03	1.19	1.35
电动空气压缩机 10m³	台班	375.37	0.10	0.14	0.22	0.26	0.37	0.56	0.63	0.78	0.98
内燃空气压缩机 9m³	台班	450.35	—	—	—	1.11	1.85	—	—	—	—
内燃空气压缩机 12m³	台班	557.89	—	—	—	—	—	2.78	4.17	—	—
内燃空气压缩机 17m³	台班	1162.02	—	—	—	—	—	—	—	3.92	4.90

2.热交换器类设备气密试验

工作内容: 盲板及压力表安装与拆除、充气升压、稳压检查、放空清理。

单位:台

编 号				5-1338	5-1339	5-1340	5-1341	5-1342	5-1343	5-1344	5-1345
项 目				设计压力1MPa以内							
				设备容积(m³以内)							
				5	10	15	20	30	40	60	100
预算基价	总 价(元)			**484.43**	**577.08**	**695.19**	**847.65**	**1051.81**	**1294.99**	**1656.82**	**1949.49**
	人 工 费(元)			341.55	394.20	494.10	598.05	738.45	873.45	1148.85	1312.20
	材 料 费(元)			100.86	137.11	151.56	189.72	242.37	315.71	387.88	462.40
	机 械 费(元)			42.02	45.77	49.53	59.88	70.99	105.83	120.09	174.89
组 成 内 容		单位	单价	数 量							
人工	综合工	工日	135.00	2.53	2.92	3.66	4.43	5.47	6.47	8.51	9.72
材料	精制六角带帽螺栓	kg	8.64	2.48	2.80	3.21	3.51	4.72	6.00	8.05	9.52
	石棉橡胶板 低压 δ0.8~6.0	kg	19.35	2.44	3.61	3.91	4.97	5.92	7.89	8.86	10.16
	电焊条 E4303 D3.2	kg	7.59	0.24	0.35	0.44	0.54	0.67	0.78	1.04	1.18
	氧气	m³	2.88	0.36	0.51	0.66	0.81	0.99	1.17	1.56	1.77
	乙炔气	kg	14.66	0.120	0.170	0.220	0.270	0.330	0.390	0.520	0.590
	滚杠	kg	4.21	3.76	5.53	6.17	8.94	13.55	18.09	23.84	31.23
	破布	kg	5.07	0.5	0.5	0.5	0.5	0.5	0.5	0.7	0.7
	肥皂	块	1.34	4	4	4	4	4	4	6	6
	零星材料费	元	—	3.88	5.27	5.83	7.30	9.32	12.14	14.92	17.78
机械	内燃空气压缩机 6m³	台班	330.12	0.10	0.10	0.10	0.12	0.14	—	—	—
	内燃空气压缩机 9m³	台班	450.35	—	—	—	—	—	0.17	0.18	0.29
	直流弧焊机 20kW	台班	75.06	0.12	0.17	0.22	0.27	0.33	0.39	0.52	0.59

编　　号				5-1346	5-1347	5-1348	5-1349	5-1350	5-1351	5-1352	5-1353
项　　目				设计压力2.5MPa以内							
				设备容积(m³以内)							
				5	10	15	20	30	40	60	100
预算基价	总　　价(元)			**611.61**	**692.01**	**842.31**	**1023.81**	**1273.82**	**1596.29**	**2045.32**	**2569.73**
	人　工　费(元)			383.40	423.90	530.55	635.85	747.90	928.80	1205.55	1379.70
	材　料　费(元)			143.57	181.97	212.72	285.91	385.61	498.82	598.08	820.74
	机　械　费(元)			84.64	86.14	99.04	102.05	140.31	168.67	241.69	369.29
组　成　内　容		单位	单价	数　　量							
人工	综合工	工日	135.00	2.84	3.14	3.93	4.71	5.54	6.88	8.93	10.22
材料	精制六角带帽螺栓	kg	8.64	5.04	5.44	6.01	7.93	12.90	15.01	18.16	26.04
	石棉橡胶板 低压 δ0.8~6.0	kg	19.35	2.70	3.60	4.57	6.08	7.19	9.38	9.94	12.67
	电焊条 E4303 D3.2	kg	7.59	0.32	0.36	0.44	0.53	0.67	0.81	1.05	1.20
	氧气	m³	2.88	0.48	0.54	0.66	0.78	0.99	1.20	1.56	1.80
	乙炔气	kg	14.66	0.160	0.180	0.220	0.260	0.330	0.400	0.520	0.600
	滚杠	kg	4.21	6.70	10.33	11.36	16.81	23.64	34.46	46.12	67.54
	破布	kg	5.07	0.5	0.5	0.5	0.5	0.5	0.5	0.7	0.7
	肥皂	块	1.34	4	4	4	4	4	4	6	6
	零星材料费	元	—	5.52	7.00	8.18	11.00	14.83	19.19	23.00	31.57
机械	内燃空气压缩机 6m³	台班	330.12	0.22	0.22	0.25	0.25	0.35	0.42	—	—
	内燃空气压缩机 9m³	台班	450.35	—	—	—	—	—	—	0.45	0.72
	直流弧焊机 20kW	台班	75.06	0.16	0.18	0.22	0.26	0.33	0.40	0.52	0.60

编　号			5-1354	5-1355	5-1356	5-1357	5-1358	5-1359	5-1360	5-1361
项　目			设计压力4MPa以内							
			设备容积（m³以内）							
			5	10	15	20	30	40	60	100
预算基价	总　　价（元）		**700.67**	**894.43**	**1032.70**	**1302.66**	**1595.73**	**2026.98**	**2655.64**	**3404.52**
	人　工　费（元）		410.40	452.25	565.65	677.70	822.15	962.55	1259.55	1426.95
	材　料　费（元）		162.72	311.63	333.49	471.14	574.90	809.17	1047.82	1409.38
	机　械　费（元）		127.55	130.55	133.56	153.82	198.68	255.26	348.27	568.19
组 成 内 容		单位	单价	数　　量						
人工	综合工	工日	135.00	3.04	3.35	4.19	5.02	6.09	7.13	9.33	10.57
材料	精制六角带帽螺栓	kg	8.64	3.41	11.57	12.38	18.89	25.63	35.06	48.39	68.28
	石棉橡胶板 中压 δ0.8～6.0	kg	20.02	3.41	5.50	5.94	6.77	7.03	10.43	11.90	14.64
	电焊条 E4303 D3.2	kg	7.59	0.33	0.40	0.49	0.59	0.72	0.83	1.08	1.23
	氧气	m³	2.88	0.51	0.60	0.75	0.87	1.08	1.23	1.62	1.83
	乙炔气	kg	14.66	0.170	0.200	0.250	0.290	0.360	0.410	0.540	0.610
	滚杠	kg	4.21	10.54	17.57	18.37	32.10	40.11	57.62	75.73	103.80
	破布	kg	5.07	0.5	0.5	0.5	0.5	0.5	0.5	0.7	0.7
	肥皂	块	1.34	4	4	4	4	4	4	6	6
	零星材料费	元	—	6.26	11.99	12.83	18.12	22.11	31.12	40.30	54.21
机械	内燃空气压缩机 6m³	台班	330.12	0.35	0.35	0.35	0.40	0.52	0.68	—	—
	内燃空气压缩机 9m³	台班	450.35	—	—	—	—	—	—	0.69	1.16
	直流弧焊机 20kW	台班	75.06	0.16	0.20	0.24	0.29	0.36	0.41	0.50	0.61

编　　号			5-1362	5-1363	5-1364	5-1365	5-1366	5-1367	5-1368	5-1369
项　　目			设计压力10MPa以内							
			设备容积（m³以内）							
			5	10	15	20	30	40	60	100
预算基价	总　　　　价（元）		**821.00**	**1029.87**	**1233.90**	**1567.00**	**1974.19**	**2461.45**	**3277.91**	**4197.65**
	人　工　费（元）		423.90	477.90	592.65	711.45	857.25	1008.45	1304.10	1474.20
	材　料　费（元）		274.93	406.99	447.05	588.12	754.06	994.82	1326.78	1704.13
	机　械　费（元）		122.17	144.98	194.20	267.43	362.88	458.18	647.03	1019.32
组 成 内 容		单位	单价	数　　量							
人工	综合工	工日	135.00	3.14	3.54	4.39	5.27	6.35	7.47	9.66	10.92
材料	精制六角带帽螺栓	kg	8.64	12.78	18.94	20.94	28.74	38.00	50.20	69.95	93.17
	石棉橡胶板 中压 δ0.8～6.0	kg	20.02	3.32	4.90	5.32	6.69	8.03	10.74	12.70	14.62
	电焊条 E4303 D3.2	kg	7.59	0.32	0.40	0.49	0.60	0.73	0.86	1.12	1.26
	氧气	m³	2.88	0.48	0.60	0.75	0.96	1.12	1.29	1.68	1.89
	乙炔气	kg	14.66	0.160	0.200	0.250	0.320	0.340	0.430	0.560	0.630
	滚杠	kg	4.21	17.44	27.08	29.69	38.80	50.91	67.31	91.21	119.97
	破布	kg	5.07	0.5	0.5	0.5	0.5	0.5	0.5	0.7	0.7
	肥皂	块	1.34	4	4	4	4	4	4	6	6
	零星材料费	元	—	10.57	15.65	17.19	22.62	29.00	38.26	51.03	65.54
机械	直流弧焊机 20kW	台班	75.06	0.16	0.20	0.24	0.32	0.34	0.43	0.56	0.63
	内燃空气压缩机 6m³	台班	330.12	0.22	0.28	0.42	0.56	0.84	1.04	—	—
	内燃空气压缩机 9m³	台班	450.35	—	—	—	0.13	—	—	1.11	1.85
	电动空气压缩机 10m³	台班	375.37	0.10	0.10	0.10	—	0.16	0.22	0.28	0.37

编　号			5-1370	5-1371	5-1372	5-1373	5-1374	5-1375	5-1376	5-1377
项　目			设计压力22MPa以内							
			设备容积（m³以内）							
			5	10	20	40	60	100	150	200
预算基价	总　　价（元）		**1300.76**	**1660.71**	**2387.71**	**3605.67**	**4384.06**	**5470.06**	**7172.39**	**8914.85**
	人　工　费（元）		442.80	634.50	950.40	1347.30	1741.50	1979.10	2083.05	2386.80
	材　料　费（元）		637.35	715.55	831.31	1070.38	1359.66	1489.97	1700.78	2033.20
	机　械　费（元）		220.61	310.66	606.00	1187.99	1282.90	2000.99	3388.56	4494.85
组 成 内 容		单位	单价	数　　量						
人工	综合工	工日	135.00	3.28	4.70	7.04	9.98	12.90	14.66	15.43	17.68
材料	高压盲板	kg	9.92	19.29	21.60	24.50	33.39	45.37	48.27	56.92	66.30
	精制六角带帽螺栓	kg	8.64	24.65	28.14	32.68	34.42	38.26	42.80	46.50	52.37
	透镜垫	kg	11.76	9.10	10.01	11.22	18.80	25.51	28.51	33.61	40.82
	高压不锈钢垫	kg	52.35	1.61	1.74	2.15	2.69	3.36	3.66	4.03	5.10
	电焊条 E4303 D3.2	kg	7.59	0.49	0.73	1.12	1.60	2.04	2.38	2.44	2.80
	氧气	m³	2.88	0.72	1.08	1.68	2.40	3.06	3.54	3.66	—
	乙炔气	kg	14.66	0.240	0.360	0.560	0.800	1.020	1.180	1.220	1.400
	破布	kg	5.07	0.5	0.5	0.5	0.5	0.7	0.7	1.0	1.0
	肥皂	块	1.34	4	4	4	4	6	6	8	8
	碳钢埋弧焊丝	kg	9.58	—	—	—	—	—	—	—	4.2
	零星材料费	元	—	24.51	27.52	31.97	41.17	52.29	57.31	65.41	78.20
机械	直流弧焊机 20kW	台班	75.06	0.24	0.36	0.56	0.80	1.02	1.18	1.22	1.40
	电动空气压缩机 10m³	台班	375.37	0.10	0.14	0.28	0.56	0.72	0.93	1.04	1.38
	内燃空气压缩机 6m³	台班	330.12	0.50	0.70	1.39	2.78	2.59	4.34	—	—
	内燃空气压缩机 9m³	台班	450.35	—	—	—	—	0.18	0.29	—	—
	内燃空气压缩机 12m³	台班	557.89	—	—	—	—	—	—	5.21	6.94

3.塔类设备气密试验

工作内容：盲板及压力表安装与拆除、充气升压、稳压检查、放空清理。

单位：台

	编　　号			5-1378	5-1379	5-1380	5-1381	5-1382	5-1383	5-1384	5-1385	5-1386
	项　　目			设计压力1MPa以内								
				设备容积（m³以内）								
				10	20	40	60	100	200	300	400	500
预算基价	总　　价（元）			**721.49**	**1021.69**	**1288.87**	**1478.86**	**2094.08**	**2827.60**	**3394.95**	**4139.72**	**4666.15**
	人　工　费（元）			468.45	660.15	849.15	962.55	1397.25	1800.90	2118.15	2440.80	2694.60
	材　料　费（元）			205.02	296.11	351.32	391.71	516.69	725.26	840.61	892.90	979.22
	机　械　费（元）			48.02	65.43	88.40	124.60	180.14	301.44	436.19	806.02	992.33
组　成　内　容		单位	单价	数　　　　量								
人工	综合工	工日	135.00	3.47	4.89	6.29	7.13	10.35	13.34	15.69	18.08	19.96
材料	精制六角带帽螺栓	kg	8.64	3.80	4.61	6.24	6.83	10.35	17.32	18.42	19.91	20.79
	石棉橡胶板 低压 δ0.8～6.0	kg	19.35	5.59	8.79	9.91	10.32	12.40	13.53	17.28	18.01	20.33
	电焊条 E4303 D3.2	kg	7.59	0.40	0.60	0.86	1.16	1.32	1.64	1.71	1.96	2.28
	氧气	m³	2.88	0.60	0.90	1.29	1.68	1.98	2.46	2.94	3.22	3.91
	乙炔气	kg	14.66	0.200	0.300	0.430	0.560	0.660	0.820	0.980	1.140	1.300
	滚杠	kg	4.21	9.63	13.15	16.08	20.07	30.99	56.67	61.27	65.60	70.00
	破布	kg	5.07	0.5	0.5	0.5	0.7	0.7	1.0	1.5	1.5	2.0
	肥皂	块	1.34	4	4	4	6	6	8	10	10	12
	零星材料费	元	—	7.89	11.39	13.51	15.07	19.87	27.89	32.33	34.34	37.66
机械	直流弧焊机 20kW	台班	75.06	0.20	0.30	0.43	0.58	0.66	0.82	0.98	1.14	1.30
	内燃空气压缩机 6m³	台班	330.12	0.10	0.13	0.17	—	—	—	—	—	—
	内燃空气压缩机 9m³	台班	450.35	—	—	—	0.18	0.29	—	—	—	—
	内燃空气压缩机 12m³	台班	557.89	—	—	—	—	—	0.43	0.65	—	—
	内燃空气压缩机 17m³	台班	1162.02	—	—	—	—	—	—	—	0.62	0.77

编 号			5-1387	5-1388	5-1389	5-1390	5-1391	5-1392	5-1393	5-1394
项 目			设计压力1MPa以内							
			设备容积（m³以内）							
			600	800	1000	1200	1400	1600	1800	2000
预算基价	总 价(元)		**5264.03**	**5735.85**	**6760.66**	**6020.97**	**6666.47**	**7348.29**	**8319.07**	**9227.08**
	人 工 费(元)		3161.70	3450.60	4101.30	4032.45	4464.45	4919.40	5610.60	6196.50
	材 料 费(元)		1000.16	1059.73	1147.81	1259.99	1371.46	1505.70	1640.07	1836.89
	机 械 费(元)		1102.17	1225.52	1511.55	728.53	830.56	923.19	1068.40	1193.69
组 成 内 容		单位	单价	数 量						
人工	综合工	工日	135.00	23.42	25.56	30.38	29.87	33.07	36.44	41.56	45.90
材料	精制六角带帽螺栓	kg	8.64	21.52	21.97	23.87	25.41	28.28	31.12	34.70	39.85
	石棉橡胶板 低压 δ0.8~6.0	kg	19.35	20.12	21.03	22.65	25.51	27.70	29.85	31.38	34.78
	电焊条 E4303 D3.2	kg	7.59	2.74	3.24	3.74	4.06	4.22	4.72	5.44	6.22
	氧气	m³	2.88	4.11	4.86	5.61	6.09	6.33	7.08	8.16	9.33
	乙炔气	kg	14.66	1.370	1.620	1.870	2.030	2.110	2.360	2.720	3.110
	滚杠	kg	4.21	73.04	77.38	81.99	87.97	96.74	107.53	120.55	135.74
	破布	kg	5.07	2.0	2.5	3.0	3.5	3.5	4.0	4.0	4.0
	肥皂	块	1.34	12	16	20	24	24	28	28	28
	零星材料费	元	—	38.47	40.76	44.15	48.46	52.75	57.91	63.08	70.65
机械	直流弧焊机 20kW	台班	75.06	1.37	1.62	1.87	2.03	2.11	2.36	2.72	3.11
	内燃空气压缩机 17m³	台班	1162.02	0.86	0.95	1.18	—	—	—	—	—
	电动空气压缩机 40m³	台班	738.66	—	—	—	0.78	0.91	1.01	1.17	1.30

编　　号			5-1395	5-1396	5-1397	5-1398	5-1399	5-1400	5-1401	5-1402	5-1403
项　　目			设计压力2.5MPa以内								
			设备容积（m³以内）								
			10	20	40	60	100	200	300	400	500
预算基价	总　　　价（元）		**861.58**	**1260.52**	**1684.27**	**2175.18**	**2746.69**	**3882.22**	**4660.88**	**6073.27**	**6960.28**
	人　工　费（元）		472.50	719.55	1028.70	1350.00	1534.95	1907.55	2277.45	2652.75	3022.65
	材　料　费（元）		291.54	435.17	490.50	578.24	837.20	1315.43	1405.34	1532.32	1607.47
	机　械　费（元）		97.54	105.80	165.07	246.94	374.54	659.24	978.09	1888.20	2330.16
组　成　内　容	单位	单价	数　　　量								
人工	综合工	工日	135.00	3.50	5.33	7.62	10.00	11.37	14.13	16.87	19.65	22.39
材料	精制六角带帽螺栓	kg	8.64	8.39	11.46	12.44	15.35	25.78	43.91	47.21	50.96	53.06
	石棉橡胶板 中压 δ0.8～6.0	kg	20.02	6.06	10.09	10.66	11.41	14.23	19.07	19.76	21.96	22.32
	电焊条 E4303 D3.2	kg	7.59	0.41	0.62	0.89	1.18	1.34	1.66	1.82	2.32	2.64
	氧气	m³	2.88	0.60	0.93	1.32	1.77	2.01	2.49	2.97	3.48	3.96
	乙炔气	kg	14.66	0.200	0.310	0.440	0.590	0.670	0.830	0.990	1.160	1.320
	滚杠	kg	4.21	16.83	23.18	29.89	38.16	61.76	108.30	116.37	125.37	133.81
	破布	kg	5.07	0.5	0.5	0.5	0.7	0.7	1.0	1.5	1.5	2.0
	肥皂	块	1.34	4	4	4	6	6	8	10	10	12
	零星材料费	元	—	11.21	16.74	18.87	22.24	32.20	50.59	54.05	58.94	61.83
机械	直流弧焊机 20kW	台班	75.06	0.20	0.31	0.44	0.59	0.67	0.83	0.99	1.16	1.32
	内燃空气压缩机 6m³	台班	330.12	0.25	0.25	0.40	—	—	—	—	—	—
	内燃空气压缩机 9m³	台班	450.35	—	—	—	0.45	0.72	—	—	—	—
	内燃空气压缩机 12m³	台班	557.89	—	—	—	—	—	1.07	1.62	—	—
	内燃空气压缩机 17m³	台班	1162.02	—	—	—	—	—	—	—	1.55	1.92

编　号			5-1404	5-1405	5-1406	5-1407	5-1408	5-1409	5-1410	5-1411
项　目			设计压力2.5MPa以内							
			设备容积（m³以内）							
			600	800	1000	1200	1400	1600	1800	2000
预算基价	总　价（元）		**7391.15**	**8329.83**	**9692.76**	**8296.28**	**8825.93**	**9819.47**	**11161.10**	**12625.83**
	人 工 费（元）		3204.90	3765.15	4326.75	4691.25	4835.70	5437.80	6224.85	7191.45
	材 料 费（元）		1582.82	1687.59	1796.19	2011.52	2154.34	2343.11	2563.19	2798.80
	机 械 费（元）		2603.43	2877.09	3569.82	1593.51	1835.89	2038.56	2373.06	2635.58
组 成 内 容		单位	单价	数　　量						
人工	综合工	工日	135.00	23.74	27.89	32.05	34.75	35.82	40.28	46.11	53.27
材料	精制六角带帽螺栓	kg	8.64	55.43	58.41	60.61	67.27	74.18	79.18	85.23	90.00
	石棉橡胶板 低压 δ0.8～6.0	kg	19.35	19.33	20.48	21.96	26.01	26.54	28.97	32.07	36.29
	电焊条 E4303 D3.2	kg	7.59	2.80	3.28	3.77	4.00	4.20	4.50	5.40	6.20
	氧气	m³	2.88	4.20	4.92	5.64	6.12	6.36	7.08	8.64	9.39
	乙炔气	kg	14.66	1.400	1.640	1.880	2.040	2.120	2.360	2.880	3.130
	滚杠	kg	4.21	139.88	148.34	157.74	171.46	186.66	204.60	223.70	245.50
	破布	kg	5.07	2.0	2.5	3.0	3.5	3.5	4.0	4.0	4.0
	肥皂	块	1.34	12	16	20	24	24	28	28	28
	零星材料费	元	—	60.88	64.91	69.08	77.37	82.86	90.12	98.58	107.65
机械	直流弧焊机 20kW	台班	75.06	1.40	1.64	1.89	2.04	2.12	2.36	2.88	3.13
	内燃空气压缩机 17m³	台班	1162.02	2.15	2.37	2.95	—	—	—	—	—
	电动空气压缩机 40m³	台班	738.66	—	—	—	1.95	2.27	2.52	2.92	3.25

编　号				5-1412	5-1413	5-1414	5-1415	5-1416	5-1417	5-1418	5-1419	5-1420
项　目				设计压力4MPa以内								
				设备容积（m³以内）								
				10	20	40	60	100	200	300	400	500
预算基价	总　　　价（元）			**1161.84**	**1574.70**	**2046.40**	**2559.45**	**3466.62**	**4973.26**	**6079.86**	**8035.31**	**9268.05**
	人　工　费（元）			499.50	751.95	1073.25	1395.90	1584.90	1960.20	2336.85	2710.80	3084.75
	材　料　费（元）			514.53	633.67	714.14	794.26	1308.27	1990.44	2217.44	2355.63	2505.20
	机　械　费（元）			147.81	189.08	259.01	369.29	573.45	1022.62	1525.57	2968.88	3678.10
组 成 内 容		单位	单价	数　　　量								
人工	综合工	工日	135.00	3.70	5.57	7.95	10.34	11.74	14.52	17.31	20.08	22.85
材料	精制六角带帽螺栓	kg	8.64	18.29	24.01	28.29	32.28	62.83	101.80	111.81	118.84	129.13
	石棉橡胶板 中压 δ0.8～6.0	kg	20.02	9.33	11.51	11.99	12.38	15.73	20.33	21.81	23.15	24.61
	电焊条 E4303 D3.2	kg	7.59	0.43	0.65	0.92	1.20	1.37	1.69	2.01	2.33	2.65
	氧气	m³	2.88	0.63	0.96	1.38	1.80	2.04	2.52	3.03	3.51	3.99
	乙炔气	kg	14.66	0.210	0.320	0.460	0.600	0.680	0.840	1.010	1.170	1.330
	滚杠	kg	4.21	31.80	35.90	41.95	48.05	86.07	137.56	159.07	168.37	171.77
	破布	kg	5.07	0.5	0.5	0.5	0.7	0.7	1.0	1.5	1.5	2.0
	肥皂	块	1.34	4	4	4	6	6	8	10	10	12
	零星材料费	元	—	19.79	24.37	27.47	30.55	50.32	76.56	85.29	90.60	96.35
机械	直流弧焊机 20kW	台班	75.06	0.21	0.32	0.46	0.60	0.68	0.84	1.00	1.16	1.32
	内燃空气压缩机 6m³	台班	330.12	0.40	0.50	0.68	—	—	—	—	—	—
	内燃空气压缩机 9m³	台班	450.35	—	—	—	0.72	1.16	—	—	—	—
	内燃空气压缩机 12m³	台班	557.89	—	—	—	—	—	1.72	2.60	—	—
	内燃空气压缩机 17m³	台班	1162.02	—	—	—	—	—	—	—	2.48	3.08

编　号			5-1421	5-1422	5-1423	5-1424	5-1425	5-1426	5-1427	5-1428
项　目			设计压力4MPa以内							
			设备容积（m³以内）							
			600	800	1000	1200	1400	1600	1800	2000
预算基价	总　价（元）		**10044.18**	**11178.37**	**13038.06**	**10559.66**	**11509.13**	**12780.43**	**14538.88**	**16338.91**
	人　工　费（元）		3273.75	3835.35	4402.35	4774.95	4997.70	5530.95	6353.10	7304.85
	材　料　费（元）		2667.25	2803.49	3008.36	3325.47	3660.58	4085.15	4500.67	4956.59
	机　械　费（元）		4103.18	4539.53	5627.35	2459.24	2850.85	3164.33	3685.11	4077.47
组 成 内 容		单位	单价	数　量						
人工	综合工	工日	135.00	24.25	28.41	32.61	35.37	37.02	40.97	47.06	54.11
材料	精制六角带帽螺栓	kg	8.64	134.66	140.64	151.58	166.42	181.75	204.31	224.35	250.73
	石棉橡胶板 中压 δ0.8～6.0	kg	20.02	26.72	28.62	30.84	33.73	36.38	39.80	44.20	48.96
	电焊条 E4303 D3.2	kg	7.59	2.83	3.31	3.80	4.12	4.32	4.80	6.08	6.30
	氧气	m³	2.88	4.23	4.95	5.70	6.18	6.48	7.20	9.12	9.45
	乙炔气	kg	14.66	1.410	1.650	1.900	2.060	2.160	2.400	3.040	3.150
	滚杠	kg	4.21	186.63	192.37	202.01	226.90	258.46	288.80	315.80	342.15
	破布	kg	5.07	2.0	2.5	3.0	3.5	3.5	4.0	4.0	4.0
	肥皂	块	1.34	12	16	20	24	24	28	28	28
	零星材料费	元	—	102.59	107.83	115.71	127.90	140.79	157.12	173.10	190.64
机械	直流弧焊机 20kW	台班	75.06	1.41	1.65	1.90	2.06	2.16	2.40	3.04	3.15
	内燃空气压缩机 17m³	台班	1162.02	3.44	3.80	4.72	—	—	—	—	—
	电动空气压缩机 40m³	台班	738.66	—	—	—	3.12	3.64	4.04	4.68	5.20

三、设备清洗、钝化

1.水 冲 洗

工作内容：冲洗、检验、放水、封闭、记录整理。

单位：台

编 号			5-1429	5-1430	5-1431	5-1432	5-1433	5-1434	5-1435	5-1436	5-1437
项 目			容器类设备水冲洗								
			VN（m³以内）								
			5	10	20	30	40	50	60	80	100
预算基价	总　　价(元)		**42.44**	**68.86**	**106.02**	**122.57**	**143.19**	**156.13**	**179.28**	**233.28**	**289.99**
	人 工 费(元)		25.65	39.15	56.70	63.45	74.25	79.65	90.45	114.75	141.75
	材 料 费(元)		16.23	28.58	47.63	57.15	66.68	76.20	85.73	114.30	142.88
	机 械 费(元)		0.56	1.13	1.69	1.97	2.26	0.28	3.10	4.23	5.36
组 成 内 容	单位	单价	数 量								
人工 综合工	工日	135.00	0.19	0.29	0.42	0.47	0.55	0.59	0.67	0.85	1.05
材料 水	m³	7.62	2.13	3.75	6.25	7.50	8.75	10.00	11.25	15.00	18.75
机械 电动单级离心清水泵 D50	台班	28.19	0.02	0.04	0.06	0.07	0.08	0.01	0.11	0.15	0.19

323

编　号			5-1438	5-1439	5-1440	5-1441	5-1442	5-1443	5-1444	5-1445
项　目			热交换器类设备水冲洗							
			VN（m³以内）							
			5	10	20	30	40	50	60	80
预算基价	总　　价（元）		**93.51**	**116.42**	**182.05**	**228.28**	**260.99**	**320.99**	**343.98**	**444.61**
	人　工　费（元）		54.00	62.10	93.15	114.75	122.85	157.95	166.05	217.35
	材　料　费（元）		38.10	52.35	85.80	109.58	133.35	157.12	171.45	219.08
	机　械　费（元）		1.41	1.97	3.10	3.95	4.79	5.92	6.48	8.18
组　成　内　容		单位	单价	数　　量							
人工	综合工	工日	135.00	0.40	0.46	0.69	0.85	0.91	1.17	1.23	1.61
材料	水	m³	7.62	5.00	6.87	11.26	14.38	17.50	20.62	22.50	28.75
机械	电动单级离心清水泵 D50	台班	28.19	0.05	0.07	0.11	0.14	0.17	0.21	0.23	0.29

2.压缩空气吹洗

工作内容：空气加压、检查、记录、吹洗。

单位：台

编 号			5-1446	5-1447	5-1448	5-1449	5-1450	5-1451	5-1452	5-1453	5-1454
项 目			容器类设备吹洗								
			VN（m³以内）								
			5	10	20	30	40	50	60	80	100
预算基价	总　价（元）		**24.15**	**31.50**	**48.16**	**56.86**	**62.86**	**70.21**	**80.86**	**104.87**	**125.57**
	人 工 费（元）		17.55	21.60	28.35	33.75	36.45	40.50	44.55	55.35	66.15
	机 械 费（元）		6.60	9.90	19.81	23.11	26.41	29.71	36.31	49.52	59.42
组 成 内 容	单位	单价	数　量								
人工 综合工	工日	135.00	0.13	0.16	0.21	0.25	0.27	0.30	0.33	0.41	0.49
机械 内燃空气压缩机 6m³	台班	330.12	0.02	0.03	0.06	0.07	0.08	0.09	0.11	0.15	0.18

编　号				5-1455	5-1456	5-1457	5-1458	5-1459	5-1460	5-1461	5-1462	5-1463
项　目				热交换器类设备吹洗								
				VN（m³以内）								
				5	10	20	30	40	50	60	80	100
预算基价	总　价（元）			52.21	62.86	89.56	108.92	132.92	150.93	164.28	201.64	241.69
	人　工　费（元）			32.40	36.45	49.95	59.40	70.20	78.30	85.05	102.60	122.85
	机　械　费（元）			19.81	26.41	39.61	49.52	62.72	72.63	79.23	99.04	118.84
组　成　内　容		单位	单价	数　量								
人工	综合工	工日	135.00	0.24	0.27	0.37	0.44	0.52	0.58	0.63	0.76	0.91
机械	内燃空气压缩机 6m³	台班	330.12	0.06	0.08	0.12	0.15	0.19	0.22	0.24	0.30	0.36

编　号			5-1464	5-1465	5-1466	5-1467	5-1468	5-1469	5-1470	5-1471	5-1472
项　目			塔类设备吹洗								
			VN(m^3以内)								
			5	10	20	30	40	50	60	80	100
预算基价	总　　价(元)		**49.52**	**59.42**	**96.79**	**117.05**	**134.16**	**155.77**	**171.52**	**208.89**	**230.50**
	人　工　费(元)		27.00	32.40	47.25	54.00	62.10	70.20	76.95	91.80	99.90
	机　械　费(元)		22.52	27.02	49.54	63.05	72.06	85.57	94.57	117.09	130.60
组　成　内　容	单位	单价	数　　量								
人工	综合工	工日	135.00	0.20	0.24	0.35	0.40	0.46	0.52	0.57	0.68	0.74
机械	内燃空气压缩机 9m^3	台班	450.35	0.05	0.06	0.11	0.14	0.16	0.19	0.21	0.26	0.29

编 号	5-1473	5-1474	5-1475	5-1476	5-1477	5-1478	5-1479	5-1480	5-1481
项 目	塔类设备吹洗								设备压缩空气吹洗措施用消耗量摊销
	VN（m³以内）								
	150	200	300	400	500	600	800	1000	
预算基价 总 价（元）	247.61	259.32	302.54	322.34	351.16	366.91	419.60	443.00	346.55
人 工 费（元）	108.00	110.70	126.90	137.70	148.50	155.25	167.40	186.30	199.80
材 料 费（元）	—	—	—	—	—	—	—	—	138.18
机 械 费（元）	139.61	148.62	175.64	184.64	202.66	211.66	252.20	256.70	8.57

组 成 内 容	单位	单价	数 量								
人工 综合工	工日	135.00	0.80	0.82	0.94	1.02	1.10	1.15	1.24	1.38	1.48
材料 热轧一般无缝钢管 D57×3.5	m	25.64	—	—	—	—	—	—	—	—	1.8
法兰止回阀 H44T-10 DN50	个	85.43	—	—	—	—	—	—	—	—	0.1
法兰截止阀 J41T-16 DN50	个	108.77	—	—	—	—	—	—	—	—	0.4
钢板平焊法兰 1.6MPa DN50	个	22.98	—	—	—	—	—	—	—	—	0.14
平焊法兰 DN150	个	61.09	—	—	—	—	—	—	—	—	0.03
压制弯头 D57×5	个	8.36	—	—	—	—	—	—	—	—	0.18
鱼尾板 24～50	kg	4.77	—	—	—	—	—	—	—	—	0.03
石棉橡胶板 中压 δ0.8～6.0	kg	20.02	—	—	—	—	—	—	—	—	0.84
双头带帽螺栓 M(6～20)×(55～75)	套	1.31	—	—	—	—	—	—	—	—	1.2
钢丝 D1.6	kg	7.09	—	—	—	—	—	—	—	—	1
电焊条 E4303 D3.2	kg	7.59	—	—	—	—	—	—	—	—	0.1
尼龙砂轮片 D100×16×3	片	3.92	—	—	—	—	—	—	—	—	0.03
尼龙砂轮片 D500×25×4	片	18.69	—	—	—	—	—	—	—	—	0.01
厚砂轮片 D200	片	15.51	—	—	—	—	—	—	—	—	0.01
零星材料费	元	—	—	—	—	—	—	—	—	—	6.58
机械 内燃空气压缩机 9m³	台班	450.35	0.31	0.33	0.39	0.41	0.45	0.47	0.56	0.57	—
直流弧焊机 20kW	台班	75.06	—	—	—	—	—	—	—	—	0.1
切管机 9A151	台班	82.92	—	—	—	—	—	—	—	—	0.01
试压泵 30MPa	台班	23.45	—	—	—	—	—	—	—	—	0.01

328

3.蒸 汽 吹 洗

工作内容：吹洗、检查、记录。

单位：台

编 号				5-1482	5-1483	5-1484	5-1485	5-1486	5-1487	5-1488	5-1489	5-1490
项 目				容器类设备吹洗								
				VN（m³以内）								
				5	10	20	30	40	50	60	80	100
预算基价	总 价(元)			**22.76**	**28.46**	**36.99**	**41.19**	**44.03**	**49.73**	**52.57**	**65.30**	**76.69**
	人 工 费(元)			21.60	27.00	35.10	39.15	41.85	47.25	49.95	62.10	72.90
	材 料 费(元)			1.16	1.46	1.89	2.04	2.18	2.48	2.62	3.20	3.79
组 成 内 容		单位	单价	数 量								
人工	综合工	工日	135.00	0.16	0.20	0.26	0.29	0.31	0.35	0.37	0.46	0.54
材料	蒸汽	t	14.56	0.08	0.10	0.13	0.14	0.15	0.17	0.18	0.22	0.26

单位：台

编　　号			5-1491	5-1492	5-1493	5-1494	5-1495	5-1496	5-1497	5-1498	5-1499	5-1500
项　　目			热交换器类设备吹洗									设备蒸汽吹扫措施用消耗量摊销
			VN(m³以内)									
			5	10	20	30	40	50	60	80	100	
预算基价	总　　价(元)		28.46	35.50	52.57	62.46	73.84	82.38	89.42	107.99	129.26	2226.76
	人　工　费(元)		27.00	33.75	49.95	59.40	70.20	78.30	85.05	102.60	122.85	1634.85
	材　料　费(元)		1.46	1.75	2.62	3.06	3.64	4.08	4.37	5.39	6.41	188.76
	机　械　费(元)		—	—	—	—	—	—	—	—	—	403.15
组　成　内　容	单位	单价	数　　量									
人工 综合工	工日	135.00	0.20	0.25	0.37	0.44	0.52	0.58	0.63	0.76	0.91	12.11
材料 蒸汽	t	14.56	0.10	0.12	0.18	0.21	0.25	0.28	0.30	0.37	0.44	—
石棉橡胶板 中压 δ0.8~6.0	kg	20.02	—	—	—	—	—	—	—	—	—	0.33
电焊条 E4303 D3.2	kg	7.59	—	—	—	—	—	—	—	—	—	9.99
碳钢焊丝	kg	10.58	—	—	—	—	—	—	—	—	—	0.61
氧气	m³	2.88	—	—	—	—	—	—	—	—	—	4.12
氩气	m³	18.60	—	—	—	—	—	—	—	—	—	1.74
乙炔气	kg	14.66	—	—	—	—	—	—	—	—	—	1.470
钍钨棒	kg	640.87	—	—	—	—	—	—	—	—	—	0.030
尼龙砂轮片 D100×16×3	片	3.92	—	—	—	—	—	—	—	—	—	1.38
厚砂轮片 D200	片	15.51	—	—	—	—	—	—	—	—	—	0.03
零星材料费	元	—	—	—	—	—	—	—	—	—	—	8.99
机械 汽车式起重机 8t	台班	767.15	—	—	—	—	—	—	—	—	—	0.10
载货汽车 5t	台班	443.55	—	—	—	—	—	—	—	—	—	0.10
直流弧焊机 20kW	台班	75.06	—	—	—	—	—	—	—	—	—	1.41
氩弧焊机 500A	台班	96.11	—	—	—	—	—	—	—	—	—	0.73
电动葫芦 单速 5t	台班	41.02	—	—	—	—	—	—	—	—	—	0.31
普通车床 660×2000	台班	271.15	—	—	—	—	—	—	—	—	—	0.32
内燃空气压缩机 6m³	台班	330.12	—	—	—	—	—	—	—	—	—	0.02

4.设备酸洗、钝化

工作内容：箱、槽制作、安装,酸洗用泵的检修及安装等。

单位：台

编 号				5-1501	5-1502	5-1503	5-1504	5-1505	5-1506	5-1507	5-1508
项 目				碳钢、低合金钢							
				VN(m³以内)							
				1	2	3	4	5	6	8	10
预算基价	总 价(元)			**1064.14**	**1867.45**	**2995.93**	**3800.93**	**4630.47**	**5464.09**	**7002.18**	**8417.65**
	人 工 费(元)			260.55	348.30	762.75	853.20	974.70	1066.50	1181.25	1297.35
	材 料 费(元)			705.04	1410.10	2115.14	2820.19	3525.24	4229.54	5640.38	6927.26
	机 械 费(元)			98.55	109.05	118.04	127.54	130.53	168.05	180.55	193.04
组 成 内 容		单位	单价	数 量							
人工	综合工	工日	135.00	1.93	2.58	5.65	6.32	7.22	7.90	8.75	9.61
材料	水	m³	7.62	16.6	33.2	49.8	66.4	83.0	99.6	132.8	150.6
	盐酸 31%	kg	4.27	47	94	141	188	235	282	376	470
	乌洛托品	kg	12.37	4.7	9.4	14.1	18.8	23.5	28.2	37.6	47.0
	氨水	kg	3.14	14	28	42	56	70	84	112	140
	亚硝酸钠	kg	3.99	60.70	121.40	182.10	242.80	303.50	364.02	485.60	607.00
	零星材料费	元	—	33.57	67.15	100.72	134.29	167.87	201.41	268.59	329.87
机械	耐腐蚀泵 D50	台班	49.97	0.35	0.56	0.74	0.93	0.99	1.11	1.36	1.61
	内燃空气压缩机 9m³	台班	450.35	0.18	0.18	0.18	0.18	0.18	0.25	0.25	0.25

编　号			5-1509	5-1510	5-1511	5-1512	5-1513	5-1514	5-1515	5-1516
项　目			不锈耐酸钢（覆层、衬里）							
			1	2	3	4	5	6	8	10
预算基价	总　　　价（元）		**1390.51**	**2537.50**	**3958.60**	**5121.44**	**6270.89**	**7438.37**	**9649.61**	**11863.05**
	人　工　费（元）		233.55	309.15	662.85	753.30	838.35	909.90	986.85	1066.50
	材　料　费（元）		1062.90	2125.80	3188.70	4251.60	5314.50	6377.41	8503.20	10629.00
	机　械　费（元）		94.06	102.55	107.05	116.54	118.04	151.06	159.56	167.55
组 成 内 容	单位	单价	数　　量							
人工	综合工	工日	135.00	1.73	2.29	4.91	5.58	6.21	6.74	7.31	7.90
材料	水	m³	7.62	11.1	22.2	33.3	44.4	55.5	66.6	88.8	111.0
	硝酸	kg	5.56	116.7	233.4	350.1	466.8	583.5	700.2	933.6	1167.0
	氢氟酸 45%	kg	7.27	23.3	46.6	69.9	93.2	116.5	139.8	186.4	233.0
	重铬酸钾 98%	kg	11.77	9.3	18.6	27.9	37.2	46.5	55.8	74.4	93.0
	零星材料费	元	—	50.61	101.23	151.84	202.46	253.07	303.69	404.91	506.14
机械	耐腐蚀泵 D50	台班	49.97	0.26	0.43	0.52	0.71	0.74	0.77	0.94	1.10
	内燃空气压缩机 9m³	台班	450.35	0.18	0.18	0.18	0.18	0.18	0.25	0.25	0.25

编　号			5-1517	5-1518	5-1519
项　目			设备酸洗、钝化措施用消耗量摊销		
			VN≤1.0m³	VN≤5.0m³	VN≤10.0m³
预算基价	总　　价(元)		**842.05**	**1128.59**	**1424.39**
	人　工　费(元)		355.05	521.10	710.10
	材　料　费(元)		487.00	607.49	714.29
组成内容		单位	单价	数　量	
人工	综合工	工日	135.00	2.63	3.86	5.26
材料	普碳钢板 Q195~Q235 δ0.7~0.9	t	4087.34	0.01533	0.04033	0.06270
	热轧一般无缝钢管 D57×3.5	m	25.64	0.87	0.87	0.87
	截止阀 不锈钢密封圈 DN50	个	218.36	0.8	0.8	0.8
	止回阀 不锈钢密封圈 DN50	个	103.91	0.2	0.2	0.2
	钢板平焊法兰 1.6MPa DN50	个	22.98	0.3	0.3	0.3
	压制弯头 D57×5	个	8.36	0.37	0.37	0.37
	双头带帽螺栓 M(6~20)×(55~75)	套	1.31	128	128	128
	金属滤网	m²	19.04	0.30	0.96	1.50
	零星材料费	元	—	23.19	28.93	34.01

5.设备焊缝酸洗、钝化

工作内容：箱、槽制作、安装,酸洗用泵的检修及安装等。

单位：10m

编　　号				5-1520	5-1521
项　　目				不锈钢焊缝	铝材焊缝焊后酸洗
预算基价	总　　价(元)			**54.79**	**55.48**
	人　工　费(元)			40.50	44.55
	材　料　费(元)			10.99	7.63
	机　械　费(元)			3.30	3.30
组　成　内　容		单位	单价	数　　量	
人工	综合工	工日	135.00	0.30	0.33
材料	水	m³	7.62	0.17	0.17
	硝酸	kg	5.56	0.89	0.38
	破布	kg	5.07	0.1	0.1
	重铬酸钾 98%	kg	11.77	0.36	—
	盐酸 31%	kg	4.27	—	0.87
机械	内燃空气压缩机 6m³	台班	330.12	0.01	0.01

四、设 备 脱 脂

1.容器类设备脱脂

工作内容：脱水、脱脂、排放脱脂剂、吹干、清除残液、检查、涂密封剂、封闭标记等。

单位：10m²

编 号			5-1522	5-1523	5-1524	5-1525	5-1526	5-1527	5-1528	5-1529	5-1530	5-1531
项 目			二氯乙烷脱脂DN					三氯乙烯脱脂DN				
			600	900	1200	1500	1500以上	600	900	1200	1500	1500以上
预算基价	总 价(元)		**723.83**	**623.99**	**565.60**	**489.78**	**410.52**	**667.88**	**570.22**	**520.35**	**443.66**	**369.15**
	人 工 费(元)		378.00	301.05	272.70	226.80	182.25	378.00	301.05	272.70	226.80	182.25
	材 料 费(元)		302.27	286.64	263.86	241.20	213.75	246.32	232.87	218.61	195.08	172.38
	机 械 费(元)		43.56	36.30	29.04	21.78	14.52	43.56	36.30	29.04	21.78	14.52
组 成 内 容	单位	单价	数 量									
人工 综合工	工日	135.00	2.80	2.23	2.02	1.68	1.35	2.80	2.23	2.02	1.68	1.35
材料 聚氯乙烯薄膜	kg	12.44	1.0	0.8	0.6	0.5	0.4	1.0	0.8	0.6	0.5	0.4
白布	m²	10.34	0.6	0.5	0.4	0.3	0.2	0.6	0.5	0.4	0.3	0.2
二氯乙烷	kg	11.36	23.7	22.7	21.1	19.4	17.3	—	—	—	—	—
三氯乙烯	kg	7.74	—	—	—	—	—	27.9	26.7	25.4	22.8	20.3
零星材料费	元	—	14.39	13.65	12.56	11.49	10.18	11.73	11.09	10.41	9.29	8.21
机械 无油空气压缩机 9m³	台班	362.96	0.12	0.10	0.08	0.06	0.04	0.12	0.10	0.08	0.06	0.04

编　号			5-1532	5-1533	5-1534	5-1535	5-1536	5-1537	5-1538	5-1539	5-1540	5-1541
项　目			四氯化碳脱脂DN					工业酒精脱脂DN				
			600	900	1200	1500	1500以上	600	900	1200	1500	1500以上
预算基价	总　价(元)		**740.28**	**638.73**	**585.78**	**502.94**	**421.46**	**580.59**	**486.45**	**440.92**	**372.90**	**305.45**
	人　工　费(元)		378.00	301.05	272.70	226.80	182.25	378.00	301.05	272.70	226.80	182.25
	材　料　费(元)		318.72	301.38	284.04	254.36	224.69	159.03	149.10	139.18	124.32	108.68
	机　械　费(元)		43.56	36.30	29.04	21.78	14.52	43.56	36.30	29.04	21.78	14.52
组　成　内　容	单位	单价	数　　量									
人工	综合工	工日	135.00	2.80	2.23	2.02	1.68	1.35	2.80	2.23	2.02	1.68	1.35
材料	四氯化碳	kg	9.28	30.7	29.3	27.9	25.1	22.3	—	—	—	—	—
	聚氯乙烯薄膜	kg	12.44	1.0	0.8	0.6	0.5	0.4	1.0	0.8	0.6	0.5	0.4
	白布	m²	10.34	0.6	0.5	0.4	0.3	0.2	0.6	0.5	0.4	0.3	0.2
	工业酒精 99.5%	kg	7.42	—	—	—	—	—	17.9	17.1	16.3	14.7	13.0
	零星材料费	元	—	15.18	14.35	13.53	12.11	10.70	7.57	7.10	6.63	5.92	5.18
机械	无油空气压缩机 9m³	台班	362.96	0.12	0.10	0.08	0.06	0.04	0.12	0.10	0.08	0.06	0.04

2.塔类设备脱脂

单位：10m²

编　号			5-1542	5-1543	5-1544	5-1545	5-1546	5-1547	5-1548	5-1549	5-1550	5-1551
项　目			二氯乙烷脱脂DN					三氯乙烯脱脂DN				
			600	900	1200	1500	1500以上	600	900	1200	1500	1500以上
预算基价	总　价(元)		**868.04**	**760.58**	**666.62**	**557.26**	**489.60**	**811.46**	**706.49**	**611.78**	**511.88**	**448.41**
	人　工　费(元)		459.00	378.00	310.50	243.00	216.00	459.00	378.00	310.50	243.00	216.00
	材　料　费(元)		365.48	346.28	327.08	292.48	259.08	308.90	292.19	272.24	247.10	217.89
	机　械　费(元)		43.56	36.30	29.04	21.78	14.52	43.56	36.30	29.04	21.78	14.52
组　成　内　容		单位	单价	数　　量								
人工	综合工	工日	135.00	3.40	2.80	2.30	1.80	1.60	3.40	2.80	2.30	1.80	1.60
材料	聚氯乙烯薄膜	kg	12.44	1.0	0.8	0.6	0.5	0.4	1.0	0.8	0.6	0.5	0.4
	白布	m²	10.34	0.6	0.5	0.4	0.3	0.2	0.6	0.5	0.4	0.3	0.2
	二氯乙烷	kg	11.36	29.0	27.7	26.4	23.7	21.1	—	—	—	—	—
	三氯乙烯	kg	7.74	—	—	—	—	—	35.6	34.0	32.0	29.2	25.9
	零星材料费	元	—	17.40	16.49	15.58	13.93	12.34	14.71	13.91	12.96	11.77	10.38
机械	无油空气压缩机 9m³	台班	362.96	0.12	0.10	0.08	0.06	0.04	0.12	0.10	0.08	0.06	0.04

编　号			5-1552	5-1553	5-1554	5-1555	5-1556	5-1557	5-1558	5-1559	5-1560	5-1561
项　目			四氯化碳脱脂DN					工业酒精脱脂DN				
			600	900	1200	1500	1500以上	600	900	1200	1500	1500以上
预算基价	总　　价(元)		**904.10**	**794.60**	**698.61**	**586.37**	**515.62**	**702.89**	**603.14**	**516.11**	**422.60**	**369.58**
	人　工　费(元)		459.00	378.00	310.50	243.00	216.00	459.00	378.00	310.50	243.00	216.00
	材　料　费(元)		401.54	380.30	359.07	321.59	285.10	200.33	188.84	176.57	157.82	139.06
	机　械　费(元)		43.56	36.30	29.04	21.78	14.52	43.56	36.30	29.04	21.78	14.52
组 成 内 容	单位	单价	数　　量									
人工	综合工	工日	135.00	3.40	2.80	2.30	1.80	1.60	3.40	2.80	2.30	1.80	1.60
材料	四氯化碳	kg	9.28	39.2	37.4	35.6	32.0	28.5	—	—	—	—	—
	聚氯乙烯薄膜	kg	12.44	1.0	0.8	0.6	0.5	0.4	1.0	0.8	0.6	0.5	0.4
	白布	m²	10.34	0.6	0.5	0.4	0.3	0.2	0.6	0.5	0.4	0.3	0.2
	工业酒精 99.5%	kg	7.42	—	—	—	—	—	23.2	22.2	21.1	19.0	16.9
	零星材料费	元	—	19.12	18.11	17.10	15.31	13.58	9.54	8.99	8.41	7.52	6.62
机械	无油空气压缩机 9m³	台班	362.96	0.12	0.10	0.08	0.06	0.04	0.12	0.10	0.08	0.06	0.04

3.热交换器脱脂

单位：10m²

编　号			5-1562	5-1563	5-1564	5-1565	5-1566	5-1567	5-1568	5-1569
项　目			二氯乙烷脱脂DN						三氯乙烯脱脂DN	
			300	600	900	1200	1500	1500以上	300	600
预算基价	总　价(元)		**1206.35**	**1097.77**	**1004.03**	**926.48**	**822.65**	**729.72**	**1108.32**	**1003.32**
	人　工　费(元)		634.50	558.90	498.15	453.60	407.70	363.15	634.50	558.90
	材　料　费(元)		517.09	491.93	466.76	441.59	391.48	350.92	419.06	397.48
	机　械　费(元)		54.76	46.94	39.12	31.29	23.47	15.65	54.76	46.94
组　成　内　容	单位	单价	数　量							
人工	综合工	工日	135.00	4.70	4.14	3.69	3.36	3.02	2.69	4.70	4.14
材料	聚氯乙烯薄膜	kg	12.44	1.2	1.0	0.8	0.6	0.5	0.4	1.2	1.0
	白布	m²	10.34	0.7	0.6	0.5	0.4	0.3	0.2	0.7	0.6
	二氯乙烷	kg	11.36	41.4	39.6	37.8	36.0	32.0	28.8	—	—
	三氯乙烯	kg	7.74	—	—	—	—	—	—	48.7	46.5
	零星材料费	元	—	24.62	23.43	22.23	21.03	18.64	16.71	19.96	18.93
机械	电动单级离心清水泵 D50	台班	28.19	0.14	0.12	0.10	0.08	0.06	0.04	0.14	0.12
	无油空气压缩机 9m³	台班	362.96	0.14	0.12	0.10	0.08	0.06	0.04	0.14	0.12

编　号			5-1570	5-1571	5-1572	5-1573	5-1574	5-1575	5-1576	5-1577
项　目			三氯乙烯脱脂DN				四氯化碳脱脂DN			
			900	1200	1500	1500以上	300	600	900	1200
预算基价	总　　价(元)		**913.99**	**840.84**	**750.60**	**660.89**	**1225.06**	**1123.33**	**1028.66**	**950.17**
	人　工　费(元)		498.15	453.60	407.70	363.15	634.50	558.90	498.15	453.60
	材　料　费(元)		376.72	355.95	319.43	282.09	535.80	517.49	491.39	465.28
	机　械　费(元)		39.12	31.29	23.47	15.65	54.76	46.94	39.12	31.29
组　成　内　容	单位	单价	数　　量							
人工	综合工	工日	135.00	3.69	3.36	3.02	2.69	4.70	4.14	3.69	3.36
材料	三氯乙烯	kg	7.74	44.4	42.3	38.1	33.8	—	—	—	—
	聚氯乙烯薄膜	kg	12.44	0.8	0.6	0.5	0.4	1.2	1.0	0.8	0.6
	白布	m²	10.34	0.5	0.4	0.3	0.2	0.7	0.6	0.5	0.4
	四氯化碳	kg	9.28	—	—	—	—	52.6	51.1	48.8	46.5
	零星材料费	元	—	17.94	16.95	15.21	13.43	25.51	24.64	23.40	22.16
机械	电动单级离心清水泵 D50	台班	28.19	0.10	0.08	0.06	0.04	0.14	0.12	0.10	0.08
	无油空气压缩机 9m³	台班	362.96	0.10	0.08	0.06	0.04	0.14	0.12	0.10	0.08

单位：10m²

编　号			5-1578	5-1579	5-1580	5-1581	5-1582	5-1583	5-1584	5-1585
项　目			四氯化碳脱脂DN		工业酒精脱脂DN					
			1500	1500以上	300	600	900	1200	1500	1500以上
预算基价	总　　价(元)		**849.23**	**748.67**	**955.61**	**858.37**	**775.97**	**708.98**	**631.84**	**556.04**
	人　工　费(元)		407.70	363.15	634.50	558.90	498.15	453.60	407.70	363.15
	材　料　费(元)		418.06	369.87	266.35	252.53	238.70	224.09	200.67	177.24
	机　械　费(元)		23.47	15.65	54.76	46.94	39.12	31.29	23.47	15.65
组　成　内　容	单位	单价	数　　量							
人工	综合工	工日	135.00	3.02	2.69	4.70	4.14	3.69	3.36	3.02	2.69
材料	四氯化碳	kg	9.28	41.9	37.2	—	—	—	—	—	—
	聚氯乙烯薄膜	kg	12.44	0.5	0.4	1.2	1.0	0.8	0.6	0.5	0.4
	白布	m²	10.34	0.3	0.2	0.7	0.6	0.5	0.4	0.3	0.2
	工业酒精 99.5%	kg	7.42	—	—	31.2	29.9	28.6	27.2	24.5	21.8
	零星材料费	元	—	19.91	17.61	12.68	12.03	11.37	10.67	9.56	8.44
机械	电动单级离心清水泵 D50	台班	28.19	0.06	0.04	0.14	0.12	0.10	0.08	0.06	0.04
	无油空气压缩机 9m³	台班	362.96	0.06	0.04	0.14	0.12	0.10	0.08	0.06	0.04

4.钢制结构脱脂

单位：t

编　号				5-1586	5-1587	5-1588	5-1589
项　目				二氯乙烷	三氯乙烯	四氯化碳	工业酒精
预算基价	总　价(元)			**3207.43**	**2783.84**	**3287.40**	**1932.50**
	人工费(元)			926.10	926.10	926.10	926.10
	材料费(元)			2197.85	1774.26	2277.82	922.92
	机械费(元)			83.48	83.48	83.48	83.48
组成内容		单位	单价	数　量			
人工	综合工	工日	135.00	6.86	6.86	6.86	6.86
材料	聚氯乙烯薄膜	kg	12.44	0.9	0.9	0.9	0.9
	白布	m²	10.34	1.4	1.4	1.4	1.4
	二氯乙烷	kg	11.36	182	—	—	—
	三氯乙烯	kg	7.74	—	215	—	—
	四氯化碳	kg	9.28	—	—	231	—
	工业酒精 99.5%	kg	7.42	—	—	—	115
	零星材料费	元	—	104.66	84.49	108.47	43.95
机械	无油空气压缩机 9m³	台班	362.96	0.23	0.23	0.23	0.23

5.设备脱脂措施用消耗量摊销

单位：次

编　　号				5-1590
项　　目				设备脱脂措施用消耗量摊销
预算基价	总　　价(元)			**536.96**
	人　工　费(元)			163.35
	材　料　费(元)			319.34
	机　械　费(元)			54.27
组　成　内　容		单位	单价	数　　量
人工	综合工	工日	135.00	1.21
材料	普碳钢板	t	3696.76	0.031
	热轧一般无缝钢管 D57×3.5	m	25.64	4.8
	截止阀 J41H-6 DN25	个	67.29	0.1
	截止阀 J41H-6 DN50	个	172.92	0.2
	止回阀 H41H-6 DN25	个	69.23	0.1
	平焊法兰 0.6MPa DN25	个	8.79	0.06
	平焊法兰 0.6MPa DN50	个	13.12	0.34
	压制弯头 D57×5	个	8.36	0.33
	石棉橡胶板 中压 δ0.8～6.0	kg	20.02	0.64
	电焊条 E4303 D3.2	kg	7.59	0.82
	氧气	m³	2.88	0.62
	乙炔气	kg	14.66	0.220
	尼龙砂轮片 D150	片	6.65	0.20
	厚砂轮片 D200	片	15.51	0.02
机械	汽车式起重机 8t	台班	767.15	0.02
	载货汽车 6t	台班	461.82	0.02
	直流弧焊机 20kW	台班	75.06	0.31
	剪板机 20×2500	台班	329.03	0.01
	切管机 9A151	台班	82.92	0.01
	普通车床 630×1400	台班	230.05	0.01

第四章　设备制作、安装其他项目

说　　明

一、本章适用范围：金属抱杆安装、拆除与移位，设备吊耳制作与安装，设备胎具制作、安装与拆除。

二、不论使用何种施工方法，本章基价不得调整。

三、关于金属抱杆项目的说明：

1.金属抱杆的选用：

(1)根据设备吊装质量与吊装高度，按照本基价规定的范围选用金属抱杆。

(2)金属抱杆规格的选定，应以审批后的施工组织设计(或施工方案)为依据。

(3)金属抱杆的选用以抱杆起重量为依据，金属抱杆的高度只作参考，不作为取定的依据。

2.本基价内的主抱杆安装、拆除子目中不包括灵机抱杆的安装、拆除。如加设灵机时，应另执行相应的子目。

3.金属抱杆的台次使用费包括以下内容：抱杆本体的设计、制造和试验，卷扬机、索具等的折旧摊销，抱杆停滞期间的维护、保养，配附件的更换等费用，并已扣除了抱杆的残值。金属抱杆的台次使用费按下表规定计算。

金属抱杆台次使用费表　　　　　　　　　　　　　　　　　　单位：万元

抱杆名称	起重能力及规格	摊销次数	台次使用费	辅助抱杆台次使用费
格架式金属抱杆	100t/50m	10	8.08	1.86
	150t/50m	10	11.13	1.86
	200t/55m	8	19.41	3.14
	250t/55m	8	29.98	3.14
	350t/60m	6	46.25	4.22
	500t/80m	5	64.92	5.94

注：1.抱杆以起重能力为计价依据，抱杆高度只供参考。

　　2.每安装、拆除一次，计算一次台次使用费。

　　3.抱杆增设灵机时，灵机的台次使用费以相应主抱杆的台次使用费为基数，乘以系数0.08。

　　4.抱杆摊销次数是综合计算取定的，计价时不得调整。

4.金属抱杆的台次使用费内不包括拖拉坑埋设。

5.金属抱杆水平移位的次数应以审批后的施工组织设计为计算依据，水平移位的距离可按设备平面布置图测算，每移位15m计算一次水平移位(不足15m的按15m计算)，当移位距离累计大于或等于60m时，按新立一座抱杆计算，移位次数应为(n-1)次。一次移位距离大于或等于60m时，在计算新立一座抱杆后,不再执行移位基价。

6.金属抱杆每安装、拆除一次,可计取一次台次使用费。同一规格的金属抱杆在一个装置内最多只能计算三次台次使用费。

7.金属抱杆水平移位距离累计达到或超过60m及一次移位达到或超过60m,均应分别按新立一座抱杆计算台次使用费,但不再计算辅助抱杆台次使用费。

8.抱杆摊销次数是综合计算取定的,计价时不得调整。

9.拖拉坑挖埋的计算,应根据承受能力,按实际埋设数量计算。土方量、钢丝绳及绳卡等用量不得调整。如采用与子目不同的埋件,埋件材料费可以换算,按实调整计算。

四、吊耳的构造形式与选用材料,是根据其荷载要求综合取定,若实际吊耳选用与基价取定不同时,不得调整。

五、胎具与加固件项目的说明:

1.周转材料用量是按摊销量进入基价。

2.铸造胎具适用于整体封头压制,焊接胎具适用于分片封头压制。

3.胎具及加固件的基价,均已包括了重复利用和材料回收率,不得调整。

工程量计算规则

一、金属抱杆的安装、拆除、移位及抱杆台次使用费均按单金属抱杆计算。如采用双金属抱杆时,每座抱杆均乘以系数 0.95。抱杆灵机的安装、拆除按其数量计算。

二、拖拉坑挖埋的计算,应根据承受能力,按实际埋设量计算。

三、吊耳制作、安装按荷载能力计算。

四、封头压制胎具按胎具直径计算。即每制作一个封头,计算一次胎具。

五、筒体卷弧胎具是按设备筒体质量综合取定。

六、浮头式热交换器试压胎具,根据热交换器设备直径计算。

七、设备组装(划分为分片与分段组装)胎具是指组装的手段措施,包括组装时的加固措施。按设备质量范围划分子目。

八、设备组装及吊装加固,按审定后的施工措施方案以加固件质量计算,以吨为单位计算。基价包括了加固件的制作、安装与拆除。

一、起重机具安装、拆除与移位

1.金属抱杆安装、拆除

（1）格架式金属抱杆安装、拆除

工作内容：主吊滑车系统、拖拉绳系统、封尾系统的设置,抱杆的连接、竖立、找正、封底、试吊、放倒及分解等。

单位：座

	编 号			5-1591	5-1592	5-1593	5-1594	5-1595	5-1596
	项 目			抱杆规格（起重量/高度）					
				100t/50m	150t/50m	200t/55m	250t/55m	350t/60m	500t/80m
预算基价	总 价（元）			**114575.67**	**159183.56**	**172627.91**	**195684.07**	**232416.06**	**304261.14**
	人 工 费（元）			89370.00	129735.00	139320.00	151740.00	181305.00	232470.00
	材 料 费（元）			5170.34	6459.18	8036.53	9180.26	11066.40	15125.43
	机 械 费（元）			20035.33	22989.38	25271.38	34763.81	40044.66	56665.71
组 成 内 容		单位	单价	数 量					
人工	综合工	工日	135.00	662.00	961.00	1032.00	1124.00	1343.00	1722.00
材料	道木	m³	3660.04	0.98	1.25	1.60	1.82	2.24	3.15
	钢板垫板	t	4954.18	0.042	0.054	0.068	0.081	0.096	0.110
	电焊条 E4303 D3.2	kg	7.59	9.00	11.00	14.00	16.00	18.00	26.00
	氧气	m³	2.88	4.50	6.00	9.00	12.00	15.00	21.00
	乙炔气	kg	14.66	1.500	2.000	3.000	4.000	5.000	7.000
	镀锌钢丝 D4.0	kg	7.08	41.00	44.00	46.00	52.00	58.00	70.00
	煤油	kg	7.49	28.00	30.00	33.00	37.00	40.00	48.00
	机油	kg	7.21	12.00	14.00	16.00	18.00	21.00	29.00
	黄干油	kg	15.77	32.00	40.00	45.00	52.00	58.00	72.00
	破布	kg	5.07	6.00	6.00	7.00	8.00	8.00	10.00
	零星材料费	元	—	150.59	188.13	234.07	267.39	322.32	440.55
机械	履带式拖拉机 60kW	台班	668.89	3.0	4.0	4.5	5.0	6.0	8.0
	载货汽车 8t	台班	521.59	9.0	10.0	11.0	12.0	14.0	18.0
	直流弧焊机 20kW	台班	75.06	2.8	3.4	4.3	5.0	6.0	8.6
	汽车式起重机 8t	台班	767.15	6.0	7.0	2.0	3.0	4.0	6.0
	汽车式起重机 16t	台班	971.12	2.5	3.0	8.0	9.0	10.0	14.0
	汽车式起重机 30t	台班	1141.87	2.0	2.0	2.0	—	—	—
	汽车式起重机 50t	台班	2492.74	—	—	—	3.0	3.5	5.5
	卷扬机 单筒慢速 50kN	台班	211.29	8.0	9.0	10.0	12.0	12.0	16.0
	卷扬机 单筒慢速 80kN	台班	254.54	4.0	5.0	5.5	6.0	8.0	12.0
	平板拖车组 20t	台班	1101.26	1.0	1.0	1.0	—	—	—
	平板拖车组 40t	台班	1468.34	—	—	—	1.5	1.5	2.0

(2) 格架式抱杆安装、拆除

工作内容：格架式抱杆的组对、紧固检查与主抱杆连接、抱杆主吊滑车及转向滑车设置,抱杆竖立和调整、抱杆与主抱杆的分解与放倒。　　　　**单位**：组

编　号			5-1597	5-1598	5-1599	5-1600	5-1601	5-1602	5-1603	5-1604
项　目			单面吊重50t				单面吊重100t			
			抱杆高度（m）							
			30	40	50	60	30	40	50	60
预算基价	总　　价（元）		**16109.23**	**17459.23**	**19765.44**	**20980.44**	**20197.83**	**21142.83**	**23721.15**	**25071.15**
	人　工　费（元）		9990.00	11340.00	12555.00	13770.00	12690.00	13635.00	15120.00	16470.00
	材　料　费（元）		1213.98	1213.98	1417.05	1417.05	1635.61	1635.61	1838.69	1838.69
	机　械　费（元）		4905.25	4905.25	5793.39	5793.39	5872.22	5872.22	6762.46	6762.46
组　成　内　容	单位	单价	数　　量							
人工 综合工	工日	135.00	74.00	84.00	93.00	102.00	94.00	101.00	112.00	122.00
材料 道木	m³	3660.04	0.25	0.25	0.30	0.30	0.35	0.35	0.40	0.40
氧气	m³	2.88	1.20	1.20	1.20	1.20	1.50	1.50	1.50	1.50
乙炔气	kg	14.66	0.400	0.400	0.400	0.400	0.500	0.500	0.500	0.500
镀锌钢丝 D4.0	kg	7.08	14.00	14.00	16.00	16.00	16.00	16.00	18.00	18.00
煤油	kg	7.49	5.00	5.00	5.00	5.00	6.00	6.00	6.00	6.00
机油	kg	7.21	2.50	2.50	2.50	2.50	3.00	3.00	3.00	3.00
黄干油	kg	15.77	6.0	6.0	6.0	6.0	7.0	7.0	7.0	7.0
破布	kg	5.07	1.0	1.0	1.0	1.0	1.0	1.0	1.0	1.0
零星材料费	元	—	35.36	35.36	41.27	41.27	47.64	47.64	53.55	53.55
机械 汽车式起重机 16t	台班	971.12	2.50	2.50	2.90	2.90	3.00	3.00	3.40	3.40
汽车式起重机 30t	台班	1141.87	0.40	0.40	0.50	0.50	0.50	0.50	0.60	0.60
载货汽车 5t	台班	443.55	2.20	2.20	2.60	2.60	2.50	2.50	3.00	3.00
载货汽车 8t	台班	521.59	0.30	0.30	0.35	0.35	0.40	0.40	0.45	0.45
卷扬机 单筒慢速 50kN	台班	211.29	3.00	3.00	3.50	3.50	3.50	3.50	3.80	3.80
卷扬机 单筒慢速 80kN	台班	254.54	1.00	1.00	1.30	1.30	1.30	1.30	1.60	1.60

単位：组

编　号			5-1605	5-1606	5-1607	5-1608
项　目			单面吊重150t			
			抱杆高度（m）			
			30	40	50	60
预算基价	总　　价（元）		**23545.60**	**25165.60**	**27974.28**	**29054.28**
	人　工　费（元）		14580.00	16200.00	17685.00	18765.00
	材　料　费（元）		1898.67	1898.67	2146.74	2146.74
	机　械　费（元）		7066.93	7066.93	8142.54	8142.54
组 成 内 容	单位	单价	数　　　量			
人工 综合工	工日	135.00	108.00	120.00	131.00	139.00
材料 道木	m³	3660.04	0.40	0.40	0.46	0.46
氧气	m³	2.88	1.80	1.80	1.80	1.80
乙炔气	kg	14.66	0.600	0.600	0.600	0.600
镀锌钢丝 D4.0	kg	7.08	22.00	22.00	25.00	25.00
煤油	kg	7.49	7.00	7.00	7.00	7.00
机油	kg	7.21	3.60	3.60	3.60	3.60
黄干油	kg	15.77	8	8	8	8
破布	kg	5.07	1	1	1	1
零星材料费	元	—	55.30	55.30	62.53	62.53
机械 汽车式起重机 16t	台班	971.12	3.5	3.5	3.9	3.9
汽车式起重机 30t	台班	1141.87	0.7	0.7	0.9	0.9
载货汽车 5t	台班	443.55	3.0	3.0	3.4	3.4
载货汽车 8t	台班	521.59	0.45	0.45	0.60	0.60
卷扬机 单筒慢速 50kN	台班	211.29	4.0	4.0	4.6	4.6
卷扬机 单筒慢速 80kN	台班	254.54	1.8	1.8	2.1	2.1

（3）转盘抱杆安装、拆除

工作内容： 转臂的组对、紧固、转盘安装转正、转盘索具安装调试、抱杆拆除放倒。

单位：座

编 号			5-1609	5-1610	5-1611	5-1612	5-1613	5-1614
项 目			抱杆高度15m以内			抱杆高度15m以外		
			起重量(t)					
			10	20	30	10	20	30
预算基价	总 价(元)		**25695.08**	**28025.58**	**30334.19**	**35346.23**	**38834.61**	**42278.15**
	人 工 费(元)		11880.00	13095.00	14175.00	13770.00	15390.00	16875.00
	材 料 费(元)		2627.27	2808.32	3024.86	3544.29	3878.44	4338.08
	机 械 费(元)		11187.81	12122.26	13134.33	18031.94	19566.17	21065.07
组 成 内 容	单位	单价	数 量					
人工 综合工	工日	135.00	88.00	97.00	105.00	102.00	114.00	125.00
材料 道木	m³	3660.04	0.56	0.59	0.63	0.77	0.84	0.94
钢板垫板	t	4954.18	0.026	0.033	0.041	0.026	0.033	0.041
氧气	m³	2.88	2.40	2.40	2.40	3.00	3.00	3.00
乙炔气	kg	14.66	0.800	0.800	0.800	1.000	1.000	1.000
镀锌钢丝 D4.0	kg	7.08	25.00	28.00	30.00	33.00	35.00	38.00
煤油	kg	7.49	6.00	6.00	6.00	7.50	7.50	7.50
机油	kg	7.21	3.00	3.30	3.60	4.00	4.50	5.00
黄干油	kg	15.77	6.5	7.0	7.5	9.0	10.0	11.0
破布	kg	5.07	1.5	1.5	1.5	2.0	2.0	2.0
零星材料费	元	—	76.52	81.80	88.10	103.23	112.96	126.35
机械 汽车式起重机 8t	台班	767.15	5.5	6.0	6.5	—	—	—
汽车式起重机 16t	台班	971.12	1.2	1.5	1.8	6.0	6.8	7.6
汽车式起重机 30t	台班	1141.87	1.5	1.5	1.5	2.0	2.3	2.5
汽车式起重机 50t	台班	2492.74	—	—	—	1.8	1.8	1.8
载货汽车 8t	台班	521.59	4.0	4.4	4.9	5.2	5.8	6.6
平板拖车组 40t	台班	1468.34	0.4	0.4	0.4	0.5	0.5	0.5
卷扬机 单筒慢速 50kN	台班	211.29	5.5	5.5	5.5	7.0	7.0	7.0
卷扬机 单筒慢速 80kN	台班	254.54	1.0	1.2	1.5	2.0	2.4	2.7

2.格架式金属抱杆水平位移

工作内容： 抱杆位移滑道铺设及滚杠、道木铺设、牵引卷扬机设置、牵引滑轮组拴挂、拖拉绳制动索具设置、抱杆位移、找正及固定等。　　　　　　　　　　　　　单位：座

编　号			5-1615	5-1616	5-1617	5-1618	5-1619	5-1620
项　目			金属抱杆(起重量/高度)					
			100t/50m	150t/50m	200t/55m	250t/55m	350t/60m	500t/80m
预算基价	总　　价(元)		**11515.23**	**13872.77**	**15460.33**	**17553.21**	**20473.03**	**25775.83**
	人 工 费(元)		5805.00	6750.00	7560.00	8775.00	10260.00	13365.00
	材 料 费(元)		2880.97	3540.10	3982.76	4754.99	6092.70	7448.65
	机 械 费(元)		2829.26	3582.67	3917.57	4023.22	4120.33	4962.18
组 成 内 容	单位	单价	数　　　量					
人工　综合工	工日	135.00	43.00	50.00	56.00	65.00	76.00	99.00
材料　道木	m³	3660.04	0.69	0.85	0.96	1.15	1.49	1.82
木材 方木	m³	2716.33	0.10	0.12	0.13	0.15	0.17	0.21
零星材料费	元	—	83.91	103.11	116.00	138.49	177.46	216.95
机械　履带式拖拉机 60kW	台班	668.89	1	2	2	2	2	2
载货汽车 6t	台班	461.82	0.5	0.5	0.5	0.5	0.5	0.8
卷扬机 单筒慢速 50kN	台班	211.29	3.1	3.5	4.0	4.5	4.5	4.5
卷扬机 单筒慢速 80kN	台班	254.54	3.5	3.5	4.0	4.0	4.0	6.0
汽车式起重机 8t	台班	767.15	0.5	0.5	—	—	—	—
汽车式起重机 16t	台班	971.12	—	—	0.5	0.5	0.6	0.8

3.拖拉坑挖埋

工作内容：挖拖拉坑、设置埋件及索具、摆设道木、回填土夯实、拉紧拖拉绳扣等。

单位：个

编　号			5-1621	5-1622	5-1623	5-1624	5-1625	5-1626	5-1627
项　目			承受能力(t)						
			5	10	20	30	40	50	60
预算基价	总　　价(元)		**2168.83**	**3485.43**	**5143.07**	**6943.90**	**9306.05**	**11802.49**	**13870.79**
	人　工　费(元)		1404.00	2227.50	3456.00	4563.00	6507.00	8329.50	9976.50
	材　料　费(元)		741.74	1211.75	1564.17	2158.20	2576.35	3150.48	3571.78
	机　械　费(元)		23.09	46.18	122.90	222.70	222.70	322.51	322.51
组 成 内 容	单位	单价	数　　　量						
人工 综合工	工日	135.00	10.40	16.50	25.60	33.80	48.20	61.70	73.90
材料 道木	m³	3660.04	0.02	0.05	0.09	0.11	0.13	0.15	0.18
热轧一般无缝钢管 $D \leqslant 63.5 \times 5$	t	4228.02	0.118	0.162	0.202	0.284	0.306	0.348	0.404
绳卡 Y7～22	个	7.14	8	—	—	—	—	—	—
绳卡 Y9～28	个	13.40	—	10	10	—	—	—	—
绳卡 Y10～32	个	19.04	—	—	—	12	—	—	—
绳卡 Y11～40	个	23.41	—	—	—	—	12	—	—
绳卡 Y12～45	个	25.86	—	—	—	—	—	16	16
钢丝绳 D21.5	m	9.57	9.5	—	—	—	—	—	—
钢丝绳 D28	m	14.79	—	11.8	13.6	—	—	—	—
钢丝绳 D34.5	m	17.00	—	—	—	15.5	—	—	—
钢丝绳 D43	m	26.21	—	—	—	—	17.2	—	—
钢丝绳 D47.5	m	31.23	—	—	—	—	—	20.0	22.0
零星材料费	元	—	21.60	35.29	45.56	62.86	75.04	91.76	104.03
机械 载货汽车 6t	台班	461.82	0.05	0.10	0.10	0.15	0.15	0.20	0.20
汽车式起重机 8t	台班	767.15	—	—	0.1	0.2	0.2	0.3	0.3

二、吊耳制作、安装

工作内容：放样、号料、切割、组对、焊接。

单位：个

编　号			5-1628	5-1629	5-1630	5-1631	5-1632	5-1633	5-1634	5-1635	5-1636
项　目			荷载（t以内）								
			30	50	100	150	200	250	300	400	400以外
预算基价	总　　　价（元）		**792.30**	**2218.37**	**3513.70**	**5850.07**	**8664.97**	**10606.87**	**13332.76**	**17843.02**	**21758.82**
	人　工　费（元）		413.10	1328.40	1769.85	2782.35	3605.85	4233.60	5394.60	6907.95	8032.50
	材　料　费（元）		287.21	686.20	1328.13	2355.74	3923.96	4896.38	6112.35	8463.14	10653.17
	机　械　费（元）		91.99	203.77	415.72	711.98	1135.16	1476.89	1825.81	2471.93	3073.15
组成内容		单位	单价	数　　　量							
人工	综合工	工日	135.00	3.06	9.84	13.11	20.61	26.71	31.36	39.96	51.17	59.50
材料	普碳钢板 Q195～Q235 δ10～14	t	3855.84	0.03873	0.10921	0.21859	0.38270	0.84997	1.06040	1.32520	1.84964	2.33639
	普碳钢板 δ50	t	4386.45	0.01628	0.02810	0.05300	0.10688	—	—	—	—	—
	电焊条 E4303 D3.2	kg	7.59	2.20	5.63	11.41	21.05	37.40	47.72	60.96	86.93	112.15
	氧气	m³	2.88	4.64	8.56	13.25	17.94	22.64	27.34	32.04	34.56	36.82
	乙炔气	kg	14.66	1.550	2.850	4.420	5.980	7.550	9.110	10.680	11.520	12.270
	零星材料费	元	—	13.68	32.68	63.24	112.18	186.86	233.16	291.06	403.01	507.29
机械	汽车式起重机 8t	台班	767.15	0.02	0.03	0.09	0.12	0.16	0.20	0.23	0.26	0.30
	直流弧焊机 30kW	台班	92.43	0.73	1.76	3.36	6.01	10.39	12.90	16.04	22.29	28.04
	电焊条烘干箱 800×800×1000	台班	51.03	0.07	0.18	0.34	0.60	0.10	1.29	1.60	2.23	2.80
	卷板机 40×3500	台班	516.54	0.01	0.01	0.01	0.02	0.02	0.03	0.03	0.03	0.03
	立式钻床 D35	台班	10.91	0.04	0.04	0.04	0.04	0.04	0.04	0.05	0.06	0.07
	剪板机 20×2500	台班	329.03	—	0.01	0.04	0.07	0.11	0.15	0.21	0.25	0.28

三、设备制作、安装胎具与加固件

1.设备制作胎具

(1)椭圆封头压制胎具

工作内容：样板制作、开箱清点验收、弧度尺寸检查、组装调试、整修、更换胎具等。

单位：个

编　号			5-1637	5-1638	5-1639	5-1640	5-1641	5-1642	5-1643
项　目			铸造胎具(直径mm)						
			500	1000	1200	1600	2000	2600	3000
预算基价	总　　　价(元)		**364.85**	**506.04**	**868.80**	**958.79**	**1042.02**	**1358.59**	**1518.96**
	人　工　费(元)		94.50	189.00	283.50	283.50	321.30	378.00	378.00
	材　料　费(元)		115.29	152.71	244.47	334.46	379.89	583.03	743.40
	机　械　费(元)		155.06	164.33	340.83	340.83	340.83	397.56	397.56
组 成 内 容	单位	单价	数　　　量						
人工 综合工	工日	135.00	0.70	1.40	2.10	2.10	2.38	2.80	2.80
材料 垫铁 100×200	kg	8.61	5	5	5	5	5	5	5
螺栓 M40×160	套	15.75	3	3	3	3	3	3	3
成品胎具 QT50-5	kg	8.65	0.58	4.00	11.70	20.40	24.00	43.00	58.60
成品胎具 Z35	kg	8.65	1.92	2.70	5.30	6.70	8.20	12.00	14.40
零星材料费	元	—	3.36	4.45	7.12	9.74	11.06	16.98	21.65
机械 电动双梁起重机 15t	台班	321.22	0.16	0.18	0.35	0.35	0.35	0.50	0.50
卷扬机 单筒慢速 100kN	台班	284.75	0.04	0.05	0.10	0.10	0.10	0.13	0.13
液压压接机 800t	台班	1407.15	0.06	0.06	0.13	0.13	0.13	0.13	0.13
箱式加热炉 RJX-75-9	台班	130.77	0.06	0.06	0.13	0.13	0.13	0.13	0.13

工作内容： 样板制作、号料、切割、坡口、修口打磨、组对、焊接、弧度尺寸检查、压制调试、整修、更换胎具等。

单位：个

编　号			5-1644	5-1645	5-1646	5-1647	5-1648	5-1649	5-1650
项　目			焊接胎具（直径mm）						
			2400	2800	3200	3600	4000	4600	4600以外
预算基价	总　　　价（元）		**793.89**	**937.19**	**1045.34**	**1210.77**	**1450.48**	**2712.84**	**3486.77**
	人　工　费（元）		307.80	388.80	438.75	517.05	575.10	1123.20	1242.00
	材　料　费（元）		128.31	168.46	216.58	301.00	415.24	797.71	1404.73
	机　械　费（元）		357.78	379.93	390.01	392.72	460.14	791.93	840.04
组　成　内　容		单位	单价	数　　量					
人工	综合工	工日	135.00	2.28	2.88	3.25	3.83	4.26	8.32	9.20
材料	普碳钢板	t	3696.76	0.02250	0.03170	0.04256	0.06190	0.08817	0.17578	0.32200
	热轧一般无缝钢管 D325×10	t	4640.83	0.00054	0.00060	0.00070	0.00081	0.00097	0.00153	0.00230
	木材 方木	m³	2716.33	0.01	0.01	0.01	0.01	0.01	0.01	0.01
	电焊条 E4303 D3.2	kg	7.59	0.86	1.15	1.57	2.14	2.98	5.87	8.80
	氧气	m³	2.88	0.38	0.57	0.79	1.26	1.75	3.34	5.01
	乙炔气	kg	14.66	0.130	0.190	0.260	0.420	0.580	1.110	1.670
	尼龙砂轮片 D150	片	6.65	0.33	0.49	0.68	0.97	1.41	3.00	4.50
	零星材料费	元	—	3.74	4.91	6.31	8.77	12.09	23.23	40.91
机械	直流弧焊机 30kW	台班	92.43	0.10	0.16	0.19	0.27	0.35	0.73	1.10
	电焊条烘干箱 600×500×750	台班	27.16	0.02	0.04	0.04	0.06	0.08	0.14	0.22
	电动双梁起重机 15t	台班	321.22	0.23	0.28	0.30	0.34	0.41	0.82	0.84
	卷扬机 单筒慢速 100kN	台班	284.75	0.08	0.08	0.08	0.01	0.08	0.12	0.12
	卷扬机 单筒慢速 30kN	台班	205.84	0.08	0.08	0.08	0.01	0.08	0.12	0.12
	半自动切割机 100mm	台班	88.45	0.01	0.01	0.02	0.03	0.06	0.12	0.18
	剪板机 20×2500	台班	329.03	0.01	0.01	0.01	0.01	0.01	0.01	0.01
	液压压接机 800t	台班	1407.15	0.15	0.15	0.15	0.16	0.16	0.25	0.25
	箱式加热炉 RJX-75-9	台班	130.77	0.15	0.15	0.15	0.16	0.16	0.25	0.25

（2）有折边锥形封头压制胎具

工作内容：样板制作、号料、切割、坡口、修口打磨、组对、焊接、压制调试、整修、更换胎具等。

单位：个

编　号			5-1651	5-1652	5-1653	5-1654
项　目			胎具（直径mm）			
			600	1000	1600	2000
预算基价	总　价（元）		**261.07**	**429.85**	**748.72**	**964.78**
	人　工　费（元）		49.95	121.50	194.40	309.15
	材　料　费（元）		101.97	152.12	210.93	275.49
	机　械　费（元）		109.15	156.23	343.39	380.14
组　成　内　容	单位	单价	数　　量			
人工 综合工	工日	135.00	0.37	0.90	1.44	2.29
材料 普碳钢板	t	3696.76	0.01870	0.03037	0.04355	0.05816
尼龙砂轮片 D180	片	7.79	0.07	0.22	0.48	0.75
木材　方木	m³	2716.33	0.01	0.01	0.01	0.01
电焊条 E4303 D3.2	kg	7.59	0.22	0.59	1.15	1.70
氧气	m³	2.88	0.07	0.26	0.53	0.85
乙炔气	kg	14.66	0.020	0.090	0.180	0.280
零星材料费	元	—	2.97	4.43	6.14	8.02
机械 电动双梁起重机 15t	台班	321.22	0.01	0.04	0.09	0.13
直流弧焊机 30kW	台班	92.43	0.03	0.08	0.15	0.22
电焊条烘干箱 600×500×750	台班	27.16	0.02	0.02	0.04	0.04
半自动切割机 100mm	台班	88.45	0.01	0.01	0.01	0.01
剪板机 20×2500	台班	329.03	0.01	0.01	0.01	0.01
卷扬机　单筒慢速 30kN	台班	205.84	0.03	0.04	0.09	0.10
液压压接机 800t	台班	1407.15	0.06	0.08	0.18	0.19
箱式加热炉 RJX-75-9	台班	130.77	0.06	0.08	0.18	0.19

359

(3) 筒体卷弧胎具

工作内容: 样板制作、号料、切割、坡口、修口打磨、组对、焊接、弧度尺寸检查、压制调试、整修、更换胎具。 单位: t

编　号			5-1655
项　目			筒体(直径mm)
			8000
预算基价	总　　价(元)		**107.62**
	人　工　费(元)		24.30
	材　料　费(元)		73.13
	机　械　费(元)		10.19
组 成 内 容	单位	单价	数　　量
人工　综合工	工日	135.00	0.18
材料　普碳钢板 Q195~Q235 δ6~12	t	3845.31	0.01400
热轧槽钢 >18#	t	3580.42	0.004
尼龙砂轮片 D100×16×3	片	3.92	0.05
电焊条 E4303 D3.2	kg	7.59	0.13
氧气	m³	2.88	0.22
乙炔气	kg	14.66	0.070
零星材料费	元	—	2.13
机械　电动双梁起重机 15t	台班	321.22	0.01
直流弧焊机 30kW	台班	92.43	0.04
电焊条烘干箱 600×500×750	台班	27.16	0.02
卷板机 20×2500	台班	273.51	0.01

(4)浮头式换热器试压胎具

工作内容：放样号料、切割、卷弧、组对、焊接、法兰制作、密封圈装配及胎具装拆等。

单位：台

编　号			5-1656	5-1657	5-1658	5-1659
项　目			胎具（直径mm）			
			600	1000	1600	2000
预算基价	总　　价(元)		**249.99**	**463.38**	**916.47**	**1315.26**
	人　工　费(元)		90.45	199.80	353.70	594.00
	材　料　费(元)		88.82	169.74	388.97	494.12
	机　械　费(元)		70.72	93.84	173.80	227.14
组　成　内　容		单位	单价	数　　　量		
人工	综合工	工日	135.00	0.67	1.48	2.62	4.40
材料	普碳钢板	t	3696.76	0.00014	0.00024	0.00038	0.00047
	普碳钢板 Q195～Q235 δ10	t	3794.50	0.00032	—	—	—
	普碳钢板 Q195～Q235 δ40	t	4013.67	0.01336	—	—	—
	高强度双头螺栓 M24×130	条	4.50	6.4	—	—	—
	清油	kg	15.06	0.01	0.02	0.02	0.03
	电焊条 E4303 D3.2	kg	7.59	0.08	0.13	0.21	0.26
	氧气	m^3	2.88	0.03	0.06	0.09	0.11
	乙炔气	kg	14.66	0.010	0.020	0.030	0.040
	尼龙砂轮片 D100×16×3	片	3.92	0.02	0.03	0.04	0.05
	尼龙砂轮片 D150	片	6.65	0.15	0.32	0.70	0.93
	黑铅粉	kg	0.44	0.01	0.01	0.01	0.01
	普碳钢板 δ50	t	4386.45	—	0.02873	—	—
	普碳钢板 δ60	t	4386.45	—	—	0.05468	0.07315

361

编 号			5-1656	5-1657	5-1658	5-1659
项 目			胎具（直径mm）			
			600	1000	1600	2000
组 成 内 容	单位	单价	数 量			
材 料	普碳钢板 Q195～Q235 δ12	t	3850.83	—	0.00064	—	—
	普碳钢板 Q195～Q235 δ14	t	3880.89	—	—	0.00120	—
	普碳钢板 Q195～Q235 δ18	t	4006.16	—	—	—	0.00193
	高强度双头螺栓 M24×170	条	4.91	—	6.4	—	—
	高强度双头螺栓 M27×200	条	11.10	—	—	11.2	—
	高强度双头螺栓 M27×220	条	11.64	—	—	—	12.0
	零星材料费	元	—	2.59	4.94	11.33	14.39
机 械	电动双梁起重机 15t	台班	321.22	0.03	0.05	0.09	0.12
	门式起重机 20t	台班	644.36	0.01	0.01	0.02	0.02
	直流弧焊机 30kW	台班	92.43	0.02	0.04	0.05	0.06
	电焊条烘干箱 800×800×1000	台班	51.03	0.01	0.01	0.01	0.01
	电焊条烘干箱 600×500×750	台班	27.16	0.01	0.01	0.01	0.01
	半自动切割机 100mm	台班	88.45	0.01	0.01	0.01	0.01
	等离子切割机 400A	台班	229.27	0.10	0.22	0.43	0.58
	卷板机 20×2500	台班	273.51	0.01	0.01	0.01	0.01
	普通车床 1000×5000	台班	330.46	0.06	—	—	—
	立式钻床 D50	台班	20.33	0.02	0.03	0.04	0.05
	电动空气压缩机 1m³	台班	52.31	0.10	0.22	0.43	0.58
	立式钻床 D25	台班	6.78	—	0.10	0.16	0.21

2.设备组装胎具
(1)设备分段组对胎具

工作内容:制作、安装、拆除。

单位:台

编　号			5-1660	5-1661	5-1662	5-1663	5-1664	5-1665	5-1666
项　目			设备质量(t以内)						
			50	100	200	300	400	500	600
预算基价	总　　价(元)		**2480.35**	**3879.64**	**6824.01**	**11600.62**	**17732.66**	**26589.48**	**37214.55**
	人　工　费(元)		1836.00	2754.00	4819.50	8193.15	12290.40	18434.25	25807.95
	材　料　费(元)		429.18	755.38	1348.38	2292.26	3667.69	5501.51	7702.18
	机　械　费(元)		215.17	370.26	656.13	1115.21	1774.57	2653.72	3704.42
组　成　内　容	单位	单价	数　　量						
人工 综合工	工日	135.00	13.60	20.40	35.70	60.69	91.04	136.55	191.17
材料 热轧槽钢 ≤18#	t	3554.55	0.03754	0.06528	0.11520	0.19584	0.31334	0.47002	0.65802
普碳钢板	t	3696.76	0.02720	0.04760	0.08400	0.14280	0.22848	0.34272	0.47981
热轧无缝钢管 $D71\sim90$	t	4153.68	0.02502	0.04352	0.07680	0.13056	0.20890	0.31334	0.43868
电焊条 E4303 $D3.2$	kg	7.59	2.55	4.44	7.83	13.31	21.29	31.93	44.71
氧气	m^3	2.88	7.65	14.28	27.13	46.12	73.79	110.69	154.97
乙炔气	kg	14.66	2.550	4.760	9.040	15.370	24.600	36.900	51.660
零星材料费	元	—	12.50	22.00	39.27	66.76	106.83	160.24	224.34
机械 汽车式起重机 8t	台班	767.15	0.08	0.14	0.25	0.42	0.66	0.98	1.36
载货汽车 5t	台班	443.55	0.08	0.13	0.23	0.40	0.64	0.96	1.34
直流弧焊机 30kW	台班	92.43	1.28	2.22	3.92	6.66	10.65	15.97	22.36

(2)设备分片组装胎具

工作内容:制作、安装、拆除。 单位:台

编　号			5-1667	5-1668	5-1669	5-1670	5-1671	5-1672
项　目			设备质量(t以内)					
			100	200	300	400	500	600
预算基价	总　价(元)		**35916.59**	**65195.46**	**106318.60**	**149889.70**	**190557.21**	**232011.20**
	人工费(元)		21957.75	40824.00	65124.00	89424.00	113724.00	138024.00
	材料费(元)		10064.79	17535.70	29397.27	42785.04	54413.09	66552.10
	机械费(元)		3894.05	6835.76	11797.33	17680.66	22420.12	27435.10
组成内容	单位	单价	数　量					
人工 综合工	工日	135.00	162.65	302.40	482.40	662.40	842.40	1022.40
材料 热轧槽钢 ≤18#	t	3554.55	0.66769	1.21000	2.14507	3.30979	4.24570	5.26877
热轧一般无缝钢管(综合)	t	4558.50	0.66776	1.06176	1.69376	2.32576	2.95776	3.58976
热轧无缝钢管 D71～90	t	4153.68	0.44367	0.80400	1.43005	2.20653	2.83046	3.51251
电焊条 E4303 D3.2	kg	7.59	49.33	87.64	152.40	230.15	289.09	350.94
氧气	m³	2.88	251.19	457.71	715.23	961.65	1196.97	1421.13
乙炔气	kg	14.66	83.730	152.570	238.410	320.550	398.990	473.710
零星材料费	元	—	479.28	835.03	1399.87	2037.38	2591.10	3169.15
机械 汽车式起重机 8t	台班	767.15	1.82	3.16	5.42	8.07	10.32	12.72
载货汽车 5t	台班	443.55	1.52	2.64	4.52	6.72	8.60	10.60
直流弧焊机 30kW	台班	92.43	19.73	35.06	60.96	92.06	115.64	140.38

3.设备组对及吊装加固

工作内容：加固件制作、安装、拆除。

单位：t

编 号				5-1673	5-1674
项 目				设备组对加固	设备吊装加固
预算基价	总 价(元)			**3960.07**	**11045.73**
	人 工 费(元)			2710.80	3026.70
	材 料 费(元)			330.86	439.48
	机 械 费(元)			918.41	7579.55
组 成 内 容		单位	单价	数 量	
人工	综合工	工日	135.00	20.08	22.42
材料	主材	t	—	(0.5)	(0.5)
	圆钢 45#	t	3694.65	0.0137	0.0214
	电焊条 E4303 D3.2	kg	7.59	21.80	27.45
	氧气	m³	2.88	12.75	11.39
	乙炔气	kg	14.66	4.250	3.800
	圆钢	t	3875.42	—	0.011
	零星材料费	元	—	15.76	20.93
机械	履带式起重机 25t	台班	824.31	0.18	0.14
	汽车式起重机 8t	台班	767.15	0.2	0.2
	汽车式起重机 30t	台班	1141.87	0.15	0.15
	载货汽车 6t	台班	461.82	0.12	14.39
	直流弧焊机 30kW	台班	92.43	3.88	4.92
	电焊条烘干箱 800×800×1000	台班	51.03	0.4	0.5
	电焊条烘干箱 600×500×750	台班	27.16	0.4	0.5

第五章　工业炉安装

说　明

一、本章适用范围：石油化工装置、化肥装置、炼油装置等工业炉的安装工程。

二、本章基价各子目不包括下列工作内容：

1.钩钉金具的制作、安装。

2.托盘、砌筑、耐火衬里、烘炉、保温。

3.焊缝预热及后热。

4.钢板组合型钢的制作，卷板平整切割。

5.炉本体第一个法兰以外的配管及其附属设备安装。

6.化工炉试压用水及试运转是水、电、汽的费用。

三、化工炉的墙、顶、底是按成片到货，炉管按成组成排散装到货，废热系统的烟风道、烟囱均按分段到货，零部件按成品、半成品到货考虑，基价子目中均未包括制作费用（按设备厂家供货考虑）。如现场制作时可采用炼油厂加热炉制作的相应子目。

工程量计算规则

一、裂解炉、转换炉、化肥装置加热炉、芳烃装置加热炉、炼油厂加热炉：按设备部件质量计算。

注：①炉体包括支座、构架、墙板、底板、顶板、内隔板紧固件等总质量。②烟道、风道包括本体段、弯头、附件、加固件、补偿器、吊支架、支座等质量。③炉管包括本体、管件、
    联箱、集管箱、吊支架。④烟囱包括本炉、孔门附件、加固件和安装在烟囱上的爬梯等质量，但不包括盘梯、平台、栏杆、喷淋消防装置的质量。

二、废热锅炉：依据结构和质量，按设备部件质量计算。

三、炉管焊接按焊口数量计算。弯管安装按弯管的数量计算。灭火蒸汽管制作、安装按管的长度计算。

四、胎具按其数量计算。

一、裂解炉安装

1.30万t/年乙烯裂解炉安装

工作内容：结构拼装、焊接、炉管清洗、吹除、坡口除锈、组对、焊接、水压试验、气密试验、配合烘炉。

单位：t

编 号				5-1675	5-1676	5-1677	5-1678	5-1679	5-1680
项 目				炉体炉墙结构	梯子平台栏杆	辐射段炉管	对流段炉管	烟囱烟道	对流段管箱
预算基价	总 价（元）			**1805.02**	**1844.94**	**3396.47**	**1307.32**	**3025.67**	**3199.56**
	人 工 费（元）			1224.45	1381.05	2331.45	656.10	2357.10	2592.00
	材 料 费（元）			97.46	95.18	388.02	62.10	197.11	151.37
	机 械 费（元）			483.11	368.71	677.00	589.12	471.46	456.19
组 成 内 容		单位	单价	数 量					
人工	综合工	工日	135.00	9.07	10.23	17.27	4.86	17.46	19.20
材料	钢板垫板	t	4954.18	0.003	—	—	—	—	—
	道木	m³	3660.04	0.003	0.001	0.007	0.001	0.002	—
	电焊条 E4303 D3.2	kg	7.59	3.99	4.41	—	3.06	5.71	7.20
	氧气	m³	2.88	2.68	5.76	8.22	2.64	8.76	9.60
	乙炔气	m³	16.13	1.165	2.504	3.574	1.148	3.809	4.174
	钢丝 D2.8~4.0	kg	6.91	2	—	—	—	—	—
	四氯化碳 95%	kg	14.71	—	—	0.61	0.10	—	—
	白布	m	3.68	—	—	0.30	0.04	—	—
	不锈钢电焊条 奥102 D3.2	kg	40.67	—	—	3.42	—	—	—
	不锈钢氩弧焊丝 D3	kg	53.22	—	—	0.17	—	—	—
	钍钨棒	kg	640.87	—	—	0.016	—	—	—
	氩气	m³	18.60	—	—	4.58	—	—	—
	尼龙砂轮片 D150	片	6.65	—	—	3.00	1.00	—	—

单位：t

编号			5-1675	5-1676	5-1677	5-1678	5-1679	5-1680
项目			炉体炉墙结构	梯子平台栏杆	辐射段炉管	对流段炉管	烟囱烟道	对流段管箱
组成内容	单位	单价	数量					
材料 石棉布	kg	27.24	—	—	—	—	2.1	—
零星材料费	元	—	1.00	1.07	7.47	0.83	2.58	1.75
机械 自升式塔式起重机 1250kN·m	台班	750.28	0.32	0.24	0.34	0.03	0.30	0.30
载货汽车 4t	台班	417.41	0.08	—	—	—	—	—
载货汽车 8t	台班	521.59	—	—	—	—	0.12	0.10
载货汽车 15t	台班	809.06	0.03	0.04	0.07	—	—	—
汽车式起重机 8t	台班	767.15	0.06	—	—	—	0.09	0.07
汽车式起重机 12t	台班	864.36	—	—	0.07	—	—	—
汽车式起重机 20t	台班	1043.80	0.04	0.04	—	—	—	—
汽车式起重机 75t	台班	3175.79	—	—	—	0.01	—	—
汽车式起重机 125t	台班	8124.45	—	—	—	0.05	—	—
履带式推土机 55kW	台班	687.76	0.02	—	—	—	—	—
直流弧焊机 20kW	台班	75.06	0.85	1.47	1.71	1.02	1.46	1.60
氩弧焊机 500A	台班	96.11	—	—	0.75	—	—	—
电动空气压缩机 10m³	台班	375.37	—	—	0.20	0.08	—	—
试压泵 60MPa	台班	24.94	—	—	0.90	0.08	—	—
平板拖车组 40t	台班	1468.34	0.01	—	—	—	—	—
平板拖车组 60t	台班	1632.92	—	—	—	0.01	—	—
手提砂轮机 D150	台班	5.55	—	—	—	0.31	—	—
综合机械	元	—	5.34	4.19	6.81	2.00	5.15	5.15

2．11.5万 t/年乙烯裂解炉安装

工作内容：结构拼装、焊接、炉管清洗、吹除、坡口除锈、组对、焊接、水压试验、气密试验、配合烘炉。　　　　　　　　　　　　单位：t

编　号			5-1681	5-1682	5-1683	5-1684	5-1685	5-1686	5-1687
项　目			炉体结构	梯子平台栏杆	辐射段炉管	对流段炉管	烟道	烟囱	对流段管箱
预算基价	总　　价(元)		**2363.08**	**2418.61**	**3886.83**	**1223.82**	**2142.16**	**1715.54**	**3262.31**
	人　工　费(元)		1291.95	1590.30	2338.20	723.60	1283.85	1015.20	2592.00
	材　料　费(元)		98.31	113.77	387.28	72.62	231.59	123.52	151.37
	机　械　费(元)		972.82	714.54	1161.35	427.60	626.72	576.82	518.94
组 成 内 容	单位	单价	数　　量						
人工　综合工	工日	135.00	9.57	11.78	17.32	5.36	9.51	7.52	19.20
钢板垫板	t	4954.18	0.0030	—	—	—	—	0.0066	—
道木	m³	3660.04	0.002	0.002	0.007	0.001	0.020	0.010	—
电焊条 E4303 D3.2	kg	7.59	4.32	5.10	—	4.24	8.87	2.70	7.20
氧气	m³	2.88	2.88	6.72	8.22	2.70	3.17	3.30	9.60
乙炔气	m³	16.13	1.252	2.922	3.574	1.174	1.378	1.435	4.174
钢丝 D2.8~4.0	kg	6.91	2	—	—	—	—	—	—
四氯化碳 95%	kg	14.71	—	—	0.61	0.16	—	—	—
白布	m	3.68	—	—	0.10	0.03	—	—	—
不锈钢电焊条 奥102 D3.2	kg	40.67	—	—	3.42	—	—	—	—
不锈钢氩弧焊丝 D3	kg	53.22	—	—	0.17	—	—	—	—
钍钨棒	kg	640.87	—	—	0.016	—	—	—	—
氩气	m³	18.60	—	—	4.58	—	—	—	—
尼龙砂轮片 D150	片	6.65	—	—	3.00	1.00	—	—	—
石棉布	kg	27.24	—	—	—	—	2.1	—	—
零星材料费	元	—	1.03	1.26	7.47	0.95	2.51	1.08	1.75

单位：t

编　　号			5-1681	5-1682	5-1683	5-1684	5-1685	5-1686	5-1687
项　　目			炉体结构	梯子平台栏杆	辐射段炉管	对流段炉管	烟道	烟囱	对流段管箱
组　成　内　容	单位	单价	数　　　量						
机	直流弧焊机 20kW	台班	75.06	0.96	1.69	1.71	1.12	1.97	0.60	1.60
	氩弧焊机 500A	台班	96.11	—	—	0.75	—	—	—	—
	电动空气压缩机 10m³	台班	375.37	—	—	0.20	0.09	—	—	—
	手提砂轮机 D150	台班	5.55	—	—	1.00	0.34	—	—	—
	载货汽车 4t	台班	417.41	0.08	—	—	—	—	—	—
	载货汽车 8t	台班	521.59	—	—	—	—	—	—	0.10
	载货汽车 15t	台班	809.06	0.03	0.04	0.07	—	0.05	0.05	—
	平板拖车组 40t	台班	1468.34	0.01	—	—	—	—	—	—
	平板拖车组 60t	台班	1632.92	—	—	—	0.05	—	—	—
	试压泵 60MPa	台班	24.94	—	—	—	0.09	—	—	—
	履带式推土机 55kW	台班	687.76	0.02	—	—	—	—	—	—
	履带式起重机 15t	台班	759.77	—	—	—	—	0.45	0.26	—
	汽车式起重机 8t	台班	767.15	0.06	—	—	—	0.06	—	0.07
	汽车式起重机 12t	台班	864.36	—	—	0.07	—	—	—	—
	汽车式起重机 16t	台班	971.12	—	—	—	—	0.05	0.05	0.30
械	汽车式起重机 20t	台班	1043.80	0.04	0.04	—	—	—	—	—
	汽车式起重机 40t	台班	1547.56	0.18	0.33	0.49	—	—	—	—
	汽车式起重机 75t	台班	3175.79	0.14	—	—	0.07	—	—	—
	汽车式起重机 125t	台班	8124.45	—	—	—	—	—	0.03	—
	综合机械	元	—	3.71	2.88	4.85	1.67	1.92	1.50	1.65

二、转化炉安装

1.一段转化炉安装

工作内容: 结构拼装、焊接、炉管清洗、吹除、坡口除锈、组对、焊接、水压试验、气密试验、配合烘炉。

单位: t

	编　号			5-1688	5-1689	5-1690	5-1691	5-1692
	项　目			炉体结构	梯子平台栏杆	烟囱	辐射段炉管	对流段炉管
预算基价	总　　价(元)			**2699.59**	**2372.72**	**1956.70**	**2969.91**	**1437.35**
	人 工 费(元)			1553.85	1701.00	1221.75	1588.95	606.15
	材 料 费(元)			152.67	116.69	68.71	288.41	120.21
	机 械 费(元)			993.07	555.03	666.24	1092.55	710.99
	组 成 内 容	单位	单价			数　量		
人工	综合工	工日	135.00	11.51	12.60	9.05	11.77	4.49
材料	钢板垫板	t	4954.18	0.00393	—	0.00750	—	—
	石棉橡胶板 中压 δ0.8～6.0	kg	20.02	0.1	—	—	—	0.1
	道木	m³	3660.04	0.012	0.001	0.001	0.012	0.002
	电焊条 E4303 D3.2	kg	7.59	5.63	7.33	2.00	2.92	2.16
	氧气	m³	2.88	3.64	5.67	1.20	0.90	2.52
	乙炔气	m³	16.13	1.583	2.465	0.522	0.391	1.096
	钢丝 D2.8～4.0	kg	6.91	0.4	—	—	0.6	—
	汽油 60#～70#	kg	6.67	0.4	—	—	—	—
	煤油	kg	7.49	0.22	—	—	1.78	—
	四氯化碳 95%	kg	14.71	—	—	—	0.1	—
	白布	m	3.68	—	—	—	0.11	—
	不锈钢电焊条 奥102 D3.2	kg	40.67	—	—	—	0.70	1.32
	不锈钢氩弧焊丝 D3	kg	53.22	—	—	—	0.6	—
	钍钨棒	kg	640.87	—	—	—	0.006	—

续前

编　号			5-1688	5-1689	5-1690	5-1691	5-1692
项　目			炉体结构	梯子平台栏杆	烟囱	辐射段炉管	对流段炉管
组　成　内　容	单位	单价	数　　量				
材料 氩气	m³	18.60	—	—	—	5.23	—
尼龙砂轮片 D150	片	6.65	—	—	—	4.12	1.20
中低压盲板	kg	7.81	—	—	—	—	0.4
双头带帽螺栓	kg	12.76	—	—	—	—	0.2
零星材料费	元	—	1.45	1.31	0.84	5.15	2.22
机械 汽车式起重机 8t	台班	767.15	—	0.06	—	—	—
汽车式起重机 16t	台班	971.12	0.39	—	—	0.05	—
汽车式起重机 30t	台班	1141.87	0.15	—	—	0.02	—
汽车式起重机 40t	台班	1547.56	0.20	0.20	0.10	0.31	0.03
汽车式起重机 75t	台班	3175.79	—	—	—	—	0.07
汽车式起重机 125t	台班	8124.45	—	—	0.05	0.04	0.04
平板拖车组 10t	台班	909.28	—	0.09	—	—	—
平板拖车组 40t	台班	1468.34	0.02	—	0.05	0.05	0.03
氩弧焊机 500A	台班	96.11	—	—	—	0.60	—
直流弧焊机 20kW	台班	75.06	1.25	1.54	0.40	0.95	0.72
手提砂轮机 D150	台班	5.55	—	—	—	0.30	0.17
试压泵 60MPa	台班	24.94	—	—	—	0.04	0.03
电动空气压缩机 10m³	台班	375.37	—	—	—	0.02	0.02
履带式推土机 55kW	台班	687.76	0.01	—	—	—	—
履带式起重机 15t	台班	759.77	—	—	—	—	0.01
综合机械	元	—	3.47	2.06	1.82	3.87	2.39

2．一段转化炉高压辅锅安装

工作内容：结构拼装、焊接、炉管清洗、吹除、坡口除锈、组对、焊接、水压试验、气密试验、配合烘炉。

单位：t

编　号				5-1693	5-1694	5-1695
项　目				炉体结构	炉管	梯子·平台栏杆
预算基价	总　　价(元)			**2764.38**	**2488.25**	**3592.88**
	人　工　费(元)			1879.20	1919.70	2700.00
	材　料　费(元)			65.32	70.25	122.23
	机　械　费(元)			819.86	498.30	770.65
组 成 内 容		单位	单价	数　　量		
人工	综合工	工日	135.00	13.92	14.22	20.00
材料	道木	m³	3660.04	0.001	0.001	—
	电焊条 E4303 D3.2	kg	7.59	5.24	3.40	8.10
	氧气	m³	2.88	2.14	2.67	6.00
	乙炔气	m³	16.13	0.930	1.161	2.609
	尼龙砂轮片 D150	片	6.65	—	2.00	—
	零星材料费	元	—	0.72	1.07	1.39
机械	汽车式起重机 30t	台班	1141.87	0.40	0.07	—
	汽车式起重机 40t	台班	1547.56	0.06	0.13	—
	汽车式起重机 75t	台班	3175.79	—	0.03	—
	履带式起重机 15t	台班	759.77	0.15	—	0.80
	平板拖车组 20t	台班	1101.26	0.05	0.02	—
	直流弧焊机 20kW	台班	75.06	1.31	0.76	2.00
	载货汽车 8t	台班	521.59	—	0.02	0.02
	手提砂轮机 D150	台班	5.55	—	0.26	—
	试压泵 60MPa	台班	24.94	—	0.11	—
	电动空气压缩机 10m³	台班	375.37	—	0.07	—
	综合机械	元	—	2.90	1.95	2.28

3.二段转化炉安装

工作内容： 结构拼装、焊接、炉管清洗、吹除、坡口除锈、组对、焊接、水压试验、气密试验、配合烘炉。

单位：t

	编　　号			5-1696	5-1697	5-1698	5-1699	5-1700
	项　　目			炉体结构	钢结构	梯子平台栏杆	水夹套组焊	衬里板组焊
预算基价	总　　价(元)			**807.11**	**1950.21**	**2991.69**	**4381.97**	**7425.90**
	人　工　费(元)			384.75	1120.50	2131.65	2841.75	4716.90
	材　料　费(元)			186.08	123.58	181.98	250.56	1373.43
	机　械　费(元)			236.28	706.13	678.06	1289.66	1335.57
组 成 内 容		单位	单价	数　　量				
人工	综合工	工日	135.00	2.85	8.30	15.79	21.05	34.94
材料	钢板垫板	t	4954.18	0.00314	0.00857	—	—	—
	石棉橡胶板 中压 δ0.8～6.0	kg	20.02	0.70	—	—	—	—
	型钢	t	3699.72	0.0121	—	—	—	—
	道木	m³	3660.04	0.026	0.002	—	—	—
	电焊条 E4303 D3.2	kg	7.59	0.70	4.86	10.80	19.60	—
	合金钢气焊条	kg	8.22	0.01	—	—	—	—
	钍钨棒	kg	640.87	0.00110	—	—	—	—
	氩气	m³	18.60	0.04	—	—	—	—
	氧气	m³	2.88	0.44	3.25	9.90	10.00	9.24
	乙炔气	m³	16.13	0.191	1.413	4.304	4.348	4.017
	尼龙砂轮片 D150	片	6.65	0.10	—	—	—	4.20
	二硫化钼粉	kg	32.13	0.10	0.10	—	—	—

续前

单位：t

编　号			5-1696	5-1697	5-1698	5-1699	5-1700
项　目			炉体结构	钢结构	梯子平台栏杆	水夹套组焊	衬里板组焊
组 成 内 容	单位	单价	数　　量				
材料　不锈钢电焊条 奥102 D3.2	kg	40.67	—	—	—	—	29.91
炭精棒 8～12	根	1.71	—	—	—	—	3.30
零星材料费	元	—	1.51	1.55	2.07	2.86	32.01
机　载货汽车 4t	台班	417.41	0.01	—	—	—	—
载货汽车 8t	台班	521.59	0.01	0.04	0.05	0.04	0.10
履带式拖拉机 60kW	台班	668.89	0.01	—	—	—	—
直流弧焊机 20kW	台班	75.06	0.16	1.08	2.70	4.33	9.92
氩弧焊机 500A	台班	96.11	0.02	—	—	—	—
汽车式起重机 8t	台班	767.15	0.01	—	—	0.03	0.07
汽车式起重机 12t	台班	864.36	0.01	0.04	0.05	—	—
汽车式起重机 30t	台班	1141.87	—	—	0.15	0.66	0.42
汽车式起重机 40t	台班	1547.56	0.01	0.12	0.15	0.08	—
汽车式起重机 75t	台班	3175.79	—	0.12	—	—	—
汽车式起重机 125t	台班	8124.45	0.02	—	—	—	—
械　卷扬机 单筒慢速 100kN	台班	284.75	0.04	—	—	—	—
试压泵 60MPa	台班	24.94	—	—	—	0.33	—
电动空气压缩机 10m³	台班	375.37	—	—	—	0.08	—
综合机械	元	—	0.60	2.83	2.69	5.07	5.53

4.甲烷蒸气转化炉安装

工作内容:结构拼装、焊接、炉管清洗、吹除、坡口除锈、组对、焊接、水压试验、气密试验、配合烘炉。

单位:t

编　号			5-1701	5-1702	5-1703
项　目			炉体结构	转化管系统	燃烧管系统
预算基价	总　价(元)		**2449.24**	**2098.89**	**5130.23**
	人 工 费(元)		1418.85	963.90	2390.85
	材 料 费(元)		42.64	37.44	103.82
	机 械 费(元)		987.75	1097.55	2635.56
组 成 内 容	单位	单价	数　量		
人工 综合工	工日	135.00	10.51	7.14	17.71
材料 钢板垫板	t	4954.18	0.00346	—	—
道木	m³	3660.04	0.002	0.001	0.004
电焊条 E4303 D3.2	kg	7.59	1.06	0.70	1.95
氧气	m³	2.88	0.95	1.05	2.92
乙炔气	m³	16.13	0.413	0.457	1.270
汽油 60#～70#	kg	6.67	0.04	—	—
合金钢气焊条	kg	8.22	—	0.13	—
钍钨棒	kg	640.87	—	0.00642	0.01062
氩气	m³	18.60	—	0.37	0.60
尼龙砂轮片 D150	片	6.65	—	0.18	0.20
钢丝 D2.8～4.0	kg	6.91	—	0.61	0.65
稀盐酸	kg	3.02	—	0.03	0.03

单位：t

编　号			5-1701	5-1702	5-1703
项　目			炉体结构	转化管系统	燃烧管系统
组　成　内　容	单位	单价	数　　量		
材料	中低压盲板	kg	7.81	－	－	0.27
	双头带帽螺栓	kg	12.76	－	－	0.22
	石棉橡胶板　中压 $\delta 0.8\sim 6.0$	kg	20.02	－	－	0.18
	不锈钢氩弧焊丝 $D3$	kg	53.22	－	－	0.22
	零星材料费	元	－	0.47	0.50	1.38
机械	汽车式起重机　8t	台班	767.15	0.03	0.08	0.11
	汽车式起重机　50t	台班	2492.74	0.21	0.35	0.90
	汽车式起重机　75t	台班	3175.79	0.11	－	－
	平板拖车组　30t	台班	1263.97	0.01	－	－
	履带式推土机　55kW	台班	687.76	0.01	－	－
	直流弧焊机　20kW	台班	75.06	0.85	0.35	0.90
	手提砂轮机　$D150$	台班	5.55	0.21	0.35	0.67
	电焊条烘干箱　$800\times 800\times 1000$	台班	51.03	0.08	0.14	0.27
	载货汽车　8t	台班	521.59	－	0.04	0.05
	氩弧焊机　500A	台班	96.11	－	1.08	1.80
	试压泵　60MPa	台班	24.94	－	－	0.15
	电动空气压缩机　$10m^3$	台班	375.37	－	－	0.03
	综合机械	元	－	3.36	3.70	8.58

三、化肥装置加热炉安装
1.圆筒竖管式原料气加热炉安装

工作内容: 结构拼装、焊接、炉管清洗、吹除、坡口除锈、组对、焊接、水压试验、气密试验、配合烘炉。　　　　　　　　　　单位: t

编　号			5-1704	5-1705	5-1706	5-1707	5-1708
项　目			炉体结构	梯子平台栏杆	辐射段炉管	对流段炉管	烟囱
预算基价	总　　　价(元)		**1563.48**	**3750.46**	**1876.25**	**1702.43**	**3007.40**
	人　工　费(元)		1080.00	2700.00	1235.25	1138.05	1908.90
	材　料　费(元)		121.01	122.23	151.66	69.49	106.14
	机　械　费(元)		362.47	928.23	489.34	494.89	992.36
组　成　内　容	单位	单价	数　　量				
人工 综合工	工日	135.00	8.00	20.00	9.15	8.43	14.14
材料 钢板垫板	t	4954.18	0.00978	—	—	—	—
道木	m³	3660.04	0.006	—	0.002	0.001	0.003
电焊条 E4303 D3.2	kg	7.59	3.10	8.10	—	2.64	3.43
氧气	m³	2.88	2.60	6.00	3.97	3.52	6.87
乙炔气	m³	16.13	1.130	2.609	1.726	1.530	2.987
不锈钢电焊条 奥102 D3.2	kg	40.67	—	—	2.18	—	—
尼龙砂轮片 D150	片	6.65	—	—	2.00	1.50	—
零星材料费	元	—	1.35	1.39	3.11	1.00	1.16
机械 履带式起重机 15t	台班	759.77	0.09	1.00	0.22	—	0.29
载货汽车 8t	台班	521.59	0.09	0.03	0.22	0.10	—
载货汽车 15t	台班	809.06	—	—	—	—	0.14
直流弧焊机 20kW	台班	75.06	0.69	2.00	1.09	0.60	1.14
汽车式起重机 8t	台班	767.15	—	—	0.16	—	—
汽车式起重机 12t	台班	864.36	—	—	—	0.10	0.14
汽车式起重机 30t	台班	1141.87	0.17	—	—	0.20	—
汽车式起重机 40t	台班	1547.56	—	—	—	—	0.29
手提砂轮机 D150	台班	5.55	—	—	0.27	0.20	—
试压泵 60MPa	台班	24.94	—	—	—	0.20	—
电动空气压缩机 10m³	台班	375.37	—	—	—	0.20	—
综合机械	元	—	1.24	2.69	1.38	1.71	3.39

2.圆筒盘管式开工加热炉安装

工作内容: 结构拼装、焊接、炉管清洗、吹除、坡口除锈、组对、焊接、水压试验、气密试验、配合烘炉。

单位：t

编 号			5-1709	5-1710	5-1711	5-1712
项 目			炉体结构	梯子平台栏杆	炉管	烟囱
预算基价	总 价(元)		**1786.34**	**3750.99**	**798.45**	**3331.46**
	人 工 费(元)		1081.35	2700.00	464.40	2389.50
	材 料 费(元)		109.40	122.23	46.68	123.61
	机 械 费(元)		595.59	928.76	287.37	818.35
组 成 内 容	单位	单价		数 量		
人工 综合工	工日	135.00	8.01	20.00	3.44	17.70
材料 钢板垫板	t	4954.18	0.00828	—	—	—
道木	m³	3660.04	0.005	—	0.002	0.003
电焊条 E4303 D3.2	kg	7.59	3.10	8.10	1.85	4.10
氧气	m³	2.88	2.56	6.00	1.48	8.10
乙炔气	m³	16.13	1.113	2.609	0.643	3.522
尼龙砂轮片 D150	片	6.65	—	—	1.50	—
零星材料费	元	—	1.22	1.39	0.71	1.37
机械 载货汽车 15t	台班	809.06	0.14	0.02	—	—
直流弧焊机 20kW	台班	75.06	0.68	2.00	0.37	1.37
履带式起重机 15t	台班	759.77	—	1.00	—	—
汽车式起重机 12t	台班	864.36	0.14	—	—	0.23
汽车式起重机 30t	台班	1141.87	0.27	—	0.03	0.45
汽车式起重机 75t	台班	3175.79	—	—	0.06	—
平板拖车组 20t	台班	1101.26	—	—	0.03	—
手提砂轮机 D150	台班	5.55	—	—	0.12	—
综合机械	元	—	1.97	2.69	1.09	2.87

383

四、芳烃装置加热炉制作、安装
1.蒸气重整炉安装

工作内容：结构拼装、焊接、炉管清洗、吹除、坡口除锈、组对、焊接、水压试验、气密试验、配合烘炉。

单位：t

编 号			5-1713	5-1714	5-1715	5-1716	5-1717
项 目			炉墙结构	梯子平台栏杆	辐射段炉管	风道风管	烟囱
预算基价	总 价（元）		**2480.66**	**2800.98**	**3099.56**	**2333.60**	**1960.24**
	人 工 费（元）		1399.95	1996.65	1910.25	1513.35	1221.75
	材 料 费（元）		109.03	158.17	325.53	393.97	101.68
	机 械 费（元）		971.68	646.16	863.78	426.28	636.81
组 成 内 容	单位	单价			数 量		
人工 综合工	工日	135.00	10.37	14.79	14.15	11.21	9.05
材料 钢板垫板	t	4954.18	0.00835	—	—	—	0.00750
道木	m³	3660.04	0.002	—	0.001	0.001	0.010
电焊条 E4303 D3.2	kg	7.59	2.92	8.07	2.31	4.90	2.00
氧气	m³	2.88	2.98	9.60	0.90	5.31	1.20
乙炔气	m³	16.13	1.296	4.174	0.391	2.309	0.522
密封胶 XY02	kg	13.33	0.55	—	—	—	—
四氯化碳 95%	kg	14.71	—	—	1.13	—	—
白布	m	3.68	—	—	1.13	—	—
不锈钢电焊条 奥102 D3.2	kg	40.67	—	—	1.03	—	—
不锈钢氩弧焊丝 D3	kg	53.22	—	—	0.86	—	—
钍钨棒	kg	640.87	—	—	0.0085	—	—
氩气	m³	18.60	—	—	7.50	—	—
尼龙砂轮片 D150	片	6.65	—	—	4.88	—	—
铁砂布 0#～2#	张	1.15	—	—	2	—	—

编 号			5-1713	5-1714	5-1715	5-1716	5-1717
项 目			炉墙结构	梯子平台栏杆	辐射段炉管	风道风管	烟囱
组 成 内 容	单位	单价	数 量				
材料 石棉橡胶板 中压 δ0.8~6.0	kg	20.02	—	—	—	7.22	—
石棉布	kg	27.24	—	—	—	5.49	—
零星材料费	元	—	1.36	1.94	7.30	6.49	0.87
机 汽车式起重机 8t	台班	767.15	—	0.05	—	0.06	—
汽车式起重机 12t	台班	864.36	0.05	—	—	—	—
汽车式起重机 16t	台班	971.12	0.22	—	0.05	—	—
汽车式起重机 30t	台班	1141.87	0.03	0.32	—	—	—
汽车式起重机 40t	台班	1547.56	0.03	—	0.31	0.16	0.10
汽车式起重机 125t	台班	8124.45	0.05	—	—	—	0.05
履带式起重机 15t	台班	759.77	0.15	—	—	—	—
载货汽车 4t	台班	417.41	0.02	—	—	—	—
载货汽车 8t	台班	521.59	—	0.07	—	0.09	—
载货汽车 15t	台班	809.06	0.05	—	—	—	—
直流弧焊机 20kW	台班	75.06	0.65	2.71	1.67	1.12	0.40
履带式推土机 55kW	台班	687.76	0.02	—	—	—	—
平板拖车组 40t	台班	1468.34	—	—	0.05	—	0.03
械 氩弧焊机 500A	台班	96.11	—	—	0.83	—	—
手提砂轮机 D150	台班	5.55	—	—	0.81	—	—
电动空气压缩机 10m³	台班	375.37	—	—	0.13	—	—
综合机械	元	—	2.60	2.48	3.65	1.63	1.76

2.箱式加热炉安装

工作内容：结构拼装、焊接、炉管清洗、吹除、坡口除锈、组对、焊接、水压试验、气密试验、配合烘炉。

单位：t

	编　号			5-1718	5-1719	5-1720	5-1721	5-1722
	项　目			炉体结构	梯子平台栏杆	辐射段炉管	对流段炉管	烟道
预算基价	总　　　价（元）			**2092.65**	**2950.05**	**3773.72**	**1405.94**	**2424.72**
	人　工　费（元）			1320.30	2131.65	2438.10	657.45	1753.65
	材　料　费（元）			85.70	159.37	372.97	53.00	303.62
	机　械　费（元）			686.65	659.03	962.65	695.49	367.45
组　成　内　容		单位	单价	数　　量				
人工	综合工	工日	135.00	9.78	15.79	18.06	4.87	12.99
材料	钢板垫板	t	4954.18	0.00468	—	—	—	—
	道木	m³	3660.04	0.003	—	0.001	0.001	0.001
	电焊条 E4303 D3.2	kg	7.59	2.34	8.20	3.07	2.00	3.51
	氧气	m³	2.88	2.57	9.62	2.57	2.72	4.68
	乙炔气	m³	16.13	1.117	4.183	1.117	1.183	2.035
	密封胶 XY02	kg	13.33	0.55	—	—	—	—
	四氯化碳 95%	kg	14.71	—	—	0.61	—	—
	白布	m	3.68	—	—	0.30	—	—
	不锈钢电焊条 奥102 D3.2	kg	40.67	—	—	3.20	—	—
	不锈钢氩弧焊丝 D3	kg	53.22	—	—	0.27	—	—
	钍钨棒	kg	640.87	—	—	0.0027	—	—
	氩气	m³	18.60	—	—	7.29	—	—
	尼龙砂轮片 D150	片	6.65	—	—	3.00	0.98	—
	石棉橡胶板 中压 δ0.8～6.0	kg	20.02	—	—	—	—	3.66
	石棉布	kg	27.24	—	—	—	—	5.49

编　号			5-1718	5-1719	5-1720	5-1721	5-1722
项　目			炉体结构	梯子平台栏杆	辐射段炉管	对流段炉管	烟道
组　成　内　容	单位	单价	数　量				
材料 零星材料费	元	—	1.02	1.95	8.73	0.73	4.20
履带式推土机 55kW	台班	687.76	0.01	—	—	—	—
履带式起重机 15t	台班	759.77	0.11	0.21	0.34	—	—
直流弧焊机 20kW	台班	75.06	0.53	2.67	1.60	1.01	0.34
汽车式起重机 8t	台班	767.15	—	0.06	—	—	0.06
汽车式起重机 12t	台班	864.36	0.03	—	0.08	—	—
汽车式起重机 16t	台班	971.12	—	0.21	—	—	—
汽车式起重机 30t	台班	1141.87	—	—	0.34	—	—
汽车式起重机 40t	台班	1547.56	—	—	—	—	0.16
汽车式起重机 75t	台班	3175.79	—	—	—	0.02	—
汽车式起重机 125t	台班	8124.45	0.06	—	—	0.06	—
载货汽车 4t	台班	417.41	0.02	—	—	—	—
载货汽车 8t	台班	521.59	—	0.09	—	—	0.09
氩弧焊机 500A	台班	96.11	—	—	0.34	—	—
手提砂轮机 D150	台班	5.55	—	—	0.51	0.25	—
平板拖车组 20t	台班	1101.26	0.03	—	0.08	—	—
平板拖车组 40t	台班	1468.34	—	—	—	0.02	—
电动空气压缩机 10m³	台班	375.37	—	—	—	0.09	—
试压泵 60MPa	台班	24.94	—	—	—	0.09	—
综合机械	元	—	1.63	2.16	3.24	1.91	1.35

3.直管式圆筒加热炉安装

工作内容：结构拼装、焊接、炉管清洗、吹除、坡口除锈、组对、焊接、水压试验、气密试验、配合烘炉。

单位：t

编　号			5-1723	5-1724	5-1725	5-1726	5-1727	5-1728
项　目			炉体结构	梯子平台栏杆	辐射段炉管	对流段炉管	风道风管	烟囱
预算基价	总　　价(元)		**2192.69**	**3068.76**	**2442.69**	**1371.58**	**2034.37**	**2361.48**
	人　工　费(元)		1420.20	2131.65	1356.75	657.45	1371.60	1833.30
	材　料　费(元)		97.01	158.51	269.60	62.77	309.40	74.89
	机　械　费(元)		675.48	778.60	816.34	651.36	353.37	453.29
组　成　内　容	单位	单价	数　　量					
人工　综合工	工日	135.00	10.52	15.79	10.05	4.87	10.16	13.58
材料　钢板垫板	t	4954.18	0.00548	—	—	—	—	—
道木	m³	3660.04	0.002	—	0.001	0.002	0.001	0.002
电焊条 E4303 D3.2	kg	7.59	2.84	8.13	—	3.06	4.08	2.46
氧气	m³	2.88	3.27	9.60	0.59	2.71	4.86	4.86
乙炔气	m³	16.13	1.422	4.174	0.257	1.178	2.113	2.113
密封胶 XY02	kg	13.33	0.55	—	—	—	—	—
四氯化碳 95%	kg	14.71	—	—	0.61	—	—	—
白布	m	3.68	—	—	0.3	—	—	—
不锈钢电焊条 奥102 D3.2	kg	40.67	—	—	2.22	—	—	—
不锈钢氩弧焊丝 D3	kg	53.22	—	—	0.22	—	—	—
钍钨棒	kg	640.87	—	—	0.003	—	—	—
氩气	m³	18.60	—	—	5.94	—	—	—
尼龙砂轮片 D150	片	6.65	—	—	4.44	0.70	—	—
石棉布	kg	27.24	—	—	—	—	5.49	—

续前

单位：t

编　号			5-1723	5-1724	5-1725	5-1726	5-1727	5-1728
项　目			炉体结构	梯子平台栏杆	辐射段炉管	对流段炉管	风道风管	烟囱
组　成　内　容	单位	单价	数　量					
材料 石棉橡胶板 中压 δ0.8~6.0	kg	20.02	—	—	—	—	3.64	—
零星材料费	元	—	1.30	1.83	6.09	0.76	4.27	0.82
机械 履带式推土机 55kW	台班	687.76	0.01	—	—	—	—	—
履带式起重机 15t	台班	759.77	0.05	0.21	0.15	—	—	—
直流弧焊机 20kW	台班	75.06	0.63	2.71	0.74	1.02	1.02	0.82
载货汽车 4t	台班	417.41	0.04	—	—	—	—	—
载货汽车 8t	台班	521.59	—	0.08	0.08	—	0.09	—
汽车式起重机 8t	台班	767.15	—	0.06	—	—	0.06	—
汽车式起重机 12t	台班	864.36	0.12	—	—	—	—	—
汽车式起重机 30t	台班	1141.87	—	—	—	0.02	0.16	0.03
汽车式起重机 40t	台班	1547.56	—	0.21	—	—	—	0.03
汽车式起重机 75t	台班	3175.79	—	—	0.15	—	—	—
汽车式起重机 125t	台班	8124.45	0.05	—	—	0.06	—	0.03
氩弧焊机 500A	台班	96.11	—	—	0.37	—	—	—
手提砂轮机 D150	台班	5.55	—	—	0.37	0.25	—	—
平板拖车组 20t	台班	1101.26	0.05	—	0.08	—	—	0.06
平板拖车组 40t	台班	1468.34	—	—	—	0.02	—	—
试压泵 60MPa	台班	24.94	—	—	—	0.08	—	—
电动空气压缩机 10m³	台班	375.37	—	—	—	0.08	—	—
综合机械	元	—	1.62	2.89	3.02	1.72	1.14	1.25

389

五、炼油厂加热炉制作、安装

1.金属结构制作、安装

工作内容： 切割或剪板、滚圆、调直、坡口、钻孔、槽打、撼弯、组对、焊接、矫正、构件组装。

单位：t

编　号			5-1729	5-1730	5-1731	5-1732	5-1733	5-1734	5-1735
项　目			立式方形炉炉架制作	立式方形炉炉架安装	圆筒炉炉架制作	圆筒炉炉架安装	金属烟囱制作	金属烟囱安装	箱门盖板制作、安装
预算基价	总　价（元）		**4204.33**	**2365.57**	**5718.01**	**2057.02**	**3739.38**	**1819.30**	**6305.71**
	人　工　费（元）		2934.90	1383.75	3912.30	1120.50	2695.95	1301.40	4978.80
	材　料　费（元）		299.63	107.48	711.53	95.62	417.77	108.14	314.25
	机　械　费（元）		969.80	874.34	1094.18	840.90	625.66	409.76	1012.66
组成内容	单位	单价	数　量						
人工 综合工	工日	135.00	21.74	10.25	28.98	8.30	19.97	9.64	36.88
材料 主材	t	—	(0.00106)	—	(0.00106)	—	(0.00107)	—	—
主材（钢材）	t	—	—	—	—	—	—	—	(1.08)
道木	m³	3660.04	0.01	0.01	0.01	0.01	0.01	0.02	0.01
电焊条 E4303 D3.2	kg	7.59	22.0	3.0	27.0	2.0	21.0	1.5	28.0
氧气	m³	2.88	6.00	2.00	6.00	1.75	5.00	1.05	6.00
乙炔气	m³	16.13	2.609	0.870	2.609	0.761	2.174	0.457	2.609
木柴	kg	1.03	2.5	—	30.0	—	12.5	—	—
焦炭	kg	1.25	25	—	300	—	125	—	—
钢板垫板	t	4954.18	—	0.0030	—	0.0030	—	0.0025	—
六角带帽螺栓	kg	8.31	—	1.50	—	1.30	—	—	0.30
零星材料费	元	—	—	2.86	0.99	4.74	0.86	3.19	0.77	3.27
机械 电动双梁起重机 10t	台班	270.82	0.50	—	0.50	—	0.20	—	0.10
直流弧焊机 30kW	台班	92.43	4.40	0.86	5.40	0.50	3.82	0.38	5.10
剪板机 20×2500	台班	329.03	0.10	—	0.12	—	0.18	—	0.35
立式钻床 D35	台班	10.91	0.24	—	0.27	—	0.20	—	—
电动空气压缩机 6m³	台班	217.48	0.04	—	0.04	—	0.04	—	—
卷板机 19×2000	台班	245.57	—	—	0.10	—	0.13	—	—
履带式拖拉机 60kW	台班	668.89	—	—	—	—	—	0.36	—
履带式起重机 15t	台班	759.77	0.50	0.70	0.50	0.70	0.15	0.10	—
履带式起重机 40t	台班	1302.22	—	0.20	—	0.20	—	—	—
卷扬机 单筒慢速 100kN	台班	284.75	—	—	—	—	—	0.20	—
汽车式起重机 16t	台班	971.12	—	—	—	—	—	—	0.40
立式钻床 D25	台班	6.78	—	—	—	—	—	—	1.00
综合机械	元	—	3.59	2.57	4.08	2.40	2.42	0.91	3.80

单位：t

编　号			5-1736	5-1737	5-1738	5-1739	5-1740	5-1741	5-1742
项　目			烟罩制作、安装	烟道制作、安装	两端管板制作、安装	活动平台制作、安装	烟道挡板安装	炉体烟道挡板安装	烟囱烟道挡板安装
预算基价	总　　价(元)		**4713.76**	**5571.96**	**5825.03**	**6371.13**	**1315.71**	**2360.98**	**1558.39**
	人　工　费(元)		3469.50	4116.15	4252.50	4920.75	1092.15	1836.00	1233.90
	材　料　费(元)		390.47	454.72	610.38	386.27	19.50	28.76	23.04
	机　械　费(元)		853.79	1001.09	962.15	1064.11	204.06	496.22	301.45
组　成　内　容	单位	单价	数　　　量						
人工 综合工	工日	135.00	25.70	30.49	31.50	36.45	8.09	13.60	9.14
材料 主材（钢材）	t	—	(1.10)	(1.11)	(1.06)	(1.06)	(1.00)	(1.00)	(1.00)
道木	m³	3660.04	0.01	0.01	0.01	—	—	—	—
六角带帽螺栓	kg	8.31	1.50	—	1.20	2.00	0.75	1.25	1.00
电焊条 E4303 D3.2	kg	7.59	24.0	24.0	35.0	22.0	0.4	0.4	0.4
氧气	m³	2.88	10.25	12.50	21.00	11.64	0.65	0.65	0.65
乙炔气	m³	16.13	4.457	5.435	9.130	5.061	0.283	0.283	0.283
木柴	kg	1.03	4.0	8.0	—	2.5	—	—	—
焦炭	kg	1.25	40	80	—	25	—	—	—
耐火陶瓷纤维	kg	16.44	—	—	5	—	—	—	—
钢板垫板	t	4954.18	—	—	—	0.010	—	—	—
镀锌钢丝（综合）	kg	7.16	—	—	—	—	0.5	1.2	0.7
零星材料费	元	—	3.71	4.05	8.21	4.15	0.21	0.31	0.25
机械 电动双梁起重机 10t	台班	270.82	0.40	0.40	0.50	0.50	—	—	—
直流弧焊机 30kW	台班	92.43	4.40	4.40	5.38	5.50	0.10	0.10	0.10
剪板机 20×2500	台班	329.03	0.13	0.08	0.10	0.10	—	—	—
立式钻床 D25	台班	6.78	0.20	—	0.20	0.20	—	—	—
卷板机 19×2000	台班	245.57	—	0.28	—	—	—	—	—
汽车式起重机 8t	台班	767.15	—	—	0.38	0.30	—	—	—
汽车式起重机 16t	台班	971.12	0.30	—	—	—	0.20	0.50	0.30
汽车式起重机 40t	台班	1547.56	—	0.25	—	—	—	—	—
履带式起重机 15t	台班	759.77	—	—	—	0.20	—	—	—
综合机械	元	—	3.30	4.10	3.69	3.98	0.59	1.42	0.87

2.炉管及附件安装

工作内容: 炉管检查、清扫、坡口、组对、焊接、安装紧固。

单位: t

编号				5-1743	5-1744	5-1745	5-1746	5-1747	5-1748	5-1749
项目				(炉)排管安装						
				碳素钢裂化炉管(mm以内)						
				60×8	89×10	102×10	114×10	127×12	152×12	219×14
预算基价	总 价(元)			**2712.29**	**2422.86**	**2161.70**	**1886.68**	**1642.75**	**1362.17**	**1076.21**
	人 工 费(元)			2007.45	1771.20	1563.30	1341.90	1151.55	946.35	680.40
	材 料 费(元)			54.18	49.69	45.13	40.21	35.31	30.40	25.93
	机 械 费(元)			650.66	601.97	553.27	504.57	455.89	385.42	369.88
组 成 内 容		单位	单价	数 量						
人工	综合工	工日	135.00	14.87	13.12	11.58	9.94	8.53	7.01	5.04
材料	碳钢裂化钢管	t	—	(1.03)	(1.03)	(1.03)	(1.03)	(1.03)	(1.03)	(1.03)
	石棉编绳 D11~25	kg	17.84	1.1	1.0	0.9	0.8	0.7	0.6	0.5
	氧气	m³	2.88	0.51	0.47	0.42	0.38	0.34	0.30	0.26
	乙炔气	m³	16.13	0.222	0.204	0.183	0.165	0.148	0.130	0.113
	黄干油	kg	15.77	1.1	1.0	0.9	0.8	0.7	0.6	0.5
	铁砂布 0#~2#	张	1.15	4.0	3.8	3.6	3.4	3.2	3.0	2.8
	锯条	根	0.42	16	15	14	12	10	8	7
	零星材料费	元	—	0.84	0.77	0.70	0.62	0.54	0.46	0.39
机械	平板拖车组 60t	台班	1632.92	0.10	0.10	0.10	0.10	0.10	0.10	0.10
	汽车式起重机 16t	台班	971.12	0.50	0.45	0.40	0.35	0.30	0.10	0.10
	汽车式起重机 40t	台班	1547.56	—	—	—	—	—	0.08	0.07
	综合机械	元	—	1.81	1.67	1.53	1.39	1.26	1.21	1.15

单位：t

编　号				5-1750	5-1751	5-1752	5-1753	5-1754	5-1755	5-1756
项　目				(炉)排管安装						
				合金钢裂化炉管(mm以内)						
				60×8	89×10	102×10	114×10	127×12	152×12	219×14
预算基价	总　价(元)			**2804.28**	**2504.07**	**2233.64**	**1957.29**	**1693.21**	**1399.13**	**1102.26**
	人工费(元)			2099.25	1852.20	1634.85	1412.10	1201.50	982.80	706.05
	材料费(元)			54.37	49.90	45.52	40.62	35.82	30.91	26.33
	机械费(元)			650.66	601.97	553.27	504.57	455.89	385.42	369.88
组 成 内 容		单位	单价	数　量						
人工	综合工	工日	135.00	15.55	13.72	12.11	10.46	8.90	7.28	5.23
材料	合金钢裂化钢管	t	—	(1.03)	(1.03)	(1.03)	(1.03)	(1.03)	(1.03)	(1.03)
	石棉编绳 D11～25	kg	17.84	1.1	1.0	0.9	0.8	0.7	0.6	0.5
	氧气	m³	2.88	0.53	0.49	0.46	0.42	0.39	0.35	0.30
	乙炔气	m³	16.13	0.230	0.213	0.200	0.183	0.170	0.152	0.130
	黄干油	kg	15.77	1.1	1.0	0.9	0.8	0.7	0.6	0.5
	铁砂布 0#～2#	张	1.15	4.0	3.8	3.6	3.4	3.2	3.0	2.8
	锯条	根	0.42	16	15	14	12	10	8	7
	零星材料费	元	—	0.84	0.77	0.70	0.62	0.55	0.47	0.40
机械	平板拖车组 60t	台班	1632.92	0.10	0.10	0.10	0.10	0.10	0.10	0.10
	汽车式起重机 16t	台班	971.12	0.50	0.45	0.40	0.35	0.30	0.10	0.10
	汽车式起重机 40t	台班	1547.56	—	—	—	—	—	0.08	0.07
	综合机械	元	—	1.81	1.67	1.53	1.39	1.26	1.21	1.15

编　号				5-1757	5-1758	5-1759	5-1760	5-1761	5-1762	5-1763
项　目				炉管焊接						
				碳素钢裂化炉管（mm 以内）						
				60×8	89×10	102×10	114×10	27×12	152×12	219×14
预算基价	总　　价（元）			**293.78**	**526.01**	**590.57**	**664.89**	**806.58**	**908.41**	**1232.80**
	人　工　费（元）			203.85	345.60	387.45	436.05	523.80	588.60	777.60
	材　料　费（元）			18.43	36.47	42.47	47.76	62.70	75.59	134.83
	机　械　费（元）			71.50	143.94	160.65	181.08	220.08	244.22	320.37
组 成 内 容		单位	单价	数　　量						
人工	综合工	工日	135.00	1.51	2.56	2.87	3.23	3.88	4.36	5.76
材料	电焊条 E4303 D3.2	kg	7.59	1.54	3.24	3.80	4.28	5.68	6.85	12.60
	氧气	m³	2.88	0.66	1.16	1.33	1.49	1.91	2.30	3.81
	乙炔气	m³	16.13	0.287	0.504	0.578	0.648	0.830	1.000	1.657
	零星材料费	元	—	0.21	0.41	0.47	0.53	0.70	0.84	1.50
机械	直流弧焊机 30kW	台班	92.43	0.77	1.55	1.73	1.95	2.37	2.63	3.45
	综合机械	元	—	0.33	0.67	0.75	0.84	1.02	1.13	1.49

编　号				5-1764	5-1765	5-1766	5-1767	5-1768	5-1769	5-1770
项　目				炉管焊接						
				合金钢裂化炉管（mm以内）						
				60×8	89×10	102×10	114×10	127×12	152×12	219×14
预算基价	总　　价（元）			**390.89**	**693.95**	**808.73**	**905.76**	**1118.11**	**1276.98**	**1869.96**
	人　工　费（元）			233.55	383.40	444.15	498.15	598.05	673.65	907.20
	材　料　费（元）			78.40	161.05	188.14	211.67	277.70	334.96	609.89
	机　械　费（元）			78.94	149.50	176.44	195.94	242.36	268.37	352.87
组 成 内 容		单位	单价	数　　量						
人工	综合工	工日	135.00	1.73	2.84	3.29	3.69	4.43	4.99	6.72
材料	氧气	m³	2.88	1.09	1.94	2.19	2.46	2.94	3.54	5.87
	乙炔气	m³	16.13	0.474	0.843	0.952	1.070	1.278	1.539	2.552
	不锈钢电焊条 奥102 D3.2	kg	40.67	1.62	3.40	3.99	4.49	5.96	7.19	13.23
	零星材料费	元	—	1.73	3.59	4.20	4.72	6.23	7.52	13.76
机械	直流弧焊机 30kW	台班	92.43	0.85	1.61	1.90	2.11	2.61	2.89	3.80
	综合机械	元	—	0.37	0.69	0.82	0.91	1.12	1.25	1.64

単位：个

编　号				5-1771	5-1772	5-1773	5-1774	5-1775	5-1776	5-1777
项　目				90°急弯弯管安装						
				碳素钢（mm以内）						
				60×8	89×10	102×12	114×12	127×14	152×14	219×14
预算基价	总　　　价（元）			**202.72**	**277.82**	**327.87**	**369.59**	**432.42**	**485.32**	**567.33**
	人　工　费（元）			168.75	224.10	260.55	295.65	338.85	375.30	430.65
	材　料　费（元）			10.49	14.45	16.65	18.63	22.21	25.39	35.34
	机　械　费（元）			23.48	39.27	50.67	55.31	71.36	84.63	101.34
组成内容		单位	单价	数　　　量						
人工	综合工	工日	135.00	1.25	1.66	1.93	2.19	2.51	2.78	3.19
材料	90°碳钢急弯弯管	个	—	(1.03)	(1.03)	(1.03)	(1.03)	(1.03)	(1.03)	(1.03)
	电焊条 E4303 D3.2	kg	7.59	0.35	0.71	0.84	0.94	1.25	1.51	2.65
	氧气	m³	2.88	0.78	0.90	1.02	1.14	1.26	1.38	1.50
	乙炔气	m³	16.13	0.339	0.391	0.443	0.496	0.548	0.600	0.652
	零星材料费	元	—	0.12	0.16	0.19	0.21	0.25	0.28	0.39
机械	汽车式起重机 8t	台班	767.15	0.01	0.01	0.02	0.02	0.03	0.04	0.04
	直流弧焊机 30kW	台班	92.43	0.17	0.34	0.38	0.43	0.52	0.58	0.76
	综合机械	元	—	0.10	0.17	0.20	0.22	0.28	0.33	0.41

编　号				5-1778	5-1779	5-1780	5-1781	5-1782	5-1783	5-1784
项　目				90°急弯弯管安装						
				合金钢（mm以内）						
				60×8	89×10	102×12	114×12	127×14	152×14	219×14
预算基价	总　价(元)			**223.64**	**307.66**	**363.68**	**413.16**	**493.76**	**555.92**	**691.86**
	人　工　费(元)			175.50	226.80	265.95	302.40	349.65	386.10	446.85
	材　料　费(元)			22.80	40.66	45.20	52.66	67.19	79.63	136.24
	机　械　费(元)			25.34	40.20	52.53	58.10	76.92	90.19	108.77
组 成 内 容		单位	单价	数　　量						
人工	综合工	工日	135.00	1.30	1.68	1.97	2.24	2.59	2.86	3.31
材料	90°合金钢急弯弯管	个	—	(1.03)	(1.03)	(1.03)	(1.03)	(1.03)	(1.03)	(1.03)
	氧气	m³	2.88	0.78	0.90	1.02	1.14	1.26	1.38	1.50
	乙炔气	m³	16.13	0.339	0.391	0.443	0.496	0.548	0.600	0.652
	不锈钢电焊条 奥102 D3.2	kg	40.67	0.36	0.76	0.84	0.99	1.31	1.58	2.91
	零星材料费	元	—	0.44	0.85	0.95	1.11	1.44	1.72	3.05
机械	汽车式起重机 8t	台班	767.15	0.01	0.01	0.02	0.02	0.03	0.04	0.04
	直流弧焊机 30kW	台班	92.43	0.19	0.35	0.40	0.46	0.58	0.64	0.84
	综合机械	元	—	0.11	0.18	0.21	0.24	0.30	0.35	0.44

编　号			5-1785	5-1786	5-1787	5-1788	5-1789	5-1790	5-1791
项　目			180°急弯弯管安装						
			碳素钢（mm以内）						
			60×8	89×10	102×12	114×12	127×14	152×14	219×14
预算基价	总　　价（元）		**322.51**	**425.44**	**517.12**	**589.48**	**682.78**	**758.10**	**867.19**
	人　工　费（元）		278.10	353.70	419.85	479.25	549.45	599.40	673.65
	材　料　费（元）		11.64	16.68	19.41	22.16	26.42	29.92	43.40
	机　械　费（元）		32.77	55.06	77.86	88.07	106.91	128.78	150.14
组成内容	单位	单价	数　　量						
人工 综合工	工日	135.00	2.06	2.62	3.11	3.55	4.07	4.44	4.99
材料 180°碳钢急弯弯管	个	—	(1.03)	(1.03)	(1.03)	(1.03)	(1.03)	(1.03)	(1.03)
氧气	m³	2.88	0.78	0.90	1.02	1.14	1.26	1.38	1.50
乙炔气	m³	16.13	0.339	0.391	0.443	0.496	0.548	0.600	0.652
电焊条 E4303 D3.2	kg	7.59	0.5	1.0	1.2	1.4	1.8	2.1	3.7
零星材料费	元	—	0.13	0.19	0.22	0.25	0.29	0.33	0.48
机械 汽车式起重机 8t	台班	767.15	0.01	0.01	0.03	0.03	0.04	0.06	0.06
直流弧焊机 30kW	台班	92.43	0.27	0.51	0.59	0.70	0.82	0.89	1.12
综合机械	元	—	0.14	0.25	0.31	0.35	0.43	0.49	0.59

398

编　号	5-1792	5-1793	5-1794	5-1795	5-1796	5-1797	5-1798
项　目	180°急弯弯管安装						
	合金钢（mm以内）						
	60×8	89×10	102×12	114×12	127×14	152×14	219×14

预算基价	总　　价(元)	341.78	466.47	560.17	641.60	750.18	842.76	1027.83
	人　工　费(元)	279.45	356.40	421.20	481.95	552.15	604.80	684.45
	材　料　费(元)	28.63	53.16	60.19	69.73	89.26	105.46	185.81
	机　械　费(元)	33.70	56.91	78.78	89.92	108.77	132.50	157.57

	组成内容	单位	单价	数　量						
人工	综合工	工日	135.00	2.07	2.64	3.12	3.57	4.09	4.48	5.07
材料	180°合金钢急弯弯管	个	—	(1.03)	(1.03)	(1.03)	(1.03)	(1.03)	(1.03)	(1.03)
	不锈钢电焊条 奥102 D3.2	kg	40.67	0.50	1.06	1.20	1.40	1.84	2.20	4.10
	氧气	m³	2.88	0.78	0.90	1.02	1.14	1.26	1.38	1.50
	乙炔气	m³	16.13	0.339	0.391	0.443	0.496	0.548	0.600	0.652
	零星材料费	元	—	0.58	1.15	1.30	1.51	1.96	2.33	4.23
机械	汽车式起重机 8t	台班	767.15	0.01	0.01	0.03	0.03	0.04	0.06	0.06
	直流弧焊机 30kW	台班	92.43	0.28	0.53	0.60	0.72	0.84	0.93	1.20
	综合机械	元	—	0.15	0.25	0.31	0.36	0.44	0.51	0.62

単位：t

编号			5-1799	5-1800	5-1801	5-1802	5-1803	5-1804
项目			回弯头安装			管板管架安装	砖架安装	碳钢附件安装
			胀接	焊接				
				普通铸钢	合金铸钢			
预算基价	总　　价(元)		**5443.77**	**6022.71**	**7507.70**	**2093.26**	**2352.15**	**5648.18**
	人　工　费(元)		4878.90	4989.60	5594.40	1541.70	1885.95	4182.30
	材　料　费(元)		225.30	394.16	1233.49	139.39	54.03	332.19
	机　械　费(元)		339.57	638.95	679.81	412.17	412.17	1133.69
组成内容		单位	单价	数　　量				
人工	综合工	工日	135.00	36.14	36.96	41.44	11.42	13.97	30.98
材料	回弯头	t	—	(1)	(1)	(1)	—	—	—
	主材（钢材）	t	—	—	—	—	(1.00)	(1.06)	(1.03)
	耐油石棉橡胶板 δ1	kg	31.78	2.88	2.88	2.88			
	铅油	kg	11.17	1.07	1.07	1.07			
	黄干油	kg	15.77	1	1	1			
	凡尔砂	kg	10.28	1	1	1			
	煤油	kg	7.49	8.00	8.00	8.00			
	铁砂布 0#~2#	张	1.15	18	18	18			
	红丹粉	kg	12.42	0.1	0.1	0.1			
	破布	kg	5.07	2.25	2.25	2.25			
	电焊条 E4303 D3.2	kg	7.59	—	22	—			31
	不锈钢电焊条 奥102 D3.2	kg	40.67	—	—	24.20			
	石棉编绳 D11~25	kg	17.84	—	—	—	5		
	氧气	m³	2.88	—	—	—	4.80	5.40	9.42
	乙炔气	m³	16.13	—	—	—	2.087	2.348	4.096
	零星材料费	元	—	2.50	4.38	26.48	2.70	0.60	3.70
机械	履带式起重机 15t	台班	759.77	0.25	0.25	0.25	—	—	—
	试压泵 35MPa	台班	23.77	1.67	1.67	1.67	—	—	—
	电动空气压缩机 6m³	台班	217.48	0.50	—	—	—	—	—
	直流弧焊机 30kW	台班	92.43	—	4.40	4.84			7.77
	汽车式起重机 8t	台班	767.15	—	—	—	0.40	0.40	0.40
	载货汽车 8t	台班	521.59	—	—	—	0.20	0.20	0.20
	综合机械	元	—	1.19	2.62	2.81	0.99	0.99	4.33

编　号			5-1805	5-1806	5-1807	5-1808	5-1809	5-1810
项　目			合金钢附件安装 （t）	蒸汽集气管 制作、安装 （t）	灭火蒸汽管 制作、安装 （10m）	炉管水压试验		
						单片 （t）	单组 （t）	整体 （t）
预算基价	总　价（元）		**6857.67**	**4708.52**	**1188.44**	**434.01**	**423.93**	**353.85**
	人　工　费（元）		4236.30	2910.60	762.75	380.70	352.35	286.20
	材　料　费（元）		1452.39	486.12	135.99	19.96	19.96	16.69
	机　械　费（元）		1168.98	1311.80	289.70	33.35	51.62	50.96
组 成 内 容	单位	单价	数　　　量					
人工	综合工	工日	135.00	31.38	21.56	5.65	2.82	2.61	2.12
材料	主材（钢材）	t	—	(1.03)	(1.03)	—	—	—	—
	氧气	m³	2.88	9.42	12.00	6.00	0.80	0.80	0.60
	乙炔气	m³	16.13	4.096	5.220	2.610	0.350	0.350	0.260
	不锈钢电焊条 奥102 D3.2	kg	40.67	32.60	—	—	—	—	—
	普碳钢板 Q195～Q235 δ21～30	t	3614.76	—	0.0120	0.0005	—	—	—
	电焊条 E4303 D3.2	kg	7.59	—	42	7	—	—	—
	木柴	kg	1.03	—	—	1.5	—	—	—
	焦炭	kg	1.25	—	—	15	—	—	—
	双头带帽螺栓	kg	12.76	—	—	—	0.1	0.1	0.1
	石棉橡胶板 中压 δ0.8～6.0	kg	20.02	—	—	—	0.26	0.26	0.20
	水	m³	7.62	—	—	—	0.7	0.7	0.7
	零星材料费	元	—	33.35	5.20	1.38	0.20	0.20	0.15
机械	汽车式起重机 8t	台班	767.15	0.40	0.45	0.20	0.02	0.04	0.04
	载货汽车 8t	台班	521.59	0.20	—	—	—	—	—
	直流弧焊机 30kW	台班	92.43	8.15	10.40	1.40	0.14	0.13	0.11
	立式钻床 D25	台班	6.78	—	—	0.85	—	—	—
	试压泵 35MPa	台班	23.77	—	—	—	0.12	0.25	0.30
	电动单级离心清水泵 D100	台班	34.80	—	—	—	0.06	0.08	0.08
	综合机械	元	—	4.50	5.31	1.10	0.13	0.19	0.19

3.胎 具

工作内容：号料、切割或剪板、槽打、搬弯、坡口、钻孔、组对、焊接或紧固螺栓等。

单位：套

编　号			5-1811	5-1812	5-1813	5-1814	5-1815
项　目			90°急弯弯管焊接转胎制作	排管焊接转胎制作	排管吊装夹具胎具制作	排管吊装夹具胎具安拆	排管运输胎具制作
预算基价	总　　价(元)		**3740.55**	**7682.86**	**9793.53**	**1818.40**	**12945.24**
	人 工 费(元)		2727.00	4544.10	3172.50	1559.25	4232.25
	材 料 费(元)		737.79	2770.75	6171.57	89.99	8041.95
	机 械 费(元)		275.76	368.01	449.46	169.16	671.04
组 成 内 容	单位	单价	数　　量				
人工 综合工	工日	135.00	20.20	33.66	23.50	11.55	31.35
材料 普碳钢板 Q195～Q235 δ21～30	t	3614.76	0.0500	0.1200	0.1500	—	0.7500
型钢	t	3699.72	0.080	0.450	0.500	—	0.150
圆钢 D10～14	t	3926.88	0.015	0.030	0.260	—	0.080
六角带帽螺栓	kg	8.31	2.0	3.5	12.0	—	7.0
电焊条 E4303 D3.2	kg	7.59	9.45	11.90	9.45	—	14.00
氧气	m³	2.88	10.80	15.60	18.00	9.00	18.00
乙炔气	m³	16.13	4.700	6.780	7.830	3.910	7.830
热轧无缝钢管 D71～90 δ4.7～7.0	kg	4.24	—	60	300	—	350
木柴	kg	1.03	—	—	80.0	—	190.0
焦炭	kg	1.25	—	—	800	—	1900
零星材料费	元	—	—	6.91	26.20	54.52	1.00	64.50
机械 汽车式起重机 8t	台班	767.15	0.07	0.11	0.14	0.22	0.14
直流弧焊机 30kW	台班	92.43	2.36	3.00	2.36	—	3.50
立式钻床 D25	台班	6.78	0.40	0.70	2.00	—	3.00
电动双梁起重机 10t	台班	270.82	—	—	0.40	—	0.80
综合机械	元	—	1.21	1.59	2.04	0.39	3.14

六、废热锅炉安装
1.合成氨装置废热锅炉系统安装

工作内容：结构拼装、焊接、炉管清洗、吹除、坡口除锈、组对、焊接、水压试验、气密试验、配合烘炉。

单位：t

编 号			5-1816	5-1817	5-1818	5-1819
项 目			一段废锅安装	二段废锅安装	衬里板组焊	汽包安装
预算基价	总 价(元)		**668.51**	**981.94**	**7180.57**	**682.29**
	人 工 费(元)		367.20	522.45	4716.90	322.65
	材 料 费(元)		196.65	84.13	1393.30	184.13
	机 械 费(元)		104.66	375.36	1070.37	175.51
组 成 内 容	单位	单价	数 量			
人工 综合工	工日	135.00	2.72	3.87	34.94	2.39
材料 钢板垫板	t	4954.18	0.00168	0.00084	—	—
石棉橡胶板 中压 $\delta0.8\sim6.0$	kg	20.02	0.50	0.50	—	0.50
型钢	t	3699.72	0.01288	—	—	0.01430
道木	m³	3660.04	0.030	0.010	—	0.030
电焊条 E4303 $D3.2$	kg	7.59	0.51	2.17	—	0.33
氧气	m³	2.88	1.10	1.16	9.24	0.30
乙炔气	m³	16.13	0.478	0.504	4.017	0.130
二硫化钼粉	kg	32.13	0.10	0.10	—	0.10
汽油 60#~70#	kg	6.67	0.1	0.1	—	0.1
煤油	kg	7.49	0.10	0.10	—	0.10
不锈钢电焊条 奥102 $D3.2$	kg	40.67	—	—	29.76	—
炭精棒 8~12	根	1.71	—	—	3.30	—

续前

单位：t

编　号			5-1816	5-1817	5-1818	5-1819
项　目			一段废锅安装	二段废锅安装	衬里板组焊	汽包安装
组 成 内 容	单位	单价	数　　量			
材料	尼龙砂轮片 $D150$	片	6.65	—	—	8.00	—
	零星材料费	元	—	1.49	0.79	32.71	1.32
机	直流弧焊机 20kW	台班	75.06	0.17	0.48	9.92	0.07
	履带式推土机 55kW	台班	687.76	0.01	—	—	—
	试压泵 60MPa	台班	24.94	0.03	—	—	—
	电动空气压缩机 10m³	台班	375.37	0.01	—	—	—
	汽车式起重机 8t	台班	767.15	—	—	0.05	—
	汽车式起重机 12t	台班	864.36	0.01	—	—	0.10
	汽车式起重机 30t	台班	1141.87	0.01	0.03	0.21	—
	汽车式起重机 40t	台班	1547.56	0.01	0.02	—	—
	汽车式起重机 75t	台班	3175.79	0.01	—	—	—
	汽车式起重机 125t	台班	8124.45	—	0.03	—	—
	平板拖车组 40t	台班	1468.34	—	0.02	—	0.01
	载货汽车 4t	台班	417.41	—	—	0.07	—
	载货汽车 8t	台班	521.59	0.01	—	—	0.01
械	手提砂轮机 $D150$	台班	5.55	—	—	2.48	—
	卷扬机 单筒慢速 50kN	台班	211.29	—	—	—	0.12
	卷扬机 单筒慢速 80kN	台班	254.54	0.03	—	—	0.15
	综合机械	元	—	0.37	1.02	4.64	0.38

2.乙烯装置废热锅炉系统安装

工作内容：结构拼装、焊接、炉管清洗、吹除、坡口除锈、组对、焊接、水压试验、气密试验、配合烘炉。

单位：t

	编　号			5-1820	5-1821	5-1822
	项　目			锅炉本体安装	汽包安装	蒸发管安装
预算基价	总　　　　价(元)			**878.34**	**854.91**	**5986.76**
	人　工　费(元)			367.20	395.55	4957.20
	材　料　费(元)			91.12	32.56	280.53
	机　械　费(元)			420.02	426.80	749.03
组　成　内　容		单位	单价	数　　量		
人工	综合工	工日	135.00	2.72	2.93	36.72
材料	钢板垫板	t	4954.18	0.00487	—	—
	石棉橡胶板 中压 δ0.8～6.0	kg	20.02	0.56	0.10	—
	道木	m³	3660.04	0.012	0.003	0.001
	电焊条 E4303 D3.2	kg	7.59	0.10	0.59	6.98
	氧气	m³	2.88	0.50	1.02	9.54
	乙炔气	m³	16.13	0.217	0.443	4.148
	二硫化钼粉	kg	32.13	0.12	0.10	1.28
	汽油 60#～70#	kg	6.67	0.1	0.1	—
	煤油	kg	7.49	0.10	0.10	—
	白布	m	3.68	—	—	0.21
	尼龙砂轮片 D150	片	6.65	—	—	6.35
	合金钢气焊条	kg	8.22	—	—	1.67
	钍钨棒	kg	640.87	—	—	0.0167
	氩气	m³	18.60	—	—	0.82
	零星材料费	元	—	0.89	0.39	5.70
机械	汽车式起重机 8t	台班	767.15	—	—	0.01
	汽车式起重机 16t	台班	971.12	0.04	0.04	—
	汽车式起重机 30t	台班	1141.87	0.02	0.02	—
	汽车式起重机 125t	台班	8124.45	0.04	0.04	—
	平板拖车组 40t	台班	1468.34	0.02	0.02	—
	直流弧焊机 20kW	台班	75.06	0.04	0.13	4.76
	自升式塔式起重机 800kN·m	台班	629.84	—	—	0.21
	载货汽车 4t	台班	417.41	—	—	0.01
	氩弧焊机 500A	台班	96.11	—	—	2.38
	手提砂轮机 D150	台班	5.55	—	—	2.38
	综合机械	元	—	0.99	1.02	5.68

3.蒸气重整炉废热锅炉系统安装

工作内容：结构拼装、焊接、炉管清洗、吹除、坡口除锈、组对、焊接、水压试验、气密试验、配合烘炉。

单位：t

	编　号			5-1823	5-1824	5-1825	5-1826	5-1827	5-1828	5-1829	5-1830	5-1831
	项　目			钢结构	梯子平台栏杆	空气预热器	重整气废锅	燃料气废锅	汽包	蒸气过滤器	蒸发管	烟风道
预算基价	总　　价（元）			**2207.31**	**3116.51**	**396.07**	**985.73**	**712.64**	**1047.13**	**2009.87**	**6123.12**	**1788.64**
	人　工　费（元）			1344.60	2131.65	199.80	727.65	438.75	585.90	1391.85	4885.65	1252.80
	材　料　费（元）			278.50	154.67	11.75	80.71	53.60	59.83	130.17	312.48	228.46
	机　械　费（元）			584.21	830.19	184.52	177.37	220.29	401.40	487.85	924.99	307.38
组　成　内　容		单位	单价	数　　　量								
人工	综合工	工日	135.00	9.96	15.79	1.48	5.39	3.25	4.34	10.31	36.19	9.28
材料	钢板垫板	t	4954.18	0.03922	—	—	—	—	—	—	—	—
	道木	m³	3660.04	0.003	—	0.001	0.007	0.004	0.007	0.007	0.001	—
	电焊条 E4303 D3.2	kg	7.59	3.97	7.93	0.40	1.50	1.10	0.80	4.20	5.60	6.25
	氧气	m³	2.88	4.00	9.37	0.50	3.13	1.83	1.58	6.00	9.33	5.38
	乙炔气	m³	16.13	1.739	4.074	0.217	1.361	0.796	0.687	2.609	4.057	2.339
	石棉橡胶板 中压 $\delta0.8\sim6.0$	kg	20.02	—	—	—	0.60	0.60	0.60	0.60	—	3.66
	合金钢气焊条	kg	8.22	—	—	—	—	—	—	—	1.87	—
	钍钨棒	kg	640.87	—	—	—	—	—	—	—	0.0187	—
	氩气	m³	18.60	—	—	—	—	—	—	—	4.23	—
	尼龙砂轮片 D150	片	6.65	—	—	—	—	—	—	—	9.34	—
	石棉布	kg	27.24	—	—	—	—	—	—	—	—	1.9

续前

编　号			5-1823	5-1824	5-1825	5-1826	5-1827	5-1828	5-1829	5-1830	5-1831
项　目			钢结构	梯子平台栏杆	空气预热器	重整气废锅	燃料气废锅	汽包	蒸气过滤器	蒸发管	烟风道
组成内容	单位	单价	数　量								
材料	零星材料费	元	—	3.51	1.78	0.11	0.73	0.49	0.49	1.30	5.86	2.77
机 械	直流弧焊机 20kW	台班	75.06	1.30	2.69	0.13	0.52	0.35	0.26	1.46	4.69	1.39
	载货汽车 8t	台班	521.59	0.06	0.06	—	—	—	—	0.10	—	0.08
	载货汽车 15t	台班	809.06	—	—	0.04	—	—	0.04	—	0.06	—
	平板拖车组 40t	台班	1468.34	—	—	0.01	—	—	—	—	—	—
	试压泵 60MPa	台班	24.94	—	—	—	0.35	0.10	—	0.42	—	—
	电动空气压缩机 10m³	台班	375.37	—	—	—	0.10	0.05	—	0.21	—	—
	履带式起重机 15t	台班	759.77	—	—	—	—	—	0.04	—	—	0.12
	汽车式起重机 8t	台班	767.15	0.04	—	—	—	—	—	0.07	0.04	—
	汽车式起重机 12t	台班	864.36	—	—	—	—	—	—	0.21	—	0.08
	汽车式起重机 30t	台班	1141.87	0.37	0.52	—	0.08	—	—	—	0.22	—
	汽车式起重机 40t	台班	1547.56	—	—	—	—	0.07	—	—	—	—
	汽车式起重机 75t	台班	3175.79	—	—	0.04	—	0.02	0.10	—	—	—
	氩弧焊机 500A	台班	96.11	—	—	—	—	—	—	—	2.34	—
	手提砂轮机 D150	台班	5.55	—	—	—	—	—	—	—	2.34	—
	综合机械	元	—	2.16	3.21	0.68	0.72	0.91	1.55	1.58	4.63	1.00

4.甲烷蒸气转化炉废热锅炉系统安装

工作内容: 结构拼装、焊接、炉管清洗、吹除、坡口除锈、组对、焊接、水压试验、气密试验、配合烘炉。

单位：t

编 号			5-1832	5-1833	5-1834	5-1835	5-1836	5-1837	5-1838
项 目			废热锅炉	钢结构	过热蒸气冷却器汽包	烟气烟道空气预热器	调节加热器蒸发器	给水预热器	烟囱
预算基价	总　　价(元)		**923.07**	**1634.99**	**3007.93**	**1209.39**	**1788.88**	**1852.58**	**2248.48**
	人　工　费(元)		537.30	1088.10	1784.70	966.60	1100.25	923.40	993.60
	材　料　费(元)		73.18	85.04	391.82	45.65	154.04	558.42	212.51
	机　械　费(元)		312.59	461.85	831.41	197.14	534.59	370.76	1042.37
组 成 内 容		单位	单价	数　　量					
人工	综合工	工日	135.00	3.98	8.06	13.22	7.16	8.15	6.84	7.36
材料	钢板垫板	t	4954.18	0.00213	0.00809	0.00540	—	—	0.00463	0.00712
	中低压盲板	kg	7.81	1.25	—	8.70	—	4.43	5.19	—
	双头带帽螺栓	kg	12.76	0.81	—	5.86	—	3.44	3.55	—
	石棉橡胶板 高压 $\delta 0.5 \sim 8.0$	kg	21.45	0.36	—	2.55	—	0.74	1.88	—
	道木	m³	3660.04	0.007	0.002	0.038	0.002	0.008	0.105	0.036
	电焊条 E4303 D3.2	kg	7.59	0.35	2.44	0.95	3.67	1.92	1.22	1.51
	氧气	m³	2.88	0.31	1.83	1.42	0.88	0.99	0.97	1.13
	乙炔气	m³	16.13	0.135	0.796	0.617	0.383	0.430	0.422	0.491
	棉纱	kg	16.11	0.14	—	—	0.08	0.15	—	—
	型钢	t	3699.72	—	—	—	—	—	—	0.00451
	热轧无缝钢管 $D71 \sim 90\ \delta 4.7 \sim 7.0$	kg	4.24	—	—	—	—	—	—	0.88
	六角带帽螺栓	kg	8.31	—	—	—	—	—	—	0.10
	零星材料费	元	—	—	1.20	1.01	7.32	0.47	3.62	6.16	1.59
机械	试压泵 35MPa	台班	23.77	0.07	—	0.47	—	0.04	0.12	—
	电动空气压缩机 40m³	台班	738.66	0.02	—	0.09	—	0.02	0.03	—
	直流弧焊机 30kW	台班	92.43	0.24	1.21	0.48	0.84	0.88	0.37	0.42
	载货汽车 8t	台班	521.59	—	0.04	0.23	—	—	0.06	—
	平板拖车组 20t	台班	1101.26	0.03	—	—	—	—	—	0.06
	平板拖车组 40t	台班	1468.34	—	—	—	0.03	0.04	—	—
	汽车式起重机 8t	台班	767.15	—	0.06	0.17	—	—	0.06	—
	汽车式起重机 16t	台班	971.12	—	0.29	0.47	—	—	0.24	0.27
	汽车式起重机 30t	台班	1141.87	0.21	—	—	—	0.33	—	—
	汽车式起重机 50t	台班	2492.74	—	—	—	0.03	—	—	—
	汽车式起重机 125t	台班	8124.45	—	—	—	—	—	—	0.08
	卷扬机 单筒慢速 100kN	台班	284.75	—	—	—	—	—	—	0.08
	综合机械	元	—	—	1.14	1.49	2.58	0.67	1.98	1.16	2.54

5.鲁奇加压煤气化炉废热锅炉系统安装

工作内容：结构拼装、焊接、炉管清洗、吹除、坡口除锈、组对、焊接、水压试验、气密试验、配合烘炉。

单位：t

编 号			5-1839	5-1840	5-1841
项 目			废热锅炉	冷火炬	热火炬
预算基价	总 价(元)		**651.09**	**7096.84**	**7867.16**
	人 工 费(元)		361.80	4985.55	5537.70
	材 料 费(元)		32.84	415.85	448.98
	机 械 费(元)		256.45	1695.44	1880.48
组 成 内 容	单位	单价	数 量		
人工 综合工	工日	135.00	2.68	36.93	41.02
材料 钢板垫板	t	4954.18	0.00332	0.03210	0.03567
六角带帽螺栓	kg	8.31	0.01	0.18	0.21
型钢	t	3699.72	0.00065	—	—
热轧无缝钢管 $D71\sim90\,\delta4.7\sim7.0$	kg	4.24	1.09	3.92	4.35
道木	m³	3660.04	0.001	0.020	0.022
电焊条 E4303 $D3.2$	kg	7.59	0.35	10.77	10.37
氧气	m³	2.88	0.26	8.00	8.88
乙炔气	m³	16.13	0.113	3.478	3.861
零星材料费	元	—	0.39	4.62	4.99
机械 卷扬机 单筒慢速 50kN	台班	211.29	0.20	0.67	0.74
卷扬机 单筒慢速 80kN	台班	254.54	0.40	0.67	0.74
汽车式起重机 16t	台班	971.12	—	0.67	0.74
汽车式起重机 110t	台班	6733.58	0.01	—	—
直流弧焊机 30kW	台班	92.43	0.18	5.33	5.92
平板拖车组 40t	台班	1468.34	—	0.16	0.18
平板拖车组 100t	台班	2787.79	0.01	—	—
综合机械	元	—	0.52	5.10	5.65

第六章　金属油罐制作、安装

说　明

一、本章适用范围：拱顶罐、内浮顶罐、浮顶灌的制作、安装及油罐附件、油罐水压试验及油罐胎具制作、安装与拆除等工程。

二、本章基价项目包括内容如下：

1. 碳钢和不锈钢两类金属油罐。

2. 碳钢拱顶罐分为搭接式拱顶罐与对接式拱顶罐。

3. 碳钢浮顶罐分为单盘浮顶罐与双盘浮顶罐。

4. 本章基价中不锈钢油罐为小容量的对接式拱顶罐。

三、本章基价均按地上油罐编制，不适用于半地下储罐或洞内储罐。

四、本章基价内包括了试压临时水管线的安装、拆除及材料摊销量。

五、本章基价中不包括以下工作内容：

1. 油罐的除锈、刷油、防腐、保温及衬里工程。

2. 防雷接地。

3. 无损探伤。

4. 钢板卷材的开卷平直。

5. 基础工程。

6. 油罐的平台、梯子、栏杆、扶手的制作、安装。

7. 机加工件、锻件的外委加工费用。

六、油罐制作、安装子目，是按一个工地同时建造同系列两座以上（含两座）油罐考虑的，如果只建造一座时，人工、机械乘以系数1.25。

七、整体充水试压是按同容量的两座以上（含两座）油罐连续交替试压考虑的，如一座油罐单独试压时，人工、水、机械均乘以系数1.40。

八、内浮顶油罐与拱顶油罐的水压试验同列为一个子目，但内浮顶油罐水压试验中的人工和机械台班消耗量应乘以系数1.20。

九、油罐附件均按成品合格件供货考虑，如附件到货不带孔颈或加强板时，在计算主材费时应列入孔颈和加强板的费用。

十、油罐附件如为自制者，仍按外购件价格计算。

十一、油罐施工方法的选定在本册基价编制说明内列表注明，如采用不同的施工方法时，基价不得调整。

十二、油罐制作、安装的主要材料损耗率按下表计算：

主要材料损耗率表

主要材料及名称		供 应 条 件	损 耗 率
碳钢	平板	设计选用的规格钢板	6.2%
	平板、毛边玻璃	非设计选用的规格钢板	按实际情况确定
	型板	非设计选用的规格钢板	5.0%
	钢管	非设计选用的规格钢板	3.5%
	卷板	卷筒钢板	按钢板卷材开卷平直子目执行
不锈钢钢板		设计选用的规格钢板	7.4%
		非设计选用的规格钢板	按实际情况确定

十三、油罐的胎具未包括在罐本体制作子目内,是按摊销量分别列有子目:

胎具均按能重复使用考虑,因此每套胎具的制作子目按一个工地同一时期安装结构、同容量的台数一次摊入,并规定胎具的周转次数,即:如同一工地建造的同结构、同容量的台数在周转使用次数范围以内,按配置一套计算,批量超过周转使用次数范围时,可增加计算一套。胎具的周转使用次数详见下表:

胎具周转使用次数表

序　号	胎 具 项 目	适用储罐容量 （m³）	周转使用次数
1	立式油罐壁板卷弧胎具制作	100～30000	一个工地一套
2	拱顶、内浮顶油罐临时加固件制作	100～10000	5
3	拱顶、内浮顶油罐临时加固件安装、拆除	100～10000	每座罐计算一次
4	拱顶、内浮顶油罐顶板预制胎具制作	100～10000	一个工地一套
5	拱顶、内浮顶油罐顶板组装胎具制作	1000～10000	10
6	拱顶、内浮顶油罐顶板组装胎具安装、拆除	1000～10000	每座罐计算一次
7	拱顶、内浮顶油罐桅杆倒装吊具制作	100～10000	10
8	拱顶、内浮顶油罐桅杆倒装吊具安装、拆除	100～10000	每座罐计算一次
9	拱顶、内浮顶油罐充气顶升装置制作	100～10000	10
10	拱顶、内浮顶油罐充气顶升装置安装、拆除	1000～10000	每座罐计算一次
11	拱顶、内浮顶油罐钢制浮盘组装胎具制作	1000～10000	10
12	拱顶、内浮顶油罐缸制浮盘组装胎具安装、拆除	100～10000	每座罐计算一次
13	浮顶油罐内脚手架正装胎具制作	3000～30000	10
14	浮顶油罐内脚手架正装胎具安装、拆除	3000～30000	每座罐计算一次
15	浮顶油罐船舱预制胎具制作	3000～30000	10

十四、不锈钢储罐的配件安装均采用本册基价碳钢油罐配件安装相应子目乘以系数1.30(不含加热器制作、安装)。

十五、不锈钢储罐的胎具、加热器和压力试验可采用碳钢油罐的相应子目,无损检验执行本册基价相应子目。

工程量计算规则

一、拱顶罐制作、安装：依据材质、构造形式、容量和质量，按设备的金属质量计算。

注：质量包括罐底板、罐壁板、罐顶板（含中心板）、角钢圈、加强圈以及搭接、垫板、加强板的金属质量，不包括配、附件的质量。其质量按设计尺寸以展开计算，不扣除罐体上孔洞所占面积。

二、浮顶罐制作、安装：依据材质、质量、构造形式、内浮顶罐容积和单、双盘罐容积，按设备的金属质量计算。

注：罐本体金属质量包括罐底板、罐壁板、罐顶板、角钢圈、加强圈以及搭接、垫板、加强板的全部质量，但不包括配、附件的质量。其质量按设计图示尺寸以展开计算，不扣除孔洞所占面积。

三、油罐附件：依据配件种类、规格和型号，按设计图示数量计算。

四、加热器制作、安装：依据加热器构造形式、蒸汽盘管管径、排管的长度、连接管主管长度和支座构造形式。①盘管加热器按设计图示尺寸以长度计算，不扣除管件所占长度；②排管式加热器按排管不同长度计算。

五、油罐水压试验：依据结构形式、容量，按设计图示数量计算。

六、油罐胎具制作、安装与拆除：依据构造形式、容量，按胎具的数量计算。

一、油罐制作、安装
1.搭接式拱顶油罐制作、安装

工作内容：散板堆放、放样号料、切割、坡口、卷弧、撖制、吊装、组对焊接、打磨、试漏。

单位：t

编　号			5-1842	5-1843	5-1844	5-1845	5-1846	5-1847
项　目			油罐容量（m³）					
			100	200	300	400	500	700
预算基价	总　　价（元）		**5824.32**	**5137.17**	**5003.84**	**4665.49**	**4347.03**	**4127.84**
	人　工　费（元）		3110.40	2747.25	2673.00	2527.20	2434.05	2382.75
	材　料　费（元）		255.79	245.63	241.07	235.55	231.49	229.64
	机　械　费（元）		2458.13	2144.29	2089.77	1902.74	1681.49	1515.45
组　成　内　容		单位	单价	数　　量				
人工	综合工	工日	135.00	23.04	20.35	19.80	18.72	18.03	17.65
材料	木材　方木	m³	2716.33	0.02	0.02	0.02	0.02	0.02	0.02
	电焊条 E4303 D3.2	kg	7.59	14.39	13.35	12.92	12.54	12.39	12.24
	氧气	m³	2.88	3.66	3.52	3.43	3.25	2.99	3.04
	乙炔气	kg	14.66	1.220	1.170	1.140	1.080	1.000	1.010
	尼龙砂轮片 D150	片	6.65	4.31	4.31	4.31	4.20	4.16	4.07
	煤油	kg	7.49	1.79	1.75	1.72	1.71	1.66	1.63
	白垩	kg	1.96	1.43	1.39	1.37	1.36	1.33	1.31
	零星材料费	元	—	18.95	18.19	17.86	17.45	17.15	17.01
机械	汽车式起重机 8t	台班	767.15	2.53	2.15	2.09	1.86	1.59	1.38
	载货汽车 10t	台班	574.62	0.25	0.25	0.25	0.25	0.25	0.25
	直流弧焊机 20kW	台班	75.06	3.64	3.42	3.35	3.26	3.15	3.12
	电焊条烘干箱 600×500×750	台班	27.16	0.92	0.86	0.84	0.82	0.78	0.78
	半自动切割机 100mm	台班	88.45	0.17	0.16	0.16	0.16	0.15	0.15
	卷板机 30×2000	台班	349.25	0.07	0.07	0.07	0.07	0.07	0.07
	剪板机 20×2500	台班	329.03	0.10	0.09	0.08	0.07	0.06	0.05
	真空泵 204m³/h	台班	59.76	0.05	0.05	0.06	0.06	0.05	0.06

编　号			5-1848	5-1849	5-1850	5-1851	5-1852
项　目			油罐容量（m³）				
			1000	2000	3000	5000	10000
预算基价	总　　　价（元）		**3873.39**	**3490.33**	**3077.03**	**2657.34**	**2380.98**
	人　工　费（元）		2309.85	1934.55	1717.20	1467.45	1252.80
	材　料　费（元）		234.87	233.99	230.66	203.78	208.73
	机　械　费（元）		1328.67	1321.79	1129.17	986.11	919.45
组　成　内　容		单位	单价	数　　　量			
人工	综合工	工日	135.00	17.11	14.33	12.72	10.87	9.28
材料	木材　方木	m³	2716.33	0.02	0.02	0.02	0.01	0.01
	电焊条 E4303 D3.2	kg	7.59	13.17	14.07	14.31	15.24	16.27
	氧气	m³	2.88	3.09	2.41	2.09	1.66	1.97
	乙炔气	kg	14.66	1.030	0.800	0.700	0.550	0.660
	尼龙砂轮片 D150	片	6.65	3.83	3.52	3.21	3.21	3.02
	煤油	kg	7.49	1.53	1.06	0.95	0.78	0.48
	白垩	kg	1.96	1.15	0.90	0.77	0.63	0.40
	炭精棒 8~12	根	1.71	—	2.20	2.56	2.68	1.64
	零星材料费	元	—	17.40	17.33	17.09	15.09	15.46
机械	汽车式起重机 8t	台班	767.15	1.17	1.06	0.84	0.71	0.58
	载货汽车 10t	台班	574.62	0.25	0.25	0.25	0.25	0.25
	轴流风机 30kW	台班	139.30	0.31	0.29	0.27	0.24	—
	直流弧焊机 20kW	台班	75.06	2.31	2.16	2.01	1.76	1.61
	电焊条烘干箱 600×500×750	台班	27.16	0.78	0.72	0.68	0.58	0.54
	半自动切割机 100mm	台班	88.45	0.14	0.14	0.14	0.07	0.07
	卷板机 30×2000	台班	349.25	0.07	0.05	0.04	0.03	0.02
	剪板机 20×2500	台班	329.03	0.03	0.02	0.02	0.02	0.02
	真空泵 204m³/h	台班	59.76	0.05	0.06	0.05	0.04	0.03
	直流弧焊机 30kW	台班	92.43	—	0.72	0.67	0.59	0.54
	内燃空气压缩机 6m³	台班	330.12	—	0.11	0.11	0.11	0.09
	轴流风机 100kW	台班	428.01	—	—	—	—	0.22

2.对接式拱顶油罐制作、安装

工作内容：散板堆放、放样号料、切割、坡口、卷弧、搣制、吊装、组对焊接、打磨、试漏。

单位：t

	编　号			5-1853	5-1854	5-1855	5-1856	5-1857	5-1858	5-1859
	项　目			油罐容量（m³）						
				500	700	1000	2000	3000	5000	10000
预算基价	总　　价（元）			**4979.35**	**4865.89**	**4848.66**	**4245.29**	**3871.80**	**3259.56**	**2872.79**
	人　工　费（元）			2921.40	2859.30	2771.55	2322.00	2060.10	1760.40	1503.90
	材　料　费（元）			285.89	287.39	308.83	308.69	304.69	283.33	286.29
	机　械　费（元）			1772.06	1719.20	1768.28	1614.60	1507.01	1215.83	1082.60
组　成　内　容		单位	单价	数　　量						
人工	综合工	工日	135.00	21.64	21.18	20.53	17.20	15.26	13.04	11.14
材料	木材 方木	m³	2716.33	0.02	0.02	0.02	0.02	0.02	0.01	0.01
	电焊条 E4303 D3.2	kg	7.59	16.40	16.40	16.44	17.61	17.64	19.20	19.52
	氧气	m³	2.88	5.74	5.74	5.74	5.46	5.38	5.25	5.88
	乙炔气	kg	14.66	1.910	1.910	1.910	1.820	1.790	1.750	1.960
	尼龙砂轮片 D150	片	6.65	4.30	4.51	4.51	4.02	4.02	3.91	3.91
	煤油	kg	7.49	1.41	1.41	1.26	1.13	0.94	0.86	0.58
	白垩	kg	1.96	1.13	1.13	1.03	0.90	0.75	0.69	0.47
	炭精棒 8～12	根	1.71	—	—	12.20	10.80	9.90	8.70	7.50
	零星材料费	元	—	21.18	21.29	22.88	22.87	22.57	20.99	21.21
机械	汽车式起重机 8t	台班	767.15	1.59	1.53	1.28	1.14	1.06	0.78	0.68
	载货汽车 10t	台班	574.62	0.24	0.24	0.23	0.23	0.23	0.22	0.22
	直流弧焊机 20kW	台班	75.06	4.38	4.34	3.44	3.17	2.98	2.58	2.38
	电焊条烘干箱 600×500×750	台班	27.16	1.10	1.08	1.08	1.00	0.94	0.80	0.74
	半自动切割机 100mm	台班	88.45	0.23	0.23	0.23	0.23	0.18	0.18	0.11
	剪板机 20×2500	台班	329.03	0.04	0.03	0.02	0.01	0.01	0.01	0.01
	卷板机 30×2000	台班	349.25	0.05	0.05	0.04	0.04	0.04	0.03	0.02
	真空泵 204m³/h	台班	59.76	0.08	0.08	0.08	0.08	0.07	0.06	0.05
	直流弧焊机 30kW	台班	92.43	—	—	0.86	0.79	0.74	0.64	0.60
	轴流风机 30kW	台班	139.30	—	—	0.43	0.40	0.37	0.32	0.30
	内燃空气压缩机 6m³	台班	330.12	—	—	0.55	0.52	0.47	0.42	0.35

3．双盘式浮顶油罐制作、安装

工作内容：散板堆放、放样号料、切割、坡口、撖制、吊装、组对焊接、打磨、试漏。

单位：t

	编　号			5-1860	5-1861	5-1862	5-1863
	项　目			油罐容量（m³）			
				5000	10000	20000	30000
预算基价	总　　价(元)			**4022.91**	**3808.32**	**3305.85**	**3175.78**
	人　工　费(元)			2567.70	2393.55	2026.35	1964.25
	材　料　费(元)			350.25	340.60	336.72	332.11
	机　械　费(元)			1104.96	1074.17	942.78	879.42
	组 成 内 容	单位	单价	数　　量			
人工	综合工	工日	135.00	19.02	17.73	15.01	14.55
材料	木材 方木	m³	2716.33	0.01	0.01	0.01	0.01
	电焊条 E4303 D3.2	kg	7.59	26.60	26.43	26.23	26.01
	氧气	m³	2.88	6.31	5.80	5.80	5.75
	乙炔气	kg	14.66	2.100	1.930	1.930	1.920
	尼龙砂轮片 D150	片	6.65	4.40	4.12	4.01	3.81
	煤油	kg	7.49	0.55	0.50	0.40	0.35
	白垩	kg	1.96	0.55	0.50	0.40	0.35
	炭精棒 8～12	根	1.71	6.92	6.13	5.90	5.60
	零星材料费	元	—	25.94	25.23	24.94	24.60
机械	汽车式起重机 8t	台班	767.15	0.13	0.13	0.11	0.11
	汽车式起重机 16t	台班	971.12	0.38	0.38	0.32	0.30
	载货汽车 10t	台班	574.62	0.24	0.24	0.20	0.19
	直流弧焊机 20kW	台班	75.06	4.04	3.80	3.52	3.17
	直流弧焊机 30kW	台班	92.43	1.01	0.95	0.88	0.79
	电焊条烘干箱 600×500×750	台班	27.16	1.26	1.18	1.10	1.00
	半自动切割机 100mm	台班	88.45	0.22	0.20	0.18	0.17
	剪板机 20×2500	台班	329.03	0.04	0.03	0.03	0.03
	卷板机 30×2000	台班	349.25	0.02	0.02	0.02	0.02
	立式钻床 D25	台班	6.78	0.04	0.04	0.03	0.03
	真空泵 204m³/h	台班	59.76	0.02	0.02	0.02	0.02
	内燃空气压缩机 6m³	台班	330.12	0.08	0.08	0.07	0.07

4.单盘式浮顶油罐制作、安装

工作内容: 散板堆放、放样号料、切割、坡口、卷弧、撖制、吊装、组对焊接、打磨、试漏。

单位:t

编 号			5-1864	5-1865	5-1866	5-1867	5-1868
项 目			油罐容量(m³)				
			3000	5000	10000	20000	30000
预算基价	总 价(元)		**4379.02**	**3966.43**	**3668.02**	**3248.33**	**3072.33**
	人 工 费(元)		2817.45	2566.35	2349.00	2025.00	1908.90
	材 料 费(元)		376.46	343.93	331.57	327.76	322.07
	机 械 费(元)		1185.11	1056.15	987.45	895.57	841.36
组 成 内 容	单位	单价	数 量				
人工 综合工	工日	135.00	20.87	19.01	17.40	15.00	14.14
材料 木材 方木	m³	2716.33	0.02	0.01	0.01	0.01	0.01
电焊条 E4303 D3.2	kg	7.59	26.37	26.16	25.67	25.47	25.15
氧气	m³	2.88	6.10	6.05	5.56	5.56	5.50
乙炔气	kg	14.66	2.030	2.020	1.850	1.850	1.830
尼龙砂轮片 D150	片	6.65	4.40	4.31	4.01	3.91	3.70
煤油	kg	7.49	0.60	0.55	0.50	0.40	0.35
白垩	kg	1.96	0.60	0.55	0.50	0.40	0.35
炭精棒 8～12	根	1.71	6.92	6.92	6.13	5.90	5.60
零星材料费	元	—	27.89	25.48	24.56	24.28	23.86
机械 汽车式起重机 8t	台班	767.15	0.13	0.12	0.11	0.10	0.10
汽车式起重机 16t	台班	971.12	0.39	0.36	0.34	0.30	0.28
载货汽车 10t	台班	574.62	0.25	0.23	0.21	0.19	0.18
直流弧焊机 20kW	台班	75.06	4.56	3.89	3.66	3.38	3.12
直流弧焊机 30kW	台班	92.43	1.14	0.97	0.91	0.85	0.78
电焊条烘干箱 600×500×750	台班	27.16	1.42	1.22	1.14	1.06	0.98
半自动切割机 100mm	台班	88.45	0.24	0.22	0.20	0.18	0.17
剪板机 20×2500	台班	329.03	0.04	0.04	0.03	0.03	0.03
卷板机 30×2000	台班	349.25	0.03	0.02	0.02	0.02	0.02
立式钻床 D25	台班	6.78	0.06	0.05	0.04	0.03	0.03
真空泵 204m³/h	台班	59.76	0.03	0.02	0.02	0.02	0.02
内燃空气压缩机 6m³	台班	330.12	0.09	0.08	0.08	0.07	0.07

5.内浮顶油罐制作、安装

工作内容：散板堆放、放样号料、切割、坡口、卷弧、撖制、吊装、组对焊接、打磨、试漏。

单位：t

	编　　号			5-1869	5-1870	5-1871	5-1872	5-1873	5-1874	5-1875
	项　　目			油罐容量（m³）						
				500	700	1000	2000	3000	5000	10000
预算基价	总　　　　价（元）			**5214.51**	**5124.03**	**5150.46**	**4605.53**	**4122.36**	**3489.49**	**3102.80**
	人　工　费（元）			3042.90	3002.40	2937.60	2538.00	2177.55	1823.85	1657.80
	材　料　费（元）			291.92	291.19	318.47	313.41	307.91	316.84	316.83
	机　械　费（元）			1879.69	1830.44	1894.39	1754.12	1636.90	1348.80	1128.17
组　成　内　容		单位	单价	数　　量						
人工	综合工	工日	135.00	22.54	22.24	21.76	18.80	16.13	13.51	12.28
材料	木材　方木	m³	2716.33	0.02	0.02	0.02	0.02	0.02	0.02	0.02
	电焊条 E4303 D3.2	kg	7.59	17.50	17.50	17.65	17.80	17.89	19.80	20.05
	氧气	m³	2.88	5.75	5.75	5.61	5.50	5.41	5.32	5.90
	乙炔气	kg	14.66	1.920	1.920	1.870	1.830	1.800	1.770	1.970
	尼龙砂轮片 D150	片	6.65	4.20	4.10	3.90	3.80	3.70	3.54	3.32
	煤油	kg	7.49	1.16	1.16	1.02	0.90	0.76	0.62	0.51
	白垩	kg	1.96	0.93	0.92	0.82	0.72	0.61	0.50	0.41
	炭精棒 8～12	根	1.71	—	—	16.28	14.43	12.59	10.72	8.35
	零星材料费	元	—	21.62	21.57	23.59	23.22	22.81	23.47	23.47
机械	汽车式起重机 8t	台班	767.15	1.60	1.54	1.30	1.20	1.13	0.85	0.63
	载货汽车 10t	台班	574.62	0.27	0.27	0.27	0.27	0.27	0.27	0.27
	直流弧焊机 20kW	台班	75.06	5.21	5.35	4.02	3.69	3.31	2.89	2.75
	电焊条烘干箱 600×500×750	台班	27.16	1.30	1.34	1.26	1.16	1.04	0.90	0.86
	半自动切割机 100mm	台班	88.45	0.26	0.26	0.26	0.26	0.23	0.19	0.15
	剪板机 20×2500	台班	329.03	0.04	0.03	0.02	0.01	0.01	0.01	0.01
	卷板机 30×2000	台班	349.25	0.05	0.05	0.04	0.04	0.04	0.03	0.02
	立式钻床 D25	台班	6.78	0.03	0.03	0.03	0.03	0.03	0.03	0.02
	卷扬机 单筒慢速 50kN	台班	211.29	0.08	—	—	—	—	—	—
	真空泵 204m³/h	台班	59.76	—	0.09	0.09	0.09	0.08	0.07	0.05
	直流弧焊机 30kW	台班	92.43	—	—	1.00	0.92	0.83	0.72	0.69
	轴流风机 30kW	台班	139.30	—	—	0.50	0.46	0.41	0.36	0.34
	内燃空气压缩机 6m³	台班	330.12	—	—	0.59	0.53	0.49	0.45	0.37

6.不锈钢油罐制作、安装

工作内容： 放样号料、切割、坡口、压头卷弧、角钢圈揻制、组对安装、焊接、试漏、罐配件安装。

单位：t

编 号			5-1876	5-1877	5-1878	5-1879	5-1880	5-1881	5-1882	5-1883
项 目			油罐容量（m³）							
			200	300	500	700	1000	2000	3000	5000
预算基价	总 价（元）		**7550.25**	**7011.24**	**6546.80**	**6451.04**	**6229.83**	**5473.27**	**4951.64**	**4434.02**
	人 工 费（元）		4268.70	4129.65	3665.25	3634.20	3562.65	2984.85	2631.15	2223.45
	材 料 费（元）		1433.76	1423.55	1296.69	1267.76	1277.35	1276.46	1283.26	1474.68
	机 械 费（元）		1847.79	1458.04	1584.86	1549.08	1389.83	1211.96	1037.23	735.89
组 成 内 容		单位	单价	数 量						
人工	综合工	工日	135.00	31.62	30.59	27.15	26.92	26.39	22.11	19.49	16.47
材料	耐油石棉橡胶板	kg	30.93	0.28	0.26	0.25	0.22	0.19	0.18	0.16	4.24
	道木	m³	3660.04	0.03	0.02	0.02	0.02	0.02	0.01	0.01	0.01
	酸洗膏	kg	9.60	1.81	1.63	1.46	1.32	1.19	1.07	0.96	0.77
	飞溅净	kg	3.96	2.00	1.80	1.60	1.44	1.30	1.17	1.05	0.95
	不锈钢电焊条	kg	66.08	17.62	16.95	16.45	16.12	16.30	17.10	17.23	18.29
	尼龙砂轮片 D100×16×3	片	3.92	10.80	10.16	8.29	8.04	7.89	6.24	6.34	6.79
	煤油	kg	7.49	1.26	1.34	1.55	1.55	1.85	1.08	1.24	0.96
	白垩	kg	1.96	1.01	1.12	1.25	1.25	1.47	0.83	0.96	0.77
	氧气	m³	2.88	0.55	0.49	0.44	0.40	0.36	0.32	0.29	0.26
	氩气	m³	18.60	0.05	0.05	0.05	0.05	0.05	0.05	0.05	0.05
	不锈钢氩弧焊丝 1Cr18Ni9Ti	kg	57.40	0.02	0.02	0.02	0.02	0.02	0.02	0.02	0.02

续前

编　　号			5-1876	5-1877	5-1878	5-1879	5-1880	5-1881	5-1882	5-1883
项　　目			油罐容量（m³）							
			200	300	500	700	1000	2000	3000	5000
组　成　内　容	单位	单价	数　　　量							
材料	硝酸	kg	5.56	0.98	0.88	0.79	0.71	0.64	0.58	0.52	0.47
	乙炔气	kg	14.66	0.180	0.160	0.150	0.130	0.120	0.110	0.100	0.090
	炭精棒 8~12	根	1.71	10.30	9.27	7.88	7.02	6.31	5.68	5.11	—
	氢氟酸 45%	kg	7.27	0.11	0.10	0.09	0.08	0.07	0.07	0.05	0.05
	对焊法兰 1.6MPa DN100	个	72.82	—	1.08	—	—	—	—	—	—
	盐酸 31%	kg	4.27	—	—	—	—	—	—	—	0.42
	零星材料费	元	—	41.76	41.46	37.77	36.93	37.20	37.18	37.38	42.95
机械	汽车式起重机 8t	台班	767.15	1.39	1.27	1.15	1.04	0.69	0.61	0.49	0.39
	载货汽车 5t	台班	443.55	0.14	0.13	0.12	0.11	0.10	0.09	0.07	0.06
	直流弧焊机 30kW	台班	92.43	4.73	—	4.65	3.99	3.59	3.06	2.75	2.36
	氩弧焊机 500A	台班	96.11	0.03	0.03	0.03	0.03	0.03	0.03	0.03	0.03
	卷板机 20×2500	台班	273.51	0.08	0.07	0.06	0.55	0.44	0.35	0.32	0.29
	电焊条烘干箱 600×500×750	台班	27.16	1.12	0.54	0.96	0.90	0.90	0.72	0.68	0.58
	等离子切割机 400A	台班	229.27	0.99	0.89	0.76	0.68	0.59	0.53	0.46	0.41
	砂轮切割机 D500	台班	39.52	—	4.69	—	—	—	—	—	—
	内燃空气压缩机 6m³	台班	330.12	—	—	—	—	0.61	0.55	0.49	—

二、油罐附件
1.人孔、透光孔、排污孔安装

工作内容：预制、开孔、检查清理、安装、焊接、严密性试验等。

单位：个

编　号			5-1884	5-1885	5-1886	5-1887	5-1888	5-1889	5-1890	5-1891
项　目			人孔	透光孔	透光孔	排污孔	浮船人孔	单盘顶人孔	试验人孔盖板	带芯铰链人孔
			D600	D500	D700	H700×800	DN500	DN600	DN500	DN600
预算基价	总　　价(元)		**372.24**	**426.01**	**486.31**	**437.21**	**358.78**	**331.21**	**379.74**	**397.71**
	人　工　费(元)		216.00	256.50	297.00	337.50	240.30	213.30	265.95	232.20
	材　料　费(元)		90.76	60.05	67.51	42.28	56.00	66.28	51.31	94.98
	机　械　费(元)		65.48	109.46	121.80	57.43	62.48	51.63	62.48	70.53
组　成　内　容	单位	单价				数　　量				
人工 综合工	工日	135.00	1.60	1.90	2.20	2.50	1.78	1.58	1.97	1.72
人孔	个	—	(1)	—	—	—	—	—	—	—
透光孔	个	—	—	(1)	(1)	—	—	—	—	—
排污孔	个	—	—	—	—	(1)	—	—	—	—
浮船人孔	个	—	—	—	—	—	(1)	—	—	—
单盘顶人孔	个	—	—	—	—	—	—	(1)	—	—
试验人孔盖板	个	—	—	—	—	—	—	—	(1)	—
带芯铰链人孔	个	—	—	—	—	—	—	—	—	(1)
耐油石棉橡胶板 中压	kg	27.73	1.5	1.5	1.5	0.5	1.0	1.0	1.0	1.5
电焊条 E4303 D3.2	kg	7.59	5.0	1.7	2.0	3.0	2.0	4.0	2.0	5.6
氧气	m³	2.88	0.47	0.25	0.84	0.29	1.17	0.47	0.59	0.47
乙炔气	kg	14.66	0.160	0.080	0.280	0.100	0.390	0.160	0.200	0.160
尼龙砂轮片 D150	片	6.65	0.48	0.12	0.15	0.20	0.20	0.20	0.20	0.40
零星材料费	元	—	4.32	2.86	3.21	2.01	2.67	3.16	2.44	4.52
直流弧焊机 20kW	台班	75.06	0.80	0.40	0.55	0.70	0.76	0.63	0.76	0.86
电焊条烘干箱 600×500×750	台班	27.16	0.20	0.10	0.14	0.18	0.20	0.16	0.20	0.22
汽车式起重机 8t	台班	767.15	—	0.1	0.1	—	—	—	—	—

2.放水管安装

工作内容：开孔、检查清理、安装、焊接、严密性试验等。

单位：个

编 号				5-1892	5-1893	5-1894	5-1895
项 目				DN50	DN80	DN100	DN150
预算基价	总 价(元)			**71.53**	**98.51**	**118.65**	**153.27**
	人 工 费(元)			55.35	68.85	82.35	106.65
	材 料 费(元)			8.13	12.27	14.40	18.18
	机 械 费(元)			8.05	17.39	21.90	28.44
组 成 内 容		单位	单价	数 量			
人工	综合工	工日	135.00	0.41	0.51	0.61	0.79
材料	放水管	个	—	(1)	(1)	(1)	(1)
	电焊条 E4303 D3.2	kg	7.59	0.8	1.3	1.5	1.9
	氧气	m³	2.88	0.12	0.13	0.18	0.25
	乙炔气	kg	14.66	0.040	0.040	0.060	0.080
	尼龙砂轮片 D150	片	6.65	0.11	0.13	0.14	0.15
	零星材料费	元	—	0.39	0.58	0.69	0.87
机械	直流弧焊机 20kW	台班	75.06	0.10	0.21	0.27	0.35
	电焊条烘干箱 600×500×750	台班	27.16	0.02	0.06	0.06	0.08

3.接合管安装

工作内容: 开孔、检查清理、安装、焊接、严密性试验等。

单位:个

编　号				5-1896	5-1897	5-1898	5-1899	5-1900	5-1901
项　目				罐顶接合管					
				DN50	DN80	DN100	DN150	DN200	DN250
预算基价	总　　价(元)			**52.69**	**77.18**	**98.19**	**122.24**	**154.36**	**195.62**
	人　工　费(元)			40.50	55.35	68.85	87.75	106.65	135.00
	材　料　费(元)			4.14	5.73	8.19	10.34	14.97	19.83
	机　械　费(元)			8.05	16.10	21.15	24.15	32.74	40.79
组　成　内　容		单位	单价	数　　量					
人工	综合工	工日	135.00	0.30	0.41	0.51	0.65	0.79	1.00
材料	罐顶接合管	个	—	(1)	(1)	(1)	(1)	(1)	(1)
	电焊条 E4303 D3.2	kg	7.59	0.3	0.5	0.8	1.0	1.4	1.8
	氧气	m³	2.88	0.12	0.12	0.12	0.18	0.29	0.41
	乙炔气	kg	14.66	0.040	0.040	0.040	0.060	0.100	0.140
	尼龙砂轮片 D150	片	6.65	0.11	0.11	0.12	0.13	0.20	0.30
	零星材料费	元	—	0.20	0.27	0.39	0.49	0.71	0.94
机械	直流弧焊机 20kW	台班	75.06	0.10	0.20	0.26	0.30	0.40	0.50
	电焊条烘干箱 600×500×750	台班	27.16	0.02	0.04	0.06	0.06	0.10	0.12

単位：个

编 号			5-1902	5-1903	5-1904	5-1905	5-1906	5-1907	5-1908	5-1909	5-1910
项 目			罐壁接合管								
			DN50	DN80	DN100	DN150	DN200	DN250	DN300	DN350	DN400
预算基价	总 价(元)		**66.06**	**107.35**	**137.32**	**179.30**	**219.36**	**250.47**	**265.01**	**281.34**	**301.81**
	人 工 费(元)		47.25	81.00	101.25	128.25	155.25	168.75	178.20	186.30	197.10
	材 料 费(元)		6.46	9.71	11.38	18.31	23.32	32.34	37.43	41.91	48.03
	机 械 费(元)		12.35	16.64	24.69	32.74	40.79	49.38	49.38	53.13	56.68
组 成 内 容		单位	单价	数 量							
人工	综合工	工日	135.00	0.35	0.60	0.75	0.95	1.15	1.25	1.32	1.38	1.46
材料	罐壁接合管	个	—	(1)	(1)	(1)	(1)	(1)	(1)	(1)	(1)	(1)
	电焊条 E4303 D3.2	kg	7.59	0.6	1.0	1.2	2.0	2.5	3.5	4.0	4.4	5.0
	氧气	m³	2.88	0.12	0.12	0.12	0.18	0.29	0.41	0.55	0.70	0.84
	乙炔气	kg	14.66	0.040	0.040	0.040	0.060	0.100	0.140	0.180	0.230	0.280
	尼龙砂轮片 D150	片	6.65	0.10	0.11	0.12	0.13	0.14	0.15	0.16	0.17	0.19
	零星材料费	元	—	0.31	0.46	0.54	0.87	1.11	1.54	1.78	2.00	2.29
机械	直流弧焊机 20kW	台班	75.06	0.15	0.20	0.30	0.40	0.50	0.60	0.60	0.65	0.69
	电焊条烘干箱 600×500×750	台班	27.16	0.04	0.06	0.08	0.10	0.12	0.16	0.16	0.16	0.18

427

4.进出油管安装

工作内容：预制、开孔、安装、焊接、严密性试验等。

单位：个

编　号			5-1911	5-1912
项　目			进出油管	
			DN500	DN600
预算基价	总　　价(元)		**1793.08**	**2136.19**
	人　工　费(元)		1162.35	1394.55
	材　料　费(元)		274.27	327.75
	机　械　费(元)		356.46	413.89
组　成　内　容	单位	单价	数　　量	
人工 综合工	工日	135.00	8.61	10.33
材料 进出油管	个	—	(1)	(1)
电焊条 E4303 D3.2	kg	7.59	20.77	24.92
氧气	m³	2.88	10.70	12.84
乙炔气	kg	14.66	3.570	4.280
尼龙砂轮片 D150	片	6.65	3.07	3.50
零星材料费	元	—	13.06	15.61
机械 卷板机 30×2000	台班	349.25	0.2	0.2
直流弧焊机 20kW	台班	75.06	3.50	4.20
电焊条烘干箱 600×500×750	台班	27.16	0.88	1.06

5.清扫孔、通气孔安装

工作内容：加强板、孔颈放样、号料、切割、卷弧、组装、焊接、严密性试验、记录等。

单位：个

编　号			5-1913	5-1914	5-1915	5-1916
项　目			清扫孔		通气孔	
			油罐容量20000m³	油罐容量30000m³	圆形DN500	方形380×750
预算基价	总　　价(元)		**2636.27**	**3191.32**	**404.68**	**372.73**
	人　工　费(元)		1617.30	1818.45	216.00	243.00
	材　料　费(元)		386.63	505.72	123.20	72.30
	机　械　费(元)		632.34	867.15	65.48	57.43
组　成　内　容	单位	单价	数　　量			
人工 综合工	工日	135.00	11.98	13.47	1.60	1.80
清扫孔	个	—	(1)	(1)	—	—
钢板	t	—	(0.00106)	(0.00106)	—	—
通气孔	个	—	—	—	(1)	(1)
电焊条 E4303 D3.2	kg	7.59	21.00	29.00	4.50	5.50
氧气	m³	2.88	24.58	30.97	0.40	0.62
乙炔气	kg	14.66	8.190	10.320	0.130	0.210
尼龙砂轮片 D150	片	6.65	2.60	3.01	0.60	0.80
炭精棒 8～12	根	1.71	0.40	0.60	—	—
耐油石棉橡胶板 中压	kg	27.73	—	—	1.2	—
六角带帽螺栓 M≤20×50	kg	8.31	—	—	4.5	1.1
金属丝网	kg	7.79	—	—	0.7	1.0
零星材料费	元	—	18.41	24.08	5.87	3.44
卷板机 20×2500	台班	273.51	0.1	0.1	—	—
汽车式起重机 8t	台班	767.15	0.4	0.6	—	—
直流弧焊机 20kW	台班	75.06	3.14	4.13	0.80	0.70
电焊条烘干箱 600×500×750	台班	27.16	0.78	1.04	0.20	0.18
内燃空气压缩机 6m³	台班	330.12	0.1	0.1	—	—
鼓风机 18m³	台班	41.24	0.2	0.2	—	—

429

6.内部关闭阀、内部关闭装置

工作内容： 开孔、检查清理、安装、焊接、严密性试验等。

单位：个

编　号				5-1917	5-1918	5-1919	5-1920	5-1921	5-1922
项　目				内部关闭阀				内部关闭装置	
				DN100	DN150	DN200	DN250	下部	上部
预算基价	总　　　价(元)			**65.35**	**88.74**	**106.89**	**131.74**	**331.36**	**163.88**
	人　工　费(元)			54.00	67.50	81.00	94.50	270.00	135.00
	材　料　费(元)			11.35	21.24	25.89	37.24	16.32	6.36
	机　械　费(元)			—	—	—	—	45.04	22.52
组　成　内　容		单位	单价	数　　　量					
人工	综合工	工日	135.00	0.40	0.50	0.60	0.70	2.00	1.00
材料	内部关闭阀	个	—	(1)	(1)	(1)	(1)	—	—
	内部关闭装置	个	—	—	—	—	—	(1)	(1)
	耐油石棉橡胶板 中压	kg	27.73	0.15	0.25	0.35	0.50	—	—
	六角带帽螺栓 M≤20×50	kg	8.31	0.8	1.6	1.8	2.6	—	—
	电焊条 E4303 D3.2	kg	7.59	—	—	—	—	1.6	0.5
	氧气	m³	2.88	—	—	—	—	0.18	0.12
	乙炔气	kg	14.66	—	—	—	—	0.060	0.040
	尼龙砂轮片 D150	片	6.65	—	—	—	—	0.30	0.20
	零星材料费	元	—	0.54	1.01	1.23	1.77	0.78	0.30
机械	直流弧焊机 20kW	台班	75.06	—	—	—	—	0.6	0.3

7.防火器安装

工作内容：检查清理、安装。

编　号			5-1923	5-1924	5-1925	5-1926	5-1927
项　目			*DN*80	*DN*100	*DN*150	*DN*200	*DN*250
预算基价	总　　价(元)		**51.85**	**65.35**	**88.74**	**106.89**	**145.24**
	人　工　费(元)		40.50	54.00	67.50	81.00	108.00
	材　料　费(元)		11.35	11.35	21.24	25.89	37.24
组　成　内　容	单位	单价	数　　　量				
人工 综合工	工日	135.00	0.30	0.40	0.50	0.60	0.80
材料 防火器	个	—	(1)	(1)	(1)	(1)	(1)
耐油石棉橡胶板 中压	kg	27.73	0.15	0.15	0.25	0.35	0.50
六角带帽螺栓 M>12	kg	8.31	0.8	0.8	1.6	1.8	2.6
零星材料费	元	—	0.54	0.54	1.01	1.23	1.77

8.空气泡沫产生器、化学泡沫室安装

工作内容：检查定位、开孔、安装、焊接、质量自检等。

单位：个

编　　号			5-1928	5-1929	5-1930	5-1931	5-1932	5-1933
项　　目			空气泡沫产生器				化学空气泡沫室	
			PC-4	PC-8	PC-16	PC-24	50～75L/s	100～150L/s
预算基价	总　　价(元)		**481.17**	**617.72**	**725.11**	**841.68**	**408.76**	**516.06**
	人　工　费(元)		324.00	378.00	465.75	553.50	351.00	432.00
	材　料　费(元)		29.91	50.93	66.81	91.34	22.81	33.01
	机　械　费(元)		127.26	188.79	192.55	196.84	34.95	51.05
组　成　内　容	单位	单价	数　　　　量					
人工 综合工	工日	135.00	2.40	2.80	3.45	4.10	2.60	3.20
材料 空气泡沫产生器	个	—	(1)	(1)	(1)	(1)	—	—
化学泡沫室	个	—	—	—	—	—	(1)	(1)
普碳钢板 Q195～Q235 δ4～10	t	3794.50	0.0011	0.0017	0.0038	0.0057	0.0004	0.0004
热轧角钢 ＜60	t	3721.43	0.0014	0.0032	0.0036	0.0041	0.0013	0.0015
圆钢 D10～14	t	3926.88	0.0005	0.0010	0.0010	0.0015	—	—
热轧扁钢 ＜59	t	3665.80	0.0005	0.0005	0.0005	0.0005	—	—
六角带帽螺栓 M＞12	kg	8.31	1.0	2.0	2.5	3.8	0.2	0.2
电焊条 E4303 D3.2	kg	7.59	0.8	0.9	1.1	1.3	1.5	2.5
氧气	m³	2.88	0.12	0.12	0.12	0.12	0.12	0.12
乙炔气	kg	14.66	0.040	0.040	0.040	0.040	0.040	0.040
耐油石棉橡胶板 中压	kg	27.73	—	—	—	—	0.05	0.10
零星材料费	元	—	1.42	2.43	3.18	4.35	1.09	1.57
机械 直流弧焊机 20kW	台班	75.06	0.30	0.30	0.35	0.40	0.30	0.50
电焊条烘干箱 600×500×750	台班	27.16	0.08	0.08	0.08	0.10	0.08	0.12
普通车床 400×1000	台班	205.13	0.50	0.80	0.80	0.80	0.05	0.05

9.填料密封装置制作、安装

工作内容：号料、切割、画线、钻孔、打磨棱角、托架压制、装橡胶带、放填料、粘接接头、紧螺栓、调整检查等。

单位：个

编　号				5-1934	5-1935	5-1936
项　目				油罐容量（m³）		
				700	5000	30000
预算基价	总　　价（元）			**1708.41**	**1664.09**	**1591.01**
	人　工　费（元）			1566.00	1525.50	1458.00
	材　料　费（元）			7.28	7.28	7.03
	机　械　费（元）			135.13	131.31	125.98
组　成　内　容		单位	单价	数　　量		
人工	综合工	工日	135.00	11.60	11.30	10.80
材料	填料密封装置	个	—	(1)	(1)	(1)
	电焊条 E4303 D3.2	kg	7.59	0.19	0.19	0.19
	氧气	m³	2.88	0.45	0.45	0.42
	乙炔气	kg	14.66	0.150	0.150	0.140
	尼龙砂轮片 D150	片	6.65	0.30	0.30	0.30
	零星材料费	元	—	0.35	0.35	0.33
机械	直流弧焊机 20kW	台班	75.06	0.09	0.09	0.08
	电焊条烘干箱 600×500×750	台班	27.16	0.02	0.02	0.02
	剪板机 20×2500	台班	329.03	0.33	0.32	0.31
	折方机 4×2000	台班	32.03	0.36	0.35	0.33
	摇臂钻床 D50	台班	21.45	0.36	0.35	0.32

10.进料口制作、安装

工作内容： 放样号料、切割、卷弧、车制、钻孔、焊接、撖制、顶板连接焊、拼装、试压、组装、吊装、找正等。

单位：个

编　号				5-1937
项　目				进料口 D1800
预算基价	总　价(元)			**2099.07**
	人工费(元)			1676.70
	材料费(元)			171.17
	机械费(元)			251.20
组成内容	单位	单价		数　量
人工 综合工	工日	135.00		12.42
材料 进料口	个	—		(1)
耐油石棉橡胶板 中压	kg	27.73		1.8
六角带帽螺栓 M>12	kg	8.31		1.5
电焊条 E4303 D3.2	kg	7.59		10.50
氧气	m³	2.88		2.69
乙炔气	kg	14.66		0.900
零星材料费	元	—		8.15
机械 直流弧焊机 20kW	台班	75.06		1.55
电焊条烘干箱 600×500×750	台班	27.16		0.38
普通车床 400×1000	台班	205.13		0.5
立式钻床 D25	台班	6.78		0.2
鼓风机 18m³	台班	41.24		0.5

11.呼吸阀、安全阀、通气阀安装

工作内容：检查、安装。

单位：个

编　号			5-1938	5-1939	5-1940	5-1941	5-1942
项　目			DN80	DN100	DN150	DN200	DN250
预算基价	总　价(元)		**65.35**	**78.85**	**102.24**	**133.89**	**172.24**
	人　工　费(元)		54.00	67.50	81.00	108.00	135.00
	材　料　费(元)		11.35	11.35	21.24	25.89	37.24
组成内容	单位	单价	数　量				
人工 综合工	工日	135.00	0.40	0.50	0.60	0.80	1.00
材料 阀门	个	—	(1)	(1)	(1)	(1)	(1)
耐油石棉橡胶板 中压	kg	27.73	0.15	0.15	0.25	0.35	0.50
六角带帽螺栓 M＞12	kg	8.31	0.8	0.8	1.6	1.8	2.6
零星材料费	元	—	0.54	0.54	1.01	1.23	1.77

12.透气阀安装

工作内容: 开孔、预制、安装、检查清理等。

单位:个

编　号			5-1943	5-1944	5-1945
项　目			自动透气阀	边缘透气阀	盘边透气阀
			DN300	DN150	
预算基价	总　价(元)		**420.23**	**640.45**	**381.97**
	人　工　费(元)		317.25	492.75	303.75
	材　料　费(元)		57.89	61.83	41.18
	机　械　费(元)		45.09	85.87	37.04
组　成　内　容		单位	单价	数　量	
人工	综合工	工日	135.00	2.35	3.65	2.25
材料	自动透气阀	个	—	(1)	—	—
	边缘透气阀	个	—	—	(1)	—
	盘边透气阀	个	—	—	—	(1)
	耐油石棉橡胶板 中压	kg	27.73	1.0	0.7	0.7
	氧气	m³	2.88	0.59	1.18	0.59
	电焊条 E4303 D3.2	kg	7.59	3.0	4.0	2.0
	乙炔气	kg	14.66	0.200	0.390	0.200
	零星材料费	元	—	2.76	2.94	1.96
机械	直流弧焊机 20kW	台班	75.06	0.55	1.05	0.45
	电焊条烘干箱 600×500×750	台班	27.16	0.14	0.26	0.12

13.浮船及单盘支柱、紧急排水管、预留口制作、安装

工作内容：预制、开孔、安装、焊接等。

单位：个

编　号				5-1946	5-1947	5-1948
项　目				浮船及单盘支柱	紧急排水管	预留口
					DN100	DN150
预算基价	总　价(元)			**402.02**	**482.38**	**321.46**
	人　工　费(元)			290.25	405.00	270.00
	材　料　费(元)			52.07	36.59	31.07
	机　械　费(元)			59.70	40.79	20.39
组　成　内　容		单位	单价	数　　量		
人工	综合工	工日	135.00	2.15	3.00	2.00
材料	浮船及单盘支柱	个	—	(1)	—	—
	紧急排水管	个	—	—	(1)	—
	预留口	个	—	—	—	(1)
	氧气	m³	2.88	3.74	3.51	2.35
	电焊条 E4303 D3.2	kg	7.59	2.7	1.0	1.5
	乙炔气	kg	14.66	1.250	1.170	0.780
	零星材料费	元	—	2.48	1.74	1.48
机械	直流弧焊机 20kW	台班	75.06	0.70	0.50	0.25
	电焊条烘干箱 600×500×750	台班	27.16	0.18	0.12	0.06
	普通车床 400×1000	台班	205.13	0.01	—	—
	摇臂钻床 D50	台班	21.45	0.01	—	—

14.导向管、量油管、量油帽制作、安装

工作内容： 画线定位、安装就位、找正、焊接、固定、严密性试验等。

单位：套

编　号			5-1949	5-1950	5-1951	5-1952	5-1953
项　目			导向管、量油管			量油帽（孔）	
			DN150	DN200	DN250	DN100	DN150
预算基价	总　　价(元)		**3871.23**	**4666.61**	**5699.19**	**38.91**	**54.76**
	人　工　费(元)		2953.80	3545.10	4430.70	27.00	40.50
	材　料　费(元)		124.62	146.48	179.60	11.91	14.26
	机　械　费(元)		792.81	975.03	1088.89	—	—
组　成　内　容		单位	单价	数　　量			
人工	综合工	工日	135.00	21.88	26.26	32.82	0.20	0.30
材料	导向管、量油管	个	—	(1)	(1)	(1)	—	—
	量油帽（孔）	个	—	—	—	—	(1)	(1)
	电焊条 E4303 D3.2	kg	7.59	8.50	10.20	12.75	—	—
	氧气	m³	2.88	4.40	5.26	6.56	—	—
	乙炔气	kg	14.66	1.470	1.750	2.190	—	—
	尼龙砂轮片 D150	片	6.65	3.00	3.20	3.50	—	—
	耐油石棉橡胶板 中压	kg	27.73	—	—	—	0.25	0.25
	六角带帽螺栓 M>12	kg	8.31	—	—	—	0.53	0.80
	零星材料费	元	—	5.93	6.98	8.55	0.57	0.68
机械	直流弧焊机 20kW	台班	75.06	4.22	5.06	6.33	—	—
	电焊条烘干箱 600×500×750	台班	27.16	1.06	1.26	1.58	—	—
	剪板机 20×2500	台班	329.03	0.06	0.06	0.06	—	—
	卷板机 30×2000	台班	349.25	0.1	0.1	0.1	—	—
	立式钻床 D25	台班	6.78	0.20	0.20	0.22	—	—
	汽车式起重机 8t	台班	767.15	0.51	—	—	—	—
	汽车式起重机 16t	台班	971.12	—	0.52	0.53	—	—

438

15.搅拌器、搅拌器孔制作、安装

工作内容：开孔、预制、安装、焊接、严密性试验等。

单位：台

编号				5-1954	5-1955
项 目				搅拌器	搅拌器孔
预算基价	总 价(元)			**865.59**	**2823.55**
	人 工 费(元)			427.95	1908.90
	材 料 费(元)			34.60	407.33
	机 械 费(元)			403.04	507.32
组 成 内 容		单位	单价	数 量	
人工	综合工	工日	135.00	3.17	14.14
材料	搅拌器	个	—	(1)	—
	搅拌器孔	个	—	—	(1)
	电焊条 E4303 D3.2	kg	7.59	1.33	37.44
	氧气	m³	2.88	2.59	11.14
	乙炔气	kg	14.66	0.860	3.710
	尼龙砂轮片 D150	片	6.65	0.42	2.60
	零星材料费	元	—	1.65	19.40
机械	汽车式起重机 16t	台班	971.12	0.28	—
	载货汽车 10t	台班	574.62	0.18	—
	直流弧焊机 20kW	台班	75.06	0.34	6.03
	电焊条烘干箱 600×500×750	台班	27.16	0.08	1.50
	卷板机 30×2000	台班	349.25	—	0.04

16.浮球液位控制器、局部加热器、局部加温箱安装

工作内容： 开孔、切割、撖制、钻孔、安装、焊接、检查清理、严密性试验等。

单位：个

	编　号			5-1956	5-1957	5-1958
	项　目			浮球液位控制器	局部加热器	局部加温箱
预算基价	总　　价(元)			**389.27**	**376.94**	**3616.10**
	人　工　费(元)			298.35	283.50	2936.25
	材　料　费(元)			30.33	29.85	231.03
	机　械　费(元)			60.59	63.59	448.82
	组 成 内 容	单位	单价	数　　量		
人工	综合工	工日	135.00	2.21	2.10	21.75
材料	浮球液位控制器	个	—	(1)	—	—
	局部加热器	个	—	—	(1)	—
	局部加温箱	个	—	—	—	(1)
	电焊条 E4303 D3.2	kg	7.59	3.00	3.00	12.20
	氧气	m³	2.88	0.36	0.30	4.68
	乙炔气	kg	14.66	0.120	0.100	1.560
	尼龙砂轮片 D150	片	6.65	0.50	0.50	1.20
	六角带帽螺栓 M>12	kg	8.31	—	—	10
	零星材料费	元	—	1.44	1.42	11.00
机械	直流弧焊机 20kW	台班	75.06	0.80	0.84	5.18
	电焊条烘干箱 600×500×750	台班	27.16	0.02	0.02	1.30
	剪板机 20×2500	台班	329.03	—	—	0.05
	鼓风机 18m³	台班	41.24	—	—	0.2

17.加热器制作、安装

工作内容：预制、安装、焊接、试漏等。

单位：10m

编　号				5-1959	5-1960	5-1961	5-1962	5-1963	5-1964	5-1965
项　目				蒸气盘管	排管长度(m)					
					2	2.5	3	4	5	6
预算基价	总　　　价(元)			**675.14**	**55225.09**	**63266.95**	**72082.79**	**87829.76**	**104357.39**	**122634.77**
	人　工　费(元)			464.40	2565.00	2835.00	3105.00	3307.50	3510.00	3915.00
	材　料　费(元)			160.62	52225.53	59997.39	68543.23	84087.70	100412.83	118285.21
	机　械　费(元)			50.12	434.56	434.56	434.56	434.56	434.56	434.56
组 成 内 容		单位	单价	数　　量						
人工	综合工	工日	135.00	3.44	19.00	21.00	23.00	24.50	26.00	29.00
材料	蒸气盘管	m	—	(10.3)	—	—	—	—	—	—
	普碳钢板 δ8～20	t	3684.69	0.0399	0.0399	0.0399	0.0399	0.0399	0.0399	0.0399
	电焊条 E4303 D3.2	kg	7.59	0.6	17.0	17.0	17.0	17.0	17.0	17.0
	氧气	m³	2.88	0.18	17.55	17.55	17.55	17.55	17.55	17.55
	乙炔气	kg	14.66	0.060	5.850	5.850	5.850	5.850	5.850	5.850
	热轧一般无缝钢管	m	70.81	—	696.60	801.13	916.07	1125.14	1344.71	1585.09
	零星材料费	元	—	7.65	2486.93	2857.02	3263.96	4004.18	4781.56	5632.63
机械	直流弧焊机 20kW	台班	75.06	0.56	5.50	5.50	5.50	5.50	5.50	5.50
	电焊条烘干箱 600×500×750	台班	27.16	0.07	0.80	0.80	0.80	0.80	0.80	0.80
	鼓风机 18m³	台班	41.24	0.15	—	—	—	—	—	—

18.加热器支座制作、安装

工作内容：号料、切割、搣弯、组装、焊接等。

单位：10个

编　号			5-1966	5-1967	5-1968	5-1969	5-1970	5-1971
项　目			双柱四管式	双柱八管式	双柱十二管式	单柱双管式	单柱单管式（高mm）	
							470	650
预算基价	总　　　价（元）		**1463.45**	**2260.92**	**3091.33**	**907.20**	**547.32**	**655.71**
	人　工　费（元）		769.50	1080.00	1485.00	364.50	263.25	297.00
	材　料　费（元）		554.54	935.22	1339.84	460.72	218.39	268.34
	机　械　费（元）		139.41	245.70	266.49	81.98	65.68	90.37
组　成　内　容		单位	单价	数　　　量				
人工	综合工	工日	135.00	5.70	8.00	11.00	2.70	1.95	2.20
材料	热轧一般无缝钢管（综合）	t	4558.50	0.05777	0.05292	0.05323	0.04333	0.02929	0.03919
	热轧扁钢 ＞60	t	3677.90	0.03368	0.05535	0.08676	0.02565	—	—
	圆钢 D15～24	t	3894.21	0.01444	0.02565	0.03858	0.01283	0.00424	0.00424
	六角带帽螺栓 M＞12	kg	8.31	6.22	11.73	12.55	3.36	0.44	0.44
	电焊条 E4303 D3.2	kg	7.59	3.86	6.60	9.91	3.31	1.55	1.84
	氧气	m³	2.88	0.47	0.81	1.21	0.36	0.19	0.22
	乙炔气	kg	14.66	0.160	0.270	0.400	0.120	0.060	0.070
	热轧角钢 63	t	3767.43	—	0.05100	0.09959	—	—	—
	普碳钢板 δ4.5～7.0	t	3839.09	—	—	—	0.01071	0.01071	0.01071
	零星材料费	元	—	26.41	44.53	63.80	21.94	10.40	12.78
机械	直流弧焊机 20kW	台班	75.06	1.50	2.65	2.70	0.80	0.70	1.00
	电焊条烘干箱 600×500×750	台班	27.16	0.38	0.66	0.68	0.20	0.18	0.26
	鼓风机 18m³	台班	41.24	0.4	0.7	1.1	0.4	0.2	0.2

19.加热器连接管制作、安装

工作内容:号料、切割、焊接、套丝扣、上零件、安装、试漏等。

单位:10个

编 号				5-1972	5-1973	5-1974	5-1975
项 目				主管长度(mm)			
				730	1260	1790	2320
预算基价	总 价(元)			**3011.93**	**3944.15**	**4874.73**	**5777.77**
	人 工 费(元)			1910.25	2457.00	3017.25	3564.00
	材 料 费(元)			671.76	975.66	1251.52	1558.97
	机 械 费(元)			429.92	511.49	605.96	654.80
组 成 内 容		单位	单价	数 量			
人工	综合工	工日	135.00	14.15	18.20	22.35	26.40
材料	热轧一般无缝钢管(综合)	t	4558.50	0.02646	0.03520	0.03858	0.04697
	普碳钢板 $\delta8\sim20$	t	3684.69	0.11504	0.17776	0.24048	0.30320
	电焊条 E4303 $D3.2$	kg	7.59	6.5	7.5	8.5	9.5
	氧气	m^3	2.88	5.92	7.31	8.42	10.47
	乙炔气	kg	14.66	1.970	2.440	2.810	3.490
	零星材料费	元	—	31.99	46.46	59.60	74.24
机械	直流弧焊机 20kW	台班	75.06	5.25	6.25	7.40	8.00
	电焊条烘干箱 $600\times500\times750$	台班	27.16	1.32	1.56	1.86	2.00

443

20．中央排水管安装

工作内容： 号料、切割、组合、焊接、组装、试漏等。

单位：t

编　号			5-1976
项　目			中央排水管

预算基价	总　价(元)			9979.58
	人　工　费(元)			8310.60
	材　料　费(元)			463.70
	机　械　费(元)			1205.28

	组 成 内 容	单位	单价	数　量
人工	综合工	工日	135.00	61.56
材料	中央排水管	个	—	(1)
	电焊条 E4303 D3.2	kg	7.59	42.50
	氧气	m³	2.88	14.05
	乙炔气	kg	14.66	4.680
	尼龙砂轮片 D150	片	6.65	1.50
	零星材料费	元	—	22.08
机械	汽车式起重机 16t	台班	971.12	0.52
	直流弧焊机 20kW	台班	75.06	8.44
	电焊条烘干箱 600×500×750	台班	27.16	2.12
	试压泵 25MPa	台班	23.03	0.4

21.回转接头安装

工作内容: 检查清理、安装、严密性试验等。

单位:个

编　号				5-1977	5-1978	5-1979
项　　目				DN100	DN150	DN200
预算基价	总　　价(元)			**159.85**	**223.74**	**295.89**
	人　工　费(元)			148.50	202.50	270.00
	材　料　费(元)			11.35	21.24	25.89
组　成　内　容		单位	单价	数　　量		
人工	综合工	工日	135.00	1.10	1.50	2.00
材料	回转接头	个	—	(1)	(1)	(1)
	耐油石棉橡胶板 中压	kg	27.73	0.15	0.25	0.35
	六角带帽螺栓 M>12	kg	8.31	0.8	1.6	1.8
	零星材料费	元	—	0.54	1.01	1.23

22.升降管安装

工作内容:检查清理、安装、严密性试验等。   单位:个

编　号			5-1980	5-1981	5-1982
项　目			DN100	DN150	DN200
预算基价	总　价(元)		**355.17**	**399.01**	**433.05**
	人　工　费(元)		324.00	351.00	378.00
	材　料　费(元)		14.53	27.62	34.66
	机　械　费(元)		16.64	20.39	20.39
组 成 内 容		单位	单价	数　量	
人工	综合工	工日	135.00	2.40	2.60	2.80
材料	升降管	个	—	(1)	(1)	(1)
	耐油石棉橡胶板 中压	kg	27.73	0.15	0.25	0.35
	六角带帽螺栓 M>12	kg	8.31	0.8	1.6	1.8
	电焊条 E4303 D3.2	kg	7.59	0.4	0.8	1.1
	零星材料费	元	—	0.69	1.32	1.65
机械	直流弧焊机 20kW	台班	75.06	0.20	0.25	0.25
	电焊条烘干箱 600×500×750	台班	27.16	0.06	0.06	0.06

三、油罐水压试验

1.拱顶、内浮顶油罐水压试验

工作内容：临时输水管线、阀门、盲板安装与拆除、充水、正负压试验、观察、检查、记录整理。

单位：座

编　　号				5-1983	5-1984	5-1985	5-1986	5-1987	5-1988
项　　目				油罐容量（m³以内）					
				100	200	300	400	500	700
预算基价	总　　价(元)			**2239.18**	**2892.79**	**3674.95**	**4267.43**	**4918.88**	**6102.35**
	人　工　费(元)			1147.50	1282.50	1350.00	1417.50	1552.50	1687.50
	材　料　费(元)			762.05	1275.03	1990.52	2512.02	3024.99	4066.50
	机　械　费(元)			329.63	335.26	334.43	337.91	341.39	348.35
组　成　内　容		单位	单价	数　　量					
人工	综合工	工日	135.00	8.50	9.50	10.00	10.50	11.50	12.50
材料	焊接钢管 DN50	m	18.68	6	6	—	—	—	—
	截止阀 J41H-16 DN50	个	218.36	0.05	0.05	—	—	—	—
	平焊法兰 1.6MPa DN50	个	22.98	0.2	0.2	—	—	—	—
	压制弯头 90° DN50	个	8.36	0.1	0.1	—	—	—	—
	盲板	kg	9.70	0.84	0.84	3.30	3.30	3.30	3.30
	水	m³	7.62	67	133	200	267	333	467
	石棉橡胶板 低压 δ0.8~6.0	kg	19.35	0.08	0.08	0.30	0.30	0.30	0.30
	橡胶板 δ1~3	kg	11.26	0.21	0.21	0.80	0.80	0.80	0.80
	精制六角带帽螺栓	kg	8.64	5.28	5.28	5.44	5.44	5.44	5.44
	电焊条 E4303 D3.2	kg	7.59	4.5	4.5	4.5	4.5	4.5	4.5
	氧气	m³	2.88	2.10	2.10	2.10	2.20	2.20	2.20
	乙炔气	kg	14.66	0.700	0.700	0.700	0.730	0.730	0.730
	焊接钢管 DN100	m	41.28	—	—	6	6	6	6
	截止阀 J41H-16 DN100	个	472.62	—	—	0.05	0.05	0.05	0.05
	平焊法兰 1.6MPa DN100	个	48.19	—	—	0.2	0.2	0.2	0.2
	压制弯头 90° DN100	个	22.53	—	—	0.1	0.1	0.1	0.1
	零星材料费	元	—	14.94	25.00	39.03	49.26	59.31	79.74
机械	汽车式起重机 10t	台班	838.68	0.1	0.1	0.1	0.1	0.1	0.1
	直流弧焊机 20kW	台班	75.06	1.0	1.0	1.0	1.0	1.0	1.0
	内燃空气压缩机 6m³	台班	330.12	0.5	0.5	0.5	0.5	0.5	0.5
	电动单级离心清水泵 D50	台班	28.19	0.20	0.40	—	—	—	—
	电动单级离心清水泵 D100	台班	34.80	—	—	0.30	0.40	0.50	0.70

编　号			5-1989	5-1990	5-1991	5-1992	5-1993
项　目			油罐容量（m³以内）				
			1000	2000	3000	5000	10000
预算基价	总　　价（元）		**8529.35**	**15031.91**	**21365.35**	**32747.17**	**61864.81**
	人　工　费（元）		2497.50	3442.50	4522.50	5130.00	7492.50
	材　料　费（元）		5650.09	11015.23	16226.40	26576.23	52779.48
	机　械　费（元）		381.76	574.18	616.45	1040.94	1592.83
组 成 内 容		单位	单价	数　　量			

	组成内容	单位	单价	数量				
人工	综合工	工日	135.00	18.50	25.50	33.50	38.00	55.50
材料	焊接钢管 DN100	m	41.28	6	—	—	—	—
	截止阀 J41H-16 DN100	个	472.62	0.05	—	—	—	—
	平焊法兰 1.6MPa DN100	个	48.19	0.2	—	—	—	—
	压制弯头 90° DN100	个	22.53	0.1	—	—	—	—
	盲板	kg	9.70	3.30	5.80	5.80	5.80	5.80
	水	m³	7.62	670	1330	2000	3330	6700
	石棉橡胶板 低压 δ0.8～6.0	kg	19.35	0.30	0.70	0.70	0.70	0.70
	橡胶板 δ1～3	kg	11.26	0.80	0.80	0.80	0.80	0.80
	精制六角带帽螺栓	kg	8.64	5.44	5.77	5.77	5.77	5.77
	电焊条 E4303 D3.2	kg	7.59	5.0	5.0	5.3	5.5	6.0
	氧气	m³	2.88	2.50	2.50	2.60	4.00	4.80
	乙炔气	kg	14.66	0.800	0.800	0.870	1.330	1.600
	焊接钢管 DN150	m	68.51	—	6	6	6	6
	截止阀 J41H-16 DN150	个	922.11	—	0.05	0.05	0.05	0.05
	平焊法兰 1.6MPa DN150	个	79.27	—	0.2	0.2	0.2	0.2
	压制弯头 90° DN150	个	60.86	—	0.1	0.1	0.1	0.1
	零星材料费	元	—	110.79	215.98	318.16	521.10	1034.89
机械	汽车式起重机 10t	台班	838.68	0.1	0.1	0.1	0.1	0.1
	直流弧焊机 20kW	台班	75.06	1.0	1.0	1.0	1.1	1.2
	内燃空气压缩机 6m³	台班	330.12	0.5	1.0	1.0	2.0	3.0
	电动单级离心清水泵 D100	台班	34.80	1.66	—	—	—	—
	电动单级离心清水泵 D150	台班	57.91	—	1.47	2.20	3.70	7.40

2.浮顶油罐升降试验

工作内容: 临时输水管线、阀门、盲板安装与拆除、充水、浮顶升压、船舱严密、基础沉降试验、整理记录。

单位:座

编 号			5-1994	5-1995	5-1996	5-1997	5-1998
项 目			油罐容量(m³以内)				
			3000	5000	10000	20000	30000
预算基价	总 价(元)		**19543.63**	**29554.85**	**55476.24**	**103714.35**	**152908.13**
	人 工 费(元)		4590.00	5197.50	7560.00	8775.00	10935.00
	材 料 费(元)		14671.38	23999.81	47354.30	93995.21	140633.48
	机 械 费(元)		282.25	357.54	561.94	944.14	1339.65
组 成 内 容		单位	单价	数 量			
人工	综合工	工日	135.00	34.00	38.50	56.00	65.00	81.00
材料	焊接钢管 DN150	m	68.51	6	6	6	6	6
	截止阀 J41H-16 DN150	个	922.11	0.05	0.05	0.05	0.05	0.05
	平焊法兰 1.6MPa DN150	个	79.27	0.2	0.2	0.2	0.2	0.2
	压制弯头 90° DN150	个	60.86	0.1	0.1	0.1	0.1	0.1
	盲板	kg	9.70	5.8	5.8	5.8	5.8	5.8
	水	m³	7.62	1800	3000	6000	12000	18000
	石棉橡胶板 低压 δ0.8~6.0	kg	19.35	1.01	1.01	1.50	1.50	1.50
	精制六角带帽螺栓	kg	8.64	5.7	5.7	5.7	6.0	6.0
	电焊条 E4303 D3.2	kg	7.59	5.3	5.5	6.0	6.5	7.0
	氧气	m³	2.88	3.01	3.01	6.00	6.00	6.00
	乙炔气	kg	14.66	1.000	1.000	2.000	2.000	2.000
	零星材料费	元	—	287.67	470.58	928.52	1843.04	2757.52
机械	汽车式起重机 10t	台班	838.68	0.1	0.1	0.1	0.1	0.1
	直流弧焊机 20kW	台班	75.06	1.1	1.1	1.2	1.2	1.3
	电动单级离心清水泵 D150	台班	57.91	2.0	3.3	6.7	13.3	20.0

四、油罐胎具制作、安装与拆除
1.立式油罐壁板卷弧胎具制作

工作内容:号料、切割、卷弧、组装、焊接。

单位:套

编　　号			5-1999	5-2000
项　　目			油罐容量(m³)	
			10000	30000
预算基价	总　　价(元)		**8565.27**	**11269.38**
	人　工　费(元)		3337.20	3740.85
	材　料　费(元)		4477.01	6660.45
	机　械　费(元)		751.06	868.08
组　成　内　容		单位	单价	数　　量	
人工	综合工	工日	135.00	24.72	27.71
材料	普碳钢板 Q195～Q235 δ4～10	t	3794.50	0.448	0.607
	热轧一般无缝钢管 D76～325	t	4202.27	0.080	0.121
	热轧角钢 >50×5	t	3671.62	0.110	0.147
	热轧槽钢 ≤18#	t	3554.55	0.406	0.686
	圆钢 D≤37	t	3884.17	0.045	0.085
	电焊条 E4303 D3.2	kg	7.59	14.72	15.20
	氧气	m³	2.88	12.13	13.89
	乙炔气	kg	14.66	4.040	4.630
	零星材料费	元	—	213.19	317.16
机械	汽车式起重机 8t	台班	767.15	0.3	0.4
	载货汽车 6t	台班	461.82	0.08	0.10
	直流弧焊机 20kW	台班	75.06	4.41	4.62
	电焊条烘干箱 600×500×750	台班	27.16	1.10	1.16
	卷板机 20×2500	台班	273.51	0.45	0.50

2．拱顶、内浮顶油罐顶板预制胎具制作

工作内容：号料、切割、卷弧、组装、焊接等。

单位：套

编 号				5-2001	5-2002	5-2003	5-2004
项 目				油罐容量（m³）			
				1000	3000	5000	10000
预算基价	总 价（元）			**4484.33**	**6437.44**	**7356.46**	**11036.36**
	人 工 费（元）			870.75	1374.30	1545.75	2365.20
	材 料 费（元）			3291.79	4691.64	5392.81	8075.16
	机 械 费（元）			321.79	371.50	417.90	596.00
组 成 内 容		单位	单价	数 量			
人工	综合工	工日	135.00	6.45	10.18	11.45	17.52
材料	热轧角钢 ≤50×5	t	3752.16	0.084	0.142	0.162	0.287
	热轧角钢 >50×5	t	3671.62	0.023	0.044	0.048	0.058
	热轧槽钢 ≤18#	t	3554.55	0.141	0.221	0.277	0.431
	道木	m³	3660.04	0.6	0.8	0.9	1.3
	电焊条 E4303 D3.2	kg	7.59	3.47	5.46	6.22	9.10
	氧气	m³	2.88	1.52	2.42	3.35	5.36
	乙炔气	kg	14.66	0.510	0.810	1.120	1.790
	零星材料费	元	—	156.75	223.41	256.80	384.53
机械	汽车式起重机 8t	台班	767.15	0.20	0.20	0.25	0.30
	载货汽车 6t	台班	461.82	0.02	0.03	0.03	0.04
	直流弧焊机 20kW	台班	75.06	0.94	1.49	1.59	2.91
	电焊条烘干箱 600×500×750	台班	27.16	0.24	0.38	0.40	0.72
	卷板机 20×2500	台班	273.51	0.3	0.3	0.3	0.4

3.拱顶、内浮顶油罐顶板组装胎具制作(适用于充气顶升)

工作内容: 号料、切割、卷弧、钻孔、车制、组装、焊接。

単位:座

编 号			5-2005	5-2006	5-2007	5-2008
项 目			油罐容量(m³)			
			1000	3000	5000	10000
预算基价	总 价(元)		**18868.65**	**30135.76**	**42306.76**	**65323.14**
	人 工 费(元)		4711.50	6453.00	7681.50	10152.00
	材 料 费(元)		13423.21	22513.08	32952.33	52509.87
	机 械 费(元)		733.94	1169.68	1672.93	2661.27
组 成 内 容	单位	单价	数 量			
人工 综合工	工日	135.00	34.90	47.80	56.90	75.20
材料 普碳钢板 Q195~Q235 δ4~10	t	3794.50	0.045	0.066	0.085	0.110
热轧一般无缝钢管 D76~325	t	4202.27	0.106	0.116	0.131	0.163
热轧角钢 >50×5	t	3671.62	0.217	0.324	0.454	0.658
热轧槽钢 ≤18#	t	3554.55	1.055	1.640	2.294	4.351
道木	m³	3660.04	2.0	3.6	5.5	8.3
六角带帽螺栓 M≤20×50	kg	8.31	5.1	6.0	7.2	8.5
平焊法兰 DN150	个	61.09	2	4	4	4
电焊条 E4303 D3.2	kg	7.59	6	9	12	15
氧气	m³	2.88	11.69	18.72	21.07	28.08
乙炔气	kg	14.66	3.900	6.240	7.020	9.360
零星材料费	元	—	639.20	1072.05	1569.16	2500.47
机械 汽车式起重机 8t	台班	767.15	0.50	0.80	1.15	2.10
载货汽车 6t	台班	461.82	0.08	0.10	0.14	0.20
直流弧焊机 20kW	台班	75.06	2.1	2.8	3.7	4.8
电焊条烘干箱 600×500×750	台班	27.16	0.50	0.76	1.00	1.26
卷板机 20×2500	台班	273.51	0.5	1.0	1.5	2.0
立式钻床 D35	台班	10.91	0.5	0.5	1.0	1.5

4.拱顶、内浮顶油罐顶板组装胎具安装、拆除（适用于充气顶升）

工作内容：组装、点焊、紧螺栓、切割、拆除、材料堆放等。

单位：座

编　号			5-2009	5-2010	5-2011	5-2012
项　目			油罐容量（m³）			
			1000	3000	5000	10000
预算基价	总　　　价（元）		**3634.56**	**5865.06**	**7031.04**	**8060.76**
	人　工　费（元）		3214.35	4891.05	6008.85	6847.20
	材　料　费（元）		52.53	79.59	97.09	149.63
	机　械　费（元）		367.68	894.42	925.10	1063.93
组　成　内　容	单位	单价	数　　　量			
人工	综合工	工日	135.00	23.81	36.23	44.51	50.72
材料	电焊条 E4303 D3.2	kg	7.59	3	4	5	8
	氧气	m³	2.88	3.51	5.85	7.02	10.53
	乙炔气	kg	14.66	1.170	1.950	2.340	3.510
	零星材料费	元	—	2.50	3.79	4.62	7.13
机械	汽车式起重机 8t	台班	767.15	0.10	0.14	0.18	0.25
	直流弧焊机 20kW	台班	75.06	1.04	2.07	2.07	3.11
	电焊条烘干箱 600×500×750	台班	27.16	0.26	0.52	0.52	0.78
	卷扬机 单筒慢速 30kN	台班	205.84	1	3	3	3

5.拱顶、内浮顶油罐顶板组装胎具制作(适用于桅杆倒装)

工作内容:号料、切割、卷弧、钻孔、组装、焊接等。

单位:座

编　号			5-2013	5-2014	5-2015	5-2016	5-2017	5-2018	5-2019
项　目			油罐容量(m³)						
			200	400	700	1000	3000	5000	10000
预算基价	总　　价(元)		9750.02	13691.95	16755.00	16276.91	22349.97	28272.90	44370.75
	人　工　费(元)		3105.00	3766.50	4320.00	4927.50	6709.50	8235.00	10530.00
	材　料　费(元)		6058.78	9082.07	11430.84	10239.31	14074.23	17886.62	30981.59
	机　械　费(元)		586.24	843.38	1004.16	1110.10	1566.24	2151.28	2859.16
组成内容		单位	单价	数　　量					
人工	综合工	工日	135.00	23.00	27.90	32.00	36.50	49.70	61.00	78.00
材料	普碳钢板 Q195~Q235 δ4~10	t	3794.50	0.114	0.208	0.215	0.045	0.066	0.085	0.110
	热轧一般无缝钢管 D76~325	t	4202.27	0.224	0.217	0.210	0.173	0.183	0.198	0.248
	热轧角钢 >50×5	t	3671.62	0.050	0.075	0.110	0.427	0.534	0.649	0.853
	热轧槽钢 ≤18#	t	3554.55	0.371	0.593	0.888	1.055	1.640	2.294	4.351
	道木	m³	3660.04	0.40	0.60	0.80	0.85	1.10	1.30	2.40
	六角带帽螺栓 M≤20×50	kg	8.31	51.0	89.0	116.0	5.1	6.0	7.2	8.5
	平焊法兰 DN150	个	61.09	2	4	4	2	4	4	4
	钢丝绳 D12.5	m	3.56	10	12	14	—	—	—	—
	双滑轮组 D150	个	59.04	6	8	9	—	—	—	—
	卡头	个	27.92	12	24	24	—	—	—	—
	电焊条 E4303 D3.2	kg	7.59	9.0	12.0	12.5	12.9	13.1	13.6	15.8
	氧气	m³	2.88	11.70	14.04	18.72	20.94	22.51	22.90	29.61
	乙炔气	kg	14.66	3.900	4.680	6.240	6.980	7.500	7.630	9.870
	零星材料费	元	—	288.51	432.48	544.33	487.59	670.20	851.74	1475.31
机械	汽车式起重机 8t	台班	767.15	0.25	0.35	0.50	0.85	1.20	1.70	2.25
	载货汽车 6t	台班	461.82	0.03	0.04	0.05	0.08	0.10	0.14	0.20
	直流弧焊机 20kW	台班	75.06	2.5	2.7	3.0	3.2	3.5	4.0	5.0
	电焊条烘干箱 600×500×750	台班	27.16	0.62	0.68	0.74	0.80	0.88	1.00	1.26
	卷板机 20×2500	台班	273.51	0.5	1.0	1.0	0.5	1.0	1.5	2.0
	立式钻床 D35	台班	10.91	0.5	1.0	1.0	0.5	0.5	1.0	1.5
	电动葫芦 单速 3t	台班	33.90	1.0	1.5	2.0	0.5	1.0	1.0	2.0

6.拱顶、内浮顶油罐顶板组装胎具安装、拆除（适用于桅杆倒装）

工作内容：组装、点焊、紧螺栓、切割、拆除、清理现场、材料堆放等。　　　　　　　　　　　　　　　　　**单位：**座

编　号				5-2020	5-2021	5-2022	5-2023	5-2024	5-2025	5-2026
项　目				油罐容量（m³）						
				200	400	700	1000	3000	5000	10000
预算基价	总　　价（元）			**2002.09**	**2798.26**	**3310.19**	**3756.21**	**5722.61**	**6995.93**	**8103.22**
	人　工　费（元）			1394.55	2096.55	2515.05	3277.80	4988.25	6129.00	6983.55
	材　料　费（元）			27.05	40.58	54.11	52.53	79.59	97.09	149.63
	机　械　费（元）			580.49	661.13	741.03	425.88	654.77	769.84	970.04
组 成 内 容		单位	单价	数　量						
人工	综合工	工日	135.00	10.33	15.53	18.63	24.28	36.95	45.40	51.73
材料	电焊条 E4303 D3.2	kg	7.59	1.0	1.5	2.0	3.0	4.0	5.0	8.0
	氧气	m³	2.88	2.34	3.51	4.68	3.51	5.85	7.02	10.53
	乙炔气	kg	14.66	0.780	1.170	1.560	1.170	1.950	2.340	3.510
	零星材料费	元	—	1.29	1.93	2.58	2.50	3.79	4.62	7.13
机械	汽车式起重机 8t	台班	767.15	0.15	0.20	0.25	0.40	0.50	0.65	0.80
	直流弧焊机 20kW	台班	75.06	0.52	1.04	1.55	1.04	2.07	2.07	3.11
	电焊条烘干箱 600×500×750	台班	27.16	0.14	0.26	0.38	0.26	0.52	0.52	0.78
	卷扬机 单筒慢速 50kN	台班	211.29	2	2	2	—	—	—	—
	电动葫芦 单速 3t	台班	33.90	—	—	—	1	3	3	3

7.拱顶、内浮顶油罐桅杆倒装吊具制作

工作内容：号料、切割、卷弧、钻孔、焊接、一次组合等。

单位：座

编　号			5-2027	5-2028	5-2029	5-2030	5-2031	5-2032
项　目			油罐容量（m³）					
			400	700	1000	3000	5000	10000
预算基价	总　　价（元）		**15058.63**	**20319.60**	**23057.08**	**35882.03**	**55178.48**	**85295.33**
	人　工　费（元）		4764.15	6455.70	7119.90	9963.00	13668.75	18335.70
	材　料　费（元）		9380.50	12746.85	14627.02	23709.15	38933.47	63599.19
	机　械　费（元）		913.98	1117.05	1310.16	2209.88	2576.26	3360.44
组　成　内　容	单位	单价	数　　量					
人工 综合工	工日	135.00	35.29	47.82	52.74	73.80	101.25	135.82
材料 普碳钢板 Q195～Q235 δ4～10	t	3794.50	0.168	0.264	0.226	0.395	0.925	1.535
普碳钢板 Q195～Q235 δ12～20	t	3843.31	0.078	0.116	0.215	0.374	0.746	1.281
热轧一般无缝钢管 D76～325	t	4202.27	0.670	0.873	1.325	2.090	3.468	5.870
热轧角钢 ≤50×5	t	3752.16	0.281	0.440	—	—	—	—
热轧角钢 ＞50×5	t	3671.62	0.198	0.238	0.289	0.389	0.480	0.670
热轧槽钢 ≤18#	t	3554.55	0.687	0.962	1.165	2.044	2.998	0.080
花篮螺钉 300	个	23.22	4	4	6	8	14	24
钢丝绳 D12.5	m	3.56	21	24	41	101	198	605
卡头	个	27.92	16	16	24	32	56	96
套环	个	5.36	16	16	24	32	56	96
卸扣	个	2.99	8	8	12	16	28	48
电焊条 E4303 D3.2	kg	7.59	7.73	11.25	11.74	16.85	24.93	29.98
氧气	m³	2.88	22.54	33.39	34.44	46.64	63.00	80.64
乙炔气	kg	14.66	7.510	11.130	11.480	15.550	22.430	26.880
六角带帽螺栓 M≤20×50	kg	8.31	—	—	—	2.3	4.0	4.0
热轧槽钢 ＞18#	t	3580.42	—	—	—	—	—	4.322
零星材料费	元	—	446.69	606.99	696.52	1129.01	1853.97	3028.53
机械 汽车式起重机 8t	台班	767.15	0.40	0.50	0.60	0.85	1.00	1.25
载货汽车 6t	台班	461.82	0.10	0.12	0.15	0.25	0.40	0.55
直流弧焊机 20kW	台班	75.06	3.03	4.46	4.92	9.25	9.95	13.31
电焊条烘干箱 600×500×750	台班	27.16	0.76	1.12	1.24	2.32	2.48	3.32
卷板机 20×2500	台班	273.51	1.0	1.0	1.2	2.2	2.6	3.4
立式钻床 D35	台班	10.91	0.5	0.5	0.8	0.8	1.0	1.2
电动葫芦 单速 3t	台班	33.90	1.0	1.0	1.2	2.2	2.6	3.4

8.拱顶、内浮顶油罐桅杆倒装吊具安装、拆除

工作内容：组装、点焊、紧螺栓、切割、穿钢丝绳、立中心柱、拆除、材料堆放等。

单位：座

编　号			5-2033	5-2034	5-2035	5-2036	5-2037	5-2038
项　目			油罐容量(m³)					
			400	700	1000	3000	5000	10000
预算基价	总　　价(元)		**3334.71**	**4142.53**	**4103.76**	**5790.54**	**7716.91**	**11296.78**
	人　工　费(元)		2857.95	3550.50	3418.20	4784.40	6461.10	9521.55
	材　料　费(元)		74.68	94.71	104.97	147.53	206.35	293.74
	机　械　费(元)		402.08	497.32	580.59	858.61	1049.46	1481.49
组 成 内 容	单位	单价	数　　　量					
人工 综合工	工日	135.00	21.17	26.30	25.32	35.44	47.86	70.53
材料 电焊条 E4303 D3.2	kg	7.59	4.10	5.64	6.22	7.83	11.37	17.43
氧气	m³	2.88	4.30	5.24	5.93	8.72	11.80	15.39
乙炔气	kg	14.66	1.430	1.750	1.980	2.910	3.930	5.130
尼龙砂轮片 D150	片	6.65	1.00	1.00	1.00	2.00	2.80	4.20
零星材料费	元	—	3.56	4.51	5.00	7.03	9.83	13.99
机械 汽车式起重机 8t	台班	767.15	0.38	0.45	0.55	0.85	1.00	1.40
直流弧焊机 20kW	台班	75.06	1.35	1.86	1.94	2.52	3.45	4.98
电焊条烘干箱 600×500×750	台班	27.16	0.34	0.46	0.48	0.64	0.86	1.24

457

9.拱顶、内浮顶油罐充气顶升装置制作

工作内容: 号料、切割、钻孔、车制、卷弧、焊接、组合等。

单位:座

编 号				5-2039	5-2040	5-2041	5-2042
项 目				油罐容量(m³)			
				1000	3000	5000	10000
预算基价	总 价(元)			**14638.55**	**20550.46**	**24909.70**	**26298.98**
	人 工 费(元)			4320.00	5670.00	7020.00	8100.00
	材 料 费(元)			9322.50	13285.94	16009.21	16053.43
	机 械 费(元)			996.05	1594.52	1880.49	2145.55
组 成 内 容		单位	单价	数 量			
人工	综合工	工日	135.00	32.00	42.00	52.00	60.00
材料	普碳钢板 Q195~Q235 δ4~10	t	3794.50	0.377	0.395	0.415	0.447
	热轧一般无缝钢管 D76~325	t	4202.27	0.082	0.097	0.097	0.117
	热轧角钢 >50×5	t	3671.62	0.032	0.041	0.056	0.064
	热轧槽钢 ≤18#	t	3554.55	0.415	0.725	0.990	—
	圆钢 D≤37	t	3884.17	0.085	0.109	0.134	0.212
	耐油石棉橡胶板 中压	kg	27.73	120	183	225	—
	花篮螺钉 300	个	23.22	6	8	10	14
	六角带帽螺栓 M≤20×50	kg	8.31	16	22	22	22
	双滑轮组 D150	个	59.04	4	4	4	4
	钢丝绳 D12.5	m	3.56	50	67	83	119

458

续前

编　号			5-2039	5-2040	5-2041	5-2042
项　目			油罐容量（m³）			
			1000	3000	5000	10000
组　成　内　容	单位	单价	数　　量			
材料 卡头	个	27.92	26	38	40	40
套环	个	5.36	26	38	40	40
电焊条 E4303 D3.2	kg	7.59	9	12	14	17
氧气	m³	2.88	14.04	17.55	21.06	24.57
乙炔气	kg	14.66	4.680	5.850	7.020	8.190
铁夹	个	1.55	80	120	150	190
热轧槽钢 ＞18#	t	3580.42	—	—	—	2.050
镀锌活接头 DN25	个	4.71	—	—	—	337.5
零星材料费	元	—	443.93	632.66	762.34	764.45
机械 汽车式起重机 8t	台班	767.15	0.5	1.0	1.0	1.0
载货汽车 6t	台班	461.82	0.03	0.04	0.50	0.60
直流弧焊机 20kW	台班	75.06	3.0	3.9	4.8	5.8
电焊条烘干箱 600×500×750	台班	27.16	0.76	0.98	1.20	1.46
卷板机 20×2500	台班	273.51	0.5	1.0	1.0	1.5
立式钻床 D35	台班	10.91	1	1	1	1
普通车床 400×1000	台班	205.13	1	1	1	1

10.拱顶、内浮顶油罐充气顶升装置安装、拆除

工作内容： 平衡装置、密封装置、限位装置、涨圈、风管等组装、拆除、材料堆放等。

单位：座

编　号			5-2043	5-2044	5-2045	5-2046
项　目			油罐容量(m³)			
			1000	3000	5000	10000
预算基价	总　价(元)		**2481.25**	**3358.73**	**4485.42**	**5710.56**
	人　工　费(元)		1956.15	2655.45	3632.85	4611.60
	材　料　费(元)		60.33	81.15	112.19	162.31
	机　械　费(元)		464.77	622.13	740.38	936.65
组　成　内　容	单位	单价	数　　量			
人工 综合工	工日	135.00	14.49	19.67	26.91	34.16
材料 电焊条 E4303 D3.2	kg	7.59	2.0	3.0	4.5	6.0
氧气	m³	2.88	5.72	7.02	9.36	14.04
乙炔气	kg	14.66	1.760	2.340	3.120	4.680
零星材料费	元	—	2.87	3.86	5.34	7.73
机械 汽车式起重机 8t	台班	767.15	0.55	0.70	0.80	1.00
直流弧焊机 20kW	台班	75.06	0.52	1.04	1.55	2.07
电焊条烘干箱 600×500×750	台班	27.16	0.14	0.26	0.38	0.52

11.内浮顶油罐钢制浮盘组装胎具制作

工作内容:号料、切割、钻孔、组装、焊接等。

单位:座

编　号			5-2047	5-2048	5-2049	5-2050	5-2051	5-2052	5-2053
项　目			油罐容量(m³)						
			300	700	1000	2000	3000	5000	10000
预算基价	总　　　　价(元)		**4635.06**	**8177.06**	**12614.27**	**17892.45**	**25564.69**	**38337.79**	**57150.60**
	人　工　费(元)		1683.45	2902.50	4209.30	5498.55	7398.00	10318.05	14520.60
	材　料　费(元)		2673.81	4867.37	7837.03	11628.65	17149.27	26565.56	40626.72
	机　械　费(元)		277.80	407.19	567.94	765.25	1017.42	1454.18	2003.28
组　成　内　容		单位	单价				数　　量		
人工	综合工	工日	135.00	12.47	21.50	31.18	40.73	54.80	76.43	107.56
材料	普碳钢板 Q195~Q235 δ12~20	t	3843.31	0.045	0.088	0.138	0.198	0.287	0.420	0.688
	热轧一般无缝钢管 D≤63.5×5	t	4228.02	0.186	0.395	0.643	0.948	1.447	2.248	3.152
	热轧角钢 >50×5	t	3671.62	0.379	0.621	0.996	1.498	2.149	3.364	5.516
	圆钢 D≤37	t	3884.17	0.014	0.025	0.039	0.058	0.085	0.124	0.203
	管扣	个	5.36	13	24	40	57	92	144	162
	电焊条 E4303 D3.2	kg	7.59	3.25	5.32	9.31	12.24	18.25	27.05	39.78
	氧气	m³	2.88	6.04	10.45	15.62	23.43	33.42	47.85	65.64
	乙炔气	kg	14.66	2.010	3.480	5.210	7.810	11.140	15.950	21.880
	零星材料费	元	—	127.32	231.78	373.19	553.75	816.63	1265.03	1934.61
机械	汽车式起重机 16t	台班	971.12	0.18	0.24	0.30	0.42	0.55	0.75	1.00
	载货汽车 6t	台班	461.82	0.03	0.04	0.06	0.08	0.11	0.18	0.25
	直流弧焊机 20kW	台班	75.06	1.05	1.82	2.91	3.74	5.03	7.49	10.64
	电焊条烘干箱 600×500×750	台班	27.16	0.26	0.46	0.72	0.94	1.26	1.88	2.66
	立式钻床 D35	台班	10.91	0.3	0.6	1.0	1.3	1.9	2.7	4.2

12.内浮顶油罐钢制浮盘组装胎具安装、拆除

工作内容：就位、点焊、切割、拆除、焊疤打磨、材料堆放等。

单位：座

	编　　号			5-2054	5-2055	5-2056	5-2057	5-2058	5-2059	5-2060
	项　　目			油罐容量（m³）						
				300	700	1000	2000	3000	5000	10000
预算基价	总　　　价（元）			**1423.14**	**2426.37**	**3407.09**	**4706.01**	**6100.92**	**8540.48**	**11964.15**
	人　工　费（元）			999.00	1857.60	2737.80	3852.90	5034.15	7225.20	10165.50
	材　料　费（元）			32.79	59.36	78.96	126.16	173.90	232.13	361.12
	机　械　费（元）			391.35	509.41	590.33	726.95	892.87	1083.15	1437.53
	组 成 内 容	单位	单价	数　　量						
人工	综合工	工日	135.00	7.40	13.76	20.28	28.54	37.29	53.52	75.30
材料	电焊条 E4303 D3.2	kg	7.59	1.62	3.12	3.97	6.20	8.56	11.22	18.42
	氧气	m³	2.88	2.01	3.63	4.94	8.12	11.24	15.36	23.29
	乙炔气	kg	14.66	0.670	1.210	1.650	2.710	3.750	5.120	7.760
	尼龙砂轮片 D150	片	6.65	0.50	0.70	1.00	1.50	2.00	2.50	3.50
	零星材料费	元	—	1.56	2.83	3.76	6.01	8.28	11.05	17.20
机械	汽车式起重机 16t	台班	971.12	0.36	0.44	0.50	0.58	0.70	0.80	1.00
	直流弧焊机 20kW	台班	75.06	0.52	1.00	1.28	2.00	2.60	3.74	5.70
	电焊条烘干箱 600×500×750	台班	27.16	0.10	0.26	0.32	0.50	0.66	0.94	1.42

13.浮顶油罐内脚手架正装胎具制作

工作内容：工卡具、涨圈、三脚架、跳板、壁挂小车、浮顶临时架胎等放样、号料、切割、卷弧、折边、钻孔、组装、焊接等。　　　　　　　　　　　　　**单位：**座

	编　号			5-2061	5-2062	5-2063	5-2064	5-2065
	项　目			油罐容量（m³）				
				3000	5000	10000	20000	30000
预算基价	总　　　价（元）			**259998.14**	**350828.60**	**427780.05**	**599883.21**	**673513.95**
	人　工　费（元）			99746.10	137700.00	151794.00	207765.00	227934.00
	材　料　费（元）			139947.85	186100.54	240982.38	342462.75	389075.33
	机　械　费（元）			20304.19	27028.06	35003.67	49655.46	56504.62
	组　成　内　容	单位	单价	数　　　量				
人工	综合工	工日	135.00	738.86	1020.00	1124.40	1539.00	1688.40
材料	普碳钢板 Q195～Q235 δ2	t	4001.96	6.02120	8.00819	10.37060	14.73662	16.74080
	普碳钢板 Q195～Q235 δ4～10	t	3794.50	0.80595	1.07192	1.38814	1.97254	2.24080
	普碳钢板 Q195～Q235 δ12～20	t	3843.31	5.40501	7.18866	9.30931	13.22853	15.02761
	花纹钢板 δ≤5	t	3534.73	0.32713	0.43508	0.56343	0.80063	0.90951
	型钢	t	3699.72	13.95134	18.55528	24.02909	34.14534	38.78911
	热轧一般无缝钢管 D≤63.5×5	t	4228.02	1.72333	2.29203	2.96818	4.21779	4.79141
	热轧一般无缝钢管 D76～325	t	4202.27	0.39112	0.52019	0.67364	0.95724	1.08742
	圆钢 D≤37	t	3884.17	0.91049	1.21095	1.56868	2.22838	2.53144
	圆钢 D>37	t	3908.52	0.41346	0.54990	0.71212	1.01192	1.14954
	道木	m³	3660.04	2.48	3.30	4.27	6.07	6.90
	六角带帽螺栓 M≤20×50	kg	8.31	12.84	17.08	22.12	31.43	35.71
	键 10×32	个	5.63	2	3	4	5	7
	钢球 D6.0	个	0.34	38	51	66	94	108
	脚轮 ZP80 D80	个	41.32	6	8	11	16	19

续前

编　　号			5-2061	5-2062	5-2063	5-2064	5-2065
项　　目			油罐容量（m³)				
			3000	5000	10000	20000	30000
组 成 内 容	单位	单价	数　　量				
材料	推力轴承 8306	个	55.16	2	2	2	3	3
	销轴 A8×45	个	1.54	14	18	23	33	37
	开口销 3×12	个	0.11	14	18	23	33	37
	电焊条 E4303 D3.2	kg	7.59	237.53	315.92	409.11	581.24	660.40
	氧气	m³	2.88	301.82	401.43	519.85	738.69	839.15
	乙炔气	kg	14.66	100.610	133.810	173.280	246.230	279.720
	镀锌钢丝 D2.8~4.0	kg	6.91	689.56	917.11	1187.66	1687.66	1917.18
	零星材料费	元	—	6664.18	8861.93	11475.35	16307.75	18527.40
机械	汽车式起重机 16t	台班	971.12	4.95	6.58	8.52	12.09	13.73
	载货汽车 8t	台班	521.59	0.33	0.48	0.65	0.80	1.10
	直流弧焊机 20kW	台班	75.06	37.71	50.16	64.96	92.31	104.87
	电焊条烘干箱 600×500×750	台班	27.16	9.42	12.54	16.24	23.08	26.22
	剪板机 20×2500	台班	329.03	11.56	15.38	19.90	28.28	32.13
	卷板机 20×2500	台班	273.51	4.95	6.58	8.52	12.09	13.73
	管子切断机 D250	台班	43.71	16.03	21.31	27.61	39.23	44.56
	折方机 4×2000	台班	32.03	14.15	18.82	24.37	34.63	39.34
	普通车床 400×1000	台班	205.13	28.30	37.66	48.74	69.26	78.68
	立式钻床 D25	台班	6.78	15.01	19.95	25.84	36.72	41.72
	弓锯床 D250	台班	24.53	0.83	1.11	1.43	2.03	2.30

464

14.浮顶油罐内脚手架正装胎具安装、拆除

工作内容：活动吊架、涨圈、逼杠、临时限位装置、浮吊轨道、挂梯等安装、拆除、材料堆放等。

单位：座

编　号			5-2066	5-2067	5-2068	5-2069	5-2070
项　　目			油罐容量（m³）				
			3000	5000	10000	20000	30000
预算基价	总　　价(元)		**42324.71**	**56268.83**	**72954.02**	**103543.56**	**117832.78**
	人工费(元)		38493.90	51204.15	66309.30	94224.60	107038.80
	材料费(元)		1405.51	1859.96	2405.38	3416.54	3878.44
	机械费(元)		2425.30	3204.72	4239.34	5902.42	6915.54
组 成 内 容	单位	单价	数　　量				
人工 综合工	工日	135.00	285.14	379.29	491.18	697.96	792.88
材料 电焊条 E4303 D3.2	kg	7.59	62.14	82.64	107.02	152.07	172.75
氧气	m³	2.88	104.33	138.76	179.67	255.35	290.08
乙炔气	kg	14.66	34.780	46.250	59.890	85.120	96.690
尼龙砂轮片 D150	片	6.65	8.51	10.00	12.50	17.50	19.50
零星材料费	元	—	66.93	88.57	114.54	162.69	184.69
机械 汽车式起重机 8t	台班	767.15	1.0	1.3	1.8	2.4	3.0
直流弧焊机 20kW	台班	75.06	20.26	26.97	34.92	49.62	56.37
电焊条烘干箱 600×500×750	台班	27.16	5.06	6.74	8.74	12.40	14.10

465

15.浮顶油罐船舱胎具制作

工作内容：号料、切割、组装、焊接等。

单位：套

编　号			5-2071	5-2072	5-2073	5-2074	5-2075
项　目			油罐容量（m³）				
			3000	5000	10000	20000	30000
预算基价	总　　　价（元）		**5255.30**	**6559.34**	**8157.11**	**14278.17**	**14908.26**
	人　工　费（元）		1780.65	1950.75	2176.20	4356.45	4356.45
	材　料　费（元）		2909.14	3848.64	4986.82	8626.99	9165.02
	机　械　费（元）		565.51	759.95	994.09	1294.73	1386.79
组 成 内 容		单位	单价	数　　量			
人工	综合工	工日	135.00	13.19	14.45	16.12	32.27	32.27
材料	普碳钢板 Q195～Q235 δ4～10	t	3794.50	0.06503	0.08649	0.11200	0.18700	0.18700
	热轧角钢 ＞50×5	t	3671.62	0.10567	0.14054	0.18200	0.34700	0.34700
	热轧槽钢 ＞18#	t	3580.42	0.16257	0.21620	0.28000	0.70700	0.70700
	道木	m³	3660.04	0.41	0.54	0.70	0.96	1.10
	电焊条 E4303 D3.2	kg	7.59	4.46	5.93	7.68	15.84	15.84
	氧气	m³	2.88	2.49	3.31	4.28	8.67	8.67
	乙炔气	kg	14.66	0.830	1.100	1.430	2.890	2.890
	零星材料费	元	—	138.53	183.27	237.47	410.81	436.43
机械	汽车式起重机 8t	台班	767.15	0.10	0.14	0.20	0.28	0.40
	汽车式起重机 16t	台班	971.12	0.29	0.39	0.50	0.50	0.50
	载货汽车 6t	台班	461.82	0.02	0.02	0.03	0.03	0.03
	直流弧焊机 20kW	台班	75.06	1.45	1.93	2.50	5.42	5.42
	电焊条烘干箱 600×500×750	台班	27.16	0.36	0.48	0.62	1.36	1.36
	卷板机 20×2500	台班	273.51	0.29	0.39	0.50	0.50	0.50

16.拱顶、内浮顶油罐临时加固件制作

工作内容：号料、切割、钻孔、焊接、组装。

单位：座

编　号			5-2076	5-2077	5-2078	5-2079	5-2080
项　目			油罐容量（m³）				
			500	1000	3000	5000	10000
预算基价	总　　　价（元）		**4506.05**	**6494.31**	**8925.54**	**10167.59**	**11944.45**
	人　工　费（元）		2335.50	3618.00	3969.00	4360.50	5238.00
	材　料　费（元）		1800.62	2420.71	4398.23	5194.32	6031.35
	机　械　费（元）		369.93	455.60	558.31	612.77	675.10
组 成 内 容		单位	单价	数　　量			
人工	综合工	工日	135.00	17.30	26.80	29.40	32.30	38.80
材料	普碳钢板 Q195～Q235 δ4～10	t	3794.50	0.085	0.110	0.167	0.200	0.232
	热轧角钢 ≤50×5	t	3752.16	0.140	0.162	0.407	0.479	0.548
	圆钢 D≤37	t	3884.17	0.165	0.246	0.400	0.468	0.548
	热轧扁钢 40×4	t	3639.10	0.038	0.053	0.081	0.095	0.110
	电焊条 E4303 D3.2	kg	7.59	2.0	3.0	4.5	6.0	8.0
	氧气	m³	2.88	9.36	14.04	18.72	23.40	28.08
	乙炔气	kg	14.66	3.120	4.680	6.240	7.800	9.360
	零星材料费	元	—	85.74	115.27	209.44	247.35	287.21
机械	汽车式起重机 8t	台班	767.15	0.35	0.40	0.50	0.55	0.60
	载货汽车 6t	台班	461.82	0.03	0.03	0.05	0.05	0.06
	直流弧焊机 20kW	台班	75.06	1.0	1.5	1.6	1.8	2.0
	电焊条烘干箱 600×500×750	台班	27.16	0.26	0.62	0.76	0.80	0.96
	立式钻床 D35	台班	10.91	0.5	0.5	1.0	1.0	1.0

17.拱顶、内浮顶油罐临时加固件安装、拆除

工作内容：就位、点焊、切割、拆除、焊疤打磨、材料堆放等。

单位：座

编　号			5-2081	5-2082	5-2083	5-2084	5-2085
项　目			油罐容量（m³）				
			500	1000	3000	5000	10000
预算基价	总　　价（元）		**1657.71**	**2142.02**	**3795.29**	**4353.48**	**5071.68**
	人　工　费（元）		1393.20	1846.80	3361.50	3850.20	4471.20
	材　料　费（元）		81.73	107.68	212.16	239.98	291.01
	机　械　费（元）		182.78	187.54	221.63	263.30	309.47
组　成　内　容	单位	单价	数　　量				
人工　综合工	工日	135.00	10.32	13.68	24.90	28.52	33.12
材料　电焊条 E4303 D3.2	kg	7.59	3.42	4.54	8.85	10.25	13.50
氧气	m³	2.88	5.83	7.66	15.05	16.42	18.63
乙炔气	kg	14.66	1.940	2.550	5.020	5.470	6.210
尼龙砂轮片 D150	片	6.65	1.00	1.30	2.70	3.50	4.51
零星材料费	元	—	3.89	5.13	10.10	11.43	13.86
机械　汽车式起重机 8t	台班	767.15	0.08	0.08	0.09	0.11	0.14
直流弧焊机 20kW	台班	75.06	1.48	1.50	1.70	2.00	2.20
电焊条烘干箱 600×500×750	台班	27.16	0.38	0.50	0.92	1.06	1.36

第七章　球形罐组对安装

说　　明

一、本章适用范围：设计压力大于或等于 0.1MPa 且不大于 4MPa 的橘瓣式、以支柱支撑的碳钢和合金钢制球罐组对安装工程。

二、本章基价包括了试压临时水管线的安装、拆除及材料摊销量。

三、本章基价中不包括以下工作内容：

1.球壳板制作和预组装。

2.支柱制作。

3.梯子、平台、栏杆的制作与安装。

4.喷淋、消防装置的制作与安装。

5.防火设施。

6.防雷接地。

7.球罐的无损探伤检验。

8.球罐的防腐、保温和脱脂。

9.锻件、机加工件、外购件的制作或加工。

10.预热和后热。

11.组装平台的铺设与拆除。

四、水压试验是按一台单独进行计算的,如同时试压超过一台时,每台试压的子目乘以系数 0.85。

五、球罐整体热处理、焊缝预热和后热可按本册基价第十一章综合辅助项目的相应子目计算。

六、球罐组装胎具及球罐焊接防护棚基价内的钢材用量已将回收值从子目内扣除,不再考虑摊销。

工程量计算规则

一、球形罐组对安装：依据材质、球罐容量、规格尺寸、球板厚度，按设备的金属质量计算。

注：球形罐组装的质量包括球壳板、支柱、拉杆、短管、加强板的全部质量，不扣除人孔、接管孔洞面积所占质量。

二、球形罐焊接防护棚制作、安装、拆除：依据构造形式和球形罐容量，按防护棚数量计算。基价中已考虑了防护棚的回收利用率。

三、球罐组装胎具制作、安装与拆除，应根据不同规格，按设计图示数量计算。

四、球罐的水压试验，应按球罐不同容积，按设计图示数量计算。基价内包括了临时水管线敷设与拆除的工作内容。

五、球罐的气密性试验，应按球罐不同容积和设计压力，按设计图示数量计算。

一、球形罐组装

工作内容：球板检验、基础验收、铲麻面、设置垫铁、立柱拉杆组对安装、球皮坡口除污、组装就位、调整、点焊固定、焊接、打磨、开孔、人孔和接管安装、材料回收等。

单位：t

	编　号			5-2086	5-2087	5-2088	5-2089	5-2090	5-2091	5-2092	5-2093	5-2094
	项　目			球罐容量50m³				球罐容量120m³				
				球板厚度（mm）								
				16	20	24	28	16	20	24	28	32
预算基价	总　　　价（元）			**5923.45**	**5735.86**	**5559.22**	**5371.21**	**5583.16**	**5399.48**	**5247.94**	**5165.56**	**5092.25**
	人　工　费（元）			3186.00	3106.35	3003.75	2916.00	3091.50	3013.20	2914.65	2825.55	2737.80
	材　料　费（元）			709.57	657.30	641.99	644.88	637.56	594.01	583.31	597.44	612.42
	机　械　费（元）			2027.88	1972.21	1913.48	1810.33	1854.10	1792.27	1749.98	1742.57	1742.03
	组　成　内　容	单位	单价	数　　　量								
人工	综合工	工日	135.00	23.60	23.01	22.25	21.60	22.90	22.32	21.59	20.93	20.28
材料	垫铁	kg	8.61	27.23	22.32	18.93	16.45	24.47	20.10	17.07	14.84	13.09
	电焊条 E4303 D3.2	kg	7.59	40.61	41.03	44.43	48.66	36.44	37.14	40.34	45.39	50.33
	氧气	m³	2.88	5.58	5.24	4.89	4.52	4.71	4.55	4.31	4.03	3.78
	乙炔气	kg	14.66	1.860	1.750	1.630	1.510	1.570	1.520	1.440	1.340	1.260
	尼龙砂轮片 D150	片	6.65	5.27	5.08	4.84	5.09	4.82	4.65	4.44	4.70	4.53
	炭精棒 8～12	根	1.71	32.00	28.00	24.00	20.00	30.00	26.00	23.00	20.00	17.00
	零星材料费	元	—	33.79	31.30	30.57	30.71	30.36	28.29	27.78	28.45	29.16
机械	载货汽车 8t	台班	521.59	0.05	0.05	0.04	0.04	0.06	0.06	0.05	0.05	0.05
	直流弧焊机 30kW	台班	92.43	12.89	12.52	12.14	11.32	11.45	10.92	10.67	10.84	11.00
	电焊条烘干箱 600×500×750	台班	27.16	2.58	2.50	2.42	2.26	2.30	2.18	2.14	2.16	2.20
	轴流风机 7.5kW	台班	42.17	0.32	0.33	0.36	0.36	0.28	0.29	0.30	0.31	0.31
	内燃空气压缩机 6m³	台班	330.12	0.97	0.98	1.02	1.02	0.87	0.88	0.88	0.90	0.92
	汽车式起重机 8t	台班	767.15	0.53	0.50	0.46	0.43	0.50	0.47	0.44	0.40	0.37
	汽车式起重机 16t	台班	971.12	—	—	—	—	0.02	0.03	0.04	0.04	0.04

编　号			5-2095	5-2096	5-2097	5-2098	5-2099	5-2100	5-2101	5-2102	5-2103	5-2104
项　目			球罐容量120m³		球罐容量200m³							
			球板厚度（mm）									
			36	40	16	20	24	28	32	36	40	44
预算基价	总　　价（元）		**5099.74**	**5139.18**	**5354.83**	**5191.40**	**5033.71**	**4890.22**	**4844.02**	**4824.59**	**4854.13**	**5164.27**
	人　工　费（元）		2690.55	2650.05	3030.75	2947.05	2849.85	2758.05	2664.90	2609.55	2562.30	2731.05
	材　料　费（元）		626.88	652.51	585.32	547.30	536.04	548.61	565.15	578.52	603.80	634.76
	机　械　费（元）		1782.31	1836.62	1738.76	1697.05	1647.82	1583.56	1613.97	1636.52	1688.03	1798.46
组　成　内　容		单位	单价				数　　量					
人工	综合工	工日	135.00	19.93	19.63	22.45	21.83	21.11	20.43	19.74	19.33	18.98	20.23
材料	垫铁	kg	8.61	11.72	10.61	22.51	18.49	15.69	13.63	12.02	10.75	9.74	8.90
	电焊条 E4303 D3.2	kg	7.59	54.64	59.82	33.48	34.12	37.14	41.74	46.42	50.44	55.22	60.63
	氧气	m³	2.88	3.42	3.10	4.09	4.05	3.88	3.66	3.47	3.14	2.84	2.59
	乙炔气	kg	14.66	1.140	1.030	1.360	1.350	1.290	1.220	1.160	1.050	0.950	0.860
	尼龙砂轮片 D150	片	6.65	4.39	4.48	4.50	4.34	4.14	4.38	4.22	4.09	4.17	4.08
	炭精棒 8~12	根	1.71	15.00	13.00	28.00	25.00	21.00	18.00	16.00	14.00	13.00	12.00
	零星材料费	元	—	29.85	31.07	27.87	26.06	25.53	26.12	26.91	27.55	28.75	30.23
机械	载货汽车 8t	台班	521.59	0.04	0.04	0.07	0.07	0.06	0.06	0.06	0.05	0.05	0.04
	汽车式起重机 8t	台班	767.15	0.33	0.31	0.48	0.45	0.42	0.38	0.36	0.32	0.30	0.28
	汽车式起重机 16t	台班	971.12	0.04	0.03	0.04	0.05	0.05	0.05	0.05	0.05	0.04	0.04
	直流弧焊机 30kW	台班	92.43	11.57	12.17	10.43	10.10	9.88	9.50	9.90	10.29	10.90	11.80
	电焊条烘干箱 600×500×750	台班	27.16	2.32	2.44	2.08	2.02	1.98	1.90	1.98	2.06	2.18	2.36
	轴流风机 7.5kW	台班	42.17	0.32	0.34	0.25	0.26	0.27	0.28	0.28	0.29	0.30	0.30
	内燃空气压缩机 6m³	台班	330.12	0.98	1.04	0.80	0.81	0.81	0.82	0.84	0.90	0.95	1.08

编　号			5-2105	5-2106	5-2107	5-2108	5-2109	5-2110	5-2111	5-2112	5-2113
项　目			球罐容量400m³								
			球板厚度（mm）								
			16	20	24	28	32	36	40	44	48
预算基价	总　　价（元）		**4695.21**	**4570.01**	**4456.73**	**4361.47**	**4247.91**	**4211.32**	**4151.93**	**4263.19**	**4268.91**
	人　工　费（元）		2835.00	2760.75	2667.60	2569.05	2461.05	2388.15	2320.65	2349.00	2296.35
	材　料　费（元）		443.19	412.38	407.92	432.67	440.00	452.63	463.97	484.57	508.14
	机　械　费（元）		1417.02	1396.88	1381.21	1359.75	1346.86	1370.54	1367.31	1429.62	1464.42
组　成　内　容		单位	单价	数　　量							
人工	综合工	工日	135.00	21.00	20.45	19.76	19.03	18.23	17.69	17.19	17.40	17.01
材料	垫铁	kg	8.61	16.90	13.93	11.84	10.30	9.02	8.09	7.34	6.71	6.18
	电焊条 E4303 D3.2	kg	7.59	25.02	25.59	28.27	33.69	36.48	39.88	42.56	46.33	50.01
	氧气	m³	2.88	2.82	2.76	2.70	2.65	2.59	2.36	2.13	1.95	1.89
	乙炔气	kg	14.66	0.940	0.920	0.900	0.880	0.860	0.790	0.710	0.650	0.630
	尼龙砂轮片 D150	片	6.65	3.57	3.45	3.30	3.49	3.34	3.24	3.31	3.24	3.17
	炭精棒 8～12	根	1.71	24.00	20.00	17.00	14.00	13.00	11.00	10.00	9.00	9.00
	零星材料费	元	—	21.10	19.64	19.42	20.60	20.95	21.55	22.09	23.07	24.20
机械	汽车式起重机 8t	台班	767.15	0.44	0.41	0.38	0.34	0.32	0.29	0.26	0.24	0.23
	汽车式起重机 16t	台班	971.12	0.10	0.09	0.09	0.09	0.08	0.07	0.06	0.06	0.06
	载货汽车 8t	台班	521.59	0.08	0.08	0.07	0.06	0.06	0.05	0.05	0.04	0.04
	直流弧焊机 30kW	台班	92.43	7.52	7.61	7.74	7.88	7.97	8.43	8.59	9.10	9.46
	电焊条烘干箱 600×500×750	台班	27.16	1.50	1.52	1.54	1.58	1.60	1.68	1.72	1.82	1.90
	轴流风机 7.5kW	台班	42.17	0.16	0.17	0.17	0.18	0.18	0.19	0.20	0.20	0.21
	内燃空气压缩机 6m³	台班	330.12	0.60	0.61	0.61	0.61	0.62	0.67	0.71	0.81	0.83

编　号	5-2114	5-2115	5-2116	5-2117	5-2118	5-2119	5-2120	5-2121	5-2122	5-2123
项　　目	球罐容量650m³									
	球板厚度(mm)									
	16	20	24	28	32	36	40	44	48	52
预算基价 总　　价(元)	**4519.31**	**4374.79**	**4246.46**	**4150.11**	**4030.33**	**3994.94**	**3962.34**	**4036.43**	**4045.77**	**3983.64**
人　工　费(元)	2793.15	2704.05	2598.75	2493.45	2381.40	2303.10	2232.90	2253.15	2196.45	2149.20
材　料　费(元)	442.46	411.24	402.47	419.65	422.50	431.21	456.02	465.61	483.77	497.91
机　械　费(元)	1283.70	1259.50	1245.24	1237.01	1226.43	1260.63	1273.42	1317.67	1365.55	1336.53

组 成 内 容	单位	单价	数　　量									
人工　综合工	工日	135.00	20.69	20.03	19.25	18.47	17.64	17.06	16.54	16.69	16.27	15.92
材料　垫铁	kg	8.61	19.14	15.89	13.56	11.44	10.31	9.28	8.42	7.71	7.09	6.76
电焊条 E4303 D3.2	kg	7.59	23.10	23.66	26.03	31.00	33.32	36.35	40.75	43.07	46.36	48.98
氧气	m³	2.88	2.82	2.80	2.75	2.65	2.54	2.32	2.16	1.91	1.88	1.82
乙炔气	kg	14.66	0.940	0.930	0.920	0.880	0.850	0.770	0.720	0.640	0.630	0.610
尼龙砂轮片 D150	片	6.65	3.27	3.17	3.04	3.22	3.07	2.98	3.06	2.99	2.93	2.72
炭精棒 8～12	根	1.71	22.00	19.00	16.00	14.00	12.00	10.00	9.00	9.00	8.00	7.00
零星材料费	元	—	21.07	19.58	19.17	19.98	20.12	20.53	21.72	22.17	23.04	23.71
机械　汽车式起重机 16t	台班	971.12	0.29	0.27	0.25	0.23	0.21	0.20	0.17	0.16	0.18	0.17
汽车式起重机 40t	台班	1547.56	0.07	0.06	0.06	0.06	0.06	0.05	0.04	0.04	0.04	0.04
载货汽车 12t	台班	695.42	0.04	0.04	0.04	0.03	0.03	0.03	0.03	0.02	0.02	0.02
直流弧焊机 30kW	台班	92.43	6.96	7.04	7.09	7.27	7.33	7.76	8.21	8.53	8.78	8.86
电焊条烘干箱 600×500×750	台班	27.16	1.40	1.40	1.42	1.46	1.46	1.56	1.64	1.70	1.76	1.78
轴流风机 7.5kW	台班	42.17	0.15	0.15	0.15	0.16	0.16	0.17	0.18	0.18	0.19	0.17
内燃空气压缩机 6m³	台班	330.12	0.54	0.55	0.55	0.55	0.56	0.61	0.65	0.74	0.75	0.67

编 号			5-2124	5-2125	5-2126	5-2127	5-2128	5-2129	5-2130	5-2131	5-2132	5-2133
项 目			球罐容量1000m³									
			球板厚度（mm）									
			16	20	24	28	32	36	40	44	48	52
预算基价	总 价(元)		**4559.72**	**4394.75**	**4238.00**	**4047.81**	**3964.55**	**3901.09**	**3862.68**	**3984.98**	**3927.61**	**3899.54**
	人 工 费(元)		2735.10	2625.75	2504.25	2324.70	2273.40	2188.35	2110.05	2120.85	2060.10	2012.85
	材 料 费(元)		443.66	408.05	394.01	407.18	398.00	403.26	422.08	450.04	462.97	479.42
	机 械 费(元)		1380.96	1360.95	1339.74	1315.93	1293.15	1309.48	1330.55	1414.09	1404.54	1407.27
组 成 内 容	单位	单价	数 量									
人工 综合工	工日	135.00	20.26	19.45	18.55	17.22	16.84	16.21	15.63	15.71	15.26	14.91
材料 垫铁	kg	8.61	22.25	18.55	15.89	13.91	12.07	10.89	9.92	9.10	8.36	7.77
电焊条 E4303 D3.2	kg	7.59	20.45	21.04	23.00	27.38	29.07	31.60	35.44	40.12	42.85	45.62
氧气	m³	2.88	3.12	3.00	2.84	2.67	2.50	2.26	2.05	1.86	1.86	1.78
乙炔气	kg	14.66	1.040	1.000	0.950	0.890	0.830	0.750	0.680	0.620	0.620	0.590
尼龙砂轮片 D150	片	6.65	2.86	2.79	2.68	2.85	2.71	2.64	2.71	2.65	2.60	2.66
炭精棒 8~12	根	1.71	19.00	16.00	14.00	12.00	10.00	9.00	8.00	8.00	7.00	7.00
零星材料费	元	—	21.13	19.43	18.76	19.39	18.95	19.20	20.10	21.43	22.05	22.83
机械 汽车式起重机 16t	台班	971.12	0.40	0.37	0.35	0.32	0.29	0.27	0.24	0.22	0.21	0.20
汽车式起重机 40t	台班	1547.56	0.09	0.09	0.09	0.08	0.08	0.07	0.07	0.06	0.05	0.05
载货汽车 12t	台班	695.42	0.05	0.05	0.04	0.04	0.04	0.04	0.03	0.03	0.03	0.03
直流弧焊机 30kW	台班	92.43	6.19	6.24	6.29	6.45	6.47	6.85	7.25	8.09	8.20	8.28
电焊条烘干箱 600×500×750	台班	27.16	1.24	1.24	1.26	1.30	1.30	1.38	1.46	1.62	1.64	1.66
轴流风机 7.5kW	台班	42.17	0.13	0.13	0.13	0.14	0.14	0.15	0.15	0.16	0.17	0.17
内燃空气压缩机 9m³	台班	450.35	0.46	0.47	0.47	0.48	0.49	0.52	0.56	0.64	0.65	0.66

单位：t

编　号			5-2134	5-2135	5-2136	5-2137	5-2138	5-2139	5-2140
项　目			球罐容量1000m³		球罐容量1500m³				
			球板厚度（mm）						
			56	60	16	20	24	28	32
预算基价	总　价（元）		**3913.51**	**4045.68**	**4240.01**	**4094.19**	**3944.54**	**3852.32**	**3711.88**
	人　工　费（元）		1991.25	2039.85	2428.65	2338.20	2239.65	2145.15	2046.60
	材　料　费（元）		496.62	525.55	460.16	423.99	408.03	417.39	409.58
	机　械　费（元）		1425.64	1480.28	1351.20	1332.00	1296.86	1289.78	1255.70
组　成　内　容	单位	单价	数　　量						
人工 综合工	工日	135.00	14.75	15.11	17.99	17.32	16.59	15.89	15.16
材料 垫铁	kg	8.61	7.26	6.81	25.54	21.30	18.26	15.99	13.97
电焊条 E4303 D3.2	kg	7.59	48.89	52.98	19.33	20.17	22.25	26.46	28.46
氧气	m³	2.88	1.07	1.59	2.88	2.81	2.73	2.59	2.47
乙炔气	kg	14.66	0.570	0.530	0.960	0.940	0.910	0.860	0.820
尼龙砂轮片 D150	片	6.65	2.66	2.58	2.78	2.72	2.61	2.77	2.64
炭精棒 8～12	根	1.71	6.00	6.00	18.00	16.00	14.00	12.00	10.00
零星材料费	元	—	23.65	25.03	21.91	20.19	19.43	19.88	19.50
机械 汽车式起重机 16t	台班	971.12	0.19	0.18	—	—	—	—	—
汽车式起重机 30t	台班	1141.87	—	—	0.32	0.30	0.27	0.25	0.23
汽车式起重机 40t	台班	1547.56	0.05	0.04	0.09	0.09	0.08	0.08	0.07
载货汽车 12t	台班	695.42	0.03	0.02	0.06	0.05	0.05	0.05	0.05
直流弧焊机 30kW	台班	92.43	8.47	9.13	6.15	6.21	6.26	6.42	6.46
电焊条烘干箱 600×500×750	台班	27.16	1.70	1.82	1.22	1.24	1.26	1.28	1.30
轴流风机 7.5kW	台班	42.17	0.18	0.18	0.12	0.12	0.13	0.14	0.14
内燃空气压缩机 9m³	台班	450.35	0.68	0.73	0.44	0.45	0.47	0.47	0.47

478

编　号				5-2141	5-2142	5-2143	5-2144	5-2145	5-2146	5-2147
项　目				球罐容量1500m³						
				球板厚度（mm）						
				36	40	44	48	52	56	60
预算基价	总　价（元）			**3668.32**	**3633.51**	**3785.32**	**3726.66**	**3716.20**	**3700.02**	**3832.18**
	人　工　费（元）			1977.75	1915.65	1935.90	1885.95	1846.80	1827.90	1871.10
	材　料　费（元）			414.39	430.72	466.13	468.68	483.59	504.33	528.51
	机　械　费（元）			1276.18	1287.14	1383.29	1372.03	1385.81	1367.79	1432.57
组　成　内　容		单位	单价	数　量						
人工	综合工	工日	135.00	14.65	14.19	14.34	13.97	13.68	13.54	13.86
材料	垫铁	kg	8.61	12.59	11.46	11.79	9.67	8.99	8.40	7.87
	电焊条 E4303 D3.2	kg	7.59	31.16	34.87	39.40	42.20	45.08	48.42	52.47
	氧气	m³	2.88	2.23	2.02	1.84	1.81	1.74	1.66	1.55
	乙炔气	kg	14.66	0.740	0.670	0.610	0.600	0.580	0.560	0.520
	尼龙砂轮片 D150	片	6.65	2.57	2.64	2.58	2.53	2.59	2.59	2.51
	炭精棒 8～12	根	1.71	9.00	8.00	7.00	7.00	6.00	6.00	5.00
	零星材料费	元	—	19.73	20.51	22.20	22.32	23.03	24.02	25.17
机械	汽车式起重机 30t	台班	1141.87	0.21	0.19	0.17	0.16	0.16	0.12	0.12
	汽车式起重机 40t	台班	1547.56	0.07	0.06	0.06	0.05	0.05	0.05	0.04
	载货汽车 12t	台班	695.42	0.04	0.03	0.03	0.03	0.03	0.03	0.02
	直流弧焊机 30kW	台班	92.43	6.84	7.23	8.07	8.18	8.27	8.46	9.12
	电焊条烘干箱 600×500×750	台班	27.16	1.36	1.44	1.62	1.64	1.66	1.70	1.82
	轴流风机 7.5kW	台班	42.17	0.14	0.14	0.15	0.16	0.17	0.17	0.18
	内燃空气压缩机 9m³	台班	450.35	0.50	0.54	0.62	0.63	0.64	0.66	0.71

编　　号			5-2148	5-2149	5-2150	5-2151	5-2152	5-2153	5-2154	5-2155	5-2156	5-2157
项　　目			球罐容量2000m³									
			球板厚度（mm）									
			16	20	24	28	32	36	40	44	48	52
预算基价	总　　　价（元）		**4167.59**	**3902.77**	**3756.76**	**3669.72**	**3545.66**	**3516.87**	**3496.17**	**3637.08**	**3599.20**	**3592.92**
	人　工　费（元）		2280.15	2074.95	1995.30	1921.05	1841.40	1788.75	1741.50	1769.85	1730.70	1698.30
	材　料　费（元）		475.93	437.20	417.38	425.42	420.15	423.12	438.70	460.54	472.15	490.47
	机　械　费（元）		1411.51	1390.62	1344.08	1323.25	1284.11	1305.00	1315.97	1406.69	1396.35	1404.15
组　成　内　容		单位	单价	数　　　量								
人工	综合工	工日	135.00	16.89	15.37	14.78	14.23	13.64	13.25	12.90	13.11	12.82	12.58
材料	垫铁	kg	8.61	28.58	23.82	20.43	17.88	15.68	14.13	12.85	11.79	10.85	10.08
	电焊条 E4303 D3.2	kg	7.59	18.30	19.37	21.57	25.68	27.91	30.79	34.36	38.76	41.61	44.79
	氧气	m³	2.88	2.73	2.71	2.63	2.53	2.46	2.22	2.01	1.82	1.77	1.71
	乙炔气	kg	14.66	0.910	0.900	0.880	0.840	0.820	0.740	0.670	0.610	0.590	0.570
	尼龙砂轮片 D150	片	6.65	2.71	2.65	2.54	2.69	2.57	2.51	2.57	2.52	2.47	2.53
	炭精棒 8～12	根	1.71	17.00	15.00	12.00	11.00	10.00	8.00	8.00	7.00	6.00	6.00
	零星材料费	元	—	22.66	20.82	19.88	20.26	20.01	20.15	20.89	21.93	22.48	23.36
机械	汽车式起重机 30t	台班	1141.87	0.38	0.35	0.32	0.29	0.26	0.24	0.22	0.20	0.19	0.18
	汽车式起重机 40t	台班	1547.56	0.09	0.09	0.08	0.08	0.07	0.07	0.06	0.06	0.05	0.05
	载货汽车 12t	台班	695.42	0.06	0.06	0.06	0.05	0.05	0.04	0.03	0.03	0.03	0.03
	直流弧焊机 30kW	台班	92.43	6.11	6.20	6.23	6.39	6.45	6.83	7.22	8.05	8.17	8.27
	电焊条烘干箱 600×500×750	台班	27.16	1.22	1.24	1.24	1.28	1.30	1.36	1.44	1.62	1.64	1.66
	轴流风机 7.5kW	台班	42.17	0.12	0.12	0.13	0.13	0.13	0.14	0.14	0.15	0.16	0.17
	内燃空气压缩机 9m³	台班	450.35	0.43	0.44	0.44	0.45	0.46	0.49	0.53	0.60	0.61	0.63

二、球罐组装胎具制作、安装与拆除
1.制　作

工作内容：材料机具运输、放样号料、切割、组对、焊接等。　　　　　　　　　　　　　　　　　　　　　　　　　　　　单位：台

编　　号			5-2158	5-2159	5-2160	5-2161	5-2162	5-2163	5-2164	5-2165
项　　目			球罐容量（m³以内）							
			50	120	200	400	650	1000	1500	2000
预算基价	总　　价（元）		13418.29	22313.69	27100.20	43950.33	58567.14	72854.15	91397.80	108338.60
	人 工 费（元）		4696.65	6995.70	8051.40	10528.65	13602.60	16345.80	18655.65	21938.85
	材 料 费（元）		7908.20	14124.11	17645.82	31276.74	41628.29	52422.34	67354.61	80213.64
	机 械 费（元）		813.44	1193.88	1402.98	2144.94	3336.25	4086.01	5387.54	6186.11
组 成 内 容	单位	单价	数　　量							
人工 综合工	工日	135.00	34.79	51.82	59.64	77.99	100.76	121.08	138.19	162.51
材料 普碳钢板	t	3696.76	0.42315	0.80535	0.94080	1.70625	2.15985	2.84235	3.71700	4.17375
型钢	t	3699.72	0.53445	0.73815	0.91035	1.79550	2.80875	3.48285	4.50765	5.53350
热轧一般无缝钢管（综合）	t	4558.50	0.07980	0.12390	0.25935	0.40005	0.48720	0.56490	0.77175	0.88830
夹具用钢	kg	5.71	605	1211	1484	2564	3253	4097	5182	6263
电焊条 E4303 D3.2	kg	7.59	13.44	18.27	20.37	24.57	31.29	37.17	40.43	43.79
氧气	m³	2.88	8.98	16.11	19.19	23.99	30.50	36.29	40.59	44.90
乙炔气	kg	14.66	2.990	5.370	6.400	8.000	10.170	12.100	13.530	14.970
零星材料费	元	—	376.58	672.58	840.28	1489.37	1982.30	2496.30	3207.36	3819.70
机械 直流弧焊机 30kW	台班	92.43	3.84	5.22	5.82	7.02	8.94	10.62	11.55	13.76
电焊条烘干箱 600×500×750	台班	27.16	0.38	0.52	0.58	0.70	0.89	0.11	0.12	0.14
半自动切割机 100mm	台班	88.45	0.60	0.75	0.90	1.50	2.25	2.70	3.45	1.20
剪板机 20×2500	台班	329.03	0.30	0.39	0.42	0.60	0.72	0.90	1.08	1.20
汽车式起重机 8t	台班	767.15	0.23	0.39	0.49	0.89	—	—	—	—
汽车式起重机 16t	台班	971.12	—	—	—	—	1.23	1.54	—	—
汽车式起重机 30t	台班	1141.87	—	—	—	—	—	—	1.99	2.40
载货汽车 8t	台班	521.59	0.23	0.39	0.49	0.89	—	—	—	—
载货汽车 12t	台班	695.42	—	—	—	—	1.23	1.54	1.99	2.40

2.安装与拆除

工作内容：工夹具、中心柱及支撑材料等的运输、安装、焊接、拆除、焊疤打磨、回收堆放等。

单位：台

编　号				5-2166	5-2167	5-2168	5-2169	5-2170	5-2171	5-2172	5-2173
项　目				球罐容积（m³以内）							
				50	120	200	400	650	1000	1500	2000
预算基价	总　　价(元)			15590.29	31245.29	45613.85	72522.67	84854.35	101359.17	132354.30	162283.51
	人　工　费(元)			10166.85	22820.40	33646.05	55575.45	63761.85	74835.90	93393.00	117359.55
	材　料　费(元)			574.41	969.98	1101.77	1699.30	2048.27	2579.50	3241.86	3922.30
	机　械　费(元)			4849.03	7454.91	10866.03	15247.92	19044.23	23943.77	35719.44	41001.66
组 成 内 容		单位	单价	数　　量							
人工	综合工	工日	135.00	75.31	169.04	249.23	411.67	472.31	554.34	691.80	869.33
材料	电焊条 E4303 D3.2	kg	7.59	11.28	31.60	35.60	60.91	73.90	93.82	119.30	144.72
	氧气	m³	2.88	43.83	51.25	57.81	80.77	97.51	117.67	144.40	172.20
	乙炔气	kg	14.66	14.610	17.080	19.270	26.920	32.500	39.220	48.130	57.400
	尼龙砂轮片 D150	片	6.65	18.20	43.00	49.64	79.52	95.12	124.92	159.48	195.44
	零星材料费	元	—	27.35	46.19	52.47	80.92	97.54	122.83	154.37	186.78
机械	汽车式起重机 8t	台班	767.15	1.62	1.62	1.62	1.62	—	—	—	—
	汽车式起重机 16t	台班	971.12	2.97	2.97	4.13	4.13	1.84	5.30	—	—
	汽车式起重机 40t	台班	1547.56	—	—	—	—	4.13	4.62	7.86	7.86
	汽车式起重机 75t	台班	3175.79	—	—	—	—	—	—	2.66	2.66
	直流弧焊机 30kW	台班	92.43	6.68	34.20	58.50	104.20	109.54	116.00	150.32	204.60
	电焊条烘干箱 600×500×750	台班	27.16	0.45	0.53	0.59	0.62	0.66	0.78	1.68	2.48
	载货汽车 6t	台班	461.82	0.20	0.33	0.41	0.75	—	—	—	—
	载货汽车 12t	台班	695.42	—	—	—	—	1.04	1.30	1.68	2.03

三、球罐水压试验

工作内容: 临时管线、阀门、试压泵、压力表、盲板的安装、拆除、充水、升压、稳压检查、降压放水、整理记录。　　　　　　　　　　　　　　　**单位:** 台

编　号			5-2174	5-2175	5-2176	5-2177	5-2178	5-2179	5-2180	5-2181
项　目			球罐容积(m³以内)							
			50	120	200	400	650	1000	1500	2000
预算基价	总　　　价(元)		3735.53	4960.78	6647.99	11074.50	14080.06	18304.28	26711.27	34675.35
	人　工　费(元)		2679.75	3222.45	4221.45	6268.05	6945.75	7933.95	10540.80	13578.30
	材　料　费(元)		724.47	1357.14	1997.40	4337.57	6521.09	9641.65	15141.13	19870.48
	机　械　费(元)		331.31	381.19	429.14	468.88	613.22	728.68	1029.34	1226.57
组　成　内　容	单位	单价	数　　　量							
人工 综合工	工日	135.00	19.85	23.87	31.27	46.43	51.45	58.77	78.08	100.58
材料 焊接钢管 DN50	m	18.68	6	6	6	—	—	—	—	—
平焊法兰 1.6MPa DN50	个	22.98	0.2	0.2	0.2	—	—	—	—	—
压制弯头 90° DN50	个	8.36	0.1	0.1	0.1	—	—	—	—	—
盲板	kg	9.70	0.84	0.84	0.84	3.30	3.30	3.30	5.80	5.80
水	m³	7.62	61.20	142.60	224.90	489.30	769.70	1169.20	1829.25	2431.50
石棉橡胶板 低压 δ0.8~6.0	kg	19.35	2.88	2.88	2.91	2.91	3.12	3.12	6.00	6.00
精制六角带帽螺栓	kg	8.64	1.99	1.99	1.99	2.05	2.05	2.05	6.46	6.46
电焊条 E4303 D3.2	kg	7.59	3.0	3.0	3.0	10.3	10.3	12.3	15.2	18.0
氧气	m³	2.88	1.50	1.50	1.50	7.30	7.30	7.30	10.65	14.00
乙炔气	kg	14.66	0.500	0.500	0.500	2.430	2.430	2.430	3.550	4.680
焊接钢管 DN100	m	41.28	—	—	—	6	6	6	—	—
焊接钢管 DN150	m	68.51	—	—	—	—	—	—	6	6
截止阀 J41H-16 DN50	个	218.36	0.05	0.05	0.05	—	—	—	—	—
截止阀 J41H-16 DN100	个	472.62	—	—	—	0.05	0.05	0.05	—	—
截止阀 J41H-16 DN150	个	922.11	—	—	—	—	—	—	0.05	0.05
平焊法兰 1.6MPa DN100	个	48.19	—	—	—	0.2	0.2	0.2	—	—
平焊法兰 1.6MPa DN150	个	79.27	—	—	—	—	—	—	0.2	0.2
压制弯头 90° DN100	个	22.53	—	—	—	0.1	0.1	0.1	—	—
压制弯头 90° DN150	个	60.86	—	—	—	—	—	—	0.1	0.1
零星材料费	元	—	14.21	26.61	39.16	85.05	127.86	189.05	296.88	389.62
机械 汽车式起重机 8t	台班	767.15	0.12	0.12	0.12	0.12	0.18	0.18	0.30	0.30
电动单级离心清水泵 D50	台班	28.19	0.30	0.72	1.20	—	—	—	—	—
直流弧焊机 30kW	台班	92.43	2.47	2.86	3.20	3.56	4.15	4.85	6.17	7.48
试压泵 60MPa	台班	24.94	0.10	0.18	0.30	0.52	0.88	1.52	2.55	3.58
电动单级离心清水泵 D100	台班	34.80	—	—	—	1.00	2.00	3.00	4.75	6.20

四、球罐气密性试验

工作内容：试压泵、压力表、盲板的安装、拆除、充气打压、稳压检查、卸压、整理记录等。

单位：台

编 号			5-2182	5-2183	5-2184	5-2185	5-2186	5-2187	5-2188	5-2189
项 目			1.6MPa							
			球罐容量（m³以内）							
			50	120	200	400	650	1000	1500	2000
预算基价	总 价（元）		**743.89**	**1587.49**	**2609.53**	**5362.98**	**8157.75**	**12377.15**	**15983.25**	**21215.19**
	人 工 费（元）		450.90	1047.60	1772.55	3751.65	5755.05	8819.55	10347.75	13806.45
	材 料 费（元）		107.21	123.39	139.90	179.28	211.65	232.64	320.71	350.79
	机 械 费（元）		185.78	416.50	697.08	1432.05	2191.05	3324.96	5314.79	7057.95
组 成 内 容		单位	单价	数 量						
人工	综合工	工日	135.00	3.34	7.76	13.13	27.79	42.63	65.33	76.65	102.27
材料	石棉橡胶板 低压 δ0.8～6.0	kg	19.35	2.88	2.88	2.91	2.91	3.12	3.12	6.00	6.00
	电焊条 E4303 D3.2	kg	7.59	2.0	2.5	3.0	5.0	7.0	8.0	9.0	10.0
	氧气	m³	2.88	3.00	4.02	5.00	7.00	8.01	9.00	10.50	12.00
	乙炔气	kg	14.66	1.000	1.340	1.670	2.330	2.670	3.000	3.500	4.000
	破布	kg	5.07	0.5	0.7	0.9	1.2	1.4	1.8	2.5	3.3
	肥皂	块	1.34	4	6	8	12	14	16	20	24
	零星材料费	元	—	5.11	5.88	6.66	8.54	10.08	11.08	15.27	16.70
机械	直流弧焊机 30kW	台班	92.43	0.24	0.45	0.67	1.12	1.44	1.89	2.23	2.57
	内燃空气压缩机 6m³	台班	330.12	0.25	0.59	1.01	2.21	3.26	5.00	7.52	10.03
	内燃空气压缩机 9m³	台班	450.35	0.18	0.40	0.67	1.33	2.18	3.33	—	—
	内燃空气压缩机 17m³	台班	1162.02	—	—	—	—	—	—	2.26	3.02

编　号	5-2190	5-2191	5-2192	5-2193	5-2194	5-2195	5-2196	5-2197
项　目	2.5MPa							
	球罐容量（m³以内）							
	50	120	200	400	650	1000	1500	2000
预算基价　总　　价（元）	**1125.96**	**2552.44**	**4217.65**	**8400.21**	**13330.29**	**20342.78**	**29024.61**	**38634.00**
人　工　费（元）	773.55	1857.60	3095.55	6195.15	10068.30	15493.95	21425.85	28579.50
材　料　费（元）	107.21	123.18	143.89	187.25	219.62	244.59	340.63	382.67
机　械　费（元）	245.20	571.66	978.21	2017.81	3042.37	4604.24	7258.13	9671.83

	组 成 内 容	单位	单价	数　　量							
人工	综合工	工日	135.00	5.73	13.76	22.93	45.89	74.58	114.77	158.71	211.70
材料	石棉橡胶板 低压 δ0.8~6.0	kg	19.35	2.88	2.88	2.91	2.91	3.12	3.12	6.00	6.00
	电焊条 E4303 D3.2	kg	7.59	2.0	2.5	3.5	6.0	8.0	9.5	11.5	14.0
	氧气	m³	2.88	3.00	4.00	5.00	7.00	8.01	9.00	10.50	12.00
	乙炔气	kg	14.66	1.000	1.330	1.670	2.330	2.670	3.000	3.500	4.000
	破布	kg	5.07	0.5	0.7	0.9	1.2	1.4	1.8	2.5	3.3
	肥皂	块	1.34	4	6	8	12	14	16	20	24
	零星材料费	元	—	5.11	5.87	6.85	8.92	10.46	11.65	16.22	18.22
机械	直流弧焊机 30kW	台班	92.43	0.24	0.45	0.89	1.85	1.90	2.23	3.04	3.92
	内燃空气压缩机 6m³	台班	330.12	0.43	1.06	1.80	3.78	5.71	8.78	13.18	17.57
	内燃空气压缩机 9m³	台班	450.35	0.18	0.40	0.67	1.33	2.18	3.33	—	—
	内燃空气压缩机 17m³	台班	1162.02	—	—	—	—	—	—	2.26	3.02

编　　号			5-2198	5-2199	5-2200	5-2201	5-2202	5-2203	5-2204	5-2205
项　　目			4MPa							
			球罐容量（m³以内）							
			50	120	200	400	650	1000	1500	2000
预算基价	总　　价（元）		**1774.02**	**4086.78**	**6736.72**	**13327.76**	**21601.08**	**33114.43**	**46384.79**	**61774.94**
	人　工　费（元）		1216.35	2922.75	4870.80	9753.75	15855.75	24403.95	32972.40	43992.45
	材　料　费（元）		111.19	127.16	147.87	195.22	235.56	272.49	376.50	430.49
	机　械　费（元）		446.48	1036.87	1718.05	3378.79	5509.77	8437.99	13035.89	17352.00
组 成 内 容		单位	单价	数　　量							

	组 成 内 容	单位	单价	数　　量							
人工	综合工	工日	135.00	9.01	21.65	36.08	72.25	117.45	180.77	244.24	325.87
材料	石棉橡胶板 低压 δ0.8～6.0	kg	19.35	2.88	2.88	2.91	2.91	3.12	3.12	6.00	6.00
	电焊条 E4303 D3.2	kg	7.59	2.5	3.0	4.0	7.0	10.0	13.0	16.0	20.0
	氧气	m³	2.88	3.00	4.00	5.00	7.00	8.01	9.00	10.50	12.00
	乙炔气	kg	14.66	1.000	1.330	1.670	2.330	2.670	3.000	3.500	4.000
	破布	kg	5.07	0.5	0.7	0.9	1.2	1.4	1.8	2.5	3.3
	肥皂	块	1.34	4	6	8	12	14	16	20	24
	零星材料费	元	—	5.29	6.06	7.04	9.30	11.22	12.98	17.93	20.50
机械	直流弧焊机 30kW	台班	92.43	0.45	0.71	1.03	1.44	2.57	3.48	4.31	5.24
	内燃空气压缩机 6m³	台班	330.12	0.94	2.26	3.77	7.54	12.26	18.87	28.32	37.79
	内燃空气压缩机 9m³	台班	450.35	0.21	0.50	0.84	1.68	2.72	4.19	—	—
	内燃空气压缩机 17m³	台班	1162.02	—	—	—	—	—	—	2.83	3.78

486

五、球罐焊接防护棚制作、安装与拆除

1.金属焊接防护棚

工作内容：画线下料、组装、焊接、刷防锈漆、挂薄钢板、拆除、清理、堆放等。

单位：台

编　号				5-2206	5-2207	5-2208	5-2209	5-2210	5-2211	5-2212	5-2213
项　目				球罐容量（m³以内）							
				50	120	200	400	650	1000	1500	2000
预算基价	总　　　价（元）			24198.68	32723.31	39591.30	54787.46	73070.92	89189.63	117757.61	137871.79
	人　工　费（元）			15952.95	21540.60	26001.00	35965.35	49135.95	59922.45	80356.05	94020.75
	材　料　费（元）			6786.27	9196.00	11160.12	15462.26	19288.98	23581.17	28966.96	33935.96
	机　械　费（元）			1459.46	1986.71	2430.18	3359.85	4645.99	5686.01	8434.60	9915.08
组　成　内　容		单位	单价	数　　量							
人工	综合工	工日	135.00	118.17	159.56	192.60	266.41	363.97	443.87	595.23	696.45
材料	普碳钢板 Q195~Q235 δ0.7~0.9	t	4087.34	0.36736	0.52480	0.67835	0.95824	1.25757	1.57828	1.92232	2.28579
	普碳钢板 Q195~Q235 δ1.0~1.5	t	3992.69	0.26037	0.34715	0.41225	0.56723	0.69431	0.83999	1.03527	1.20575
	热轧角钢 ＜60	t	3721.43	0.26208	0.34944	0.41496	0.57096	0.69888	0.84552	1.04188	1.21368
	热轧槽钢 5#~16#	t	3587.47	0.27913	0.37218	0.44196	0.60811	0.74435	0.90053	1.10992	1.29265
	热轧一般无缝钢管 D(77~90)×(4.5~7.0)	t	4205.24	0.17321	0.23094	0.27425	0.37735	0.46189	0.55880	0.68867	0.80212
	防锈漆 C53-1	kg	13.20	20.83	27.78	32.98	45.38	55.50	67.21	82.83	96.47
	电焊条 E4303 D3.2	kg	7.59	36.42	48.57	57.68	79.36	97.14	117.52	144.96	168.69
	气焊条 D＜2	kg	7.96	7.98	10.64	12.64	17.39	21.28	25.75	31.73	36.96
	氧气	m³	2.88	71.84	95.79	113.75	156.51	191.58	231.78	285.90	332.70
	乙炔气	kg	14.66	23.950	31.930	37.920	52.170	63.860	77.260	95.300	110.900
	溶剂汽油 200#	kg	6.90	6.38	8.15	10.11	13.91	17.02	20.60	25.38	29.56
	零星材料费	元	—	323.16	437.90	531.43	736.30	918.52	1122.91	1379.38	1616.00
机械	载货汽车 5t	台班	443.55	0.1	0.1	0.1	0.1	0.1	0.1	0.2	0.2
	直流弧焊机 20kW	台班	75.06	8.48	11.31	13.43	18.48	24.89	30.11	40.48	47.15
	电焊条烘干箱 600×500×750	台班	27.16	0.42	0.57	0.67	0.92	1.24	1.15	2.02	2.36
	汽车式起重机 16t	台班	971.12	0.79	1.11	1.40	1.96	2.78	3.45	—	—
	汽车式起重机 30t	台班	1141.87	—	—	—	—	—	—	4.60	5.45

2.金属、篷布混合结构防护棚

工作内容：画线、下料、组装、焊接、刷防锈漆、挂篷布、刷防火涂料、拆除、清理、堆放等。

单位：台

编 号			5-2214	5-2215	5-2216	5-2217	5-2218	5-2219	5-2220	5-2221
项 目			球罐容量（m³以内）							
			50	120	200	400	650	1000	1500	2000
预算基价	总　　价（元）		**23852.36**	**32469.53**	**39623.64**	**54983.11**	**73679.39**	**90356.99**	**116967.30**	**137188.49**
	人　工　费（元）		11449.35	15410.25	18526.05	25591.95	34840.80	41962.05	56906.55	66507.75
	材　料　费（元）		11388.44	15701.97	19461.91	27146.27	35773.70	44658.99	54694.12	64404.57
	机　械　费（元）		1014.57	1357.31	1635.68	2244.89	3064.89	3735.95	5366.63	6276.17
组 成 内 容	单位	单价	数　　量							
人工 综合工	工日	135.00	84.81	114.15	137.23	189.57	258.08	310.83	421.53	492.65
材料 热轧角钢 <60	t	3721.43	0.26208	0.34944	0.41496	0.57096	0.58500	0.84552	1.04188	1.21368
热轧槽钢 5#～16#	t	3587.47	0.27913	0.37218	0.44196	0.60811	0.74435	0.90053	1.10992	1.29265
热轧一般无缝钢管 D(77～90)×(4.5～7.0)	t	4205.24	0.17321	0.23094	0.27425	0.37735	—	—	—	—
篷布	m²	24.08	273	382	482	676	871	1083	1323	1565
防火涂料	kg	13.63	47.23	66.09	83.39	116.95	150.68	187.36	228.28	270.75
防锈漆 C53-1	kg	13.20	11.47	16.04	20.24	28.39	36.58	45.49	55.57	65.73
电焊条 E4303 D3.2	kg	7.59	36.42	48.57	57.68	79.36	97.14	117.52	144.96	168.69
氧气	m³	2.88	50.15	66.87	79.40	109.25	133.73	161.79	199.40	232.23
乙炔气	kg	14.66	16.720	22.290	26.470	36.420	44.580	53.930	66.470	77.410
镀锌钢丝 D4.0	kg	7.08	13.65	19.10	24.10	33.80	43.55	54.15	66.15	78.25
溶剂汽油 200#	kg	6.90	1.37	1.91	2.41	3.38	4.36	5.42	6.62	7.83
尼龙砂轮片 D180	片	7.79	—	—	—	—	461.89	558.80	688.67	802.12
零星材料费	元	—	542.31	747.71	926.76	1292.68	1703.51	2126.62	2604.48	3066.88
机械 载货汽车 6t	台班	461.82	0.1	0.1	0.1	0.1	0.1	0.1	0.2	0.2
直流弧焊机 20kW	台班	75.06	8.48	11.31	13.43	18.48	24.89	30.11	40.48	47.15
电焊条烘干箱 600×500×750	台班	27.16	0.42	0.57	0.67	0.92	1.24	1.51	2.02	2.36
汽车式起重机 16t	台班	971.12	0.33	0.46	0.58	0.81	1.15	1.43	—	—
汽车式起重机 30t	台班	1141.87	—	—	—	—	—	—	1.91	2.26

第八章　气柜制作、安装

说　明

一、本章适用范围：低压湿式直升式、螺旋式气柜制作与安装工程。

二、本章基价包括了试压临时水管线的安装、拆除及材料摊销量。不包括以下工作内容：

1. 导轮、法兰及特种螺栓、配重块的制作和加工。

2. 无损探伤检验。

3. 除锈、刷油、防腐蚀。

4. 基础工程及荷重预压试验。

5. 防雷接地。

6. 组装平台的铺设与拆除。

三、胎具主材已将回收值从基价内扣除，不再考虑摊销。

四、计算气柜质量时应包括轨道、导轮、法兰质量，不包括配重块、平台、梯子、栏杆的质量。

五、导轮、法兰及特殊螺栓制作应按加工件计价。

六、实际采用的施工方法与基价取定不同时，除另有规定外，基价不得调整。

工程量计算规则

一、气柜制作、安装：依据构造形式和容积，按设计图示尺寸以质量计算(不扣除孔洞和切角面积所占质量)。

二、气柜组装胎具制作、安装与拆除，应根据气柜结构形式和不同容积，按设计图示数量计算。

三、螺旋气柜轨道揻弯胎具制作按胎具数量计算。基价是以单套胎具考虑的，如根据施工图需要制作多套胎具时，其工程量按下式计算：

$$1+0.6\times(N-1)$$

四、气柜型钢揻弯胎具制作按胎具数量计算。基价是以单套胎具考虑的，如需要制作多套胎具时，其工程量按下式计算：

$$1+0.4\times(N-1)$$

五、气柜充水、气密、快速升降试验，应根据气柜结构形式和不同容积，按设计图示数量计算。基价包括临时水管线的敷设、拆除和材料摊销量。

六、配重块安装中混凝土预制块按实有体积计算，铸铁块按实际质量计算。若实际采用的配重块与基价不同时，可按实际换算配重块的主材费，其余不得调整。

一、气柜制作、安装
1.螺旋式气柜制作、安装

工作内容：型钢调直、平板、摆料、放样号料、剪切、坡口、冷热成型、组对、焊接、成品矫正、本体附件梯子、平台、栏杆制作、安装。　　　　　　　　单位：t

编　号				5-2222	5-2223	5-2224	5-2225	5-2226	5-2227	5-2228	5-2229	5-2230	5-2231
项　目				容量（m³以内）									
				1000	2500	5000	10000	20000	30000	50000	100000	150000	200000
预算基价	总　　　价（元）			**8624.51**	**8256.65**	**7688.24**	**7132.83**	**6689.96**	**6367.06**	**6046.95**	**5537.62**	**5238.23**	**5045.17**
	人　工　费（元）			5915.70	5702.40	5350.05	4932.90	4568.40	4302.45	4068.90	3681.45	3476.25	3354.75
	材　料　费（元）			532.65	525.96	503.32	468.61	458.08	446.18	428.46	395.98	373.78	361.18
	机　械　费（元）			2176.16	2028.29	1834.87	1731.32	1663.48	1618.43	1549.59	1460.19	1388.20	1329.24
组　成　内　容		单位	单价	数　　量									
人工	综合工	工日	135.00	43.82	42.24	39.63	36.54	33.84	31.87	30.14	27.27	25.75	24.85
材料	主材	t	—	(1.13)	(1.13)	(1.13)	(1.13)	(1.13)	(1.13)	(1.13)	(1.13)	(1.13)	(1.13)
	道木	m³	3660.04	0.01	0.01	0.01	0.01	0.01	0.01	0.01	0.01	0.01	0.01
	木板	m³	1672.03	0.01	0.01	0.01	0.01	0.01	0.01	0.01	0.01	0.01	0.01
	砂子 中砂	t	86.14	0.014	0.014	0.014	0.014	0.014	0.014	0.014	0.014	0.014	0.014
	电焊条 E4303 D3.2	kg	7.59	31.12	30.62	28.96	26.56	25.73	25.00	24.18	22.15	20.43	19.73
	碳钢CO₂焊丝	kg	11.36	0.94	0.87	0.81	0.76	0.72	0.67	0.63	0.56	0.50	0.43
	氧气	m³	2.88	15.89	15.80	15.59	14.58	14.41	14.08	13.26	12.39	11.84	11.31
	乙炔气	kg	14.66	5.300	5.270	5.200	4.860	4.800	4.690	4.420	4.130	3.950	3.770
	二氧化碳气体	m³	1.21	0.65	0.60	0.60	0.55	0.55	0.50	0.50	0.45	0.45	0.42
	尼龙砂轮片 D150	片	6.65	4.00	3.96	3.94	3.91	3.89	3.84	3.77	3.59	3.36	3.15
	尼龙砂轮片 D500×25×4	片	18.69	0.98	0.96	0.96	0.94	0.94	0.93	0.92	0.90	0.88	0.87
	炭精棒 8～12	根	1.71	3.50	3.20	3.10	3.00	3.00	2.80	2.70	2.60	2.40	2.20
	木柴	kg	1.03	3.00	3.00	2.50	2.04	1.90	1.75	1.50	1.00	0.90	0.90
	焦炭	kg	1.25	30.00	30.00	25.00	20.40	18.95	17.50	15.00	10.00	9.00	9.00
	零星材料费	元	—	15.51	15.32	14.66	13.65	13.34	13.00	12.48	11.53	10.89	10.52

编　号			5-2222	5-2223	5-2224	5-2225	5-2226	5-2227	5-2228	5-2229	5-2230	5-2231
项　目			容量（m³以内）									
			1000	2500	5000	10000	20000	30000	50000	100000	150000	200000
组 成 内 容	单位	单价	数　　量									
机	汽车式起重机 8t	台班	767.15	0.43	0.38	0.32	0.30	0.30	0.30	0.30	0.29	0.28	0.27
	汽车式起重机 12t	台班	864.36	0.15	0.14	0.13	0.11	0.11	0.11	0.10	0.10	0.09	0.08
	汽车式起重机 40t	台班	1547.56	0.06	0.06	0.06	0.06	0.07	0.08	0.08	0.08	0.08	0.08
	履带式起重机 15t	台班	759.77	0.36	0.32	0.25	0.21	0.21	0.19	0.18	0.17	0.16	0.15
	载货汽车 5t	台班	443.55	0.10	0.10	0.10	0.19	0.18	0.18	0.17	0.17	0.16	0.16
	载货汽车 12t	台班	695.42	0.18	0.16	0.13	0.12	0.11	0.11	0.10	0.10	0.09	0.08
	直流弧焊机 30kW	台班	92.43	3.33	3.24	3.08	3.03	2.96	2.83	2.80	2.76	2.74	2.69
	交流弧焊机 32kV·A	台班	87.97	4.00	3.77	3.53	3.10	2.72	2.54	2.32	1.87	1.64	1.52
	二氧化碳气体保护焊机 250A	台班	64.76	0.21	0.19	0.17	0.15	0.13	0.13	0.12	0.11	0.10	0.09
	电焊条烘干箱 800×800×1000	台班	51.03	0.73	0.70	0.66	0.61	0.57	0.54	0.51	0.46	0.44	0.42
	电焊条烘干箱 600×500×750	台班	27.16	0.73	0.70	0.66	0.61	0.57	0.54	0.51	0.46	0.44	0.42
	半自动切割机 100mm	台班	88.45	0.97	0.93	0.89	0.88	0.75	0.69	0.65	0.59	0.56	0.53
	砂轮切割机 D500	台班	39.52	0.28	0.25	0.22	0.20	0.18	0.17	0.16	0.15	0.14	0.13
	剪板机 20×2500	台班	329.03	0.08	0.08	0.08	0.08	0.08	0.08	0.08	0.08	0.08	0.08
	卷板机 20×2500	台班	273.51	0.18	0.16	0.14	0.12	0.10	0.10	0.09	0.08	0.07	0.06
	卷板机 40×3500	台班	516.54	0.04	0.04	0.04	0.04	0.04	0.04	0.04	0.04	0.04	0.04
	刨边机 12000mm	台班	566.55	0.06	0.06	0.06	0.06	0.06	0.06	0.06	0.06	0.06	0.06
械	摩擦压力机 1600kN	台班	307.31	0.07	0.06	0.05	0.04	0.04	0.04	0.04	0.03	0.03	0.03
	摇臂钻床 D63	台班	42.00	0.12	0.11	0.09	0.08	0.08	0.07	0.07	0.05	0.04	0.03
	真空泵 204m³/h	台班	59.76	0.01	0.01	0.01	0.01	0.01	0.01	0.01	0.01	0.01	0.01
	轴流风机 7.5kW	台班	42.17	0.38	0.34	0.31	0.27	0.25	0.25	0.24	0.23	0.19	0.19
	内燃空气压缩机 9m³	台班	450.35	0.40	0.38	0.36	0.33	0.31	0.29	0.27	0.24	0.23	0.22

2.直升式气柜制作、安装

工作内容: 型钢调直、平板、摆料、放样号料、切割、剪切、坡口、冷热成型、组对、焊接、矫正、附件梯子、平台、栏杆制作、验收、安装。　　　　　　　　　　　　单位:t

编　号			5-2232	5-2233	5-2234	5-2235	5-2236
项　目			容量(m³以内)				
			100	200	400	600	1000
预算基价	总　　　价(元)		**9694.90**	**9462.62**	**9243.84**	**8780.34**	**8076.84**
	人　工　费(元)		6550.20	6404.40	6255.90	5981.85	5483.70
	材　料　费(元)		616.76	606.44	588.79	527.50	496.40
	机　械　费(元)		2527.94	2451.78	2399.15	2270.99	2096.74
组成内容	单位	单价	数　　　量				
人工	综合工	工日	135.00	48.52	47.44	46.34	44.31	40.62
材料	主材	t	—	(1.1)	(1.1)	(1.1)	(1.1)	(1.1)
	道木	m³	3660.04	0.03	0.03	0.03	0.02	0.02
	木板	m³	1672.03	0.01	0.01	0.01	0.01	0.01
	电焊条 E4303 D3.2	kg	7.59	33.16	32.49	30.88	29.52	27.05
	乙炔气	kg	14.66	4.920	4.810	4.690	4.490	4.100
	氧气	m³	2.88	14.77	14.42	14.06	13.47	12.29
	尼龙砂轮片 D150	片	6.65	3.69	3.59	3.49	3.53	3.42
	尼龙砂轮片 D500×25×4	片	18.69	1.19	1.12	1.06	1.01	0.97
	炭精棒 8~12	根	1.71	6.90	6.70	6.50	6.20	5.70
	木柴	kg	1.03	3.5	3.5	3.5	3.0	3.0
	焦炭	kg	1.25	35	35	35	30	30
	零星材料费	元	—	17.96	17.66	17.15	15.36	14.46
机械	汽车式起重机 8t	台班	767.15	0.19	0.18	0.18	0.17	0.16

单位：t

编　号			5-2232	5-2233	5-2234	5-2235	5-2236
项　目			容量(m³以内)				
			100	200	400	600	1000
组 成 内 容	单位	单价	数　量				
汽车式起重机 12t	台班	864.36	0.10	0.10	0.10	0.09	0.08
履带式起重机 15t	台班	759.77	0.86	0.84	0.82	0.78	0.72
载货汽车 5t	台班	443.55	0.19	0.18	0.18	0.17	0.16
载货汽车 12t	台班	695.42	0.28	0.27	0.26	0.25	0.23
直流弧焊机 30kW	台班	92.43	0.96	0.91	0.87	0.83	0.76
交流弧焊机 32kV·A	台班	87.97	8.04	7.84	7.63	7.30	6.70
电焊条烘干箱 800×800×1000	台班	51.03	0.90	0.88	0.85	0.81	0.75
电焊条烘干箱 600×500×750	台班	27.16	0.90	0.88	0.85	0.81	0.75
砂轮切割机 D500	台班	39.52	0.35	0.31	0.31	0.29	0.26
半自动切割机 100mm	台班	88.45	1.04	1.02	0.99	0.95	0.87
剪板机 20×2500	台班	329.03	0.05	0.05	0.05	0.04	0.04
卷板机 20×2500	台班	273.51	0.16	0.15	0.15	0.14	0.13
板料校平机 16×2000	台班	1117.56	0.05	0.05	0.05	0.04	0.04
刨边机 12000mm	台班	566.55	0.17	0.16	0.16	0.15	0.14
摩擦压力机 1600kN	台班	307.31	0.10	0.09	0.09	0.09	0.08
摇臂钻床 D63	台班	42.00	0.13	0.13	0.13	0.12	0.11
真空泵 204m³/h	台班	59.76	0.01	0.01	0.01	0.01	0.01
内燃空气压缩机 6m³	台班	330.12	0.43	0.42	0.41	0.39	0.36

机

械

3.配重块安装

工作内容：吊装、就位、固定。

编　号			5-2237	5-2238
项　　目			混凝土预制块 （m³）	铸铁块 （t）
预算基价	总　　价（元）		**432.92**	**340.25**
	人　工　费（元）		59.40	48.60
	材　料　费（元）		221.91	170.26
	机　械　费（元）		151.61	121.39
组 成 内 容		单位	单价	数　　量
人工	综合工	工日	135.00	0.44	0.36
材料	混凝土预制块	m³	—	(1.03)	—
	铸铁块	kg	—	—	(1000)
	热轧角钢	t	3685.48	0.0520	0.0395
	氧气	m³	2.88	0.38	0.29
	乙炔气	kg	14.66	0.130	0.100
	电焊条 E4303 D3.2	kg	7.59	2.20	1.88
	零星材料费	元	—	10.57	8.11
机械	载货汽车 5t	台班	443.55	0.11	0.09
	汽车式起重机 8t	台班	767.15	0.09	0.07
	直流弧焊机 20kW	台班	75.06	0.45	0.37

497

二、胎具制作、安装与拆除
1.直升式气柜组装胎具制作

工作内容：调直、摆料、放样号料、切割、成型、组对、焊接、矫正、打磨。

单位：座

编　号			5-2239	5-2240	5-2241	5-2242	5-2243
项　目			容量（m³以内）				
			100	200	400	600	1000
预算基价	总　　价（元）		**8927.98**	**12185.54**	**18116.75**	**24689.24**	**35587.97**
	人　工　费（元）		3110.40	4124.25	5910.30	7917.75	11209.05
	材　料　费（元）		3735.87	5277.76	8086.77	11302.68	16623.86
	机　械　费（元）		2081.71	2783.53	4119.68	5468.81	7755.06
组　成　内　容	单位	单价	数　　量				
人工	综合工	工日	135.00	23.04	30.55	43.78	58.65	83.03
材料	普碳钢板 δ4～16	t	3710.44	0.062	0.088	0.148	0.256	0.331
	热轧角钢 ＞50×5	t	3671.62	0.163	0.233	0.302	0.370	0.750
	热轧槽钢 14#～20#	t	3567.49	0.466	0.666	1.131	1.467	2.037
	圆钢 D≤37	t	3884.17	0.068	0.097	0.125	0.190	0.209
	热轧一般无缝钢管 D57～219	t	4525.02	0.064	0.091	0.118	0.267	0.447
	六角带帽螺栓 M＞12	kg	8.31	32.9	42.3	60.2	76.5	101.9
	电焊条 E4303 D3.2	kg	7.59	24.69	34.08	51.07	68.85	98.12
	氧气	m³	2.88	13.17	18.21	27.36	35.70	50.95
	乙炔气	kg	14.66	4.390	6.070	9.120	11.900	16.980
	尼龙砂轮片 D150	片	6.65	2.90	3.90	5.80	7.50	10.40
	零星材料费	元	—	108.81	153.72	235.54	329.20	484.19
机械	汽车式起重机 8t	台班	767.15	1.27	1.73	2.61	3.49	5.03
	载货汽车 5t	台班	443.55	1.14	1.56	2.35	3.14	4.53
	直流弧焊机 30kW	台班	92.43	5.49	7.10	10.21	13.50	18.51
	电焊条烘干箱 600×500×750	台班	27.16	0.69	0.89	1.28	1.69	2.31
	摇臂钻床 D63	台班	42.00	1.8	2.0	2.3	2.5	2.7

2.直升式气柜组装胎具安装、拆除

工作内容：组装、焊接、紧固螺栓、切割、拆除。

单位：座

	编　号			5-2244	5-2245	5-2246	5-2247	5-2248
	项　目			容量（m³以内）				
				100	200	400	600	1000
预算基价	总　价（元）			**4969.07**	**6837.22**	**10199.70**	**13554.38**	**19096.44**
	人　工　费（元）			2666.25	3649.05	5417.55	7094.25	9680.85
	材　料　费（元）			103.95	130.01	180.54	239.04	341.09
	机　械　费（元）			2198.87	3058.16	4601.61	6221.09	9074.50
	组 成 内 容	单位	单价	数　量				
人工	综合工	工日	135.00	19.75	27.03	40.13	52.55	71.71
材料	电焊条 E4303 D3.2	kg	7.59	6.57	7.24	8.88	11.79	16.59
	氧气	m³	2.88	6.58	9.17	13.89	18.36	26.42
	乙炔气	kg	14.66	2.190	3.060	4.630	6.120	8.810
	零星材料费	元	—	3.03	3.79	5.26	6.96	9.93
机械	汽车式起重机 8t	台班	767.15	1.48	2.09	3.21	4.34	6.34
	载货汽车 5t	台班	443.55	1.92	2.72	4.17	5.64	8.24
	直流弧焊机 30kW	台班	92.43	2.21	2.59	3.02	4.07	5.80
	电焊条烘干箱 600×500×750	台班	27.16	0.28	0.33	0.38	0.51	0.73

3.螺旋式气柜组装胎具制作

工作内容： 调直、摆料、放样号料、切割、剪切、卷弧、钻孔、成型、组对、焊接、矫正。

单位：座

编 号			5-2249	5-2250	5-2251	5-2252	5-2253	5-2254	5-2255	5-2256	5-2257	5-2258
项 目			容量（m³以内）									
			1000	2500	5000	10000	20000	30000	50000	100000	150000	200000
预算基价	总 价（元）		30378.10	51632.58	62283.66	79269.08	93108.82	119323.09	153382.03	218048.62	251625.86	279688.02
	人 工 费（元）		9108.45	15606.00	19791.00	28687.50	34997.40	46481.85	64577.25	98910.45	122611.05	132663.15
	材 料 费（元）		14850.35	25053.71	28671.57	34085.41	38496.61	49440.37	62356.22	85071.58	92204.49	106579.05
	机 械 费（元）		6419.30	10972.87	13821.09	16496.17	19614.81	23400.87	26448.56	34066.59	36810.32	40445.82
组 成 内 容	单位	单价	数 量									
人工 综合工	工日	135.00	67.47	115.60	146.60	212.50	259.24	344.31	478.35	732.67	908.23	982.69
材料 普碳钢板 δ4～16	t	3710.44	0.847	1.830	2.192	2.440	2.451	3.081	3.786	3.870	3.902	4.739
热轧角钢 ＞50×5	t	3671.62	0.438	0.876	1.198	1.600	1.628	1.693	2.146	2.618	3.139	3.557
热轧槽钢 14#～20#	t	3567.49	1.409	1.742	1.870	2.076	2.691	3.760	4.574	5.418	6.163	7.085
热轧一般无缝钢管 D57～325	t	4558.50	0.617	1.120	1.128	1.437	1.705	2.412	3.396	6.695	7.052	8.169
六角带帽螺栓 M＞12	kg	8.31	96	162	212	227	274	328	351	388	409	444
电焊条 E4303 D3.2	kg	7.59	82.78	136.42	135.34	177.50	194.93	246.29	305.84	399.92	425.38	482.78
氧气	m³	2.88	43.93	66.28	73.24	105.16	126.70	144.18	168.99	279.92	307.05	329.29
乙炔气	kg	14.66	14.640	22.090	24.410	35.050	42.230	48.060	56.330	93.310	102.350	109.760
尼龙砂轮片 D150	片	6.65	9.10	15.20	20.10	23.70	28.70	34.40	39.70	51.20	55.70	61.00
零星材料费	元	—	432.53	729.72	835.09	992.78	1121.26	1440.01	1816.20	2477.81	2685.57	3104.24
机械 汽车式起重机 8t	台班	767.15	4.14	6.96	9.13	10.79	13.04	15.64	18.04	23.25	25.32	27.71
载货汽车 5t	台班	443.55	3.73	6.26	8.22	9.71	11.74	14.08	16.24	20.93	22.79	24.94
直流弧焊机 30kW	台班	92.43	15.55	28.79	31.74	39.17	43.99	51.38	53.64	68.95	72.10	80.46
电焊条烘干箱 600×500×750	台班	27.16	1.56	2.88	3.17	3.92	4.40	5.14	5.36	6.90	7.12	8.05
摇臂钻床 D63	台班	42.00	2.6	2.8	3.6	4.4	5.2	6.4	7.2	9.2	10.0	11.2

4.螺旋式气柜组装胎具安装、拆除

工作内容: 组装、焊接、紧固螺栓、切割、拆除、清理现场、材料堆放。 单位:座

编　号				5-2259	5-2260	5-2261	5-2262	5-2263	5-2264	5-2265	5-2266	5-2267	5-2268
项　目				容量(m³以内)									
				1000	2500	5000	10000	20000	30000	50000	100000	150000	200000
预算基价	总　价(元)			10320.91	14010.48	18413.60	25542.33	33658.18	44238.87	58824.29	65684.83	74280.38	78744.86
	人　工　费(元)			8618.40	11260.35	14777.10	21311.10	28377.00	37269.45	51268.95	55857.60	63328.50	66831.75
	材　料　费(元)			237.47	381.31	453.86	523.69	611.73	808.99	968.20	1410.87	1634.79	1801.75
	机　械　费(元)			1465.04	2368.82	3182.64	3707.54	4669.45	6160.43	6587.14	8416.36	9317.09	10111.36
组　成　内　容		单位	单价	数　量									
人工	综合工	工日	135.00	63.84	83.41	109.46	157.86	210.20	276.07	379.77	413.76	469.10	495.05
材料	电焊条 E4303 D3.2	kg	7.59	6.65	9.45	13.60	15.20	21.00	30.67	32.80	60.56	80.61	83.46
	氧气	m³	2.88	23.18	38.43	43.45	50.61	55.94	71.15	88.97	117.19	125.58	143.66
	乙炔气	kg	14.66	7.730	12.810	14.480	16.870	18.650	23.720	29.660	39.060	41.860	47.890
	零星材料费	元	—	6.92	11.11	13.22	15.25	17.82	23.56	28.20	41.09	47.62	52.48
机械	汽车式起重机 8t	台班	767.15	0.83	1.39	1.83	2.16	2.61	3.13	3.61	4.65	5.06	5.54
	载货汽车 5t	台班	443.55	1.08	1.81	2.38	2.81	3.39	4.70	4.69	6.05	6.58	7.20
	直流弧焊机 30kW	台班	92.43	3.67	5.25	7.60	8.45	12.23	17.60	18.26	22.76	26.45	28.04
	电焊条烘干箱 600×500×750	台班	27.16	0.37	0.53	0.76	0.85	1.22	1.76	1.83	2.28	2.65	2.80

5.螺旋式气柜轨道搣弯胎具制作

工作内容： 调直、摆料、放样号料、切割、剪切、卷弧、钻孔、成型、组对、焊接、矫正。

单位：套

编　号			5-2269	5-2270	5-2271	5-2272	5-2273	5-2274	5-2275	5-2276	5-2277	5-2278
项　目			容量（m³以内）									
			1000	2500	5000	10000	20000	30000	50000	100000	150000	200000
预算基价	总　价（元）		**9109.61**	**9961.69**	**11095.69**	**11909.65**	**12775.93**	**13449.40**	**14188.84**	**16179.85**	**17657.00**	**18931.02**
	人　工　费（元）		2821.50	3103.65	3385.80	3667.95	3950.10	4091.85	4302.45	4796.55	5078.70	5360.85
	材　料　费（元）		4797.82	5153.58	5761.38	6059.92	6466.54	6881.62	7107.36	8210.67	9172.40	9898.10
	机　械　费（元）		1490.29	1704.46	1948.51	2181.78	2359.29	2475.93	2779.03	3172.63	3405.90	3672.07
组　成　内　容	单位	单价	数　　量									
人工　综合工	工日	135.00	20.90	22.99	25.08	27.17	29.26	30.31	31.87	35.53	37.62	39.71
材料　普碳钢板 δ8～20	t	3684.69	0.550	0.590	0.628	0.648	0.661	0.675	0.730	0.785	0.942	0.997
热轧角钢 63	t	3767.43	0.048	0.096	0.145	0.192	0.216	0.241	0.241	0.265	0.289	0.313
热轧槽钢 5#～16#	t	3587.47	0.620	0.620	0.689	0.689	0.758	0.827	0.827	1.033	1.102	1.208
电焊条 E4303 D3.2	kg	7.59	20.4	22.4	24.5	26.5	27.5	28.6	30.6	32.6	34.7	36.7
氧气	m³	2.88	5.80	5.80	5.80	8.70	8.70	8.70	8.70	11.60	11.60	13.50
乙炔气	kg	14.66	1.930	1.930	1.930	2.900	2.900	2.900	2.900	3.870	3.870	4.500
尼龙砂轮片 D150	片	6.65	4.00	4.30	4.60	4.80	5.00	5.20	5.40	5.60	5.80	6.00
零星材料费	元	—	139.74	150.10	167.81	176.50	188.35	200.44	207.01	239.15	267.16	288.29
机械　汽车式起重机 8t	台班	767.15	1.00	1.10	1.20	1.40	1.51	1.61	1.80	2.00	2.20	2.40
载货汽车 5t	台班	443.55	0.90	0.99	1.08	1.26	1.36	1.45	1.62	1.80	1.98	2.16
直流弧焊机 30kW	台班	92.43	2.04	3.06	4.08	4.08	4.59	4.59	5.10	6.12	6.12	6.12
电焊条烘干箱 600×500×750	台班	27.16	0.26	0.38	0.51	0.51	0.57	0.57	0.64	0.77	0.77	0.77
剪板机 20×2500	台班	329.03	0.39	0.39	0.48	0.48	0.48	0.48	0.58	0.77	0.77	0.87

6.螺旋式气柜型钢揻弯胎具制作

工作内容：调直、摆料、放样号料、切割、剪切、卷弧、钻孔、成型、组对、焊接、矫正。

单位：套

编　号			5-2279	5-2280	5-2281	5-2282	5-2283	5-2284	5-2285	5-2286	5-2287
项　目			容量（m³以内）								
			2500	5000	10000	20000	30000	50000	100000	150000	200000
预算基价	总　　价（元）		**6326.90**	**7859.53**	**8508.01**	**9394.24**	**9881.48**	**10416.36**	**11097.28**	**12393.59**	**13536.23**
	人　工　费（元）		2527.20	2737.80	2948.40	3018.60	3159.00	3299.40	3369.60	3650.40	3861.00
	材　料　费（元）		2097.27	2901.64	3343.01	3889.57	4099.55	4321.67	4645.18	5377.02	5987.74
	机　械　费（元）		1702.43	2220.09	2216.60	2486.07	2622.93	2795.29	3082.50	3366.17	3687.49
组　成　内　容	单位	单价	数　量								
人工 综合工	工日	135.00	18.72	20.28	21.84	22.36	23.40	24.44	24.96	27.04	28.60
材料 普碳钢板 δ8～20	t	3684.69	0.400	0.550	0.652	0.730	0.770	0.810	0.870	0.990	1.110
热轧工字钢 ＞18	t	3616.33	0.100	0.150	0.160	0.180	0.190	0.200	0.217	0.260	0.289
电焊条 E4303 D3.2	kg	7.59	15.6	18.7	20.7	21.8	22.8	23.8	24.8	31.0	34.1
氧气	m³	2.88	8.80	11.70	11.70	13.60	14.60	16.60	18.50	21.40	21.40
乙炔气	kg	14.66	2.930	3.900	3.900	4.530	4.870	5.530	6.170	7.130	7.130
尼龙砂轮片 D150	片	6.65	2.10	2.30	2.50	2.60	2.70	2.80	2.90	3.10	3.30
热轧一般无缝钢管 D(77～90)×(4.5～7.0)	t	4205.24	—	—	—	0.035	0.036	0.038	0.040	0.050	0.055
零星材料费	元	—	61.09	84.51	97.37	113.29	119.40	125.87	135.30	156.61	174.40
机械 汽车式起重机 8t	台班	767.15	1.1	1.2	1.4	1.6	1.7	1.8	2.0	2.2	2.4
载货汽车 5t	台班	443.55	0.99	1.80	1.26	1.44	1.53	1.62	1.80	1.98	2.16
直流弧焊机 30kW	台班	92.43	2.59	3.10	3.62	3.62	3.83	3.93	4.14	4.65	5.17
电焊条烘干箱 600×500×750	台班	27.16	0.33	0.39	0.45	0.45	0.48	0.98	1.04	1.16	1.30
剪板机 20×2500	台班	329.03	0.52	0.62	0.72	0.83	0.83	0.93	1.03	1.03	1.14

三、低压湿式气柜充水、气密、快速升降试验

工作内容：临时管线、阀门、盲板安装与拆除、气柜内部清理、设备封口、装水、充气、检查调整导轮、配重块及快速升降试验。　　　　　　　　　　　　　　单位：座

编　号			5-2288	5-2289	5-2290	5-2291	5-2292	5-2293
项　目			直升式	螺旋式				
			气柜容量（m³以内）					
			1000	1000	2500	5000	10000	20000
预算基价	总　　价（元）		**10542.59**	**17656.90**	**34178.76**	**41621.06**	**61130.15**	**89477.44**
	人　工　费（元）		4657.50	5535.00	7560.00	9382.50	12285.00	13432.50
	材　料　费（元）		4743.15	10831.15	24238.84	29281.06	37181.03	64517.64
	机　械　费（元）		1141.94	1290.75	2379.92	2957.50	11664.12	11527.30
组 成 内 容	单位	单价	数　　量					
人工 综合工	工日	135.00	34.50	41.00	56.00	69.50	91.00	99.50
材料 焊接钢管 DN50	m	18.68	10	10	—	—	—	—
截止阀 J41H-16 DN50	个	218.36	0.05	0.05	—	—	—	—
平焊法兰 1.6MPa DN50	个	22.98	0.2	0.2	—	—	—	—
压制弯头 90° DN50	个	8.36	0.1	0.1	—	—	—	—
盲板	kg	9.70	2.0	3.3	5.8	14.5	14.5	19.5
水	m³	7.62	556	1324	3000	3623	4624	8130
石棉橡胶板 低压 δ0.8～6.0	kg	19.35	2.18	4.82	6.42	8.26	10.57	10.79
橡胶板 δ1～3	kg	11.26	1.0	1.0	2.0	2.0	2.0	2.5
精制六角带帽螺栓	kg	8.64	7.00	8.63	11.38	15.73	19.70	20.54
电焊条 E4303 D3.2	kg	7.59	4	6	8	10	12	13
氧气	m³	2.88	6.00	9.02	12.00	15.01	18.00	19.50
乙炔气	kg	14.66	2.000	3.010	4.000	5.000	6.000	6.500
焊接钢管 DN100	m	41.28	—	—	10	10	10	10
截止阀 J41H-16 DN100	个	472.62	—	—	0.05	0.05	0.05	0.05
平焊法兰 1.6MPa DN100	个	48.19	—	—	0.2	0.2	0.2	0.2
压制弯头 90° DN100	个	22.53	—	—	0.1	0.1	0.1	0.1
零星材料费	元	—	93.00	212.38	475.27	574.14	729.04	1265.05
机械 直流弧焊机 30kW	台班	92.43	2.0	3.0	4.0	5.0	6.0	6.5
电动单级离心清水泵 D50	台班	28.19	2	4	—	—	—	—
电动单级离心清水泵 D100	台班	34.80	—	—	6	7	10	—
内燃空气压缩机 9m³	台班	450.35	2	2	4	5	—	—
内燃空气压缩机 40m³	台班	3587.18	—	—	—	—	3	3
鼓风机 18m³	台班	41.24	—	—	—	—	—	4.0

编　　号			5-2294	5-2295	5-2296	5-2297	5-2298
项　　目			螺旋式				
			气柜容量（m³以内）				
			30000	50000	100000	150000	200000
预算基价	总　　价（元）		**118801.36**	**149412.03**	**286130.48**	**351143.50**	**415049.29**
	人　工　费（元）		14310.00	16335.00	24840.00	33885.00	41850.00
	材　料　费（元）		92165.02	120426.62	251552.38	306627.77	361675.93
	机　械　费（元）		12326.34	12650.41	9738.10	10630.73	11523.36
组　成　内　容	单位	单价	数　　　　量				
人工 综合工	工日	135.00	106.00	121.00	184.00	251.00	310.00
材料 焊接钢管 DN150	m	68.51	10	10	10	10	10
截止阀 J41H-16 DN150	个	922.11	0.05	0.05	0.10	0.10	0.10
平焊法兰 1.6MPa DN150	个	79.27	0.2	0.2	0.2	0.2	0.2
压制弯头 90° DN150	个	60.86	0.1	0.1	0.1	0.1	0.1
盲板	kg	9.70	24.5	24.5	42.3	42.3	43.3
水	m³	7.62	11636	15263	32084	39135	46186
石棉橡胶板 低压 δ0.8～6.0	kg	19.35	11.00	12.12	14.10	15.26	16.42
橡胶板 δ1～3	kg	11.26	3.0	3.0	4.0	4.0	4.0
精制六角带帽螺栓	kg	8.64	21.38	22.49	26.35	32.37	38.39
电焊条 E4303 D3.2	kg	7.59	14	16	20	30	40
氧气	m³	2.88	21.01	24.00	30.00	45.00	55.00
乙炔气	kg	14.66	7.000	8.000	10.000	15.000	18.500
零星材料费	元	—	1807.16	2361.31	4932.40	6012.31	7091.68
机械 内燃空气压缩机 40m³	台班	3587.18	3	3	2	2	2
电动单级离心清水泵 D100	台班	34.80	—	—	40	50	60
电动单级离心清水泵 D150	台班	57.91	13	17	—	—	—
直流弧焊机 30kW	台班	92.43	7.0	8.0	10.0	15.0	20.0
鼓风机 18m³	台班	41.24	4.0	4.0	6.0	8.0	10.0

第九章　工艺金属结构制作、安装

说　　明

一、本章适用范围：工艺安装工程中的工艺金属结构、烟囱烟道、火炬、排气筒、漏斗、料仓等的制作、安装及钢板组合工字钢与型钢圈的制作工程。

二、本章基价为工艺安装工程有关的工艺金属结构制作、安装工程，不适用于建筑工程。

三、本章基价中不包括以下工作内容：

1. 除锈、刷油、防腐衬里和防火层敷设。

2. 无损探伤检验。

3. 胎具和加固件的制作、安装与拆除。

4. 烟囱、火炬等的防雷接地。

5. 烟囱缆风绳地锚的埋设。

6. 预热与后热。

7. 组装平台的铺设与拆除。

8. 锻件、机加工件的外购费用。

9. 火炬点火装置、自控装置的安装。

四、本章基价系综合测算取定，除另有规定外，不得因施工方法不同而进行调整。

五、角钢撇八字按角钢圈撼制子目乘以系数 1.10。

六、格栅板按原材料供货，需在现场下料制作；若格栅板系成品供货时，子目乘以系数 0.90，主材格栅板的质量不得计算损耗率。

七、金属结构的格栅板连接，是按比例综合取定其螺栓连接和焊接的工程量，执行基价时不得调整。

八、火炬、排气筒的筒体制作组对是按钢板卷制计算的，如采用无缝钢管时，除主材外均乘以系数 0.60。

九、火炬、排气筒是按金属抱杆整体吊装计算的。有变化时，按施工组织设计另行计算。

十、火炬、排气筒筒体制作组对子目内，除包括引火管预制安装外，如有其他配管应另行计算。

十一、型钢撼制项目是以现场施工条件取定的，若超出本章基价型钢撼制规格以外的型钢撼弯的子目，按外委加工计价。一个工地同时撼制同样材料、同样规格、同样直径的型钢圈，不论撼制批量多少，只能计算一次胎具。胎具用料已将回收值从基价内扣除，不再摊销。

十二、大型金属结构采用整体或分片、分段安装需要增加加固件时，可执行本册基价的设备整体安装加固件子目。

工程量计算规则

一、联合平台制作、安装：依据每组质量和平台板材质量，按设计图示尺寸以质量计算，包括平台上梯子、栏杆、扶手质量，不扣除孔眼和切角所占质量。

注：多角形连接筋板质量以图示最长边和最宽边尺寸，按矩形面积计算。

二、平台制作、安装：依据构造形式、每组质量和平台板材料，按设计图示尺寸以质量计算，不扣除孔眼和切角所占质量。

注：多角形连接筋板质量以图示最长边和最宽边尺寸，按矩形面积计算。

三、梯子、栏杆、扶手制作、安装：依据名称、构造形式和踏步材料，按设计图示尺寸以质量计算。

四、桁架、管廊、设备框架、单梁结构制作、安装：依据桁架每组质量、管廊高度和设备框架跨度，按设计图示尺寸以质量计算，不扣除孔眼和切角所占质量。

注：多角形连接筋板质量以图示最长边和最宽边尺寸，按矩形面积计算。

五、设备支架制作、安装：依据支架每组质量，按设计图示尺寸以质量计算，不扣除孔眼和切角所占质量。

注：多角形连接筋板质量以图示最长边和最宽边尺寸，按矩形面积计算。

六、漏斗、料仓制作、安装：依据材质、漏斗形状和每组质量，按设计图示尺寸以质量计算，不扣除孔眼和切角所占质量。

七、烟囱、烟道制作、安装：依据烟囱直径范围和烟道构造形式，按设计图示尺寸以质量计算，不扣除孔眼和切角所占质量。

注：烟囱、烟道的金属质量包括筒体、弯头、异径过渡段、加强圈、人孔、清扫孔、检查孔等全部质量。

八、火炬及排气筒制作、安装：依据材质、筒体直径和质量，按设计图示尺寸以质量计算。火炬、排气筒整体吊装，按设计图示数量计算。

注：火炬、排气筒筒体按设计图示尺寸计算，不扣除孔洞所占面积及配件的质量。

九、火炬头安装应按其直径按设计图示数量计算。

十、钢板组合工字钢（H型钢）的制作，根据板厚和高度，按设计图示尺寸以质量计算，不扣除孔眼和切角所占质量。

十一、型钢圈制作应根据型钢种类、型钢圈的规格按设计图示尺寸以质量计算。

十二、型钢圈掫制胎具根据胎具规格按胎具数量计算。

一、工艺金属结构制作、安装

1.桁架、管廊、设备框架、单梁结构制作、安装

工作内容: 放样、号料、切割、剪切、调直、坡口、修口、组对、焊接、吊装就位、找正、焊接、垫铁点固、紧固螺栓。

单位：t

编 号			5-2299	5-2300	5-2301	5-2302	5-2303	5-2304	5-2305	5-2306
项 目			桁架制作、安装				管廊制作、安装			
			每组质量(t)				高度(m)			
			2	5	10	10以外	3	5	10	10以外
预算基价	总 价(元)		**4639.75**	**4145.36**	**3937.05**	**3855.77**	**3890.65**	**4034.39**	**4216.02**	**4398.91**
	人 工 费(元)		3150.90	2758.05	2625.75	2477.25	2450.25	2573.10	2727.00	2882.25
	材 料 费(元)		348.41	302.79	276.52	262.92	389.08	406.76	428.00	445.59
	机 械 费(元)		1140.44	1084.52	1034.78	1115.60	1051.32	1054.53	1061.02	1071.07
组 成 内 容	单位	单价	数 量							
人工 综合工	工日	135.00	23.34	20.43	19.45	18.35	18.15	19.06	20.20	21.35
材料 主材	t	—	(1.06)	(1.06)	(1.06)	(1.06)	(1.06)	(1.06)	(1.06)	(1.06)
木材 方木	m³	2716.33	0.01	0.01	0.01	0.01	0.01	0.01	0.01	0.01
六角带帽螺栓 M>12	kg	8.31	1.25	1.25	1.25	1.23	1.15	1.23	1.30	1.30
电焊条 E4303 D3.2	kg	7.59	27.43	24.03	22.86	21.57	26.74	28.09	29.80	31.46
氧气	m³	2.88	10.59	8.31	6.23	5.88	8.22	8.64	9.16	9.67
乙炔气	kg	14.66	3.530	2.770	2.080	1.960	2.740	2.880	3.050	3.220
尼龙砂轮片 D100×16×3	片	3.92	1.79	1.70	1.63	1.54	1.58	1.67	1.77	1.86
钢板垫板	t	4954.18	—	—	—	—	0.0130	0.0135	0.0140	0.0140
零星材料费	元	—	13.40	11.65	10.64	10.11	14.96	15.64	16.46	17.14
机械 汽车式起重机 8t	台班	767.15	0.85	0.85	0.81	0.77	0.83	0.81	0.79	0.77
载货汽车 6t	台班	461.82	0.07	0.07	0.07	—	0.07	0.07	0.07	0.07
载货汽车 10t	台班	574.62	0.02	0.02	0.02	0.02	0.02	0.02	0.02	0.02
直流弧焊机 20kW	台班	75.06	4.76	4.17	3.97	3.75	4.46	4.69	4.97	5.25
电焊条烘干箱 600×500×750	台班	27.16	0.48	0.42	0.40	0.38	0.44	0.46	0.49	0.52
剪板机 20×2500	台班	329.03	0.22	0.19	0.18	0.17	0.07	0.07	0.07	0.08
平板拖车组 30t	台班	1263.97	—	—	—	0.13	—	—	—	—
立式钻床 D25	台班	6.78	0.27	0.25	0.22	0.20	0.15	0.11	0.11	0.12
立式钻床 D50	台班	20.33	—	—	—	—	—	0.05	0.05	0.06

单位：t

编　号			5-2307	5-2308	5-2309	5-2310
项　目			设备框架制作、安装			单梁结构
			跨度(m)			
			10	20	20以外	
预算基价	总　　价(元)		**4516.19**	**4680.17**	**4921.35**	**3925.34**
	人　工　费(元)		2643.30	2936.25	3258.90	2527.20
	材　料　费(元)		412.00	434.95	462.01	266.60
	机　械　费(元)		1460.89	1308.97	1200.44	1131.54
组　成　内　容	单位	单价	数　　量			
人工 综合工	工日	135.00	19.58	21.75	24.14	18.72
材料 主材	t	—	(1.06)	(1.06)	(1.06)	(1.06)
木材 方木	m³	2716.33	0.01	0.01	0.01	0.01
钢板垫板	t	4954.18	0.0055	0.0050	0.0045	—
六角带帽螺栓 M>12	kg	8.31	0.25	0.30	0.50	—
电焊条 E4303 D3.2	kg	7.59	26.2	28.0	30.0	20.0
氧气	m³	2.88	17.05	18.21	19.62	9.00
乙炔气	kg	14.66	5.680	6.070	6.540	3.000
尼龙砂轮片 D100×16×3	片	3.92	2.15	2.51	2.69	1.91
零星材料费	元	—	15.85	16.73	17.77	10.25
机械 汽车式起重机 8t	台班	767.15	0.70	0.53	0.40	0.55
汽车式起重机 16t	台班	971.12	0.16	0.12	0.09	0.20
汽车式起重机 40t	台班	1547.56	0.12	0.13	0.14	—
载货汽车 6t	台班	461.82	0.07	0.07	0.07	0.07
载货汽车 10t	台班	574.62	0.02	0.02	0.02	0.02
直流弧焊机 20kW	台班	75.06	4.01	4.28	4.59	2.90
电焊条烘干箱 600×500×750	台班	27.16	0.40	0.43	0.46	0.31
剪板机 20×2500	台班	329.03	0.15	0.13	0.11	0.13
立式钻床 D25	台班	6.78	0.12	0.12	0.12	0.17
平板拖车组 15t	台班	1007.72	—	—	—	0.20
平板拖车组 30t	台班	1263.97	0.14	0.13	0.12	—

512

2.联合平台制作、安装

工作内容:放样、号料、切割、剪切、调直、型钢撮制、坡口、修口、组对、焊接、吊装就位、找正、焊接、垫铁点固、紧固螺栓。

单位:t

编 号			5-2311	5-2312	5-2313	5-2314	5-2315	5-2316
项 目			花纹板式平台					
			每组质量(t)					
			10	20	40	60	80	80以外
预算基价	总 价(元)		**5591.01**	**5650.09**	**6162.61**	**7650.01**	**7233.19**	**6766.55**
	人 工 费(元)		3438.45	3268.35	3231.90	3025.35	2924.10	2716.20
	材 料 费(元)		475.92	441.96	414.73	399.03	387.28	375.55
	机 械 费(元)		1676.64	1939.78	2515.98	4225.63	3921.81	3674.80
组 成 内 容	单位	单价	数 量					
人工	综合工	工日	135.00	25.47	24.21	23.94	22.41	21.66	20.12
材料	主材	t	—	(1.06)	(1.06)	(1.06)	(1.06)	(1.06)	(1.06)
	道木	m³	3660.04	0.01	0.01	0.01	0.01	0.01	0.01
	木材 方木	m³	2716.33	0.01	0.01	0.01	0.01	0.01	0.01
	钢板垫板	t	4954.18	0.0130	0.0088	0.0050	0.0045	0.0045	0.0045
	六角带帽螺栓 M>12	kg	8.31	0.5	0.5	0.5	0.5	0.5	0.5
	电焊条 E4303 D3.2	kg	7.59	23.70	22.90	22.50	21.80	20.89	20.52
	氧气	m³	2.88	17.96	17.24	16.70	15.81	15.27	14.19
	乙炔气	kg	14.66	5.990	5.750	5.570	5.270	5.090	4.730
	尼龙砂轮片 D100×16×3	片	3.92	1.50	1.45	1.42	1.33	1.28	1.26
	零星材料费	元	—	18.30	17.00	15.95	15.35	14.90	14.44
机械	载货汽车 6t	台班	461.82	0.07	0.07	0.07	0.07	0.07	0.07
	载货汽车 10t	台班	574.62	0.02	0.02	0.02	0.02	0.02	0.02
	直流弧焊机 20kW	台班	75.06	4.31	4.18	4.05	3.97	3.79	3.75
	电焊条烘干箱 600×500×750	台班	27.16	0.43	0.42	0.41	0.40	0.38	0.37
	剪板机 20×2500	台班	329.03	0.26	0.20	0.19	0.13	0.13	0.13
	立式钻床 D25	台班	6.78	0.02	0.02	0.02	0.01	0.01	0.01
	平板拖车组 30t	台班	1263.97	—	0.13	0.13	0.13	0.13	0.13
	汽车式起重机 8t	台班	767.15	0.91	0.88	0.86	0.86	0.80	0.80
	汽车式起重机 30t	台班	1141.87	0.45	—	—	—	—	—
	汽车式起重机 40t	台班	1547.56	—	0.43	—	—	—	—
	汽车式起重机 75t	台班	3175.79	—	—	0.40	—	—	—
	汽车式起重机 125t	台班	8124.45	—	—	—	0.37	0.34	0.31

编　号			5-2317	5-2318	5-2319	5-2320	5-2321	5-2322
项　目			格栅板式平台					
			每组质量(t)					
			10	20	40	60	80	80以外
预算基价	总　价(元)		**6238.92**	**6276.60**	**6729.68**	**8221.01**	**7774.67**	**7223.67**
	人　工　费(元)		3920.40	3724.65	3646.35	3450.60	3331.80	3057.75
	材　料　费(元)		586.28	547.15	505.29	479.11	461.12	442.57
	机　械　费(元)		1732.24	2004.80	2578.04	4291.30	3981.75	3723.35
组 成 内 容	单位	单价	数　　量					
人工　综合工	工日	135.00	29.04	27.59	27.01	25.56	24.68	22.65
材料　主材	t	—	(1.06)	(1.06)	(1.06)	(1.06)	(1.06)	(1.06)
道木	m³	3660.04	0.01	0.01	0.01	0.01	0.01	0.01
木材　方木	m³	2716.33	0.01	0.01	0.01	0.01	0.01	0.01
钢板垫板	t	4954.18	0.0130	0.0088	0.0050	0.0045	0.0045	0.0045
六角带帽螺栓 M>12	kg	8.31	8.0	7.5	6.0	5.0	4.5	4.0
电焊条 E4303 D3.2	kg	7.59	27.02	26.21	25.67	24.86	23.78	23.24
氧气	m³	2.88	20.29	19.47	18.87	17.86	17.24	16.03
乙炔气	kg	14.66	6.760	6.490	6.290	5.950	5.750	5.340
尼龙砂轮片 D100×16×3	片	3.92	1.65	1.60	1.55	1.46	1.40	1.38
零星材料费	元	—	22.55	21.04	19.43	18.43	17.74	17.02
机械　载货汽车 6t	台班	461.82	0.07	0.07	0.07	0.07	0.07	0.07
载货汽车 10t	台班	574.62	0.02	0.02	0.02	0.02	0.02	0.02
直流弧焊机 20kW	台班	75.06	4.78	4.63	4.54	4.40	4.21	4.11
电焊条烘干箱 600×500×750	台班	27.16	0.49	0.47	0.46	0.45	0.43	0.42
剪板机 20×2500	台班	329.03	0.22	0.20	0.19	0.18	0.17	0.16
立式钻床 D25	台班	6.78	1.81	1.70	1.36	0.90	0.80	0.60
立式钻床 D50	台班	20.33	0.97	0.91	0.73	0.47	0.42	0.31
平板拖车组 30t	台班	1263.97	—	0.13	0.13	0.13	0.13	0.13
汽车式起重机 8t	台班	767.15	0.91	0.88	0.86	0.86	0.80	0.80
汽车式起重机 30t	台班	1141.87	0.45	—	—	—	—	—
汽车式起重机 40t	台班	1547.56	—	0.43	—	—	—	—
汽车式起重机 75t	台班	3175.79	—	—	0.40	—	—	—
汽车式起重机 125t	台班	8124.45	—	—	—	0.37	0.34	0.31

3.平台制作、安装

工作内容: 放样、号料、切割、剪切、调直、型钢掫制、坡口、修口、组对、焊接、吊装就位、找正、焊接、紧固螺栓。

单位:t

编 号			5-2323	5-2324	5-2325	5-2326	5-2327	5-2328
项 目			花纹板式平台					
			扇形(t)			矩形(t)		
			0.5	1	1以外	0.5	1	1以外
预算基价	总 价(元)		**4560.11**	**3959.41**	**3514.34**	**3592.57**	**3516.92**	**2927.58**
	人 工 费(元)		3524.85	2960.55	2678.40	2573.10	2529.90	2108.70
	材 料 费(元)		281.13	256.11	230.61	234.81	211.49	186.61
	机 械 费(元)		754.13	742.75	605.33	784.66	775.53	632.27
组 成 内 容	单位	单价	数 量					
人工 综合工	工日	135.00	26.11	21.93	19.84	19.06	18.74	15.62
材料 主材	t	—	(1.08)	(1.08)	(1.08)	(1.06)	(1.06)	(1.06)
木材 方木	m³	2716.33	0.01	0.01	0.01	0.01	0.01	0.01
电焊条 E4303 D3.2	kg	7.59	20.44	18.19	15.94	19.10	17.03	14.81
氧气	m³	2.88	10.64	9.79	8.94	6.49	5.67	4.81
乙炔气	kg	14.66	3.550	3.270	2.980	2.160	1.890	1.600
尼龙砂轮片 D100×16×3	片	3.92	1.36	1.25	1.06	0.84	0.74	0.65
零星材料费	元	—	10.81	9.85	8.87	9.03	8.13	7.18
机械 汽车式起重机 8t	台班	767.15	0.49	0.52	0.39	0.49	0.52	0.39
载货汽车 6t	台班	461.82	0.07	0.07	0.07	0.07	0.07	0.07
载货汽车 10t	台班	574.62	0.02	0.02	0.02	0.02	0.02	0.02
直流弧焊机 20kW	台班	75.06	3.62	3.22	2.82	3.38	3.01	2.62
电焊条烘干箱 600×500×750	台班	27.16	0.37	0.33	0.29	0.34	0.30	0.26
剪板机 20×2500	台班	329.03	0.16	0.15	0.13	0.31	0.30	0.26

编　号			5-2329	5-2330	5-2331	5-2332	5-2333	5-2334
项　目			格栅板平台					
			扇形（t）			矩形（t）		
			0.5	1	1以外	0.5	1	1以外
预算基价	总　价（元）		**5557.52**	**5017.05**	**4312.83**	**4764.68**	**4271.13**	**3641.10**
	人　工　费（元）		4009.50	3528.90	3007.80	3294.00	2860.65	2404.35
	材　料　费（元）		417.84	378.91	339.53	360.68	321.73	288.00
	机　械　费（元）		1130.18	1109.24	965.50	1110.00	1088.75	948.75
组　成　内　容		单位	单价	数　量				
人工	综合工	工日	135.00	29.70	26.14	22.28	24.40	21.19	17.81
材料	主材	t	—	(1.08)	(1.08)	(1.08)	(1.06)	(1.06)	(1.06)
	木材　方木	m³	2716.33	0.01	0.01	0.01	0.01	0.01	0.01
	六角带帽螺栓 M>12	kg	8.31	11.00	9.60	8.69	11.00	9.60	8.69
	电焊条 E4303 D3.2	kg	7.59	25.58	23.02	20.21	21.44	19.24	16.88
	氧气	m³	2.88	10.75	10.00	8.92	7.87	6.75	5.92
	乙炔气	kg	14.66	3.580	3.330	2.970	2.620	2.250	1.970
	尼龙砂轮片 D100×16×3	片	3.92	1.43	1.29	1.14	1.13	1.01	0.89
	零星材料费	元	—	16.07	14.57	13.06	13.87	12.37	11.08
机械	汽车式起重机 8t	台班	767.15	0.49	0.52	0.39	0.49	0.52	0.39
	载货汽车 6t	台班	461.82	0.7	0.7	0.7	0.7	0.7	0.7
	载货汽车 10t	台班	574.62	0.02	0.02	0.02	0.02	0.02	0.02
	直流弧焊机 20kW	台班	75.06	4.64	4.18	3.67	3.79	3.41	2.99
	电焊条烘干箱 600×500×750	台班	27.16	0.47	0.42	0.37	0.38	0.34	0.30
	剪板机 20×2500	台班	329.03	0.14	0.12	0.11	0.28	0.24	0.22
	立式钻床 D25	台班	6.78	0.69	0.62	0.55	0.69	0.62	0.55
	立式钻床 D50	台班	20.33	0.38	0.33	0.30	0.38	0.33	0.30

4.设备支架制作、安装

工作内容：放样、号料、切割、剪切、调直、型钢撖制、坡口、修口、组对、焊接、吊装就位、找正、焊接、紧固螺栓。

单位：t

编 号			5-2335	5-2336	5-2337	5-2338	5-2339	5-2340	5-2341
项 目			每组质量(t)						
			0.2	0.5	1	3	5	10	10以外
预算基价	总 价(元)		**4303.62**	**4062.71**	**3761.79**	**3454.27**	**3174.51**	**2882.15**	**2621.07**
	人 工 费(元)		3379.05	3017.25	2775.60	2533.95	2323.35	2081.70	1871.10
	材 料 费(元)		276.13	255.98	244.57	233.27	212.23	192.31	170.16
	机 械 费(元)		648.44	789.48	741.62	687.05	638.93	608.14	579.81
组 成 内 容	单位	单价	数 量						
人工 综合工	工日	135.00	25.03	22.35	20.56	18.77	17.21	15.42	13.86
材料 主材	t	—	(1.06)	(1.06)	(1.06)	(1.06)	(1.06)	(1.06)	(1.06)
木材 方木	m³	2716.33	0.01	0.01	0.01	0.01	0.01	0.01	0.01
电焊条 E4303 D3.2	kg	7.59	22.59	20.96	19.91	18.86	16.98	15.09	13.00
氧气	m³	2.88	7.97	7.12	6.76	6.41	5.70	5.13	4.49
乙炔气	kg	14.66	2.660	2.370	2.250	2.140	1.900	1.710	1.500
尼龙砂轮片 D100×16×3	片	3.92	1.26	1.18	1.13	1.06	0.96	0.86	0.73
零星材料费	元	—	10.62	9.85	9.41	8.97	8.16	7.40	6.54
机械 载货汽车 6t	台班	461.82	0.07	0.07	0.07	0.07	0.07	0.07	0.07
载货汽车 10t	台班	574.62	0.02	0.02	0.02	0.02	0.02	0.02	0.02
直流弧焊机 20kW	台班	75.06	3.91	3.62	3.33	3.25	2.93	2.61	2.25
电焊条烘干箱 600×500×750	台班	27.16	0.39	0.36	0.33	0.32	0.29	0.26	0.22
剪板机 20×2500	台班	329.03	0.28	0.24	0.21	0.18	0.18	0.15	0.15
立式钻床 D25	台班	6.78	0.19	0.15	0.14	0.13	0.12	0.11	0.09
立式钻床 D50	台班	20.33	—	0.03	0.03	0.03	0.02	0.02	0.02
汽车式起重机 8t	台班	767.15	0.27	0.50	0.48	0.43	0.40	0.19	—
汽车式起重机 16t	台班	971.12	—	—	—	—	—	0.17	0.32

5.梯子、栏杆扶手制作、安装

工作内容：放样、号料、切割、剪切、调直、型钢撬制、坡口、修口、组对、焊接、吊装就位、找正、焊接、紧固螺栓。

单位：t

编　号			5-2342	5-2343	5-2344	5-2345	5-2346	5-2347
项　目			斜梯制作、安装		直梯制作、安装	螺旋盘梯制作、安装		栏杆、扶手制作、安装
			花纹板踏步	格栅板踏步		花纹板式踏步	格栅板式踏步	
预算基价	总　　价(元)		**7390.44**	**7977.81**	**6902.27**	**10563.74**	**11389.71**	**5994.03**
	人　工　费(元)		5416.20	6018.30	5566.05	8097.30	8715.60	4621.05
	材　料　费(元)		394.22	488.63	334.84	619.22	704.70	228.24
	机　械　费(元)		1580.02	1470.88	1001.38	1847.22	1969.41	1144.74
组　成　内　容	单位	单价	数　　　　量					
人工	综合工	工日	135.00	40.12	44.58	41.23	59.98	64.56	34.23
材料	主材	t	—	(1.06)	(1.06)	(1.06)	(1.06)	(1.06)	(1.06)
	电焊条 E4303 D3.2	kg	7.59	33.31	42.70	24.46	44.24	52.22	10.50
	氧气	m³	2.88	15.73	18.09	16.50	28.52	31.14	16.94
	乙炔气	kg	14.66	5.240	6.030	5.500	9.510	10.380	5.650
	尼龙砂轮片 D100×16×3	片	3.92	1.05	1.34	2.08	2.78	3.12	2.08
	木材 方木	m³	2716.33	—	—	—	0.01	0.01	—
	零星材料费	元		15.16	18.79	12.88	23.82	27.10	8.78
机械	载货汽车 6t	台班	461.82	0.07	0.07	0.07	0.07	0.07	0.07
	载货汽车 10t	台班	574.62	0.02	0.02	0.02	0.02	0.02	0.02
	直流弧焊机 20kW	台班	75.06	7.64	8.78	4.23	8.72	10.29	2.31
	电焊条烘干箱 600×500×750	台班	27.16	0.77	0.87	0.43	0.87	1.03	0.23
	剪板机 20×2500	台班	329.03	0.60	—	0.07	0.65	0.65	—
	立式钻床 D25	台班	6.78	0.04	0.04	2.16	—	—	—
	汽车式起重机 8t	台班	767.15	0.97	0.97	0.77	0.64	0.64	0.53
	汽车式起重机 16t	台班	971.12	—	—	—	0.28	0.28	0.53
	卷板机 30×2000	台班	349.25	—	—	—	0.25	0.25	—
	摩擦压力机 3000kN	台班	407.82	—	—	—	0.15	0.15	—

二、烟囱、烟道制作、安装

工作内容： 放样、号料、切割、剪切、坡口、修口、卷圆压头、找圆、人孔、清扫孔等配件安装、异径弯头制造、组对、焊接、吊装就位、固定揽风绳。　　　　　　**单位：** t

编　号			5-2348	5-2349	5-2350	5-2351	5-2352	5-2353
项　目			烟囱制作、安装（直径mm）				烟道制作、安装	
			制作		安装		圆筒形	矩形
			600	1200	600	1200		
预算基价	总　　　价（元）		**2765.48**	**2187.19**	**1210.56**	**1556.37**	**4994.90**	**6739.98**
	人　工　费（元）		1849.50	1429.65	882.90	776.25	3403.35	4595.40
	材　料　费（元）		227.47	207.50	117.88	108.11	335.71	458.28
	机　械　费（元）		688.51	550.04	209.78	672.01	1255.84	1686.30
组　成　内　容	单位	单价	数　量					
人工 综合工	工日	135.00	13.70	10.59	6.54	5.75	25.21	34.04
材料 主材	t	—	(1.06)	(1.06)	—	—	(1.08)	(1.10)
木材　方木	m³	2716.33	0.01	0.01	—	—	0.01	0.01
电焊条 E4303 D3.2	kg	7.59	20.48	18.23	2.45	1.96	24.52	36.21
氧气	m³	2.88	4.65	4.37	1.20	0.80	9.39	13.14
乙炔气	kg	14.66	1.550	1.460	0.400	0.270	3.130	4.380
道木	m³	3660.04	—	—	0.01	0.01	0.01	0.01
钢板垫板	t	4954.18	—	—	0.00360	0.00424	—	—
石棉板衬垫 1.6～2.0	kg	8.05	—	—	2.8	2.2	—	—
石棉编绳 D3	kg	19.22	—	—	0.44	0.39	—	—
零星材料费	元	—	8.75	7.98	4.53	4.16	12.91	17.63
机械 载货汽车 6t	台班	461.82	0.02	0.02	—	—	0.02	0.02
载货汽车 10t	台班	574.62	—	—	0.07	0.07	0.07	0.07
直流弧焊机 30kW	台班	92.43	3.20	2.47	0.40	0.25	3.51	5.17
电焊条烘干箱 600×500×750	台班	27.16	0.32	0.25	0.04	0.03	0.35	0.52
剪板机 20×2500	台班	329.03	0.15	0.12	—	—	0.08	0.14
卷板机 30×2000	台班	349.25	0.15	0.12	—	—	0.28	0.41
内燃空气压缩机 6m³	台班	330.12	0.18	0.15	—	—	—	—
汽车式起重机 16t	台班	971.12	0.22	0.18	0.07	0.07	0.42	0.49
汽车式起重机 40t	台班	1547.56	—	—	—	—	0.22	0.31
汽车式起重机 75t	台班	3175.79	—	—	0.02	0.17	—	—

519

三、漏斗、料仓制作、安装

工作内容: 放样、下料、切割、剪切、坡口、卷圆压头、找圆、组对、焊接、吊装就位。

单位：t

编　号				5-2354	5-2355	5-2356	5-2357	5-2358	5-2359	5-2360	5-2361
项　目				普通方形漏斗(t)				普通圆形漏斗(t)			
				0.5以内	1以内	2以内	2以外	0.5以内	1以内	2以内	2以外
预算基价	总　　价(元)			**4427.70**	**4215.39**	**3820.07**	**3623.31**	**4284.26**	**4055.54**	**3765.97**	**3600.19**
	人　工　费(元)			3307.50	3091.50	2848.50	2673.00	3159.00	2956.50	2794.50	2646.00
	材　料　费(元)			373.96	358.12	341.82	327.08	343.31	327.36	314.97	304.21
	机　械　费(元)			746.24	765.77	629.75	623.23	781.95	771.68	656.50	649.98
组　成　内　容		单位	单价	数　　量							
人工	综合工	工日	135.00	24.50	22.90	21.10	19.80	23.40	21.90	20.70	19.60
材料	主材	t	—	(1.10)	(1.10)	(1.10)	(1.08)	(1.08)	(1.08)	(1.08)	(1.06)
	木材　方木	m³	2716.33	0.01	0.01	0.01	0.01	0.01	0.01	0.01	0.01
	电焊条 E4303 D3.2	kg	7.59	28.9	27.8	27.1	26.5	26.8	25.9	25.2	24.7
	氧气	m³	2.88	12.66	11.88	10.65	9.60	11.04	10.05	9.30	8.64
	乙炔气	kg	14.66	4.220	3.960	3.550	3.200	3.680	3.350	3.100	2.880
	尼龙砂轮片 D150	片	6.65	1.70	1.60	1.50	1.30	1.60	1.50	1.40	1.20
	零星材料费	元	—	17.81	17.05	16.28	15.58	16.35	15.59	15.00	14.49
机械	汽车式起重机 8t	台班	767.15	0.4	0.4	0.3	0.3	0.4	0.4	0.3	0.3
	载货汽车 6t	台班	461.82	0.05	0.05	0.05	0.05	0.05	0.05	0.05	0.05
	直流弧焊机 20kW	台班	75.06	4.45	4.27	4.16	4.08	4.11	3.98	3.88	3.80
	电焊条烘干箱 800×800×1000	台班	51.03	0.45	0.43	0.42	0.41	0.41	0.40	0.39	0.38
	剪板机 20×2500	台班	329.03	0.10	—	0.08	0.08	0.08	0.08	0.06	0.06
	内燃空气压缩机 6m³	台班	330.12	0.08	0.08	0.05	0.05	0.08	0.08	0.05	0.05
	吊管机 75kW	台班	669.61	—	0.1	—	—	—	—	—	—
	卷板机 30×2000	台班	349.25	—	—	—	0.20	0.20	0.16	0.16	

编　号				5-2362	5-2363	5-2364	5-2365
项　目				铝合金仓、料斗(t)			
				2	5	8	8以外
预算基价	总　　　价(元)			**12190.79**	**11860.39**	**11184.92**	**10742.52**
	人　工　费(元)			9072.00	8839.80	8379.45	8047.35
	材　料　费(元)			2030.00	1989.46	1879.08	1797.62
	机　械　费(元)			1088.79	1031.13	926.39	897.55
组　成　内　容		单位	单价	数　　　量			
人工	综合工	工日	135.00	67.20	65.48	62.07	59.61
材料	主材	t	—	(1.12)	(1.12)	(1.12)	(1.12)
	木材 方木	m³	2716.33	0.01	0.01	0.01	0.01
	氧气	m³	2.88	9.60	9.60	9.00	8.30
	乙炔气	kg	14.66	3.200	3.200	3.000	2.800
	氩气	m³	18.60	24.3	24.3	21.8	20.1
	尼龙砂轮片 D150	片	6.65	3.00	3.00	2.50	2.00
	铝焊条 铝109 D4	kg	46.29	13.1	12.4	11.5	11.0
	炭精棒 8～12	根	1.71	26.00	24.00	22.00	20.00
	钍钨棒	kg	640.87	0.8	0.8	0.8	0.8
	硝酸	kg	5.56	25.5	25.0	24.0	22.0
	丙酮	kg	9.89	2.2	2.2	2.2	2.2
	氢氧化钠	kg	7.24	4.5	4.5	4.5	4.5
	零星材料费	元	—	96.67	94.74	89.48	85.60
机械	汽车式起重机 20t	台班	1043.80	0.35	0.35	0.30	0.30
	载货汽车 10t	台班	574.62	0.05	0.05	0.05	0.05
	直流弧焊机 20kW	台班	75.06	0.8	0.8	0.7	0.7
	氩弧焊机 500A	台班	96.11	4.8	4.2	3.8	3.5
	剪板机 20×2500	台班	329.03	0.2	0.2	0.2	0.2
	卷板机 30×2000	台班	349.25	0.1	0.1	0.1	0.1
	内燃空气压缩机 6m³	台班	330.12	0.22	0.22	0.20	0.20

四、火炬及排气筒制作、安装
1.火炬、排气筒筒体制作、组对

工作内容：放样号料、切割、坡口、滚圆、组对、焊接、引火管预制、组对、带风缆绳的吊耳制作与安装、外观检查。

单位：t

编　　号				5-2366	5-2367	5-2368	5-2369	5-2370
项　　目				筒体直径(mm)				
				400	500	600	800	1200
预算基价	总　　　　价(元)			**6882.60**	**6554.58**	**6307.41**	**5959.02**	**5693.56**
	人　工　费(元)			3659.85	3528.90	3426.30	3267.00	3105.00
	材　料　费(元)			1023.17	972.34	930.57	853.38	822.22
	机　械　费(元)			2199.58	2053.34	1950.54	1838.64	1766.34
组　成　内　容		单位	单价	数　　量				
人工	综合工	工日	135.00	27.11	26.14	25.38	24.20	23.00
材料	主材	t	—	(1.06)	(1.06)	(1.06)	(1.06)	(1.06)
	普碳钢板 $\delta20$	t	3614.79	0.00596	0.00582	0.00572	0.00564	0.00552
	热轧角钢 100×12	t	4040.96	0.00894	0.00873	0.00858	0.00845	0.00828
	道木	m³	3660.04	0.03	0.03	0.03	0.02	0.02
	钢丝绳 $D15$	m	5.28	0.37	0.37	0.37	0.37	0.37
	电焊条 E4303	kg	7.59	30.82	30.45	30.17	29.93	28.85
	不锈钢电焊条	kg	66.08	4.19	4.13	4.10	4.06	3.92
	氧气	m³	2.88	3.60	3.10	2.60	2.20	2.10
	乙炔气	kg	14.66	1.200	1.030	0.870	0.730	0.700
	尼龙砂轮片 $D150$	片	6.65	0.11	0.10	0.08	0.07	0.07
	尼龙砂轮片 $D100\times16\times3$	片	3.92	3.78	3.34	2.86	3.15	2.35
	炭精棒 8～12	根	1.71	51.87	40.38	30.48	25.02	25.53
	零星材料费	元	—	210.74	193.41	179.44	155.60	146.00

续前

编　号			5-2366	5-2367	5-2368	5-2369	5-2370
项　目			筒体直径(mm)				
			400	500	600	800	1200
组 成 内 容	单位	单价	数　量				
汽车式起重机 8t	台班	767.15	0.14	0.13	0.12	0.11	0.10
门式起重机 20t	台班	644.36	0.37	0.34	0.32	0.30	0.28
载货汽车 10t	台班	574.62	0.11	0.10	0.09	0.08	0.08
直流弧焊机 30kW	台班	92.43	7.62	7.29	7.16	6.95	6.57
电焊条烘干箱 800×800×1000	台班	51.03	0.76	0.73	0.72	0.70	0.66
半自动切割机 100mm	台班	88.45	0.09	0.09	0.09	0.09	0.09
等离子切割机 400A	台班	229.27	0.04	0.04	0.04	0.04	0.04
剪板机 20×2500	台班	329.03	0.24	0.20	0.16	0.11	0.10
卷板机 20×2500	台班	273.51	0.31	0.25	0.20	0.16	0.14
刨边机 9000mm	台班	516.01	0.28	0.22	0.16	0.11	0.10
电动滚胎	台班	55.48	1.60	1.53	1.50	1.46	1.38
液压压接机 800t	台班	1407.15	0.31	0.31	0.31	0.31	0.31
摇臂钻床 D63	台班	42.00	0.02	0.02	0.02	0.02	0.02
箱式加热炉 RJX-75-9	台班	130.77	0.31	0.31	0.31	0.31	0.31
卷扬机 单筒慢速 30kN	台班	205.84	0.02	0.02	0.02	0.02	0.02
电动空气压缩机 6m³	台班	217.48	0.39	0.35	0.32	0.30	0.28
平板拖车组 8t	台班	834.93	0.08	0.07	—	—	—
平板拖车组 15t	台班	1007.72	—	—	0.06	—	—
平板拖车组 20t	台班	1101.26	—	—	—	0.05	—
平板拖车组 30t	台班	1263.97	—	—	—	—	0.05

机

械

523

2．火炬、排气筒型钢塔架现场制作、组装

工作内容： 型钢检查、摆料、放样号料、切割、组对、焊接、整体组装、吊耳制作与安装、搭拆道木堆、外观检查、清理现场等。

单位：t

编 号				5-2371	5-2372	5-2373	5-2374	5-2375	5-2376
项 目				质量（t以内）					
				30	50	100	150	200	250
预算基价	总　　价（元）			**5196.93**	**5000.14**	**4817.54**	**4728.48**	**4516.90**	**4375.48**
	人　工　费（元）			3631.50	3483.00	3348.00	3240.00	3084.75	2970.00
	材　料　费（元）			464.25	451.43	438.93	427.32	416.02	405.16
	机　械　费（元）			1101.18	1065.71	1030.61	1061.16	1016.13	1000.32
组 成 内 容		单位	单价	数　　　量					
人工	综合工	工日	135.00	26.90	25.80	24.80	24.00	22.85	22.00
材料	主材	t	—	(1.08)	(1.08)	(1.08)	(1.08)	(1.08)	(1.08)
	普碳钢板	t	3696.76	0.00725	0.00689	0.00654	0.00622	0.00591	0.00561
	热轧角钢 75×6	t	3636.34	0.00859	0.00816	0.00775	0.00736	0.00700	0.00665
	道木	m³	3660.04	0.03	0.03	0.03	0.03	0.03	0.03
	电焊条 E4303	kg	7.59	24.10	23.59	23.08	22.60	22.11	21.64
	氧气	m³	2.88	6.42	6.08	5.75	5.45	5.15	4.88
	乙炔气	kg	14.66	2.140	2.030	1.920	1.820	1.720	1.630
	尼龙砂轮片 D100×16×3	片	3.92	1.05	0.96	0.89	0.80	0.74	0.64
	尼龙砂轮片 D150	片	6.65	0.49	0.45	0.41	0.38	0.35	0.32
	零星材料费	元	—	56.26	53.41	50.67	48.19	45.83	43.60
机械	汽车式起重机 8t	台班	767.15	0.02	0.02	0.02	0.02	0.02	0.02
	汽车式起重机 20t	台班	1043.80	0.12	0.11	0.11	0.11	0.10	0.10
	汽车式起重机 40t	台班	1547.56	0.03	0.03	0.03	—	—	—
	汽车式起重机 75t	台班	3175.79	—	—	—	0.03	0.03	0.03
	门式起重机 20t	台班	644.36	0.24	0.23	0.22	0.21	0.20	0.20
	载货汽车 8t	台班	521.59	0.02	0.02	0.02	0.02	0.02	0.02
	平板拖车组 20t	台班	1101.26	0.03	0.03	0.03	—	—	—
	平板拖车组 30t	台班	1263.97	—	—	—	0.03	0.03	0.03
	直流弧焊机 30kW	台班	92.43	6.28	6.09	5.91	5.74	5.56	5.40
	电焊条烘干箱 800×800×1000	台班	51.03	0.63	0.61	0.59	0.57	0.56	0.54
	剪板机 20×2500	台班	329.03	0.08	0.08	0.07	0.07	0.06	0.06
	型钢矫正机	台班	257.01	0.30	0.30	0.27	0.27	0.24	0.24

3.火炬、排气筒钢管塔架现场制作、组装

工作内容：型钢检查、摆料、放样号料、切割、组对、焊接、整体组装、吊耳制作与安装、搭拆道木堆、外观检查、清理现场等。

单位：t

编 号			5-2377	5-2378	5-2379	5-2380	5-2381	5-2382
项 目			质量(t以内)					
			30	50	100	150	200	250
预算基价	总 价(元)		**5549.14**	**5360.49**	**5139.03**	**5070.94**	**4851.00**	**4700.71**
	人 工 费(元)		3958.20	3796.20	3649.05	3531.60	3362.85	3237.30
	材 料 费(元)		524.57	507.47	492.75	475.74	461.46	452.02
	机 械 费(元)		1066.37	1056.82	997.23	1063.60	1026.69	1011.39
组 成 内 容	单位	单价	数 量					
人工 综合工	工日	135.00	29.32	28.12	27.03	26.16	24.91	23.98
材 料 主材	t	—	(1.08)	(1.08)	(1.08)	(1.08)	(1.08)	(1.08)
普碳钢板	t	3696.76	0.00725	0.00689	0.00654	0.00622	0.00591	0.00561
热轧角钢 75×6	t	3636.34	0.00859	0.00816	0.00775	0.00736	0.00700	0.00661
道木	m³	3660.04	0.03	0.03	0.03	0.03	0.03	0.03
电焊条 E4303 D3.2	kg	7.59	22.18	21.70	21.40	20.78	20.39	20.19
氧气	m³	2.88	16.94	16.06	15.21	14.41	13.62	13.20
乙炔气	kg	14.66	5.650	5.350	5.070	4.800	4.540	4.400
尼龙砂轮片 D100×16×3	片	3.92	1.10	1.01	0.94	0.84	0.78	0.67
尼龙砂轮片 D150	片	6.65	0.51	0.47	0.43	0.40	0.37	0.34
零星材料费	元	—	49.07	46.05	43.49	40.64	38.30	36.79
机 械 门式起重机 20t	台班	644.36	0.24	0.23	0.22	0.21	0.20	0.20
直流弧焊机 30kW	台班	92.43	6.11	5.92	5.75	5.58	5.41	5.25
电焊条烘干箱 800×800×1000	台班	51.03	0.61	0.59	0.58	0.56	0.54	0.53
剪板机 20×2500	台班	329.03	0.05	0.05	0.05	0.05	0.04	0.04
汽车式起重机 8t	台班	767.15	0.04	0.04	0.04	0.04	0.04	0.04
汽车式起重机 20t	台班	1043.80	0.12	0.12	0.11	0.11	0.10	0.10
汽车式起重机 40t	台班	1547.56	0.05	0.06	0.05	—	—	—
汽车式起重机 75t	台班	3175.79	—	—	—	0.05	0.05	0.05
平板拖车组 20t	台班	1101.26	0.06	0.06	0.05	—	—	—
平板拖车组 30t	台班	1263.97	—	—	—	0.05	0.05	0.05

4.火炬、排气筒整体吊装

(1)风缆绳式火炬、排气筒吊装

工作内容: 基础验收、索具设置、放垫铁、检查、试吊、吊装、找正、紧固地脚螺栓等。

单位:座

编　号			5-2383	5-2384	5-2385	5-2386	5-2387
项　目			高度(m以内)				
			40	60	80	100	120
预算基价	总　价(元)		**61563.07**	**74444.71**	**92226.73**	**110272.26**	**133102.92**
	人　工　费(元)		32562.00	38934.00	44448.75	52709.40	63628.20
	材　料　费(元)		10927.97	16743.42	25641.27	32693.34	40954.44
	机　械　费(元)		18073.10	18767.29	22136.71	24869.52	28520.28
组　成　内　容	单位	单价	数　量				
人工 综合工	工日	135.00	241.20	288.40	329.25	390.44	471.32
材料 道木	m³	3660.04	0.96	1.24	1.58	1.81	2.04
钢板垫板	t	4954.18	0.033	0.048	0.070	0.082	0.096
电焊条 E4303 D3.2	kg	7.59	3.00	3.50	4.00	5.00	6.00
氧气	m³	2.88	7.20	7.20	9.00	9.00	12.00
乙炔气	kg	14.66	2.400	2.400	3.000	3.000	4.000
钢丝 D4.0	kg	7.08	20.00	24.00	28.00	34.00	40.00
零星材料费	元	—	7030.55	11714.76	19213.11	25313.85	32590.42
机械 载货汽车 8t	台班	521.59	2.00	2.00	2.50	2.50	3.00
平板拖车组 30t	台班	1263.97	0.75	0.90	1.10	1.40	1.80
履带式拖拉机 90kW	台班	964.33	10.00	10.00	12.00	12.00	14.00
直流弧焊机 30kW	台班	92.43	0.80	1.00	1.20	1.50	2.00
电焊条烘干箱 600×500×750	台班	27.16	0.08	0.10	0.12	0.15	0.20
卷扬机 单筒慢速 50kN	台班	211.29	9.00	9.00	11.00	12.00	14.00
汽车式起重机 16t	台班	971.12	3.00	3.50	4.00	4.50	5.00
汽车式起重机 40t	台班	1547.56	1.00	1.00	1.00	—	—
汽车式起重机 75t	台班	3175.79	—	—	—	1.00	1.00

(2) 塔架式火炬、排气筒吊装

单位：座

编　号				5-2388	5-2389	5-2390	5-2391	5-2392
项　目				高度(m以内)				
				40	60	80	100	120
预算基价	总　　　价(元)			**83086.31**	**102725.78**	**128442.25**	**153166.40**	**211410.12**
	人　工　费(元)			45630.00	55215.00	67230.00	81540.00	103950.00
	材　料　费(元)			16559.91	25441.26	35290.20	42920.35	74245.97
	机　械　费(元)			20896.40	22069.52	25922.05	28706.05	33214.15
组　成　内　容		单位	单价	数　　量				
人工	综合工	工日	135.00	338.00	409.00	498.00	604.00	770.00
材料	道木	m³	3660.04	1.20	1.55	1.86	2.05	2.80
	钢板垫板	t	4954.18	0.05	0.06	0.07	0.08	0.10
	电焊条 E4303 D3.2	kg	7.59	10.00	14.00	18.00	23.00	28.00
	氧气	m³	2.88	12.00	15.00	21.00	28.00	35.00
	乙炔气	kg	14.66	4.000	5.000	7.000	9.330	11.670
	钢丝 D4.0	kg	7.08	24.00	28.00	33.00	38.00	50.00
	零星材料费	元	—	11581.13	19049.95	27602.37	34359.91	62664.04
机械	载货汽车 8t	台班	521.59	2.00	2.50	3.00	3.00	4.00
	平板拖车组 30t	台班	1263.97	1.10	1.40	1.80	2.20	2.70
	履带式拖拉机 90kW	台班	964.33	10.00	10.00	12.00	12.00	14.00
	直流弧焊机 30kW	台班	92.43	1.60	2.10	2.50	3.00	4.00
	电焊条烘干箱 600×500×750	台班	27.16	0.16	0.21	0.25	0.30	0.40
	卷扬机 单筒慢速 50kN	台班	211.29	11.00	11.00	14.00	14.00	18.00
	汽车式起重机 16t	台班	971.12	3.50	4.00	4.50	5.00	5.50
	汽车式起重机 60t	台班	2944.21	1.00	1.00	1.00	—	—
	汽车式起重机 100t	台班	4689.49	—	—	—	1.00	1.00

527

5.火炬头安装

工作内容：清扫、搭拆道木堆、吊装找正、焊接、检查等。

单位：套

编　号			5-2393	5-2394	5-2395	5-2396	5-2397
项　目			直径(mm)				
			D400	D500	D600	D800	D1200
预算基价	总　　　价(元)		**3351.87**	**3711.70**	**4111.55**	**4712.02**	**5737.78**
	人　工　费(元)		1998.00	2187.00	2382.75	2697.30	3280.50
	材　料　费(元)		618.39	704.37	800.33	928.62	1150.27
	机　械　费(元)		735.48	820.33	928.47	1086.10	1307.01
组　成　内　容		单位	单价	数　　量			
人工	综合工	工日	135.00	14.80	16.20	17.65	19.98	24.30
材料	道木	m³	3660.04	0.07	0.07	0.07	0.07	0.07
	不锈钢电焊条	kg	66.08	2.85	3.44	4.10	4.94	6.40
	不锈钢氩弧焊丝 1Cr18Ni9Ti	kg	57.40	0.20	0.23	0.29	0.36	0.52
	氧气	m³	2.88	3.00	3.90	4.80	6.00	7.20
	乙炔气	kg	14.66	1.000	1.300	1.600	2.000	2.400
	氩气	m³	18.60	0.34	0.58	0.71	0.93	1.21
	钍钨棒	kg	640.87	0.001	0.001	0.002	0.002	0.003
	炭精棒 8~12	根	1.71	3.60	4.20	4.50	5.00	5.50
	尼龙砂轮片 D150	片	6.65	0.66	0.89	1.13	1.37	1.61
	零星材料费	元	—	121.57	152.83	189.58	242.48	340.85
机械	汽车式起重机 16t	台班	971.12	0.40	0.45	0.50	0.60	0.70
	载货汽车 8t	台班	521.59	0.20	0.20	0.25	0.30	0.40
	直流弧焊机 30kW	台班	92.43	0.96	1.07	1.15	1.24	1.45
	氩弧焊机 500A	台班	96.11	0.40	0.50	0.60	0.70	0.90
	内燃空气压缩机 6m³	台班	330.12	0.35	0.40	0.45	0.50	0.60

五、钢板组合工字钢制作

工作内容：放样、号料、切割、坡口、点焊、焊接、矫正、堆放。

单位：t

编 号			5-2398	5-2399	5-2400	5-2401	5-2402
项 目			钢板厚度(mm)				
			16	26			
			工字钢高度(mm)				
			400	400	500	600	600以外
预算基价	总 价(元)		**6253.30**	**5399.00**	**4471.48**	**3709.90**	**3181.99**
	人 工 费(元)		3348.00	2825.55	2374.65	1899.45	1732.05
	材 料 费(元)		865.96	789.78	633.29	549.35	426.92
	机 械 费(元)		2039.34	1783.67	1463.54	1261.10	1023.02
组 成 内 容	单位	单价	数 量				
人工 综合工	工日	135.00	24.80	20.93	17.59	14.07	12.83
材料 主材	t	—	(1.06)	(1.06)	(1.06)	(1.06)	(1.06)
木材 方木	m³	2716.33	0.10	0.09	0.07	0.06	0.04
电焊条 E4303 D3.2	kg	7.59	57.02	51.17	40.73	36.95	30.68
氧气	m³	2.88	13.03	12.86	11.76	9.03	7.45
乙炔气	kg	14.66	4.340	4.290	3.920	3.010	2.480
尼龙砂轮片 D100×16×3	片	3.92	6.91	6.79	4.67	3.74	2.85
零星材料费	元	—	33.31	30.38	24.36	21.13	16.42
机械 汽车式起重机 8t	台班	767.15	1.11	0.92	0.78	0.65	0.51
载货汽车 5t	台班	443.55	0.14	0.13	0.11	0.10	0.09
直流弧焊机 30kW	台班	92.43	9.50	8.53	6.79	6.16	5.11
电焊条烘干箱 600×500×750	台班	27.16	0.95	0.85	0.68	0.62	0.51
半自动切割机 100mm	台班	88.45	0.33	0.31	0.26	0.21	0.17
刨边机 12000mm	台班	566.55	0.34	0.32	0.26	0.20	0.16

六、型钢圈制作

1.角钢圈制作

工作内容: 号料、拼对点焊、滚圆切割、打磨堆放、编号。

单位:t

编 号			5-2403	5-2404	5-2405	5-2406	5-2407	5-2408	5-2409
项 目			角钢型号						
			6.3				8		
			D1200	D2400	D3600	D4800	D2400	D3600	D4800
预算基价	总 价(元)		**4310.14**	**3754.69**	**3200.67**	**2873.31**	**3088.09**	**2565.42**	**2334.30**
	人 工 费(元)		3252.15	2770.20	2281.50	2006.10	2184.30	1732.05	1547.10
	材 料 费(元)		219.30	206.31	195.50	188.49	178.83	164.15	151.49
	机 械 费(元)		838.69	778.18	723.67	678.72	724.96	669.22	635.71
组 成 内 容		单位	单价	数 量					
人工	综合工	工日	135.00	24.09	20.52	16.90	14.86	16.18	12.83	11.46
材料	主材	t	—	(1.07)	(1.07)	(1.07)	(1.07)	(1.07)	(1.07)	(1.07)
	普碳钢板 $\delta 4$	t	3839.09	0.0230	0.0230	0.0230	0.0230	0.0186	0.0186	0.0186
	电焊条 E4303 D3.2	kg	7.59	10.02	8.72	7.72	7.19	8.12	7.05	6.39
	氧气	m^3	2.88	5.46	5.12	4.78	4.44	4.65	3.89	3.01
	乙炔气	kg	14.66	1.820	1.710	1.590	1.480	1.550	1.300	1.000
	尼龙砂轮片 $D100 \times 16 \times 3$	片	3.92	1.57	1.53	1.49	1.44	1.14	1.07	0.98
	零星材料费	元	—	6.39	6.01	5.69	5.49	5.21	4.78	4.41
机械	汽车式起重机 8t	台班	767.15	0.20	0.20	0.20	0.20	0.17	0.17	0.17
	载货汽车 5t	台班	443.55	0.16	0.16	0.16	0.16	0.15	0.15	0.15
	直流弧焊机 20kW	台班	75.06	2.51	2.18	1.93	1.80	2.03	1.76	1.60
	电焊条烘干箱 $600 \times 500 \times 750$	台班	27.16	0.25	0.22	0.19	0.18	0.20	0.18	0.16
	卷板机 30×2000	台班	349.25	1.20	1.10	1.00	0.90	1.06	0.96	0.90

2.槽钢圈制作

工作内容： 号料、滚圆、切割、打磨焊接、堆放、编号。

单位：t

编　号			5-2410	5-2411	5-2412	5-2413	5-2414	5-2415	5-2416
项　目			槽钢型号						
			12.6				20		
			D2400	D3600	D4800	D6000	D3600	D4800	D6000
预算基价	总　价(元)		**3232.16**	**2852.41**	**2673.07**	**2490.94**	**2559.31**	**2409.86**	**2266.71**
	人 工 费(元)		2419.20	2124.90	1973.70	1823.85	1884.60	1769.85	1684.80
	材 料 费(元)		79.29	70.54	65.65	59.62	63.61	58.40	52.99
	机 械 费(元)		733.67	656.97	633.72	607.47	611.10	581.61	528.92
组 成 内 容		单位	单价	数　量					
人工	综合工	工日	135.00	17.92	15.74	14.62	13.51	13.96	13.11	12.48
材料	主材	t	—	(1.07)	(1.07)	(1.07)	(1.07)	(1.07)	(1.07)	(1.07)
	电焊条 E4303 D3.2	kg	7.59	7.85	6.95	6.47	5.82	6.12	5.69	5.12
	氧气	m³	2.88	1.60	1.40	1.30	1.20	1.40	1.20	1.10
	乙炔气	kg	14.66	0.530	0.470	0.430	0.400	0.470	0.400	0.370
	尼龙砂轮片 D100×16×3	片	3.92	1.28	1.23	1.17	1.12	1.12	1.07	1.02
	零星材料费	元	—	2.31	2.05	1.91	1.74	1.85	1.70	1.54
机械	汽车式起重机 8t	台班	767.15	0.17	0.17	0.17	0.17	0.16	0.16	0.16
	载货汽车 5t	台班	443.55	0.15	0.15	0.15	0.15	0.14	0.14	0.14
	直流弧焊机 20kW	台班	75.06	1.96	1.74	1.62	1.46	1.53	1.42	1.28
	电焊条烘干箱 600×500×750	台班	27.16	0.20	0.17	0.16	0.15	0.15	0.14	0.13
	卷板机 30×2000	台班	349.25	1.10	0.93	0.89	0.85	0.88	0.82	0.70

3.扁钢圈制作

工作内容： 号料、切割、卷圈、找圆、焊接、堆放、编号。

单位：t

编　号			5-2417	5-2418	5-2419	5-2420	5-2421	5-2422	5-2423	5-2424
项　目			扁钢型号							
			50				80			
			D1200	D2400	D3600	D4800	D2400	D3600	D4800	D6000
预算基价	总　　价(元)		**6668.87**	**5943.20**	**4985.69**	**4228.31**	**5214.21**	**4403.04**	**3952.49**	**3365.33**
	人　工　费(元)		5283.90	4730.40	3924.45	3281.85	4099.95	3430.35	3095.55	2592.00
	材　料　费(元)		931.46	783.38	657.40	555.93	718.44	602.45	506.28	429.70
	机　械　费(元)		453.51	429.42	403.84	390.53	395.82	370.24	350.66	343.63
组 成 内 容		单位	单价				数　量			
人工	综合工	工日	135.00	39.14	35.04	29.07	24.31	30.37	25.41	22.93	19.20
材料	主材	t	—	(1.07)	(1.07)	(1.07)	(1.07)	(1.07)	(1.07)	(1.07)	(1.07)
	电焊条 E4303 D3.2	kg	7.59	12.12	10.89	9.56	8.89	10.00	8.70	7.69	7.31
	氧气	m³	2.88	103.77	86.48	72.07	60.06	79.27	66.06	55.05	45.88
	乙炔气	kg	14.66	34.590	28.830	24.020	20.020	26.420	22.020	18.350	15.290
	尼龙砂轮片 D100×16×3	片	3.92	1.63	1.58	1.53	1.48	1.53	1.48	1.43	1.38
	零星材料费	元	—	27.13	22.82	19.15	16.19	20.93	17.55	14.75	12.52
机械	汽车式起重机 8t	台班	767.15	0.18	0.18	0.18	0.18	0.17	0.17	0.17	0.17
	载货汽车 5t	台班	443.55	0.18	0.18	0.18	0.18	0.16	0.16	0.16	0.16
	直流弧焊机 20kW	台班	75.06	3.03	2.72	2.39	2.22	2.50	2.17	1.92	1.83
	电焊条烘干箱 600×500×750	台班	27.16	0.30	0.27	0.24	0.22	0.25	0.22	0.19	0.18

4.型钢搋制胎具制作
(1)角钢、扁钢

工作内容：样板制作、号料、切割、打磨、组对、整形、成品检查等。

单位：个

编　号			5-2425	5-2426	5-2427	5-2428	5-2429	5-2430	5-2431
项　目			搋制直径（mm）						
			1200	1400	1600	1800	2000	2200	2400
预算基价	总　　价（元）		**97.87**	**117.95**	**128.80**	**144.97**	**163.71**	**179.28**	**198.15**
	人　工　费（元）		25.65	33.75	36.45	44.55	47.25	48.60	55.35
	材　料　费（元）		72.22	84.20	92.35	100.42	116.46	130.68	142.80
组 成 内 容		单位	单价	数　　量					
人工	综合工	工日	135.00	0.19	0.25	0.27	0.33	0.35	0.36	0.41
材料	普碳钢板 Q195～Q235 δ10	t	3794.50	0.0110	0.0140	0.0160	0.0180	0.0220	0.0250	0.0280
	铸钢 D35	kg	4.59	3	3	3	3	3	3	3
	螺栓 M30×200	套	9.60	0.6	0.6	0.6	0.6	0.6	0.8	0.8
	圆钢卡子 D50	kg	10.74	0.6	0.6	0.6	0.6	0.6	0.6	0.6
	氧气	m³	2.88	0.06	0.07	0.08	0.09	0.10	0.11	0.12
	乙炔气	kg	14.66	0.020	0.020	0.030	0.030	0.030	0.040	0.040
	尼龙砂轮片 D150	片	6.65	0.09	0.09	0.09	0.10	0.11	0.12	0.14
	零星材料费	元	—	3.44	4.01	4.40	4.78	5.55	6.22	6.80

编　号			5-2432	5-2433	5-2434	5-2435	5-2436	5-2437
项　目			揻制直径(mm)					
			2600	3000	3600	4000	4400	4800
预算基价	总　价(元)		**219.49**	**275.47**	**323.70**	**377.60**	**469.41**	**523.29**
	人　工　费(元)		60.75	72.90	76.95	79.65	86.40	103.95
	材　料　费(元)		158.74	202.57	246.75	297.95	383.01	419.34
组 成 内 容	单位	单价	数　　量					
人工 综合工	工日	135.00	0.45	0.54	0.57	0.59	0.64	0.77
材料 普碳钢板 Q195～Q235 δ10	t	3794.50	0.0320	0.0430	0.0540	0.0668	0.0880	0.0960
铸钢 D35	kg	4.59	3	3	3	3	3	3
螺栓 M30×200	套	9.60	0.8	0.8	0.8	0.8	0.6	1.0
圆钢卡子 D50	kg	10.74	0.6	0.6	0.6	0.6	0.8	0.8
氧气	m³	2.88	0.12	0.12	0.14	0.16	0.18	0.20
乙炔气	kg	14.66	0.040	0.040	0.050	0.050	0.060	0.070
尼龙砂轮片 D150	片	6.65	0.14	0.14	0.16	0.18	0.20	0.23
零星材料费	元	—	7.56	9.65	11.75	14.19	18.24	19.97

（2）槽钢、工字钢

工作内容: 样板制作、号料、切割、打磨、组对、焊接、整形、成品检查等。

单位: 个

	编　号			5-2438	5-2439	5-2440	5-2441	5-2442
	项　　目			辗制直径（mm）				
				2400	3000	4000	5000	6000
预算基价	总　　　价（元）			**299.55**	**459.00**	**647.86**	**870.59**	**1166.69**
	人　工　费（元）			49.95	67.50	91.80	124.20	168.75
	材　料　费（元）			220.25	350.75	502.07	670.88	897.22
	机　械　费（元）			29.35	40.75	53.99	75.51	100.72
	组成内容	单位	单价	数　　量				
人工	综合工	工日	135.00	0.37	0.50	0.68	0.92	1.25
材料	普碳钢板 Q195～Q235 δ10	t	3794.50	0.046	0.078	0.115	0.156	0.211
	铸钢 D35	kg	4.59	6	6	6	6	6
	氧气	m³	2.88	0.13	0.18	0.24	0.33	0.44
	乙炔气	kg	14.66	0.040	0.060	0.080	0.110	0.150
	尼龙砂轮片 D150	片	6.65	0.21	0.29	0.39	0.53	0.72
	电焊条 E4303 D3.2	kg	7.59	0.70	0.95	1.29	1.76	2.38
	零星材料费	元	—	10.49	16.70	23.91	31.95	42.72
机械	电动双梁起重机 15t	台班	321.22	0.04	0.05	0.06	0.09	0.12
	直流弧焊机 30kW	台班	92.43	0.14	0.19	0.26	0.35	0.48
	电焊条烘干箱 600×500×750	台班	27.16	0.01	0.02	0.03	0.04	0.05
	剪板机 20×2500	台班	329.03	0.01	0.02	0.03	0.04	0.05

第十章　铝制、铸铁、非金属设备安装

说　　明

一、本章适用范围：铝制、铸铁、非金属设备安装工程。

二、本章基价各子目包括下列工作内容：

1. 指导二次灌浆。

2. 铸铁、陶制、塑料、搪瓷及玻璃钢容器、塔类设备试漏。

3. 带搅拌装置及独立搅拌装置的支架,搅拌器及其附属的电机、减速器、保护罩等的安装。

4. 内部简单可拆件(指填充塔内简单的淋洒、隔板等,容器内的冷却、加热管等)检查、清洗、二次调整。

5. 多节铸铁塔的分布预装、试压、塔内冷却管。水箱、笼帽、花板组装、试压、分节安装。

6. 玻璃钢冷却塔的风机、电机安装。

7. 塔盘安装包括矫正、编号、装配、调整、连接件焊接或螺栓紧固,鼓泡试验。

三、本章基价各子目不包括的工作内容：

1. 大于80t设备的水平运输,大于40t的设备吊装就位的金属抱杆安拆,水平移位及其台次使用费。

2. 除注明外的水压、气密试验。

3. 起吊的吊耳,临时加固支撑架的制作,塔裙座的安装与拆除,吊装加固措施及各种胎具的制作。

4. 电机的抽芯检查、干燥、电源接线、传动系统的注油。

四、本塔与外部结构组合整体吊装的设备质量包括本体、附件、吊耳、绝热、内衬及随设备的吊装的管线、梯子、平台等的质量,不包括安装后立装的塔盘、填充物及其他附件。

五、带搅拌装置容器质量包括本体、内件、搅拌装置及其所属的电机、支架、防护罩等质量。

工程量计算规则

一、容器安装：依据材质、构造、质量和绝热材质及要求，按设计图示数量计算。

注：安装的设备质量包括本体、附件、绝热材料、内衬及随设备吊装的管道、支架、临时加固措施、索具及平衡梁的质量，但不包括安装后所安装的内件和填充物的质量。

二、塔器类：依据材质、构造、质量和绝热材质及要求，按设计图示数量计算。

注：设备质量按设计图示计算，包括内件及附件的质量。多节铸铁塔的安装质量，包括塔本体、底座、冷却箱体、冷却水管、钛板换热器笠帽、塔盖等图示标注（供货）的全部质量。

三、热交换器：依据质量和构造形式，按设计图示数量计算。

注：设备质量按设计图纸的质量计算，包括内件及附件的质量。

一、容器安装
1. 铝制容器安装

工作内容： 二次灌浆,带搅拌装置及独立搅拌装置的支架、搅拌器及其附属的电机、减速器、保护罩等的安装,内部简单可拆件(指容器内的冷却、加热管等)检查、清洗、二次调整。

单位：台

编　号			5-2443	5-2444	5-2445	5-2446	5-2447	5-2448
项　目			设备质量(t以内)					
			0.5	1	2	3	5	7
预算基价	总　　　价(元)		**1497.20**	**2207.20**	**2819.97**	**4199.92**	**5473.56**	**7243.40**
	人　工　费(元)		1107.00	1387.80	1721.25	2600.10	3532.95	4394.25
	材　料　费(元)		126.87	309.08	437.12	634.79	762.93	986.50
	机　械　费(元)		263.33	510.32	661.60	965.03	1177.68	1862.65
组 成 内 容	单位	单价	数　　量					
人工 综合工	工日	135.00	8.20	10.28	12.75	19.26	26.17	32.55
材料 钢板垫板	t	4954.18	0.01227	0.01534	0.01841	0.02683	0.03526	0.04433
道木	m³	3660.04	0.01	0.05	0.08	0.12	0.14	0.17
型钢	t	3699.72	0.00400	0.00800	0.00800	0.01000	0.01200	0.02915
铁件	kg	9.49	0.17	0.44	0.44	0.44	0.44	0.59
电焊条 E4303 D3.2	kg	7.59	0.86	1.10	1.22	1.38	1.74	1.84
氧气	m³	2.88	0.27	0.30	0.36	0.42	0.51	0.69
乙炔气	m³	16.13	0.117	0.130	0.157	0.183	0.222	0.300
铅粉	kg	14.54	0.17	0.24	0.30	0.30	0.40	0.45
机油 5#～7#	kg	7.21	0.16	0.16	0.20	0.20	0.20	0.20
零星材料费	元	—	0.25	0.35	0.70	1.05	1.75	2.45
机械 载货汽车 4t	台班	417.41	0.13	0.16	0.20	—	—	0.09
载货汽车 8t	台班	521.59	—	—	—	0.22	0.27	—
直流弧焊机 20kW	台班	75.06	0.43	0.55	0.61	0.69	0.87	0.92
卷扬机 单筒快速 30kN	台班	243.50	—	0.20	0.45	0.66	0.83	0.83
汽车式起重机 8t	台班	767.15	0.23	0.46	0.55	0.45	0.52	0.24
汽车式起重机 16t	台班	971.12	—	—	—	0.30	0.38	0.47
汽车式起重机 20t	台班	1043.80	—	—	—	—	—	0.39
平板拖车组 15t	台班	1007.72	—	—	—	—	—	0.50
综合机械	元	—	0.35	0.66	0.82	1.23	1.50	2.44

编　号			5-2449	5-2450	5-2451	5-2452	5-2453	5-2454	5-2455
项　目			设备质量(t以内)						
			10	15	20	25	30	35	40
预算基价	总　价(元)		**8715.03**	**11611.50**	**14454.95**	**18155.60**	**21039.68**	**25066.91**	**29248.06**
	人　工　费(元)		5201.55	6709.50	8232.30	10049.40	11551.95	13529.70	15441.30
	材　料　费(元)		1216.18	1717.06	2263.46	2524.99	2729.66	3518.95	4230.10
	机　械　费(元)		2297.30	3184.94	3959.19	5581.21	6758.07	8018.26	9576.66
组　成　内　容		单位	单价	数　量					
人工	综合工	工日	135.00	38.53	49.70	60.98	74.44	85.57	100.22	114.38
材料	钢板垫板	t	4954.18	0.05288	0.08494	0.11700	0.13887	0.16050	0.21670	0.27274
	道木	m³	3660.04	0.20	0.26	0.33	0.34	0.34	0.46	0.56
	型钢	t	3699.72	0.04630	0.07665	0.10700	0.12850	0.15000	0.16400	0.17800
	铁件	kg	9.49	0.73	0.79	0.85	0.85	0.85	0.95	1.04
	电焊条 E4303 D3.2	kg	7.59	2.32	2.34	2.88	6.04	6.70	8.64	10.16
	氧气	m³	2.88	1.32	1.95	3.12	4.29	5.37	5.49	5.67
	乙炔气	m³	16.13	0.574	0.848	1.357	1.865	2.335	2.387	2.465
	铅粉	kg	14.54	0.55	0.65	0.70	0.75	0.80	0.90	0.90
	机油 5#～7#	kg	7.21	0.25	0.25	0.30	0.30	0.30	0.30	0.30
	零星材料费	元	—	3.50	5.25	7.00	7.76	9.30	10.85	12.40
机械	载货汽车 4t	台班	417.41	0.09	0.09	0.09	0.09	—	—	—
	直流弧焊机 20kW	台班	75.06	1.16	1.17	1.44	3.02	3.35	4.32	5.08
	汽车式起重机 8t	台班	767.15	0.30	0.09	0.12	0.14	0.18	0.22	0.25
	汽车式起重机 16t	台班	971.12	0.59	0.39	0.49	0.39	0.49	—	—
	汽车式起重机 20t	台班	1043.80	0.48	0.38	0.47	—	—	0.52	0.65
	汽车式起重机 40t	台班	1547.56	—	0.74	0.92	0.42	0.52	—	—
	汽车式起重机 75t	台班	3175.79	—	—	—	0.73	0.94	1.43	1.78
	平板拖车组 15t	台班	1007.72	0.61	—	—	—	—	—	—
	平板拖车组 20t	台班	1101.26	—	0.58	0.72	—	—	—	—
	平板拖车组 40t	台班	1468.34	—	—	—	0.64	0.80	0.80	1.00
	卷扬机 单筒快速 30kN	台班	243.50	1.03	1.26	1.57	—	—	—	—
	卷扬机 单筒慢速 50kN	台班	211.29	—	—	—	—	4.34	5.93	5.62
	卷扬机 单筒慢速 80kN	台班	254.54	—	0.47	0.59	3.59	—	—	—
	综合机械	元	—	3.02	4.76	5.91	8.99	11.04	13.45	16.40

2.铸铁容器安装

工作内容： 二次灌浆,试漏,带搅拌装置及独立搅拌装置的支架、搅拌器及其附属的电机、减速器、保护罩等的安装,内部简单可拆件(指容器内的冷却、加热管等)检查、清洗、二次调整。

单位：台

编 号			5-2456	5-2457	5-2458	5-2459	5-2460	5-2461	5-2462	5-2463	5-2464
项 目			设备质量(t以内)								
			0.5	1	2	3	4	5	6	8	10
预算基价	总 价(元)		**1045.03**	**1683.88**	**2483.00**	**3240.44**	**3772.09**	**4260.68**	**5212.85**	**6186.19**	**7400.88**
	人 工 费(元)		619.65	1067.85	1625.40	2081.70	2467.80	2805.30	3230.55	3838.05	4669.65
	材 料 费(元)		205.43	258.24	396.94	457.83	510.03	594.47	719.77	949.50	1187.30
	机 械 费(元)		219.95	357.79	460.66	700.91	794.26	860.91	1262.53	1398.64	1543.93
组 成 内 容	单位	单价	数 量								
人工 综合工	工日	135.00	4.59	7.91	12.04	15.42	18.28	20.78	23.93	28.43	34.59
材料 钢板垫板	t	4954.18	0.0037	0.0055	0.0074	0.0098	0.0121	0.0144	0.0167	0.0224	0.0228
道木	m³	3660.04	0.04	0.04	0.06	0.06	0.06	0.07	0.08	0.10	0.13
型钢	t	3699.72	0.0030	0.0040	0.0060	0.0080	0.0100	0.0120	0.0235	0.0373	0.0463
铁件	kg	9.49	0.10	0.15	0.20	0.20	0.20	0.34	0.42	0.50	0.56
石棉编绳 D11~25	kg	17.84	0.55	1.34	2.25	2.46	2.70	2.84	3.00	3.45	4.10
石棉橡胶板 中压 δ0.8~6.0	kg	20.02	0.25	0.40	0.69	0.80	0.90	1.02	1.08	1.13	1.30
六角带帽螺栓	kg	8.31	0.19	0.25	0.38	0.52	0.58	0.65	0.72	0.86	1.00
中低压盲板	kg	7.81	0.58	0.75	1.15	1.66	2.23	2.26	2.65	3.10	3.50
水	m³	7.62	0.53	2.96	5.71	9.60	12.30	14.90	18.20	26.00	35.20
电焊条 E4303 D3.2	kg	7.59	0.04	0.06	0.06	0.08	0.10	0.16	0.16	0.18	0.22
氧气	m³	2.88	0.12	0.15	0.18	0.18	0.30	0.33	0.42	0.54	0.66
乙炔气	m³	16.13	0.052	0.065	0.078	0.078	0.130	0.143	0.183	0.235	0.287
铅粉	kg	14.54	0.09	0.17	0.21	0.24	0.24	0.30	0.30	0.40	0.45
机油 5#~7#	kg	7.21	0.08	0.16	0.16	0.16	0.16	0.20	0.20	0.20	0.20
零星材料费	元	—	0.31	0.40	0.54	0.81	1.08	1.35	1.62	2.16	2.70
机械 直流弧焊机 20kW	台班	75.06	0.02	0.03	0.03	0.04	0.05	0.08	0.08	0.09	0.11
载货汽车 4t	台班	417.41	0.10	0.12	0.15	—	—	—	0.07	0.07	0.07
载货汽车 8t	台班	521.59	—	—	—	0.17	0.20	0.21	—	—	—
汽车式起重机 8t	台班	767.15	0.23	0.35	0.42	0.34	0.38	0.40	0.18	0.20	0.23
汽车式起重机 16t	台班	971.12	—	—	—	0.23	0.26	0.29	0.36	0.41	0.45
汽车式起重机 20t	台班	1043.80	—	—	—	—	—	—	0.30	0.33	0.37
平板拖车组 15t	台班	1007.72	—	—	—	—	—	—	0.25	0.28	0.31
卷扬机 单筒快速 30kN	台班	243.50	—	0.15	0.30	0.51	0.58	0.64	0.71	0.75	0.79
综合机械	元	—	0.26	0.42	0.54	0.86	0.95	1.05	1.66	1.84	2.04

3.陶制容器安装

工作内容： 二次灌浆,试漏,带搅拌装置及独立搅拌装置的支架、搅拌器及其附属的电机、减速器、保护罩等的安装,内部简单可拆件(指容器内的冷却、加热管等)检查、清洗、二次调整。

单位：台

	编 号			5-2465	5-2466	5-2467	5-2468	5-2469
	项 目			设备容积(L以内)				
				100	300	600	1000	1500
预算基价	总 价(元)			**205.43**	**378.44**	**565.36**	**754.55**	**983.74**
	人 工 费(元)			122.85	216.00	317.25	425.25	573.75
	材 料 费(元)			7.92	13.12	16.46	22.98	29.02
	机 械 费(元)			74.66	149.32	231.65	306.32	380.97
组 成 内 容		单位	单价	数 量				
人工	综合工	工日	135.00	0.91	1.60	2.35	3.15	4.25
材料	橡胶板 $\delta 1 \sim 3$	kg	11.26	0.55	0.94	1.02	1.32	1.50
	水	m³	7.62	0.2	0.3	0.6	1.0	1.5
	零星材料费	元	—	0.20	0.25	0.40	0.50	0.70
机械	汽车式起重机 8t	台班	767.15	0.07	0.14	0.22	0.29	0.36
	载货汽车 4t	台班	417.41	0.05	0.10	0.15	0.20	0.25
	综合机械	元	—	0.09	0.18	0.27	0.36	0.44

4.塑料容器安装

工作内容: 二次灌浆,试漏,带搅拌装置及独立搅拌装置的支架、搅拌器及其附属的电机、减速器、保护罩等的安装,内部简单可拆件(指容器内的冷却、加热管等)检查、清洗、二次调整。

单位:台

编 号				5-2470	5-2471	5-2472	5-2473	5-2474	5-2475	5-2476
项 目				设备质量(t以内)						
				0.06	0.1	0.2	0.3	0.5	0.7	1
预算基价	总 价(元)			**316.60**	**481.12**	**668.34**	**843.91**	**1103.74**	**1495.26**	**1964.46**
	人 工 费(元)			233.55	361.80	492.75	627.75	828.90	1107.00	1458.00
	材 料 费(元)			8.39	13.94	26.27	36.12	55.73	81.94	125.49
	机 械 费(元)			74.66	105.38	149.32	180.04	219.11	306.32	380.97
组 成 内 容		单位	单价	数 量						
人工	综合工	工日	135.00	1.73	2.68	3.65	4.65	6.14	8.20	10.80
材料	橡胶板 δ1~3	kg	11.26	0.43	0.77	0.90	1.08	1.45	1.73	2.17
	水	m³	7.62	0.4	0.6	2.0	3.0	5.0	8.0	13.0
	零星材料费	元	—	0.50	0.70	0.90	1.10	1.30	1.50	2.00
机械	汽车式起重机 8t	台班	767.15	0.07	0.11	0.14	0.18	0.22	0.29	0.36
	载货汽车 4t	台班	417.41	0.05	0.05	0.10	0.10	0.12	0.20	0.25
	综合机械	元	—	0.09	0.12	0.18	0.21	0.25	0.36	0.44

5.搪瓷、玻璃钢容器安装

工作内容：二次灌浆,试漏,带搅拌装置及独立搅拌装置的支架、搅拌器及其附属的电机、减速器、保护罩等的安装,内部简单可拆件(指容器内的冷却、加热管等)检查、清洗、二次调整。

单位：台

编　号			5-2477	5-2478	5-2479	5-2480	5-2481	5-2482	5-2483	5-2484	5-2485
项　目			设备质量(t以内)								
			0.2	0.6	1	1.5	2	2.5	3	4	5
预算基价	总　　价(元)		**640.40**	**1247.61**	**1957.97**	**2539.25**	**3067.89**	**3553.26**	**4189.39**	**4882.46**	**5605.03**
	人　工　费(元)		453.60	935.55	1343.25	1736.10	2046.60	2342.25	2686.50	3091.50	3564.00
	材　料　费(元)		66.88	140.53	213.98	295.34	394.24	429.10	497.21	582.16	670.85
	机　械　费(元)		119.92	171.53	400.74	507.81	627.05	781.91	1005.68	1208.80	1370.18
组成内容		单位	单价	数　　量							
人工	综合工	工日	135.00	3.36	6.93	9.95	12.86	15.16	17.35	19.90	22.90	26.40
材料	钢板垫板	t	4954.18	0.00253	0.00502	0.00630	0.00820	0.00920	0.01072	0.01224	0.01512	0.01800
	道木	m³	3660.04	0.01	0.02	0.03	0.04	0.06	0.06	0.07	0.08	0.09
	石棉编绳 D11~25	kg	17.84	0.43	1.08	1.68	2.40	2.83	2.95	3.08	3.30	3.55
	橡胶板 δ1~3	kg	11.26	0.20	0.33	0.38	0.47	0.51	0.56	0.62	0.76	0.88
	六角带帽螺栓	kg	8.31	0.15	0.26	0.32	0.41	0.45	0.55	0.64	0.77	0.88
	中低压盲板	kg	7.81	0.55	0.80	0.95	1.20	1.44	1.72	2.13	2.79	3.08
	水	m³	7.62	0.25	1.40	3.70	6.00	7.20	10.00	12.20	15.00	18.60
	铁件	kg	9.49	—	—	—	0.10	0.20	0.20	0.20	0.25	0.34
	零星材料费	元	—	0.38	0.40	0.44	0.76	1.08	1.35	1.62	2.16	2.70
机械	载货汽车 4t	台班	417.41	0.10	0.15	0.20	0.25	0.30	0.35	0.40	—	—
	载货汽车 8t	台班	521.59	—	—	—	—	—	—	—	0.45	0.50
	汽车式起重机 8t	台班	767.15	0.07	0.11	0.14	0.18	0.22	0.25	—	—	—
	汽车式起重机 12t	台班	864.36	—	—	0.20	0.25	0.30	0.40	0.80	0.90	1.00
	卷扬机 单筒快速 30kN	台班	243.50	0.10	0.10	0.15	0.20	0.30	0.40	0.60	0.80	1.00
	综合机械	元	—	0.13	0.18	0.46	0.58	0.70	0.88	1.13	1.36	1.52

二、塔器类安装

1.铝制塔安装

工作内容: 二次灌浆,带搅拌装置及独立搅拌装置的支架、搅拌器及其附属的电机、减速器、保护罩等的安装,内部简单可拆件(指填充塔内简单的淋洒、隔板等)检查、清洗、二次调整,塔盘矫正、编号、装配、调整、连接件焊接或螺栓坚固,鼓泡试验。

单位:台

编　号			5-2486	5-2487	5-2488	5-2489	5-2490	5-2491	5-2492	5-2493
项　目			设备质量(t以内)							
			0.5	1	2	3	5	7	10	15
预算基价	总　　价(元)		**2499.15**	**3883.70**	**5014.87**	**6305.06**	**8081.55**	**9736.85**	**11080.80**	**15087.36**
	人　工　费(元)		1761.75	2282.85	2928.15	3670.65	4781.70	5391.90	6384.15	7836.75
	材　料　费(元)		375.85	625.13	911.30	1189.25	1504.98	1714.41	1844.30	2048.55
	机　械　费(元)		361.55	975.72	1175.42	1445.16	1794.87	2630.54	2852.35	5202.06
组 成 内 容	单位	单价	数　　量							
人工 综合工	工日	135.00	13.05	16.91	21.69	27.19	35.42	39.94	47.29	58.05
材料 钢板垫板	t	4954.18	0.00816	0.01134	0.01500	0.02218	0.03037	0.03500	0.03946	0.05292
道木	m³	3660.04	0.08	0.14	0.21	0.27	0.34	0.38	0.40	0.43
型钢	t	3699.72	0.0056	0.0080	0.0100	0.0150	0.0190	0.0290	0.0370	0.0400
铁件	kg	9.49	0.62	1.04	1.30	1.56	1.74	1.74	1.74	2.35
电焊条 E4303 D3.2	kg	7.59	0.78	0.86	0.96	1.06	1.18	1.30	1.44	1.62
氧气	m³	2.88	0.33	0.33	0.33	0.33	0.33	0.33	0.48	0.99
乙炔气	m³	16.13	0.143	0.143	0.143	0.143	0.143	0.143	0.209	0.430
铅粉	kg	14.54	0.35	0.36	0.40	0.43	0.45	0.50	0.53	0.60
机油 5#~7#	kg	7.21	0.20	0.20	0.20	0.20	0.20	0.23	0.25	0.30
零星材料费	元	—	0.31	0.62	1.24	1.86	3.10	4.34	6.20	9.30
机械 直流弧焊机 20kW	台班	75.06	0.34	0.43	0.48	0.53	0.59	0.65	0.72	0.81
卷扬机 单筒慢速 50kN	台班	211.29	0.39	0.52	0.65	0.72	0.81	0.99	1.16	1.27
载货汽车 8t	台班	521.59	—	0.15	0.20	0.24	0.31	0.33	0.35	0.36
汽车式起重机 8t	台班	767.15	0.33	0.52	0.61	0.76	0.96	1.37	1.43	1.50
汽车式起重机 20t	台班	1043.80	—	0.34	0.41	0.52	0.65	—	—	—
汽车式起重机 40t	台班	1547.56	—	—	—	—	—	0.74	0.82	—
汽车式起重机 75t	台班	3175.79	—	—	—	—	—	—	—	1.11
综合机械	元	—	0.47	1.52	1.82	2.26	2.81	4.26	4.63	9.30

编　　号			5-2494	5-2495	5-2496	5-2497	5-2498	5-2499	5-2500
项　目			设备质量(t以内)						
			20	25	30	35	40	45	50
预算基价	总　价(元)		**17821.83**	**24515.36**	**29654.61**	**35031.14**	**40315.05**	**34423.62**	**37769.78**
	人　工　费(元)		9622.80	11395.35	13748.40	16571.25	18553.05	22188.60	24295.95
	材　料　费(元)		2305.55	3469.65	4716.61	5060.37	6571.47	7893.05	8603.01
	机　械　费(元)		5893.48	9650.36	11189.60	13399.52	15190.53	4341.97	4870.82
组成内容	单位	单价	数　　量						
人工 综合工	工日	135.00	71.28	84.41	101.84	122.75	137.43	164.36	179.97
材料 钢板垫板	t	4954.18	0.06816	0.07200	0.07795	0.11480	0.15170	0.16488	0.16848
道木	m³	3660.04	0.47	0.66	0.87	0.91	1.12	1.31	1.47
型钢	t	3699.72	0.0440	0.1580	0.2720	0.2720	0.4190	0.5660	0.5865
铁件	kg	9.49	2.91	3.15	3.38	3.38	3.38	3.38	3.38
电焊条 E4303 D3.2	kg	7.59	2.02	4.18	5.22	5.44	5.52	6.18	7.74
氧气	m³	2.88	1.59	2.34	2.85	3.48	4.32	4.80	6.00
乙炔气	m³	16.13	0.691	1.017	1.239	1.513	1.878	2.087	2.609
铅粉	kg	14.54	0.8	0.9	1.4	1.6	1.8	2.2	2.5
机油 5#~7#	kg	7.21	0.30	0.30	0.60	0.80	1.00	1.02	1.20
零星材料费	元	—	12.40	12.75	15.30	17.85	20.40	21.70	23.00
机械 载货汽车 4t	台班	417.41	—	—	—	1.04	1.16	1.20	1.22
载货汽车 8t	台班	521.59	0.39	—	0.43	0.45	0.47	0.49	0.53
直流弧焊机 20kW	台班	75.06	1.01	2.09	2.61	2.72	2.76	3.09	3.87
卷扬机 单筒慢速 50kN	台班	211.29	1.38	1.50	1.66	1.73	1.82	11.52	13.10
汽车式起重机 8t	台班	767.15	—	—	—	0.56	0.61	0.63	0.71
汽车式起重机 12t	台班	864.36	1.59	0.62	0.69	0.42	0.47	0.48	0.53
汽车式起重机 40t	台班	1547.56	—	1.48	1.56	1.56	1.56	—	—
汽车式起重机 75t	台班	3175.79	1.24	—	—	—	—	—	—
汽车式起重机 125t	台班	8124.45	—	0.78	0.91	1.10	1.30	—	—
综合机械	元	—	10.36	13.19	14.82	17.28	19.28	21.31	23.97

548

2.铸铁塔安装

工作内容： 二次灌浆,试漏,带搅拌装置及独立搅拌装置的支架、搅拌器及其附属的电机、减速器、保护罩等的安装,内部简单可拆件(指填充塔内简单的淋洒、隔板等)检查、清洗、二次调整,多节铸铁塔的分布预装、试压、塔内冷却管,水箱、笼帽、花板组装、试压,分节安装,塔盘矫正、编号、装配、调整、连接件焊接或螺栓紧固,鼓泡试验。

单位：台

编　号			5-2501	5-2502	5-2503	5-2504	5-2505	5-2506	5-2507	5-2508
项　目			设备质量(t以内)							
			0.5	1	2	3	5	7	10	15
预算基价	总　价(元)		**2515.78**	**3828.68**	**4949.79**	**6511.58**	**7955.65**	**9623.19**	**11165.70**	**15312.13**
	人　工　费(元)		1831.95	2538.00	3156.30	4001.40	5004.45	5856.30	7055.10	8895.15
	材　料　费(元)		213.49	393.00	711.88	1166.18	1291.41	1350.24	1475.01	1628.20
	机　械　费(元)		470.34	897.68	1081.61	1344.00	1659.79	2416.65	2635.59	4788.78
组　成　内　容	单位	单价	数　　量							
人工 综合工	工日	135.00	13.57	18.80	23.38	29.64	37.07	43.38	52.26	65.89
材料 钢板垫板	t	4954.18	0.00672	0.00945	0.01250	0.01848	0.02532	0.02916	0.03288	0.04410
道木	m³	3660.04	0.04	0.08	0.16	0.27	0.29	0.29	0.31	0.33
型钢	t	3699.72	0.004	0.008	0.010	0.015	0.019	0.029	0.037	0.040
铁件	kg	9.49	0.40	0.80	1.00	1.20	1.34	1.34	1.34	1.81
电焊条 E4303 D3.2	kg	7.59	0.72	0.80	0.88	0.98	1.08	1.20	1.32	1.48
氧气	m³	2.88	0.30	0.30	0.30	0.30	0.30	0.30	0.36	0.75
乙炔气	m³	16.13	0.130	0.130	0.130	0.130	0.130	0.130	0.157	0.326
铅粉	kg	14.54	0.35	0.36	0.40	0.43	0.45	0.50	0.53	0.60
机油 5#～7#	kg	7.21	0.20	0.20	0.20	0.20	0.20	0.23	0.25	0.30
零星材料费	元	—	0.24	0.48	0.96	1.44	2.40	3.36	4.80	7.20
机械 载货汽车 8t	台班	521.59	0.10	0.14	0.18	0.23	0.29	0.30	0.32	0.34
直流弧焊机 20kW	台班	75.06	0.36	0.40	0.44	0.49	0.54	0.60	0.66	0.74
卷扬机 单筒慢速 50kN	台班	211.29	0.36	0.48	0.60	0.66	0.74	0.91	1.07	1.18
汽车式起重机 8t	台班	767.15	0.41	0.48	0.56	0.71	0.89	1.26	1.32	1.38
汽车式起重机 20t	台班	1043.80	—	0.31	0.38	0.48	0.60	—	—	—
汽车式起重机 40t	台班	1547.56	—	—	—	—	—	0.68	0.76	—
汽车式起重机 75t	台班	3175.79	—	—	—	—	—	—	—	1.02
综合机械	元	—	0.56	1.40	1.68	2.10	2.60	3.91	4.28	8.60

单位：台

编　　号			5-2509	5-2510	5-2511	5-2512	5-2513	5-2514	5-2515
项　　目			设备质量(t以内)						
			20	25	30	35	40	45	50
预算基价	总　　价(元)		**18297.15**	**25056.13**	**29994.40**	**33594.62**	**37755.38**	**31549.58**	**36743.83**
	人　工　费(元)		11045.70	13115.25	15759.90	17162.55	19630.35	21762.00	25309.80
	材　料　费(元)		1832.89	2843.50	3899.68	4025.22	4115.79	5483.56	6682.67
	机　械　费(元)		5418.56	9097.38	10334.82	12406.85	14009.24	4304.02	4751.36
组　成　内　容	单位	单价	数　　量						
人工 综合工	工日	135.00	81.82	97.15	116.74	127.13	145.41	161.20	187.48
材料 钢板垫板	t	4954.18	0.05680	0.06000	0.06496	0.07308	0.08120	0.12640	0.14040
道木	m³	3660.04	0.36	0.51	0.67	0.69	0.70	0.86	1.01
型钢	t	3699.72	0.044	0.158	0.272	0.272	0.272	0.419	0.566
铁件	kg	9.49	2.24	2.42	2.60	2.60	2.60	2.60	2.60
电焊条 E4303 D3.2	kg	7.59	1.88	3.86	4.82	4.96	5.08	5.72	7.16
氧气	m³	2.88	1.23	1.80	2.19	2.67	3.33	3.69	5.55
乙炔气	m³	16.13	0.535	0.783	0.952	1.161	1.448	1.604	2.413
铅粉	kg	14.54	0.8	0.9	1.4	1.6	1.8	2.2	2.5
机油 5#~7#	kg	7.21	0.3	0.3	0.6	0.8	1.0	1.0	1.2
零星材料费	元	—	9.60	9.75	11.70	13.65	15.60	15.75	17.50
机械 载货汽车 4t	台班	417.41	—	—	—	0.96	1.06	1.10	1.13
载货汽车 8t	台班	521.59	0.36	0.37	0.40	0.42	0.43	0.46	0.49
汽车式起重机 8t	台班	767.15	—	—	—	0.50	0.56	0.58	0.65
汽车式起重机 12t	台班	864.36	1.46	0.58	0.64	0.40	0.43	0.44	0.49
汽车式起重机 40t	台班	1547.56	—	1.37	1.44	1.44	1.44	—	—
汽车式起重机 75t	台班	3175.79	1.14	—	—	—	—	—	—
汽车式起重机 125t	台班	8124.45	—	0.72	0.84	1.02	1.20	—	—
直流弧焊机 20kW	台班	75.06	0.94	1.67	2.41	2.48	2.54	3.06	3.58
卷扬机 单筒慢速 50kN	台班	211.29	1.27	1.40	1.54	1.61	1.68	11.97	13.30
综合机械	元	—	9.53	12.15	13.69	16.00	17.78	20.85	23.05

550

3.陶制塔安装

工作内容：二次灌浆,试漏,带搅拌装置及独立搅拌装置的支架、搅拌器及其附属的电机、减速器、保护罩等的安装,内部简单可拆件(指填充塔内简单的淋洒、隔板等)检查、清洗、二次调整,塔盘矫正、编号、装配、调整、连接件焊接或螺栓紧固,鼓泡试验。

单位：台

编 号				5-2516	5-2517	5-2518	5-2519	5-2520	5-2521	5-2522
项 目				设备规格直径(mm)×高(m)						
				300×4	400×4	500×4.5	600×8	800×10	1000×11	1200×12
预算基价	总 价(元)			**1442.84**	**1880.62**	**2588.99**	**3919.61**	**5668.26**	**7480.90**	**9554.98**
	人 工 费(元)			780.30	1063.80	1417.50	1772.55	2268.00	2764.80	3260.25
	材 料 费(元)			314.38	409.36	669.14	1549.83	2577.65	3529.30	4649.52
	机 械 费(元)			348.16	407.46	502.35	597.23	822.61	1186.80	1645.21
组 成 内 容		单位	单价	数 量						
人工	综合工	工日	135.00	5.78	7.88	10.50	13.13	16.80	20.48	24.15
材料	橡胶板 δ1~3	kg	11.26	0.81	1.44	2.25	3.24	5.76	9.00	13.00
	石棉扭绳 D4~5	kg	18.59	14.6	18.7	30.6	72.1	118.3	161.2	210.0
	水	m³	7.62	0.33	0.60	1.06	2.72	6.64	9.42	13.57
	水玻璃	kg	2.38	11.70	15.00	24.48	57.68	94.64	129.00	168.00
	铸石粉	kg	1.11	1.21	1.82	3.02	5.30	13.63	18.93	34.83
	石英粉	kg	0.42	1.21	1.82	3.02	5.30	13.63	18.93	34.83
	氟硅酸钠	kg	7.99	0.18	0.27	0.45	0.80	2.04	2.84	5.22
	零星材料费	元	—	0.20	0.30	0.40	0.50	0.60	0.80	1.00
机械	汽车式起重机 8t	台班	767.15	0.13	0.14	0.18	0.22	0.29	0.43	0.58
	汽车式起重机 12t	台班	864.36	0.20	0.25	0.30	0.35	0.50	0.70	1.00
	载货汽车 4t	台班	417.41	0.18	0.20	0.25	0.30	0.40	0.60	0.80
	综合机械	元	—	0.42	0.49	0.60	0.71	0.99	1.43	1.97

4.塑料塔安装

工作内容： 二次灌浆,试漏,带搅拌装置及独立搅拌装置的支架、搅拌器及其附属的电机、减速器、保护罩等的安装,内部简单可拆件(指填充塔内简单的淋洒、隔板等)检查、清洗、二次调整,塔盘矫正、编号、装配、调整、连接件焊接或螺栓紧固,鼓泡试验。

单位：台

编　号			5-2523	5-2524	5-2525	5-2526	5-2527
项　　目			设备质量(t以内)				
			0.5	1	2	3	5
预算基价	总　　　价(元)		**2115.19**	**3242.10**	**5587.47**	**7901.06**	**12298.20**
	人　工　费(元)		1610.55	2585.25	4626.45	6488.10	10640.70
	材　料　费(元)		113.84	168.34	374.81	571.96	715.65
	机　械　费(元)		390.80	488.51	586.21	841.00	941.85
组　成　内　容	单位	单价	数　　　量				
人工 综合工	工日	135.00	11.93	19.15	34.27	48.06	78.82
材料 橡胶板 δ1～3	kg	11.26	0.60	0.70	1.20	1.50	1.88
石棉编绳 D11～25	kg	17.84	5.08	6.82	16.82	26.81	33.51
棉纱	kg	16.11	0.40	0.80	1.20	1.50	1.88
水玻璃	kg	2.38	4.00	10.60	17.20	21.50	26.88
零星材料费	元	—	0.49	0.67	0.96	1.44	2.40
机械 汽车式起重机 8t	台班	767.15	0.40	0.50	0.60	—	—
汽车式起重机 16t	台班	971.12	—	—	—	0.65	0.70
载货汽车 4t	台班	417.41	0.20	0.25	0.30	—	—
载货汽车 8t	台班	521.59	—	—	—	0.40	0.50
综合机械	元	—	0.46	0.58	0.70	1.14	1.27

5.玻璃钢冷却塔安装

工作内容： 二次灌浆,试漏,带搅拌装置及独立搅拌装置的支架、搅拌器及其附属的电机、减速器、保护罩等的安装,内部简单可拆件(指填充塔内简单的淋洒、隔板等)检查、清洗、二次调整、风机、电机安装,塔盘矫正、编号、装配、调整、连接件焊接或螺栓紧固,鼓泡试验。　　　　　**单位：台**

编号			5-2528	5-2529	5-2530	5-2531	5-2532	5-2533	5-2534	5-2535	5-2536	5-2537
项　目			型号规格(m³/h)/设备质量(t以内)									
			20/0.2	30/0.4	50/0.5	70/0.8	100/1	150/2	250/2.5	300/3.5	500/4	700/5.5
预算基价	总　　　价(元)		**1325.62**	**1685.57**	**2110.31**	**2736.16**	**3102.52**	**4260.63**	**5000.29**	**6240.60**	**6784.31**	**7364.68**
	人　工　费(元)		764.10	1020.60	1269.00	1548.45	1825.20	2864.70	3302.10	4016.25	4453.65	4891.05
	材　料　费(元)		153.10	203.96	223.30	330.48	355.27	408.95	562.42	749.47	799.05	847.47
	机　械　费(元)		408.42	461.01	618.01	857.23	922.05	986.98	1135.77	1474.88	1531.61	1626.16
组　成　内　容	单位	单价	数　　量									
人工 综合工	工日	135.00	5.66	7.56	9.40	11.47	13.52	21.22	24.46	29.75	32.99	36.23
材料 钢板垫板	t	4954.18	0.01270	0.01270	0.01270	0.01700	0.01700	0.01700	0.02544	0.03392	0.03392	0.03392
普碳钢板 Q195~Q235 δ0.7~0.9	t	4087.34	0.0004	0.0005	0.0007	0.0008	0.0008	0.0010	0.0014	0.0018	0.0018	0.0040
石棉橡胶板 低压 δ0.8~6.0	kg	19.35	1.0	1.2	1.4	1.4	1.6	1.6	1.8	2.0	2.5	3.0
道木	m³	3660.04	0.01	0.02	0.02	0.04	0.04	0.05	0.07	0.10	0.10	0.10
电焊条 E4303 D3.2	kg	7.59	0.20	0.20	0.20	0.25	0.25	0.30	0.30	0.40	0.40	0.40
煤油	kg	7.49	0.25	0.30	0.40	0.50	0.70	1.20	2.00	2.50	3.50	4.00
机油 5#~7#	kg	7.21	0.1	0.1	0.1	0.1	0.1	0.1	0.2	0.2	0.3	0.3
黄干油	kg	15.77	0.21	0.21	0.21	0.21	0.25	0.25	0.25	0.25	0.25	0.25
镀锌钢丝（综合）	kg	7.16	1.10	1.10	1.10	1.10	1.65	1.65	1.65	1.65	1.65	1.65
405树脂胶	kg	20.22	0.5	1.0	1.5	2.0	2.5	3.0	4.0	5.0	6.0	7.0
破布	kg	5.07	0.25	0.25	0.40	0.40	0.60	0.80	1.00	1.20	2.00	2.00
棉纱	kg	16.11	0.2	0.2	0.3	0.3	0.5	0.5	0.7	0.8	1.2	1.5
锯条	根	0.42	2	2	2	2	2	3	3	4	4	4
零星材料费	元	—	1.86	1.35	2.78	3.81	4.31	4.91	6.69	8.65	9.63	10.58
机械 交流弧焊机 21kV·A	台班	60.37	0.10	0.10	0.10	0.12	0.12	0.15	0.15	0.20	0.20	0.20
载货汽车 4t	台班	417.41	0.20	0.20	0.25	—	—	—	—	—	—	—
载货汽车 8t	台班	521.59	—	—	—	0.25	0.30	0.30	—	—	—	—
载货汽车 15t	台班	809.06	—	—	—	—	—	—	0.30	—	—	—
汽车式起重机 8t	台班	767.15	0.14	0.14	0.18	0.25	0.30	0.30	—	—	—	—
汽车式起重机 16t	台班	971.12	—	—	—	—	—	—	0.30	0.42	0.45	0.50
汽车式起重机 20t	台班	1043.80	0.20	0.25	0.35	0.50	0.50	0.56	0.56	—	—	—
汽车式起重机 30t	台班	1141.87	—	—	—	—	—	—	—	0.58	0.58	0.58
平板拖车组 10t	台班	909.28	—	—	—	—	—	—	—	0.42	0.45	0.50
综合机械	元	—	2.74	3.14	4.20	5.90	6.28	6.77	8.13	10.75	11.07	11.60

三、热交换器安装
1.铸铁排管式热交换器安装

工作内容：本体安装、二次灌浆。

单位：台

编　　号			5-2538	5-2539	5-2540	5-2541	5-2542	5-2543	5-2544	5-2545
项　　目			设备质量（t以内）							
			0.5	1	2	3	4	5	6	8
预算基价	总　　价（元）		**1120.42**	**1694.95**	**2050.40**	**2711.39**	**3622.77**	**4244.35**	**4823.06**	**5672.39**
	人　工　费（元）		734.40	895.05	1104.30	1597.05	2127.60	2590.65	2947.05	3411.45
	材　料　费（元）		125.05	390.01	484.57	537.63	592.84	643.91	728.60	852.43
	机　械　费（元）		260.97	409.89	461.53	576.71	902.33	1009.79	1147.41	1408.51
组 成 内 容	单位	单价	数　　量							
人工 综合工	工日	135.00	5.44	6.63	8.18	11.83	15.76	19.19	21.83	25.27
材料 钢板垫板	t	4954.18	0.02328	0.02578	0.02828	0.03064	0.03300	0.03535	0.04265	0.05000
电焊条 E4303 D3.2	kg	7.59	0.50	0.50	0.50	0.50	0.76	0.96	1.00	1.02
氧气	m³	2.88	0.21	0.21	0.21	0.21	0.21	0.27	0.30	0.33
乙炔气	m³	16.13	0.091	0.091	0.091	0.091	0.091	0.117	0.130	0.143
铅粉	kg	14.54	0.20	0.23	0.25	0.27	0.30	0.32	0.34	0.36
机油 5#～7#	kg	7.21	0.10	0.15	0.20	0.25	0.25	0.25	0.28	0.30
道木	m³	3660.04	—	0.06	0.08	0.09	0.10	0.11	0.11	0.12
型钢	t	3699.72	—	0.0080	0.0100	0.0110	0.0120	0.0120	0.0247	0.0374
铁件	kg	9.49	—	0.25	0.30	0.30	0.34	0.34	0.34	0.56
零星材料费	元	—	—	0.22	0.43	0.87	1.29	1.72	2.15	2.58	3.44
机械 直流弧焊机 20kW	台班	75.06	0.25	0.25	0.25	0.25	0.38	0.48	0.50	0.56
载货汽车 4t	台班	417.41	0.12	0.14	0.16	—	—	—	0.05	0.06
载货汽车 8t	台班	521.59	—	—	—	0.18	0.20	0.23	—	—
载货汽车 15t	台班	809.06	—	—	—	—	—	—	0.22	0.27
汽车式起重机 8t	台班	767.15	0.25	0.36	0.41	0.35	0.39	0.43	0.08	0.09
汽车式起重机 16t	台班	971.12	—	—	—	—	0.26	0.29	0.31	0.45
汽车式起重机 20t	台班	1043.80	—	—	—	—	—	—	0.30	0.35
卷扬机 单筒快速 30kN	台班	243.50	—	0.23	0.25	0.80	0.89	0.99	0.70	0.73
卷扬机 单筒慢速 50kN	台班	211.29	—	—	—	—	—	—	0.30	0.34
综合机械	元	—	—	0.33	0.51	0.57	0.76	1.09	1.23	1.62	2.01

编　号			5-2546	5-2547	5-2548	5-2549	5-2550	5-2551	5-2552
项　目			设备质量(t以内)						
			10	15	20	25	30	35	40
预算基价	总　　价(元)		**6455.36**	**8440.92**	**10030.81**	**12527.52**	**13951.27**	**17139.46**	**19601.85**
	人　工　费(元)		3928.50	4731.75	5602.50	6389.55	7210.35	8430.75	9826.65
	材　料　费(元)		938.64	1315.95	1709.94	1920.98	2075.90	2542.03	2907.37
	机　械　费(元)		1588.22	2393.22	2718.37	4216.99	4665.02	6166.68	6867.83
组 成 内 容		单位	单价	数　　量					
人工	综合工	工日	135.00	29.10	35.05	41.50	47.33	53.41	62.45	72.79
材料	钢板垫板	t	4954.18	0.05724	0.06529	0.07339	0.08665	0.09606	0.13054	0.14409
	型钢	t	3699.72	0.0500	0.0805	0.1110	0.1375	0.1640	0.1790	0.1950
	道木	m³	3660.04	0.12	0.18	0.24	0.25	0.25	0.31	0.37
	铁件	kg	9.49	0.56	0.61	0.65	0.65	0.65	0.72	0.80
	电焊条 E4303 D3.2	kg	7.59	1.24	1.34	1.62	2.14	2.66	3.18	3.70
	氧气	m³	2.88	0.39	0.39	0.69	0.94	1.08	2.25	3.33
	乙炔气	m³	16.13	0.170	0.170	0.300	0.409	0.470	0.978	1.448
	铅粉	kg	14.54	0.40	0.50	1.40	1.60	1.80	2.00	2.20
	机油 5#~7#	kg	7.21	0.30	0.32	0.42	0.45	0.46	0.48	0.50
	零星材料费	元	—	4.30	6.45	8.60	9.75	11.70	12.68	13.65
机械	载货汽车 4t	台班	417.41	0.09	0.09	0.30	0.35	0.40	0.45	0.50
	载货汽车 15t	台班	809.06	0.34	—	—	—	—	—	—
	直流弧焊机 20kW	台班	75.06	0.62	0.67	0.81	1.07	1.33	1.59	1.85
	卷扬机 单筒快速 30kN	台班	243.50	0.77	1.79	2.24	—	—	—	—
	卷扬机 单筒慢速 50kN	台班	211.29	0.39	0.40	0.47	2.90	3.13	3.58	4.03
	汽车式起重机 8t	台班	767.15	0.11	0.14	0.15	0.17	0.19	0.22	0.22
	汽车式起重机 16t	台班	971.12	0.49	—	—	—	—	—	—
	汽车式起重机 20t	台班	1043.80	0.38	0.40	0.42	—	—	—	—
	汽车式起重机 40t	台班	1547.56	—	0.57	0.71	0.39	0.43	—	—
	汽车式起重机 75t	台班	3175.79	—	—	—	0.65	0.72	1.31	1.46
	平板拖车组 20t	台班	1101.26	—	0.34	0.21	—	—	—	—
	平板拖车组 40t	台班	1468.34	—	—	—	0.39	0.43	0.52	0.58
	综合机械	元	—	2.26	3.52	4.10	6.96	7.72	10.49	11.70

2.列管式石墨热交换器安装

工作内容: 本体安装、二次灌浆。

单位:台

编 号				5-2553	5-2554	5-2555	5-2556	5-2557	5-2558	5-2559	5-2560	5-2561	5-2562
项 目				设备质量(t以内)									
				0.5	1	2	3	4	5	6	8	10	15
预算基价	总 价(元)			**1994.23**	**2716.29**	**3320.90**	**4486.05**	**5924.86**	**6964.63**	**8180.62**	**9480.55**	**10742.79**	**13505.78**
	人 工 费(元)			1374.30	1611.90	2039.85	2975.40	3902.85	4726.35	5544.45	6380.10	7269.75	8571.15
	材 料 费(元)			247.71	526.41	633.63	698.43	766.77	831.33	953.49	1116.16	1239.09	1657.50
	机 械 费(元)			372.22	577.98	647.42	812.22	1255.24	1406.95	1682.68	1984.29	2233.95	3277.13
组 成 内 容		单位	单价	数 量									
人工	综合工	工日	135.00	10.18	11.94	15.11	22.04	28.91	35.01	41.07	47.26	53.85	63.49
材料	钢板垫板	t	4954.18	0.04656	0.05156	0.05656	0.06127	0.06598	0.07070	0.08530	0.10000	0.11448	0.13058
	电焊条 E4303 $D3.2$	kg	7.59	0.86	0.86	0.86	0.86	1.30	1.64	1.72	1.92	2.14	2.28
	氧气	m³	2.88	0.36	0.36	0.36	0.36	0.36	0.48	0.51	0.57	0.66	0.66
	乙炔气	m³	16.13	0.157	0.157	0.157	0.157	0.157	0.209	0.222	0.248	0.287	0.287
	铅粉	kg	14.54	0.20	0.23	0.25	0.27	0.30	0.32	0.34	0.36	0.40	0.50
	机油 $5^{\#}\sim7^{\#}$	kg	7.21	0.10	0.15	0.20	0.25	0.25	0.25	0.28	0.30	0.30	0.32
	道木	m³	3660.04	—	0.06	0.08	0.09	0.10	0.11	0.11	0.12	0.12	0.18
	型钢	t	3699.72	—	0.0080	0.0100	0.0110	0.0120	0.0120	0.0247	0.0374	0.0500	0.0805
	铁件	kg	9.49	—	0.25	0.30	0.30	0.34	0.34	0.34	0.56	0.56	0.61
	零星材料费	元	—	3.32	4.88	5.60	6.11	6.67	7.19	8.62	10.24	11.68	14.75
机械	直流弧焊机 20kW	台班	75.06	0.43	0.43	0.43	0.43	0.65	0.82	0.86	0.96	1.07	1.14
	载货汽车 4t	台班	417.41	0.17	0.20	0.22	—	—	—	0.07	0.08	0.13	0.13
	载货汽车 8t	台班	521.59	—	—	—	0.25	0.28	0.30	—	—	—	—
	载货汽车 15t	台班	809.06	—	—	—	—	—	—	0.31	0.38	0.48	—
	卷扬机 单筒快速 30kN	台班	243.50	—	0.32	0.35	1.12	1.18	1.39	0.98	1.02	1.08	2.51
	卷扬机 单筒慢速 50kN	台班	211.29	—	—	—	—	—	—	0.42	0.46	0.55	0.56
	汽车式起重机 8t	台班	767.15	0.35	0.50	0.57	0.49	0.55	0.60	0.11	0.13	0.15	0.19
	汽车式起重机 16t	台班	971.12	—	—	—	—	0.36	0.40	0.50	0.63	0.68	—
	汽车式起重机 20t	台班	1043.80	—	—	—	—	—	—	0.42	0.49	0.53	0.47
	汽车式起重机 40t	台班	1547.56	—	—	—	—	—	—	—	—	—	0.80
	平板拖车组 20t	台班	1101.26	—	—	—	—	—	—	—	—	—	0.48
	综合机械	元	—	—	0.48	0.73	0.81	0.92	1.54	1.72	2.39	2.84	3.19	4.79

3.块孔式石墨热交换器安装

工作内容: 本体安装、二次灌浆。

单位:台

编　号			5-2563	5-2564	5-2565	5-2566	5-2567	5-2568	5-2569	5-2570	5-2571
项　目			设备质量(t以内)								
			0.5	1	2	3	4	5	6	8	10
预算基价	总　　价(元)		**1880.07**	**2553.82**	**3113.58**	**4197.73**	**6073.36**	**6519.58**	**7681.25**	**8900.22**	**10076.74**
	人　工　费(元)		1262.25	1451.25	1834.65	2689.20	4085.10	4315.95	5049.00	5798.25	6598.80
	材　料　费(元)		247.11	526.09	633.01	697.82	766.01	830.42	952.58	1115.09	1238.03
	机　械　费(元)		370.71	576.48	645.92	810.71	1222.25	1373.21	1679.67	1986.88	2239.91
组　成　内　容	单位	单价	数　　量								
人工 综合工	工日	135.00	9.35	10.75	13.59	19.92	30.26	31.97	37.40	42.95	48.88
材料 钢板垫板	t	4954.18	0.04656	0.05156	0.05656	0.06127	0.06598	0.07070	0.08530	0.10000	0.11448
电焊条 E4303 D3.2	kg	7.59	0.82	0.82	0.82	0.82	1.24	1.56	1.64	1.82	2.04
氧气	m³	2.88	0.33	0.33	0.33	0.33	0.33	0.45	0.48	0.54	0.63
乙炔气	m³	16.13	0.143	0.143	0.143	0.143	0.143	0.196	0.209	0.235	0.274
铅粉	kg	14.54	0.20	0.25	0.25	0.27	0.30	0.32	0.34	0.36	0.40
机油 5#~7#	kg	7.21	0.10	0.15	0.20	0.25	0.25	0.25	0.28	0.30	0.30
道木	m³	3660.04	—	0.06	0.08	0.09	0.10	0.11	0.11	0.12	0.12
型钢	t	3699.72	—	0.0080	0.0100	0.0110	0.0120	0.0120	0.0247	0.0374	0.0500
铁件	kg	9.49	—	0.25	0.30	0.30	0.34	0.34	0.34	0.56	0.56
零星材料费	元	—	3.33	4.88	5.60	6.12	6.67	7.18	8.61	10.23	11.67
机械 直流弧焊机 20kW	台班	75.06	0.41	0.41	0.41	0.41	0.62	0.78	0.82	0.91	1.02
载货汽车 4t	台班	417.41	0.17	0.20	0.22	—	—	—	0.07	0.08	0.13
载货汽车 8t	台班	521.59	—	—	—	0.25	0.28	0.30	—	—	—
载货汽车 15t	台班	809.06	—	—	—	—	—	—	0.31	0.38	0.48
汽车式起重机 8t	台班	767.15	0.35	0.50	0.57	0.49	0.51	0.56	0.11	0.13	0.15
汽车式起重机 16t	台班	971.12	—	—	—	—	0.36	0.40	0.50	0.63	0.69
汽车式起重机 20t	台班	1043.80	—	—	—	—	—	—	0.42	0.49	0.53
卷扬机 单筒快速 30kN	台班	243.50	—	0.32	0.35	1.12	1.18	1.39	0.98	1.02	1.08
卷扬机 单筒慢速 50kN	台班	211.29	—	—	—	—	—	—	0.42	0.49	0.55
综合机械	元	—	0.47	0.73	0.81	0.91	1.49	1.67	2.38	2.84	3.19

第十一章　综合辅助项目

说　明

一、本章适用范围：焊接工艺评定、产品试板实验、无损探伤检验、预热、后热、热处理、卷板开卷平直、组装平台铺设与拆除、钢材半成品运输等。

二、组装平台是按摊销量进入基价的，周转材料按15次周转使用计算。平台面积每增减10m² 时，应按最接近的子目进行增减调整。

三、无损探伤检验子目中不包括以下工作内容：

1. 探伤固定支架制作。

2. 被检工件的退磁。

四、液化气预热与后热按板材不同厚度分别列项计算，适用于设备和球形罐的焊缝预热与后热。

五、液化气预热与后热器具制作按设备及球形罐的不同容量以台计算。设备容积大于300m³ 时，可执行球形罐的相应子目。

六、设备和球形罐的整体热处理，应分别执行相应子目。

七、卷板开卷与平直子目的计算，除实际净用量外，还要包括基价规定的制作损耗量。

八、钢材半成品运输子目是指金属预制场至安装位置之间的运输，不适用于场外长途运输。

九、球罐整体热处理采用超细玻璃棉保温，如采用其他保温材料或保温厚度不同时，可按实际换算调整保温材料，但人工和机械消耗量不变。

工程量计算规则

一、焊接工艺评定按数量计算。产品试板试验按设备数量计算,不分设备容积和质量,每台计算一次。

二、X射线和γ射线无损检验:依据名称和板厚,按设计图纸或规范要求计量。

三、超声波探伤:依据名称、部位和板厚,按设计图纸或规范要求计量。

四、磁粉探伤:依据名称、部位和板厚,按设计图纸或规范要求计量,金属板材周边磁粉探伤、板面磁粉探伤检测按平方米计算。

五、渗透探伤:依据名称、探伤材料和部位,按设计图纸或规范要求计算。

六、钢卷板开卷与平直,按平直后的金属板材质量计算。

七、现场组装平台的铺设与拆除应根据批准的施工组织设计,依据其搭设方式按平台数量计算。

八、焊缝预热、后热、焊后局部热处理应根据板厚不同按实际热处理焊缝长度计算。

九、液化气焊缝预热、后热器具制作,应根据设备类型和容积计算。容器、塔器类设备如容积大于300m³时,可执行球罐基价。

十、设备整体热处理,应根据设备质量计算。球罐整体热处理应依据加热方式和球罐容积按数量计算。

十一、钢材半成品运输应依据运输方式按钢材质量计算。基价内的每增加1km是指超出基价范围所增加的运输距离,不包括二次装卸。

一、焊接工艺评定、产品试板试验

工作内容： 领料、切线、剪切、割边、焊接、清根打磨、消氢、刨铣、机械性能试验、技术鉴定、填写技术报告。

编　号			5-2572	5-2573
项　目			焊接工艺评定 （项）	产品焊接试板试验 （台）
预算基价	总　　价(元)		**311.34**	**2851.59**
	人　工　费(元)		144.45	1406.70
	材　料　费(元)		53.77	410.39
	机　械　费(元)		113.12	1034.50
组　成　内　容		单位	单价	数　　量
人工	综合工	工日	135.00	1.07	10.42
材料	普碳钢板	t	3696.76	0.0032	0.0314
	X射线胶片 80×300	张	4.14	0.24	2.00
	增感屏 80×300	副	14.39	0.01	0.12
	塑料暗袋 80×300	副	3.85	0.01	0.12
	压敏胶粘带	m	1.58	0.14	1.38
	医用白胶布	m²	29.25	0.01	0.18
	医用输血胶管 D8	m	4.40	0.01	0.12
	无水碳酸钠	kg	21.29	0.00056	0.00550
	白漆	kg	17.58	0.01	0.08
	阿拉伯铅号码	套	38.63	0.01	0.08
	英文铅号码	套	84.46	0.01	0.08
	像质计	个	30.72	0.01	0.12
	贴片磁铁	副	2.18	0.01	0.06
	铅板 80×300×3	块	19.19	0.01	0.08
	水	m³	7.62	0.01	0.08

续前

编　号				5-2572	5-2573
项　目				焊接工艺评定 （项）	产品焊接试板试验 （台）
组　成　内　容		单位	单价	数　量	
材 料	电	kW·h	0.73	0.02	0.15
	电焊条　E4303 $D3.2$	kg	7.59	0.35	3.80
	尼龙砂轮片　$D100 \times 16 \times 3$	片	3.92	0.1	1.0
	炭精棒　8～12	根	1.71	12.00	110.00
	米吐尔	kg	230.67	0.00004	0.00036
	硫代硫酸钠	kg	20.65	0.00107	0.01087
	对苯二酚	kg	34.84	0.00010	0.00101
	溴化钾	kg	48.11	0.00006	0.00046
	冰醋酸　98％	kg	2.08	0.43	4.55
	硼酸	kg	11.68	0.00012	0.00129
	硫酸铝钾	kg	231.75	0.00026	0.00260
	机油　5$^{\#}$～7$^{\#}$	kg	7.21	1.6	1.4
	破布	kg	5.07	0.1	1.0
	零星材料费	元	—	1.57	11.95
机 械	直流弧焊机　20kW	台班	75.06	0.1	1.0
	剪板机　20×2500	台班	329.03	0.02	0.20
	牛头刨床　650	台班	226.12	0.16	1.40
	卧式铣床　400×1600	台班	254.32	0.12	1.00
	磨床	台班	304.83	0.1	1.0
	X射线探伤机　TX-2505	台班	61.77	0.03	0.29

二、无损探伤检验
1.X射线探伤

工作内容：射线机的搬运及固定、焊缝清刷、透照位置标记编号、底片号码编排、底片固定、开机拍片、暗室处理、底片鉴定、技术报告。　　　　**单位**：10张

编　号			5-2574	5-2575	5-2576	5-2577
项　目			板厚(mm)			
			16	30	42	42以外
预算基价	总　价(元)		**805.20**	**880.90**	**1093.10**	**1417.49**
	人　工　费(元)		540.00	599.40	719.55	981.45
	材　料　费(元)		210.02	212.94	215.69	220.02
	机　械　费(元)		55.18	68.56	157.86	216.02
组　成　内　容	单位	单价	数　量			
人工　综合工	工日	135.00	4.00	4.44	5.33	7.27
材料　X射线胶片 80×300	张	4.14	12	12	12	12
增感屏 80×300	副	14.39	0.50	0.55	0.60	0.66
塑料暗袋 80×300	副	3.85	0.58	0.58	0.58	0.58
压敏胶粘带	m	1.58	6.1	6.4	6.8	7.2
医用白胶布	m²	29.25	0.12	0.13	0.14	0.18
医用输血胶管 D8	m	4.40	0.58	0.62	0.68	0.80
无水碳酸钠	kg	21.29	0.0266	0.0272	0.0276	0.0281
无水亚硫酸钠	kg	21.68	0.0543	0.0552	0.0559	0.0566
溴化钾	kg	48.11	0.0023	0.0024	0.0025	0.0028
白漆	kg	17.58	0.12	0.12	0.12	0.12

续前

编　号			5-2574	5-2575	5-2576	5-2577
项　目			板厚（mm）			
			16	30	42	42以外
组 成 内 容	单位	单价	数　　量			
材料 阿拉伯铅号码	套	38.63	0.38	0.38	0.38	0.38
英文铅号码	套	84.46	0.38	0.38	0.38	0.38
像质计	个	30.72	0.58	0.58	0.58	0.58
贴片磁铁	副	2.18	0.21	0.22	0.23	0.25
铅板 80×300×3	块	19.19	0.38	0.38	0.38	0.38
水	m³	7.62	0.15	0.15	0.15	0.15
电	kW·h	0.73	0.75	0.75	0.75	0.75
米吐尔	kg	230.67	0.00172	0.00182	0.00190	0.00204
硫代硫酸钠	kg	20.65	0.201	0.204	0.207	0.210
冰醋酸 98%	kg	2.08	20.9	21.4	21.7	22.1
硼酸	kg	11.68	0.00647	0.00647	0.00647	0.00647
硫酸铝钾	kg	231.75	0.01294	0.01294	0.01294	0.01294
零星材料费	元	—	6.12	6.20	6.28	6.41
机械 X射线探伤机 TX-2005	台班	55.18	1.00	—	—	—
X射线探伤机 TX-2505	台班	61.77	—	1.11	—	—
X射线探伤机 RF-3005	台班	118.69	—	—	1.33	1.82

2.γ射线探伤（内透法）

工作内容： 射线机的搬运及固定、焊缝清刷、透照位置标记编号、底片号码编排、底片固定、开机拍片、暗室处理、底片鉴定、技术报告。　　　　**单位：** 10张

编　号			5-2578	5-2579	5-2580	5-2581
项　目			板厚（mm）			
			28	40	48	48以外
预算基价	总　价（元）		**435.35**	**459.99**	**524.09**	**630.77**
	人　工　费（元）		197.10	216.00	270.00	360.45
	材　料　费（元）		207.53	209.86	211.43	214.01
	机　械　费（元）		30.72	34.13	42.66	56.31
组　成　内　容	单位	单价	数　量			
人工 综合工	工日	135.00	1.46	1.60	2.00	2.67
材料 X射线胶片 80×300	张	4.14	12	12	12	12
增感屏 80×300	副	14.39	0.6	0.6	0.6	0.6
塑料暗袋 80×300	副	3.85	0.58	0.58	0.58	0.58
压敏胶粘带	m	1.58	10.5	11.1	11.5	11.9
医用白胶布	m²	29.25	0.12	0.12	0.12	0.14
无水碳酸钠	kg	21.29	0.02655	0.02692	0.02724	0.02760
无水亚硫酸钠	kg	21.68	0.0525	0.0535	0.0545	0.0558
溴化钾	kg	48.11	0.0023	0.0023	0.0023	0.0023
白漆	kg	17.58	0.10	0.11	0.12	0.14
阿拉伯铅号码	套	38.63	0.38	0.38	0.38	0.38
英文铅号码	套	84.46	0.38	0.38	0.38	0.38
像质计	个	30.72	0.58	0.58	0.58	0.58
水	m³	7.62	0.15	0.15	0.15	0.15
电	kW·h	0.73	0.75	0.75	0.75	0.75
米吐尔	kg	230.67	0.00127	0.00127	0.00127	0.00127
硫代硫酸钠	kg	20.65	0.201	0.204	0.207	0.210
冰醋酸 98%	kg	2.08	20.9	21.4	21.7	22.1
硼酸	kg	11.68	0.0061	0.0064	0.0068	0.0072
硫酸铝钾	kg	231.75	0.01294	0.01294	0.01294	0.01294
零星材料费	元	—	6.04	6.11	6.16	6.23
机械 γ射线探伤仪 192/IY	台班	170.64	0.18	0.20	0.25	0.33

567

3.超声波探伤

(1)金属板材对接焊缝探伤

工作内容：搬运仪器、校验仪器及探头、检验部位清理除污、涂抹耦合剂、探伤、检验结果、记录鉴定、技术报告。

单位：10m

编　　号			5-2582	5-2583	5-2584	5-2585
项　　目			板厚(mm)			
			25	46	80	120
预算基价	总　　价(元)		**447.05**	**598.99**	**832.28**	**1141.94**
	人　工　费(元)		112.05	148.50	222.75	318.60
	材　料　费(元)		277.84	364.36	486.60	651.08
	机　械　费(元)		57.16	86.13	122.93	172.26
组 成 内 容	单位	单价	数　　量			
人工 综合工	工日	135.00	0.83	1.10	1.65	2.36
材料 斜探头	个	293.19	0.28	0.40	0.60	0.80
探头线	根	23.82	0.02	0.02	0.02	0.02
耦合剂	kg	81.19	2.0	2.5	3.0	4.0
铁砂布 0#~2#	张	1.15	6	9	13	17
机油 5#~7#	kg	7.21	0.30	0.40	0.55	0.75
棉纱	kg	16.11	1.2	1.5	2.5	3.5
毛刷	把	1.75	1.0	1.5	1.5	2.0
零星材料费	元	—	2.75	3.61	4.82	6.45
机械 超声波探伤机 CTS-26	台班	78.30	0.73	1.10	1.57	2.20

<h2>（2）金属板材探伤</h2>

工作内容：搬运仪器、校验仪器及探头、检验部位清理除污、涂抹耦合剂、探伤、检验结果、记录鉴定、技术报告。

	编　号			5-2586	5-2587
	项　目			板材超声波探伤 （10m²）	板材周边超声波探伤 （10m）
预算基价	总　　价(元)			**345.44**	**306.55**
	人　工　费(元)			28.35	55.35
	材　料　费(元)			259.15	240.24
	机　械　费(元)			57.94	10.96
组　成　内　容		单位	单价	数　　　量	
人工	综合工	工日	135.00	0.21	0.41
材料	探头线	根	23.82	0.06	0.04
	直探头	个	206.66	0.8	0.2
	铁砂布 0#～2#	张	1.15	17	6
	机油 5#～7#	kg	7.21	0.75	0.40
	棉纱	kg	16.11	3.5	1.2
	毛刷	把	1.75	2.0	1.0
	耦合剂	kg	81.19	—	2.0
	零星材料费	元	—	7.55	4.71
机械	超声波探伤机 CTS-26	台班	78.30	0.74	0.14

4.磁 粉 探 伤

工作内容： 搬运机械、接地、探伤部位除锈打磨清理、配制磁悬液、磁化磁粉反应、缺陷处理、技术报告。

	编　　号			5-2588	5-2589
	项　目			板材磁粉探伤 （10m²）	板材周边磁粉探伤 （10m）
预算基价	总　　价(元)			**292.23**	**86.95**
	人　工　费(元)			162.00	40.50
	材　料　费(元)			58.65	28.55
	机　械　费(元)			71.58	17.90
	组 成 内 容	单位	单价	数　　量	
人工	综合工	工日	135.00	1.20	0.30
材料	Oπ-20	L	67.28	0.1150	0.0575
	磁粉	kg	107.01	0.3450	0.1725
	消泡剂	kg	24.07	0.046	0.023
	尼龙砂轮片 D100×16×3	片	3.92	0.35	0.23
	亚硝酸钠	kg	3.99	0.1150	0.0575
	棉纱	kg	16.11	0.58	0.23
	零星材料费	元	—	1.71	0.83
机械	磁粉探伤机 9000A	台班	178.95	0.4	0.1

5.渗 透 探 伤

工作内容：领料、探伤部位除锈清理、配制及喷涂渗透液、喷涂显像液、干燥处理、观察结果、缺陷部位处理记录、清洗药渍、技术报告。　　　　　　　　　　　　单位：10m

	编　　号			5-2590	5-2591
	项　　　　目			渗透探伤	荧光渗透探伤
预算基价	总　　　价(元)			**444.86**	**557.02**
	人　工　费(元)			135.00	189.00
	材　料　费(元)			306.91	364.22
	机　械　费(元)			2.95	3.80
	组 成 内 容	单位	单价	数　　　量	
人工	综合工	工日	135.00	1.00	1.40
材料	渗透剂 500mL	瓶	72.08	2	—
	显像剂 500mL	瓶	6.06	4	4
	清洗剂 500mL	瓶	18.91	6	6
	棉纱	kg	16.11	1	1
	荧光渗透探伤剂 500mL	瓶	99.90	—	2
	零星材料费	元	—	8.94	10.61
机械	轴流风机 7.5kW	台班	42.17	0.07	0.09

三、预热、后热与整体热处理
1.液化气预热

工作内容：预热器具设置、加热、恒温、回收材料。

单位：10m

	编 号			5-2592	5-2593	5-2594	5-2595	5-2596	5-2597	5-2598
	项 目			钢板厚度（mm）						
				12	16	20	24	28	32	36
预算基价	总 价（元）			**922.28**	**1024.36**	**1129.21**	**1240.65**	**1354.87**	**1476.07**	**1605.05**
	人 工 费（元）			488.70	488.70	491.40	491.40	494.10	494.10	496.80
	材 料 费（元）			396.63	484.86	577.77	675.36	777.64	884.99	997.41
	机 械 费（元）			36.95	50.80	60.04	73.89	83.13	96.98	110.84
	组 成 内 容	单位	单价	数 量						
人工	综合工	工日	135.00	3.62	3.62	3.64	3.64	3.66	3.66	3.68
材料	测温笔	支	32.73	1.4	1.4	1.4	1.4	1.4	1.4	1.4
	橡胶管 1#	m	10.45	2	2	2	2	2	2	2
	液化气	kg	3.79	84.0	106.6	130.4	155.4	181.6	209.1	237.9
	零星材料费	元	—	11.55	14.12	16.83	19.67	22.65	25.78	29.05
机械	载货汽车 6t	台班	461.82	0.08	0.11	0.13	0.16	0.18	0.21	0.24

572

编 号			5-2599	5-2600	5-2601	5-2602	5-2603	5-2604
项 目			钢板厚度(mm)					
			40	44	48	52	56	60
预算基价	总 价(元)		**1738.71**	**1874.37**	**2017.79**	**2168.21**	**2321.40**	**2481.18**
	人 工 费(元)		499.50	499.50	502.20	502.20	504.90	504.90
	材 料 费(元)		1114.52	1236.32	1363.19	1495.14	1631.77	1773.08
	机 械 费(元)		124.69	138.55	152.40	170.87	184.73	203.20
组 成 内 容	单位	单价	数 量					
人工 综合工	工日	135.00	3.70	3.70	3.72	3.72	3.74	3.74
材料 测温笔	支	32.73	1.4	1.4	1.4	1.4	1.4	1.4
橡胶管 1#	m	10.45	2	2	2	2	2	2
液化气	kg	3.79	267.9	299.1	331.6	365.4	400.4	436.6
零星材料费	元	—	32.46	36.01	39.70	43.55	47.53	51.64
机械 载货汽车 6t	台班	461.82	0.27	0.30	0.33	0.37	0.40	0.44

2.液化气后热

工作内容:后热器具设置、加热、恒温、盖石棉布缓冷、回收材料。

单位:10m

编 号			5-2605	5-2606	5-2607	5-2608	5-2609	5-2610	5-2611
项 目			钢板厚度(mm)						
			12	16	20	24	28	32	36
预算基价	总 价(元)		**1602.41**	**1706.98**	**1818.39**	**1932.79**	**2054.05**	**2183.34**	**2315.24**
	人 工 费(元)		513.00	515.70	515.70	518.40	518.40	521.10	521.10
	材 料 费(元)		1047.85	1140.48	1238.04	1340.50	1447.90	1560.64	1678.68
	机 械 费(元)		41.56	50.80	64.65	73.89	87.75	101.60	115.46
组 成 内 容		单位	单价	数 量					
人工	综合工	工日	135.00	3.80	3.82	3.82	3.84	3.84	3.86	3.86
材料	测温笔	支	32.73	1.4	1.4	1.4	1.4	1.4	1.4	1.4
	橡胶管 1#	m	10.45	2	2	2	2	2	2	2
	普通石棉布	kg	22.21	27.75	27.75	27.75	27.75	27.75	27.75	27.75
	液化气	kg	3.79	88.20	111.93	136.92	163.17	190.68	219.56	249.80
	零星材料费	元	—	30.52	33.22	36.06	39.04	42.17	45.46	48.89
机械	载货汽车 6t	台班	461.82	0.09	0.11	0.14	0.16	0.19	0.22	0.25

编　号			5-2612	5-2613	5-2614	5-2615	5-2616	5-2617
项　目			钢板厚度(mm)					
			40	44	48	52	56	60
预算基价	总　　价(元)		**2456.12**	**2598.00**	**2752.22**	**2904.61**	**3069.24**	**3236.10**
	人　工　费(元)		525.15	525.15	527.85	527.85	530.55	530.55
	材　料　费(元)		1801.66	1929.69	2062.73	2201.27	2344.73	2493.11
	机　械　费(元)		129.31	143.16	161.64	175.49	193.96	212.44
组 成 内 容	单位	单价	数　　量					
人工 综合工	工日	135.00	3.89	3.89	3.91	3.91	3.93	3.93
材料 测温笔	支	32.73	1.4	1.4	1.4	1.4	1.4	1.4
橡胶管 1#	m	10.45	2	2	2	2	2	2
普通石棉布	kg	22.21	27.75	27.75	27.75	27.75	27.75	27.75
液化气	kg	3.79	281.30	314.10	348.18	383.67	420.42	458.43
零星材料费	元	—	52.48	56.20	60.08	64.11	68.29	72.61
机械 载货汽车 6t	台班	461.82	0.28	0.31	0.35	0.38	0.42	0.46

3.液化气预热、后热器具制作

工作内容：放样、下料、组对、焊接。

单位：台

编 号			5-2618	5-2619	5-2620	5-2621	5-2622	5-2623	5-2624	5-2625
项 目			容器、塔器					球形储罐		
			容量（m³）							
			20	50	100	200	300	400	1000	2000
预算基价	总 价（元）		**1002.80**	**1990.74**	**3490.48**	**5810.14**	**7902.11**	**8637.01**	**12884.17**	**20450.06**
	人 工 费（元）		546.75	1215.00	2349.00	4414.50	6054.75	6397.65	9942.75	16584.75
	材 料 费（元）		363.33	607.21	882.48	1093.11	1422.08	1703.35	2226.37	2923.19
	机 械 费（元）		92.72	168.53	259.00	302.53	425.28	536.01	715.05	942.12
组 成 内 容		单位	单价	数 量							
人工	综合工	工日	135.00	4.05	9.00	17.40	32.70	44.85	47.39	73.65	122.85
材料	型钢	t	3699.72	0.0186	0.0318	0.0434	0.0546	0.0746	0.0911	0.1297	0.1730
	热轧一般无缝钢管（综合）	t	4558.50	0.0310	0.0530	0.0723	0.0910	0.1244	0.1518	0.2062	0.2883
	截止阀 DN25	个	58.17	2	3	5	6	7	8	9	10
	电焊条 E4303 D3.2	kg	7.59	1.56	4.07	5.55	6.99	9.55	11.69	16.12	22.14
	气焊条 D<2	kg	7.96	0.99	1.70	2.31	2.91	3.98	4.86	6.60	9.23
	氧气	m³	2.88	0.75	1.29	1.74	2.19	3.00	3.66	4.95	6.93
	乙炔气	kg	14.66	0.300	0.520	0.700	0.880	1.200	1.460	1.980	2.770
	零星材料费	元	—	10.58	17.69	25.70	31.84	41.42	49.61	64.85	85.14
机械	载货汽车 6t	台班	461.82	0.1	0.1	0.2	0.2	0.3	0.4	0.5	0.6
	直流弧焊机 20kW	台班	75.06	0.62	1.63	2.22	2.80	3.82	4.68	6.45	8.86

4.焊后局部热处理

工作内容： 热电偶固定、包扎、连线、通电、升温、拆除、回收材料、清理现场、硬度测试。

单位：10m

编　　号				5-2626	5-2627	5-2628	5-2629	5-2630	5-2631	5-2632
项　　目				板材厚度(mm)						
				15	20	25	30	40	50	60
预算基价	总　　价(元)			**2022.04**	**2344.43**	**2600.24**	**2944.79**	**3717.09**	**4297.09**	**5242.56**
	人　工　费(元)			972.00	1166.40	1306.80	1470.15	1836.00	2119.50	2685.15
	材　料　费(元)			259.98	304.81	337.05	374.80	494.33	551.73	657.11
	机　械　费(元)			790.06	873.22	956.39	1099.84	1386.76	1625.86	1900.30
组　成　内　容		单位	单价	数　　　　量						
人工	综合工	工日	135.00	7.20	8.64	9.68	10.89	13.60	15.70	19.89
材料	电加热片 履带式	m²	—	(0.09)	(0.11)	(0.12)	(0.13)	(0.18)	(0.21)	(0.25)
	热电偶 1000℃ 1m	个	68.09	0.5	0.5	0.5	0.5	0.5	0.5	0.5
	高硅布 δ50	m²	76.35	2.86	3.43	3.84	4.32	5.84	6.57	7.91
	零星材料费	元	—	7.57	8.88	9.82	10.92	14.40	16.07	19.14
机械	自控热处理机	台班	207.91	3.80	4.20	4.60	5.29	6.67	7.82	9.14

5.设备整体热处理

工作内容: 进窑搬运、封窑、升温、热处理、保温、出窑搬运、清理现场。

单位:t

编 号			5-2633	5-2634	5-2635	5-2636	5-2637	5-2638	5-2639	5-2640
项 目			质量(t以内)							
			0.5	2.5	6	10	16	24	35	50
预算基价	总 价(元)		**2717.87**	**2277.07**	**1693.99**	**1470.32**	**1363.68**	**1225.27**	**1213.34**	**1201.39**
	人 工 费(元)		1300.05	943.65	423.90	261.90	178.20	125.55	109.35	98.55
	材 料 费(元)		1328.06	1256.49	1185.29	1127.50	1070.09	987.02	982.83	981.68
	机 械 费(元)		89.76	76.93	84.80	80.92	115.39	112.70	121.16	121.16
组 成 内 容	单位	单价	数 量							
人工 综合工	工日	135.00	9.63	6.99	3.14	1.94	1.32	0.93	0.81	0.73
材料 型钢	t	3699.72	0.0154	0.0137	0.0121	0.0106	0.0092	0.0079	0.0068	0.0065
柴油	kg	6.32	195	185	175	167	159	147	147	147
零星材料费	元	—	38.68	36.60	34.52	32.84	31.17	28.75	28.63	28.59
机械 载货汽车 5t	台班	443.55	0.07	0.06	—	—	—	—	—	—
载货汽车 10t	台班	574.62	—	—	0.06	0.05	—	—	—	—
汽车式起重机 10t	台班	838.68	0.07	0.06	0.06	—	—	—	—	—
汽车式起重机 20t	台班	1043.80	—	—	—	0.05	0.05	—	—	—
汽车式起重机 50t	台班	2492.74	—	—	—	—	—	0.03	0.03	0.03
平板拖车组 30t	台班	1263.97	—	—	—	—	0.05	0.03	—	—
平板拖车组 50t	台班	1545.90	—	—	—	—	—	—	0.03	0.03

6.球罐整体热处理
(1)柴 油 加 热

工作内容：保温被、保温被压缚结构、立柱移动装置的制作、安装、拆除,热处理装置的设置、拆除、点火升温、恒温,降温,球罐复原,整理记录
等。

单位：台

编　号			5-2641	5-2642	5-2643	5-2644	5-2645	5-2646	5-2647	5-2648
项　目			球罐容积(m³)							
			50	120	200	400	650	1000	1500	2000
预算基价	总　　价(元)		**44533.98**	**55460.30**	**67066.39**	**95415.15**	**116785.90**	**142342.63**	**177984.43**	**213626.41**
	人 工 费(元)		31951.80	40228.65	49162.95	70155.45	86298.75	104596.65	131247.00	157898.70
	材 料 费(元)		8400.17	11033.00	13551.36	20682.09	25739.47	32780.16	41484.16	50186.98
	机 械 费(元)		4182.01	4198.65	4352.08	4577.61	4747.68	4965.82	5253.27	5540.73
组 成 内 容	单位	单价	数　　量							
人工 综合工	工日	135.00	236.68	297.99	364.17	519.67	639.25	774.79	972.20	1169.62
材料 燃油喷嘴 1#～2#	个	49.17	0.5	0.5	0.5	0.5	0.5	0.5	0.5	0.5
油过滤器	个	80.90	0.25	0.25	0.25	0.25	0.25	0.25	0.25	0.25
阀门	个	21.51	6	6	6	6	6	6	6	6
热电偶 1000℃ 1m	个	68.09	4.25	4.25	4.25	4.25	4.25	4.25	4.25	4.25
夹布胶管 D25耐油	m	16.30	33	33	33	33	33	33	33	33
导向支架	套	228.96	0.25	0.25	0.25	0.25	0.25	0.25	0.25	0.25
夹布胶管 D50耐油	m	19.39	36	36	36	36	36	36	36	36
夹布胶管 D100耐油	m	29.68	24	24	24	24	24	24	24	24
热电偶固定螺母	个	2.31	13	13	13	13	17	17	17	17

编　号			5-2641	5-2642	5-2643	5-2644	5-2645	5-2646	5-2647	5-2648
项　目			球罐容积（m³）							
			50	120	200	400	650	1000	1500	2000
组 成 内 容	单位	单价	数　　量							
材	不锈钢六角带帽螺栓 M10×20	套	3.38	3.0	7.5	10.5	16.5	19.5	27.0	38.5	49.5
	均热不锈钢板 1Cr18Ni9Ti δ＞8	t	15839.79	0.01413	0.02120	0.02826	0.07056	0.08475	0.10598	0.12364	0.14130
	支柱移动装置	kg	8.44	223.39	254.58	321.56	435.61	552.38	670.09	917.03	1164.06
	保温被压缚结构	kg	6.18	62.94	105.23	130.03	216.34	274.91	365.04	408.59	452.13
	高硅氧棉（绳）	kg	0.18	4.15	6.75	9.13	15.32	21.96	26.48	34.29	42.10
	镀锌钢丝网 20×20×1.6	m²	13.63	166.0	270.0	356.0	612.8	792.0	1059.2	1371.4	1683.6
	玻璃布 0.22	m²	4.18	166.0	270.0	356.0	612.8	792.0	1059.2	1371.4	1683.6
	钢丝绳 D20	m	9.17	8.00	10.16	12.92	19.40	24.32	30.62	38.91	47.19
	电焊条 E4303 D3.2	kg	7.59	15.13	19.05	24.22	36.41	45.60	57.41	72.95	88.48
料	氧气	m³	2.88	8.01	10.17	12.93	19.41	24.33	30.63	38.91	47.19
	乙炔气	kg	14.66	2.670	3.390	4.310	6.470	8.110	10.210	12.970	15.730
	钢丝 D2.8~4.0	kg	6.91	3.0	4.5	6.0	10.0	13.0	18.0	24.0	30.0
	零星材料费	元	—	164.71	216.33	265.71	405.53	504.70	642.75	813.41	984.06
机	直流弧焊机 30kW	台班	92.43	3.00	3.18	4.84	7.28	9.12	11.48	14.59	17.70
	油泵 CB-1325	台班	37.74	8	8	8	8	8	8	8	8
械	内燃空气压缩机 9m³	台班	450.35	8	8	8	8	8	8	8	8

（2）电　加　热

编　号				5-2649	5-2650	5-2651	5-2652	5-2653	5-2654
项　目				球罐容积（m³）					
				50	120	200	400	650	1000
预算基价	总　　价(元)			**48235.12**	**60021.63**	**72732.71**	**103005.24**	**126013.39**	**153955.62**
	人　工　费(元)			41735.25	50943.60	61060.50	84572.10	102490.65	123414.30
	材　料　费(元)			6222.58	8784.10	11224.85	17760.25	22679.78	29480.22
	机　械　费(元)			277.29	293.93	447.36	672.89	842.96	1061.10
组　成　内　容		单位	单价	数　　　　量					
人工	综合工	工日	135.00	309.15	377.36	452.30	626.46	759.19	914.18
材料	热电偶 1000℃ 1m	个	68.09	7.5	7.5	7.5	7.5	7.5	7.5
	白钢圆母线	m	4.78	12.5	12.5	12.5	12.5	12.5	12.5
	支柱移动装置	kg	8.44	223.39	254.58	321.56	435.61	552.38	670.09
	高硅氧棉（绳）	kg	0.18	4.15	6.75	9.13	15.32	21.96	26.48
	硅酸铝毡	kg	5.93	17	30	42	70	96	127
	镀锌钢丝网 20×20×1.6	m²	13.63	166.0	270.0	356.0	612.8	792.0	1059.2
	保温被压缚结构	kg	6.18	62.94	105.23	130.03	216.34	274.91	365.04
	玻璃布 0.22	m²	4.18	166.0	270.0	356.0	612.8	792.0	1059.2
	电焊条 E4303 D3.2	kg	7.59	15.13	19.05	24.22	36.41	45.60	57.41
	氧气	m³	2.88	8.00	10.16	12.93	19.42	24.32	30.63
	乙炔气	kg	14.66	2.670	3.390	4.310	6.470	8.110	10.210
	钢丝 D2.8～4.0	kg	6.91	3.0	4.5	6.0	10.0	13.0	18.0
	零星材料费	元	—	122.01	172.24	220.10	348.24	444.70	578.04
机械	直流弧焊机 30kW	台班	92.43	3.00	3.18	4.84	7.28	9.12	11.48

四、钢卷板开卷与平直

工作内容：卷板展开、号料、切割、平整、堆放。

单位：t

编　　号				5-2655	5-2656
项　　目				钢板厚度（mm）	
				5	8
预算基价	总　　价（元）			**862.23**	**726.92**
	人　工　费（元）			407.70	318.60
	材　料　费（元）			189.31	175.49
	机　械　费（元）			265.22	232.83
组　成　内　容		单位	单价	数　　量	
人工	综合工	工日	135.00	3.02	2.36
材料	普碳钢板 Q195～Q235 δ2～6	t	3936.08	0.040	—
	氧气	m³	2.88	3.40	2.14
	乙炔气	kg	14.66	1.130	0.710
	普碳钢板 Q195～Q235 δ6～12	t	3845.31	—	0.040
	零星材料费	元	—	5.51	5.11
机械	叉式起重机 5t	台班	494.40	0.07	0.04
	板料校平机 10×2000	台班	910.78	0.23	0.22
	卷扬机 单筒慢速 50kN	台班	211.29	0.10	0.06

五、现场组装平台铺设与拆除

工作内容: 道木摆放找平、排放钢轨(管)、铺钢板、组对点焊、拆除、材料集中堆放。

单位:座

编 号				5-2657	5-2658	5-2659	5-2660	5-2661	5-2662	5-2663	5-2664
项 目				钢轨平台(m²)				钢管平台(m²)			
				100	150	300	每增减10	100	150	300	每增减10
预算基价	总 价(元)			**17229.78**	**24019.66**	**45715.10**	**1992.44**	**16261.13**	**22639.91**	**42937.77**	**1446.94**
	人 工 费(元)			7132.05	9440.55	17552.70	573.75	6993.00	9255.60	17211.15	562.95
	材 料 费(元)			6750.18	9868.98	19629.02	1132.77	5905.23	8653.78	17154.71	592.67
	机 械 费(元)			3347.55	4710.13	8533.38	285.92	3362.90	4730.53	8571.91	291.32
组 成 内 容		单位	单价	数 量							
人工	综合工	工日	135.00	52.83	69.93	130.02	4.25	51.80	68.56	127.49	4.17
材料	焊接钢管	t	4230.02	0.4513	0.6465	1.3216	0.0464	—	—	—	—
	普碳钢板 δ8~20	t	3684.69	0.8373	1.2560	2.5120	0.0837	0.8373	1.2560	2.5120	0.0837
	道木	m³	3660.04	0.27	0.39	0.75	0.03	0.27	0.39	0.75	0.03
	钢板垫板	t	4954.18	0.11869	0.16908	0.32206	0.10170	0.11869	0.16908	0.32216	0.01017
	电焊条 E4303 D3.2	kg	7.59	5.36	7.19	13.18	0.43	5.36	7.19	13.18	0.43
	氧气	m³	2.88	17.90	24.04	44.05	1.44	17.90	24.04	44.05	1.44
	乙炔气	kg	14.66	5.970	8.010	14.680	0.480	5.970	8.010	14.680	0.480
	轻便轨 24kg/m	t	4030.52	—	—	—	—	0.2640	0.3770	0.7730	0.0272
机械	履带式起重机 15t	台班	759.77	3.5	5.0	9.0	0.3	3.5	5.0	9.0	0.3
	直流弧焊机 20kW	台班	75.06	6.40	8.40	15.69	0.51	6.59	8.65	16.16	0.60
	电焊条烘干箱 600×500×750	台班	27.16	1.60	2.10	3.92	0.12	1.64	2.16	4.04	0.07
	剪板机 20×2500	台班	329.03	0.50	0.68	1.25	0.05	0.50	0.68	1.25	0.05

六、钢材半成品运输

工作内容：装车运输、卸车、堆放。

单位：10t

编　号			5-2665	5-2666	5-2667	5-2668	5-2669	5-2670
项　目			汽车		人力车		拖车	
			运距1km以内	每增加1km	运距1km以内	每增加1km	运距1km以内	每增加1km
预算基价	总　　价(元)		**862.47**	**94.43**	**1082.83**	**243.71**	**872.44**	**84.34**
	人　工　费(元)		270.00	20.25	1080.00	243.00	229.50	13.50
	材　料　费(元)		39.43	37.31	2.83	0.71	39.43	37.31
	机　械　费(元)		553.04	36.87	—	—	603.51	33.53
组　成　内　容	单位	单价	数　　量					
人工　综合工	工日	135.00	2.00	0.15	8.00	1.80	1.70	0.10
材料　道木	m³	3660.04	0.01	0.01	—	—	0.01	0.01
钢丝 D4.0	kg	7.08	0.4	0.1	0.4	0.1	0.4	0.1
机械　载货汽车 6t	台班	461.82	0.45	0.03	—	—	—	—
汽车式起重机 8t	台班	767.15	0.45	0.03	—	—	0.36	0.02
平板拖车组 10t	台班	909.28	—	—	—	—	0.36	0.02

附　　录

附录一 材料价格

说 明

一、本附录材料价格为不含税价格,是确定预算基价子目中材料费的基期价格。

二、材料价格由材料采购价、运杂费、运输损耗费和采购及保管费组成。计算公式如下:

采购价为供货地点交货价格:

$$材料价格 = (采购价 + 运杂费) \times (1 + 运输损耗率) \times (1 + 采购及保管费费率)$$

采购价为施工现场交货价格:

$$材料价格 = 采购价 \times (1 + 采购及保管费费率)$$

三、运杂费指材料由供货地点运至工地仓库(或现场指定堆放地点)所发生的全部费用。运输损耗指材料在运输装卸过程中不可避免的损耗,材料损耗率如下表:

材料损耗率表

材 料 类 别	损 耗 率
页岩标砖、空心砖、砂、水泥、陶粒、耐火土、水泥地面砖、白瓷砖、卫生洁具、玻璃灯罩	1.0%
机制瓦、脊瓦、水泥瓦	3.0%
石棉瓦、石子、黄土、耐火砖、玻璃、色石子、大理石板、水磨石板、混凝土管、缸瓦管	0.5%
砌块、白灰	1.5%

注:表中未列的材料类别,不计损耗。

四、采购及保管费是指为组织采购、供应和保管材料、工程设备的过程中所需要的各项费用。采购及保管费费率按 0.42% 计取。

五、附录中材料价格是编制期天津市建筑材料市场综合取定的施工现场交货价格,并考虑了采购及保管费。

六、采用简易计税方法计取增值税时,材料的含税价格按照税务部门有关规定计算,以"元"为单位的材料费按系数 1.1086 调整。

材料价格表

序号	材料名称	规格	单位	单价（元）
1	白灰	—	kg	0.30
2	砂子	中砂	t	86.14
3	粗河砂	—	t	86.14
4	玻璃布	0.22	m²	4.18
5	石棉板衬垫	1.6～2.0	kg	8.05
6	耐火陶瓷纤维	—	kg	16.44
7	铸石粉	—	kg	1.11
8	石英粉	—	kg	0.42
9	木板	—	m³	1672.03
10	木材	方木	m³	2716.33
11	道木	—	m³	3660.04
12	胶合板	2000×1000×6	张	89.96
13	铁件	含制作费	kg	9.49
14	铸钢	D35	kg	4.59
15	钢丝	D0.1～0.5	kg	8.13
16	钢丝	D1.6	kg	7.09
17	钢丝	D2.8～4.0	kg	6.91
18	钢丝	D4.0	kg	7.08
19	镀锌钢丝	（综合）	kg	7.16
20	镀锌钢丝	D2.8～4.0	kg	6.91
21	镀锌钢丝	D4.0	kg	7.08
22	钢丝绳	D12.5	m	3.56
23	钢丝绳	D15	m	5.28
24	钢丝绳	D17.5	m	6.84
25	钢丝绳	D19.5	m	8.29
26	钢丝绳	D20	m	9.17
27	钢丝绳	D21.5	m	9.57
28	钢丝绳	D24	m	9.78
29	钢丝绳	D26	m	11.81
30	钢丝绳	D28	m	14.79

序号	材 料 名 称	规 格	单 位	单 价 (元)
31	钢丝绳	$D30$	m	15.78
32	钢丝绳	$D32$	m	16.11
33	钢丝绳	$D34.5$	m	17.00
34	钢丝绳	$D43$	m	26.21
35	钢丝绳	$D47.5$	m	31.23
36	圆钢	—	t	3875.42
37	圆钢	$D10\sim14$	t	3926.88
38	圆钢	$D15\sim24$	t	3894.21
39	圆钢	$D\leqslant37$	t	3884.17
40	圆钢	$D>37$	t	3908.52
41	圆钢	$45^{\#}$	t	3694.65
42	热轧角钢	—	t	3685.48
43	热轧角钢	$\leqslant50\times5$	t	3752.16
44	热轧角钢	$>50\times5$	t	3671.62
45	热轧角钢	<60	t	3721.43
46	热轧角钢	63	t	3767.43
47	热轧角钢	75×6	t	3636.34
48	热轧角钢	100×12	t	4040.96
49	热轧扁钢	40×4	t	3639.10
50	热轧扁钢	<59	t	3665.80
51	热轧扁钢	>60	t	3677.90
52	热轧工字钢	>18	t	3616.33
53	热轧工字钢	$360\times136\times10$	t	3593.46
54	热轧工字钢	$400\times142\times10.5$	t	3869.06
55	热轧工字钢	$400\times142\times12.5$	t	3906.21
56	热轧槽钢	$5^{\#}\sim16^{\#}$	t	3587.47
57	热轧槽钢	$14^{\#}\sim20^{\#}$	t	3567.49
58	热轧槽钢	$\leqslant18^{\#}$	t	3554.55
59	热轧槽钢	$>18^{\#}$	t	3580.42
60	型钢	—	t	3699.72

序号	材 料 名 称	规 格	单 位	单 价（元）
61	普碳钢板	—	t	3696.76
62	普碳钢板	$\delta4$	t	3839.09
63	普碳钢板	$\delta4\sim16$	t	3710.44
64	普碳钢板	$\delta4.5\sim7.0$	t	3839.09
65	普碳钢板	$\delta8\sim20$	t	3684.69
66	普碳钢板	$\delta20$	t	3614.79
67	普碳钢板	$\delta50$	t	4386.45
68	普碳钢板	$\delta60$	t	4386.45
69	普碳钢板	Q195～Q235 $\delta0.7\sim0.9$	t	4087.34
70	普碳钢板	Q195～Q235 $\delta1.0\sim1.5$	t	3992.69
71	普碳钢板	Q195～Q235 $\delta2$	t	4001.96
72	普碳钢板	Q195～Q235 $\delta2\sim6$	t	3936.08
73	普碳钢板	Q195～Q235 $\delta4\sim10$	t	3794.50
74	普碳钢板	Q195～Q235 $\delta6\sim12$	t	3845.31
75	普碳钢板	Q195～Q235 $\delta10$	t	3794.50
76	普碳钢板	Q195～Q235 $\delta10\sim14$	t	3855.84
77	普碳钢板	Q195～Q235 $\delta12$	t	3850.83
78	普碳钢板	Q195～Q235 $\delta12\sim20$	t	3843.31
79	普碳钢板	Q195～Q235 $\delta14$	t	3880.89
80	普碳钢板	Q195～Q235 $\delta18$	t	4006.16
81	普碳钢板	Q195～Q235 $\delta21\sim30$	t	3614.76
82	普碳钢板	Q195～Q235 $\delta25$	t	3614.76
83	普碳钢板	Q195～Q235 $\delta30$	t	3614.76
84	普碳钢板	Q195～Q235 $\delta40$	t	4013.67
85	钢板垫板	—	t	4954.18
86	垫铁	—	kg	8.61
87	垫铁	100×200	kg	8.61
88	平垫铁	（综合）	kg	7.42
89	斜垫铁	（综合）	kg	10.34
90	鱼尾板	24～50	kg	4.77

序号	材 料 名 称	规 格	单 位	单 价 （元）
91	盲板	—	kg	9.70
92	中低压盲板	—	kg	7.81
93	高压盲板	—	kg	9.92
94	花纹钢板	$\delta \leqslant 5$	t	3534.73
95	焊接钢管	—	t	4230.02
96	焊接钢管	$DN25$	m	9.32
97	焊接钢管	$DN50$	m	18.68
98	焊接钢管	$D76$	t	3813.69
99	焊接钢管	$DN100$	m	41.28
100	焊接钢管	$DN150$	m	68.51
101	热轧无缝钢管	$D71\sim90$	t	4153.68
102	热轧无缝钢管	$D71\sim90\ \delta4.7\sim7.0$	kg	4.24
103	热轧一般无缝钢管	（综合）	t	4558.50
104	热轧一般无缝钢管	—	m	70.81
105	热轧一般无缝钢管	$D57\times3.5$	m	25.64
106	热轧一般无缝钢管	$D57\times4$	m	26.23
107	热轧一般无缝钢管	$D57\times6$	m	37.31
108	热轧一般无缝钢管	$D57\sim219$	t	4525.02
109	热轧一般无缝钢管	$D57\sim325$	t	4558.50
110	热轧一般无缝钢管	$D\leqslant63.5\times5$	t	4228.02
111	热轧一般无缝钢管	$D76\sim325$	t	4202.27
112	热轧一般无缝钢管	$D(77\sim90)\times(4.5\sim7.0)$	t	4205.24
113	热轧一般无缝钢管	$D108\times4$	m	46.95
114	热轧一般无缝钢管	$D108\times6$	m	69.07
115	热轧一般无缝钢管	$D108\times8$	m	90.30
116	热轧一般无缝钢管	$D325\times10$	t	4640.83
117	钢轨	15kg/m	t	4008.13
118	轻便轨	24kg/m	t	4030.52
119	钢球	$D6.0$	个	0.34
120	夹具用钢	—	kg	5.71

序号	材 料 名 称	规 格	单 位	单 价（元）
121	键	10×32	个	5.63
122	导向支架	—	套	228.96
123	锌	99.99%	kg	23.32
124	铅板	80×300×3	块	19.19
125	青铅	—	kg	22.81
126	铅粉	—	kg	14.54
127	英文铅号码	—	套	84.46
128	阿拉伯铅号码	—	套	38.63
129	均热不锈钢板	1Cr18Ni9Ti $\delta>8$	t	15839.79
130	销轴	A8×45	个	1.54
131	开口销	3×12	个	0.11
132	推力轴承	8306	个	55.16
133	金属滤网	—	m²	19.04
134	金属丝网	—	kg	7.79
135	镀锌钢丝网	$D2×22$目	m²	12.55
136	镀锌钢丝网	20×20×1.6	m²	13.63
137	碳钢龟甲网	—	kg	11.79
138	不锈钢龟甲网	—	kg	23.26
139	铝焊条	铝109 $D4$	kg	46.29
140	铜焊条	铜107 $D3.2$	kg	51.27
141	合金钢气焊条	—	kg	8.22
142	合金钢电焊条	—	kg	26.56
143	低温钢电焊条	E5003 $D2.5\sim4.0$各1/3	kg	9.78
144	电焊条	E4303（综合）	kg	7.59
145	电焊条	E4303 $D3.2$	kg	7.59
146	电焊条	奥102 $D3.2$	kg	40.67
147	不锈钢电焊条	—	kg	66.08
148	不锈钢电焊条	奥102 $D3.2$	kg	40.67
149	气焊条	$D<2$	kg	7.96
150	碳钢CO_2焊丝	—	kg	11.36

序号	材 料 名 称	规 格	单 位	单 价（元）
151	铅焊丝	—	kg	15.06
152	碳钢焊丝	—	kg	10.58
153	碳钢埋弧焊丝	—	kg	9.58
154	碳钢氩弧焊丝	—	kg	11.10
155	合金钢氩弧焊丝	—	kg	16.53
156	合金钢埋弧焊丝	—	kg	16.53
157	不锈钢埋弧焊丝	—	kg	55.02
158	不锈钢焊丝	1Cr18Ni9Ti	kg	55.02
159	不锈钢氩弧焊丝	1Cr18Ni9Ti	kg	57.40
160	不锈钢氩弧焊丝	$D3$	kg	53.22
161	铝合金焊丝	丝331$D1\sim6$	kg	48.89
162	焊锡	—	kg	59.85
163	埋弧焊剂	—	kg	4.93
164	花篮螺钉	300	个	23.22
165	螺栓	M30×200	套	9.60
166	螺栓	M40×160	套	15.75
167	双头带帽螺栓	—	kg	12.76
168	双头带帽螺栓	M（6～20）×（55～75）	套	1.31
169	高强度双头螺栓	M24×130	条	4.50
170	高强度双头螺栓	M24×170	条	4.91
171	高强度双头螺栓	M27×200	条	11.10
172	高强度双头螺栓	M27×220	条	11.64
173	六角带帽螺栓	—	kg	8.31
174	六角带帽螺栓	M＞12	kg	8.31
175	六角带帽螺栓	M≤20×50	kg	8.31
176	精制六角带帽螺栓	—	kg	8.64
177	不锈钢六角带帽螺栓	M10×20	套	3.38
178	高压不锈钢垫	—	kg	52.35
179	支柱移动装置	—	kg	8.44
180	成品胎具	QT50-5	kg	8.65

序号	材 料 名 称	规 格	单 位	单 价 （元）
181	成品胎具	Z35	kg	8.65
182	卸扣	—	个	2.99
183	脚轮	ZP80 D80	个	41.32
184	锯条	—	根	0.42
185	燃油喷嘴	$1^{\#}\sim2^{\#}$	个	49.17
186	绳卡	Y7～22	个	7.14
187	绳卡	Y9～28	个	13.40
188	绳卡	Y10～32	个	19.04
189	绳卡	Y11～40	个	23.41
190	绳卡	Y12～45	个	25.86
191	双滑轮组	D150	个	59.04
192	钉头	—	kg	5.30
193	白调和漆	—	kg	19.26
194	白漆	—	kg	17.58
195	清油	—	kg	15.06
196	防锈漆	C53-1	kg	13.20
197	稀盐酸	—	kg	3.02
198	盐酸	31%合成	kg	4.27
199	硼酸	—	kg	11.68
200	氢氟酸	45%	kg	7.27
201	硝酸	—	kg	5.56
202	冰醋酸	98%	kg	2.08
203	水玻璃	—	kg	2.38
204	烧碱	—	kg	8.63
205	氢氧化钠	—	kg	7.24
206	硫代硫酸钠	—	kg	20.65
207	无水碳酸钠	—	kg	21.29
208	无水亚硫酸钠	—	kg	21.68
209	石蜡	—	盒	11.42
210	黑铅粉	—	kg	0.44

序号	材料名称	规格	单位	单价（元）
211	白垩	—	kg	1.96
212	红丹粉	—	kg	12.42
213	防火涂料	—	kg	13.63
214	氧气	—	m³	2.88
215	乙炔气	—	m³	16.13
216	乙炔气	—	kg	14.66
217	氨气	—	m³	3.82
218	氩气	—	m³	18.60
219	米吐尔	—	kg	230.67
220	二氧化碳气体	—	m³	1.21
221	氮气	—	m³	3.68
222	液化气	—	kg	3.79
223	凡尔砂	—	kg	10.28
224	凡士林	—	kg	11.12
225	铅油	—	kg	11.17
226	二氯乙烷	—	kg	11.36
227	对苯二酚	—	kg	34.84
228	二硫化钼	—	kg	32.13
229	二硫化钼粉	—	kg	32.13
230	丙酮	—	kg	9.89
231	氨水	—	kg	3.14
232	重铬酸钾	98%	kg	11.77
233	硅酸钠	—	kg	2.10
234	氟硅酸钠	—	kg	7.99
235	硫酸铝钾	—	kg	231.75
236	三氯乙烯	—	kg	7.74
237	四氯化碳	—	kg	9.28
238	四氯化碳	95%铁桶装	kg	14.71
239	溴化钾	—	kg	48.11
240	白铅油	—	kg	8.16

序号	材 料 名 称	规 格	单 位	单 价（元）
241	亚硝酸钠	—	kg	3.99
242	钠基酯	—	kg	12.16
243	荧光渗透探伤剂	500mL	瓶	99.90
244	Oπ-20	—	L	67.28
245	乌洛托品	—	kg	12.37
246	甘油	—	kg	14.22
247	工业酒精	99.5%	kg	7.42
248	405树脂胶	—	kg	20.22
249	密封胶	XY02	kg	13.33
250	压敏胶粘带	—	m	1.58
251	焦炭	—	kg	1.25
252	木柴	—	kg	1.03
253	汽油	—	kg	7.74
254	汽油	$60^{\#} \sim 70^{\#}$	kg	6.67
255	溶剂汽油	$200^{\#}$	kg	6.90
256	柴油	—	kg	6.32
257	煤油	—	kg	7.49
258	机油	—	kg	7.21
259	机油	$5^{\#} \sim 7^{\#}$	kg	7.21
260	黄干油	—	kg	15.77
261	砂布	—	张	0.93
262	铁砂布	—	张	1.56
263	铁砂布	$0^{\#} \sim 2^{\#}$	张	1.15
264	白布	—	m	3.68
265	白布	—	m²	10.34
266	细白布	—	m	3.57
267	高硅布	$\delta 50$	m²	76.35
268	篷布	—	m²	24.08
269	棉纱	—	kg	16.11
270	破布	—	kg	5.07

序号	材料名称	规格	单位	单价 (元)
271	毛毡	$\delta 5$	m²	23.94
272	医用胶管	—	m	4.04
273	医用输血胶管	$D8$	m	4.40
274	塑料暗袋	80×300	副	3.85
275	聚氯乙烯薄膜	—	kg	12.44
276	钍钨棒	—	kg	640.87
277	水	—	m³	7.62
278	电	—	kW·h	0.73
279	X射线胶片	80×300	张	4.14
280	显像剂	500mL	瓶	6.06
281	肥皂	—	块	1.34
282	石墨粉	—	kg	7.01
283	测温笔	—	支	32.73
284	炭精棒	$8 \sim 12$	根	1.71
285	医用白胶布	—	m²	29.25
286	密封垫	—	m²	14.67
287	增感屏	80×300	副	14.39
288	直探头	—	个	206.66
289	斜探头	—	个	293.19
290	厚砂轮片	$D200$	片	15.51
291	尼龙砂轮片	$D100 \times 16 \times 3$	片	3.92
292	尼龙砂轮片	$D150$	片	6.65
293	尼龙砂轮片	$D180$	片	7.79
294	尼龙砂轮片	$D400$	片	15.64
295	尼龙砂轮片	$D500 \times 25 \times 4$	片	18.69
296	蝶形钢丝砂轮片	$D100$	片	6.27
297	铁夹	—	个	1.55
298	滚杠	—	kg	4.21
299	卡头	—	个	27.92
300	毛刷	—	把	1.75

序号	材 料 名 称	规 格	单 位	单 价 (元)
301	蒸汽	—	t	14.56
302	飞溅净	—	kg	3.96
303	耦合剂	—	kg	81.19
304	清洗剂	500mL	瓶	18.91
305	渗透剂	500mL	瓶	72.08
306	消泡剂	—	kg	24.07
307	酸洗膏	—	kg	9.60
308	透镜垫	—	kg	11.76
309	磁粉	—	kg	107.01
310	板式散热器	京BS60带钩 600×1000	组	337.50
311	压制弯头	90° $R＝1.5D$ DN50	个	8.36
312	压制弯头	90° $R＝1.5D$ DN100	个	22.53
313	压制弯头	90° $R＝1.5D$ DN150	个	60.86
314	压制弯头	D57×5	个	8.36
315	镀锌活接头	DN25	个	4.71
316	截止阀	J41H-6 DN25	个	67.29
317	截止阀	J41H-6 DN50	个	172.92
318	截止阀	J41H-16 DN50	个	218.36
319	截止阀	J41H-16 DN100	个	472.62
320	截止阀	J41H-16 DN150	个	922.11
321	截止阀	DN25	个	58.17
322	截止阀	不锈钢密封圈1.6MPa DN50	个	218.36
323	法兰截止阀	J41T-16 DN50	个	108.77
324	闸阀	Z41H-16 DN50	个	133.91
325	闸阀	Z41H-16 DN100	个	268.42
326	闸阀	Z41H-40 DN50	个	135.79
327	闸阀	Z41H-40 DN100	个	237.22
328	闸阀	Z41H-64 DN50	个	135.42
329	闸阀	Z41H-64 DN100	个	241.76
330	闸阀	Z41H-160 DN50	个	137.70
331	闸阀	Z41H-160 DN100	个	248.13

序号	材 料 名 称	规 格	单 位	单 价（元）
332	闸阀	Z41H-250 DN50	个	138.61
333	阀门	10MPa DN15、20、25、50	个	21.51
334	螺纹截止阀门	J11T-16 DN25	个	15.91
335	螺纹截止阀门	J11T-16 DN50	个	35.90
336	止回阀	不锈钢密封圈1.6MPa DN50	个	103.91
337	止回阀	H41H-6 DN25	个	69.23
338	法兰止回阀	H44T-10 DN50	个	85.43
339	平焊法兰	DN150	个	61.09
340	平焊法兰	0.6MPa DN25	个	8.79
341	平焊法兰	0.6MPa DN50	个	13.12
342	平焊法兰	1.6MPa DN50	个	22.98
343	平焊法兰	1.6MPa DN100	个	48.19
344	平焊法兰	1.6MPa DN150	个	79.27
345	对焊法兰	1.6MPa DN50	个	38.34
346	对焊法兰	1.6MPa DN100	个	72.82
347	对焊法兰	4.0MPa DN50	个	105.57
348	对焊法兰	4.0MPa DN100	个	140.15
349	对焊法兰	6.4MPa DN50	个	158.37
350	对焊法兰	6.4MPa DN100	个	222.68
351	钢板平焊法兰	1.6MPa DN50	个	22.98
352	梯形槽面法兰	6.4MPa DN50	个	104.52
353	橡胶塞	—	kg	14.69
354	像质计	—	个	30.72
355	高硅氧棉（绳）	—	kg	0.18
356	石棉扭绳	D4～5 烧失量 24%	kg	18.59
357	石棉编绳	D3	kg	19.22
358	石棉编绳	D11～25 烧失量 24%	kg	17.84
359	普通石棉布	—	kg	22.21
360	石棉布	—	kg	27.24
361	石棉编织带	2×（10～5）	kg	19.75
362	橡胶石棉盘根	D6～10 250℃编制	kg	25.04

序号	材 料 名 称	规 格	单 位	单 价（元）
363	石棉橡胶板	低压 $\delta0.8\sim6.0$	kg	19.35
364	石棉橡胶板	中压 $\delta0.8\sim6.0$	kg	20.02
365	石棉橡胶板	高压 $\delta0.5\sim8.0$	kg	21.45
366	耐油橡胶板	$\delta3\sim6$	kg	17.69
367	耐油石棉橡胶板	—	kg	30.93
368	耐油石棉橡胶板	$\delta1$	kg	31.78
369	耐油石棉橡胶板	中压	kg	27.73
370	耐酸橡胶石棉板	（综合）	kg	27.73
371	橡胶板	—	kg	11.26
372	橡胶板	$\delta1\sim3$	kg	11.26
373	夹布胶管	$D25$耐油	m	16.30
374	夹布胶管	$D50$耐油	m	19.39
375	夹布胶管	$D100$耐油	m	29.68
376	橡胶管	$1^{\#}$	m	10.45
377	乙丙烯橡胶黑带	—	kg	16.68
378	油过滤器	—	个	80.90
379	PVC带	50	卷	10.82
380	硅酸铝毡		kg	5.93
381	白钢圆母线	—	m	4.78
382	探头线	—	根	23.82
383	编织胶管	各种规格	m	18.87
384	铜接线端子	DT-16mm^2	个	10.05
385	圆钢卡子	$D50$	kg	10.74
386	热电偶固定螺母	—	个	2.31
387	热电偶	1000℃ 1m	个	68.09
388	管扣	—	个	5.36
389	套环	—	个	5.36
390	心形环	—	个	2.29
391	贴片磁铁	—	副	2.18
392	端板	—	kg	7.82
393	保温被压缚结构	—	kg	6.18

附录二 施工机械台班价格

说 明

一、本附录机械不含税价格是确定预算基价中机械费的基期价格,也可作为确定施工机械台班租赁价格的参考。

二、台班单价按每台班8小时工作制计算。

三、台班单价由折旧费、检修费、维护费、安拆费及场外运费、人工费、燃料动力费和其他费组成。

四、安拆费及场外运费根据施工机械不同分为计入台班单价、单独计算和不计算三种类型。

1.工地间移动较为频繁的小型机械及部分中型机械,其安拆费及场外运费计入台班单价。

2.移动有一定难度的特、大型(包括少数中型)机械,其安拆费及场外运费单独计算。单独计算的安拆费及场外运费除应计算安拆费、场外运费外,还应计算辅助设施(包括基础、底座、固定锚桩、行走轨道枕木等)的折旧、搭设和拆除等费用。

3.不需安装、拆卸且自身能开行的机械和固定在车间不需安装、拆卸及运输的机械,其安拆费及场外运费不计算。

五、采用简易计税方法计取增值税时,机械台班价格应为含税价格,以"元"为单位的机械台班费按系数1.0902调整。

施工机械台班价格表

序号	机 械 名 称	规 格 型 号	台班不含税单价（元）	台班含税单价（元）
1	履带式推土机	55kW	687.76	729.33
2	履带式拖拉机	60kW	668.89	709.50
3	履带式拖拉机	90kW	964.33	1041.15
4	履带式起重机	15t	759.77	816.54
5	履带式起重机	25t	824.31	889.30
6	履带式起重机	40t	1302.22	1424.59
7	汽车式起重机	8t	767.15	816.68
8	汽车式起重机	10t	838.68	896.27
9	汽车式起重机	12t	864.36	924.77
10	汽车式起重机	16t	971.12	1043.79
11	汽车式起重机	20t	1043.80	1124.97
12	汽车式起重机	25t	1098.98	1186.51
13	汽车式起重机	30t	1141.87	1234.24
14	汽车式起重机	40t	1547.56	1686.00
15	汽车式起重机	50t	2492.74	2738.37
16	汽车式起重机	60t	2944.21	3259.38
17	汽车式起重机	70t	3031.38	3356.70
18	汽车式起重机	75t	3175.79	3518.53
19	汽车式起重机	100t	4689.49	5215.40
20	汽车式起重机	110t	6733.58	7507.57
21	汽车式起重机	125t	8124.45	9067.50
22	汽车式起重机	150t	8419.54	9397.18
23	门式起重机	20t	644.36	689.65
24	叉式起重机	5t	494.40	527.73
25	自升式塔式起重机	800kN·m	629.84	674.70
26	自升式塔式起重机	1250kN·m	750.28	809.66

序号	机 械 名 称	规 格 型 号	台班不含税单价 （元）	台班含税单价 （元）
27	电动双梁起重机	5t	190.91	208.13
28	电动双梁起重机	10t	270.82	295.25
29	电动双梁起重机	15t	321.22	350.19
30	吊管机	75kW	669.61	724.67
31	载货汽车	4t	417.41	447.36
32	载货汽车	5t	443.55	476.28
33	载货汽车	6t	461.82	496.16
34	载货汽车	8t	521.59	561.99
35	载货汽车	10t	574.62	620.24
36	载货汽车	12t	695.42	759.44
37	载货汽车	15t	809.06	886.72
38	平板拖车组	8t	834.93	880.97
39	平板拖车组	10t	909.28	964.21
40	平板拖车组	15t	1007.72	1072.16
41	平板拖车组	20t	1101.26	1181.63
42	平板拖车组	30t	1263.97	1362.78
43	平板拖车组	40t	1468.34	1590.10
44	平板拖车组	50t	1545.90	1676.50
45	平板拖车组	60t	1632.92	1773.73
46	平板拖车组	80t	1839.34	2004.76
47	平板拖车组	100t	2787.79	3059.44
48	平板拖车组	150t	4013.62	4426.78
49	平板拖车组	200t	4903.98	5438.11
50	卷扬机	单筒快速 20kN	225.43	232.75
51	卷扬机	单筒快速 30kN	243.50	252.49
52	卷扬机	单筒慢速 30kN	205.84	210.09

序号	机 械 名 称	规 格 型 号	台班不含税单价（元）	台班含税单价（元）
53	卷扬机	单筒慢速 50kN	211.29	216.04
54	卷扬机	单筒慢速 80kN	254.54	264.12
55	卷扬机	单筒慢速 100kN	284.75	297.21
56	卷扬机	单筒慢速 200kN	428.97	455.66
57	卷扬机	双筒慢速 50kN	236.29	244.04
58	电动葫芦	单速 3t	33.90	37.57
59	电动葫芦	单速 5t	41.02	45.30
60	钢筋弯曲机	D40	26.22	28.29
61	普通车床	400×1000	205.13	208.94
62	普通车床	400×2000	218.36	223.68
63	普通车床	630×1400	230.05	236.53
64	普通车床	630×2000	242.35	250.09
65	普通车床	660×2000	271.15	282.56
66	普通车床	1000×5000	330.46	360.27
67	管车床	—	203.92	207.96
68	弓锯床	D250	24.53	26.55
69	磨床	—	304.83	313.53
70	牛头刨床	650	226.12	230.06
71	卧式铣床	400×1600	254.32	261.57
72	立式钻床	D25	6.78	7.64
73	立式钻床	D35	10.91	12.23
74	立式钻床	D50	20.33	22.80
75	台式钻床	D16	4.27	4.80
76	摇臂钻床	D25	8.81	9.91
77	摇臂钻床	D50	21.45	24.02
78	摇臂钻床	D63	42.00	47.04

序号	机 械 名 称	规 格 型 号	台班不含税单价（元）	台班含税单价（元）
79	坐标镗车	工作台>800×1200	445.13	458.05
80	剪板机	20×2500	329.03	345.63
81	剪板机	32×4000	590.24	641.12
82	剪板机	40×3100	626.38	681.59
83	卷板机	19×2000	245.57	252.03
84	卷板机	20×2500	273.51	283.68
85	卷板机	30×2000	349.25	369.28
86	卷板机	40×3500	516.54	558.24
87	切管机	9A151	82.92	91.33
88	管子切断机	D150	33.97	37.00
89	管子切断机	D250	43.71	47.94
90	弯管机	D108	78.53	87.28
91	台式砂轮机	D200	19.99	21.79
92	砂轮切割机	D500	39.52	43.08
93	半自动切割机	100mm	88.45	98.59
94	等离子切割机	400A	229.27	254.98
95	电动管子胀接机	D2-B	36.67	39.98
96	板料校平机	10×2000	910.78	995.73
97	板料校平机	16×2000	1117.56	1228.80
98	型钢矫正机	—	257.01	265.34
99	坡口机	2.8kW	32.84	35.78
100	坡口机	2.2kW	31.74	34.60
101	刨边机	9000mm	516.01	553.95
102	刨边机	12000mm	566.55	610.59
103	液压压接机	800t	1407.15	1534.07
104	液压压接机	1200t	2858.73	3116.59

序号	机 械 名 称	规 格 型 号	台班不含税单价（元）	台班含税单价（元）
105	中频揻管机	160kW	72.47	80.64
106	摩擦压力机	1600kN	307.31	317.67
107	摩擦压力机	3000kN	407.82	431.67
108	钢材电动揻弯机	500～1800mm	81.16	90.34
109	折方机	4×2000	32.03	35.83
110	电动单级离心清水泵	D50	28.19	30.82
111	电动单级离心清水泵	D100	34.80	38.22
112	电动单级离心清水泵	D150	57.91	64.43
113	油泵	CB-1325	37.74	41.14
114	真空泵	204m³/h	59.76	66.43
115	试压泵	25MPa	23.03	25.20
116	试压泵	30MPa	23.45	25.66
117	试压泵	35MPa	23.77	25.99
118	试压泵	60MPa	24.94	27.39
119	试压泵	80MPa	27.58	30.33
120	耐腐蚀泵	D50	49.97	55.16
121	氩弧焊机	500A	96.11	105.49
122	交流弧焊机	21kV·A	60.37	66.66
123	交流弧焊机	32kV·A	87.97	98.06
124	直流弧焊机	12kW	44.34	48.42
125	直流弧焊机	20kW	75.06	83.12
126	直流弧焊机	30kW	92.43	102.77
127	电焊条烘干箱	600×500×750	27.16	29.58
128	电焊条烘干箱	800×800×1000	51.03	56.51
129	自动埋弧焊机	1500A	261.86	294.15
130	二氧化碳气体保护焊机	250A	64.76	69.55

序 号	机 械 名 称	规 格 型 号	台班不含税单价（元）	台班含税单价（元）
131	电动空气压缩机	1m³/min	52.31	56.92
132	电动空气压缩机	6m³/min	217.48	242.86
133	电动空气压缩机	9m³/min	335.36	375.88
134	电动空气压缩机	10m³/min	375.37	421.34
135	电动空气压缩机	40m³/min	738.66	830.85
136	内燃空气压缩机	6m³/min	330.12	366.28
137	内燃空气压缩机	9m³/min	450.35	500.78
138	内燃空气压缩机	12m³/min	557.89	621.17
139	内燃空气压缩机	17m³/min	1162.02	1300.63
140	内燃空气压缩机	40m³/min	3587.18	4043.57
141	无油空气压缩机	9m³/min	362.96	403.78
142	γ射线探伤仪	192/IY	170.64	186.03
143	鼓风机	18m³/min	41.24	44.90
144	吹风机	4.0m³/min	20.62	22.06
145	轴流风机	7.5kW	42.17	46.69
146	轴流风机	30kW	139.30	156.72
147	轴流风机	100kW	428.01	484.57
148	箱式加热炉	RJX-75-9	130.77	147.49
149	X射线探伤机	TX-2005	55.18	60.16
150	X射线探伤机	TX-2505	61.77	67.34
151	X射线探伤机	RF-3005	118.69	129.40
152	超声波探伤机	CTS-26	78.30	85.36
153	磁粉探伤机	9000A	178.95	195.09
154	吸尘器	—	2.97	3.24
155	电动滚胎	—	55.48	60.48
156	自控热处理机	—	207.91	226.66